NF文庫
ノンフィクション

小銃 拳銃 機関銃入門

幕末・明治・大正篇

佐山二郎

潮書房光人新社

小銃 拳銃 機関銃入門 幕末・明治・大正篇——目次

第三章　幕末から明治の洋銃　199

小銃 拳銃 機関銃入門
幕末・明治・大正篇

第一章　銃器史論集

「砲兵学講本」陸軍省　明治十五年六月刊

携帯兵器

携帯兵器を分けて襲撃兵器すなわち刀槍、手銃の類および防扞(ぼうかん)兵器すなわち楯、兜、鎧などの類とする。また襲撃兵器を二類に分ける。手兵すなわち白兵および擲兵である。刀剣および剣を付けた手銃などは襲撃、防扞の両用をなす。

手兵とは剣、矛、刀の類にしてすべて一種の光を保つものをいう。これをもってまた白兵の特称あり。

擲兵とは矢、石、弾丸などを擲射する携帯兵器の総称で、昔は投石帯、弓箭の類を用いたが、火薬発明以降は専ら手銃をもって遠地の敵を襲撃するようになった。手銃は銃身、銃尾閉鎖機、銃床、搠杖、鉸鍊よりなる。銃槍また銃剣は銃身端に接着して変に応じ、銃をもって戈矛に代用する。しかしながら銃は火力をもって効を奏することを本然とする。銃槍をもって格闘するのははなはだ稀である。

銃身は鎔鋼で造り、これを鑽開して適宜の口径とし、外部は円台形で、尾筒の近くには稜角を設け、分解・組立を便利にする。その外部は皆暗色に染烘する。

搠杖は鈍鉄で作り、一端に螺子を施し、搠杖溝の底部に穿った雌螺に旋定する。搠杖は昔装填する用具であったが、今日においてはただ銃を拭浄することと、弾薬筒が尾筒から抽出しないときに、これを脱却するために用いるのみとなった。

銃床は銃器の各部を連綴するものである。ゆえに銃身、尾底のような部品の室を設け、すべて製作に便利な木材で造る。銃床は前床、床把、床尾の三部からなる。

一八六六年以後諸大国の採用した銃の口径は大体一一ミリと定められた。もしさらに大きな口径を要するときは撃発の際反動がはなはだしく、射手はこれに耐えることはできない。これに加えて銃には一定の重量があり、これを超過してはならない。昔の銃は銃槍を合せ五キロあったが、現今ではややこれを減少し、銃槍を除き大約四キ口に過ぎない。

手銃の使用に関し左の諸性能を完備しなければならない。

一、発射が確実で射手が安全であること

二、重量が適度で使用に便利であること

三、構造が簡単で修理および拭掃に便利であること

四、機関は錆と煤を防がなければならない

底装銃は以上の性能を完備するもので、極めて速い射撃ができるのみならず、射手はどの姿勢にあっても装填が自由に行える。命中の良否は銃器の精粗および銃身内火薬力が平等であることと、弾丸の形状とに関係する。

新式手銃は皆腔綫を彫刻している。その方式には数種類がある。

綫条が常に銃腔面にわたる直線と一定の角度をなすもの、これを正回螺状の腔綫といい、綫条が腔底では傾斜が小さく、銃口に近づくにしたがって次第にその度を増す、いわゆる漸速纏度(てんど)なるもの、これを放物線状の腔綫と名付ける。また腔綫の深さが各部同一であるものを同形綫といい、銃尾より銃口に近づくにしたがって次第に減衰するものを漸衰綫という。そして銃尾より腔中を通観し、腔綫が左より右に旋回するものを右転綫といい、この反対を左転綫という。腔綫の数はその銃によって異なるが、

概して底装銃にはその数が多い方が有利とする。その深さは〇・二ないし〇・四ミリが善良な性質を全うする。

現今わが国において用いる手銃は数十種あるが、なかんずく専ら選用するところの底装銃は左のとおりである。

一、アメリカ製スペンセル騎銃
二、イギリス製スナイドル歩兵銃
三、ベルギー製アルビニー歩兵銃
四、本邦製村田銃

スペンセル騎銃

スペンセル騎銃は浮沈遊底すなわち底碪(ていがん)式で、隠倉を床尾に設ける。隠倉は床尾の一端より他の一端に貫いて一孔を穿開し、両端を解放した鉄筒をこの孔中に螺定する。弾薬筒を納めるには先ずこれを隠倉に累列し、次に空管を隠倉内に推入すれば弾薬筒は皆この空管中に逆入する。このとき蛇線発条はその一端において管底に駐定し、他の一端は弾薬筒を前面に推送する。管身の後端には駐鈑があり、床尾の窪座に入って管身を固定する。

底碓は遊動する二部からなり、銃底閉鎖するときは蛇線発条によってさらにその間隔を開く。槓桿を下すときは底碓の二部は互いに近接し、底碓の外周は弧状をなし、回転軸を中心とする。

撃発機は閉鎖機と分かれて特立し、その撃鉄は撃鏨（撃茎）を撃撻する。撃鏨の進退は駐螺をもって制限する。

撃発が終わり、後護背の槓桿を下せば弾薬筒の起縁に掛かった抽筒子の弾爪は空筒を抽出し、その空筒は発条によって底碓上に伏した導子に沿って走出する。このとき隠倉が開き、弾薬筒は蛇線発条の力により進み、導子と底碓との間に入る。槓桿を圧すれば弾薬筒を前面に送り、これを銃身に送入し、次の弾薬筒は腮部に止まり、抽筒子はその室中に入る。

装填は次のように三段をもって行う。

一、撃鉄を起す

二、銃尾を開く

三、銃尾を閉じる

撃鉄の準備は装填のはじめにするより、終りにする方がよい。弾薬筒を装入し終われば必ず撃鉄を避害溝に嵌めておく必要があるが、それをせず床尾が物に激突すればたちまち不慮の発火を提起するからである。

隠倉内に保有する七個と薬室に装填する弾薬を合算すれば八発を連射できる。しかしこの銃は装填に時間を費やす弊を免れない。またややもすれば空管を隠倉内に挿入するのに困難なことがある。また抽筒子が薄弱であるため、空筒を抽出する力不足に至ることがある。

スペンセル騎銃は辺縁爆薬弾薬筒を用いる。その薬筒は一部の銅筒を数回煉搾して作り、発火粉は薬筒の後端起縁の周囲内に置き、上口より火薬を注入して弾丸を前端に接着する。その放射にあたり撃鑿が弾薬筒の辺縁を撃撻すると発火する。もし不発したときは薬室中において弾薬筒を少し回転し、辺縁の他の一部を撃鑿に向ければよい。この弾薬筒ははなはだ簡単だが害もある。その一は爆薬の保護が微弱で外面より受ける激突に堪えられず不慮の発焼を起すこと。その二は弾薬筒中発火粉を含むところを二回折り曲げているので、閉塞のためその最も厚いことを要する部位がかえって薄くなり、ややもすれば薬筒が破裂して噴火するおそれがあること。その三は発火粉の量が火薬の量に比べて強すぎ、装薬の効力に相違があることである。

辺縁撃発の弾薬筒は少量の装薬を用いる銃には適しているが、現今の諸銃には適さない。一般に中心撃発の銃を称用するからである。しかし循環装置の銃には辺縁撃発の弾薬筒を用いる。陰室内の弾薬筒の尖頭は前の弾薬筒の底心にあたるからである。

スナイドル銃

スナイドル銃は遊底枢鋏によって翻転し、薬室を開閉する。これを莨嚢式と称する。撃鑿は尾底を貫き、弾薬筒の中心に対する。装填にあたり先ず薬室を開き、次に遊底を引けば枢鋏内の螺線発条が縮攣して空筒を抽出することができる。

この銃は製造が簡単で使用に便利だが、発射数十回に至れば火熱のために薬室が膨張し、開閉に支障が生じる。かつ閉鎖発条の力が弱いために、撃発の際もし弾薬筒の底部が破裂すると、その蓋部を騰起して銃手が負傷することがある。あらかじめ注意しなければならない。

スナイドル銃およびアルビニー銃にはボクセル弾薬筒を用いる。その薬筒は鋼葉をもって作り、その下部は銅製の二底で強厚にし、抽筒鈑は底の後面に接着し、かつ弾薬筒の周辺より少し挺出して抽筒子をこれに引っ掛ける。抽筒鈑は始め黄銅で作ったが、現今では錫メッキした鉄を使う。その中心孔には爆帽壺をはめて底部の諸品を綴合する。この弾薬筒は非常に堅牢である。

すべて弾薬筒はその酸化を防ぐために薬筒および底に樹脂を塗り、弾には獣脂を塗抹し、もって腔中の飛走を快速にする。

アルビニー銃

アルビニー銃は横枢式で、その枢軸は銃身の上部に付着し、かつ前方にあるので、遊底は前方に翻転する。発射の際遊底は鎖鍵（さけん）をもって固鎖（こさ）するので、鎖鍵銃の名称がある。その機関部および撃鑿の景況はスナイドル銃と等しく、その抽筒子は枢軸の裏面にあって、薬室を開けば自然に空筒を抽出する。この銃はスナイドル銃とともに装置は極めて簡便であるが、弾薬筒がもし破裂すればガスの作用によって鎖鍵が脱却し、銃尾を解放して不慮の危害を生じることがある。

村田銃

村田銃は明治十三年本邦において制定した鎖閂（させん）式の銃で、その遊底に具える撃鑿を運動させるには他の銃のように蛇線発条を用いず、平扁発条を用いる。この発条は槓桿の内部にあり、機関の側方に位置するので、もし弾薬筒が破裂してガスが機関内に侵入することがあっても、発条に影響しないので、その弾力に変化を来さない利点がある。またこの銃は弾道が極めて低伸するので、その照尺もまた他の銃のように伸縮照尺を用いず、階梯趺（かいていふ）と単表鈑からなる遊標照尺を用いる。その踵上の準溝は二〇〇メートルの距離に応じ、表鈑を起せばその底の準溝は六五〇メートル、その頂は一七〇〇メートルに応じる。

その装填にあたり、第一に槓桿を右より左に旋回し、遊底を退却させれば空弾薬筒は抽筒子の攫爪（かくか）に引っ掛かり、導かれて放脱する。第二に弾薬筒を装し、第三に槓桿を押し、遊底を進め、槓桿を右方に倒せば撃発の準備が整う。またこの銃は特に避害機を設備していないが、時にこれを要することがあれば、先ず槓桿を四五度まで起し、左肘で銃の前床を支え、その手で確実に槓桿の倒臥を防ぎ、そのうえで搬軏（はんげつ）を圧すれば撃鑿は薬筒底に達することはない。再び準備を要するときはさらに槓桿を起立し、直ちにこれを倒せばよい。

この銃は制定以来専ら製造に従事してきたので、早晩これをもって全軍の火兵に供用することができるであろう。

村田銃弾薬筒は中心撃発銅製弾薬筒で、これを薬筒、爆帽、弾丸の三部に分ける。薬筒は黄銅製で底を起縁とし、爆帽を抱受する壺は二回の折曲げをもってし、その底に一孔を穿ち、爆薬の火を内部に伝える。爆粉は黄銅の小帽に入れ、帽内にはさらに小礎頭を容れる。弾丸は鉛製で圧搾を施す。その形状は体を円筒、頭を楕円とし、弾

と火薬の間には厚紙製二枚の扁輪間に白蠟を入れたものを置き、腔中を拭浄する

各種手銃尺度

名称	スペンセル騎銃	スナイドル銃	アルビニー銃	村田銃
口径（㎜）	一二・八	一四・七〇	一四・七〇	一一・〇
腔綫　数	六	五	四	五
幅（㎜）		六・三〇	四・五〇	四・八
深（㎜）		〇・二五	〇・三〇	〇・二
纏度（m）		一・九七	〇・五五	〇・五六七
銃身長（m）	〇・五〇五	〇・八四二五	〇・八四二五	〇・八四
全長　剣共（m）		一・八〇八	一・八一五	一・八五九
剣無（m）	〇・九五	一・二三四	一・三五五	一・二九四
全量　剣共（kg）		四・八五四	四・六八五	四・八九九

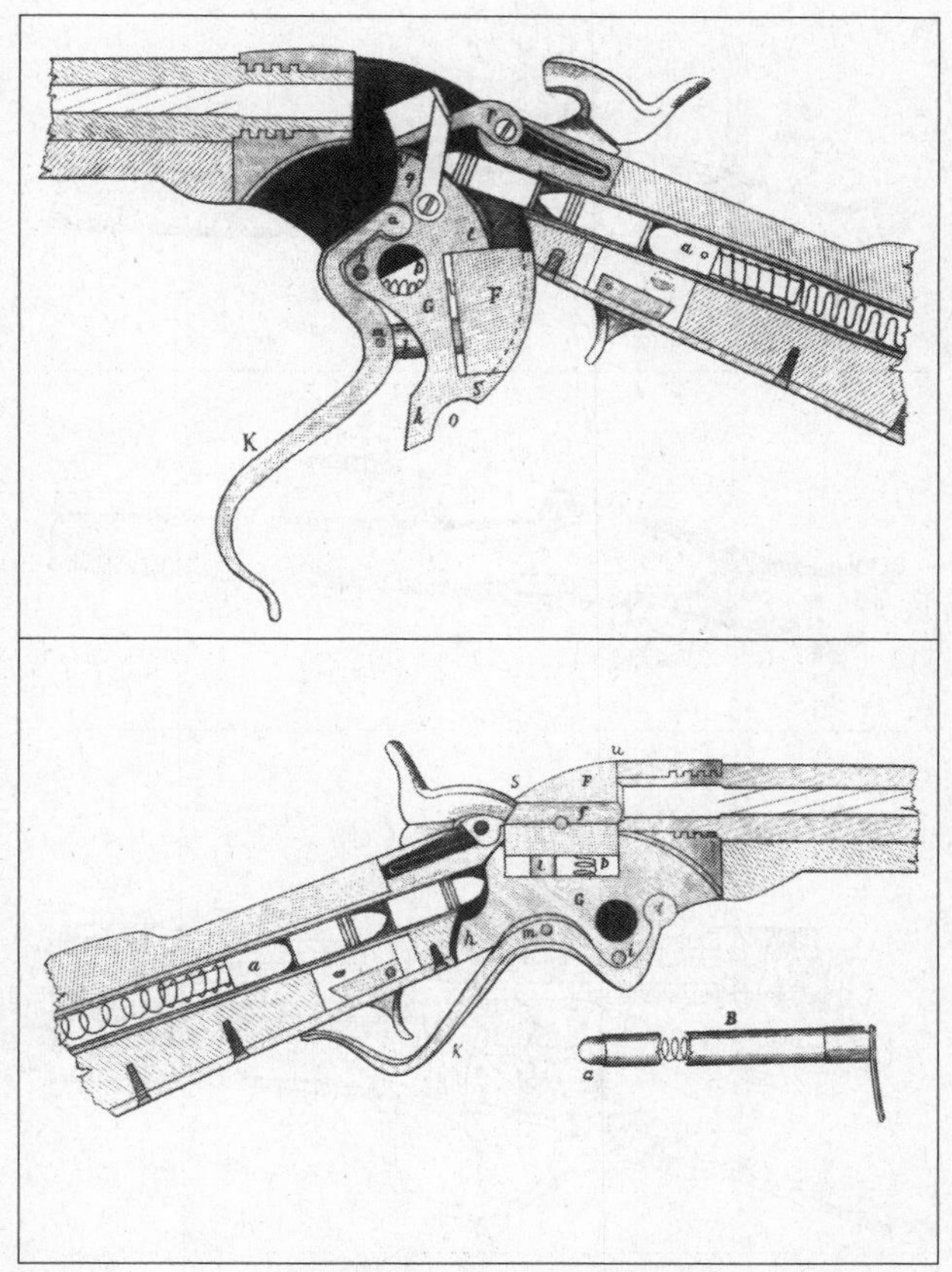

アメリカ製スペンセル騎銃

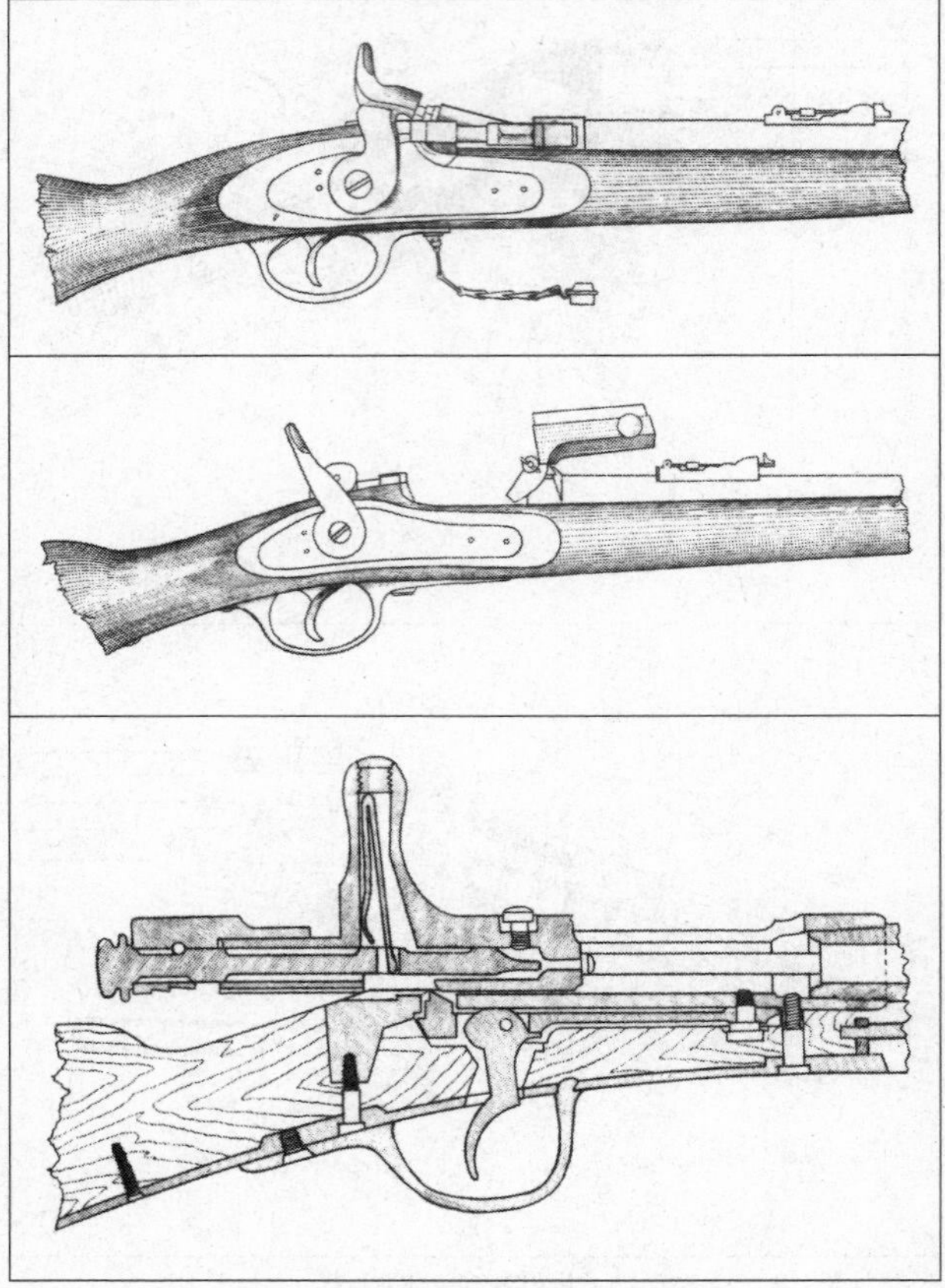

上：イギリス製スナイドル歩兵銃
中：ベルギー製アルビニー銃
下：十三年式村田銃

剣無（kg）　三・七八五四　三・九二九　三・八八三六　四・二五六

弾薬筒重量（g）

スペンセル騎銃　弾量二一・二

薬量二・六

全量二八・七

スナイドル歩兵銃

（アルビニー歩兵銃）　弾量三一・〇

薬量五・〇

全量四六・八

村田銃　弾量二六・〇

薬量五・三

全量四三・三

「小銃と火砲」山縣保二郎著　昭和五年九月刊

山縣保二郎は陸軍砲兵大佐、青島戦役時の攻城廠長。陸軍における兵器史の専門家として「兵器沿革史」「明治工業史」「元帥公爵大山巌」などの編纂に参画した。陸軍技術本部の「軍事と技術」に連載された兵器に関する多数の記事は陸軍の一次史料にもとづくもので資料性が高い。

小銃とは歩兵銃と騎銃の総称である。小銃は戦場において敵人馬の戦闘力を奪うのが目的であるから、これに適応するように構造されなければならない。すなわち弾丸はなるべく低く飛び、かつ発射速度は極めて大きく、遠距離においてもよく人馬を殺傷できることが必要である。その他近接戦に使用するため、その先端に銃剣を付着する装置が必要である。なお各人が各個に携帯する兵器であるから、その寸法、形状、重量などなるべく軽便でなければならない。

騎銃にははじめ銃剣を装着しなかったが、次第に騎兵も徒歩戦をする機会が多くなったので、世界各国とも多くは銃剣を付けるようになった。

小銃の起原は明らかではない。古いところでは一二四一年蒙古軍欧州遠征の際、四月十五日リーグニッツ（ポーランド南部）の戦いに初めて小銃が使用されたと伝えられている。あるいはイタリアの古い書物には小銃の創始は一三三一年とされている。しかし歴史上明らかになっているところでは、小銃の最初の使用者はベルジューム

（ベルギー）人で、一三八二年ロスベックの戦争に初めて用いられたとされている。そのどれであっても、当時の小銃は構造が極めて原始的で、鉄あるいは黄銅などの長い中空円桿の底部を閉鎖し導火孔を穿ったもので、もちろん銃床などはなかった。当時これを手銃と称した。手銃には二人で操作するようなものもあったが、次第にその長さを短縮し、爆銃というものを創出した。爆銃は底部に鐶を具え、騎兵の胸甲に掛けたものである。十四世紀の末葉に至り再び銃身を長めるようになった。この当時における主要な改良は銃床を取付けたことである。当時銃身にはまだ引鉄がなく、射撃に際しては火縄を用い、手で火をつけたものである。十五世紀前半に引鉄の発明があり、小銃が大きく進歩した。これが長く世に称用された火縄銃である。当時の小銃は全長一メートルないし一・三メートル、口径約二二ミリ、重量約八キロ、弾量約七〇グラム、射程は二〇〇歩（一五〇メートル）ないし二五〇歩であった。このように当時の小銃は威力が弱く、弓矢とあまり変わらなかった。

当時の小銃は照準器を具えていなかったが、十五世紀の後半に至り固定照門が工夫された。ただし照星の応用は遠くその後であった。十五世紀の末期に至り従来の鉄弾を廃し、鉛弾もしくは鉛で被包した鉄弾が使用されるようになった。

一五一五年ドイツで歯輪発火装置が発明された。この装置は燧石に歯輪を摩擦して発火させるもので、火縄銃に比べて点火が確実、使用に軽便であったが、高価なためあまり使用されなかった。

一五四三年すなわち天文十二年、わが国に種子島銃が渡来した。

銃腔に腔綫を刻むことは一四九八年ドイツのライプチッヒにおいて発明されたといい、あるいは十五世紀の末葉オーストリアで発明されたと称されている。その目的は弾丸の命中をよくすることにある。当時小銃の命中精度は一に弾丸と銃腔面との遊隙により、この遊隙を減少することが命中を良好にする唯一の手段であった。しかしながら当時の小銃は口込であるから、あまりその遊隙を小さくすると、弾丸を込めるのが困難になる。そこで銃腔面に腔綫を彫刻し、硬い獣脂の類に浸した弾丸をこの腔綫に沿って込めることを工夫した。これが腔綫の起こりである。

しかし当時腔綫銃は製造費が高かったので、これを使用する者はなかったが、十七世紀の初期に至りようやくその価値が認められ、デンマーク王のクリスチャン四世は率先してこれを麾下の兵に使用させた。なおこの世紀の特色は銃が著しく軽くなったことである。スウェーデン王グスタフ二世アドロフは一六二六年その軍隊の小銃を重量七・六キロから一足飛びに五キロに減じた。この好例はフランス、オーストリア両国をはじめ、諸国がこれにならい漸次この方向に進捗した。この減量は勿論口径の減少をともなうもので、二二ミリの口径は減じて一八ミリとなり、ついに一四・八ミリのものさえ生じてきた。このように十七世紀初期における小銃の状態は十六世紀の末葉に比べて天と地の差があった。

小銃で最も著しい進歩を促したのは一六四〇年フランスにおける燧石撃発機および銃剣の発明であった。火縄銃時代には降雨のとき小銃は使えなかった。また以前は銃隊と鑓(やり)隊とがあって、最後の決戦は鑓隊がやった。しかし小銃に銃剣が装着されてからは銃隊が鑓隊を兼ねるので、結果として兵力が二倍になった。これらの性能を備えた小銃はフランスの一七七七年式で、ナポレオン一世が欧州を蹂躙したのもこの銃に負うところが大きかった。

この頃欧州では元込（後装）銃の研究が行われた。一八〇〇年ナポレオン一世は元込銃採用の目的で、小銃研究委員を任命したが、委員はその器でなく成功しなかった。ナポレオン戦争終局後欧州各国はこの戦争の体験に鑑み、小銃改良の研究に没頭した。しかしあまりよい結果は得られなかった。たまたまここに小銃発達史上重大な発明があった。すなわち一八〇七年スコットランド人アレキサンデル・ホオルシス（アレキサンダー・フォーサイス）による雷管の発明である。この発明によって燧石銃は漸次駆逐され、一八二五年頃から軍隊に雷管銃を採用するようになり、のち欧州各国は皆これを採用した。この頃は一時口込腔綫銃が評判であったが、その利と害とは当時の人を悩ませ、かえって後装銃の研究を煽り、十九世紀の初期から幾多の施綫後装銃の発明が続出した。

一八四一年プロシアは世界に率先して後装銃を採用した。一八六六年の普墺戦争においてプロシアがオーストリアを一挙に屈服させたのも、この銃に負うところが大きかったのである。爾後約二五年間に世界の小銃はほとんど後装銃となり、その口径は一一ミリ付近に減少した。小銃の進歩は次第にめざましくなってきた。

後装銃に次いで出てきたのは連発銃である。一八四〇年アメリカのコルト大佐は連発銃を考案し、金属薬莢を使用したが、試験の結果不成績に終った。一八六〇年アメリカのスペンサーは床尾に弾倉を具える連発銃を考案し、良好な結果を収めた。この銃は南北戦争やクリミア戦争に使用されて有名になった。そこで世界は連発銃を必要とするようになったのである。ことに一八八五年フランスにおける火薬技師ビエーユの無煙火薬発明はいよいよ連発銃の価値を高めた。このようにしてドイツの七一年式(明治四年)をはじめとし、ルーマニアの九二年式(明治二十五年)を最後として、世界はすべて連発銃を採用した。わが国においても明治二十二年に村田連発銃を採用した。

この当時の連発銃は前床弾倉式（銃身に沿って前床内に長い弾倉を有するもの）、もしくは床尾弾倉式（銃の床尾にやや長い弾倉室を有するもの）で、弾倉内に弾薬を装填するため手数と時間を要した。しかしほどなく世界の小銃は中央弾倉式（遊底の下方に弾薬室を有するもの）となり、弾薬を込める一回の操作で数発を込めることができるようになった。

銃腔底を閉鎖するための遊底は、後装銃の発明当時遊底が下方に降下するもの（底碓式）、遊底が左方または右方に起きるもの（莨嚢式）、遊底が前方または後方に起きるもの（活罨式）などがあったが、世界各国ともすべて鎖閂式を採用した。鎖閂式には直動式と回転式がある。直動式は槓桿を後方に引きさえすれば遊底を開くことができるもので、オーストリア、スイス、ブルガリア、カナダはこれを採用した。回転式はわが国の三八式銃のように一旦槓桿を起してから後方に引いて遊底を開くもので、多くの国がこれを採用した。世界各国は連発銃採用後もその研究改良を続け、数回の改良を行った国もある。主な国の連発銃の変遷は次のようであった。

国名	銃名	発明者	口径（㎜）	採用年
日本	村田連発	村田少将	八・〇〇	一八八九
	三十年式	有坂大佐	六・五〇	一八九七

	三八式	陸軍技術審査部	六・五〇	一九〇五
フランス	八六年式	ルベール	八・〇〇	一八八六
	八六／九三年式	ルベール	八・〇〇	一八九六
ドイツ	七一／八四年式	モーゼル	一一・〇	一八八四
	八八年式	モーゼル	七・九〇	一八八八
	八九年式	モーゼル	七・九〇	一八八九
イギリス	九〇年式	リー・メトホールド	七・六九	一八九〇
	九五年式	リー・エンフィールド	七・六九	一八九五
	〇三年式	リー・エンフィールド	七・六九	一九〇三
オーストリア	八八／九〇年式	マンリッヘル	八・〇〇	一八九〇
	九五年式	マンリッヘル	八・〇〇	一八九五
イタリア	七〇／八七年式	ヴェッテルリー	一〇・四	一八八七
	九一年式	カルカノー	六・五〇	一八九一
アメリカ	九二年式	クラーク・ジョルゲンソン	七・六二	一八九二
	〇三年式	スプリングフィールド	七・六二	一九〇三
	一七年式	スプリングフィールド	七・六二	一九一七

ロシア	九一年式	モッシン	七・六二	一八九一
	九四年式	ナガン	七・六二	一八九四
トルコ	八九年式	モーゼル	七・六五	一八八九
	九三年式	モーゼル	七・六五	一八九三

わが国における小銃の沿革

「鐵炮」（鉄砲）という名称が初めて本邦史籍に現れたのは文永の役である。この役に従軍した竹崎季長の蒙古襲来絵詞には、弾丸が破裂した状況が描かれて、その側に「てつはう」と記している。またこの戦闘の目撃者箱崎八幡宮司の著と称せられる八幡愚童訓には、「鉄砲とて鉄丸に火を包で烈しく飛ばす」とあり、また太平記（著者不明だが本役から五、六〇年後僧玄恵の作と称される）には「鉄砲とて鞠の勢なる鉄丸の迸ること、坂を下す車輪の如く」とある。これら筆者の対照がいかにも面白い。軍人、宮司、僧侶という飛び離れた身分である。このことから鉄砲という言葉は当時わが国で普通に用いられたものであるらしい。それではこの鉄砲とはどのようなものであったか。今日史家はこの鉄砲を現在の小銃ではなく、弾丸の一種類で、手榴弾のようなものであると認められている。

由来支那では往古より石製弾丸を使用した。その小さいものは手で投げ、大きいものは擲石機で放擲した。当時これを「砲」といい、また「礮（ほう）」と称した。後に石弾の軽弱を嫌い鉄製とした。そこで石弾と区別するためこれを鉄砲と呼んだ。すなわち「砲」、「礮」、「鉄砲」はすべて弾丸の呼称なのである。しかし明国の中世後よりいつしかこの名称が弾丸を放射する機械の名に変わった。明国万暦十二年（一五八四）所刊の紀效新書などには、明瞭にこれが区別されて書いてある。

この名称変遷は少なからず従来の史家を誤らせた。頼山陽もまさにその一人で、その撰「日本外史」に元寇について述べ、「われかつて鎮西の士人伝えるところの元寇の図巻を見るに、虜盛んに砲礮を以てわれに臨む」（虜＝敵を罵っていう）とある。当時の砲礮とは今の銃砲である。要するに頼山陽も鉄砲という言葉が弾丸を指すことを知らないので、一杯喰わされたのである。

爾後鉄砲に関しては音なしであったが、越えて約一〇〇年応安元年（一三六八）南蛮人が京都に入り、将軍足利義満に鉄砲二挺を献じたとの記録がある。また尾道の旧家には応安三年（一三七〇）渡来したと伝わる全長五二五ミリの小銃が保存されている。その後約百年文正（ぶんしょう）元年（一四六六）七月二十八日琉球人が朝廷に貢ぎものを献じ、その退出にあたり播州境町において鉄砲を放ったことがある。もともと鉄砲は地理的順序としてまず琉球に渡り、次いで本邦に来たものと解釈するのが至当であろう。その翌年には応仁の乱が勃発した。この戦乱中には鉄砲が使用された形跡がある。しかし応仁の乱は東西両軍互いに数十万の兵を擁し、京都を挟んで対陣し、著名な社寺、公卿、将士の邸宅など多くが兵燹（戦争のためにおこる火事）に罹り、さしもの京都市街も廃墟と化し、飯田彦六右衛門常房は感慨のあまり、「なれや知る、都は野辺の夕雀、あがるを見るも、落るなみだは」の一首を詠じたほどで、当時の文書は大概灰燼に帰し、とても今日小銃説を確かめられるほどの史料は存在していない。

当時欧州はアメリカ大陸発見時代であった。コロンブスのアメリカ大陸発見は一四九二年、バスコ・ダ・ガマが喜望峰を迂回してカルカッタに到着したのは一四九八年で、またマゼランが南米海峡を通過し、フィリッピンで惨殺されたのは一五二一年である。このようにして東洋と西洋との接触は漸次濃厚になっていった。その頃わが国は応仁以来の戦国状態で、英雄豪傑が相次いで起り、皆兵事をもって唯一の日課としていたから、大威力の兵器を要望してやまない時代であった。どうして小銃の渡来を止めることができよう。

小銃はおそらく九州は勿論、堺、伊豆など各方面から輸入されたのではないか。北條五代記には永正七年（一五一〇）渡来したとある。最もよく知られているのは鉄砲記の種子島銃渡来説である。「天文十二年（一五四三）秋八月二十五日種子島にポルトガルの商船が漂着した。商人の長二人あり、手に一物を携う、すなわち鉄砲なり。島主種子島時堯射撃の状を見て、その奇異なると百発百中とに驚き、二千金を以て二挺を購い家宝となし、かつ家臣篠川小四郎をして火薬の製法を学ばしめ、また八板金兵衛をして製銃の技を習わしめた」（この伝習については、十七歳の若狭という少女を絡んだ頗るロマンチックな伝説があるが、これは後人の創作であろうと思われる。ともかくもこの伝習にはよほど苦心惨憺したものらしい）。

この鉄砲記の説は広く長く国内に伝播したので、今日では小銃の渡来は種子島銃をもってはじめであるように考えている者が多い。しかしこれは大きな間違いである。さりながら小銃が大いに軍用に供せられ、著しく発達の緒を拓いたのは実に種子島銃渡来を基とする。将軍足利義輝は内書を下して大いにその功を賞し、朝廷はこれを従五位下に叙し左近将監に任じた。大正十三年一月皇太子殿下（昭和天皇）御成婚の大典に際し、特に旧功を嘉みして正四位を贈られた。

種子島銃渡来以後、小銃の製造および使用は日に月に隆盛となり、このため築城も武装も戦術も総て一変した。万松院殿穴太記に足利義晴が、天文十八年（一五四九）東山慈照寺の大獄に築城した條に、「二重に壁を付けてその間に石を入れたり、これは鉄砲の用心也」とあり、築城の変遷を知ることができる。またわが国の甲冑は短甲、挂甲（けいこう）、大鎧、胴丸などの順序を経て変革してきたが、鉄砲流行以降甲冑の意義が頗る薄弱となり、軽捷簡便を貴び、ついに変じて具足となった。戦国以後には大鎧や胴丸を着ける者は稀になった。

　また兵器の変遷にともない戦術が変遷するのは勿論である。一例を挙げれば鉄砲流行以前は弓勢が第一線に立ったが、鉄砲流行以後は鉄砲勢を第一線に、弓勢を第二線に、槍勢を第三線に置いた。鉄砲勢が先ず開戦し、彼我の距離が漸く近接すると、鉄砲勢は弓勢と交代する。当時の鉄砲発射速度は極めて小さかったから、近接戦闘には適さなかったのである。そして最後の決戦は昔も今と同様で肉弾戦すなわち槍隊の受持ちであった。

　この当時において小銃について最も注意すべきことは、その統一力の甚大なことである。応仁以来の戦国を統一したのはもとより自然の大勢ではあるが、また鉄砲の威力に帰せざるを得ない。源氏は馬を用い、平氏は舟を用い、織田氏は鉄砲を用いた。極言すれば織田氏の天下は鉄砲の天下であった。要するに信長は巧みに小銃を利用してよく創業の功を挙げ、秀吉はより以上にこれを応用して大成の績を完（まっと）うし、家康は最もよくこれを善用して治平三百年の基を拓いたのである。

しかしながら当時の武士は一般に、鉄砲のような飛道具をもって戦闘するのは武士の恥辱である、名折れである、潔しとしないところであると号し、射撃術は忽諸(こつしょ)に付した。その結果鉄砲戦は足軽の仕事で、士分の業にあらずとした。しかし豊太閤征韓の役には諸将が大いに鉄砲の威力を認め、率先して自らこれを使用した。慶長二年（一五九七）十二月二十二日浅野幸長がその鉄砲の師稲富一夢に送った信書中に、「数年貴所へ稽古仕候鉄砲の術をもって、数多打ち申候。（中略）貴所への御礼のこと中々申し尽くされず候」とある。また同人の蔚山(うるざん)籠城覚書に、「自身鉄砲を放ちかせぎ申候」とある。

小銃がこのように重用された結果、改良進歩とまではいかないが、多少の研究工夫が加えられるようになった。弘治(こうじ)二年（一五五六）将軍義輝は南蛮人テイウシクチを召し、近江国国友村に土地を与え、鉄砲製造および射撃術を伝えさせた。このため後世この地より幾多の鉄砲鍛冶を輩出し、徳川幕府は勿論諸大名の御抱鍛冶は多くが国友系であった。これに加えてまた南蛮より漸次新式銃の供給を受けた。蒲生氏郷のごときは天正十二年（一五八四）わざわざ人をイタリアのローマに派遣し、小銃三〇挺を購入した。これが直接欧州から小銃を購入した始めであろう。このような大勢のもとに小銃は多少進歩を遂げつつあった。しかし寛永十六年（一六三九）将軍徳川家光は鎖国の強硬政策を採るに至り、状況は急転直下し、わが国はついに世界と隔絶し、わずかに発達を兆していた小銃もむしろ退歩が現実となった。皮肉にも翌一六四〇年はフランスにおいて燧石銃が発明された年で、小銃発達史上実に燦爛たる光彩を放ったときであった。

幸いにも八代将軍吉宗は徳川中興の英主であり、蘭学を奨励し、その訳書を出版させ、銃砲などに関しても新知識の輸入に努めた。承寛襍（ざつ）録に「享保六年三月和蘭人某に鉄砲仰付けられ上覧す、すなわち某の献上したる鉄砲にて打ち中候、筒の長さ二尺五寸、玉目四匁、引鉄には燧石を仕掛け、火縄を用いず候、立ち様片手にて目当五、六間にて四発打ち中候、一つも中り申さず候」とある。

爾後泰平の世が続き、士風は衰え、兵を談じる者はなく、鉄砲のようなものは全く忘れられた。当時田付、井上の幕府砲技職をはじめとして、数十家の流派専業があったが、その伝えるところは陳腐な旧説に過ぎず、斯道の廃頽は極に達した。

徳川時代初期における堺鉄砲業者への全国からの鉄砲注文数の推移をみると、その減退ぶりが明らかである。

承応（じょうおう）元年（一六五二）〜明暦二年（一六五六）　八四六八挺
明暦三年（一六五七）〜寛文元年（一六六一）　一万三四四二挺

寛文二年（一六六二）〜寛文六年（一六六六）八七五九挺
寛文七年（一六六七）〜寛文十一年（一六七一）七七一〇挺
寛文十二年（一六七二）〜延寶四年（一六七六）六〇九三挺
延寶五年（一六七七）〜天和元年（一六八一）四六六六挺
天和二年（一六八二）〜貞享三年（一六八六）三三〇一挺
貞享四年（一六八七）〜元禄四年（一六九一）二五七八挺

わが国が堅く門戸を閉ざし、泰平の夢を結んでいるとき、東洋は反対に泰平ではなかった。ヴァスコ・ダ・ガマの東洋航路発見より、欧人の東洋侵略は峻烈を極めた。ポルトガル人がその先駆を承り、スペイン人がこれに次ぎ、オランダ、イギリス、フランスが相次いで殺到した。ロシア人は別に陸路を駆り北方からわが国に臨んできた。アメリカは捕鯨船を遠く東洋に送り、しきりに南方からわが国を窺った。しかもなお幕吏は長夜の眠に耽り、桃源の夢を楽しんでいた。

文化元年（一八〇四）ロシア使節レザノフが長崎に来り和親を請うた。ここにおいて幕府二百年の夢は破れ、国内はにわかに海防陸戦の術を講じ、あるいは軍政兵器の制を論じるようになった。ことに天保十一年（一八四〇）高島秋帆が西洋火技採用を建言し、水野閣老の採用するところとなり、嘉永年間諸侯に兵備充実を厳命した。ここにおいて諸藩は競って兵器の輸入もしくは製造に腐心した。初め秋帆は天保三年頃ゲヴェール銃を購入し、その用法および製法を研究し、新たに砲術の一派を開いた。ゲヴェール銃は口込式、火縄打で、腔綫はなく、固定照門を具えた剣付鉄砲であった。

天保以後洋銃、和筒が混淆使用された。幕府は既に統一力を失っていたので、二六〇大名すなわち二六〇の小独立国は任意にこれを購入し、または製造した。その結果小銃の様式は煩雑を極め、火縄筒、雷管筒、滑腔銃、施綫銃、口込式、元込式、はなはだしいのは同名異物、異名同物もあった。これを概観すると最初に渡来した前装滑腔式は口径一五ないし一八ミリであり、次いで渡来した前装施綫式は口径一四ミリ付近であった。以上はすべて明治以前に輸入された。後装銃は既に天保年間にその渡来を見たが、各種の様式が大量に流入したのは明治維新前後である。当時欧米は後装銃の過渡期であったので、外国奸商のためにわが国はその古物廃品を掴まされたのである。

明治四年には廃藩置県となり、翌五年諸藩は兵器を政府に還納した。その数は洋銃一八万挺を数えた。一八万挺といえばその当時では大きな数だが、実際使用に耐えるものは幾らもなかった。しかしそのうちの優良なものを選んで陸海軍の常備用とした。

明治十三年には歩兵中佐村田経芳の発明にかかる十三年式村田銃が採用された。その口径は一一ミリである。これがわが国最初の制式銃となった。明治十八年には十三年式銃に若干の改正を加え、ことに銃剣を大改良し、十八年式と称して制定された。明治二十二年には村田連発銃が採用された。本銃は口径八ミリで前床弾倉に八発の弾薬を有していた。

明治二十四年わが国兵器界に最も重大な、また最も危険性を帯びた刺激剤が投じられた、この年仏露攻守同盟が結ばれた。その条約中に、「将来ロシアが軍備拡張および兵器製造のため費用を要することがあれば、フランスはその外債に応じる」という一項があった。ロシアは巧みにこの条項を利用し、外債をフランスに募り、シベリア鉄道の敷設を企てた。その竣工期は明治三十三年の予定であった。

シベリア鉄道の敷設は東洋ことにわが国にとっては大きな威嚇である。当時志士はこれに対しわが国の独立を危うくするものと絶叫した。わが国だけでなく欧米においても必ずこれが話題となり、「一体日本はどうするであろうか」との同情語があった。ほどなく日清戦争が起り、わが軍は連戦連勝して世界を驚倒させた。ここにおいてわが国はシベリア鉄道開通までに是非とも兵器の改良、軍備の拡張を終らせなければならなかった。この期限は絶対であった。このようにして三十年式銃が急遽制定された。本銃は砲兵大佐有坂成章（男爵中将）が創製したもので、口径六・五ミリ、中央弾倉、五連発である。当時六・五ミリの口径については多少議論があった。それはあまり口径が小さ過ぎて、不殺銃であるという非難であった。しかし、「残酷な殺傷は人道に非ず、銃創はただ戦場において一時敵兵の戦闘力を奪えば足りる」というのが当時の倫理的世論であった。

しかし日露戦争の実験はこの世論を裏切った。わが銃の傷は軽微で容易に回復し、敵に数回戦線に立たせたのである。結局戦争を長引かせ、国民を長く戦争の惨禍に沈めることになり、かえって不人道的であると称せられた。ところが欧州大戦の実験によると、重機関銃の採用の結果、小銃は遠距離戦闘をする必要がなくなった。そして近距離では小口径でも殺傷力は十分である。ゆえに携帯弾薬増加の必要上、口径はなるべく小とする。六・五ミリなどはまず理想であろうという傾向を来たした。つまり元のところへ還ったのであった。

日露戦争後三十年式銃は改良されて三八式銃となった。このときの最も著しい変更は騎銃に銃剣を付けたことである。騎兵に銃剣が必要となるのは徒歩戦にある。徒歩戦は騎兵の性質上唯一の戦闘法ではないが、火器の進歩と土工の発達は乗馬戦を困難にし、反対に火器の威力を利用して、一時優勢な敵を扼止できることは、従来に比べて徒歩戦の価値を高めた。そのため世界各国とも概ね騎銃に銃剣を付けることになったのである。

騎兵用銃剣には着脱式と折畳式の二種がある。三八式騎銃は着脱式であった、平時銃剣は鞍に縛着する様式である。これは非常に不便であるため、新に四四式騎銃が制定された。この騎銃の銃剣は折畳式で常に銃剣を銃口部に定着し、平時は折って銃床に副接させ、所要のとき枢軸によりこれを起して使用するものである。

わが国制式各種歩兵銃の主要諸元は左のとおりである。

十三年式村田銃

口径一一ミリ、銃長 脱剣一二九四ミリ、着剣一八五九ミリ、銃量 脱剣四・一五六キロ、腔綫数五、最高照尺一五〇〇メートル、銃剣重量九八五グラム、実包量四三・三グラム、弾量二六・〇グラム、速率（銃口前二五メートル）四一九メートル、最大射程二〇〇〇メートル

十八年式村田銃

口径一一ミリ、銃長 脱剣一二七七・五ミリ、着剣一七三七ミリ、銃量脱剣四・〇九八キロ、腔綫数五、最高照尺一五〇〇メートル、銃剣重量六六二グラム、実包量四四・七グラム、弾量二七・〇グラム、速率四四三メートル、最大射程二〇

○○メートル

村田連発銃

口径八ミリ、銃長 脱剣一二二〇ミリ、着剣一四八八ミリ、銃量 脱剣四・一七〇キロ、腔綫数四、最高照尺二〇〇〇メートル、銃剣重量三九二グラム、実包量三〇・八グラム、弾量一五・六グラム、速率五九三メートル、最大射程二二〇〇メートル

三十年式歩兵銃

口径六・五ミリ、銃長 脱剣一二七五ミリ、着剣一六六五ミリ、銃量 脱剣三・八五〇キロ、腔綫数六、最高照尺二〇〇〇メートル、銃剣重量六三五グラム、実包量二二・〇グラム、弾量一〇・五グラム、速率六七八メートル、最大射程二五〇〇メートル

三八式歩兵銃

口径六・五ミリ、銃長 脱剣一二七五ミリ、着剣一六五九ミリ、銃量 脱剣三・九五〇キロ、腔綫数四、最高照尺二四〇〇メートル、銃剣重量六三五グラム、実包量二一・〇グラム、弾量一〇・五グラム、速率七四七メートル、最大射程四〇〇〇メートル

「兵器考」有坂鉊蔵著　昭和十一年十二月刊

有坂鉊蔵は海軍造兵中将、東京帝国大学名誉教授。「兵器沿革図説」のほか四分冊よりなる不朽の名著「兵器考」を著した。

西洋の小銃

小銃も大砲と同様十四世紀頃に始まったもので、他の国に率先してこれを使用したのはベルギー人であったようである。一三八二年ロスベックの戦争に際してこれを使用したということが歴史に見えている。一四一四年フランス・アラス市で小銃に鉛弾を用いることが発明され、一四二一年にコルシカ島ボニファッチオ攻撃のときに、小銃の鉛弾はよく甲冑を射徹したということである。

小銃は初めの頃は多く歩兵が使用したものであったが、後には騎兵もこれを用いるようになった。古来小銃の種類はすこぶる多く、左にその大略を記す。

十四世紀に使用したハンドカノンは極めて疎造の錬鉄または黄銅管で、木柄または鉄柄などをもつ。これらを火杖といった。また木床に固着したものもある。火門は銃身の上部にあったが、後には右の方に付けるようになった。ハンドカノンの大きなものはしばしば二人で操作した。すなわち一人が銃床を持ち、もう一人はこれに点火するのである。

小さいものは騎兵が採用した。これをペトロネルと称した。また十四世紀の終りに至って、銃尾を肩の上に載せて発射するハンドカノンが現れた。フランスではこれを肩銃と称し、火門は右側にあった。当時の手銃には棍棒、戦斧などを兼ねたものもある。

火器は発明された初期にはその威力は小さかったが、当時人道上使用すべからざるものであるという思想が盛んに唱えられた。一三四七年頃には、フランスではこのおそるべき武器を人類に対して用いてはいなかった。もっとも一三三八年にある城郭を攻撃する際に使用したことがあるが、同胞に対して使用したことを心に恥じていたのであった。

イギリスは一三四六年クレシーの戦いで銃器を用いた。クレシーの戦いはイギリス王エドワード三世の兵とフランス王フィリップ・ド・ヴァロアの軍との間に起った戦いで、エドワード王はフランス軍の通路にあたるクレシーの村に近い丘陵の上に放列を敷き、初めて大砲を使用し、フランス兵に大きな恐怖と混乱を惹起させ、フランス王フィリップを大いに悩ませた。

十五世紀の初め頃、ドラゴン、サーペンティンなどの名称を持つ種々のハンドカノンが現れた。この世紀の中頃には、火縄保持器、引金および火門皿を持ったアークビウスという銃が創製された。この銃は古代のものとしては比較的完全な火器で、その長さはおよそ三尺くらいであった。当時二個の火縄保持器のあるアークビウスも作られた。これをダブル・アークビウスといい、その長さは三尺から六尺に及ぶものがあった。

一五一五年ドイツのニュールンベルクで歯輪発火装置を持ったアークビウスが発明された。これは白鉄鋼(マーカサイト)に歯輪を摩擦して発火させ、装薬に点火するもので、この鉱石はかつてローマ人が日常生活に火を作る場合に用いたものである。歯輪発火式が発明された後も、古来使用されてきた火縄式の銃が廃れたというわけではなく、火縄式は構造が極めて簡単で、また命中も正確なので、この両者はともに使用された。

マスケットの構造はアークビウスと同様で、歯輪または火縄式の発火装置を持つ。異なる点は口径が大きいということであって、したがって装薬の重量はアークビウスに倍し、銃の重量も極めて重いので、ダブル・アークビウスのように支床を必要とした。フランスではムスケといった。一六九四年フランスで作ったマスケットは弾丸二〇個の重量が一ポンド（約〇・五キロ）に達したという。

施条銃は一四九八年ライプチッヒで発明され、一五二〇年ニュールンベルクのコッターという人がこれを試みたと伝えられている。また施条は十五世紀にオーストリア人ガスパル・ツエルナーが発明したという説もある。施条銃がイギリスへ渡来したのは一五九四年であるといわれている。

十七世紀の初期、デンマーク王クリスチャン四世は、麾下の兵士に使用させるために多数の施条銃を製造し、三十年戦役の終りにはババリアのマクシミリアン王は、その軍隊のために施条銃を採用した。

フランスでは十七世紀にマレシャル・ピュイセギュールが歩兵用として施条銃の使用を政府に勧告し、一六八〇年に至って騎兵の一部もこれを使用することになった。

施条の効力が確実に証明されたのは、イギリスのベンジャミン・ロビン（一七〇一～一七五一）が施条を学理的に研究してからである。アメリカの独立戦争（一七七五～一七八三）中に施条銃は大いに効力を発揮して、従来は多く猟銃として用いられた施条銃は、軍用として極めて必要な武器であることが証明された。この経験からイギリスではマニンガム大佐の策を採用し、ライフル・ブリゲード（旅団）を組織するようになった。

ナポレオン一世はフランス軍隊の一部にヴェルサイユのカラビンと称する施条銃を採用したが、一七九三年にはこれを廃し、再び滑腔式の銃に戻した。

この頃イギリスでは欧州諸国の施条銃を研究してベーカー銃を作った。これは燧石発火装置式の銃で、七条の施条を施したものであった。

一五八八年にヘンリー・ラドックがシュナッパーン式撃発装置をマスケットまたはアークビウスに応用した。この式は槌で燧石を撃ち発火させる装置で、フランスで燧石発火装置を発明する起因となった。

燧石撃発機は一六四〇年フランスで発明された。これを応用した銃をフュージー・ムスケーと称し、曲柄を持った銃鎗が銃口に付いている。この銃鎗は銃口の傍らに付けたまま射撃ができるから、今までのものに比べて便利だった。また前に述べたカラビンやブランダーバッスなどの銃が用いられた。前者は短い施条銃で、騎兵用となり、後者は銃身がラッパ形をして、一回に一〇ないし一二発の弾丸を発射することができる。

弾丸と装薬を一括して弾薬包とするのは、一五六九年にスペインで始まった。フランスでは一六四四年に至ってこれを採用した。これが現在の弾薬筒の起源である。

一八〇五年、イギリスは第二のライフル・ブリゲードを組織した。この銃隊はブランズウィック施条銃を採用した。この銃は撃発式で口径は〇・七〇四インチである。撃発式は一八〇五年アレキサンダー・フォーサイスが考案したもので、フォーサイスは初めて雷管発火装置を発明したが、雷管用爆薬の発明は既に一六九〇年ピエール・ブールジュールが成功している。この爆薬は雷酸アンモニアであって、雷汞ではない。雷汞は一七六四年ルイ十四世のときに軍医バイヨンが発明したものであるという説もあり、また一七九九年ホワールドの発明であるという説もある。その後ゲールサックなどの科学者たちがこれを研究して、その性能を明らかにした。

一八〇八年ポーリーはフォーサイス式の銃を改良してフランスに輸入した。当時またジョセフ・エッグという者が銅製の雷管を発明した。この雷管は一端を閉鎖した円筒で、その底に雷汞を付けたものであった。

前装施条銃の困難としたところは、弾丸の装填にあった。弾が口径にしっくり嵌るものを装填するのは極めて難しいことで、そのために発射速度は著しく減少する。弾丸が口径より小さいと、施条の目的を達することができないだけでなく、銃口を下に向けると弾丸が落ちてしまうおそれがある。そのため弾丸の装填が容易で、これが腔底で膨張し、射撃に際して腔内に間隙を生じることなく、施条の効力を完全に発揮させようとする種々の考案がでたが、いずれも思うような成績を挙げることはできなかった。

このときフランスの歩兵将校デルヴィーギュは薬室の径を口径より小さくし、鉛弾の容易に装填できるものを撞弾杖で腟底に強圧し、弾丸が薬室の前端に止まるとき、さらに強く撞けば、弾丸の形は扁平となって、その中径を増加し、射撃に際して完全に施条に吻入することができるようにした。しかしこの方法では弾丸の形状が不斉となり、命中において誤差を生じることが多くなるので、一八三三年ポンシャラ大佐はこれに多少の改良を加えて軽歩兵に使用させた。これがフランス施条銃隊の起りである。

一八三六年グリーナーは卵形の銃弾を作り、底部に円錐状の孔をあけ、同形の栓を装入した。弾丸がガスのために強圧されると、栓は孔に圧入して弾体を膨張させ、施条の吻合を確実にすることができた。

ミニエー式はイギリス軍の一部がクリミア戦役に使用し、イギリス海軍は一八四二年式の銃にも同式を採用した。

一八四六年ライフル・ブリゲードの第一大隊は、平底を有する円錐弾を用いるランカスター施条銃をカッファー戦役に使用した。

一八五二年イギリスで小銃改良委員会を開き、審議の末ついにエンフィールド式施条銃を採用した。一八五五年これを軍隊に配付し、クリミア戦役に用いて大いに効力を発揮し、ミニエー式に優ることが証明された。

後装銃は十五世紀の終りもしくは十六世紀の初め頃、既に世上に行われ、当時ドイツ製のものが多く、今もパリ兵器博物館、ロンドン城、ドレスデンおよびウィーンの博物館に所蔵されている。十六世紀のドイツ製七銃身回転銃および十八世紀の四銃身回転銃はジグマリンゲン博物館（南ドイツ）にある。

ベンジャミン・ロビンは一七四二年既に後装銃を考案し、ハイランダー軍隊のパトリック・ファーガソン中佐もまた同様の銃を計画し、一七七五年に実験して好成績を得た。

一八二七年ドイツ人ニコラス・ドライゼは一七年間研究の後に最初の撃針銃を発明し、専売権を得た。

プロシアでは一八三八年ドライゼの発明した撃針銃を採用した。この式は射撃に際して後炎の噴出が多く、使用に便利ではないが、発射速度が大きいので、その欠点を償うに足るといわれた。それから撃針小銃はドイツ軍隊一般の採用するところとなり、一八四八年、一八六六年、一八七〇年の諸戦役に用いられた。

十九世紀の前半期にはシャープ、グリーナー、ウェストリー・リチャードなどが後装銃を考案してこれを試験した。小銃のガス緊塞法は種々の方法があるが、フランス人ポーレーが一八一四年に銅あるいは軟性金属で緊塞具を製造することを考案してから、大いにその進歩を促した。

フランスは一八六六年シャスポー銃を採用した。イギリスはジャコブ・スナイダー式を採用し、その後小銃改良委員会の決議によって一八七一年マルティニー・ヘンリー式の後装銃を制式とするに至った。

一八四〇年コルト大佐は回転式の連発銃を考案し、金属薬莢を使用したが、試験の結果はあまりよくなかった。

一八六〇年スペンサーは銃床に弾薬を納める連発銃を発明して好結果を得、またヘンリー・ウィンチェスターは銃身の下に弾倉のある連発銃を作り、アメリカの南北戦争で使用された。ウィンチェスター連発銃は一八七七年の露土戦争でトルコ軍が使用し、よい成績を挙げたために、その後列国は益々連発銃の必要を認めるようになった。

このように連発銃が次第に改良され、進歩していく間に、単発銃の装塡が速くできるような特殊の装脱弾倉を付けることが考案された。露土戦争中、ロシア軍はクルンカ式装脱弾倉を銃の一側に付着して、発射の速度を増加した。その他単発銃に自動連発用装脱弾倉を取付け、連発銃として使用できる種々の考案も現れるようになった。一八六七年スウェーデンでヴェッテルリー連発銃を採用し、一八七〇年オーストリアではフリューヴィルト式連発銃を制式とした。その後クロパティック、ギャルマン、モーゼル、ルベールなどの銃が出て、益々銃器は進歩してきた。

この頃スイスのルービン少佐は、銃弾の鉛体に銅の被筒を装着することを発明し、その摩擦と変形とに対して大きな利益を得た。

一八八五年フランスの火薬技監ヴィエイユは無煙火薬を発明し、その結果小口径銃の威力が増大して、小銃進歩の一新時期を画した。ブーランジェー将軍はこの新しい火薬を用いて、小口径の新式銃を製造した。これが一八八六年式ルベール銃で、〇・三一五インチの口径を有し、近世小口径銃の最初のものである。

一八八六年オーストリアも口径〇・四三三インチのマンリッヘル（マンリッヒャー・マンリッチャー）銃を制式とし、一八八八年ドイツでは口径〇・三一一インチのマンリッヘル銃を採用した。これが当時の連発銃の中で最新式のものであった。

イギリスは一八八八年〇・三〇三インチのリー・メットフォード連発銃を採用した。一八九二年コルダイトを小銃装薬として使用することになったので、メットフォード式施条は膅内腐蝕に対して浅過ぎるということを発見し、エンフィールド式施条を採用し、その他照準器などに改良を行い、一九〇七年リー・エンフィールド第一号銃および同式短第三号銃を制定し、イギリス陸軍の制式と定められた。

このように近世小銃は火砲とともに著しい発展をみて、往時のものと比較すると左の性能において大いに優ってきたのである。

一、射撃の速度、二、弾道の低伸、三、射距離および貫徹力の増加、四、無煙、五、弾薬の重量が軽減した結果多数の弾薬包を携帯できる、六、反動の減少、七、携帯の便利、八、命中の確実

連発銃を大別すると左の四種となる。

一、輪胴弾倉式、二、床尾弾倉式、三、前床弾倉式、四、尾筒弾倉式

輪胴弾倉式は輪胴拳銃のように弾倉がその軸周に回転して射撃を行うものであるが、この種の銃はガス緊塞が不十分であることと、その機関が繁雑で重量が大きいために、実用に適さない。オーストリアのスピタルスキーが発明した連発銃はこの種のものである。

床尾弾倉式は弾倉が銃床の尾部にあるものでスペンサー、ホッチキス、シャフェリースなどはこの種であるが、銃床を脆弱にし、重心を変化させるので優秀な式とはいわれない。

前床弾倉式は弾倉を銃身の下部に置くものでウィンチェスター、ヴェッテルリー、クロパティック、ルベール、リー・メットフォード、村田連発、クラーグ・ヨルゲンセンなどの式はこれであるが、この種のものは装填が緩慢であることや、重心の変化が多いことなど、種々の不利があって、これも現在では一般に用いられていない。

尾筒弾倉式はモーゼル、マンリッヘル、三十年式、三八式のように尾筒に弾倉があり、挿弾子により弾薬包を弾倉に装填する。この式は最も称用されるもので、各国が現今多く採用している。

アメリカでは発砲の音響を減少する装置を銃口に付ける発明があったが、実際に軍用銃に応用するには至らなかった。

近世、銃器の進歩にともなってその構造は精巧を極め、使用上便利になったけれども、戦闘における弾丸命中率はかえってはなはだしく減じた。すなわち一弾の命中を得るために発射した割合をみると、ボヘミア戦役でプロシアの歩兵が放った三三弾、普仏戦争のときは三五〇弾、日露戦争ではロシア軍の放った一〇〇〇発に対してわずかに一発命中という比率である。また南ア戦争にはボーア軍の一兵を斃すのにイギリス兵は五〇〇〇発の弾丸を費やしたという。

この現象は、銃器の改良によって射距離が長大になり、目標が不明になったこと、各兵が地物を利用して身体を蔭蔽する方法が進歩したことなどによるが、また連発銃の乱発に起因するところが少なくない。これについてドイツ陸軍将校ミュラーが乱発を防ぐために、バット・サイトという装置を銃床に付け、銃が必要な仰角に向わない間は発射することができないようにすることを計画したという。

現今各国で使用する連発銃は、その機構は様々であるが、多くは尾筒弾倉式で銃身、尾筒、遊底、撃発機、銃床、鋑錬、弾倉、照準器で構成されている。銃身は火砲に比べて軽少であることと、比較的高いガス圧力を受けるので、その材料には極めて優等の鋼を用いる。また腟中の侵蝕により銃の命数が減じることを避けるため、タングステン鋼などを用いて好結果を得た。さらにワナジウム、モリブデンなども銃身用鋼に加味すれば優良な材料となる。

小銃用の弾丸は多くが尖頭式で、鉛を中心としてこれをニッケル、銅または鋼などで覆い、被套弾としたものである。柔鼻弾というのは、かつてイギリス軍がインド人征伐の目的でダムダム工場で製造したのが最初で、俗にダムダム弾ともいう。この弾丸は頂頭に縦孔があり、目標に撃突すると尖端が広がって、負傷の程度を大きくする目的でできたものであるから、人道上残酷であるというので、一八九九年万国平和会議で文明国間の戦闘にはこれを用いることを禁止した。

各国が採用した小銃の例

イギリス SMLE (Short Magazine Lee Enfield) 三号

弾倉の形式 離脱・垂直函、弾倉内実包数一〇、重量 除剣四一九六グラム、剣共四六三五グラム、口径七・七ミリ、全長 除剣一〇五四ミリ、剣共一二五七ミリ、弾重一一・三グラム、装薬重量二・五四グラム、装薬種類コルダイト、初速七五六メートル

アメリカ スプリングフィールド一九〇三

弾倉の形式 固定・垂直函、弾倉内実包数五、重量 除剣三八五六グラム、剣共四三〇九グラム、口径七・六二ミリ、全長 除剣一〇九六ミリ、剣共一五〇四ミリ、弾重九・七二グラム、装薬重量三・二四グラム、装薬種類ピロ棉火薬、初速八二二メートル

フランス ルベール一九〇七、改造一九一六

弾倉の形式 固定・垂直函、弾倉内実包数八、重量 除剣四一七二グラム、剣共四四七九グラム、口径八・〇ミリ、全長 除剣一二九八ミリ、剣共一八二五ミリ、弾重一二・八グラム、装薬重量三・〇〇グラム、装薬種類棉火薬、初速七二五メ

ートル

ドイツ モーゼル

弾倉の形式 固定・垂直函、弾倉内実包数五、重量 除剣四〇八二グラム、剣共四四七九グラム、口径七・九ミリ、全長 除剣一二五五ミリ、剣共一七七二ミリ、弾重一四・七グラム、装薬重量二・六四グラム、装薬種類棉火薬、初速六三八メートル

イタリア マンリッヘル・カルカノー

弾倉の形式 固定・垂直函、弾倉内実包数六、重量 除剣三八一三グラム、剣共四一六七グラム、口径六・五ミリ、全長 除剣一二八九ミリ、剣共一五八四ミリ、弾重一〇・六グラム、装薬重量二・二グラム、装薬種類バリスタイト、初速七二五メートル

ソ連 ナガント

弾倉の形式 固定・垂直函、弾倉内実包数五、重量 除剣四〇六一グラム、剣共四四〇一グラム、口径七・六二ミリ、全長 除剣一三一八ミリ、剣共一七五三ミリ、弾重一三・九グラム、装薬重量三・二グラム、装薬種類棉火薬、初速六〇五メートル

日本　三八式

弾倉の形式 固定・垂直函、弾倉内実包数五、重量 除剣三九〇〇グラム、剣共四三三八グラム、口径六・五ミリ、全長 除剣一二八九ミリ、剣共一六七〇ミリ、弾重九・〇〇グラム、装薬重量二・一五グラム、装薬種類棉火薬、初速七六二メートル

日本の小銃

儒僧南浦分之の「鐵炮記」が鉄砲伝来の記録のなかで最も詳細に記されていることから、天文十二年（一五四三）の種子島伝来がわが国への鉄砲伝来の始めとされた。しかし「碧山日録」には、応仁の乱（一四六七～一四七七年）で飛砲火槍を用いたと記載され、「蔭凉軒日録」には文正元年（一四六六）琉球人来朝の際鉄砲を放ったという記事があり、「北條五代記」には永正七年（一五一〇）支那から堺に渡来して関東に伝わったとあり、「甲陽軍鑑」には大永六年（一五二六）に武田家に伝来したと記されている。

室町幕府第一二代将軍足利義晴は島津氏から南蛮の鉄砲を献上されたので、これに倣って鉄砲をわが国で造ろうと思い立ち、天分十三年（一五四四）二月、管領の細川

晴元に命じて優秀な鍛工を求めたところ、江州国友の鍛冶を知り、国友善兵衛以下四人に鉄砲製作を命じた。彼らは鉄砲に接したことがなかったが、将軍の手元にあるものを拝借し、これを見本として製作した。同年八月に将軍に献上したものは銃尾を螺栓で閉鎖した六匁玉筒二挺であった。

弘治元年（一五五五）毛利元就は陶晴賢（すえはるかた）と厳島で戦った。晴賢は七挺の鳥銃を発射して元就の陣を攻撃した。鳥銃とは銃身の下に曲床を持つ現代式の銃の祖先で、上記の火槍は欧州の手銃と同じものである。

弘治四年（一五五八）種子島時堯は朝廷において、鉄砲火薬を得た功績を賞せられた。

天正六年（一五七八）には大友義鎮（よししげ）（宗麟）が書および刀剣を種子島に贈って、鉄砲を贈られた好意を謝したという。

その後和泉国堺の商人橘屋又三郎という者が種子島に来て一、二年居住し、鉄砲鋳造の法を学んで大いに熟練した。又三郎は堺に帰国後鉄砲又と呼ばれ、堺浦銃工の祖となった。それから鉄砲は広く国内に普及し、武士は盛んにこれを学ぶようになった。

織田信長は鉄砲が将来の戦場において最も重要な武器であることを看破し、国友鍛冶に命じて数百挺を造らせ、銃隊を編成して戦法に変化を来した。豊臣、徳川に至り益々鉄砲は伝播し、国友鍛冶は愈々重んじられた。鳥銃の効果は当時の戦闘では著しかったので、諸侯、諸武家は争ってこれを採用した。しかし当時は点火、装填などの装置は極めて不完全なもので、「武具要説」に小幡山城守は「鉄砲は遠き物を打つに無双の道具なり、ことに城に籠りたるとき重宝なり、鉄砲の難儀は雨降りにあつかわれぬ、その所ばかりなり」と述べ、横田備中守は「鉄砲は敵間遠き所にて無類の道具なり、間近き勝負を鉄砲にてつかまつらば、危きことなり、その故は少々の内、火の通ぜぬことこれあり物にて御座候、また矢次のおそき物なり、士と士が出合には戦場は格別、そのほかのことに、鉄砲にてつかまつりては、ほめられぬことにて御座候（後略）」。

元和元年（一六一五）三月大坂夏の陣のとき、徳川家康は命を下し、槍を減じ、銃を増やした。一万石につき槍一〇〇本と決めていたが、これを槍は五〇本を残し、残る槍五〇本に代えて鉄砲二〇挺とした。

このように伝来の日を経るにしたがってその術を業とする者が盛んになり、自ら家々の流派を立て、あるいは小銃を専業とし、また大砲を専業とする者、大砲・小銃を兼ねて行う者もあり、流派は分かれて数十家となった。

徳川幕府の時代には二百余年間泰平が続いて兵乱もなく、したがって火兵の技術を研究する者もはなはだ少なく、火技は歩卒の技なりとしてこれを賤しんだので、その技術も進歩しなかった。

寛政年間（一七八九〜一八〇〇）に高島秋帆は、砲術が西洋に比べて遅れていることを嘆き、オランダ人に就いて学び、一流を興して近世砲術の一大進歩をなした。その後欧州の船舶が盛んに来朝し、嘉永六年（一八五三）にはアメリカの水師提督ペルリが浦賀に来て、和親を乞うということがあってから、益々西洋諸国との交通が頻煩になり、砲術も大いに国内に普及して、わが国でも種々の発明がなされるようになった。

明治維新前後は戦乱が諸方に続き、鉄砲の使用が益々盛んになって、小銃、大砲を戦闘の主要兵器とするようになった。しかし当時の小銃は火縄式から雷管式まで、また和製から舶来の銃まで、種類が非常に多かった。「鎮将府日誌」に戊辰戦争の終盤奥羽戦争において鹵獲した兵器の届書が種々掲載されている。

一、八月二十日仙台領駒ヶ峰左右戦争ノ節分捕品左之通
　雷管二千、ハトロン四百、三十日玉九、ミニール筒四挺、三匁玉五十七、十匁玉八、元込筒一挺、十匁筒三挺、八匁筒二挺、小筒一挺、鉄砲四挺（以下略）
　八月二十二日　相馬因幡家来　錦織四郎太夫

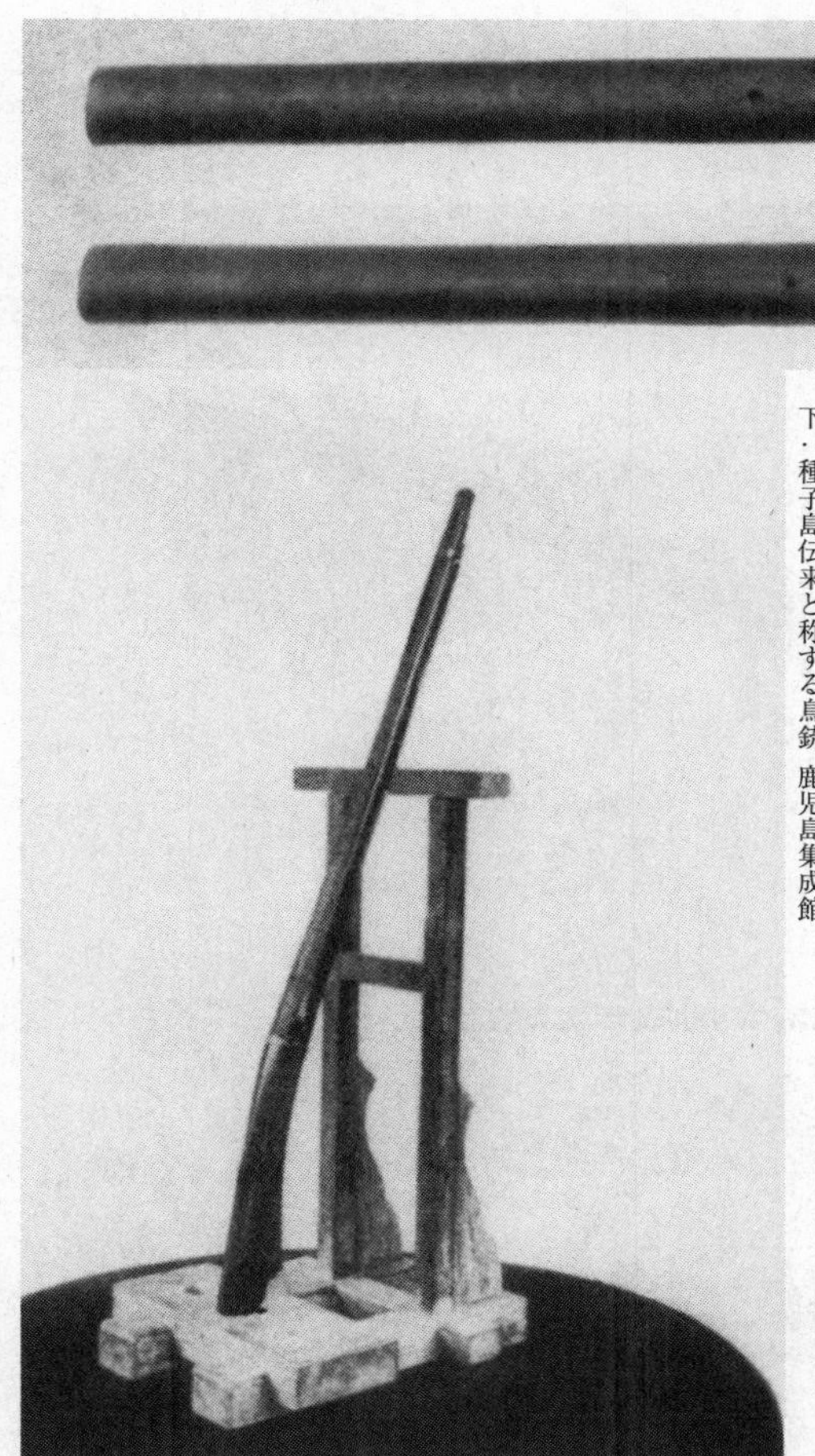

上：火鎗式古銃身　陸軍造兵廠蔵
下：種子島伝来と称する鳥銃　鹿児島集成館

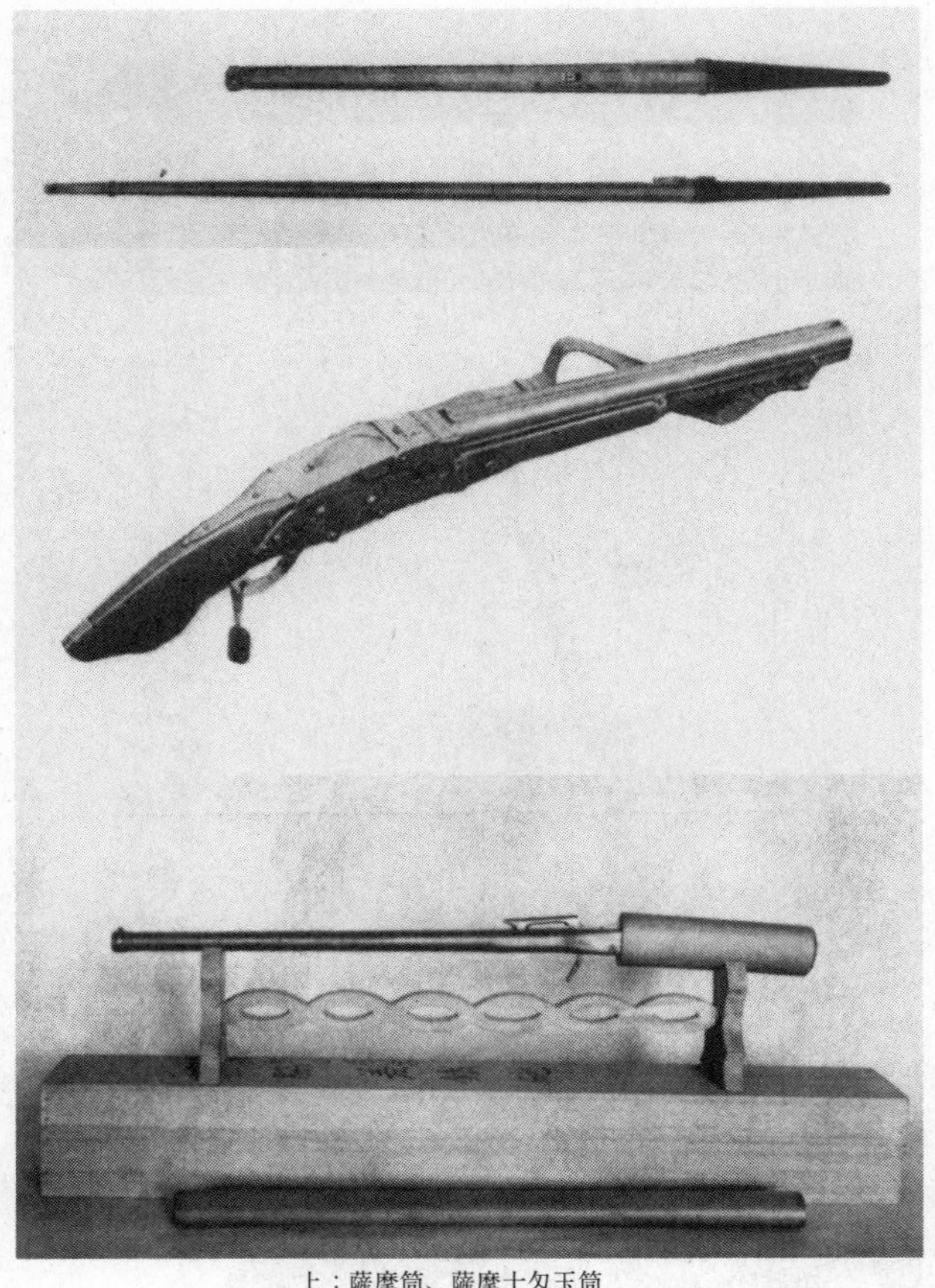

上：薩摩筒、薩摩十匁玉筒
中：片井京助作四連銃 遊就館
下：水戸烈公発明脇差鉄砲

二、因州藩届書

過ル十日旗巻峠其外所々ニテ賊兵追撃致シ候節左ノ通分捕致シ候此段御届申上候

大砲一門、火縄筒三十一挺、小銃弾薬二十二箱

右之通ニ御座候　以上　九月　因州藩　和田壹岐

三、彦根藩届書

九月十四日八字ヨリ賊城進撃ニ付弊藩分隊人数桂林寺口融通寺口等ヨリ諸藩一同進入候処、賊烈シク防戦致シ候得共急速進等ニ終ニ外郭乗取リ、十二字頃止戦仕候、其節分取左之通

臼砲一門、舶来ミニヘル玉三千位

右当日若松城攻之節如此御座候　以上　九月十八日　彦根藩　河手主水

四、会津在陣ヨリ文通

其後日夜攻撃不止候、故賊徒遂ニ及窮迫、去ル二十二日松平肥後父子軍門ニ来テ降伏、当時妙国ト云梵宇ニ蟄居謹慎同日大小ノ砲器不残差出シ、二十三日家来不残猪苗代ニ引退大小相渡シ謹慎、今日城請取ノ都合ニ相成申候、抑（そもそも）当城ハ方五六町位ノ平城ニ候得共、石垣ノ曲折巧ニ妙ヲ得、殊ニ必死ノ兵三千ヲ以大砲五十門、小銃二千八百挺中々数月ノ間ニ可攻落ニ無之候共（後略）

九月二十四日　伊地知正治

明治四年歩兵用としてイギリスのスナイドル銃を採用し、騎兵、砲兵、輜重兵にはアメリカ製スペンサー銃を携帯させ、明治十三年には村田歩兵銃および同騎兵銃の制定があった。

明治十八年に村田歩兵銃を改良して初速を増し、銃を短くしてこれを十八年式と称した。その後二十二年に村田連発銃および同騎銃を制定し、無煙火薬を用いて二十七年以降軍隊に配付した。

海軍では最初マルティニー・ヘンリー銃を用いたが、次いで村田連発銃を用い、その後三十五年式海軍銃を制式とした。

「村田銃発明物語」鈴木氏亨著　昭和十七年八月刊

鈴木氏亨（しこう）は文芸春秋編集同人から専務取締役。大衆小説、児童書、戯曲がある。

わが国の小銃

後奈良天皇の天文十二年（一五四三）、種子島の島首種子島時堯が、ポルトガル人から二挺の鉄砲を買った。これがわが国に小銃の入ったはじめで、その頃は小銃といわず鉄砲といっていた。

この鉄砲という言葉は、文永十一年（一二七四）十一月、蒙古軍が日本へ押し寄せてきたとき、鉄砲を使ったということが、建武中興時代の歴史を書いた「太平記」や、「群書類従」の中の「八幡愚童訓」という本の中に書かれている。

この「八幡愚童訓」という書物は、蒙古軍との戦争を実地に見た筥崎（はこざき）八幡宮の宮司が書いたもので、「鉄砲とて鉄丸に火を包で烈しく飛ばす、中（あた）りて割るるとき、四方に火炎迸りて煙を以て暗ます、又其の音甚だ高ければ心を迷わし、肝を消し、耳塞がりて東西を知らずなる」とある。

また太平記には「鉄砲とて、鞠の勢なる鉄丸の迸ること、坂を下す車輪の如く、霹靂する事閃々、電火の如くなるを、二三千放出したるに、日本兵多く焼殺され」と書いてあり、いずれも鉄砲の威力の恐ろしいことを説明している。

また「蒙古襲来絵詞」という戦争絵にも、弾丸が炸裂している図が描いてあって、その側に「てっほう」という仮名文字が書かれている。しかし、その鉄砲がどんなものだったかは分らない。勿論今の小銃ではなく、焼夷弾のようなものだろうと想像されている。そしてその発射機が放石機か大砲かも分らない。多分放石機で焼夷弾をわが軍に打ち込んだものだろうと考えられている。

その後文正元年（一四六六）七月二十八日に、琉球の役人が足利幕府へ貢物を持ってきたとき、幕府を退出した一行が門の外で、本国から持ってきた鉄砲で、礼砲を一二度撃ったところが、幕府の役人が驚いて、中には転倒した者もあったといわれている。これは花火とは思われないから、多分携帯銃であろう。

天文十二年（一五四三）八月鹿児島県熊毛郡親島種子島の西之村にポルトガル船が漂着した。そのポルトガル人はピント、ヂュゴ、チエモトの一行だといわれているが、確かなことは分からない。一行は島民から親切にもてなされていたが、そこから北へ五二キロ、今の西之表町、当時の赤尾木港に殿様の時堯がいたので、そこへ行って厄介になることになった。島主も珍しく思い、この人達を赤尾木の寺に泊めてもてなした。

ある日、一行のうちヂュゴ、チエモトの二人が鉄砲を持っていて、島内で狩猟をしていた。沼のほとりで、鉄砲で鳥を獲っているのを、島の殿様左近衛将監時堯が見て驚いた。時堯は何とかこれを手に入れたいと思い、一行に譲ってくれと掛け合ったが、なかなか譲ってくれなかった。色々交渉した結果、二〇〇〇両という大金で二挺だけ譲ってもらうことになった。時堯が買った鉄砲はポルトガルのムスケットという銃であった。

時尭は一行を城中に泊めてもてなし、自分から進んで鉄砲の撃ち方を学び、熱心に研究した。時尭はチエモトから火薬の製法を学び、すぐ自分でも作れるようになった。それからの時尭は鉄砲を朝から晩まで手離さず、鉄砲の模型を作ったり、鉄を鍛えたりして、自分で鉄砲を作る大望を抱いた。火薬の製法は家来の篠河小四郎に研究させた。

時尭は家来の鍛冶職八板金兵衛（はちいたきんべえ）清定（きよさだ）に鉄砲の製作を命じた。清定は苦心を重ねた末銃身を作ったが、腔底を塞ぐことができなかった。ポルトガル人に聞いても教えてくれなかったのである。ポルトガル人は一旦外国へ行ったが、その翌年またやって来た。幸いにその船に本職の銃工が乗っていたので、清定はその銃工から鉄を巻いて腔底を塞ぐ方法を教わり、銃身を完成することができた。これが日本で鉄砲を作ったはじめとなった。

このことを近江国友村の鍛冶屋が伝え聞き、早速教えを請うて鉄砲の製造を始めた。そのうちに紀州根来寺の僧明算（めいさん）が聞きつけて、津田監物丞（けんもつのじょう）を種子島へ派遣し、鉄砲一挺を譲り受けた。また堺の鍛冶屋芝辻清右衛門が銃身の製作に成功し、種子島まで習いにきた橘屋又三郎が堺で鉄砲を作り始めた。天文十三年（一五四四）にはわずか一年しか経たないのに、鉄砲は種子島から紀州や畿内近江にまで広まった。この鉄砲を種子島といった。

それから五年目の天文十七年には、種子島は支那にまで伝わった。翌十八年織田信長が美濃国の齋藤道三に会ったときには、五〇〇人の家来が鉄砲を持っていたという。鉄砲は瞬く間に普及していったのである。またその年の七月、信長は国友村へ鉄砲一〇〇挺を注文したが、これが一年二ヵ月で完成したことは、鉄砲の製造が益々盛んになっていたことを示している。したがってその頃の戦争で鉄砲を使わない戦争はないようになった。

このようにして弘治二年（一五五六）には日本全国の鉄砲が三〇万挺にもなった。その翌年には紀州や堺、近江、畿内ばかりでなく、尾道の坊の津や、豊後、長崎の平戸あたりでも立派な鉄砲が作られるようになった。

元亀元年（一五七〇）信長が大阪の石山本願寺を攻めたときには、紀州の援兵二万人の中には、三〇〇〇人の鉄砲隊があったといわれ、本願寺にも七、八〇〇〇挺の鉄砲を持った僧兵がいたといわれている。

天正三年（一五七五）の長篠の合戦には多数の鉄砲隊が参加した様子が絵図に残されている。この戦はこれまでの戦術を変えさせた画期的な戦争といわれている。

元亀二年信長は国友村の鉄砲鍛冶に二〇〇匁玉（弾丸の重さ七五〇グラム）の大砲を二挺作らせ、十一月に竣工した。これが日本で大砲を作った始めである。大砲は主として一〇〇匁前後の弾丸を使う鉄砲のことで大筒ともいう。三〇匁玉前後の鉄砲を中筒（ちゅうづつ）、二〇匁玉以下の鉄砲を小筒（こづつ）といい、五匁、六匁、一〇匁、二〇匁と分かれている。種子島は主に一〇匁玉で口径八ミリだった。これを士筒（さむらいづつ）ともいった。足軽鉄砲というのは三匁五分玉で口径が四ミリだった。

慶長十九年（一六一四）十一月の大坂冬の陣は完全に鉄砲と鉄砲の戦になり、鉄砲の多かった徳川方が勝ち、鉄砲の少ない豊臣方が負けたのである。

寛永十四年（一六三七）一〇月に島原の乱（天草一揆）が起った。六万人の男女が鉄砲二五〇〇挺を持って原城にこもり、この鉄砲の威力で三ヵ月間も城を持ちこたえたといわれている。

それから元禄までの五二年間に、国友村の一〇人方鉄砲鍛冶が、二〇連発銃、八連発銃、五連発銃、三連発銃と多くの多銃身銃を作っている。

文政二年（一八一九）には国友村の一貫齋藤兵衛が気砲を作ることに成功し、さらに天保年間には二〇連発銃を作った。

その一三年後天保三年（一八三二）に、高島秋帆がオランダから初めての洋銃燧石式ゲベール銃を購入して、洋式砲術の調練を始めた。それ以来、種子島を和銃というようになった。

種子島を日本に広めた時堯は大正十二年二月に正四位を贈られ、鉄砲伝来のことを記した記念碑が種子島の西南端、御崎(みさき)神社境内に建てられた。

天保の初め、長崎の町年寄高島四郎太夫秋帆は、オランダ屋敷の出島でカピタン(オランダ商船の船長)のデヒレニューから西洋流砲術の伝習を受けていたが、オランダには種子島より優れたゲベールという燧石銃があると聞き、秋帆は私財を投じて各種の大砲とゲベール銃を取り寄せた。ゲベール銃は和銃に比べて着弾距離は二倍以上に延び、剣付銃にすると槍にも使えるとして、その頃はたいそう重宝がられ、ナポレオン銃ともいわれていた。

秋帆は洋式銃陣、すなわち軍隊調練の開祖でもあった。天保十二年(一八四一)秋帆が養成した歩兵四小隊と砲兵一中隊の編成が完備したので、幕府の命により江戸の徳丸ヶ原(板橋区赤塚)で、洋式の訓練および大砲の発射演習を行った。ところがこれを見た幕府の役人のうちに新しい砲術や訓練をこころよく思わず、反対している者があったが、秋帆の弟子の江川太郎左衛門が強く幕府に薦めたので、翌十三年幕府も秋帆や江川に高島流砲術の教授をすることを公に許した。

こうして各藩でも競って洋銃を買入れるようになったが、当時は佐賀藩の鋳造術が一番進歩していて、色々な大砲や小銃を多数製造していた。この年の十月佐賀藩ではオランダ流の鉄砲製造所を設け、翌年にはモルチール砲、ホーウイッスル砲、野戦砲などの製造に成功した。これらは秋帆がオランダから買った大砲を模倣して作ったものであった。

嘉永元年（一八四八）佐賀藩では火縄銃を燧石式に改造することに成功し、また江川は雷管の製造にも成功した。

「小銃の発達史」大日本射撃協会　昭和十八年九月刊

古来より兵器の発達はその時代の科学文化の先端を行くものであって、火砲が発明される以前は槍投、石投、弓矢などが戦闘手段として用いられていた。次いで発明された弩は初期においては矢、石などを放射して敵を斃していたが、火薬の発明により爆弾を投擲し、その炸裂によって敵に打撃を与えるとともに、爆音によって恐怖心を起させる戦法へ進歩した。しかし弩による射距離には限度があり、あまり遠い敵に対しては効果が少なかったから、火薬を発射薬として使用する研究が進められた。

中国においては宋の時代に既に火身（銃身・砲身）を使用して弾丸を発射する方法が考案された。宋史の開慶元年（一二五九）には竹または鉄銅の筒を使用する火器が発明されている。当時の火器は単なる火身で、発火器も銃床もない原始的なものであった。銃口より火薬と弾丸を装入し、火身の後部にある火門孔より点火して射撃した。この時代の火器は大砲とも小銃とも区別できないものであった。その後この発明を基礎として攻城に使用する大砲と、白兵戦に使用する小銃とがそれぞれ研究され、大砲においては口径と射距離の増大を図り、小銃においては携帯兵器としての機能を備えるよう改良された。この小銃は銃身の後部に柄を付けた火器で、中国においては火槍と称された。火槍は東洋において発明され、アラビアを経て欧州に伝えられた。欧州ではこの火器を手砲（ハンド・カノン）または手銃（ハンド・ガン）と称して実戦に使用した。

欧州においてこの手銃は十四世紀後葉より十五世紀前葉までイタリアおよびスペインにおいて使用された。当時の弾丸は石であったが、その後鉛、青銅、銅製の弾丸がドイツで製造された。しかし手銃はまだ半携帯兵器であって形が大きく、長さも長く、大型のものを使用するには二人の銃手を要した。したがって相当不便なものであったが、一四七六年のモラト（ムルテン）の戦にはスイス軍が六〇〇〇挺以上も使用したといわれている。

手銃を発射するには左手に銃を携帯しながら、右手で点火しなければならないので、この不便を除く方法が研究され、十四世紀の中葉に火縄を保持する装置が発明された。これと同時に銃床が必要となり、また照準を正確にするために照準器が発明されて、いわゆる火縄銃が出現した。

わが国への鉄砲伝来については他の資料に譲るが、わが国において火縄銃が実用化されたのは、天文十二年（一五四三）ポルトガル人から種子島領主時堯が二千金をもって鳥銃二挺を購入して以降のことである。この火縄銃はわが国の倭寇などにより明の嘉靖年間（一五二二〜一五六六）に中国に伝えられ、天正十四年（一五八六）には対馬の藩主宗家によって朝鮮にも伝えられた。

火縄銃はわが国刀鍛冶の伝統的技能に培われて発達し、太閤征韓の役には大いに活躍した。当時は足軽から大将に至るまで皆火縄銃を使用したのである。

しかし火縄銃は点火した火縄を携行する必要上、雨中あるいは夜間においては使用が制限されたから、その欠点を除くために一五一五年ドイツのニュールンベルグにおいて歯輪発火器が発明された。これは燧石と歯輪を擦り合わせて火薬に点火する方法で、火縄を使わない。したがって火縄銃の欠点を除去することができた。わが国においては国友鍛冶によって試作されたが、火縄銃が発達していたために実用化されなかった。

一四九八年にはドイツのライプチッヒにおいて銃腔に腔綫を刻むことが発明された。当時の銃は前装銃であったから銃腔面と弾丸との間に間隙を生じ、命中も不良であったから、この欠点を補うために銃腔面に綫条を彫り、これに硬い獣脂を浸した弾丸を装填したことがきっかけとなり、この発明が成功した。しかし当時の工業技術では腔綫銃を製作することは多額の費用を要したために、あまり実用化されなかったが、十七世紀の初期にはようやくその価値を認められ、デンマークのクリスチャン四世は率先してこれを軍隊に使用させた。

わが国においても小銃の価値が次第に重要視されるようになった結果、種々の工夫が行われ、近江の国友および泉州の堺において小銃の製造が盛んに行われるとともに、各地にも多くの鉄砲鍛冶が輩出した。国友と堺は将来織田信長、豊臣秀吉、徳川家康が天下に覇をとなえるために重大な関係のある小銃製作の中心地となった。しかし寛永十六年（一六三九）には第三代将軍徳川家光によって鎖国政策が採用されたので、わが国と外国との交通は途絶した。

この翌年にはフランスにおいて燧石発火器が発明され、欧州では大いに小銃が発達した。これが燧石銃で、燧石と撃鉄とを打ち合わせて火薬に点火する方式となったので、発射が非常に簡便になった。

その後文化十年（一八一三）久米栄左衛門通賢によって、輪燧佩銃と称する全く独創的な燧石銃が発明されたが、これはその後二〇年を経た天保三年（一八三二）頃、高島秋帆が和蘭人より購入したゲベール燧石銃よりはるかに進歩したものであった。通賢は讃岐の馬宿で船頭の子に生まれたが、発明が好きで三十五歳のときにこの銃を考案した。それは金属と石がぶつかって出る火花は瞬間的であるから、鋼の輪を作り、それを回転して燧石にあて、火花を連続して出すようにしたものであった。これは通賢がドンドロ付木（オランダ付木）より示唆を得て発明したもので、日本で発明した最初の撃発発火器となった。通賢はほかにも極密銃という小さな短銃や、百畝砲という大砲まで発明し、その偉大な才能が認められて高松藩の御普請奉行にまで出世した。

燧石銃により小銃の発達は急速に促進されたが、まだ不発が多く、したがって発火器を二組付けたり、または二銃身にしたりしてこの欠点を補ってきたが、明和、安永の頃（一七七〇～八〇）に仏国において水銀を約一〇倍量の濃硝酸に溶解して硝酸水銀の溶液を作り、これに同じく約一〇倍量のエチルアルコールを加えると灰白色の結晶が得られ、わずかの衝撃や摩擦あるいは熱によって急激に爆発し、著しい爆轟をともなう雷酸水銀（雷汞）を作ることが発見され、これを紙で包んだり、金属製の小器に入れて点火薬として使用する雷管式撃発銃が発明された。これにより小銃は一気に近代的形態を有することになり、従来の火縄、歯輪、燧石発火器の欠点を概ね除去することができた。

わが国においては天保十三年（一八四二）には尾州藩の御抱え医者吉雄常三によって雷汞の製造に成功した。吉雄は雷管銃を製作して尾州藩の城代に献言したが、あまりに発火が急速であったため採用されなかった。吉雄はその後も研究を続けたが、天保十四年五月二日に自製の雷汞を瓶に入れて蓋をしようとしたときに爆発事故を起し、ガラスの破片で手の動脈を切断して血が止まらず、わが国で初めて化学研究の尊い犠牲者となった。

この研究は韮山の代官江川太郎左衛門によって受け継がれ、その門人であった信州松代藩士片井京助により研究され、嘉永年間にはついに雷管の考案を完成した。

欧州においては十九世紀の初期より従来の口込銃（前装銃・先込銃）を元込銃（底装銃・後装銃）にする発明が続出した。わが国においても安政三年（一八五六）に片井京助が元込銃を発明した。これは一分間に一〇発を発射できるといわれ、片井とともに江川塾に入門した佐久間象山によって迅発撃銃と称された。この銃は象山によって井伊直弼に献じられたが、当時の幕府はこの新式銃の発明に無関心であったために採用されなかった。初めて元込銃が輸入されたのは迅発撃銃の発明から一〇年後の慶應二年（一八六六）であった。

安政元年（一八五四）になると洋銃の輸入が激増した。七月には三〇〇〇挺のゲベール銃が日本に入ってきた。佐賀藩では長崎奉行の手を借りてオランダに小銃三〇〇〇挺を注文した。幕府は諸国寺院の梵鐘を潰して大砲や小銃を作ろうとしたが、仏教信者から抗議が出て中止した。

こうした中近江の国友村では安政三年（一八五六）にゲベール銃の製造を始めていた。翌安政四年七月には、佐賀藩は雷管式小銃製作のため、手銃製造方を置いた。薩摩藩でも雷管式小銃を作り始めた。その翌年佐賀藩へはオランダへ注文したゲベール銃が一〇〇〇挺入ってきた。

日本の武芸のうち小銃術、大砲術および火術の三者を総称して砲術と呼ぶ。砲術は武芸中最も重要な実戦武道であり、戦国時代から江戸時代まで常に尊重されてきた。種子島に鉄砲伝来以来、各地の豪族、武将が争ってこれを入手し、家臣にその用法を習練させて各々その戦備を充実した。

種子島伝来後一三年の弘治二年（一五五六）には既に豊後においては三万挺、日本全国においては三〇万余挺、日本から琉球に搬出したもの二万五〇〇〇挺の鉄砲があったとポルトガルの冒険家メンデス・ピントによって伝えられた。また永禄四年（一五六一）ポルトガルの宣教師ガスパル・ヴィレラが京都に来る途中、各所において武士が多数の鉄砲を所持していたことが伝えられている。

種子島伝来後三二年の天正三年（一五七五）には長篠の役において大規模な小銃戦が行われ、織田、徳川連合軍は三五〇〇挺の鉄砲を有し、これに対し武田軍はわずかに五〇〇挺の鉄砲しか用意していなかったために、惨敗を喫してしまった。

「吉川広家合戦手負注文」によれば、慶長五年（一六〇〇）八月二十四日伊勢の津城攻撃の際に、吉川軍の戦傷者二六三名のうち刀傷一名、槍傷八三名、矢傷三六名に対し、銃傷は一四三名を数え、その実戦効果を明確に示した。したがって軍の装備も鉄砲を主眼として改革され、慶長二〇年（一六一五）大坂夏の陣において徳川家康は、「急ぎ申上度候仍　此以前の御役に一万石に槍百本仰付られ候えども、向後の義は一万石に槍五十本、相残り候五十本の代りに鉄砲二十挺持つ可きの旨上意に候」と命じた。

文禄・慶長の役（一五九二〜一五九三、一五九七〜一五九八年）における日本製鉄砲と射撃術が優秀であったことは、「戦守機宜論」において敵将柳成龍が、倭の兵は小銃と槍刀の扱いに優れている。また死を恐れず、火を踏んでも退かないから、わが国は敵対することはできない、と述べ、「懲毖録」にも、倭の兵は白兵戦を得意とし、また小銃の射撃に長けている。軽視してはいけない、と述べている。

文禄元年（一五九二）九月二十九日島津義弘は国老此志島紀伊守に書を送り、槍は一切用に立たないので、鉄砲と玉薬を十分用意するように命ずることが肝要である、と指示している。

慶長三年（一五九八）一月十日蔚山の戦闘後、浅野幸長が父長政に送った書に、甲州の兵が渡海するときは何の道具もいらないが、鉄砲は少しでも多くするよう命じていただきたい、とあるように、日本軍は小銃射撃を戦闘の最高手段としたのである。

薩摩島津家戦法の主流をなす合伝流武学の伝統系譜によれば、同流三代目の師真田幸村の作歌として、「それぞれに利方はあれど武芸には、先ず鉄砲を最上とせよ」と記して、その重要性を述べている。島津家においては鉄砲足軽という者はなく、大小砲とも諸士がことごとく習練し、戦に臨んでは武士、陪卒、荷卒にいたるまで全員小銃、短銃を携え、刀・槍・弓などは従とし、あくまでも火戦をもって勝敗を決した。

幕末の先覚者佐久間象山も「詠銃砲」と題して、「梓弓、真弓、槻弓さはにあれど、この筒弓に如く弓あらめや」と詠んで鉄砲を称賛している。

砲術は下士のみならず、武将藩主にいたるまで率先して修練された。徳川実記には家康は砲術に造詣が深く、自らも射撃の名手であったと記録している。信長、秀吉も砲術の造詣が深かった。蔚山の戦においては浅野幸長も加藤清正も自ら銃を執って狙撃し、加藤清正の虎退治の話は槍ではなく鉄砲によると伝えられた。また島津義弘は朝鮮の役において、常に「梅の木」と名付けていた鉄砲を携行し、自ら盛んに狙撃していた。

水戸烈公はわずか九歳の頃より十匁筒で砲術を修業し、年とともに益々練磨して常に実戦的射撃を心がけ、一日一〇〇〇発の習練を行い、その総数は数十万発に及んだといわれる。そのため烈公の名臣藤田東湖は弘道館を開くにあたり、弓場の建設に反対したという。また長州藩主毛利齊熙(なりひろ)は鉄砲を神器と尊称し、自ら砲術の師範となり親しく家臣を教導した。

このように砲術は諸藩において重視され、したがってその術に長じる者も多数輩出し、自ら流派を立てたために、その数は左のように多数に及んだ。

稲富流、外記流(井上流)、田付流、一火流、荻野流、武衛流、求玄流、安見流、奥村流、余田流、竹田流、米村流、後藤流、宮沢流、五器流、吉田流、新井流、天降流、不易流、河野流、中島流、一貫流、藤岡流、太田流、楠田流、渋谷流、三木流、中筒流、鳥居流、正木流、加納流、大崎流、異風流、自得流、風様流、三島流、渡邊流、真田流、安西流、金田流、武宮流、大成流、種ヶ島流、唯心流、森重流、明鏡流、飯沼島田流、野村流、山野流、隨器流、無邪流、南蛮流、星山流、安盛流、長門流、飯沼流、津田流、佐々木流、和田流、駒木根流、自由斉流、田布施流、一二斉流、岸和田流、長谷川流、格致奇流、文四郎流、西村流、南蛮楪木流、三曲東條流、三破神伝流、石火矢流、隆安函三流、岩戸神伝流、生流、楊流、関流、霞流、慎流、佐久間流、新発流、天山流（荻野流増補新術）、夢想流、石橋流、新格流、知徹流、堅昆流、北條流、一味流、永田流、高島流など、実に百家に近い流派を生み、小銃、大砲あるいは火術（火箭）を専業とし、その射法を研鑽修練し、進んで火器の改良発明をも行った。

しかも当時の砲術家は単にその技術に優れているだけでなく、その精神においても卓抜したものがあった。たとえば張藩武術師系録によれば、砲術家山名彦右衛門は数打をもって知られたが、寛文八年（一六六八）八月三日名古屋に至り、尾藩の砲術家大澤無手右衛門の斡旋により、官吏の監督のもと矢田河原において砲術を試みたとき、無手右衛門は堤から見ていたが、その打方の速いことは勿論、弾丸の勢いが強く命中が多かった。数千人の見物人は喚声を発して賞賛が止まず、発射が三〇〇発に及ぶと

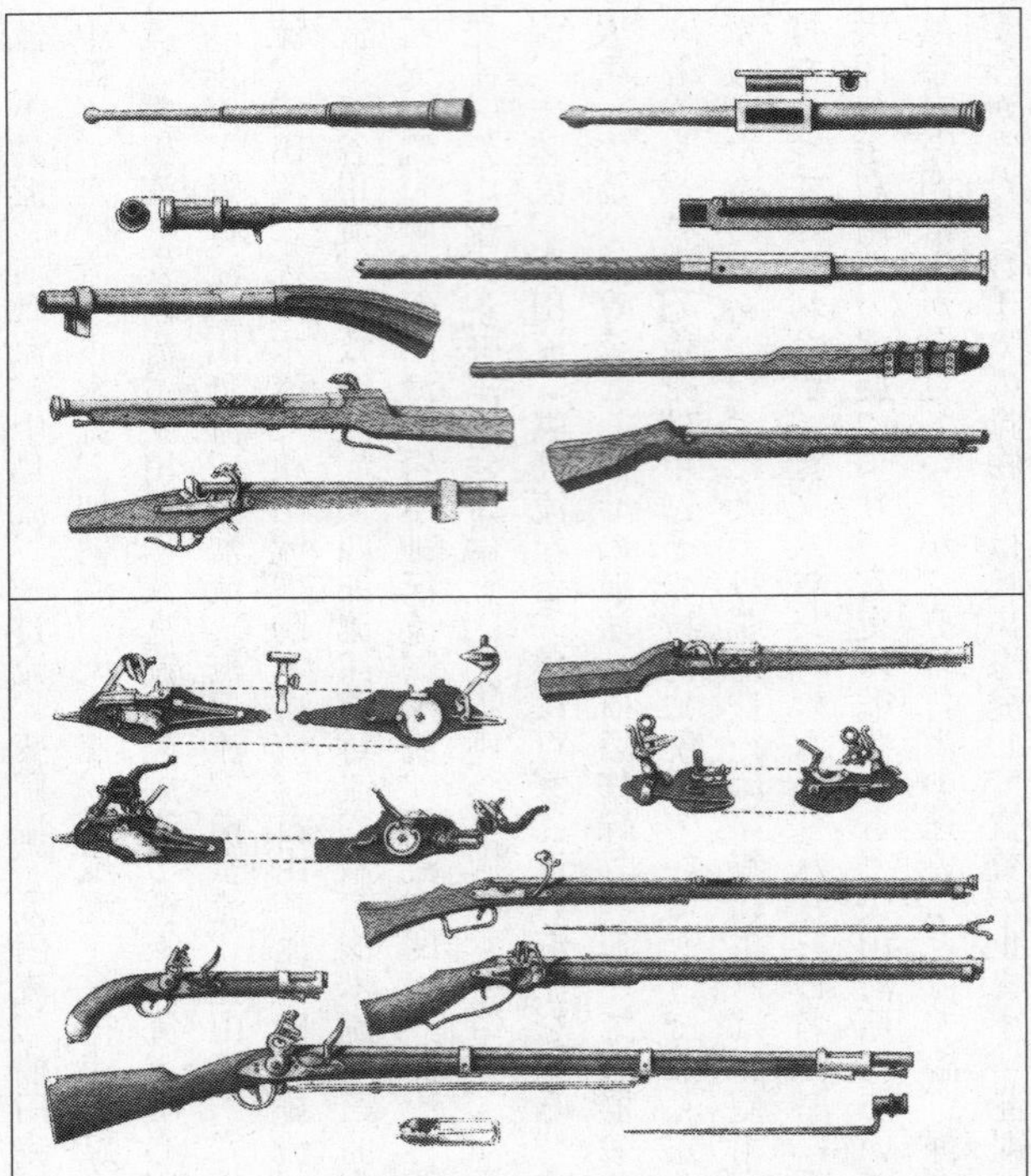

上：左から右、上から下へ、銃種・国または地方・年代(以下同じ)。口装式手銃 Crécy 1346年、分離薬室式手銃 イングランド 1360／80年、火縄銃 Berne 14世紀、火縄銃 Tannenberg 14世紀(上・下)、火縄銃 スイス 1392年、火縄銃 Liége 1390年、小銃の形態がほぼ完成したブロンズ銃身火縄銃 15世紀、火縄銃 1393年、火縄銃 Schaffhouse 15世紀
下：歯輪発火器 1517年、照準具付火縄銃 15世紀、歯輪発火器 1525年、雷管式発火器 スペイン 16世紀、火縄式マスケット銃と支床 1525年、燧石式拳銃 1818年、歯輪式マスケット銃 1525年、燧石式銃 フランス 1777年

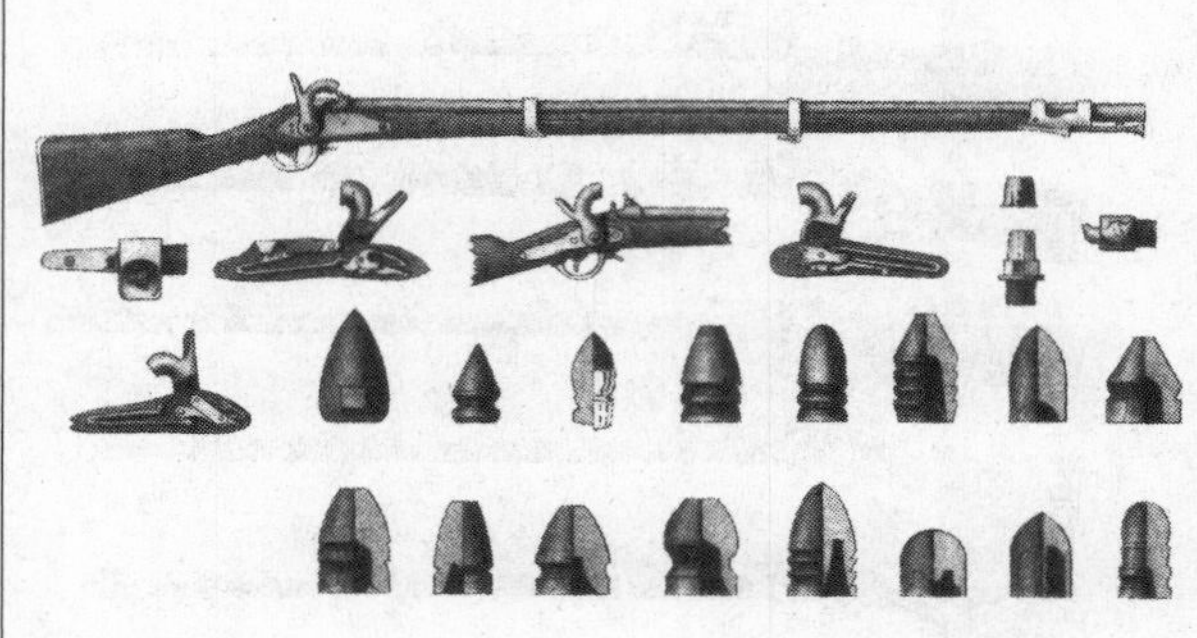

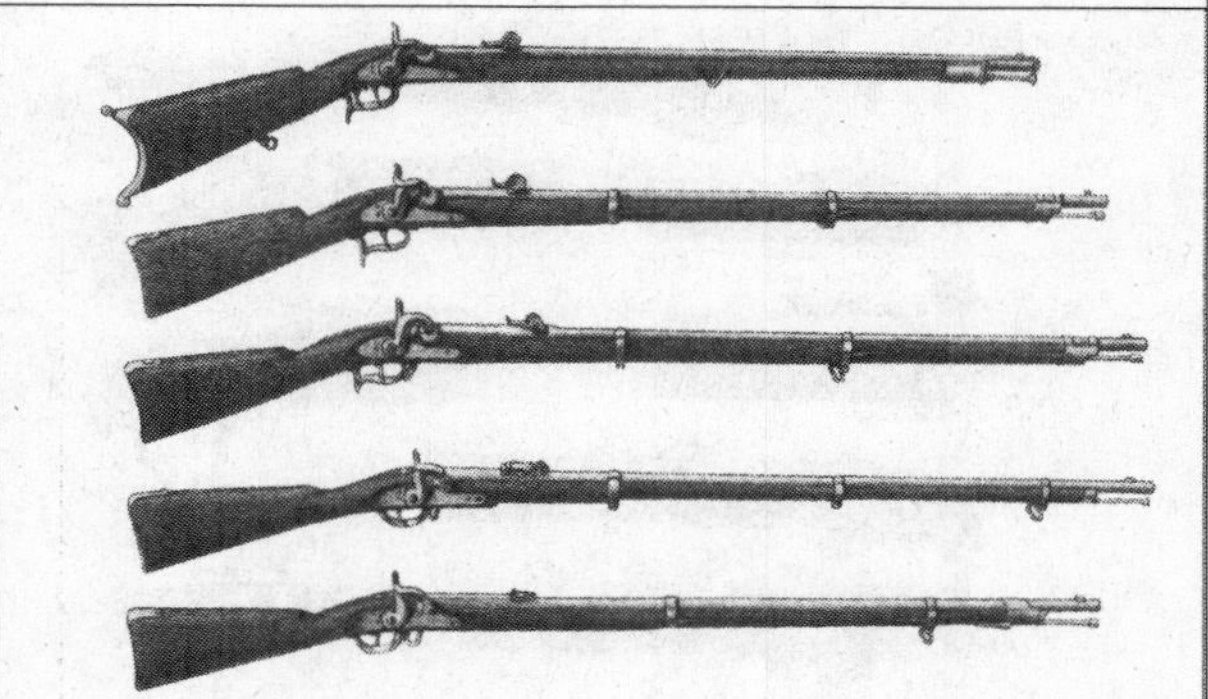

上：雷管式銃 フランス 1839年、パーカッションロック、前装銃各種弾丸 1836～1863年
下：騎兵銃 スイス 1851年、猟兵(狙撃)銃 スイス 1856年、歩兵銃 スイス 1863年、歩兵銃 イングランド 1853年、歩兵銃 オーストリア 1855年

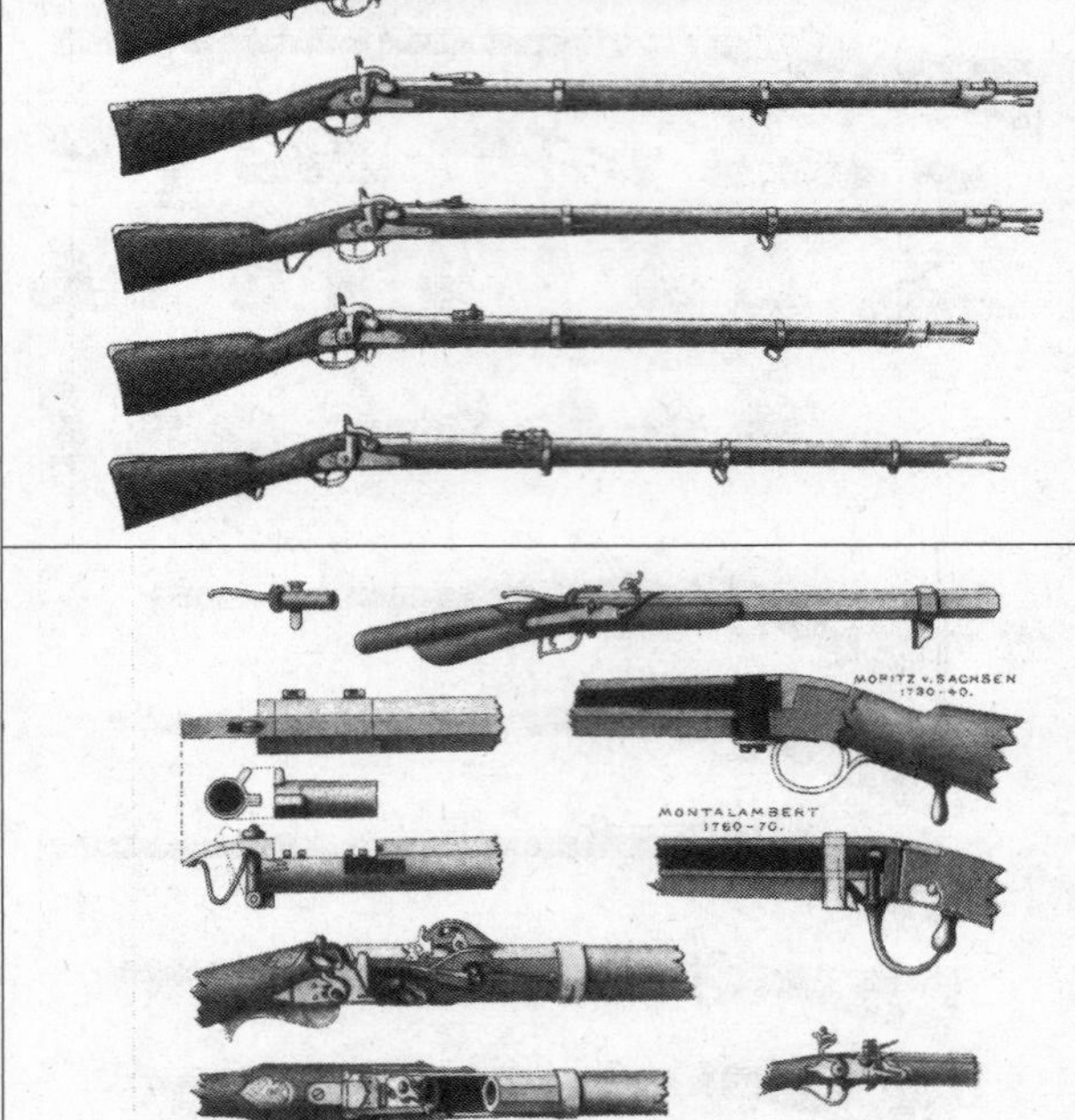

上：歩兵銃 ロシア 1857年、歩兵銃 ヴュルテンベルク 1857年、歩兵銃 ヘッセン 1858年、歩兵銃 バイエルン 1858年、歩兵銃 スペイン 1859年

下：分離薬室式火縄銃 1540／50年、分離薬室 1555／60年、垂直閉鎖式火縄銃 ザクセン 1730／40年、垂直ブロック閉鎖式火縄銃 1760／70年、ヒンジ付薬室燧石式銃 1760／70年、垂直ブロック閉鎖式燧石式銃 1801年

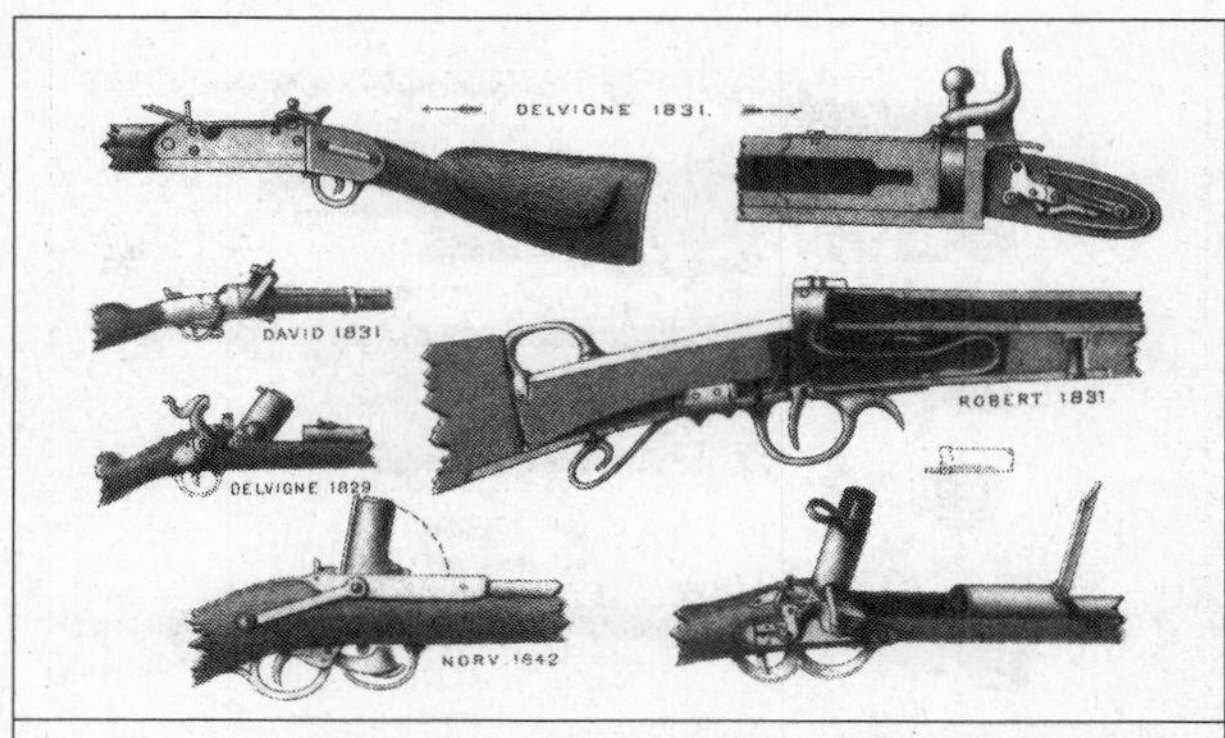

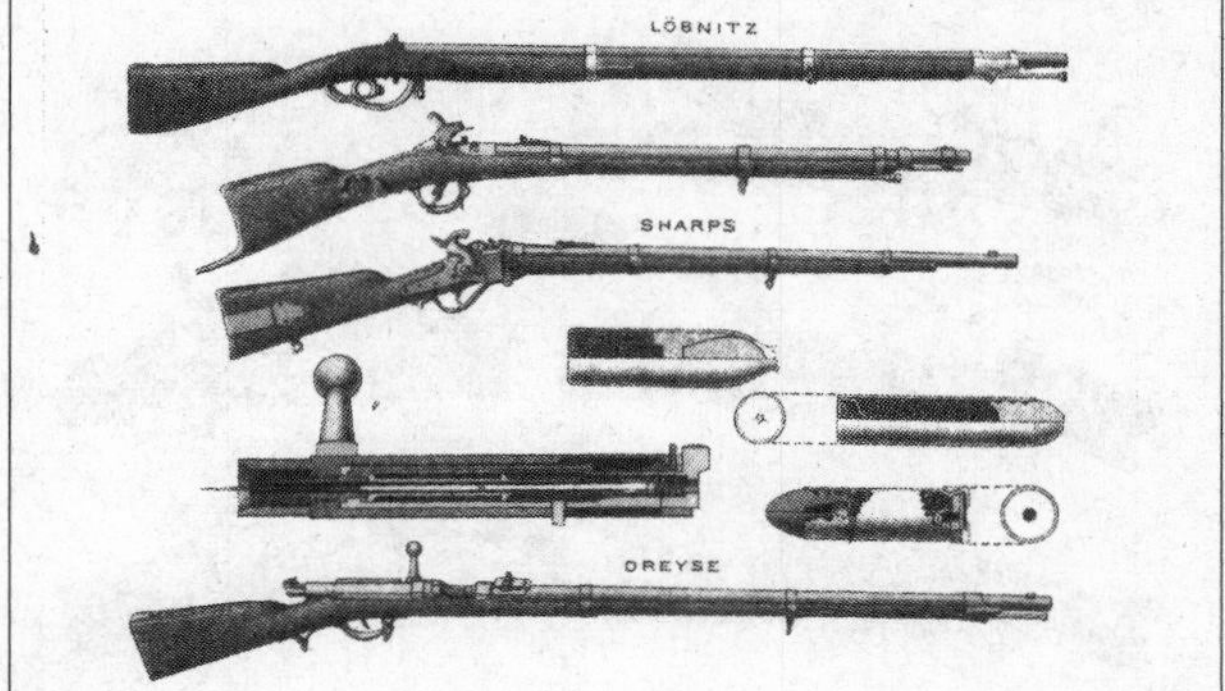

上：デルビン雷管式銃 フランス 1831年、デビッド雷管式銃 ベルギー 1831年、デルビン雷管式銃 フランス 1829年、ロバート式ショットガン フランス 1831年、Norvége式銃 1842年、螺入薬室式銃 1830／35年
下：LÖBNITZ雷管式銃 デンマーク 1839／41年、ベルサルエリ騎兵銃 サルデーニャ 1856年、シャープ騎兵銃 アメリカ 1859年、ドライゼ銃 プロシア 1841年

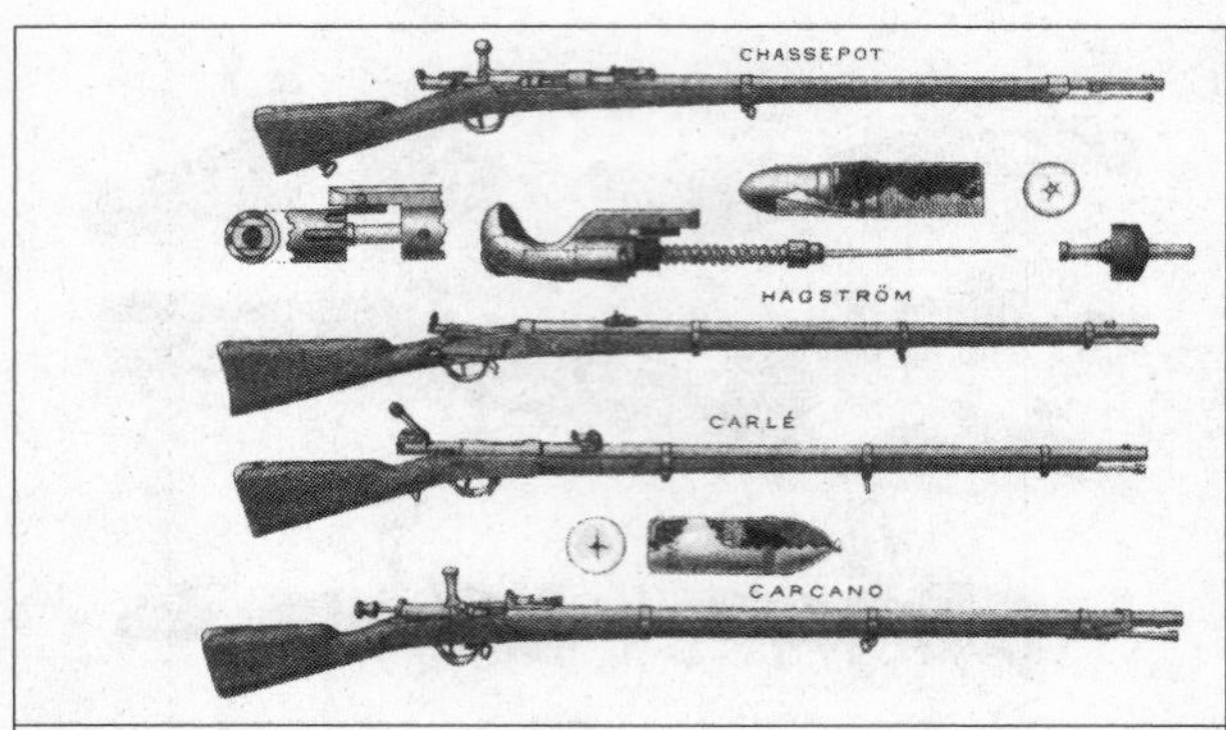

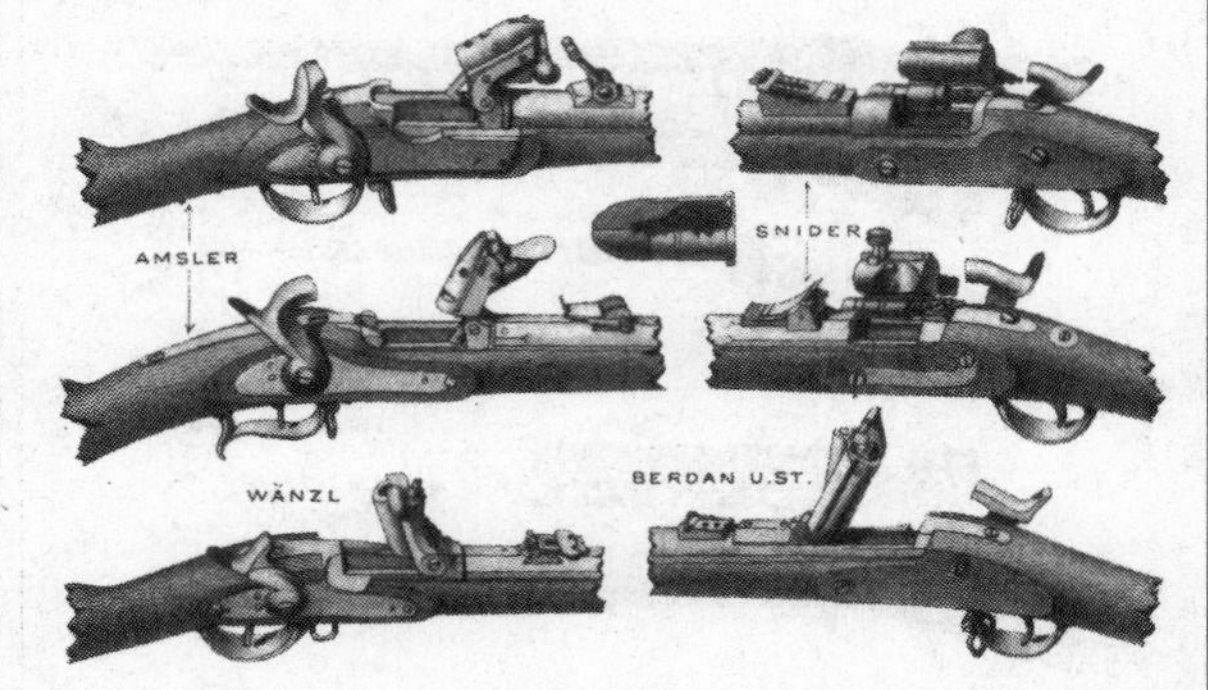

上：シャスポー銃 フランス 1866年、Hagström銃 スウェーデン 1867年、Carlé銃 ロシア 1867年、カルカノ銃 イタリア 1868年
下：Amsler銃 スイス 1867年、スナイドル銃 イングランド 1865年、Wänzl銃 オーストリア・ハンガリー 1867年、ベルダン銃 アメリカ 1866年

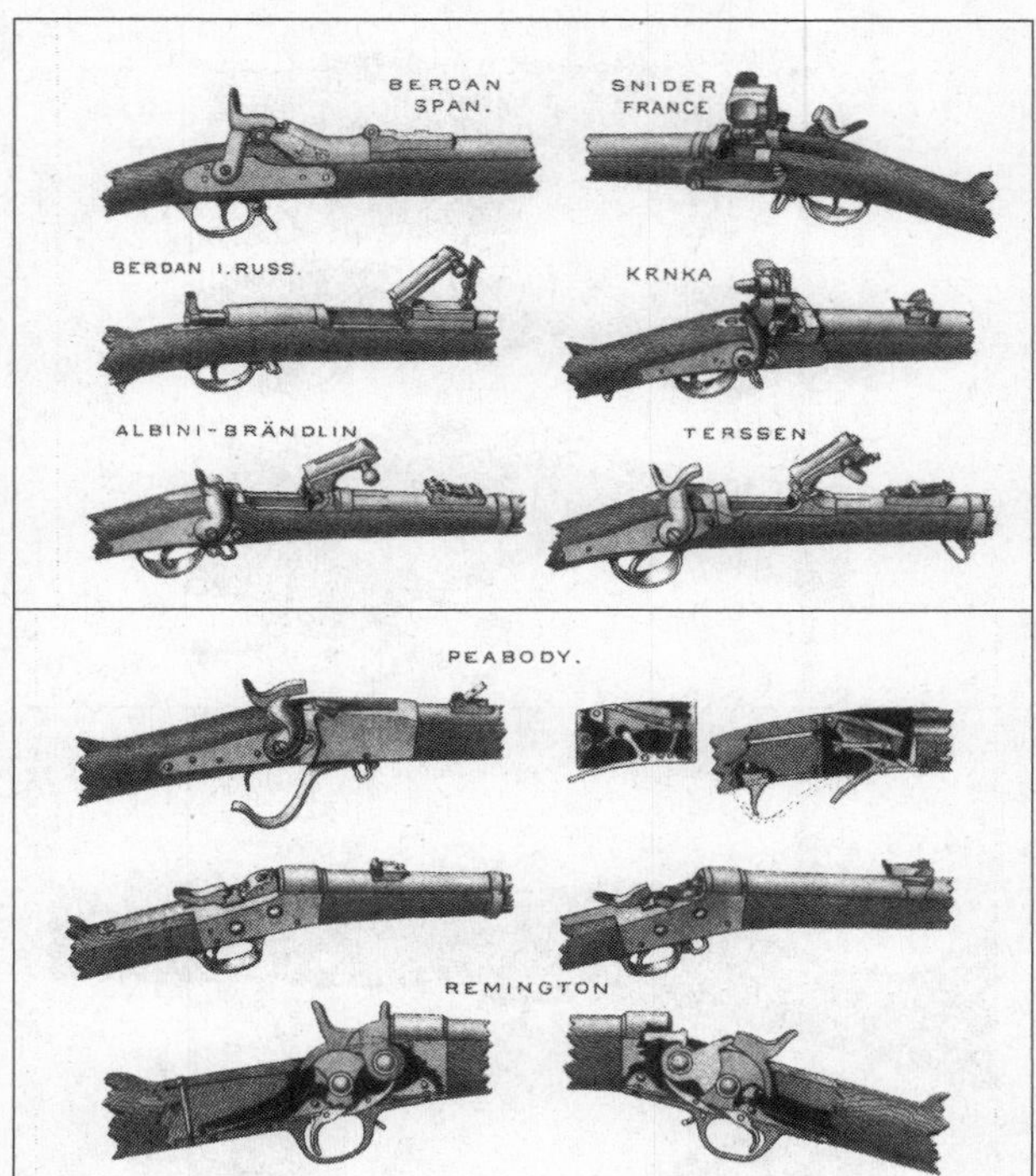

上：ベルダン銃 スペイン 1867年、スナイドル銃 フランス 1868年、ベルダン銃Ｉ型 ロシア 1867年、KRNKA銃 ロシア 1869年、ALBINI・BRÄNDLIN銃 ベルギー 1867年、TERSSEN銃 ベルギー 1868年
下：ピーボデイー銃 アメリカ 1862年、レミントン銃 アメリカ 1864年

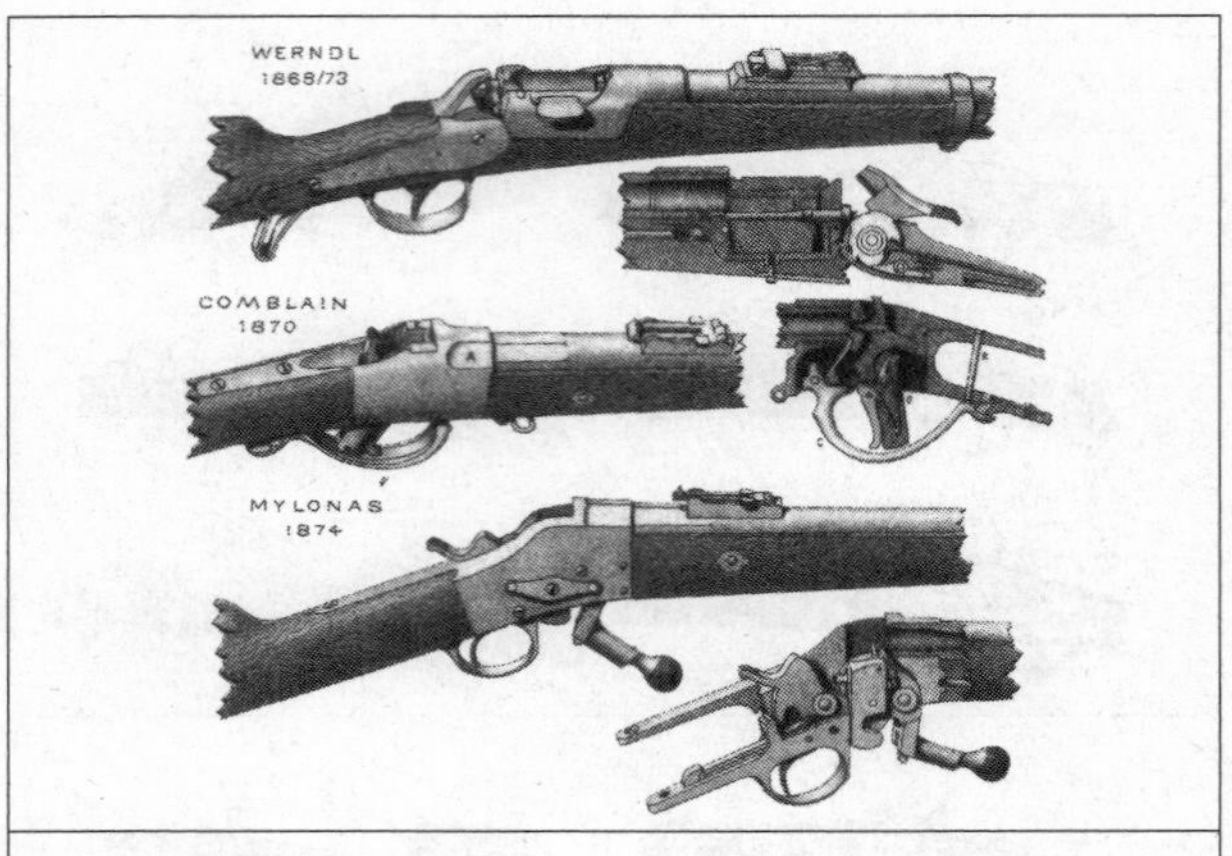

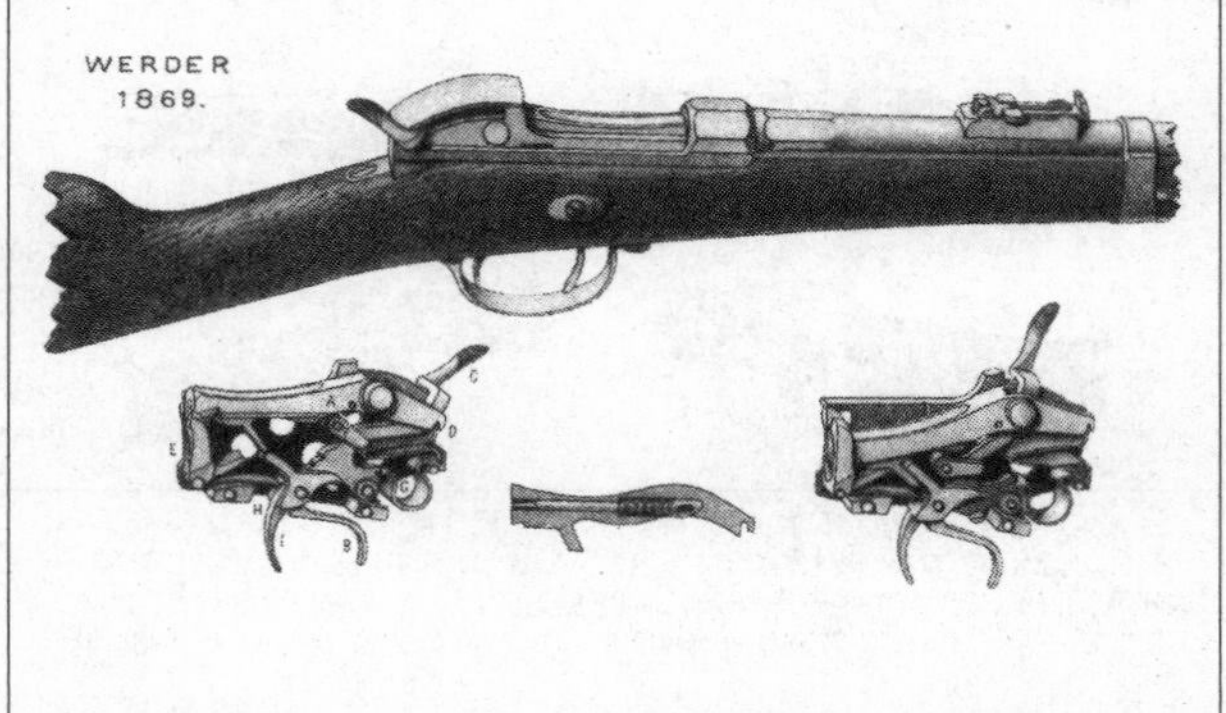

上：WERNDL銃 オーストリア・ハンガリー 1868／73年、COMBLAIN銃 ベルギー 1870年、MYLONAS銃 ギリシャ 1874年
下：WERDER銃 バイエルン 1868／73年

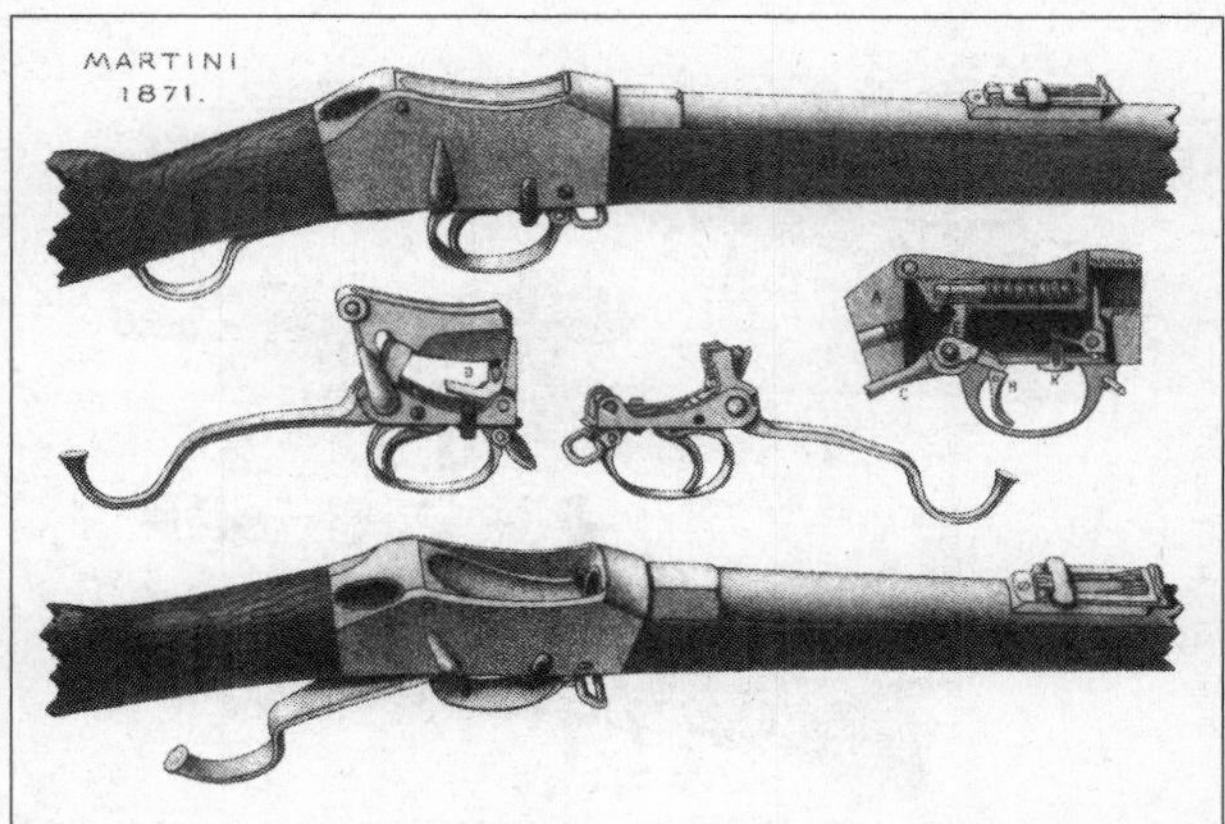

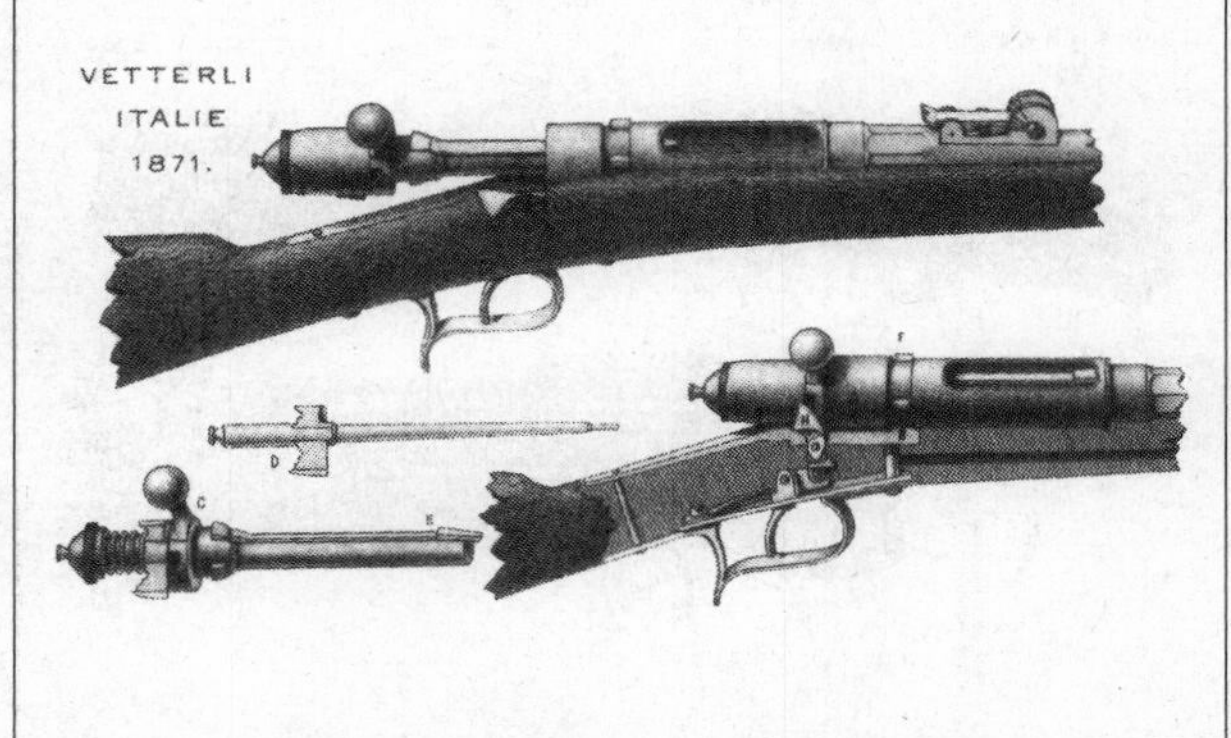

上：マルティニー銃 イングランド 1871 年
下：ヴェッテルリ銃 イタリア 1871 年

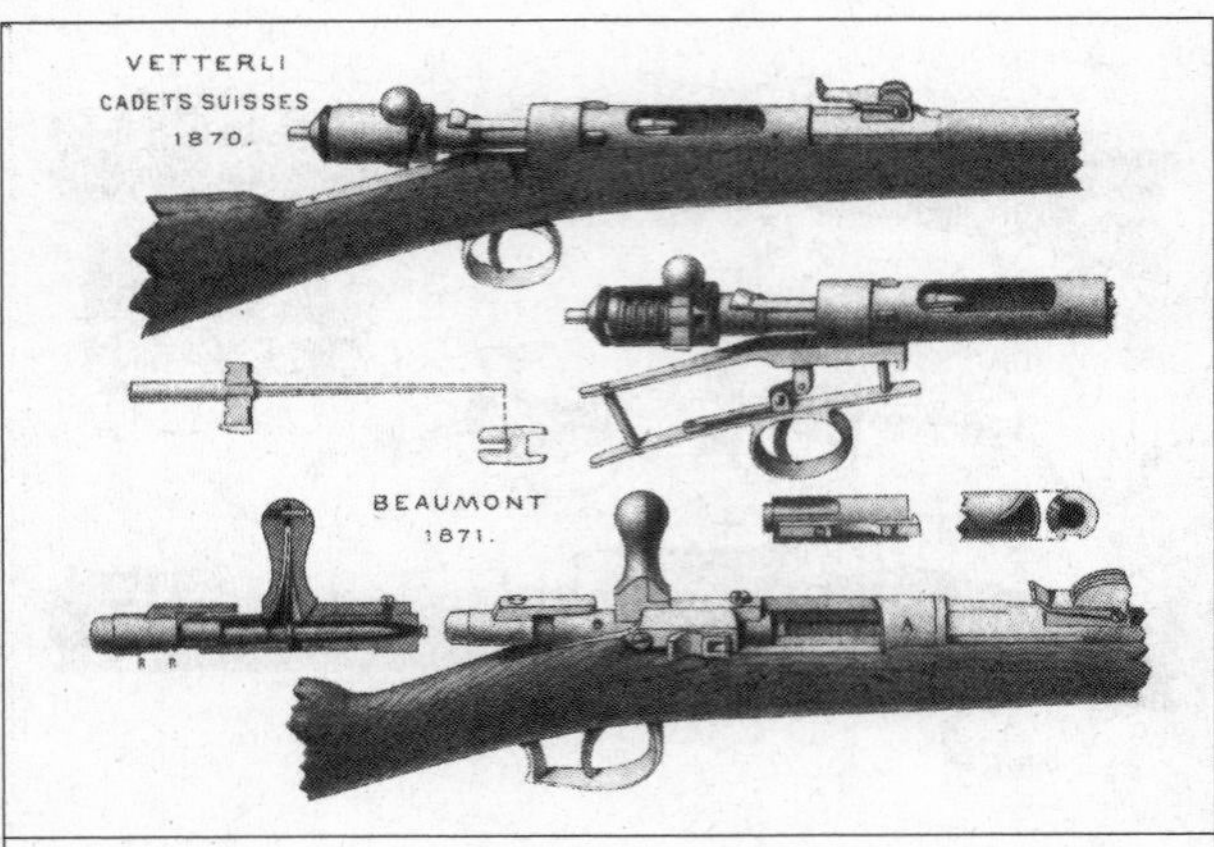

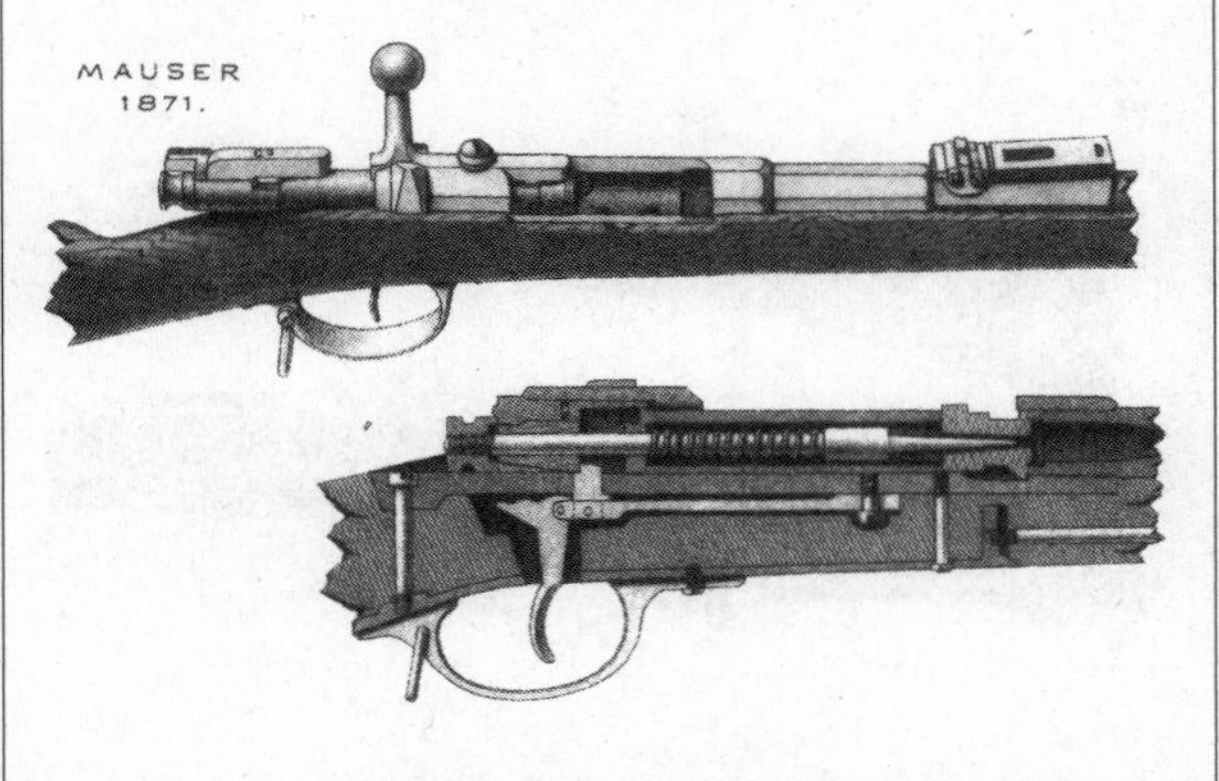

上：ヴェッテルリ銃 スイス 1870年、ビューモント銃 オランダ 1871年
下：モーゼル銃 ドイツ 1871年

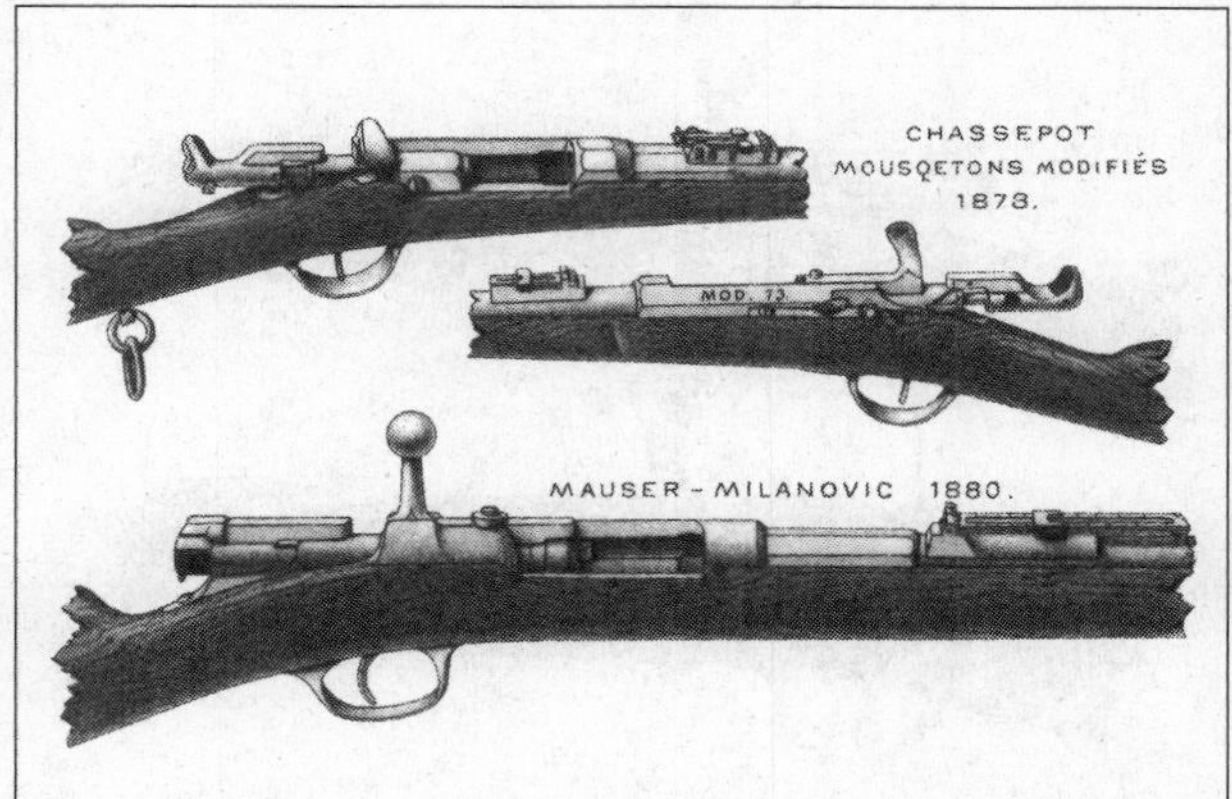

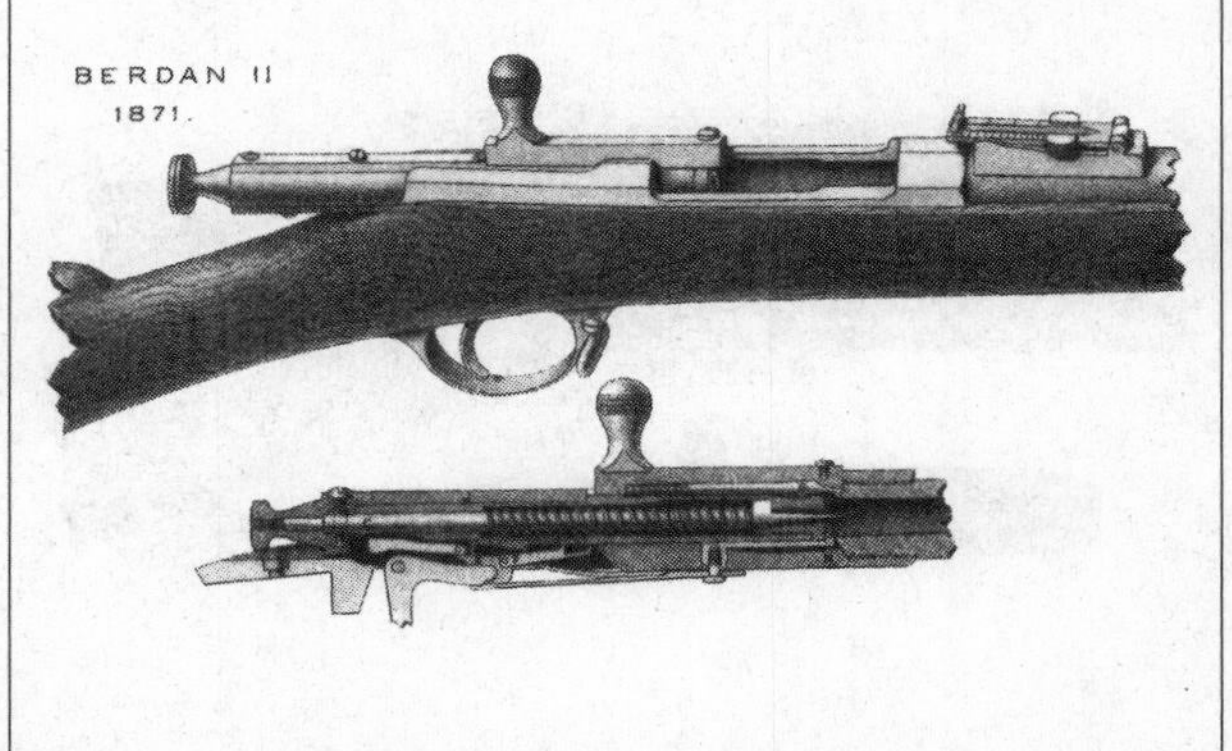

上：シャスポー騎兵銃 プロシア 1873年、モーゼル・ミラノヴィッチ銃 セルビア 1880年
下：ベルダン銃Ⅱ型 ロシア 1871年

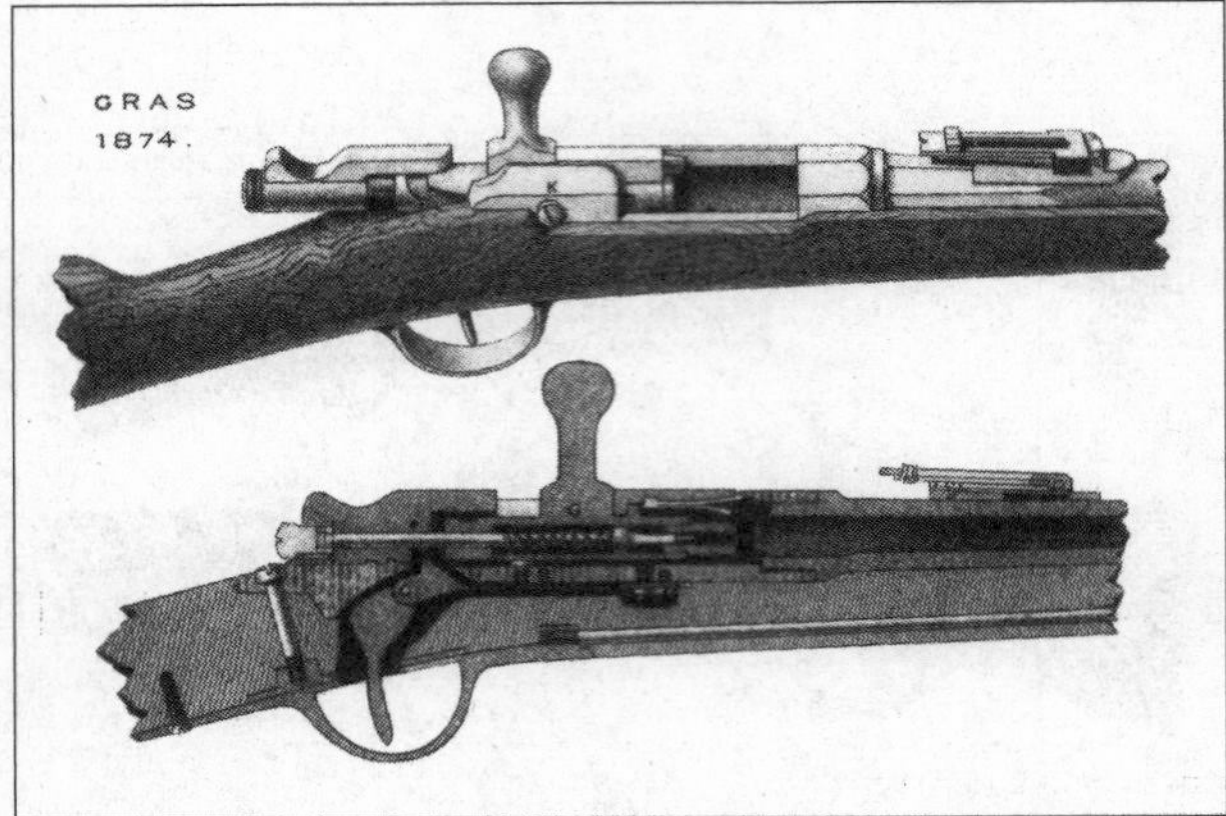

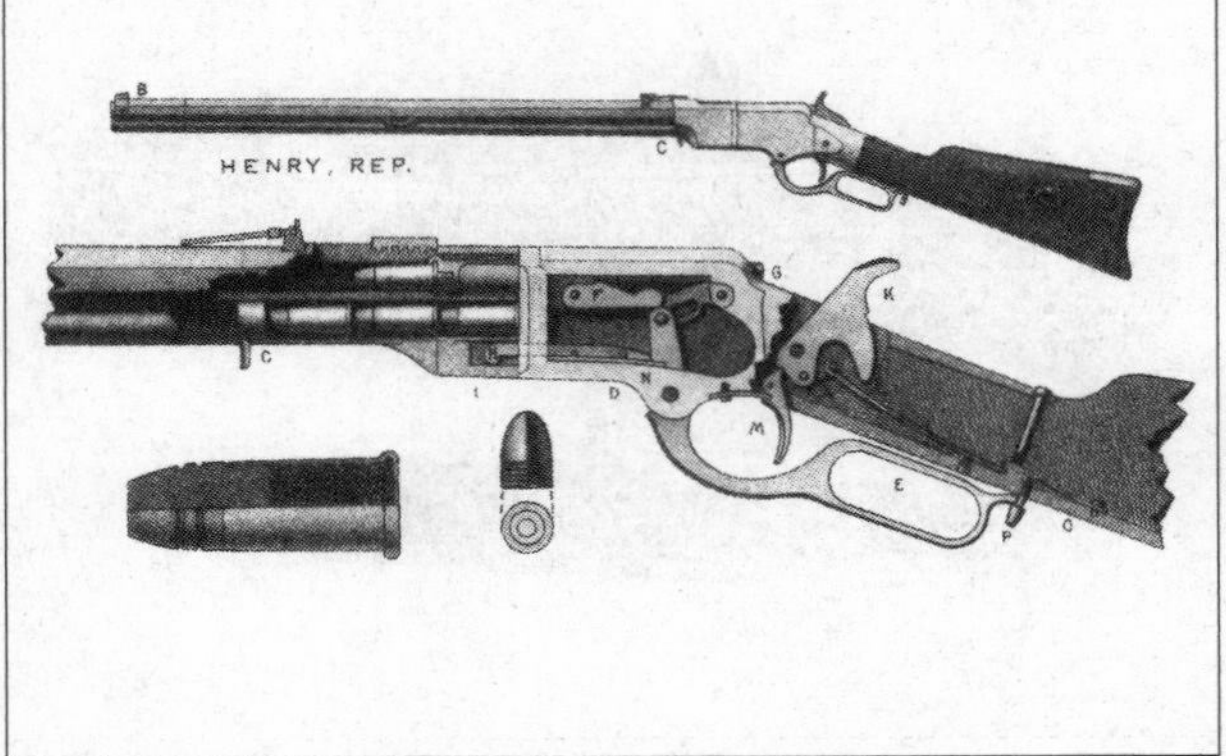

上：グラー銃 フランス 1874年
下：ヘンリー銃 アメリカ 1860年

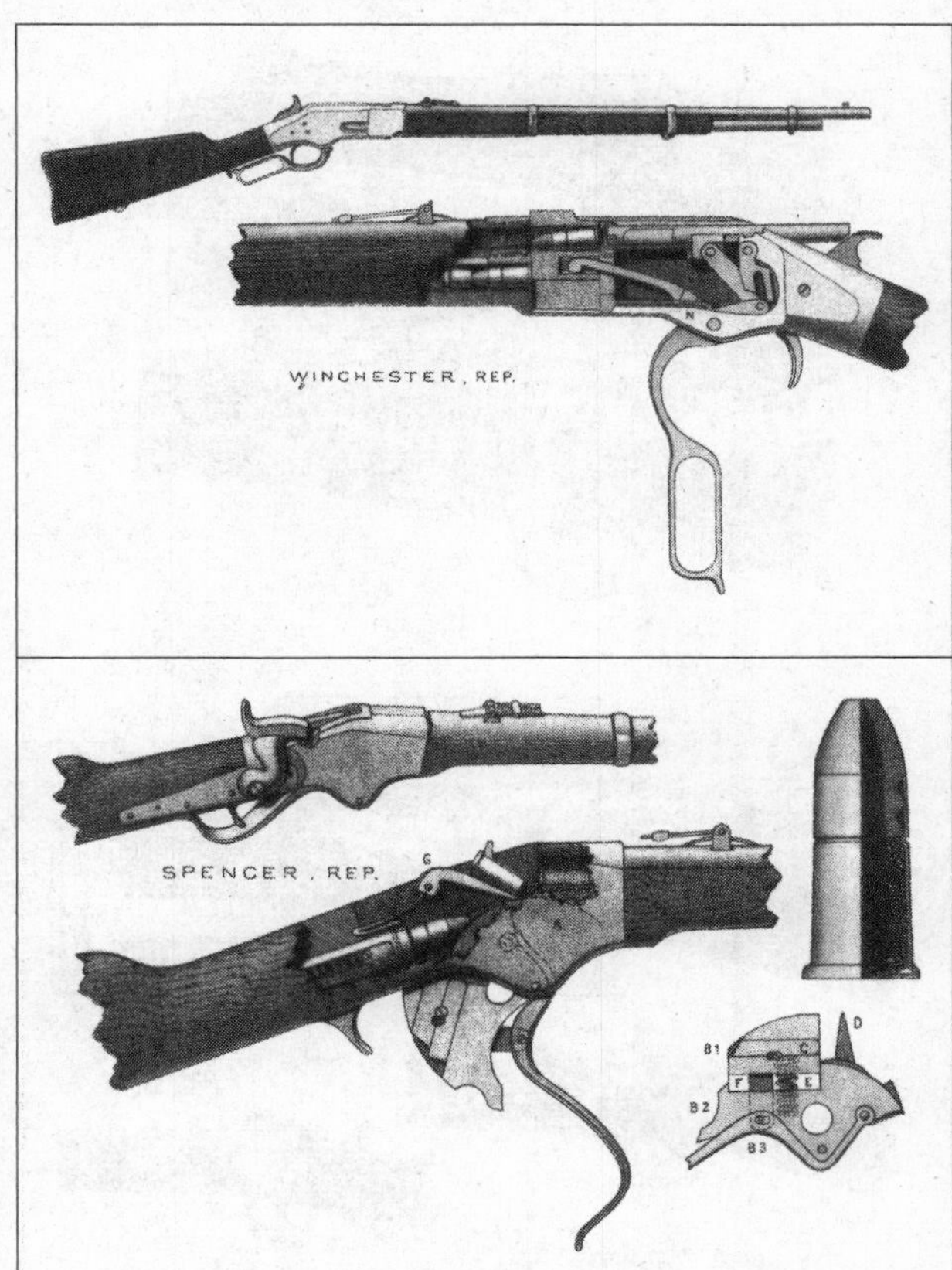

上：ウインチェスター銃 アメリカ 1867年
下：スペンサー銃 アメリカ 1860年

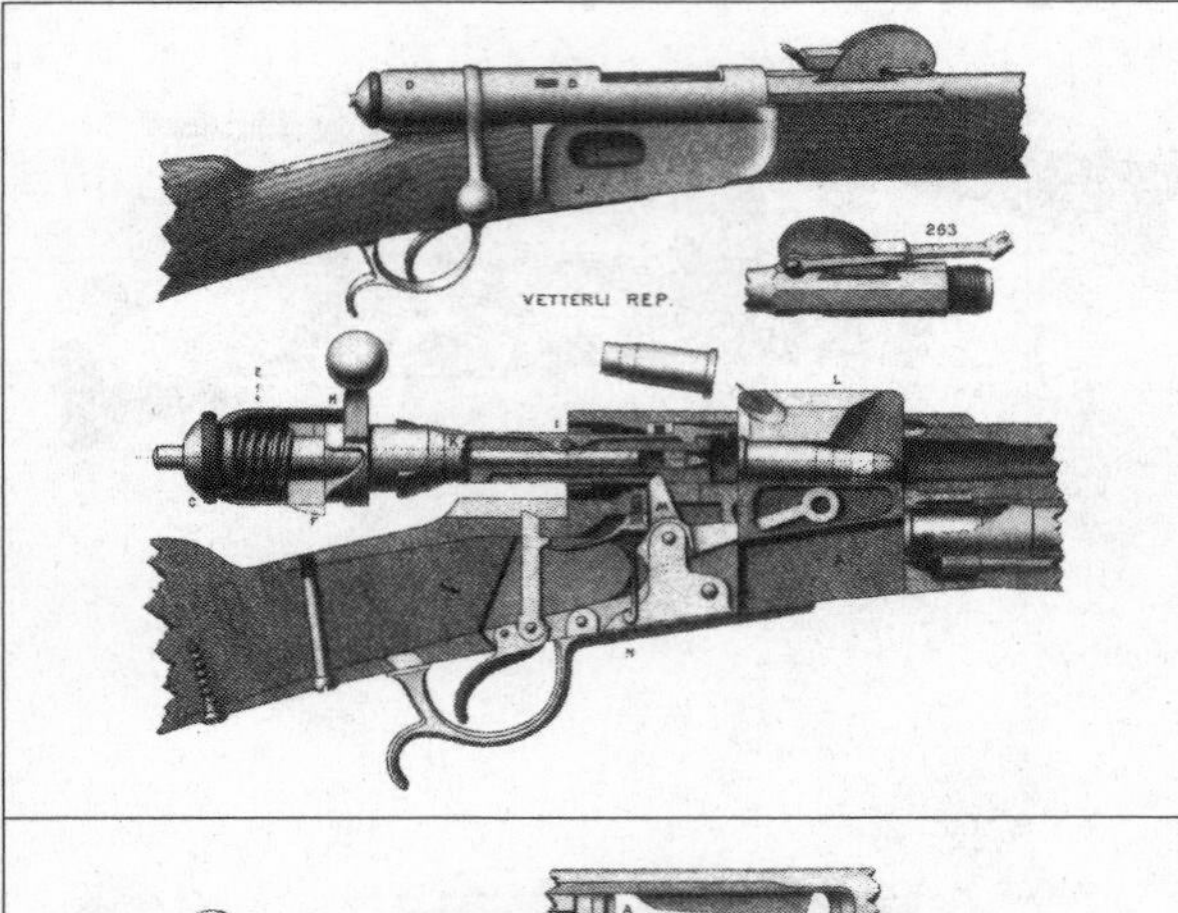

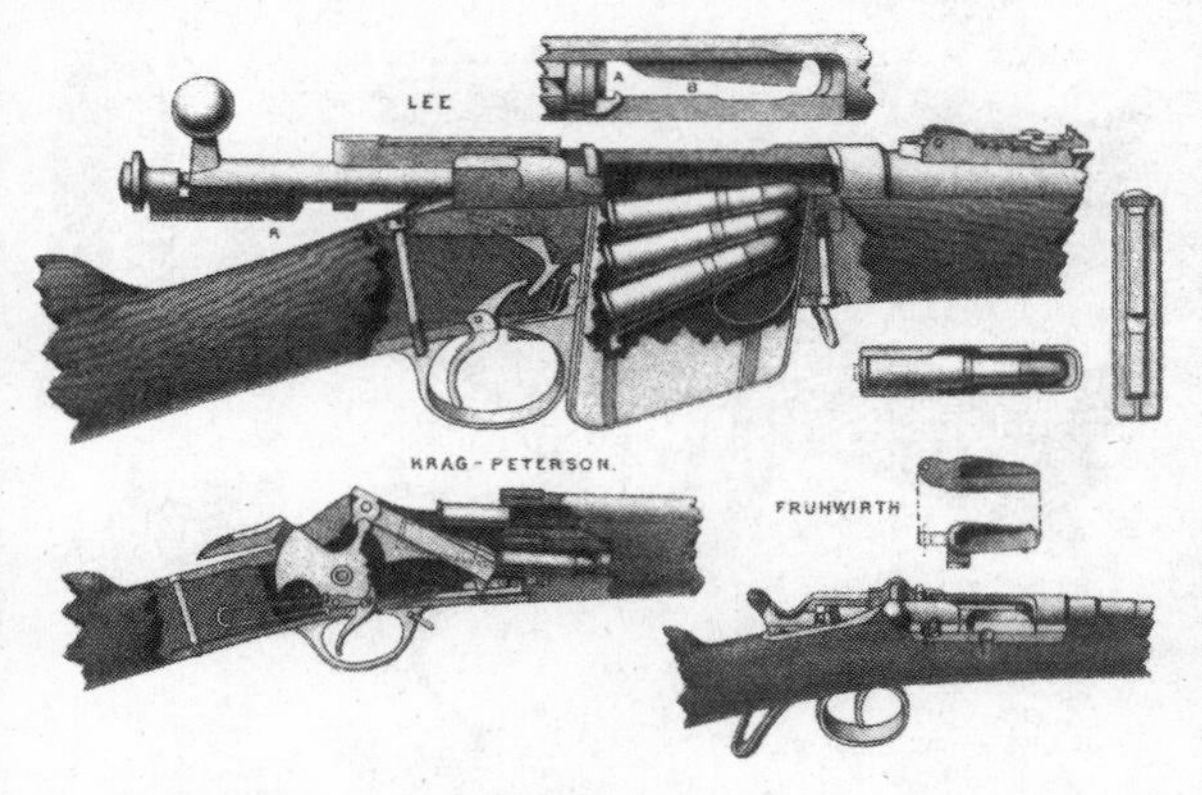

上：ヴェッテルリ銃 スイス 1867／81年
下：リー・エンフィールド銃 中国 1879／82年、KRAG・PETERSON銃 ノルウエー 1877年、FRUHWIRTH銃 オーストリア・ハンガリー憲兵隊 1870年

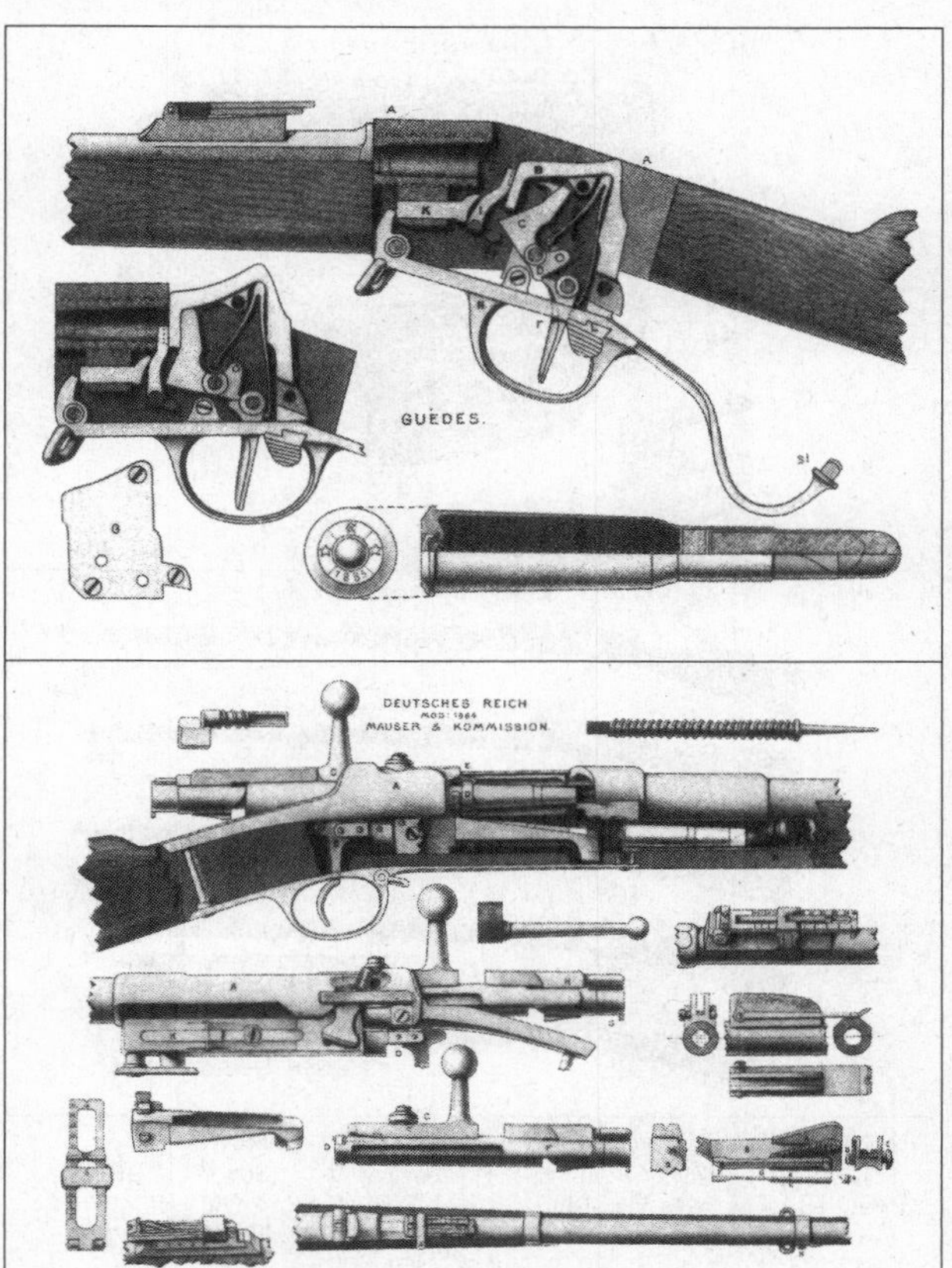

上：GUÈDES銃 ポルトガル 1885年
下：モーゼル銃 ドイツ 1884年

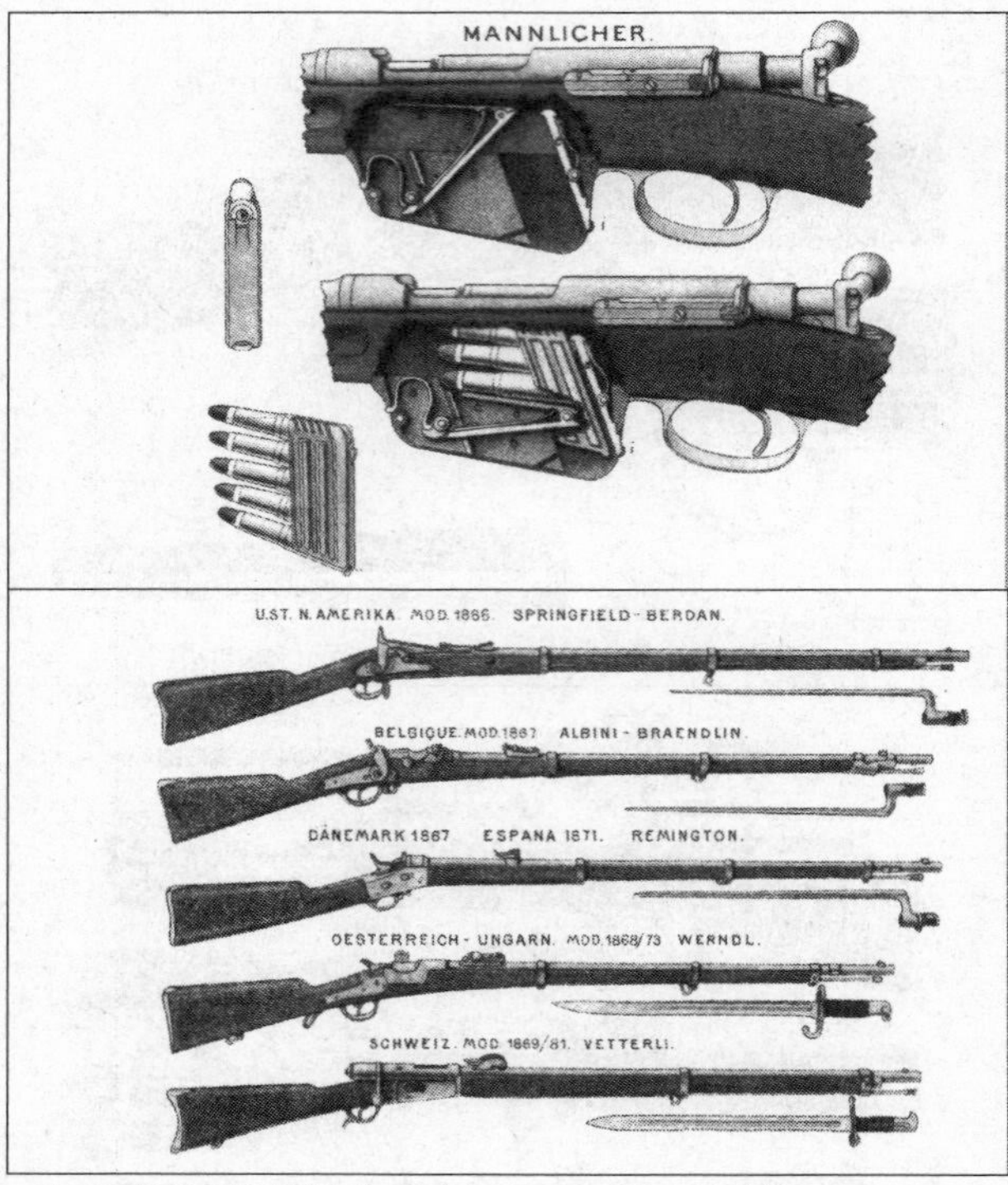

上：MANNLICHER銃 オーストリア・ハンガリー 1886年
下：スプリングフィールド・ベルダン銃 アメリカ 1866年、ALBINI・BRÄNDLIN銃 ベルギー 1867年、レミントン銃 スペイン・デンマーク・スウェーデン 1867／71年、WERNDL銃 オーストリア・ハンガリー 1868／73年、ヴェッテルリ銃 スイス 1869／81年

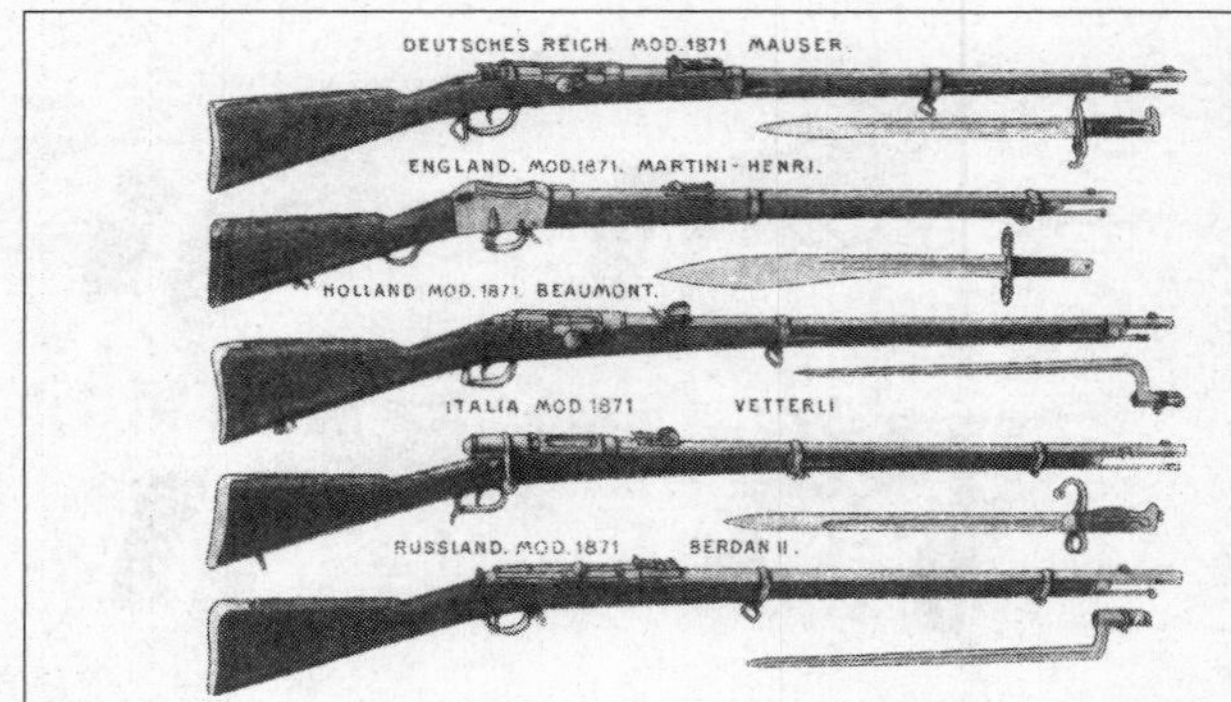

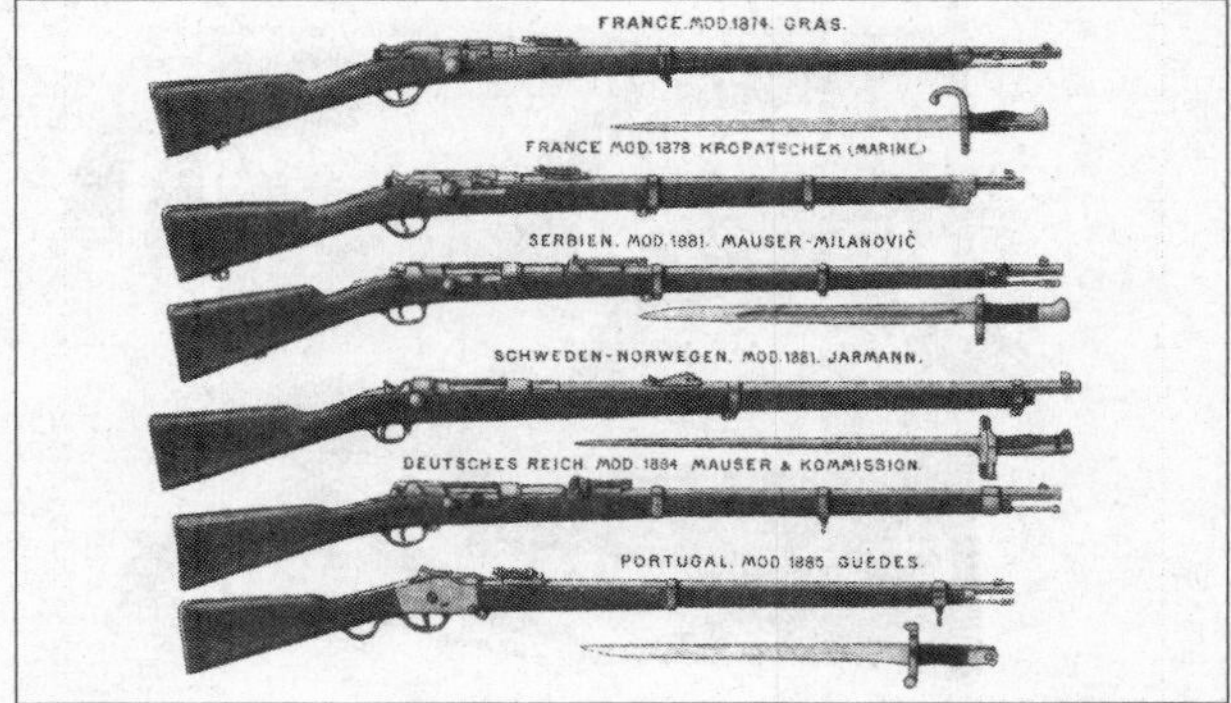

上：モーゼル銃 ドイツ 1871年、マルティニー・ヘンリー銃 イングランド 1871年、ビューモント銃 オランダ 1871年、ヴェッテルリ銃 イタリア 1871年、ベルダン銃II型 ロシア 1871年
下：グラー銃 フランス 1874年、KROPATSCHEK銃 フランス海軍 1878年、モーゼル・ミラノヴィッチ銃 セルビア 1881年、モーゼル銃 M1884 ドイツ 1884年、Guèdes銃 ポルトガル 1885年

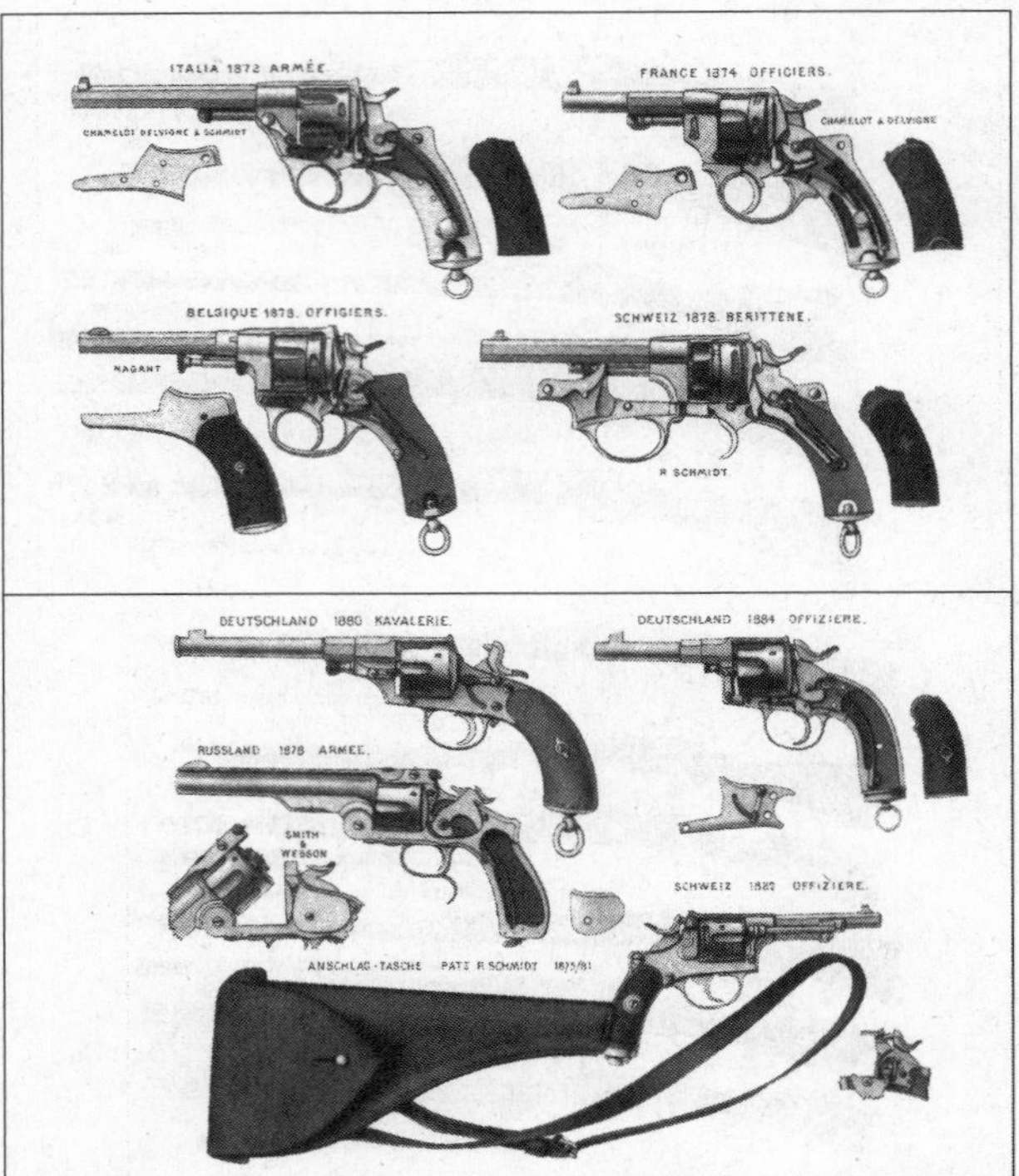

上：CHAMELOT REVOLVER イタリア陸軍 1872年、CHAMELOT REVOLVER フランス 1874年、NAGANT REVOLVER ベルギー 1878年、SCHMIDT REVOLVER スイス 1878年
下：COMMISSION REVOLVER ドイツ騎兵 1880年、COMMISSION REVOLVER ドイツ将校 1884年、SMITH & WESSON REVOLVER ロシア陸軍 1878年、SCHMIDT REVOLVER スイス 1882年

き、爆発音とともに仮屋の中に火の手が上った。これは誤って火薬に火が移ってしまったのであった。彦右衛門はすべての要器を収め、大小刀を帯び、悠然として仮屋を出た。衣服は皆焼け、身体頭髪はことごとく焦げていた。無手右衛門は駆けつけ、まず負傷した部位を問うた。彦右衛門が答えて言ったことは「大澤氏射法はどうだったか」、無手右衛門が「古今無類だ、観衆は皆称揚している」と答えると、彦右衛門は「われ死して憾みなし」と言い残し、たちまち死んでしまった、と記してあるように、砲術家の精神力には旺盛なものがあった。

射法の修練にあたっては角（標的）の命中の優劣のみに捕われず、角場（射撃場）における打放（射撃）は勿論、素撓（予行演習）にいたるまで厳格な作法のもとに威容を正して行われ、常に心と技とを鍛錬するとともに、武士道精神を涵養し、真の中りを得るには敵の胸元に筒先をつきつけて打放する覚悟、すなわち己を捨てる精神こそ最も要法とし、しかもこのように修練した砲術は畢竟害敵を打ち破るために学ぶにありとし、修練にあたってはあくまで花を排して実を取る、いわゆる実戦的砲術の練磨をその真髄とした。

「銃器の科学」銅金義一著　昭和十九年十二月刊

銅金義一は陸軍少将。小倉造兵廠糸口山製造所長などを歴任。技術本部で機関銃・砲の開発を担当。九八式高射機関砲を設計。戦後は日本製鋼所で無反動砲などの開発に従事。

小銃および拳銃の沿革

小銃は十三世紀に蒙古軍が欧州へ遠征の際初めて使用したとの説があるが、歴史にはベルギー人が最初に使用したことになっている。小銃は一二四〇年に発明され、その後フリードリッヒ大王およびナポレオン皇帝時代の先込式銃より一八一四年ドライゼ氏が元込式銃を発明してから、今日の連発銃にまで発達したのである。

わが国では足利将軍義満時代に南蛮人が京都に入り、鉄砲二挺を献じたとの伝説があるが、最も人口に膾炙しているのは種子島渡来説である。

支那では早くから火器が使用されていた。元寇に際してはその威力に心胆を寒からしめられたにもかかわらず、封建日本はその輸入に格別の関心を示さなかった。鉄砲の日本伝来に関しては種々の説があるが、最も確からしいのは「鉄砲記」であって、天文十二年（一五四三）種子島に漂着したポルトガル人から島主種子島時尭に伝わり、後に堺の商人橘屋又三郎なる者が同島に一両年滞在して鉄砲を学び、堺に帰ってこれを近畿に伝え、延いては関東にも及んだ。人は彼を称して鉄砲又といった由が記されている。この書は慶長十一年（一六〇六）薩摩大竜寺の和尚南浦玄昌が時尭の子久時に代って選述したものである。時に応仁以来の戦国動乱の最中であって、この新鋭兵器は驚くべき速さで日本全国に普及し、やがて近世日本の統一に中心的役割を果すことになった。当時の日本の鍛冶技術は鉄砲製作を会得することなどさして困難ではない程度に進歩しており、需要に応じて急速に発展した。

応仁の大乱以来、各地の小名・城主・土豪が漸次併呑され、その代り一方に覇威を振るう大大名を生じる傾向が顕著となった。これは自然の大勢であり、鉄砲伝来以前からのことであった。北條氏が関東に興り、毛利氏が中国に興った。その根源は必ずしも鉄砲の恩恵とはいえないが、鉄砲がこの統一的・求心的傾向を著しく助長したことは事実である。一〇挺や二〇挺ならともかく、数千挺となっては土豪や小名では手が出せない。結局この新兵器の現出は強者の弱者に対する最も有効な威嚇力となった。その代表的な活用者が織田信長である。旧習を打破し新しい知識欲に燃えていた青年信長はいち早くこの新兵器に着目し、橋本一巴を師として自ら砲術を習練した。天文二十二年（一五五三）四月尾州富田の正徳寺で舅の斉藤道三と対面したときの彼は未だ二十歳であったが、朱槍五〇〇本、弓鉄砲五〇〇挺を立てて供をさせた。これは鉄砲伝来以来わずか一〇年後のことである。

関東に根拠を持った源氏は馬を活用し、西南に立脚した平氏は舟戦に長じた。日本中央から勃興した織田、豊臣、徳川三氏は徒歩兵時代を確立した。徒歩兵の利器は槍であり、信長は長槍による集団戦法を案出したが、槍よりさらに優れた利器は鉄砲である。つまり信長は鉄砲で天下を取った。しかし信長だけでなく、西の島津・大友、東の伊達・最上、皆これを用いたのである。

当時の軍法を代表する甲越の武田信玄、上杉謙信の陣立てには科学的な組織があった。弓・鉄砲を前面に備え、次に槍隊が控え、その後に決戦兵力の騎士団があり、本陣には馬廻りの護衛兵があり、大小荷駄の行李・輜重は最後尾に、予備隊ともいうべき遊兵は列外に在った。開戦となれば弓・鉄砲で敵の勢いをそぎ、槍で突崩し、騎士は正面または側面から突進して敵を蹂躙し、いざとなれば主将は馬廻りの兵をもって勝敗の機を決するというのである。

弓・銃併用は逐次鉄砲主体に推移していったが、先込式の火縄銃はせいぜい一〇〇メートルという射程の短さと精度の悪さから、なるべく敵を引付けて撃つ関係上、初弾一発しか間に合わないものとされていた。信玄も鉄砲利用に決して疎かではなかったが（鉄砲伝来から一二年後の天文二十四年川中島大合戦に信玄は弓八〇〇張、鉄砲三〇〇挺を旭の要害（朝日山城）へ入れた）、やはりその発射速度から、これに対する騎馬突撃戦法を考えていたようで、それが後日長篠合戦（天正三年、一五七五）における武田の命取りとなったのである。長篠の勝者織田信長は三五〇〇挺という鉄砲の大量使用による三段装填法でその弱点を解決した。すなわち鉄砲隊を前・中・後の三段に重ねて射撃する方法で、先ず前列が発射して玉込めを始めると、中列が射撃し、中列が玉込めに移ると後列が射撃する。その時には前列が玉込めを完了しているから、間断ない射撃が続けられる。この射法に併せて地障と柵との利用によって敵の行動を拘束し、扶桑随一といわれた武田の騎馬隊に完膚なきまでの大打撃を与えて、戦法に新生面を打出したのであった。

　槍の使用によって既に源平以来の騎士中心の乱戦混闘が一変してほぼ節制ある部隊の戦闘を現出していたが、鉄砲の使用でさらに節制の度が高まった。軍の主兵は騎士から足軽軽輩と蔑視されていた集団徒歩兵に転移したのである。鉄砲で叩いて槍で突崩す、戦場の大勢はそれで決し、従来の花形であった騎士はその成果を仕上げる補足的任務に甘んじなければならなくなった。戦場の主人となった徒歩兵の二つの型、鉄砲隊集中射撃の制圧力と槍衾（やりぶすま）集団の突破力とは火兵と白兵との純然たる二分業であった。

拳銃は天正十三年（一五八五）、大村、有馬、大友三氏の使節がイタリア・マンドゥア城主ヂュルモより青銅製造銃一挺を贈られたと史籍にあるのが、わが国でのはじめで、また六連発拳銃の渡来は嘉永六年（一八五三）ペルリが浦賀に来航したときである。

機関銃の沿革

機関銃の起原は、火砲の発明後約二〇〇年を経た一四〇〇年代に登場したオルゲス（オルガン）と称する多銃身銃である。オルゲスは六ないし二〇個の銃身を併列し、各個に遊底をもって、あるいは大きな一個の閉鎖栓をもって閉鎖し、その一個に点火すると他に伝火し、急速に発射されるものであった。

一五六八年ないし一六〇八年のオランダ対スペインの戦争に使用された風琴砲もこの種のものである。

わが国では将軍家光麾下の砲術師範井上外記は工人国友を江州より招き、二〇連発銃を製造したことがある。

オルゲス式銃は爾後種々改良工夫され、銃身を円周上に並べ回転式としたものもあったが、当時の工作機械は不完全であったため、閉鎖部に火薬ガスの漏洩がはなはだ多く、そのため金属を急速に腐蝕し、かつこの兵器を操作する者を困らせたため、発達が遅々として進まなかった。

一八五〇年代ベルギー人がクラックストン銃を発明した。

一八六〇年アメリカ・インディアナポリス市のドクター・ガットリング氏が考案した機関砲はアメリカ南北戦争（一八六一〜一八六五年）において北軍に採用された。世にガットリング機関砲として知られている。本砲は一つの中心軸周に六個の砲身を等距離に固定し、野砲のような砲架に載せ、その砲尾に装填装置を備え、頂部に弾倉が位置し、発射にあたっては右側にある転把を回転すると、砲身は軸周に回転し、実包は自己の重量により最高位置にある砲身に落下し、次いで砲身が右方へ回転移動して次の位置にくると、遊底は実包を薬室中へ押込み、さらに砲身が最低位置にくると発射される。続いて砲身は回転して左側より上方に上るにしたがい、打殻薬莢は抽出され、最高位置に来て再び新しい実包を受ける。この一連の動作を転把の回転により繰返して連続発射を行う。

フランスのミトライユーズ霰発銃は一八六二年イギリスおよび欧州に紹介されたが、あまり重要視されない中で一八七〇～七一年の普仏戦争となった。一八六九年フランスはメンドン工場において極秘裡にモンチニーが考案したミトライユーズすなわち霰発銃を製作し、一八七〇年一月完成、同年七月動員の際この新兵器の威力は強大で、ドイツ軍を全滅させることは極めて容易と信じていた。この銃は多数連続発射を行うと銃身が過熱されるから、銃身全長の中央部まで水套を用いて冷却していることが特徴である。

この銃の原理は約二〇年前すなわち一八五一年にベルギーの将校カビテンハフシャンブが考案したもので、その考案および模型をベルギーの技師モンチニーに示し製作を依頼したので、モンチニーはブラッセルの火砲製造工場でこれを製作し、堡塁の塹壕に装備した。これをモンチニー機関銃という。その後モンチニーは種々改良のうえフランス軍に採用を説いたので、ついに一八六九年ナポレオン三世はこれを採用したのである。

本機関銃は数十個の銃身を集合して鍛鉄管に収容するもので、野砲と同様に砲架に載せ、外形は野砲とほぼ同様である。砲手は発射用転把を回転し、一側より順次発射する。一分間に四四四発を発射することができるので、当時ではこの重量で最も多数の弾丸を発射できるものと信じられていた。普仏戦争のときフランス軍はこの機関銃を砲兵隊に持たせたが、この銃の最大射距離は約一〇〇〇メートルであるからドイツ軍のクルップ砲のために散々やられた。たとえば一八七〇年八月四日午前十時ドイツ軍第一軍団の前衛砲兵がガイスベルグ村におけるフランス軍陣地に対し射撃を開始したとき、フランス軍機関銃はこれに応射するため、ガイスベルグ村高地上より射撃を開始したが、有煙火薬を用いていたため敵に発見されて致命的損害を受けたのであった。

ドイツ軍においてはババリア軍団にフェルドと称する機関銃を有していたのみで、稀にフランス軍砲兵と近距離で戦闘を交え、成果を挙げたことはあるが、大体の成績においてはフランス軍機関銃と同様に見るべきものはなかった。要するに当時の機関銃は運動性が少ないため隘路、橋梁などの防御または築城陣地の側面防御など特別な場合に有効であるのみであった。特に火薬が無煙薬ではないので煙が多く、敵に発見されやすいので、射程の大きい砲兵に直ぐやられたのである。そのため当時の議論では八、九割が機関銃よりも砲兵を増加する方が有利としたのである。

一八七一年イギリスは海軍に口径〇・六五インチ（一五ミリ）のもの、また野戦用として〇・四五インチ（一一・四ミリ）のものを試験的に採用し、植民地戦に多数使用した。この機関銃はトルコ、チュニス・モロッコ、支那、ロシアなどに採用された。またアメリカ海軍にも採用され、メキシコに対する戦闘その他にしばしば用いられた。当時は欧州においても薬莢の製作法がまだ発達していなかった（薬莢の発明は一八六〇年頃）。すなわち圧搾により一体の薬莢を製作することが困難であったため、火薬ガス圧に対する緊塞が十分ではなかった。また薬莢が焼付き、抽出するのが困難なため発射速度も出せなかった。

ガットリングは一分間五〇〇ないし七〇〇発と称せられているが、実際には二八〇発が最大であった。この故障の原因は多くは薬莢と薬室との関係不具合で、装填時に押し潰し、または抽出のとき薬莢を切断するものであった。これは薬莢の構造および金質の不良ならびに薬室の構造および円筒底部との密着不整などに起因するもので、当時の製造技術においては非常に困難であったと考えられる。すなわち薬莢は黄銅板を心型に巻き、これに鉄製底部を銲着（かんちゃく）（はんだ付け）して製作するものであるから、しばしば黄銅部のみを薬室に残留したのである。ゆえに機関銃の発達は薬莢の進歩と密接な関係を有するもので、一般工業の製造技術の発達と相関連して進歩したのである。

一八七五年フランスに住むアメリカ人機械技師は一種の機関砲を設計した。これはホッチキス機関砲といい、後にホッチキス機関銃として知られるものとは全く相違している。ガットリング砲と異なるところは砲尾部を固定し、直上に一個の遊底を有し、砲身部のみ回転する(ガットリング砲は各砲身にそれぞれ遊底を有している)。口径が大きいため爆裂弾を発射し、発射速度は毎分八〇発である。フランス海軍の水雷艇防御用または上陸部隊の補助兵器として用いられた。

小銃口径の機関銃として、スウェーデンの機械技師パームクランツが発明したノルデンフェルト機関銃がある。ノルデンフェルトは銀行家でパームクランツの発明を財政的に援助した人物である。本銃は托架上に一列に五個の銃身を並べ、銃身と遊底部との間に垂直に運動して実包を運搬し、かつ装填する装置を有しており、右側にある転把の回転により遊底を開閉する。

一八八一年ガードナー機関銃が考案された。その要領はノルデンフェルトとほぼ同じで、実包の装填および薬莢の抽出を改良して急速にしたので、銃身を二本とし、さらに改良して一本とした。したがって銃の重量が軽くなり、移動性が良好になった。

以上の機関銃は皆槓桿または転把により実包の装填、発射および抽筒の諸動作を行うものであるから、銃手の労力を要した。ところが一八八三年イギリスにサー・ハイラム・マキシムが現れ、初めて全自動機構のものを完成し、機関銃の様式に一大革新をもたらした。これがマキシム機関銃である。マキシムは幼い頃から電気および化学を学び、十四歳のときパリにこれらに関する博覧会を見学に行き、滞在中知人より「今もし非常に軽便で敵を多数殺傷できる武器を発明することができるならば、一躍大富豪となるだろう」と聞かされたのである。当時イギリスは領土拡張とともに植民地戦争が頻煩に起っていたからである。マキシムは父が機関銃製造に従事していた関係上、知人の言に刺戟され、パリよりウィーンへの旅行中種々考案工夫を凝らし、ついに精巧な自動小砲の製図を完成し、パリに帰着後直ちに前記知人に見せたところ、知人はその偉才に驚き、ロンドンへ帰り至急試作するよう説いた。そこでロンドンのハットンガーデンズにおいて初めてその製作に着手した。製造中も研究を重ね、最初に完成したのは三脚架に載せた機関銃で直ちに特許を得た。これが一八八三年七月であった。

マキシムが発明した機構の原則は単銃身で、一度発射するとその反動により銃は後坐するので、その力を利用して遊底の閉鎖を解き、遊底の後退とともに空薬莢を抽出し、次にバネの力により新実包を装填しつつ遊底を閉鎖し、発射の準備を行い、または閉鎖の終了とともに撃針は雷管を打って発射する。実包は保弾帯により一列に保持され、これを遊底の往復運動により右から左へ一発ずつ送るもので、銃手の労力を削減した一新機軸を実現した。

マキシムは引続き研究考案を怠らず、一八八五年には現在まで使用される機関銃の形式を完成し、特許を得た。その後口径を大きくし、射程を増大することについて種々研究したが、発射速度を大きくし、しかも口径および射程を増大すると銃身が過度に熱せられるので、完成は困難であった。

一八九三年植民地のザンベジ河付近のマタベル種族を征討するとき、わずか五〇人の兵力とマキシム機関銃四挺で五〇〇〇人の蛮人に対抗し、二時間に五回突撃を受けて三〇〇〇人を斃し、ついに敵を撃退したという。

イギリスがアジアおよびアフリカに多くの植民地を得たのは実にこの機関銃の賜である。蛮人は死を恐れず突撃してくるので、機関銃の連続射撃の威力が発揮されたのである。さらに一部の希望により口径を一八ミリとし、弾丸は鋼心を多数の鉛製の切片で包み、硬鉛製被套を被せたものを発明し、強装薬で発射した。すると長射程においては全く他の普通弾と異なることなく、また鋼板などに衝突すると鋼心は容易にその鋼板を貫通するし、近距離において敵の突撃に対し多数の弾丸を発射する必要があるときは把手を回し、銃口前に四個の刃具をわずかに突出させ、発射にあたりこの刃具で硬鉛の被套を傷つけ、切片は霰弾となって飛散するようにしたものである。ただし一般には小口径で多数の弾丸が射出される機関銃の方が効果は大きいといわれた。

マキシムはその発明品を各国政府に紹介するため、欧州各国を旅行した。そのときドイツにおいてカイゼル（皇帝）は唯一の優秀な機関銃であると賞揚したが、ドイツ参謀本部においてはこれを正規軍に採用するか否かについて非常な議論があり、高級将校の多くは一八七〇年戦役にフランス軍が霰発砲の用法を誤り、砲兵を減少して多大な不利を来たした経験に鑑み、機関銃を採用するよりむしろ野砲をその数だけ増加するのを有利とすると主張したのである。しかし機関銃と野砲はその任務が異なることが次第に明瞭となり、ついに有効な歩兵火器として認められ、正規軍に採用されることになった。

マキシム機関銃の出現以来各国は競って機関銃の研究に従事し、銃の反動を利用する原理のほか、火薬ガスの一部を利用して遊底の開閉、装填、発射などを行う考案がフランスに現れた。すなわちホッチキス機関銃である。しかしまだ機構が完全でなかったため、依然としてマキシム機関銃を標準とし、またガットリング機関砲も種々改良のうえ各国に使用されていた。一八八九年スイスは山地における隘路の防御などにマキシム機関銃を採用することを決めた。これがマキシム機関銃を正式に採用したはじめで、爾後一八九四年ないし九九年にわたり、運搬移動に益々軽便な機関銃が案出された。すなわちイギリスは空冷マキシムを、フランスは空冷ホッチキスを、ドイツはドイツ工廠製マキシム橇架、水冷式のものおよびベルグマン三脚架水冷式のものをそれぞれ採用するに至った。

一八七〇年ないし一八九〇年にわたり、海軍に口径の大きい機関砲を採用するか否かについて各種の試験が行われ、小銃口径のものも海軍陸戦隊用としてインド、アフリカに使用された。口径の大きい機関砲は水雷艇の防御に有効で、小口径機関銃は蛮人の突撃防止に有利と認められたが、陸軍正規軍においては当時なお工作機械および材料ならびに製造技術が不十分であったので、機関銃の重量が大きくなり、したがって運搬に困難を感じた関係上、まだ多くは採用されるに至らなかった。

二十世紀に入る前後から一般工業は急速に発達し、これにともない機関銃も年とともに精巧で軽便な機構を有するものが相次いで発明され、一九〇四年デンマークにマドセン（レキザー）が誕生した。これは現在の軽機関銃に相当する軽便な機関銃で、日露戦争当時ロシア騎兵はこれを持っていた。一九〇五年にはアメリカにおいてルイス機関銃が発明されたが、まだ広く採用されなかった。一九一五年欧州大戦中イギリスがこれを購入して使ったので有名になった。

ドイツは一九〇八年ドイツ式マキシムを制式とし、フランスは一九〇七年式ホッチキスを制式として、第一次欧州大戦となり、幾多の改良が施された。アメリカは数回ガットリングを改良し、また欧州列強の状況に鑑み、一九〇九年にはベネットメルシー機関銃を、一九一九年には有名なブローニング機関小銃およびブローニング機関銃を発明し、第一次欧州大戦にはこれを使用した。その後本機関小銃および機関銃は改良され、コルト工場にて製造したためコルト機関銃と称せられた。

この機関銃を発明したジョン・エム・ブローニングは一八五六年オグデン（ユタ州）に生まれ、十四歳のとき既に木材で火砲の小部品に至るまで実物大の模型を完成して知人を驚かせた。ブローニングは最初に自動銃を発明し、以後四〇年間にわたり幾多の小火砲および小銃の発明考案をなし、世人より「自動火器の父」という称号を受けた。彼の発明は実に小銃類考案の基礎をなしたもので、大戦当時使用した機関銃は三脚架に載せた水冷式で、長時間連続射撃を行うことができ、また機関小銃は重量約七キロの空冷式で、マドセン機関銃とともに最も軽量なものとして知られている。

以上を要するに、機関銃ははじめ植民地戦に大きな効果を発揮し、次いで日露戦争において益々その真価を現し、歩兵火器として必要であることが認められた。さらに一九〇七年および一九〇八年頃列強は正規軍に機関銃を附属し、第一次欧州大戦となって軽機関銃は歩兵火力の主体となり、歩兵の必要欠くべからざる兵器となった。

大戦後各国は競って機関銃の研究に没頭した。チェッコにおいては支那事変以来一般によく知られているいわゆるチェッコ軽機関銃が現れた。これはチェッコ・ブルノー市のブルノー兵器工場で製作され、プラガ軽機関銃として売り出されたものである。イギリスはこの工場に特に設計試作を依頼し、ブレン軽機関銃として制式に採用し、多量に整備した。

大戦後飛躍的進歩をした航空機と戦車に応じ、自動火器も進歩した。大戦までは主として地上目標に対してだけでよかったものが、飛行機ができたのでこれに載せる機関銃および機関砲ができ、また飛行機を撃墜するための対空用機関銃および機関砲ができた。また戦車に載せるための機関銃およびこれを射撃するための機関砲もできた。たとえばイギリスのヴィッカース機関銃、ドイツのラインメタル機関銃および機関砲、あるいはホッチキス航空機用および対空機関砲などがこれである。また対戦車自動砲としてはスイス・ゾロターン社の二〇ミリ自動砲、エリコン社の二〇ミリ自動砲、イギリスの一三ミリ対戦車銃、ホッチキスの二五ミリ機関砲、マドセン二〇ミリ対戦車銃などが競って考案された。

さらに機械化の発達にともない、軽機関銃より一層軽量な機関短銃（機関銃のように小銃の実包と同じものを用いるのではなく、威力の小さい拳銃実包を機関銃と同様に連発する）が考案された。ドイツのベルグマン機関短銃およびシュマイザー機関短銃、フィンランドのスオミー機関短銃、アメリカのトンプソン機関短銃などがこれである。このように第一次大戦後における航空機および機械化の進歩と、これにともなう自動火器の研究と進歩は画期的なものがあり、その進歩の途上にあって今次世界大戦に入ったのである。

「機関銃の技術およびその戦術」陸軍歩兵中佐 小野庄造著 大正五年五月刊

小野庄造は陸軍少将、欧州に留学し航空機、自動車などを調査。陸軍歩兵学校教官のときに本書を執筆した。歩兵第四十七連隊長。愛知県岡崎市長。

携帯火兵が世に現れたのは十四世紀の初めであった。爾来世人は機関の作用により数個の銃身を同時に使用することにより火器の効力を増進することに努力してきた。一六〇〇年代においては一列の小口径砲身を砲架上に併列重畳し、誘導装置により同時に多数の弾丸を発射した。また中軸の周囲を旋回する銃身を回転式に順次迅速に発射するなどの考案をなし、次いで一八三二年スタインハイルは回転輪の速力によって弾丸を発射する単身の一機関銃を製出したが、これらは皆戦場において所望の効力を発揚することはできず、はなはだしいものは実用に堪えなかった。

一八六五年アメリカのガットリングは大いに改良を施した一種の連発銃を発明した。この銃は同軸の周囲に回転する密接した六個の銃身を具備し、銃身の後端には鼓胴を装置した。この鼓胴は撃針銃の遊底のように製作されたものであった。操法は甲者が銃身に回転運動を与え、乙者が弾丸を鼓胴内に入れる役目で、旋回の速度を増加するにしたがって発射速度があがり、一分間に約九〇発に達した。

一八六七年仏国において霰発砲を発明した。この砲は後身に二四発の弾丸を満たした弾連を挿入して発射するもので、その後これを改造して銃身を結合し、これを鉄製の被甲で被包した。

上述の各種機関砲（銃）は銃身軸が皆平行であるため、射弾の散布界は銃身束の景況により制限される弊害を有し、その効力を増大することはできなかった。

独人ウエルデはこの欠点を改善するために、前方に離開する四銃身を結合し、野戦銃と同様に銃架に装置する新構造を案出した。この銃は一八七〇～七一年の普仏戦役末期において使用されたがその効果は十分ではなかった。

独、仏は戦後一時中絶した霰発砲の研究を再開した。当時兵学界は一般に霰発砲すなわち機関銃は攻撃より防御に有利と信じていた。英国および露国は要塞用としてガットリング砲を、オーストリア・ハンガリー国は要塞および野戦用としてモンチニー霰発砲を使用した。爾来兵器技術者は有効な霰発砲の製作に熱中し、ガットリングは初めに発明した砲に改良を加えた新案砲を、ホッチキスはガットリング砲を改良した五砲身を有する連発砲を案出するに至った。なかんずくホッチキス砲は広く一般に使用され、今なお海軍において採用されている。

要するに前述の各種兵器は機関的な小銃または小口径砲で、いずれも手力によって操作する不便があっただけでなく、比較的大重量を有し、かつ射撃速度が小さかったので、効力が十分でないことが欠点であった。

ここにマキシムが機関銃界の未決問題に対し大きな進歩を示した。すなわちマキシムは機関銃の従来の構造を一変して単身の機関銃を製作し、発射にともなう反動力を利用して遊底の開閉、弾薬の装填および発射を総て自動的に行うことに成功した。マキシムはその発明のために全力を注ぎ、いわゆるマキシム機関銃を創作し、後にこの機関銃に無煙火薬を使用するようになってその価値を高め、実に戦闘の勝敗を左右する兵器となった。無煙火薬を使用するとき発煙が少ないので、掩蔽して陣地に進入した機関銃は敵に発見されにくく、かつ長時にわたる急射撃においてよく敵を展望することができ、精密な照準ができるからである。

一八八三年初めてマキシムが専売特許権を得て以来、自動機関兵器の発明家が輩出し、特に最近一〇年間においてその発明が多く、またその一部は実用に至った。

英国は一八八五年前後のエジプト・スーダンの戦役および一九〇〇年南アフリカのボーア軍との戦闘において機関銃の効果を認め、また米西戦争の際は米国が利用した機関銃の効用に世界の注目を集め、また近くは北清事変においてドイツ、ロシア、オーストリアの軍隊は機関銃を利用し、日露戦役においては両国とも攻防に機関銃を使用して偉大な効果を発現した。

「歩兵兵器概論」陸軍技術本部 高関俊雄著 大正十五年十一月刊

高関俊雄は陸軍砲兵大佐、陸軍技術本部で小銃、機関銃、擲弾筒など歩兵兵器の開発に携わった。

重機関銃

一、第一次大戦まで

多数砲身の霰発砲は一八六〇年頃既に発明されたが、小銃口径の今日のような様式の機関銃は一八八三年イギリスの Sir Hiram Maxim の発明するところで、英国植民地軍隊に使用されたのが軍用のはじめである。

次いで今日代表的と見られるものは左の年次に発明された。

一八九三年　オーストリア　Skoda
一八九五年　スウェーデン　Nordenfeldt
一八九七年　アメリカ　Colt
一八九七年　フランス　Hotchkiss
一九〇一年　ドイツ　German Maxim
一九〇七年　オーストリア　Schwarzlose

最初は防御的兵器として野戦には軽視される傾向があったが、日露戦争においては攻撃兵器としてようやく真価を認められ、その後各国とも歩兵の編成中に加えるようになり、第一次大戦においては一層重要な任務に服した。欧州大戦において各国が有した制式機関銃は次のとおりである。

ドイツ

Maxim 一九〇八年式、口径七・九二ミリ、発射速度五〇〇発/分、銃重量三二

・〇キロ、保弾帯二五〇発、水冷、銃身後坐式、橇式銃架

イギリス
Vickers 一九〇九年式、口径七・七ミリ、発射速度五〇〇発／分、銃重量一七・四キロ、脚重量一七・二キロ、保弾帯二五〇発、水冷、銃身後坐式

オーストリア
Schwarzlose 〇七／一二年式、口径八・〇ミリ、発射速度四五〇発／分、銃重量一七・〇キロ、脚重量二二・五キロ、保弾帯二五〇発、水冷、反動式

アメリカ
Browning 一九一七年式、口径七・六二ミリ、発射速度四〇〇〜六五〇発／分、銃重量一七・六七キロ、脚重量二二・六八キロ、保弾帯二五〇発、水冷、銃身後坐式

フランス
Hotchkiss 一九一四年式、口径八ミリ、発射速度四五〇発／分、銃重量二五・〇キロ、脚重量二四・〇キロ、保弾帯三〇発、空冷、ガス利用式

イタリア
Fiat 一九一四年式、口径六・五ミリ、発射速度五〇〇発／分、銃重量二一・〇キ

ロ、脚重量二二・〇キロ、匣状弾倉五〇発、水冷、銃身後坐式

二、大戦後

大戦後今日に至るまでかなりの年月を経たが、いまだ特種の機関銃が出現したとは聞かない。大戦により多数の在庫品があり、他に根本的改良を要する緊急の兵器があるので、これに触れないのであろう。しかし大戦後の特色として認められるのは各国とも歩兵大隊の編成中に四銃ないし一六銃を有する機関銃隊を加え、フランスはその他に独立機関銃隊を有し、射法においても遠距離射撃、地域射撃などを加え、最大射程に近い三五〇〇メートルないし四〇〇〇メートルに至るまで射撃を要し、発射弾数も著しく莫大になった。ゆえに将来重機関銃の改良に着眼すべき点は用法の変化にともなうもので、左のようになる。

(一) 遠距離射撃に適すること

①弾丸の金質形状を研究し、口径を八ミリ付近とする

②銃身長を長くし、約八〇〇ミリとする

③銃架の安定を良好にし、大射角を付与できるようにする

(二) 特種照準具を付けること

①眼鏡照尺および普通照尺の改良
②夜間照準具
③間接照準具
④高射照準具
（三）各種照準具に使用する便利な脚架
①高射できること
②薙射装置
③水準器を使用しやすくするため微動装置、方向角の目盛
（四）戦時補給を容易にすること
①製作を簡単にする
②銃身の交換を容易にし、銃身を低廉にする
フランス軍がベルダンにおいて一〇日間に一銃で七万五〇〇〇発を発射したことがあるという。またフランス軍がマルメーゾンの攻撃において十昼夜にわたる地域射撃を実施し、四〇〇挺の機関銃がこれに参加、一六〇〇万発を発射し、一二〇〇本の銃身を廃棄したという。
（五）附属部品

①消炎器

②緩射器

③防楯

バルカン戦、青島戦において使用した。臨時に取付けられるよう顧慮しておくことは無用ではない。

（六）重量

大戦の経験にもとづき、重機関銃はやや縦深に配置されるので、重量が若干増加するのは許容されるところである。現制の銃および三脚架は概ね同重量であるが、銃を軽くし三脚架を重くすると命中精度は向上するか研究課題である。フランス兵学界においては銃の重量二〇キロ、銃架の重量一五ないし二〇キロを標準としたがやや軽い感がある。各種照準に適し命中精度を良好にするには銃架の重量の増加は避けられない。

（七）運搬法

銃架に防楯および車輪を付け、前車を付けて人力で輓曳し、または繋駕したものは今日においてははなはだ稀となり、通常次の方法により運搬される。

①駄載

この方法は最も便利な方法で、地形の障害を受けない利がある。各国とも専らこれを採用するが、大戦の結果歩兵隊の機関銃数の激増は駄馬の不足、行軍縦隊の長大化を招いた。

②車載

前記の理由により大戦よりイギリス、フランス、ドイツとも繋駕する機関銃運搬車を併用するようになった。ドイツ軍は手車をも運搬車に積載している。わが国も産馬数が少ないので、将来機関銃を増加するときは輜重車、人力輓曳車などをもって数銃を運搬する方法を駄載と併用するのがよい。

イギリスは一時自動自転車を側車に載せたものを採用したが、その後廃止したようだ。

イタリアの某大尉は銃を自転車に装着する方法を考案したが、広く用いられるには至らなかった。

犬で小車を牽かせる方法は古くベルギー軍において実施した。オランダは一九一二年ベルギーに範を採って研究し、実用に適するものと認めた。

軽機関銃

一、大戦まで

軽機関銃は一九〇〇年初めてイタリアにおいてCei Rigottiという名称で出現したが、広く使用されるには至らず、後デンマークのMadsen大佐により創意された軽機関銃はオランダ、スウェーデン、ノルウエー、ロシアなどの各国騎兵に用いられ、南米諸国にも及んだ。イギリスにおいて製造されたものはRexer機関銃と呼ばれ、日露戦争においてロシア騎兵に使用された。本銃は遊底に特色のある構造を有し、今日においても最も経験に富む銃として相当の声価を博し、これを採用する国が少なくない。

大戦前に出現した軽機関銃は次のとおり。

一九〇八年(明治四十一年)本邦試製軽機関銃

一九〇八年　フランス　Berthier(ベルチエー)(あるいはBerthier Pocha)

一九〇九年　フランス　Hotchkiss(一九一一年アメリカにおいてBenet Mercieの名で使用された)

一九一三年　ドイツ　Parabellum

一九一三年　アメリカ　Lewis

大戦前軽機関銃は重機関銃の代用として運動迅速な騎兵に称用された。元来強度および熱容量の関係上から、軽機関銃をもって重機関銃に代用するのは不合理と考えられていたが、欧州戦争前乗馬戦を建前とする騎兵には火戦は瞬間のことであり、その当時は実用上さしたる不都合はなかった。軽量を喜ぶのは騎兵に限らず、歩兵においては最も好むところだが、この理由により歩兵兵器としては採用されなかった。

欧州大戦における各国軽機関銃には次のものがある。

イタリア
一九一八年　一九一八年式SIA、弾倉五〇発、滑動尾栓、アルミニューム放熱筒、重量一六・四キロ、発射速度六〇〇

イギリス
一九一六年　一九一五年式Lewis、ガス利用、回転弾倉四七発、気流式放熱筒、発射速度五〇〇、重量一二キロ

フランス
一九一六年　一九一五年式CSRG、銃身長後坐式、二脚、アルミニューム放熱筒及被筒、重量九キロ、発射速度二四〇、半円弾倉二〇発

アメリカ
一九一八年　フランス一九一五年式
一九一八年　一九一八年式Browning、ガス利用、弾倉二〇発、重量七キロ、発

射速度六〇〇、自動及半自動

ドイツ

一九一五年　Madsen

一九一七年　一九一五年式Bergmann、重量一三キロ、保弾帯、空気放冷

一九一七年　〇八／一五年式Maxim、水筒式三リットル、保弾帯一〇〇発、重量（水共）一九・四キロ

一九一八年　一九一八年式Dreyse

欧州大戦において各国が戦場に軽機関銃を用いた例を見ると、ドイツ軍は一九一五年一大隊に一二〇挺ずつのMadsen軽機関銃を装備した三個の特種部隊にロシア軍の兵備が最も薄弱な部分を衝かせ、その後フランス軍方面に転じた。これは歩兵が軽機関銃を使用した最初である。

フランス軍は全軍にわたり一九一六年三月一日より歩兵中隊に八挺の割合で一九一五年式CSRG銃を配付した。本銃はベルダン付近の戦闘において大きな威力を発揮したという。

イギリス軍は一九一六年歩兵中隊に三銃の割合で一九一五年式Lewis軽機関銃を

配付した。この機関銃はアメリカ海岸砲兵大佐Lewis氏の創意にかかるもので、戦前アメリカ陸軍に審査されたが制式として採用されるには至らなかった。欧州戦争が開始されると軽量のために地上用、飛行機用として広く使用され、その製造もイギリス、アメリカ、フランスで行われた。

アメリカ軍はフランスに上陸すると戦闘群編成のためフランス一九一五年式CSRG銃を受領したが、その後一九一八年夏渡欧軍はアメリカで製造された一九一八年式Browning軽機関銃を乗船前支給されるに至った。J・M・Browning氏はベルギー人で軽重機関銃、自動拳銃、自動猟銃など各種兵器を発明し、目下アメリカの自動小銃完成にも寄与している。

欧州大戦において多数の軽機関銃を歩兵に装備したのは重機関銃の代用としてではなく、全く異なる理由による。すなわち軽機関銃を小銃の代用としたのである。換言すれば従来の散兵、すなわち小銃を多数併列することは敵に大きな目標を与え、多大な損害を受けるのみならず、人員の節約に適しない。ゆえになるべく小銃を減らし、軽機関銃により同等以上の火力を発揚しようとする考え方であった。当初は重機関銃の代用であった軽機関銃が今日では小銃の代用となったのである。ゆえにその用法および射法が異なるのは当然であるが、大戦中に登場したものは平時より歩兵用として研究されたものではなく、急に応じるため急造したものか、在来品を応用したものに過ぎなかったので、操用機能に不満足の点があったのは当然のことで、これらは戦後研究の新兵器と交換されるべきものである。

大戦末期に使用した主要な軽機関銃について述べれば、ドイツの〇八／一五年式軽機関銃は元来Maxim重機関銃を応急的に改造し、銃床を付け、かつ少し軽くしたもので、水量三キロで総重量一九キロは到底軽機関銃の運動性を有するものではない。ことに一〇〇発の保弾帯を用い、これを収容する鼓状弾倉を附属するなど操用が不便である。一九一八年式Dreyseは各種様式の長所をとり、製造を簡易にし、休戦頃に完成したので前者と交換しようとしたが、その製品は少数に止まった。

フランスの一九一五年式CSRG軽機関銃についてはフランス人が自らこのように語っている。「本銃は戦争間しばしば偉大な威力を発揮したが、その欠陥も少なくない。すなわち命中精度不良、射撃速度緩慢、機能の正確を欠き、分解結合法は複雑で戦場では実施困難である。これを目下外国軍の採用する軽機関銃に比較すれば既に旧式に属し、戦闘軍の火戦を完全に遂行すべき性能を具備していない」

イギリスのLewis軽機関銃は重量がやや大きく運動性を欠くのみならず、その弾倉は携帯に不便で変歪のおそれがある。イギリスにおいては重量を減少するため、放熱筒除去の試験を行った。

アメリカの一九一八年式Browning軽機関銃は放熱装置と脚を省略し、その他部品を極度に軽減している。技術本部の実験によれば多数弾発射に適せず、命中が不良である。単に二キロもしくは三キロ軽減するために威力上多大な損失を出している。その教範には二〇〇ヤード以上の射撃には全自動を用いないことになっている。アメリカにおいても自動小銃を本銃に代える意向があるようだ。要するに軽機関銃としては威力不十分、自動小銃としては過重で実用的ではない。

イタリアの一九一八年式ＳＩＡ軽機関銃は遊底が不確実で安全性に欠けるという。

二、大戦後

大戦後の各国における軽機関銃の状況は次のようである。

イタリア

一九二三年　Brixia、口径六・五ミリ、重量（脚共）一二キロ、弾倉三五発、重量一・五キロ

フランス

一九二四年　Chatellerault、口径七・五ミリ、ガス利用、箱弾倉二五発、長さ一

・一メートル、発射速度四五〇

スイス

一九二五年　反動利用、口径七・四五ミリ、重量八・二キロ、弾倉三〇発、発射速度四八〇、制式小銃実包、長さ一・一五五メートル

チェコスロバキア

一九二五年　プラガ式、口径七・九ミリ

ドイツ、イギリス、アメリカは軽機関銃改良の声を聞かない。

フランスは最も熱心に大規模な審査を行い、一九二四年にChatellerault工廠製を一九二四年式として制定した。フランスの各型式軽機関銃の比較試験は一九二三年一月より十二月にわたり、次の種類について実験を行った。

Berthier式、Browning式、St・Etienne式、Hotchkiss式、Madsen式、Chatellerault式

Lewis式、Darne式は引渡が遅れ、実験に間に合わなかった。本試験は軍隊および試験委員の手によって行われ、試験聯隊は九個聯隊の多きにおよび、威力、精度、操用の確実、教育の容易、分解結合、保存、寒暑異変、泥土に対する保護、装填位置などについて実験した結果、次の結論に至り、Chatellerault式を採用することに決定し

た。

（一）銃身の交換　戦場において銃身の交換を行わないものを可とする（銃身の重量のため携帯弾薬数を減ずる不利がある）。

（二）銃身長　六〇〇ミリ、五〇〇ミリの二種について試験した結果六〇〇ミリを可とする（五〇〇ミリは初速減少、命中精度不良である）。

（三）給弾法　一五発の保弾板は弾薬の保護不完全につき不採用とした。

（四）挿弾位置　装弾孔は上方に設けること。

（五）発射速度　毎分四〇〇ないし五〇〇発とする。緩射装置を設けるとき、その機構は簡単であること。

（六）単発装置　絶対必要ではないが、有利である。

（七）脚　Hotchkiss 式の双脚が最もよい。

（八）銃床支台　着脱自由な銃床支台を採用する。

（九）箱弾倉携帯法　Madsen 式（箱に収容するもの）、アメリカ式（弾薬帯）に比べ、フランス式（背嚢雑嚢に入れる）を可とする。

本銃は Chatellerault 工廠の Rebel 大佐（当時中佐）が発明したもので、フランスの発表によればその特徴は次のようである。

(一)本銃は威力と運動の調和を得たもので、歩兵戦闘の核心細胞たる戦闘群の兵器に適する。

(二)引鉄の機構は独創的装置により、容易に半自動発射より自動発射に移ることができる。このため変換栓の操作は不要で、照準を中絶することはない。

(三)箱弾倉は二列に二五発の実包を収容し、弾倉の実包を射ち尽したとき遊底は後退のまま駐止される。

(四)円筒後端を尾筒に鉤し、別に門子を設けない方式である。

(五)発射速度は四五〇発となるよう調節している。この調節の要領は活塞の毎後退時これを抑留してその運動を一時停止させる方式である。

(六)緩衝器、消炎器、木被、拳銃握、肩当などを具備する。

(七)射撃しないときは便利な蓋で尾筒の各窓を閉鎖する。

(八)照星は矩形で照尺は小孔照門式である。

(九)銃床支台の実験結果は有効で、戦場心理の作用を受けず射撃精度を増し、夜間射撃、間接射撃にも便利である。

(一〇)射撃機能については

①機能確実で故障はない。

②施油が凍固したとき、手入が不良のとき、施油が過不足のときも機関は確実に発動する。
③機関内に燼渣が蓄積しても数千発はその障害を受けず射撃することができる。
④箱弾倉は最も堅固で故障の原因を生じることはない。また戦場における詰替も容易である。
（一一）現制小銃は口径八ミリだが本銃は七・五ミリとした。実包重量は二四グラムで近、中距離において効力は現用小銃に劣らない。
以上の結論では五〇〇ミリ銃身より六〇〇ミリ銃身を可としているが、口径の変更と操用の便とを顧慮したものか、最終的に銃身長は五〇〇ミリとなった。実包の変更によるものか。

イタリアは一九二三年に戦争中に使用した軽機関銃を一九二一年式Brixa軽機関銃に代えることを決めた。本銃は大戦参加の経験をもって研究され、しかも国境に大山地を有するにもかかわらず、口径は六・五ミリで一二キロの大重量を有する。

スイスは一九二二年から研究を開始し、Furrer大佐により考案された一九二五年式を制定した。その様式は銃身後坐、関節閉鎖機関で戦闘間銃身を遊底とともに交換し放冷することはMadsen機関銃に似ている。双脚のほかに中部支台、銃床支台の両者を備える。

ブラジルは一九二二年型 Hotchkiss 軽機関銃を採用し、メキシコは Madsen 式を採用している。

チェコスロバキアは一九二五年秋よりプラガ軽機関銃の大量製作を開始した。

三、軽機関銃の趨勢

（一）口径弾薬

小銃と軽機関銃は原則として同一実包を使用する。

（二）威力

近距離に使用するのを本則とし、時として中距離にも使用する。フランス陸軍では一二〇〇メートル以上は射撃しないとしている。特別の銃架を使用せず、銃に附属する双脚と銃床支台のみでは一〇〇〇メートルの射撃でも効力は期待できない。

（三）重量

操用の便のためなるべく重量を軽減することが必要である。しかし機関銃の多数弾発射の能力、すなわち一定時間内に敵に送り得る弾量は銃の熱容量および強度に比例するので、威力および技術上一定程度以下にその重量を減じることはできない。大初速、大発射速度の銃には重量の大きいことを必要条件とする。わが国においても軽機関銃研究の当初は約七・五キロであったが、威力耐久性を十分とするため漸次重量増加のやむなきに至った。Thompson 氏も重量九キロ以下では軽機関銃の設計は不可能と述べている。外国においては行進射撃を可能とするため軽量を主張するものがあるが、行進射撃は如何に銃を軽量化しても大きな効力を期待することはできないので、この理由により他を犠牲にするのは適当ではない。

このように運動と威力の調和に努力するにも拘らず、前述のイタリア Brixa は威力に重点を置いたものか、技術上の顧慮によるものか、大きな重量を有している。すなわち軽機関銃の重量決定には二種の潮流があると見做すことができる。

（四）長さ

銃身長は弾薬に適応し、所望の威力を得るため五〇〇ミリないし六〇〇ミリを適当とし、銃全長は一・一メートルを標準とする。

（五）発射速度

四〇〇発ないし五〇〇発を適当とする。発射速度が小さいこと、緩射装置および緩衝装置を設けることは射撃間銃の顫動を緩和し、命中精度を良好にする。

(六) 放熱装置

空冷式を適当とする。戦闘間銃身を交換冷却する方式はフランスにおいては陸軍もHotchkiss社も極力反対している。しかしこの方式を採用する国は少なくない。

(七) 給弾装置

弾薬を塵埃泥土から保護する必要がある。保弾板と保弾帯は採用されない。箱弾倉は発条衰損、変歪、詰替などの不利があるが広く採用されている。これは送弾器を省略できるので銃の構造を簡単にし、重量を軽減できることによる。

(八) 脚

①双脚および銃床支台を必要とする。

②命中を良好にするため特別の状況に使用する小銃架を付ける考案がある。

③高射補助脚を必要とする。

(九) 高射照準具

低空防御において重機関銃はやや鈍重であるので、イギリスは対空用軽機関銃を歩兵大隊内の編成に加えている。

小銃

一、手動銃の将来

対戦中より大戦直後において小銃に関し種々の議論を生じた。その要旨は次のようであった。

(一)現用銃は長大過ぎるので、これを短縮して操作しやすくする。

(二)有効射程は決戦距離の七〇〇メートルで足りる。

(三)近距離における狙撃に便利なように五〇、一〇〇、二〇〇メートルなどの照尺を設ける必要がある。

(四)狙撃に便利なように眼鏡照尺を付ける。

しかしその後小銃について何ら議論されることはなく、各国とも欧州戦後多数の小銃を擁し、ほかに急ぐ兵器があるためと、一方自動小銃採用の顧慮から手動小銃の改正には手をつけられなかった。

一九二六年イギリスにおいては小銃改良を進め、新式小銃の考案を完成した。本銃は現用銃の改造型で、Ⅵ型リー・エンフィールド銃と命名される予定である。ただしまだ製作には至っていない。改造の主要点は小孔照門とし銃身の重量増大および銃口蓋の廃止である。銃身を約一〇サンチ延長し、これに着剣用または銃榴弾発射器用の突起部を付けた。総重量三・七キロ、口径七・七ミリ、銃剣は三角断面で刃部は約二〇サンチ、銃身に付着する。

チェコスロバキアは一九二一年より携帯兵器の型式統一を実施し、一九二五年春ブルーノ小銃製造所は二四年式短モーゼル銃の大量製作を開始し、年末までに歩兵隊の七五パーセントに支給された。一九二六年六月までには各兵種使用中の九八年式マンリッヘル、長モーゼル、マンリッヘル騎銃は全部新銃と交換される予定である。

わが国においても機関銃分隊に騎銃を携帯させる議論があるが、歩兵銃を悉く騎銃とする意見にはまだ到達していない。

要するに手動銃は財政問題に関係があるのみならず軽機関銃、自動小銃とともに口径問題にも関連するので、これら重大問題の解決後に各々その国情に応じ改良されるであろう。

自動小銃

一、大戦まで

自動小銃とはいわゆる自動装填銃、すなわち半自動発射をなすもので、一八八二年アメリカにおいて発明されたWinchester騎銃をもって嚆矢とする。後に銃身後坐のもの、短後坐のもの、閂子を有するもの、反動受機構のないものなど各種の考案があったが、軍隊の制式として用いられたものはメキシコ将官Mondragon氏（後同国陸軍大臣となる）により創意され、スイスにおいて製造された一九〇八年式がある。口径七ミリ、ガス利用、螺状遊底、弾倉一〇発収容、挿弾子にて装填、重量四・一二キロ、長さ一・一五メートル

メキシコは本銃制定後わが国に三八式歩兵銃、同騎銃を注文したが、あるいはこの自動小銃は一部にのみ用いられたか、機能不良であったかもしれない。

欧州戦争に出現したものは次のようであった。

フランス

戦争開始時　一九一五年式Winchester、口径七・六二ミリ、弾倉六発入、銃身固定

一九一七年　A6式、長後坐、七ミリ円筒薬莢

一九一七年　一九一七年式RSC、口径八ミリ、ガス利用、特種挿弾子（五発入）、長さ一・三三メートル、重さ五・二七五キロ

アメリカ

一九二五年　試製 Garant 式、口径〇・三吋

試製 Pederson 式、口径〇・二七六吋、重量・長さ 現用銃に同じ、挿弾子一〇発入、弾丸重量八・一グラム、実用最大射程九〇〇メートル、遊底 旋回駐退柎

イタリア

Revelli-Beretta 騎銃、口径九ミリ、拳銃弾、弾倉二五発入、折畳式銃剣、重量三・二七キロ

Revelli-Beretta　口径六・五ミリ、制式弾を射撃し得るもの

ドイツ

一九一五年　ソンム戦場に出現

一九一七年 Mondragon 型、蝸牛状弾倉

フランス軍は戦争のはじめアメリカ Winchester 自動小銃を航空機用に供した。一九一五年よりフランス高等統帥部は個人兵器としての自動火器の完成に努力し、戦前より研究していたA6自動小銃の製造に着手したが、一九一七年に至っても完成せず、中止となった。

一九一七年三月歩兵中隊に一六挺の割合で一九一七年式RSC自動小銃を下士および優秀な射手に支給した。しかし戦場では良い結果を示さず、単に競技用としか考え

られなかった。戦用としては堅牢でなく、重く大きな邪魔物とされた。

一九一八年五月各種経験により改良された一九一八年式を急いで製作し、軍隊に支給したが直ちに休戦となった。

イタリア軍は大戦間 Revelli Beretta を採用した。本銃は初めて拳銃弾を使用した。

アメリカ軍は戦争中自動小銃は採用しなかった。

ドイツ軍は Mondragon 式自動小銃を軽くし、かつ蝸牛状弾倉としたものを一九一七年航空機用として配付した。またこの種の兵器を若干塹壕監視兵に使用させた。一説には既に一九一五年九月ソンム戦場にわずか三大隊出現したが、成績不良でこれを廃止したという。

二、大戦後

フランス

一九一八年　一九一八年式、一九一七年式に類する、長さ一・二メートル、重量四・八キロ

アメリカ　Thompson 式

ロシア

一九二五年　Fedoroff式、口径六・五ミリ、重量五キロ、遊底二駐退柎、匣弾倉二五発、初速六八〇メートル、発射速度二五〇発、迅速射七五～一〇〇発

フランス軍は一九一八年に同式銃四〇〇〇挺を軍隊に配付し、一九二〇年にその意見を提出させたところはなはだ好評で、モロッコ遠征に使用の結果は自動小銃反対論者でもその効果を首肯するに至った。

ロシア軍は一九二五年式Fedoroff自動銃を採用した。わが国の十四年式拳銃と同要領の門子を用いる。

その他欧州各国も研究しており一、二の試験品はあるが未だ完成の域に達せず、ことに有名な大兵器会社においても商品として提出されたものはない。

アメリカ軍における自動小銃の研究は最も盛んで、その状況は次により察知できる。

(一) 兵器長官より参謀次長へ報告の要旨

向こう一〇年間に口径〇・二七六吋(七ミリ)の自動小銃を三個師団に、口径〇・三吋(七・六二ミリ)の自動小銃を三個師団に支給すべきことを建議した。

(二) 参謀総長の年報の要旨

現用小銃とほとんど同重量の半自動銃二種を研究し、両者とも歩兵の火力を増

大し、現用軽機関銃と交換できるであろう。別に試験中の半自動銃は射程九〇〇メートルまで精度確実で敵を拒止するに十分な威力がある。また携帯弾薬を三三・三パーセント増加できる利益がある。

(三) 一九二七年度予算

半自動小銃研究費として三万三〇〇〇ドルを要求した。

その他商品として Thompson 式自動小銃がある。いわゆる Blish 式遊底によるもので、アメリカ軍現用実包を用い、機能命中ともに良好である。

口径および弾薬

小銃口径は近年における世界的問題で、小銃に一紀元を画すべき重大な事項である。

小銃の初速がまだ小さい時代には大口径のものを採用するか、単発銃より連発銃に移るか、射撃速度が増大したため携帯弾数を増加することに着目していた。次いで火薬および銃用地金の進歩により強装薬を用いることができるようになったのを幸いとし、小口径、大初速の実包をこれに代えるに至り、しかも当時銃傷は戦場において戦闘力を失わせれば足りるとしていたから、日本の小銃弾は人道的であると考えられた。欧米ことにドイツ、フランスは財政上銃種を変更することができないので、弾薬の改善により旧式銃の威力を維持した。一方欧州戦場における日本小銃は機構の点においては多大な賞賛を博したが、銃傷の回復が早く、数度にわたり戦線に出るものがあった。結局戦争の期間を延長し、国民に永く苦労させるので、日本小銃は不人道的であると称するに至り、口径についてははなはだ不評であった。倫理的観念は時代とともに変わる好例であった。

大口径と小口径の利害は次の各観点において全く相反する。

一、携帯弾薬の多少、弾薬補充の難易

二、反動の大小、これによる命中精度の良否、機関の堅牢度

三、送弾機構の難易

四、銃腔の腐蝕摩損、手入保存の難易

五、銃の重量の大小

六、銃傷回復の難易

七、有効射距離の大小

重機関銃および小銃の任務を考えると、重機関銃は三〇〇〇もしくは四〇〇〇メートルの遠距離射撃を要するので、口径がある程度大きくなければならない。軽機関銃および小銃は一〇〇〇メートル以下の距離のみに使用されるので、その射程を縮小す

ることができる。したがって小口径または弱装薬実包でも任務を達成できるものである。現在一種実包を歩兵銃、騎銃に共通使用することさえ既に不合理で、騎銃においては銃身が短いため火薬の燃え残りを生じ、また銃の重量が軽いので反動が大きく、命中精度が不良となる。まして遠距離用の重機関銃の実包と近距離用の軽機関銃および小銃の実包とを同一にすることは全く不合理で、このために次のような種々の犠牲を払うことになる。

一、小銃の反動を顧慮するため、思い切って実包を遠距離射撃に適応させることができない。

二、軽機関銃、自動小銃のためには実包の熱と圧が大きく、放熱の顧慮から銃の重量を大きくし、また銃尾機関を複雑にする。

三、軽機関銃、小銃のためには反動が大きく、命中精度を不良にする。

四、過度の熱および圧のため軽機関銃および小銃の銃身の衰損を早くする。

五、小口径であっても近距離においては銃傷は小さくない。

野山砲においては各国とも弾薬補充の関係から弾丸のみは同一のものを使用できるよう設計されているが、野山砲より口径の大きい各種砲、野山砲より小さい各種砲が同一戦場に出現し、その任務に最善をつくすため一火砲であっても数種の特徴ある弾丸を発射するようになった。この現状で重軽機関銃だけが弾薬補充の犠牲となり、同一実包を用いて異なる任務を果たそうとし、敵に不十分な火力を送るしかないのは不利である。技術上より二種実包を有利とするのは議論のないところであるが、理論と実際とには多少の懸隔がある。先入主となっている一種実包説に捕われることなく、果たして弾薬補充が不可能か、弾薬補充難は二種実包を採用することの利で償うことができないか、この先決問題を研究しなければならない。

近来各国とも、軽機関銃および自動小銃が普通の強装薬実包を用いると重量が大きくなり、機構が複雑になるので、小口径とするとともに携帯弾薬を増加する方がよいと主張し、その実行に着手しつつある。

フランスは軽機関銃の口径を七・五ミリとし、八ミリ弾の九八八発に対し七・五ミリ弾の一三二五発、すなわち約三分の一を増加することができたと主張している。アメリカも七・六ミリ口径を捨てて七ミリとしたため携帯弾薬の三三・三パーセント増加および自動機構の簡単堅牢を得たと公表している。

これに対しアメリカにおいても口径縮小に反対する意見がある。タウセンド・ホエレン中佐は以下の反駁を試みた。

一、殺傷効力

一八九五年ないし一九〇二年頃には小口径銃は殺傷効力不十分とされた。これは最大初速が七〇〇メートルで円筒蛋形弾を用いたためである。現用火薬は進歩し、弾丸の経始も流線形を採用した結果存速を増し、殺傷効力を著しく増大した。ゆえに遠距離においては小口径でも殺傷効力は十分である。

二、銃腔の腐蝕および摩滅

一八九五年ないし一九〇〇年当時唯一の装薬はニトログリセリン系のものであったので、その高熱ガスは特に小口径の銃身に対しては腐蝕作用が顕著で、銃身は五〇〇ないし一〇〇〇発で廃品となることがあった。しかし現用のニトロセルローズ薬は温度が低いので、口径〇・二七六吋のものも現用〇・三吋のものと命数において差はない。

三、保存手入

被甲付着は化学的方法により除去できるので、口径の減少に差支えない。

四、反撞

現用〇・三吋口径銃の反撞（動）は激烈であるため射撃教育を困難にし、また連続射撃の能力に影響している。現用〇・三吋口径銃にて一時間半にわたり一〇〇発発射した経験によると、五〇発目には反撞の受け方、引鉄の引き方、遊底の開閉に努力を要するようになり、七五発以後は射撃の精度および発射速度とも二分の一に減退した。これを〇・二七六吋小銃で行えばその影響は極めて小さい。

五、不利

現用兵器を廃し新たに製作する経費が莫大であること、小銃と機関銃に対し二種の弾薬補充をすることは不利である。

以上については口径の大小すなわち威力の大小との普通の解釈で説明しているが、同口径でも装薬の強弱により二種の実包を作ることができる。ゆえに製造の便宜から弾丸、薬莢を同一にし、装薬量を変更して一は重機関銃、一は軽機関銃および小銃に使用させる案がある。一応は首肯できるが元来弾丸の形状は初速に応じて決定され、また薬勢、装薬量に応じ薬莢の形状、容積は決定されるべきものであるのみならず、軽機関銃、自動小銃においては給弾機能を良好にするためには実包の形状をなるべく短小とするのを必要条件とする。単に製造上の見地から部品を同一にする利益は到底この不利を補うことはできない。

なお弾丸の金質、形状および構造により弾道性および侵徹力を著しく増大し、小口径、弱装薬であっても決して侮れないものがある。金質においては銅、黄銅など単一金質のものを採用し、弾道性を良好にする。形状においては流線形を採用し、射程を著しく延長する。フランスは戦前から流線形等質弾を採用したが、アメリカは今年その研究を終り、向こう五年間に貯蔵弾を使用し尽くし、その後軍に支給する計画という。構造においては鋼心弾が出現し、侵徹力には驚くべきものがある。

自動短銃

その名称は原語を直訳すれば機関銃拳銃または機関拳銃となるが、日本語的ではないので、技術本部は自動短銃の名称を採用した。

近接戦闘において火力増大の手段を講じるのは最も重要である。しかし軽機関銃は重量が大きく至近諸方向の目標に対し迅速に射撃を指向するには操用がやや困難である。危急な紛戦状態においてはことにそのおそれがある。この目的のため自動短銃は重量を軽く、形態を小さくし、操用を容易にし、また熱と圧とに堪え、補給の便のため拳銃実包を使用し、随意に連発、単発すなわち自動、半自動の両射撃を行うことができる。

目下諸国に出現したものは次のようである。

イタリアは自動短銃の嚆矢で、一九一九年の終りに中隊に二銃、実包五〇〇〇発ずつ携行させたが、機能が良好ではなかったようだ。

ドイツにおいては休戦と同時に歩兵中隊に六挺ずつ支給することに決まったが、条約により正規軍から警察官に渡された。アメリカにおいては軍隊で研究していると聞くが、採用には至っていない。ニューヨークの警察官はこれを使用するという。フランスにおいても歩兵兵器としてこれが必要であると発表し、イギリスはその軽機関銃が重過ぎるため、これをもってその不便を補おうと主張している。一部論者の中には以下のように自動短銃を軽機関銃および小銃の代用にしようと主張する者がある。

Foch将軍は今日のような小銃装備の歩兵はその影を没し、将来戦の歩兵は総て軽機関銃を携帯すべきである。その軽機関銃は今日の拳銃のように防御兵器に過ぎないであろう。

Thompson氏は火力が戦闘の勝敗を決する時期は通常七〇〇メートル以内において生じ、Thompson自動短銃はこの重要な時期に使用するために考案されたものである。Bergmann氏は最大射程を八〇〇メートルとした。歩兵の突撃はこの距離以内で生起するもので、大戦の必要に迫られて出現した。

以上の要旨は歩兵の主要火器を重機関銃、自動短銃の二種とし、従来われらが各兵卒に自動装填銃を携帯させようとした理想より一歩進んで、各人にいわゆる弱勢実包機関銃（Sub Machine gun）を携帯させようとするものである。すなわち遠戦のためには弱勢実包の機関銃を用い、決戦距離に至れば熱および圧の少ない弱勢実包をもって火力を極度に発揚できる自動短銃を用いるという理想的な議論で、戦術上一顧に値するのみならず、技術上行き詰まった現用実包の軽機関銃および自動小銃のため、局面を展開するものである。しかしこのように極端に走るのは考えもので、軽機関銃分隊の威力を増大し、また各級指揮官に直属する応急予備火力とし、自動車あるいは警戒兵の自衛兵器として、自動拳銃の威力が大きいものまたは攻撃的意義を加えた拳銃として、その用途を認めるのが至当である。イギリス、フランスも軽機関銃補助の意味においてその必要を主張している。

各国自動短銃諸元

イタリア

一九二五年式Revelli、口径九ミリ、重量三・六キロ、弾倉収容弾数二五発、弾薬一九一〇年式拳銃実包、特徴二銃身、銃身固定、一銃身一二〇〇発

ドイツ

一九一八年式Bergmann、口径九ミリ、重量四キロ、弾倉収容弾数三二または

五〇発、全長八二〇ミリ、発射速度四八〇発／分、弾薬Parabellum拳銃実包、有効射程八〇〇メートル、特徴 門子なし

アメリカ

Thompson、口径一一・四三ミリ、重量四・一二五キロ、弾倉収容弾数二〇、五〇または一〇〇発、全長八〇五ミリ、発射速度九〇〇発／分、有効射程五〇〇メートル、特徴Brich流門子

自動拳銃

拳銃は護身兵器として近距離に使用されるに過ぎないが、その用途は漸次拡張されつつある。すなわち塹壕内の肉迫戦および軽機関銃分隊、重機関銃分隊、歩兵砲隊の装備に必要の度を高めている。しかも鉄兜の使用は輪胴式拳銃では威力が乏しいと感じる。

自動拳銃の発明は一八八八年フランスSt・Etienne工廠の技師Clair兄弟によって完成され、一九〇〇年Borchardt Lueger（Pallabellum）が初めて軍用に供せられ、スイス、ベルギー、ブルガリア、オランダ、ポルトガル、ドイツに使用された。その後各種の様式が続出し、今日においては各国陸軍皆自動拳銃を採用している。

各国拳銃諸元
ドイツ
一九一〇年式Mauser、口径七・六ミリ、弾量五・五グラム、初速四一〇メートル、自動式
イギリス
Webley、口径一一・五ミリ、弾量一五グラム、初速四五七メートル、自動式
オーストリア
一九〇七年式Steyer、自動式
アメリカ
一九一一年式Colt、口径一一・四三ミリ、弾量一四・九〇グラム、初速二四六メートル、重量一・二四八キロ、自動式
フランス
大戦中採用、口径七・六五ミリ、弾量四・八グラム、重量七五〇グラム、自動式
イタリア
一九一八年式Beretta
自動拳銃に顧慮すべき要件は機能、威力、安全、操用の便などである。

一、今日においてはどの様式も機能は良好となった。拳銃は危急の場合に使用するものであるから、機能の確実を要する点において手動を良とする説が一時あったが、これは杞憂に過ぎなかった。

二、威力は普通五〇メートルにおいて片手撃ちの精度良好を要し、三〇〇メートルまでは人馬殺傷の効力が十分であることを要する。弾丸にこのような活力を与えることは初速と弾量を加減すれば随意に得ることができる。ここにおいて三つの論がある。(一) 初速を小さくし弾量を大きくするものと、(二) 初速を大きくし弾量を小さくするもの、および (三) 自動短銃と兼用するため初速、弾量ともに大きくし、威力を増そうとするものである。

(一) 拳銃は短距離において敵を斃さなければならない。ゆえに相当の侵徹は勿論だが、侵徹よりもむしろ大衝撃の外傷を与えることを有利とする。このためには弾丸の口径を比較的大きくしなければならない。この見地からデンマークのSchouboe 式拳銃は弾身が木製で、これにアルミニュームの被甲を付けるものがある。理想的には一一ミリ以上を有利とするが、拳銃の重量、形状を著しく大きくするので、操用の点を考慮し九ミリを適当とする。

(二) 拳銃は近距離射撃なので、馬を殺傷するに足る活力の標準一九キロ・メートルは小口径小初速でも十分に求めることができる。今日の自動拳銃がその活力に余りあるのは、活力を要求してのことではなく、命中精度の良好を希望するためである。命中精度を良好にするためには口径が小さく初速が大きい方を有利とする。また補助兵器である拳銃に強いて口径を大きくし、軽量と堅牢度を害するのは得策ではなく、ことに敵は厚い被服、硬い装具で武装し、鉄兜を被っているので侵徹力を持たせるためにも初速の大、口径の小を必要とする。

（三）自動短銃と拳銃とは普通同一実包を使用する。ゆえに自動短銃の威力増加のために口径初速を大にすれば、自動拳銃は大きくなり重くなるであろう。もし自動短銃が主兵器として各兵卒に携帯され、軽機関銃が廃止されれば、自動短銃の威力を十分にするため拳銃操用の不便は忍ばざるを得ないが、自動短銃が生まれたばかりの今日においては過早であろう。

三、安全装置は通常握安全器および安全栓の二種がある。握安全器は握把部の前面もしくは後面に装着し、射撃の際握把部を握れば自然に圧着され、引鉄との関係を断ち、引鉄を引けるようにする。安全栓はその変位により引鉄を引けなくし、また遊底を後退できないようにし、装填していることを示すものである。前者は自然的安全装置で、後者は人為的安全装置である。拳銃には両種の安全装置を付けるものと、何れか一種を付けるものがある。

握安全器は咄嗟の場合に拳銃の握把を十分握らずに引金を引き、発射不能の場合があることと、不用意に引鉄を引いたときは安全の効果がなく、単に拳銃を取扱う際引鉄が他物に接触しても偶発しない利益があるのみである。

安全栓は安全である点においては最も有利であるが、人為的である点を不利とする。ことに夜または防寒手套を着けたときもしくは馬上などにおいてはやや取扱に不便である。拳銃による不慮の危害は敵前より他の場合に、戦時より平時において多いことから、安全装置については十分な考慮を要する。

戦車用機関銃

戦車用機関銃は特殊な構造を必要とするが、大戦に出現したものは在来の機関銃を応用したもので、何れも間に合わせに過ぎなかった。戦車用機関銃について顧慮すべき諸件を挙げれば次のようである。

一、長さ

戦車内は狭隘であるため長大な尾筒は不可である。銃身も長過ぎると戦車の他の部分に干渉され、十分な射界を得られないことがある。

二、放熱

水冷式を使用するときは銃眼を大きくする不利がある。また空冷式であっても中径を大きくすることはできない。

三、給弾装置

車内空間の関係上保弾板を使用することはできず、保弾帯もその容器の弾倉を銃または銃架の運動部に装着する必要がある。現在のものは多くが保弾帯を使用する。

四、握持法

銃尾に肩当および拳銃握を付けるものがある。また両手で握る握持部を設けるものがある。前者は銃の振動を防ぐことができるが、射界を狭くする不利がある。後者は利害が相反する。

五、照尺

普通照尺の場合照準孔を大きくすると敵弾を受ける不利があり、照準孔を小さくすると視界が狭い不利がある。また照門、照星によるものは動揺のため照星の見出が困難で、戦時に細管をもって照尺としたものがあった。ゆえに照準具としては視界を広くする特種な眼鏡の使用を可とする。

高射機関銃（砲）

対空防御に用いられる機関銃（砲）は次の数種とする。

一、軽機関銃

二、重機関銃

三、高射機関銃（砲）

一、二は地上用の機関銃に高射用照準具を付け、特別な脚架の装置により低空飛行の航空機の射撃を可能とするもので、その任務は地上目標を主とし、設計もこれに適応するので高射機関銃とは称せず、航空機射撃を主とし銃（砲）および脚架を特に構造するものを高射機関銃（砲）と称する。ただし小銃口径機関銃にあっては、脚架のみ高射専用とし、銃は重機関銃と同式のものを使用するのを常とする。

（一）小銃口径高射機関銃

歩兵隊は野戦において軽機関銃、重機関銃をもって対空防御ができるので、高射機関銃の必要を認めないが、高射砲隊、飛行隊、高等司令部、陣地戦、都市防御においては野戦用の脚架よりは有効に射撃できる高射機関銃を用いるものとする。都市防御などには多数の配備を要するので、簡易に製作できることを一つの要件とする。

高射脚架は八〇度付近の射角を与えることができ、膝を地に着けることなく全周追随照準ができることを要する。また高射による銃架の振動は設計上困難を感じるところで、通常杭または土嚢などにより振動を防止する。

照準具には多くの種類があるが、高射砲のように完全な観測器具をもたず、略近的に経過時間内における目標移動量を修正する方式である。

（二）小口径機関砲

高射砲は高度二〇〇〇メートル以下には死角を生じ、高射機関銃は一〇〇〇メートル以上は効力が期待できないので、その中間を射撃すべき小口径機関砲を必要とする。通常一三ミリ機関砲または〇・五吋機関砲を使用する。目下各国とも試験中で、まだ制式は決定していない。その中知り得たものは次のようである。

Colt一九三四年式

口径一二・七ミリ、初速七八六メートル、発射速度四〇〇～六五〇発／分、砲重量二九・九三キロ、保弾帯、水冷、弾丸重量六三グラム、銃身後坐反動利用

Vickers

口径一二・七ミリ、初速八〇三メートル、発射速度四〇〇～六〇〇発／分、砲重

量二七・九キロ、砲架重量五九キロ、保弾帯、水冷、弾丸重量三五・六四グラム、銃身後坐反動利用

Vickers

口径四〇ミリ、初速六〇一メートル、発射速度二〇〇発／分、砲重量二三九キロ、砲架重量四七二・二キロ、保弾帯、水冷、弾丸重量九一〇グラム、銃身後坐反動利用

Hotchkiss

口径一三・二ミリ、発射速度四五〇発／分、砲重量三二キロ、保弾板、空冷、ガス利用

Semag

口径二〇・一ミリ、初速六五〇メートル、発射速度二八〇発／分、砲重量四〇キロ、砲架重量四六キロ、扇形弾倉、空冷、弾丸重量一四〇グラム、反動利用

BSA

口径一二・七ミリ、初速七八五メートル、発射速度四〇〇発／分、砲重量二一キロ、砲架重量 Mark I二七キロ、Mark II二九・五キロ、回転弾倉、空冷、弾丸重量三七・四グラム、銃身後坐反動利用

高射機関砲の脚架は著しく重大となるので駄載または車載の方式が研究課題である。照準具は高射機関銃よりやや複雑な機械装置を有し、また観測機関を附属する。

アメリカは長く三七ミリ機関砲の研究を進めつつあるが、この口径では繋駕または機械牽引によるほかないであろう。

わが国においても明治四十四年三七ミリ高角砲を試験したが、その後中絶している。今日においては再びその必要に迫られている。

第二章　陸軍省保管参考兵器写真集

大正十一年十一月退役陸軍砲兵大佐山縣保二郎は陸軍兵器本廠の依頼を受け、明治以来兵器廠に保管されていた各種兵器を調査した。その結果処分せず参考兵器として保管することになった兵器は昭和四年に「兵器廠保管参考兵器沿革書第一輯」にまとめられた。この本は平成十七年に光人社ＮＦ文庫から刊行された『日露戦争の兵器』に復刻収録した。

ここに収載した小銃の写真は山縣が調査した際に撮影したもので、写真に直接名称を書き込んでいることから、関係者に少数配布したものと思われる。その写真一式が高関俊雄陸軍砲兵大佐の御遺品から、アルバムにきれいに整理された状態で発見された。写真の状態はよいので、細部まで観察することができる。

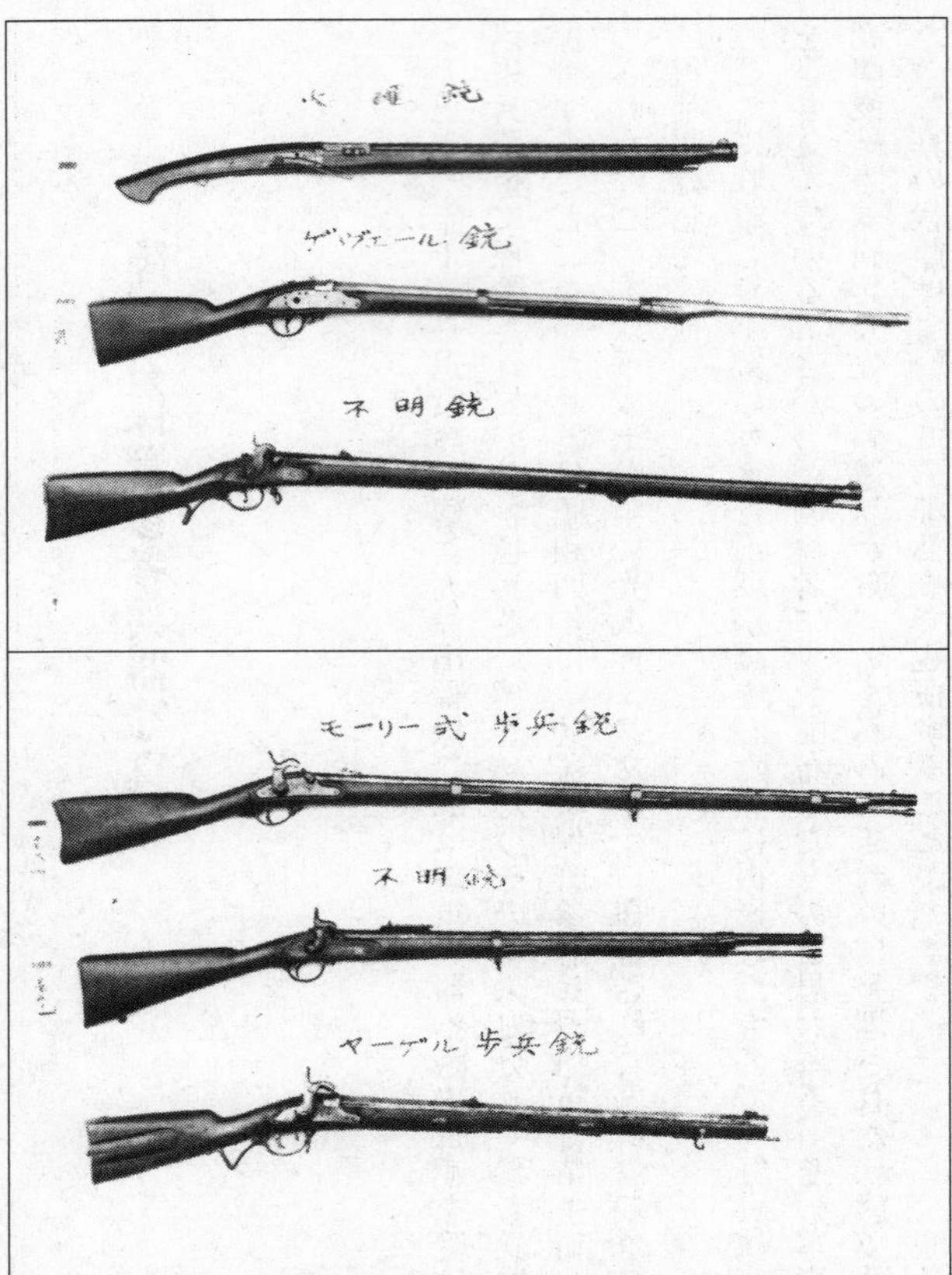

上：火縄銃、ゲヴェール銃、不明銃
下：モーリー式歩兵銃、不明銃、ヤーゲル歩兵銃

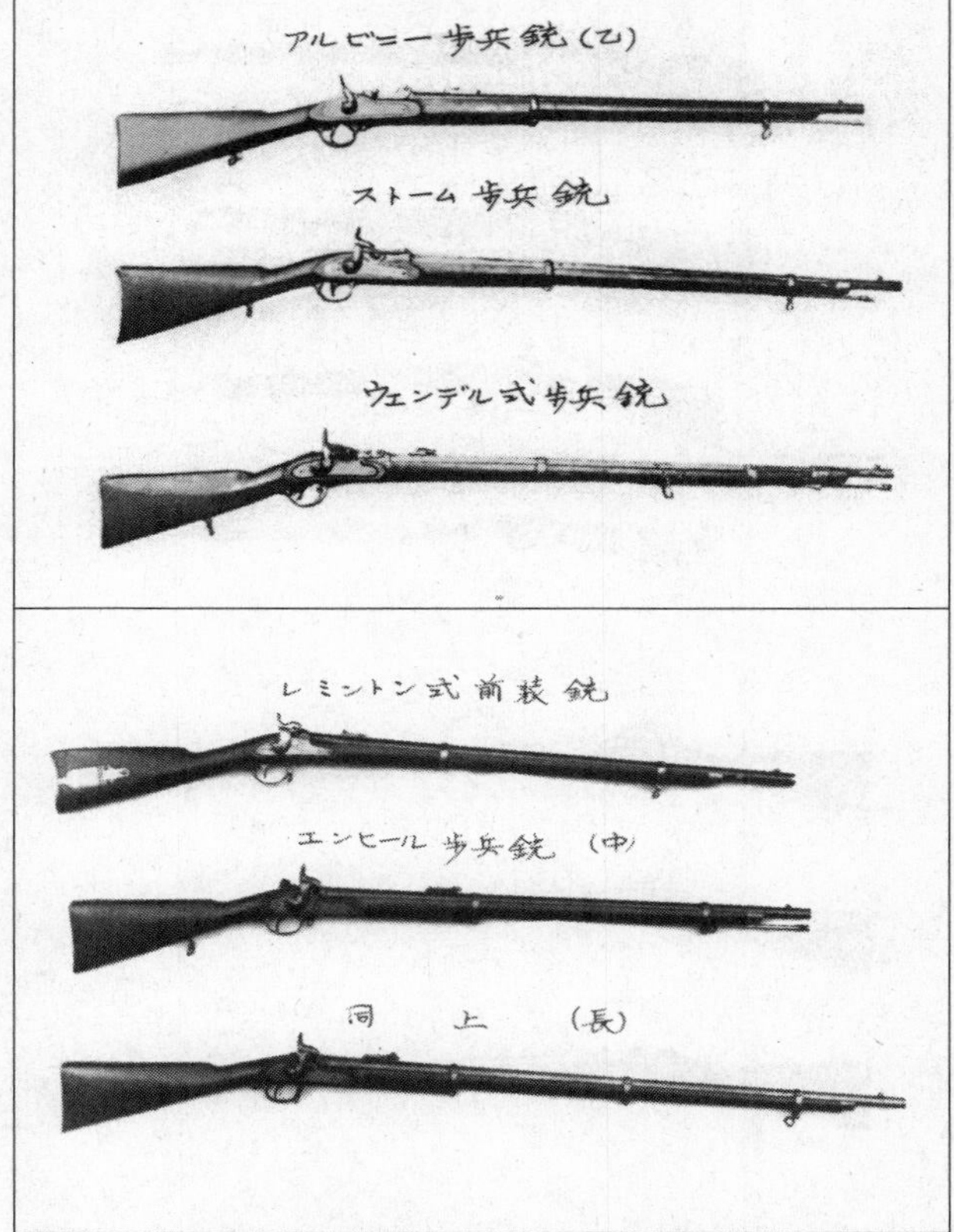

上：アルビニー歩兵銃(乙)、ストーム歩兵銃、ウェンデル歩兵銃
下：レミントン前装銃、エンヒール歩兵銃(中)、同(長)

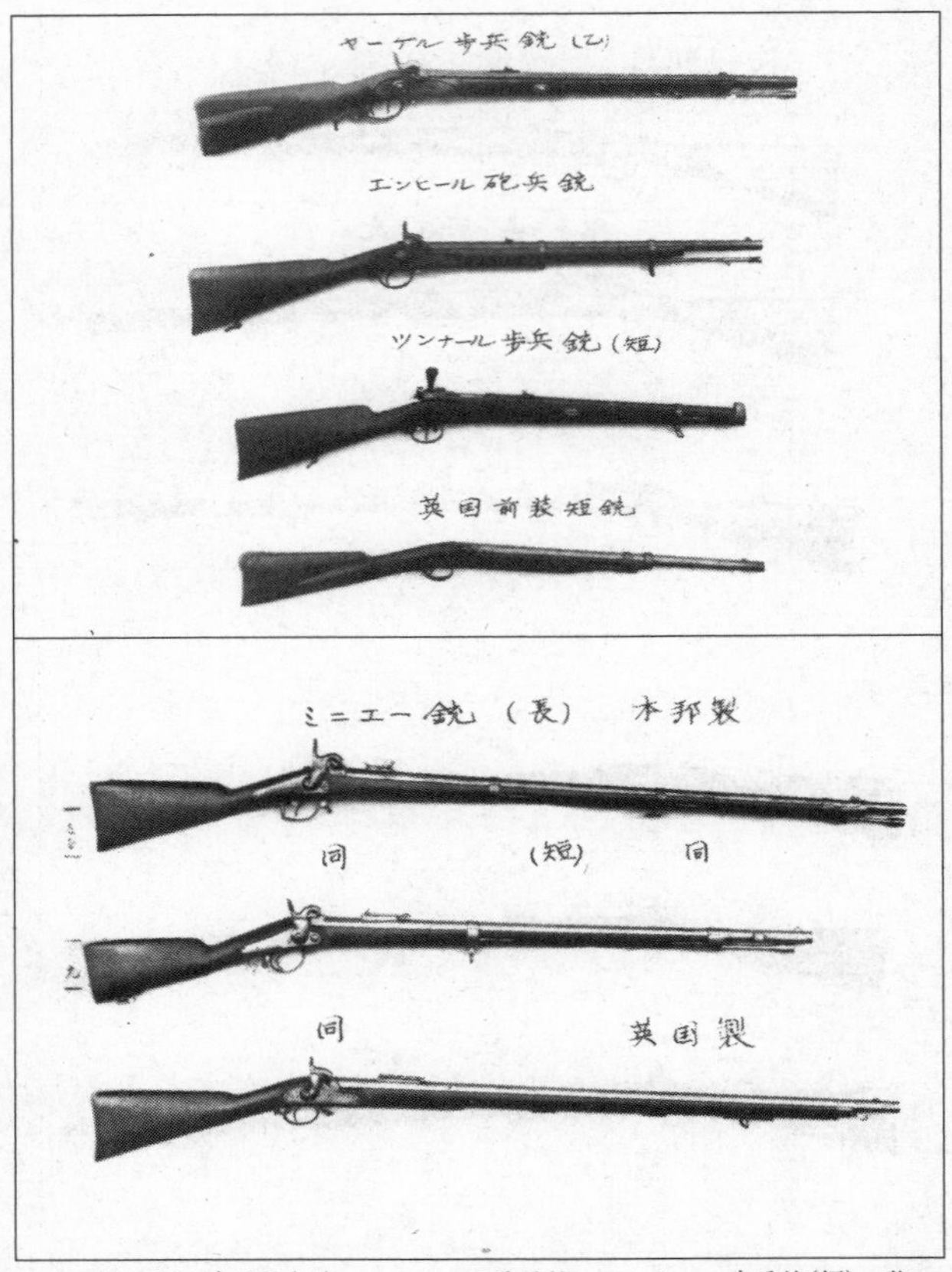

上：ヤーゲル歩兵銃（乙）、エンヒール砲兵銃、ツンナール歩兵銃（短）、英国前装短銃
下：ミニエー銃（長）本邦製、同（短）同、同英国製

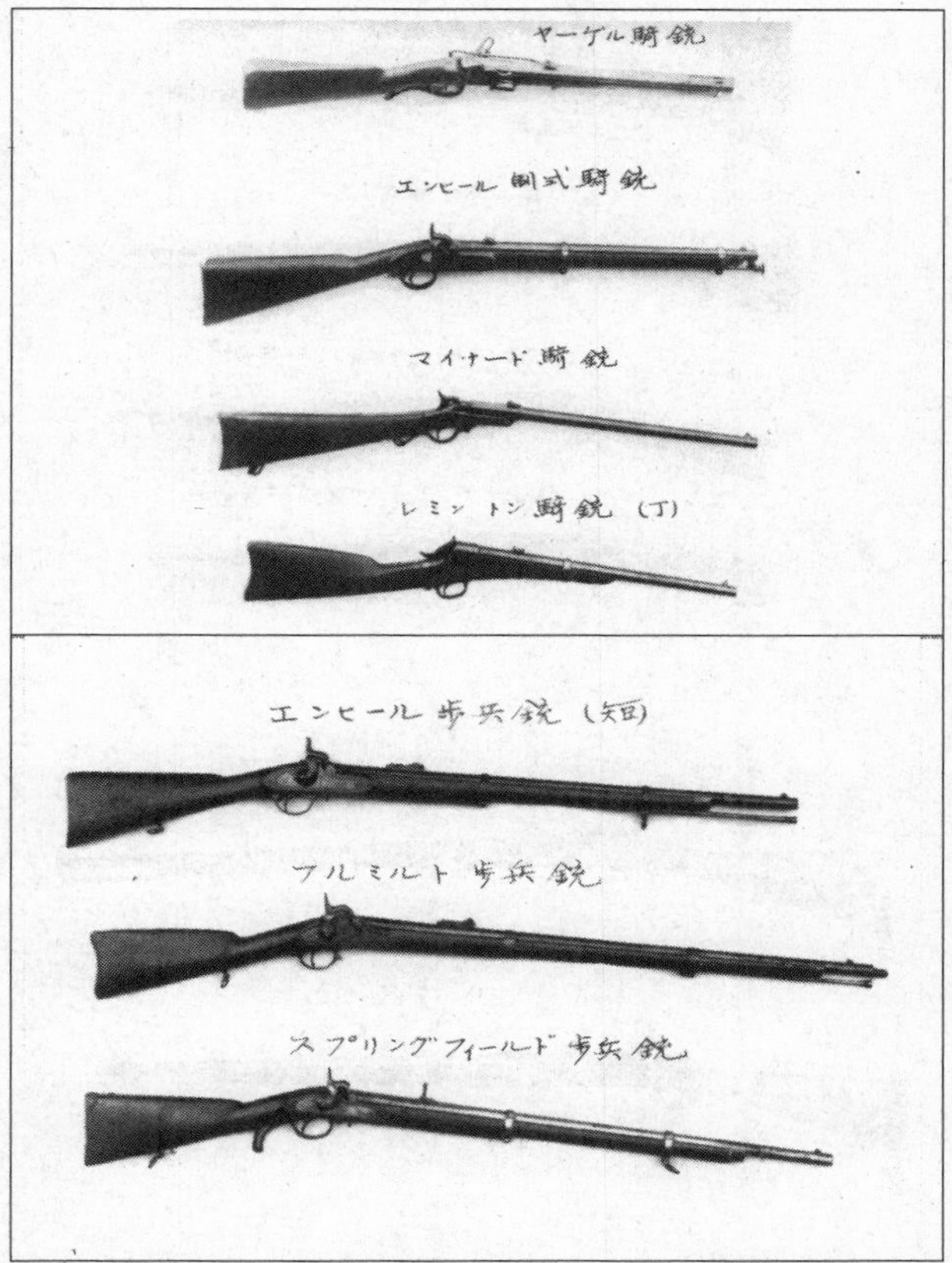

上：ヤーゲル騎銃、エンヒール制式騎銃、マイナード騎銃、レミントン騎銃(丁)
下：エンヒール歩兵銃(短)、フルミルト歩兵銃、スプリングフィールド歩兵銃

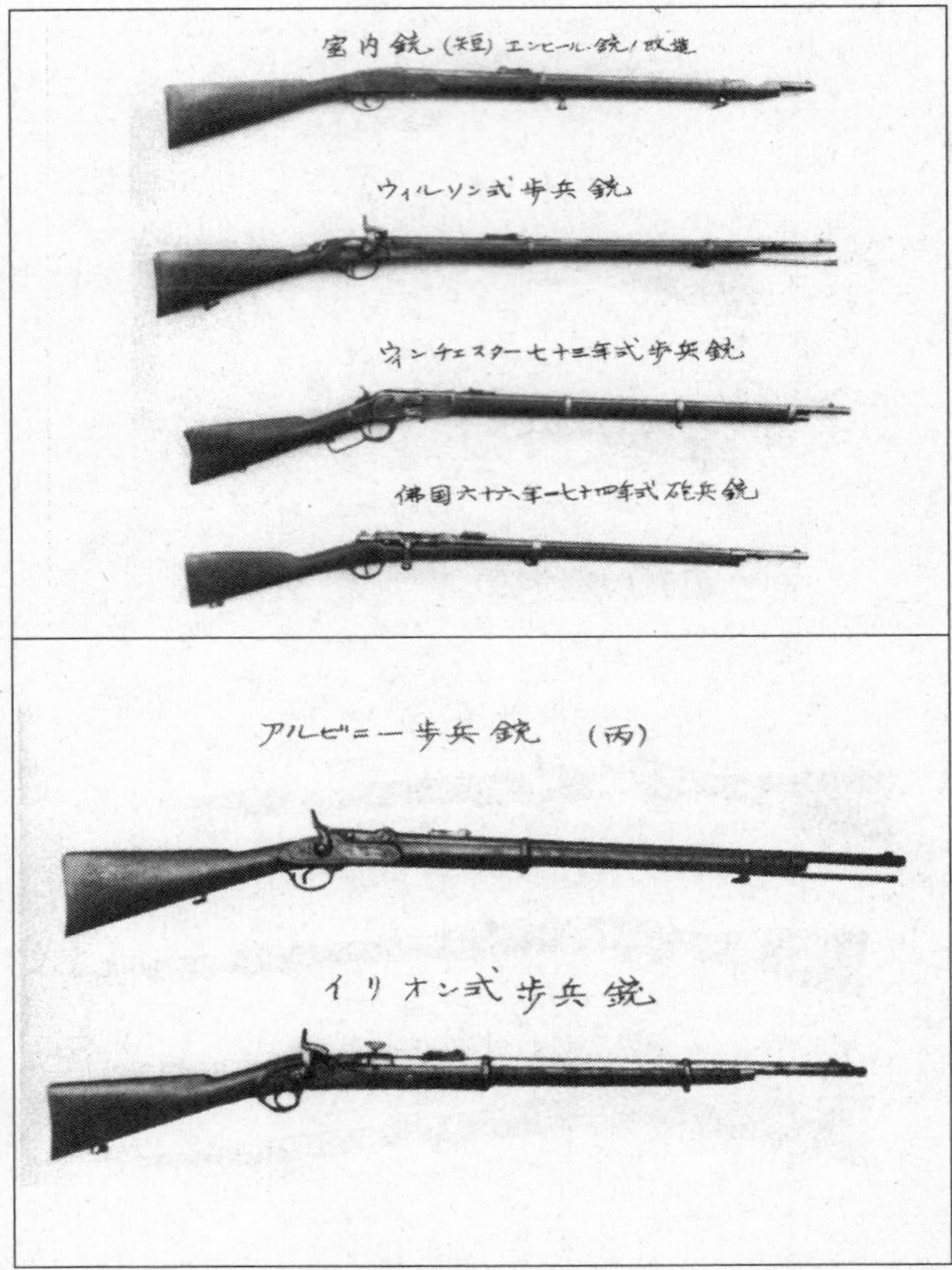

上：エンピール銃改造室内銃(短)、ウィルソン歩兵銃、ウィンチェスター1873年式歩兵銃、仏国1866／74年式砲兵銃
下：アルビニー歩兵銃(丙)、イリオン歩兵銃

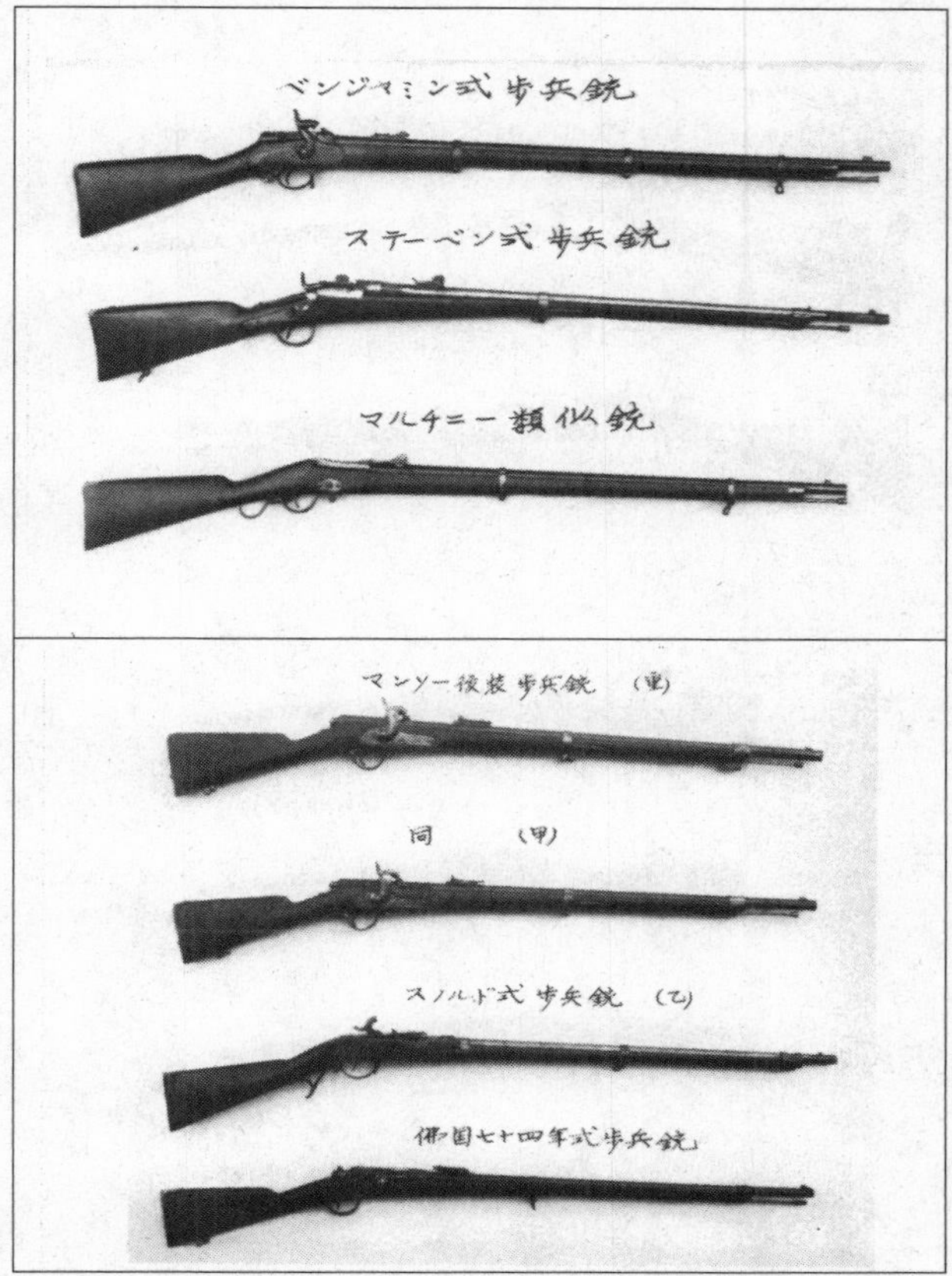

上：ベンジャミン歩兵銃、ステーベン歩兵銃、マルチニー類似銃
下：マンソー後装歩兵銃(重)、同(甲)、スノルド歩兵銃(乙)、仏国1874年式歩兵銃

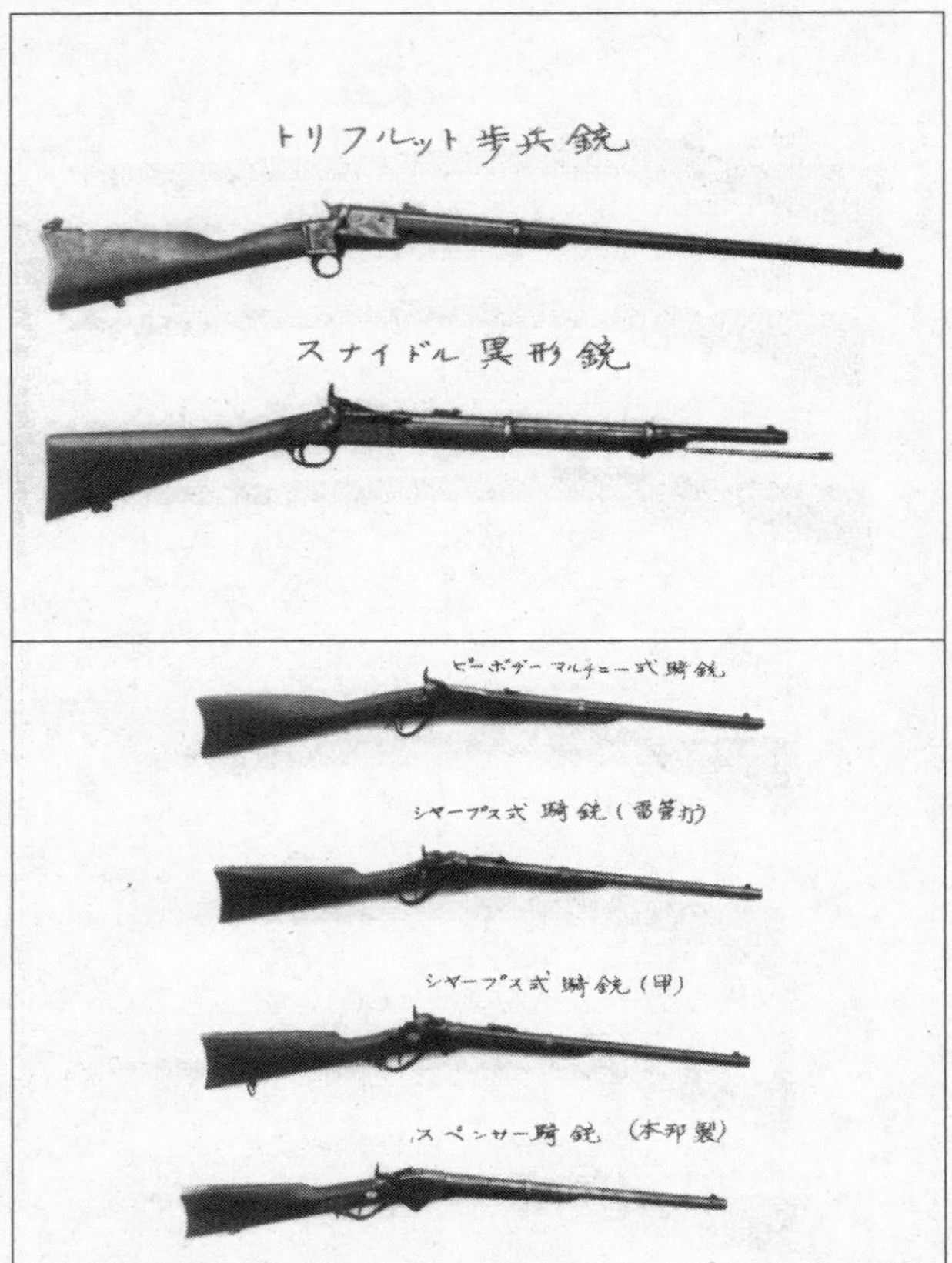

上：トリフルット歩兵銃、スナイドル異形銃
下：ピーボヂー・マルチニー騎銃、シャープス騎銃（雷管打）、シャープス騎銃（甲）、スペンサー騎銃（本邦製）

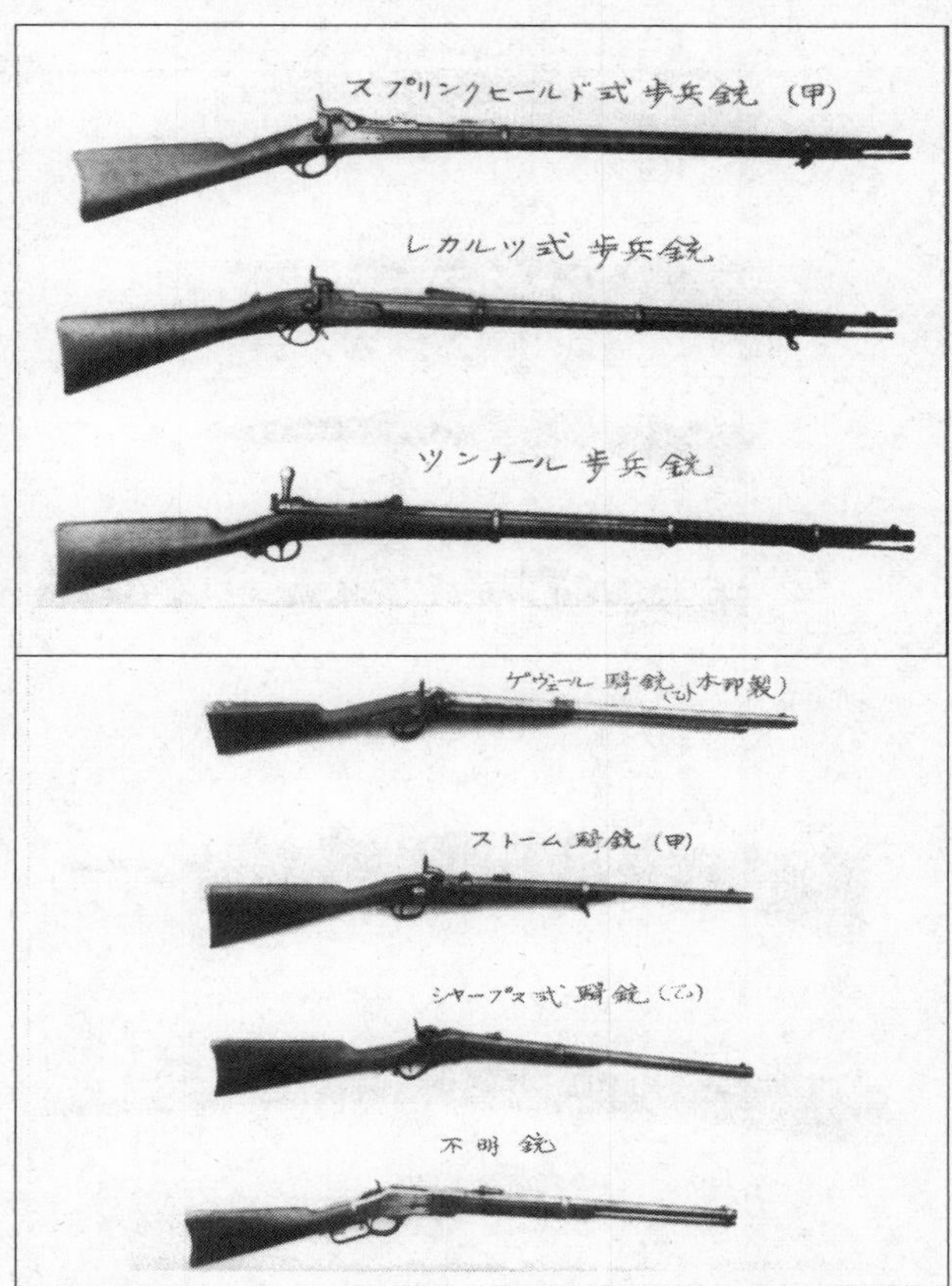

上：スプリングヒールド歩兵銃(甲)、レカルツ歩兵銃、ツンナール歩兵銃
下：ゲヴェール騎銃(乙、本邦製)、ストーム騎銃(甲)、シャープス騎銃(乙)、不明銃

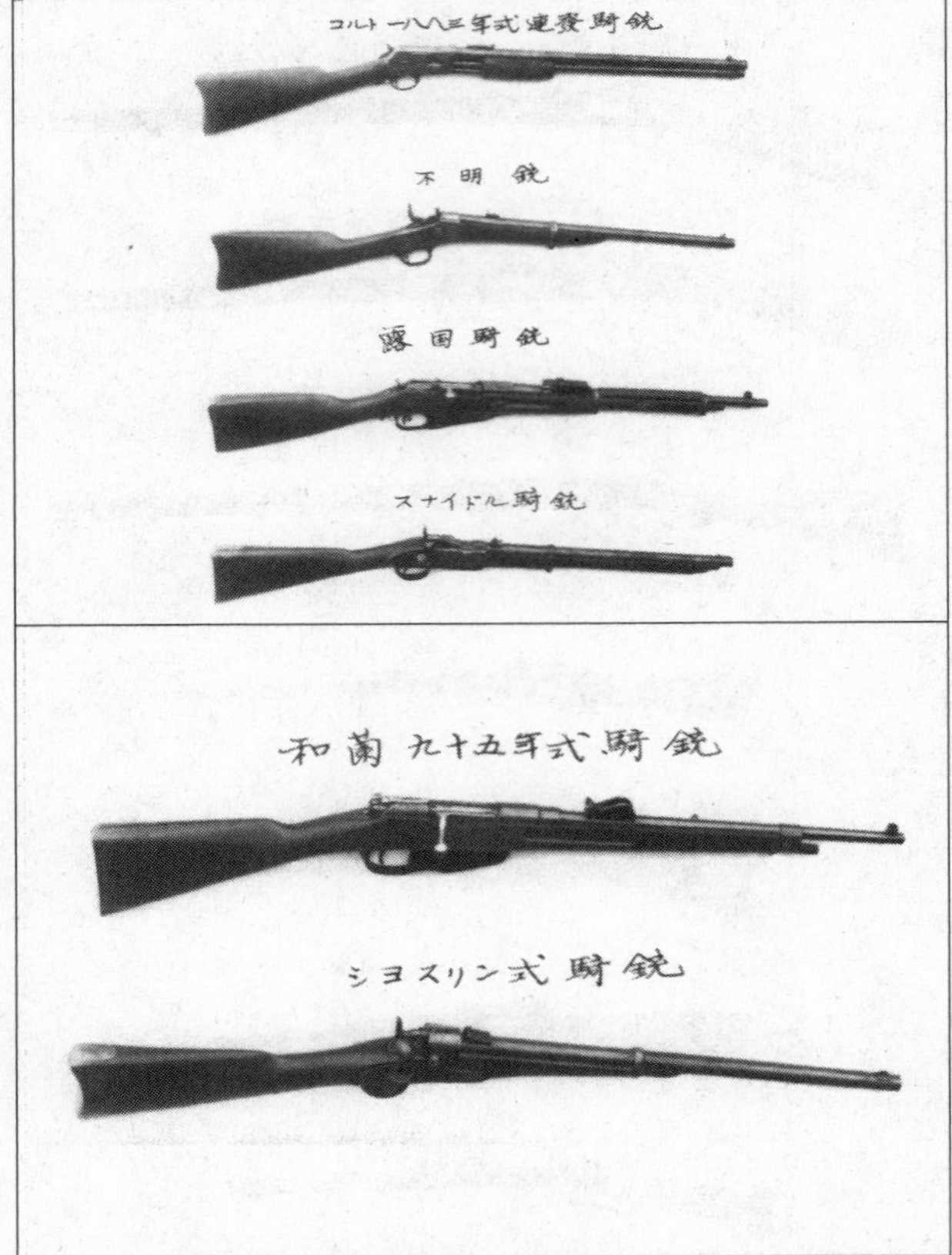

上：コルト1883年式連発騎銃、不明銃、露国騎銃、スナイドル騎銃
下：和蘭国1895年式騎銃、ジョスリン騎銃

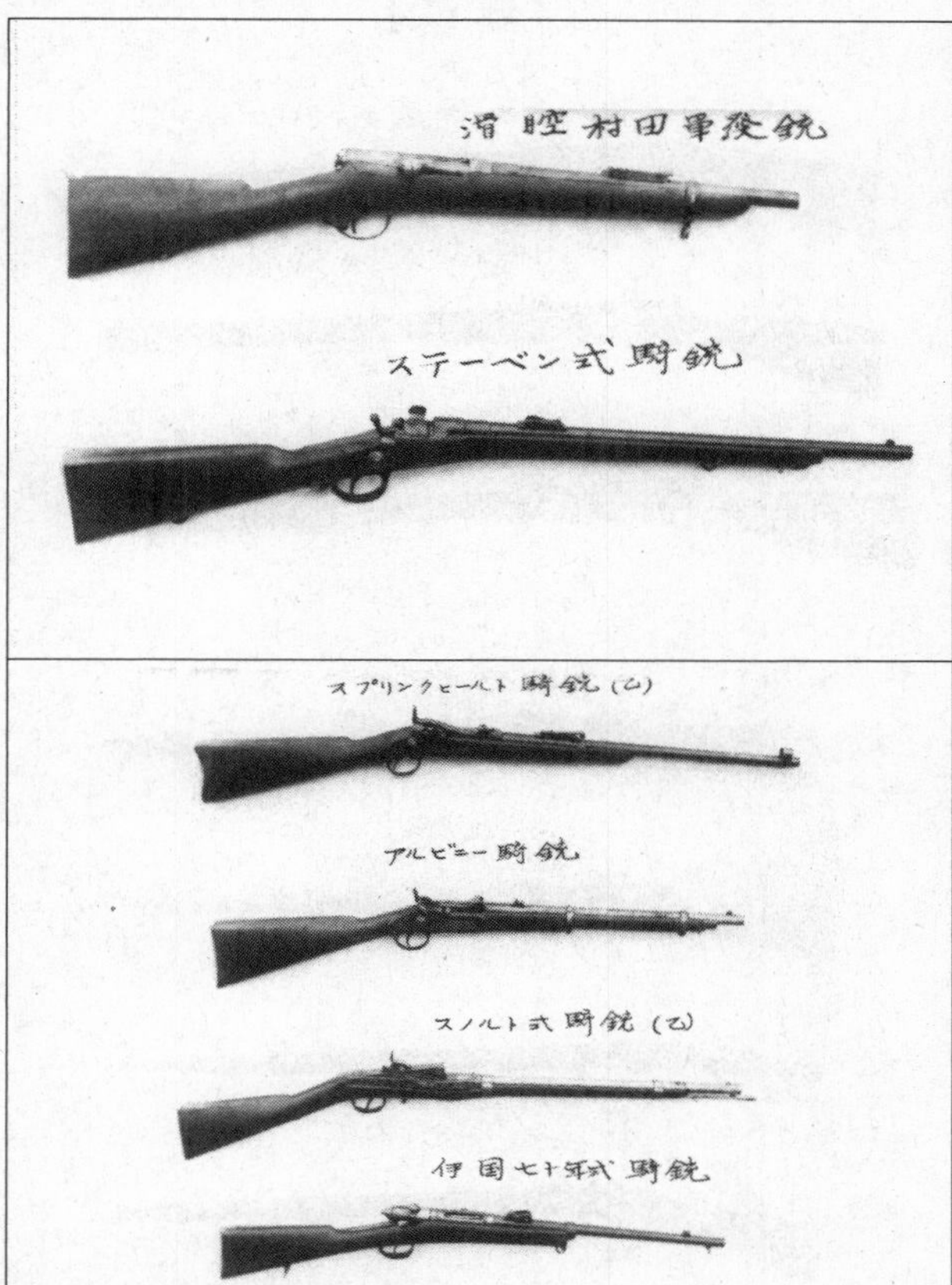

上：滑腔村田単発銃、ステーベン騎銃
下：スプリングヒールド騎銃(乙)、アルビニー騎銃、スノルト騎銃(乙)、伊国1870年式騎銃

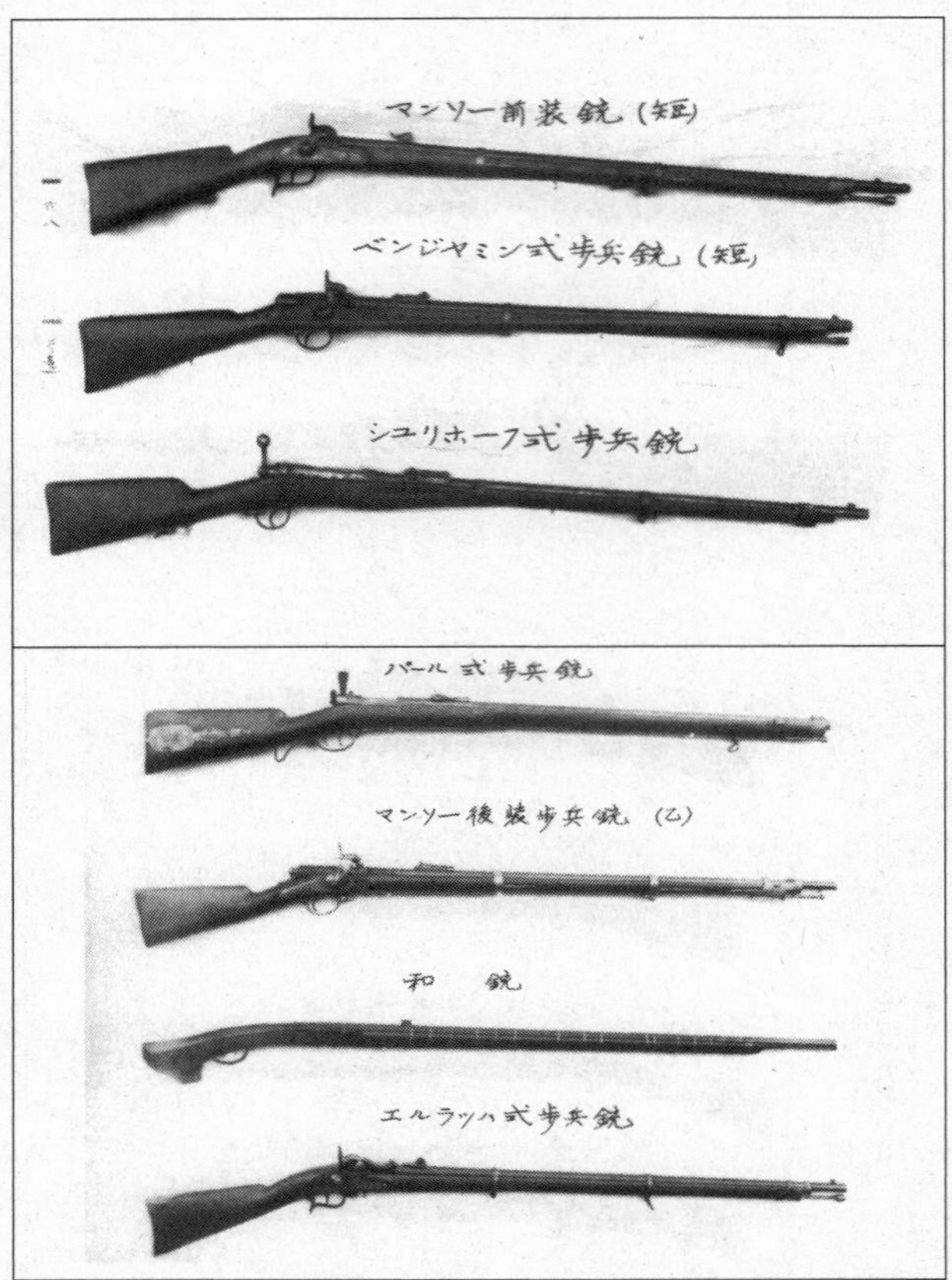

上：マンソー前装銃(短)、ベンジャミン歩兵銃(短)、シュリホーフ歩兵銃
下：パール歩兵銃、マンソー後装歩兵銃(乙)、和銃、エルラッハ歩兵銃

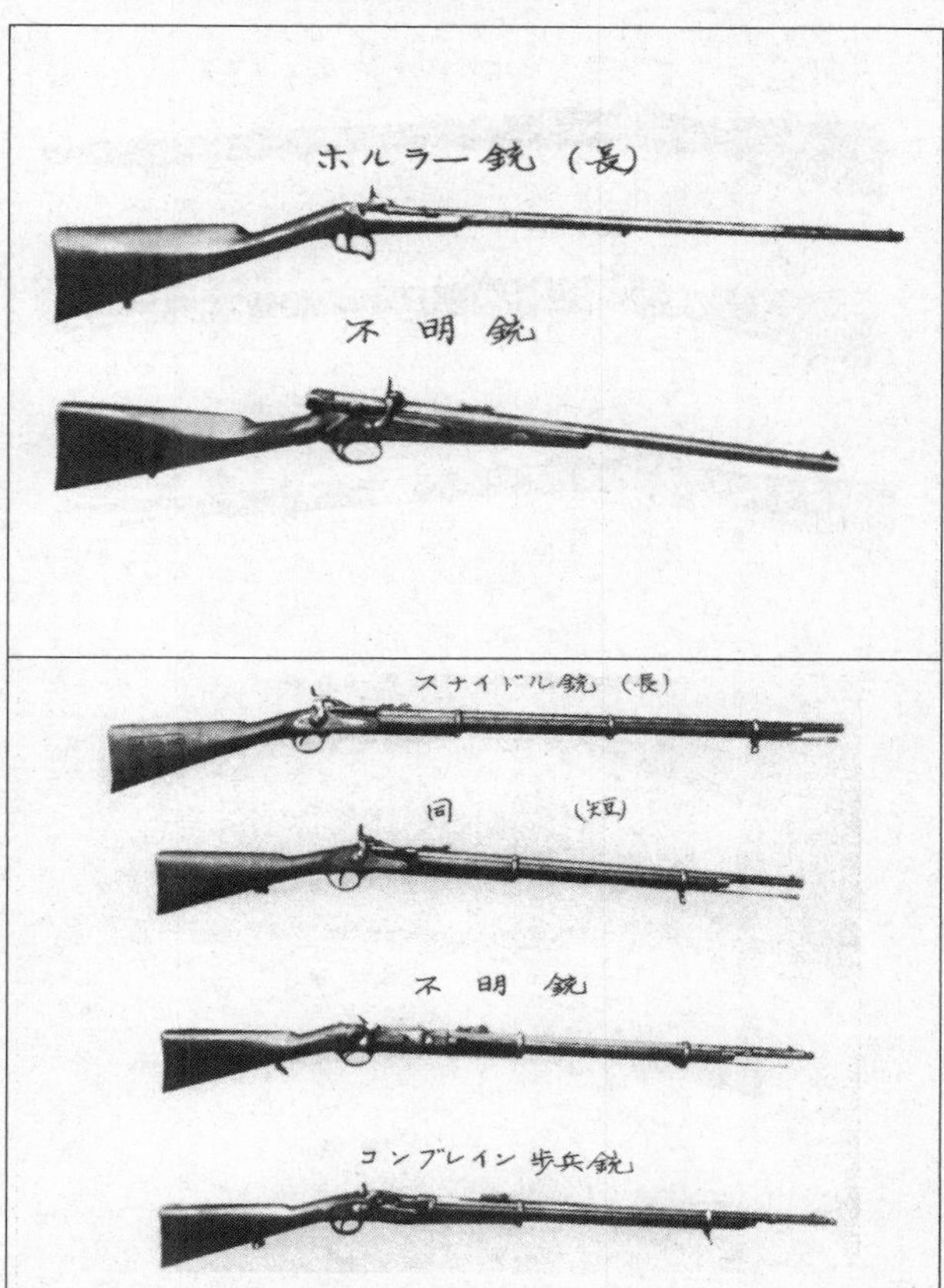

上：ホルラー銃(長)、不明銃
下：スナイドル銃(長)、同(短)、不明銃、コンブレイン歩兵銃

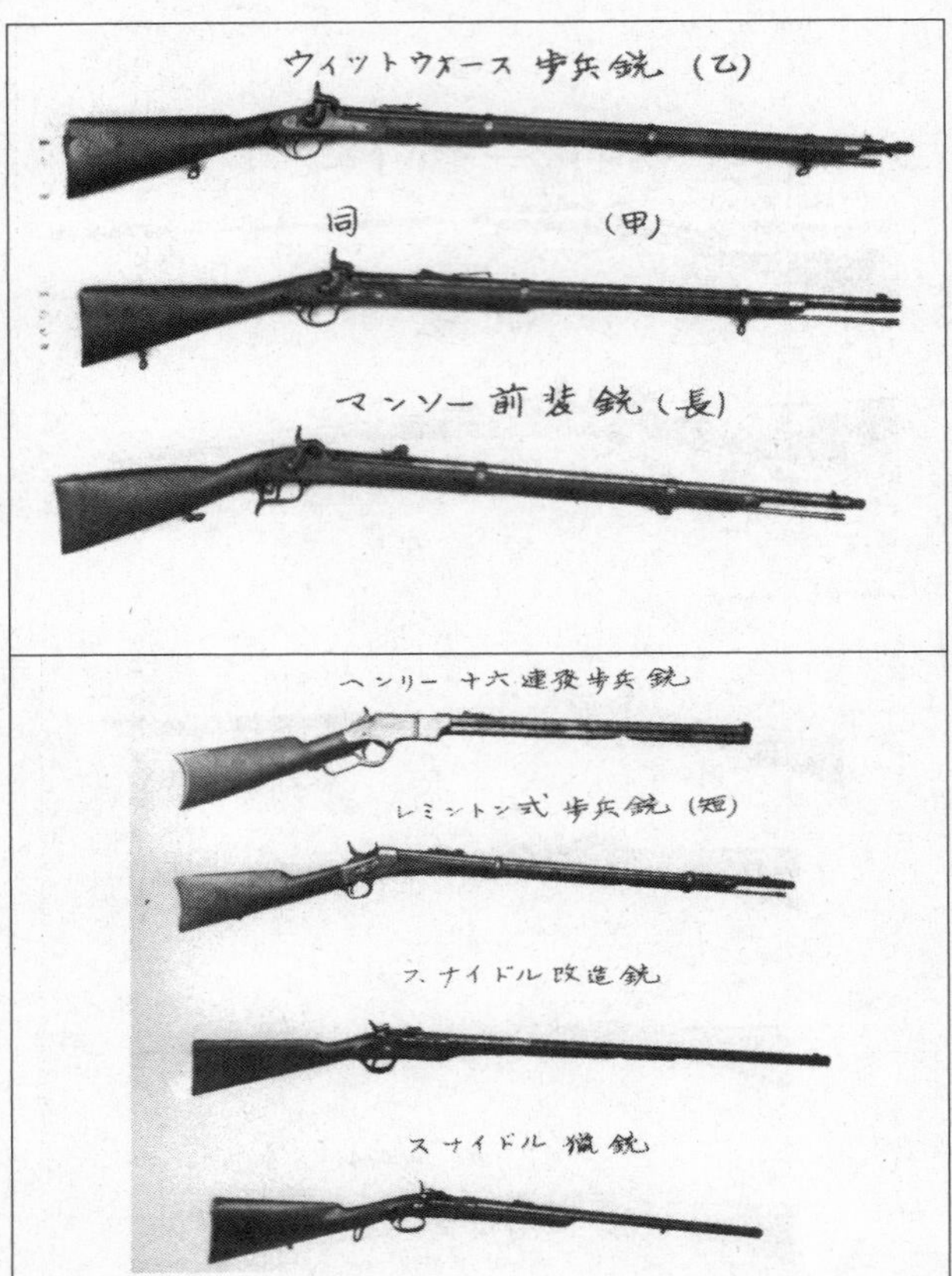

上：ウイットウォース歩兵銃(乙)、同(甲)、マンソー前装銃(長)
下：ヘンリー16連発歩兵銃、レミントン歩兵銃(短)、スナイドル改造銃、スナイドル猟銃

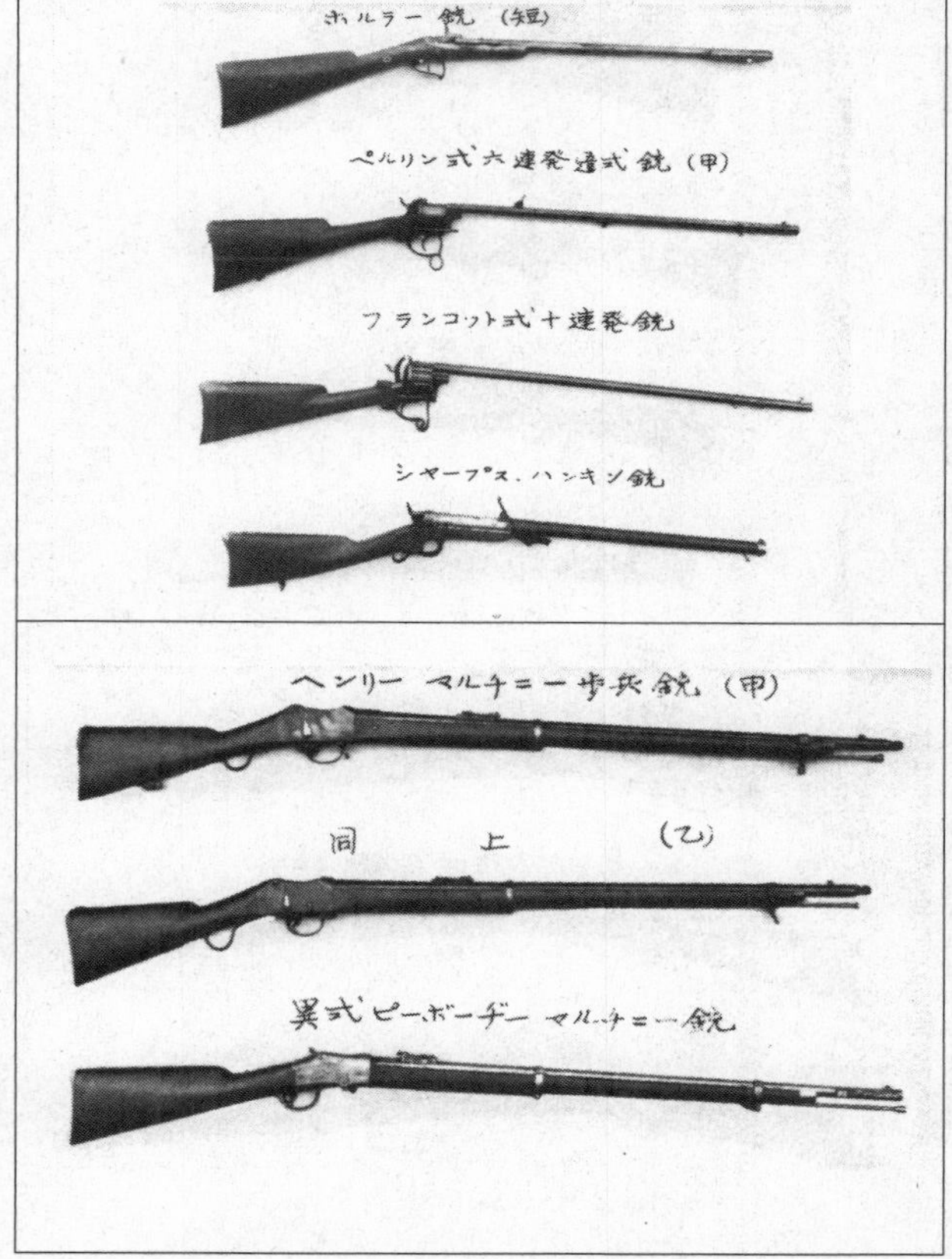

上：ホルラー銃(短)、ペルリン6連発違式銃(甲)、フランコット10連発銃、シャープス・ハンキン銃
下：ヘンリー・マルチニー歩兵銃(甲)、同(乙)、異式ピーボヂー・マルチニー銃

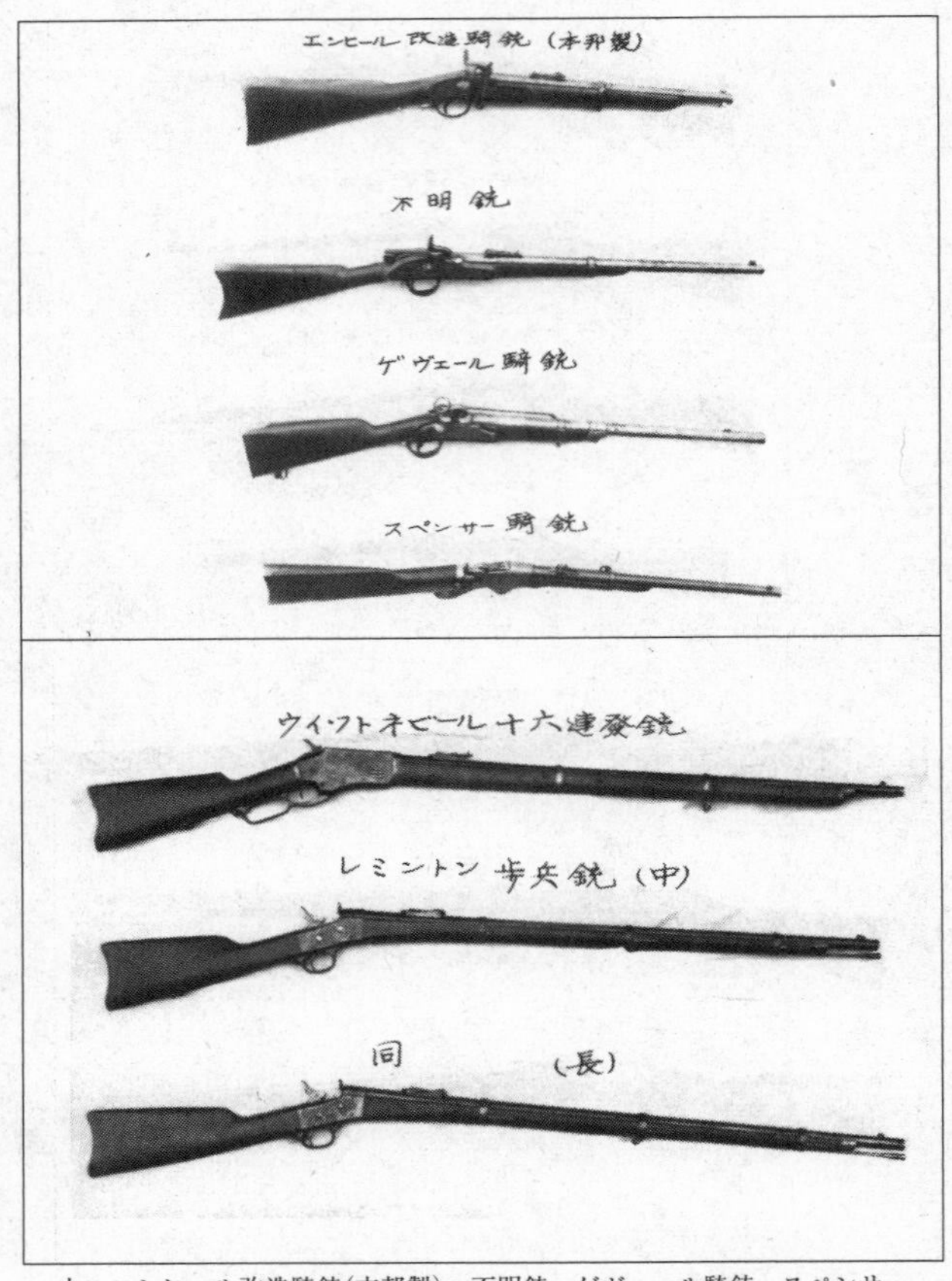

上：エンヒール改造騎銃(本邦製)、不明銃、ゲヴェール騎銃、スペンサー騎銃
下：ウイットネビール16連発銃、レミントン歩兵銃(中)、同(長)

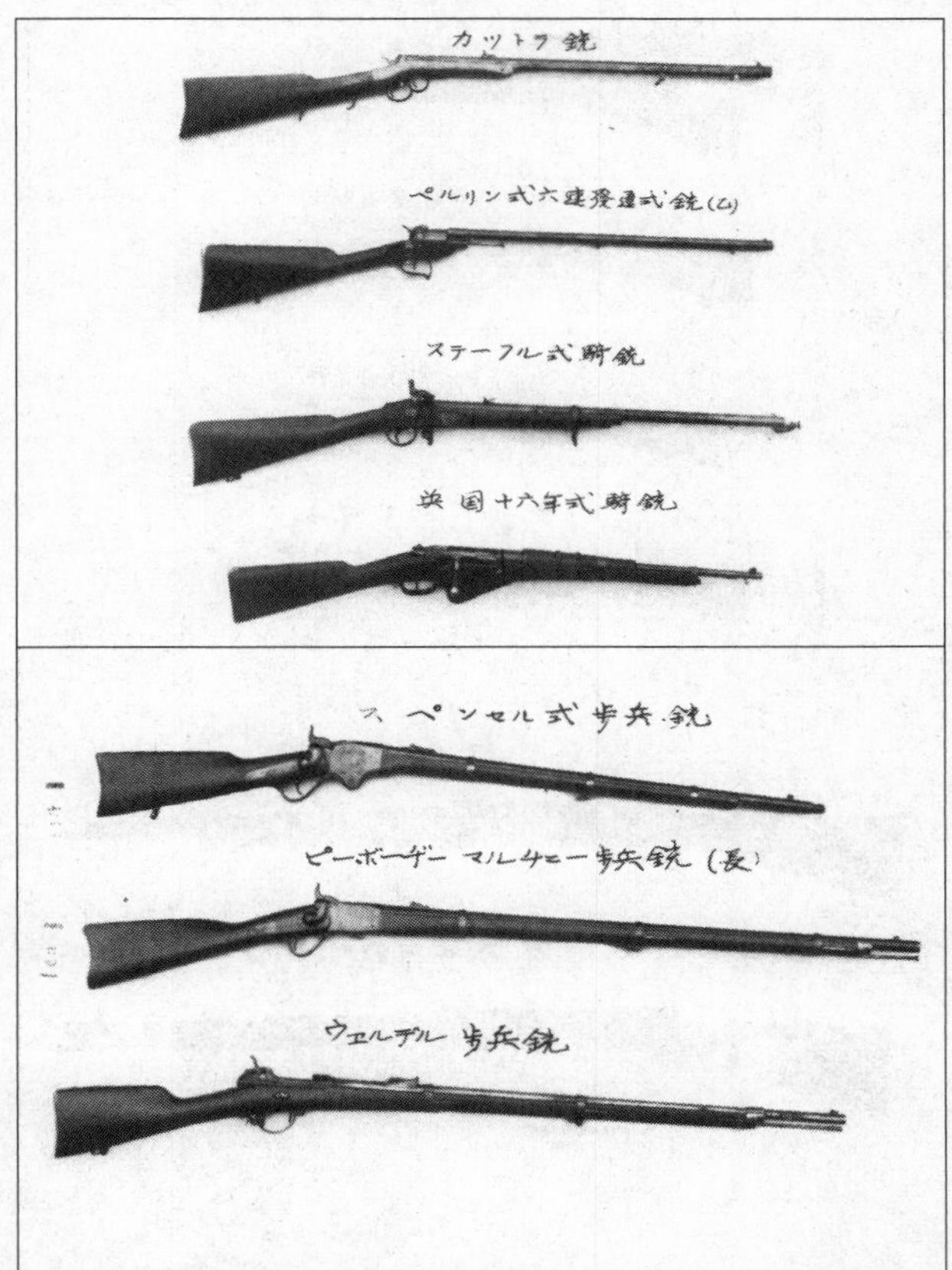

上：カットラ銃、ペルリン6連発違式銃(乙)、ステーフル騎銃、英国1916年式騎銃
下：スペンセル歩兵銃、ピーポヂー・マルチニー歩兵銃(長)、ウェルデル歩兵銃

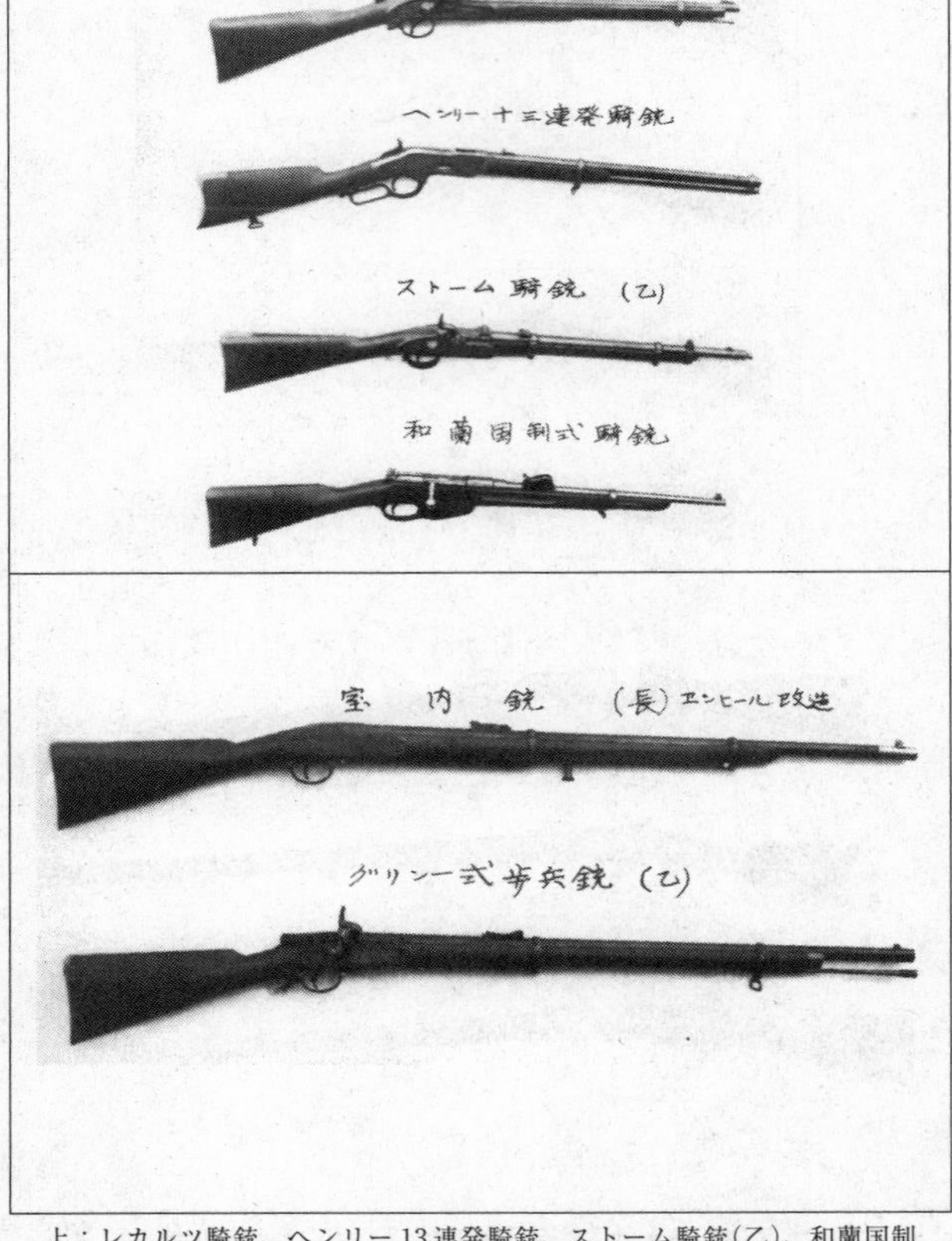

上：レカルツ騎銃、ヘンリー13連発騎銃、ストーム騎銃(乙)、和蘭国制式騎銃
下：エンヒール(長)改造室内銃、グリーン歩兵銃(乙)

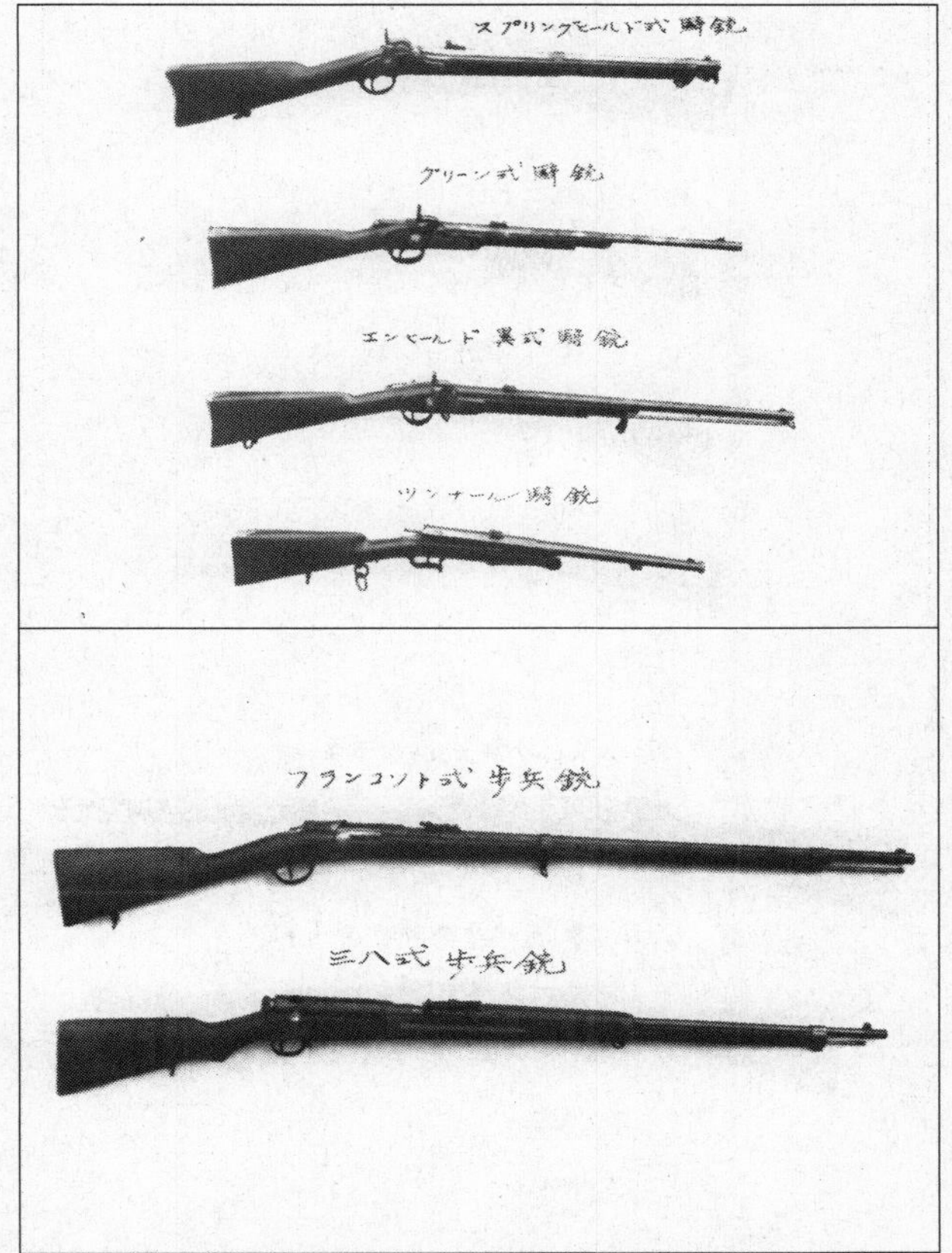

上：スプリングヒールド騎銃、グリーン騎銃、エンヒールド異式騎銃、ツンナール騎銃
下：フランコット歩兵銃、三八式歩兵銃

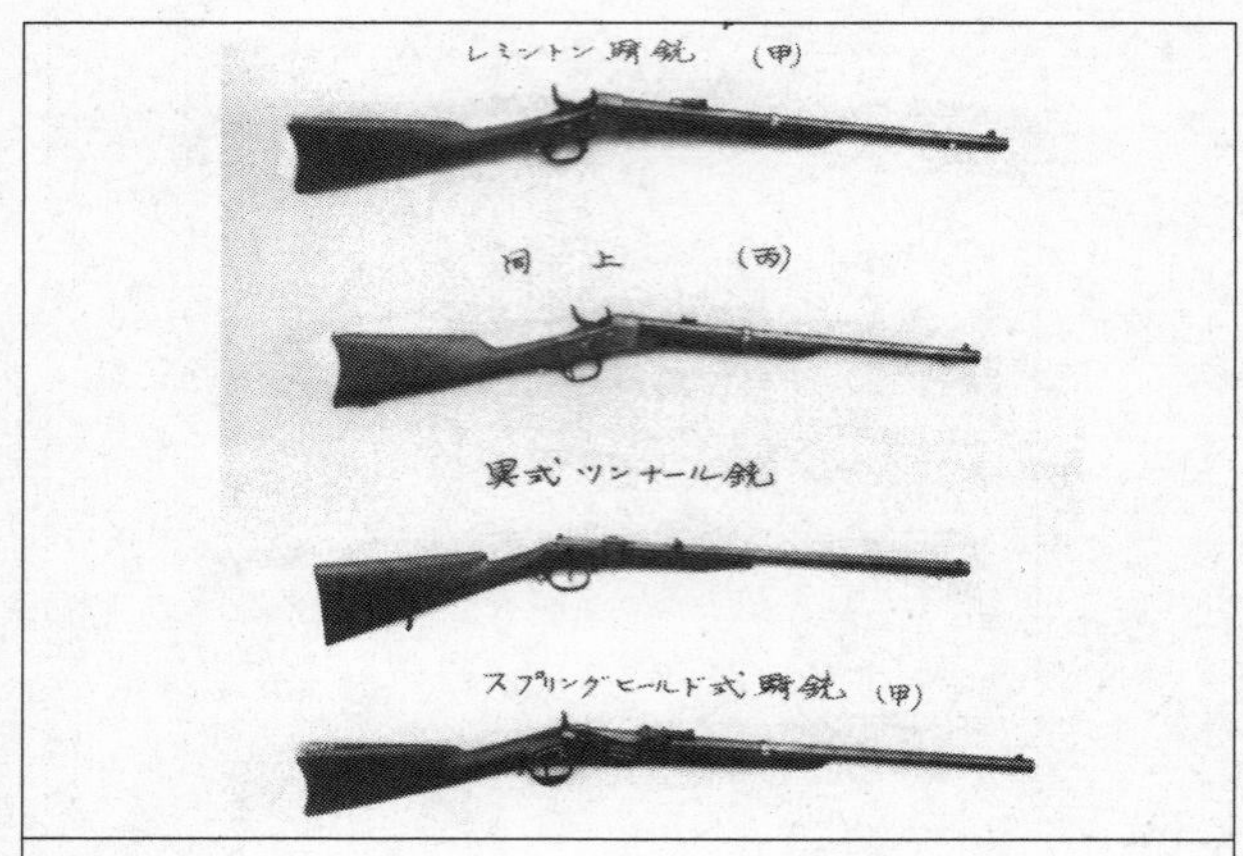

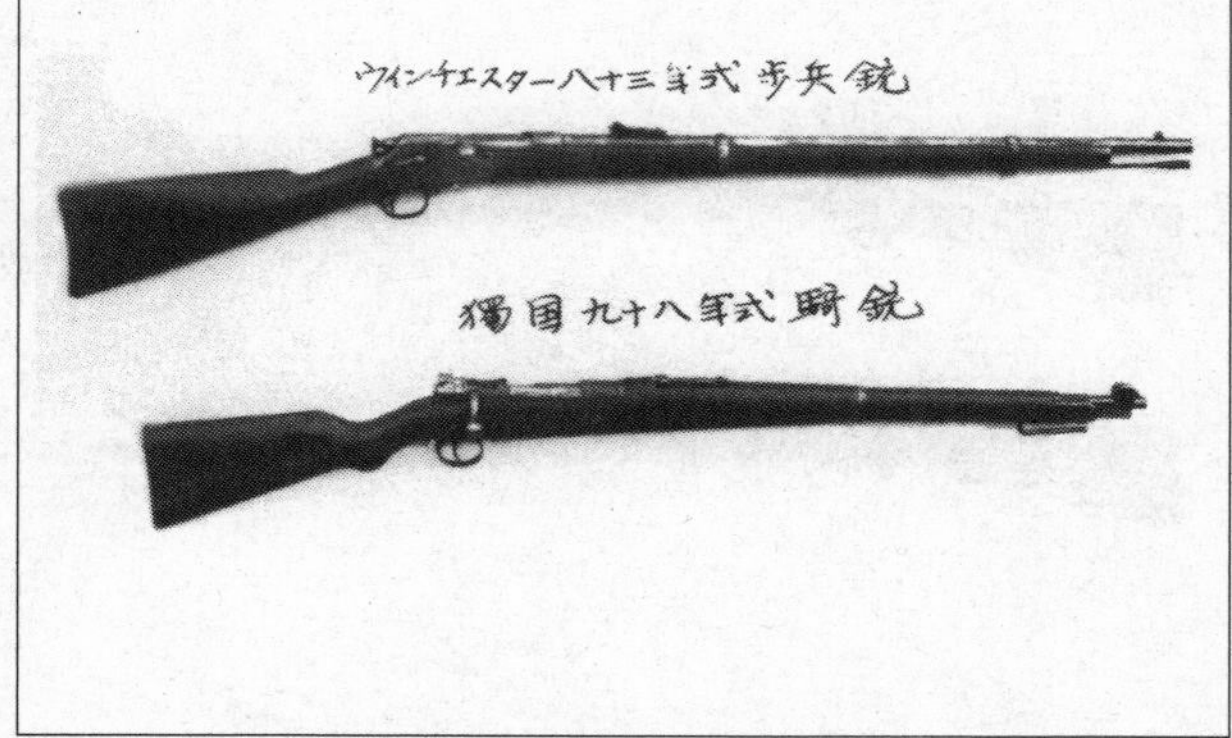

上：レミントン騎銃(甲)、同(丙)、異式ツンナール銃、スプリングヒールド騎銃(甲)
下：ウインチェスター1883年式歩兵銃、独国1898年式騎銃

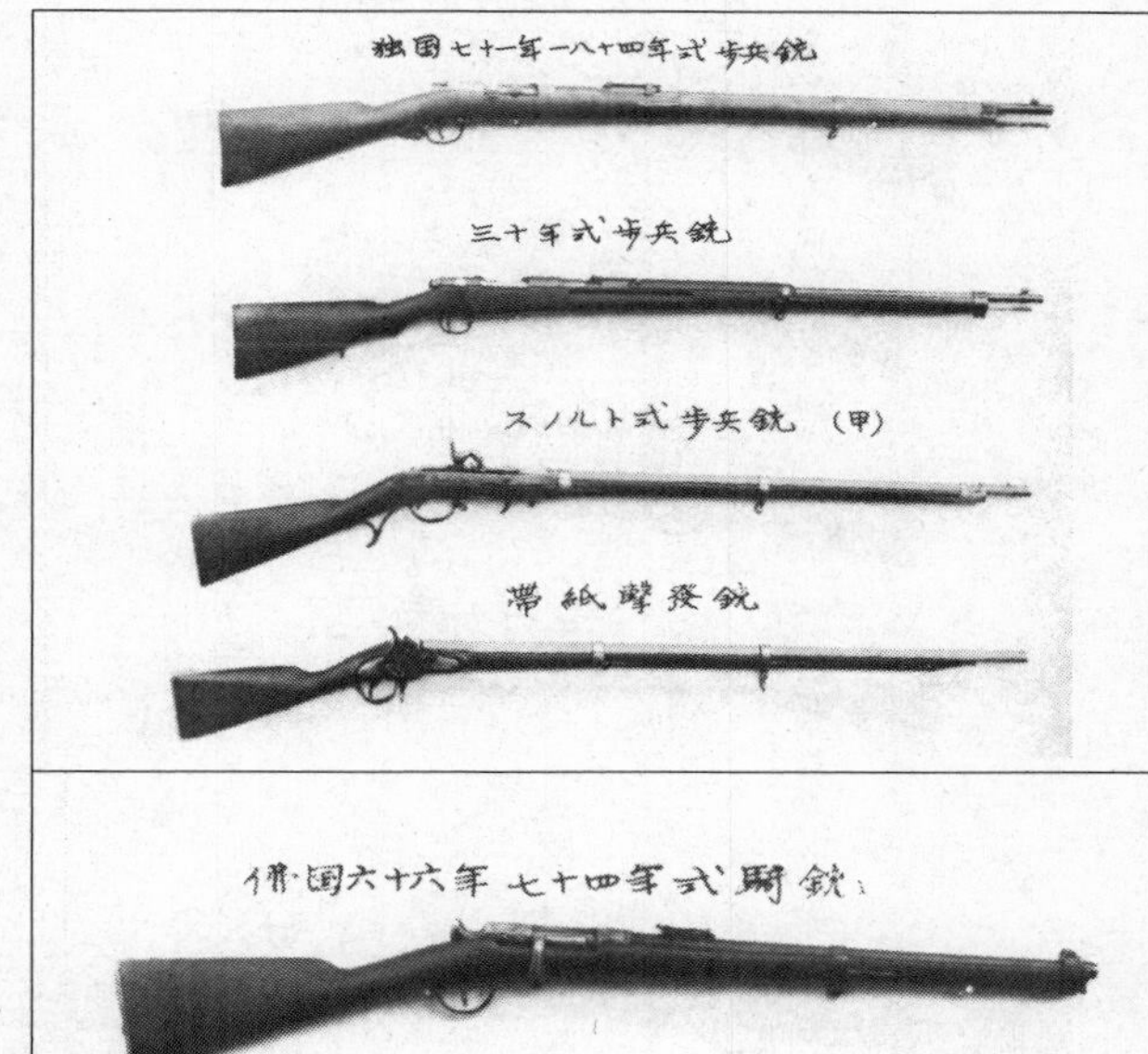

上：独国1871／84年式歩兵銃、三十年式歩兵銃、スノルト歩兵銃(甲)、帯紙撃発銃
下：仏国1866／74年式騎銃、独国1871年式騎銃

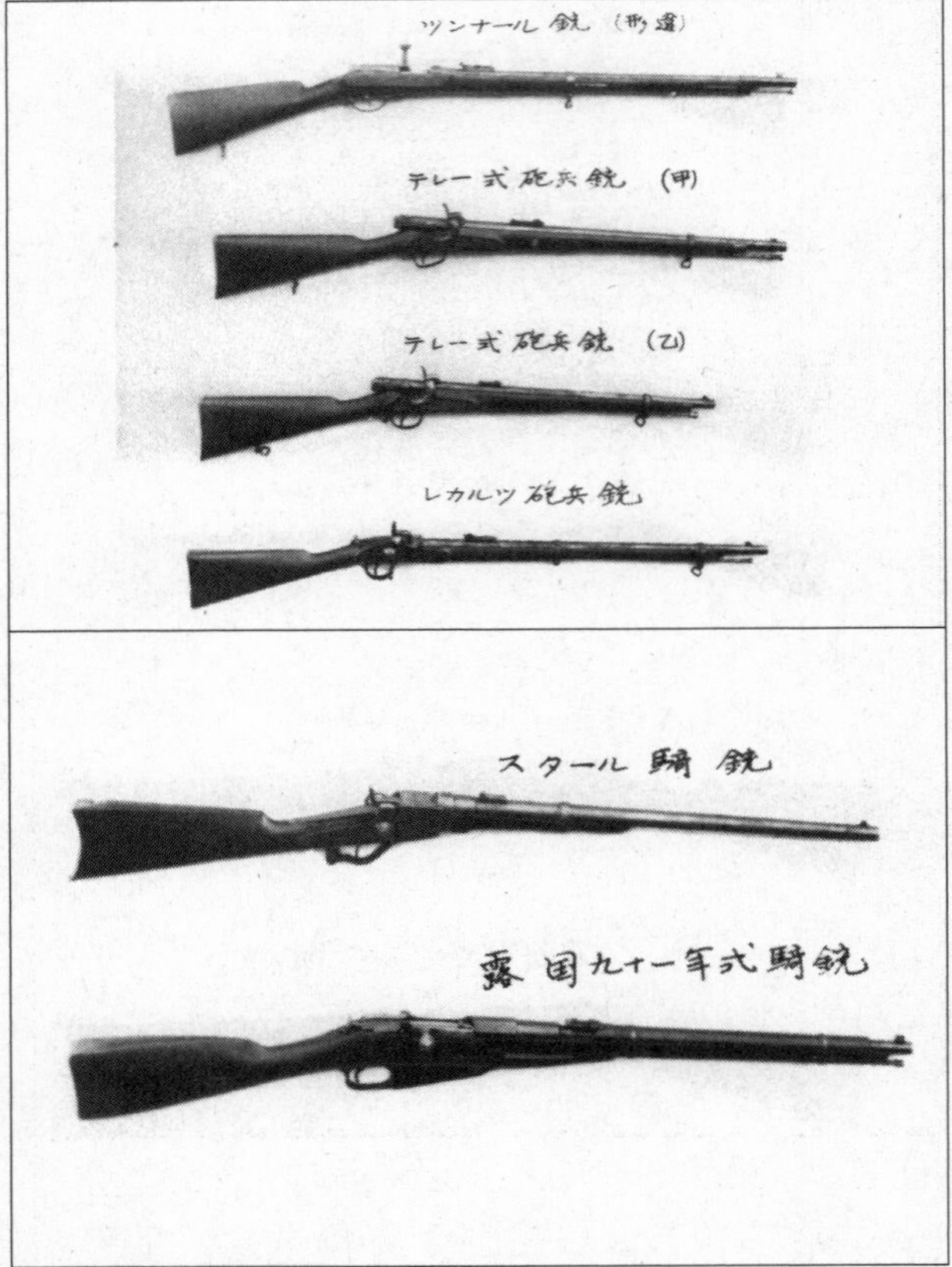

上：ツンナール違形銃、テレー砲兵銃(甲)、テレー砲兵銃(乙)、レカルツ砲兵銃
下：スター騎銃、露国1891年式騎銃

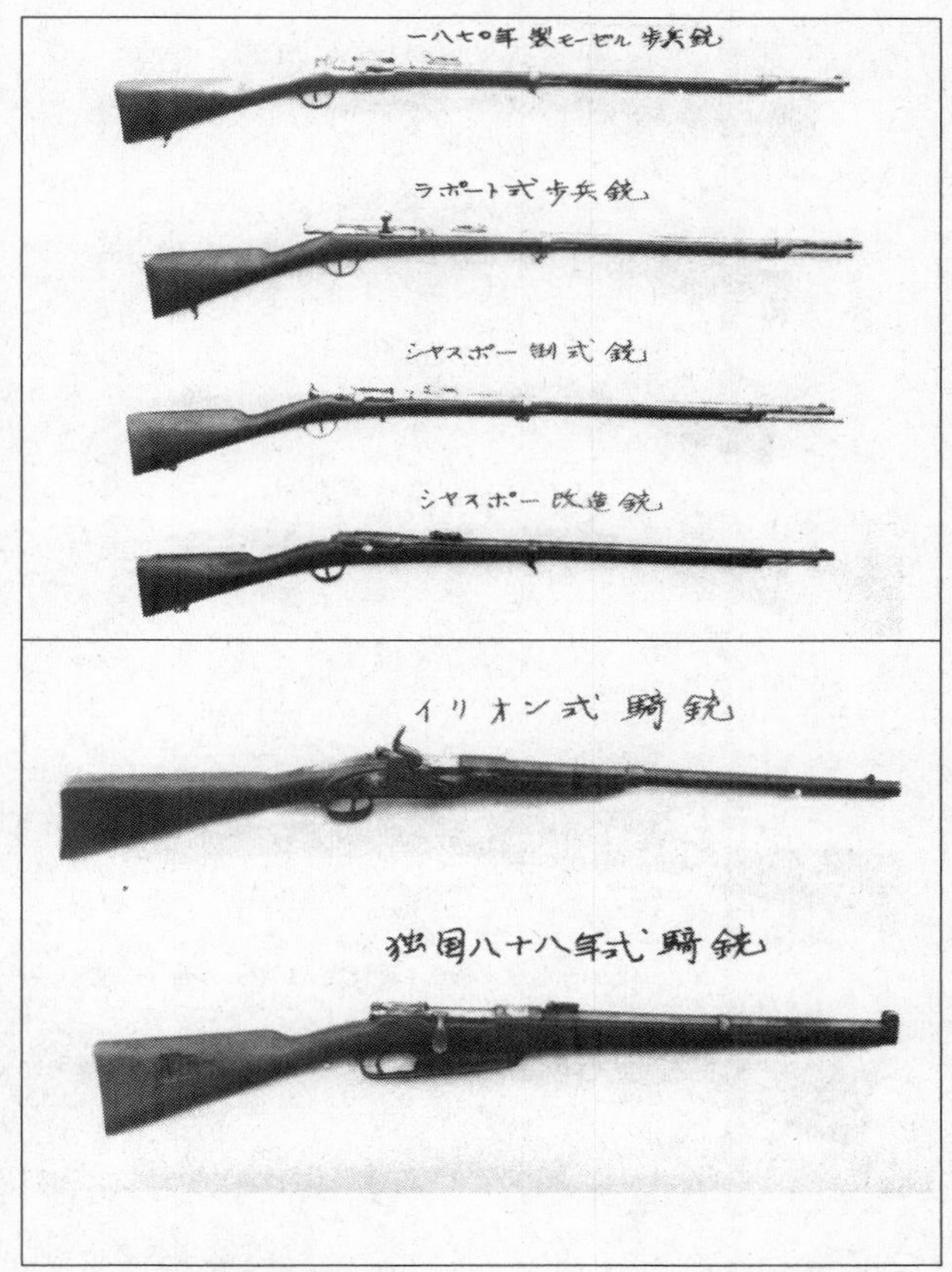

上：モーゼル1870年式歩兵銃、ラポート歩兵銃、シャスポー制式銃、シャスポー改造銃
下：イリオン騎銃、独国1888年式騎銃

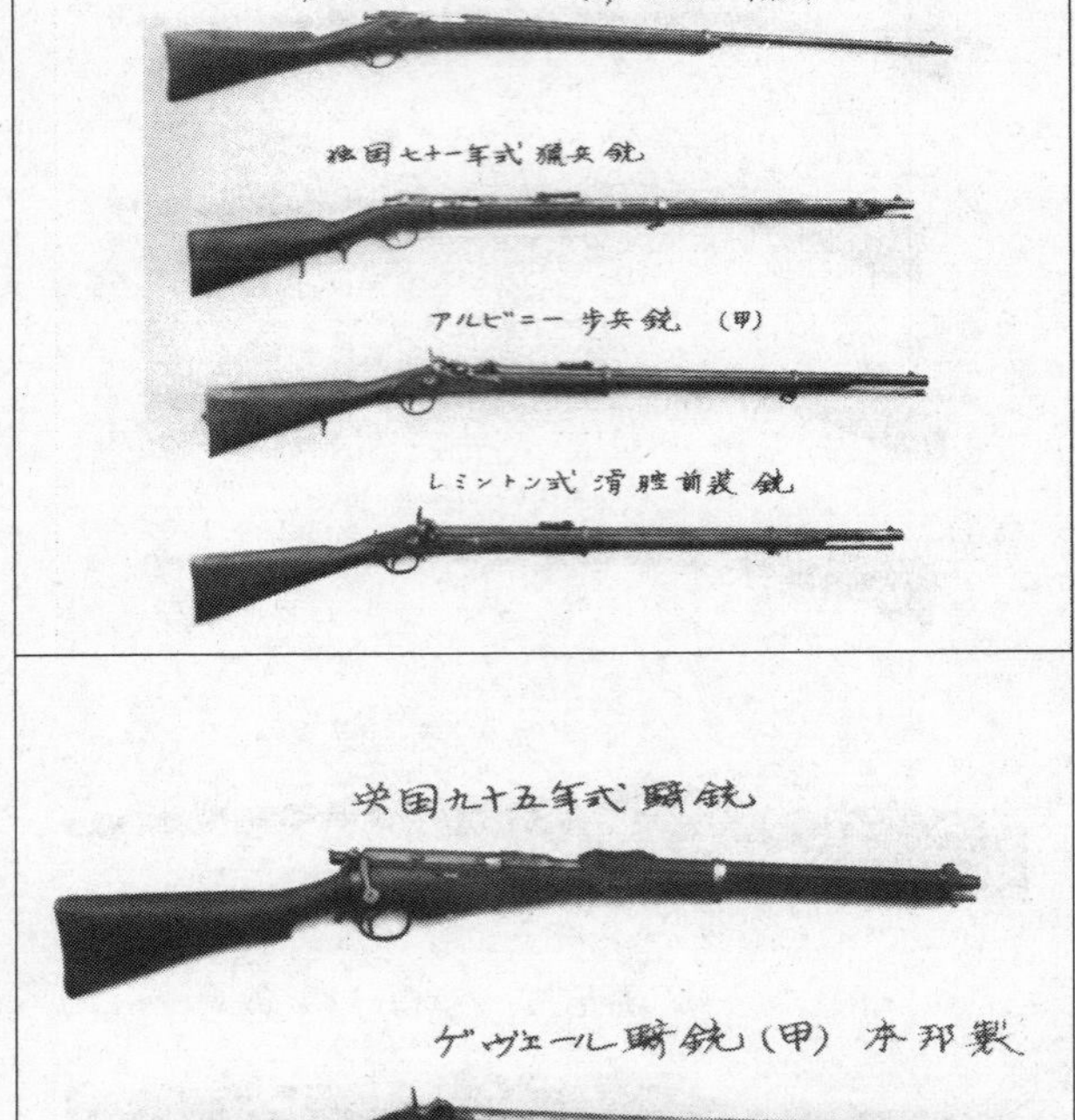

上：ウインチェスター1877年式歩兵銃(違式)、独国1871年式猟兵銃、アルビニー歩兵銃(甲)、レミントン滑腔前装銃
下：英国1895年式騎銃、ゲヴェール騎銃(甲、本邦製)

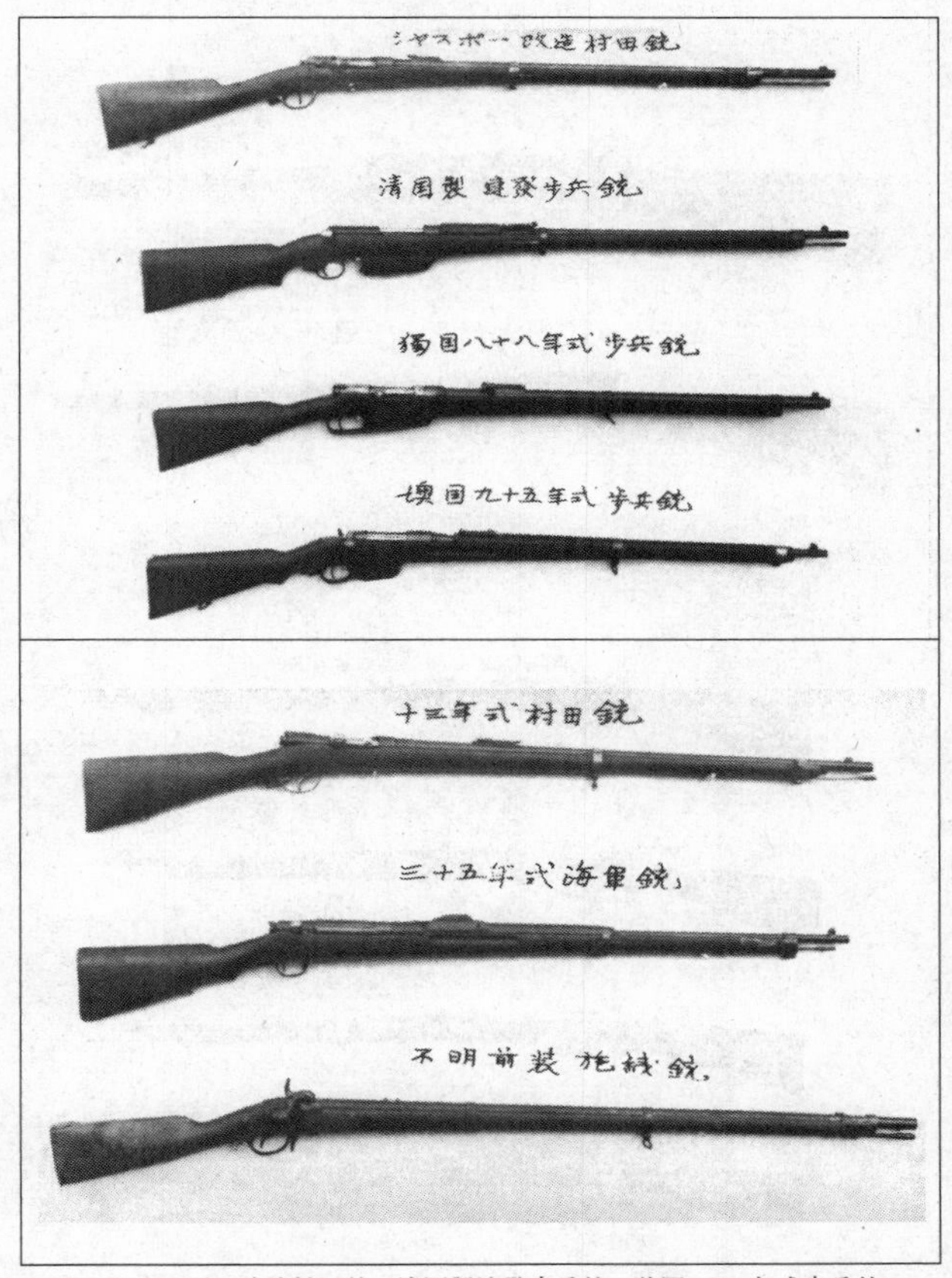

上：シャスポー改造村田銃、清国製連発歩兵銃、独国 1888 年式歩兵銃、墺国 1895 年式歩兵銃
下：十三年式村田銃、三十五年式海軍銃、不明前装施綫銃

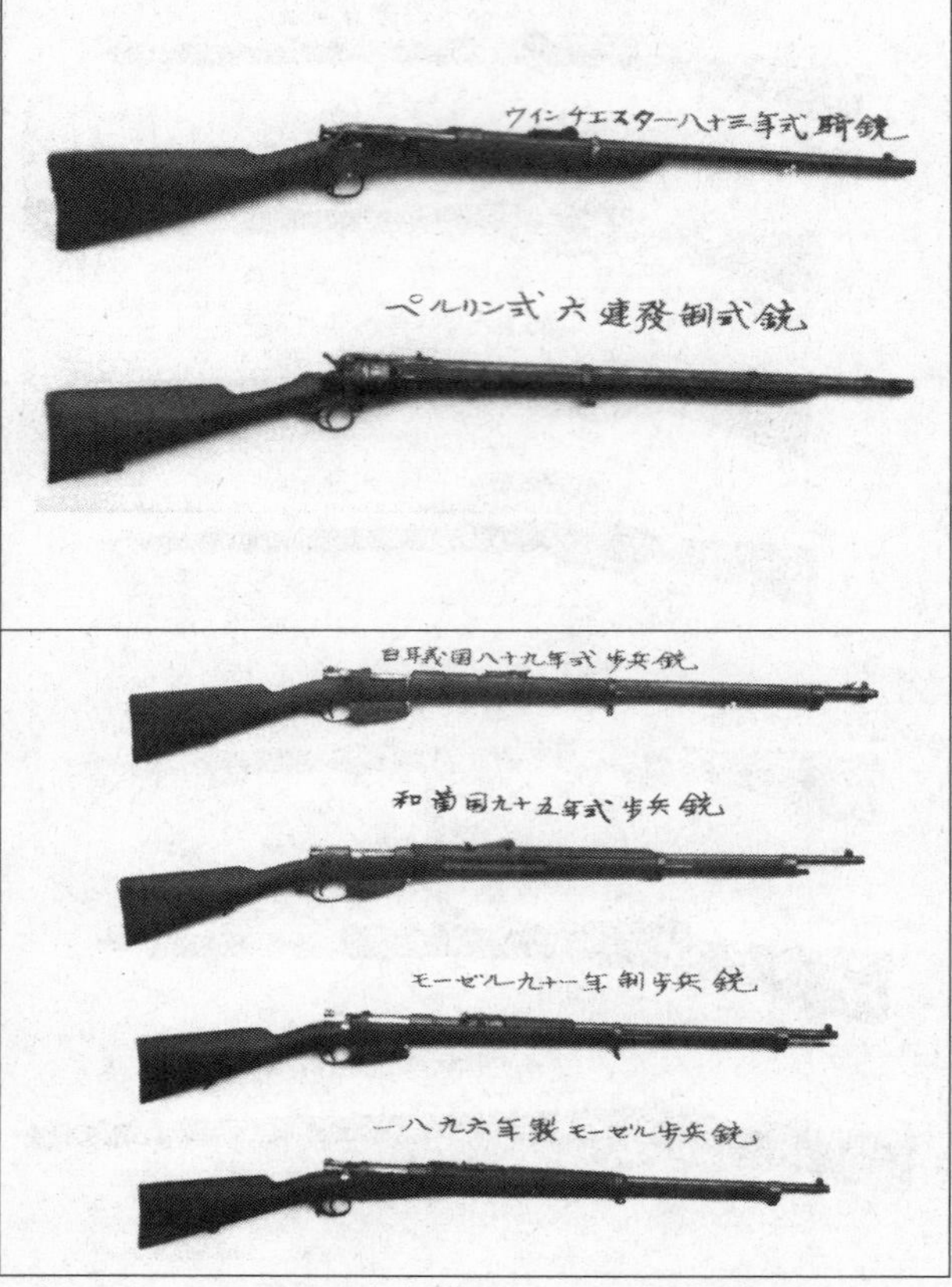

上：ウインチェスター1883年式騎銃、ペルリン6連発制式銃
下：白耳義国1889年式歩兵銃、和蘭国1895年式歩兵銃、モーゼル1891年式歩兵銃、モーゼル1896年式歩兵銃

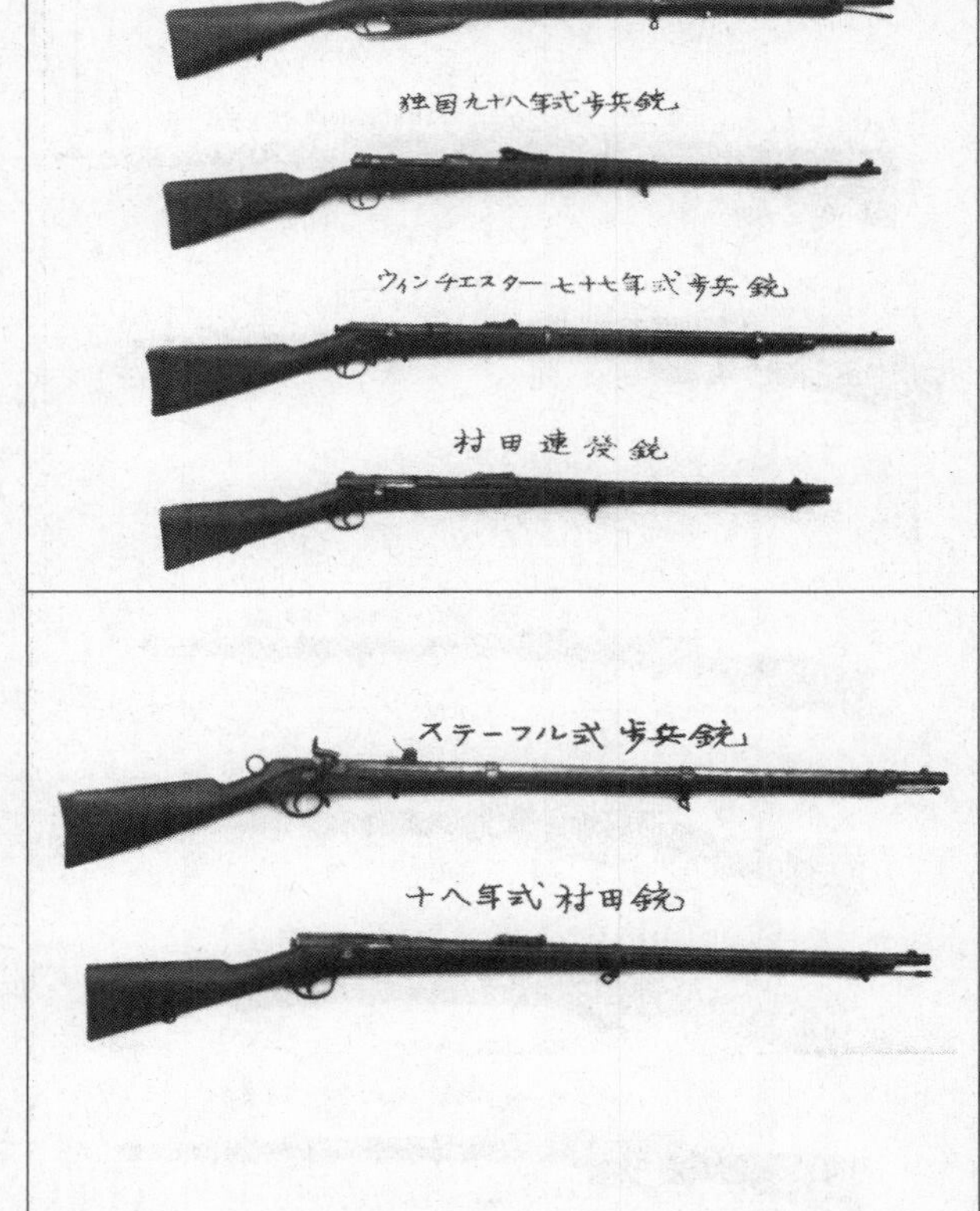

上：モーゼル歩兵銃、独国1898年式歩兵銃、ウインチェスター1877年式歩兵銃、村田連発銃
下：ステーフル歩兵銃、十八年式村田銃

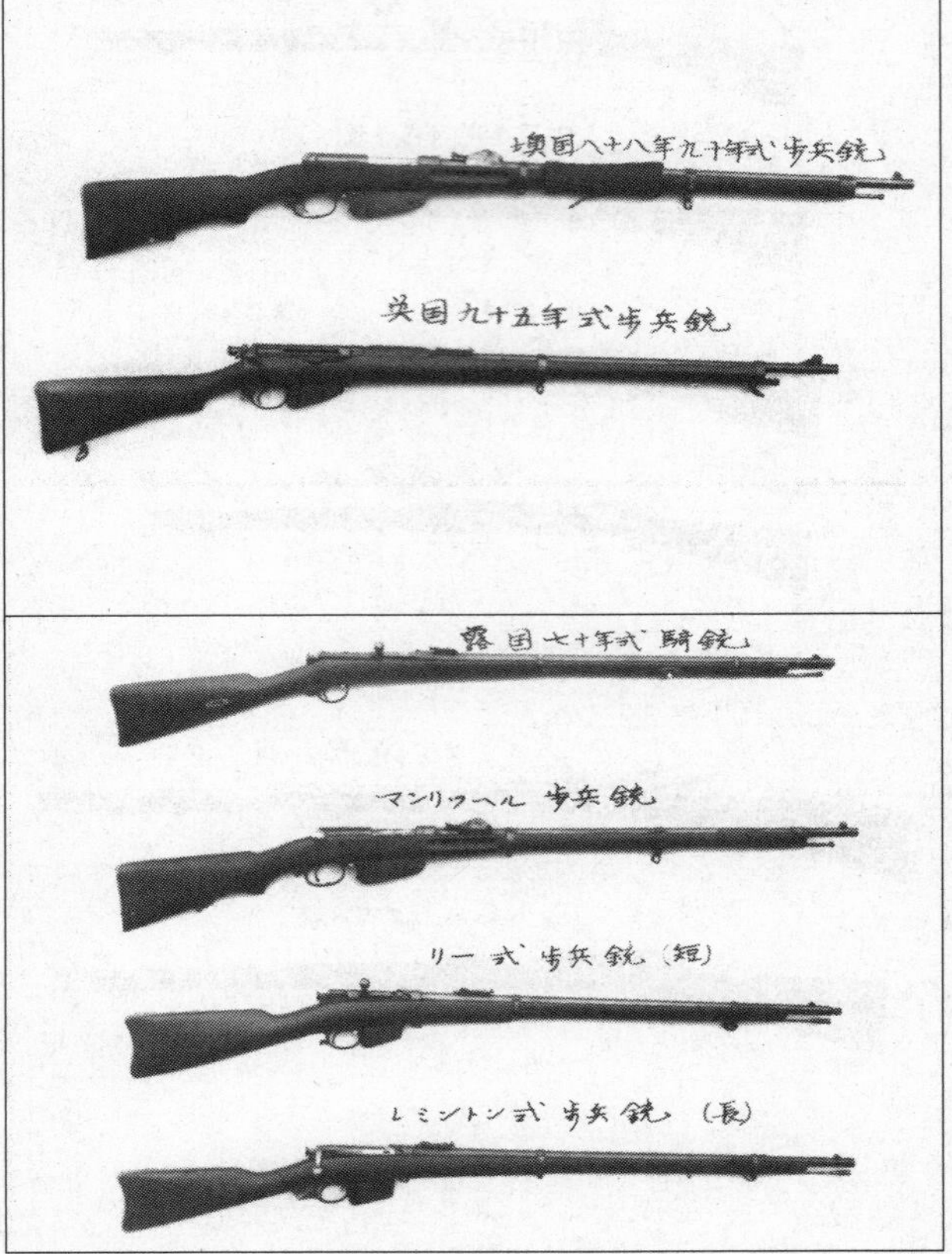

上：墺国1888／90年式歩兵銃、英国1895年式歩兵銃
下：露国1870年式騎銃、マンリッヘル歩兵銃、リー歩兵銃(短)、レミントン歩兵銃(長)

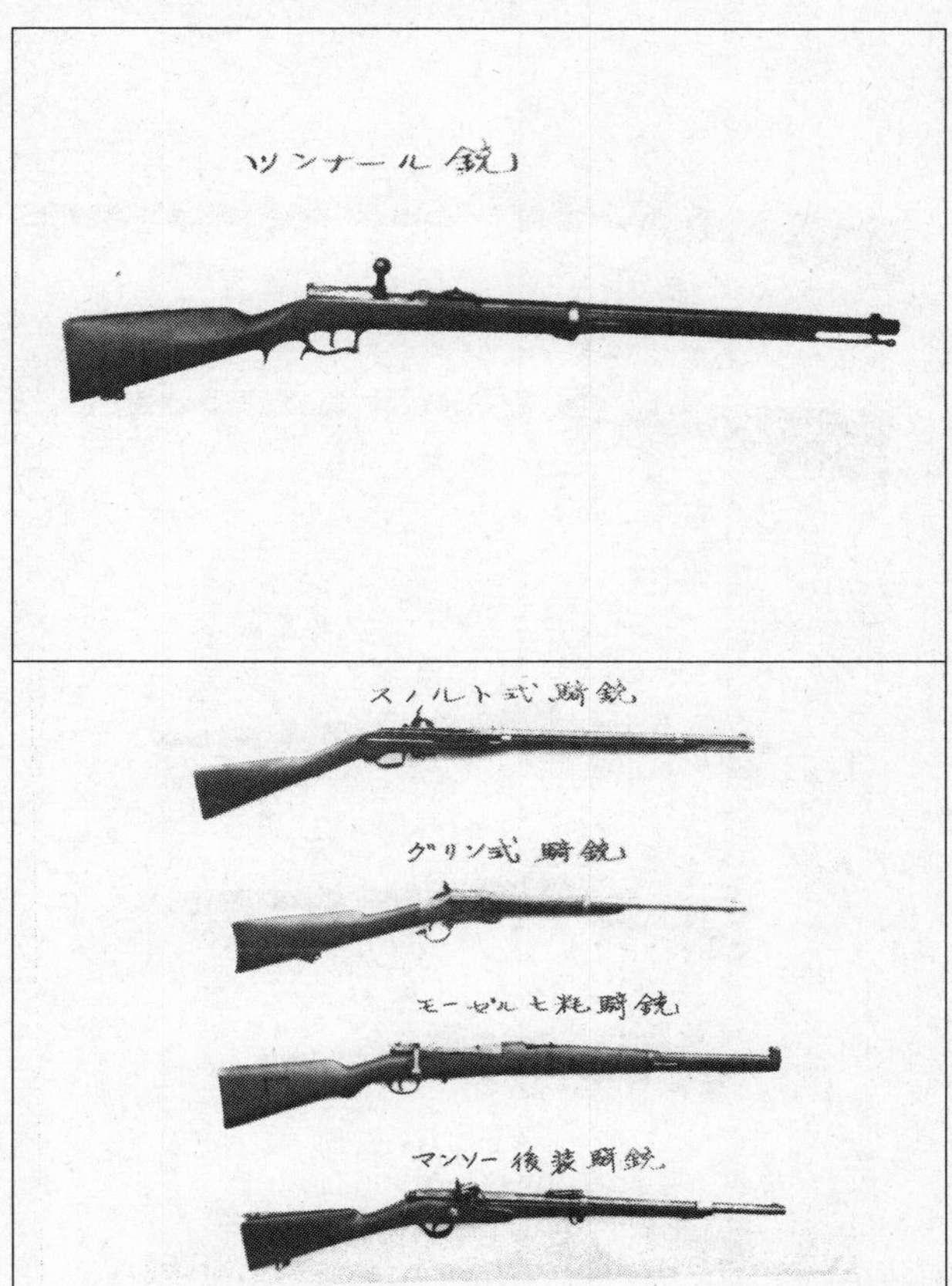

上：ツンナール銃
下：スノルト騎銃、グリーン騎銃、モーゼル7粍騎銃、マンソー後装騎銃

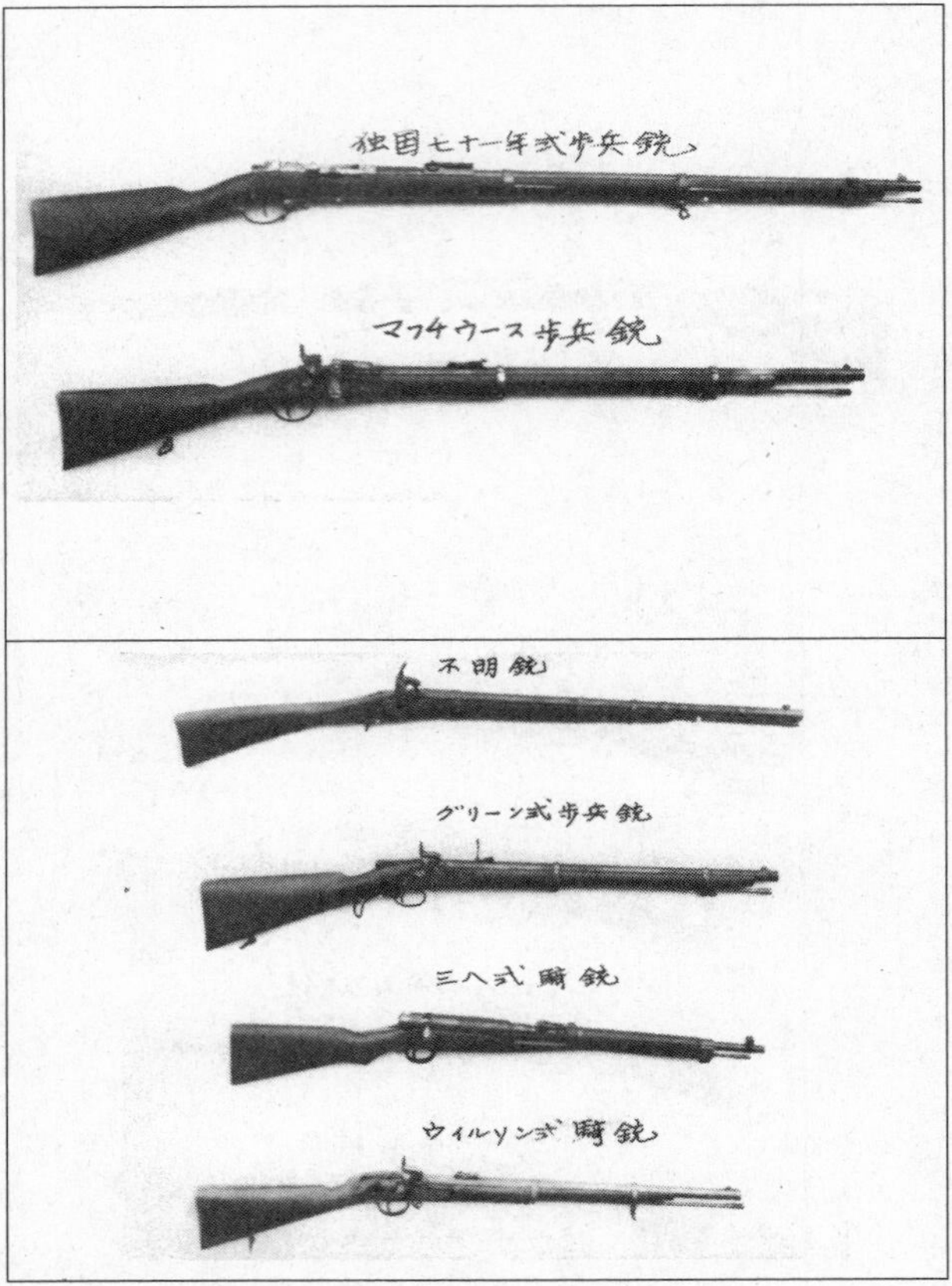

独国七十一年式歩兵銃

マッチウース歩兵銃

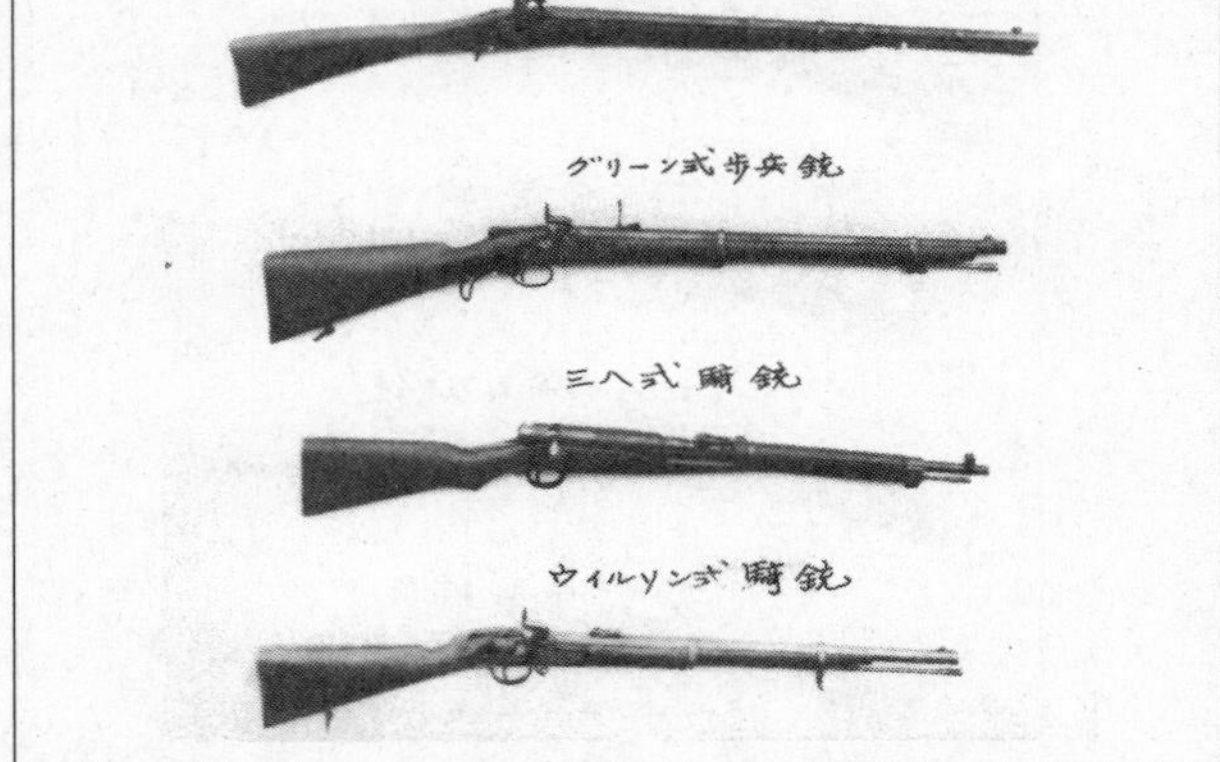

上：独国1871年式歩兵銃、マッチウース歩兵銃
下：不明銃、グリーン歩兵銃、三八式騎銃、ウィルソン騎銃

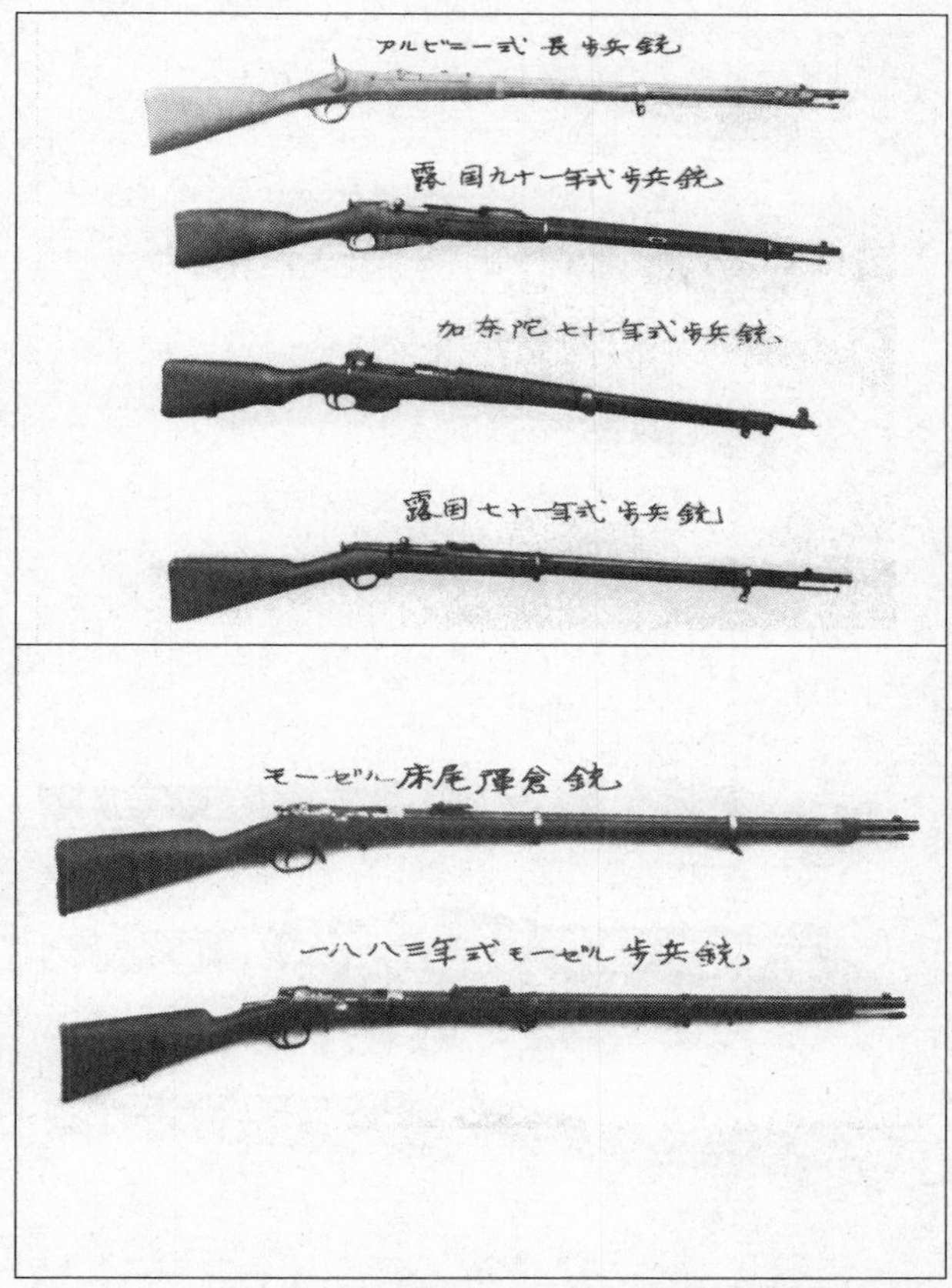

上：アルビニー歩兵銃(長)、露国1891年式歩兵銃、加奈陀1871年式歩兵銃、露国1871年式歩兵銃
下：モーゼル床尾弾倉銃、モーゼル1883年式歩兵銃

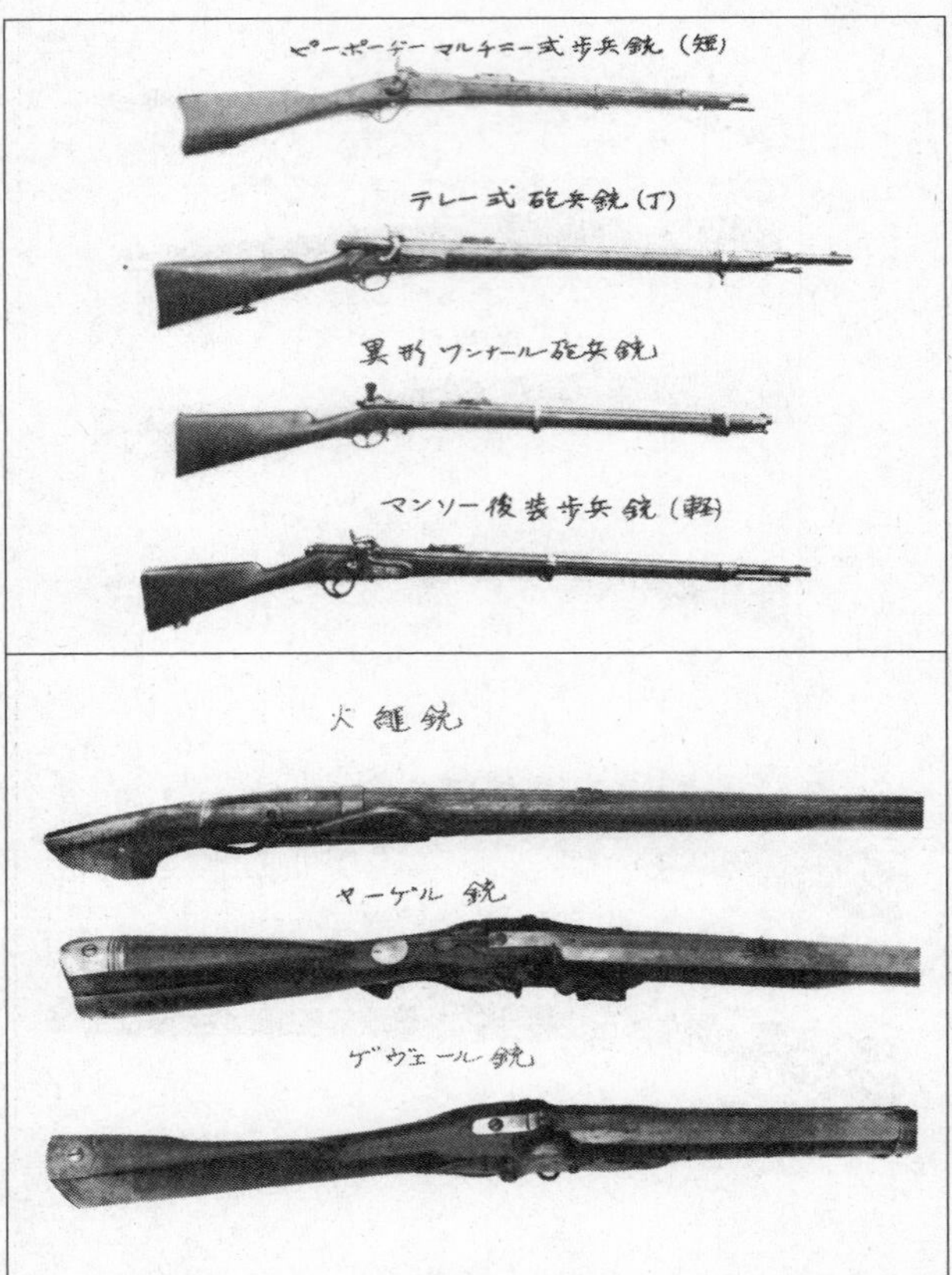

上：ピーポヂー・マルチニー歩兵銃(短)、テレー砲兵銃(丁)、ツンナール砲兵銃(異形)、マンソー後装歩兵銃(軽)
下：火縄銃、ヤーゲル銃、ゲヴェール銃

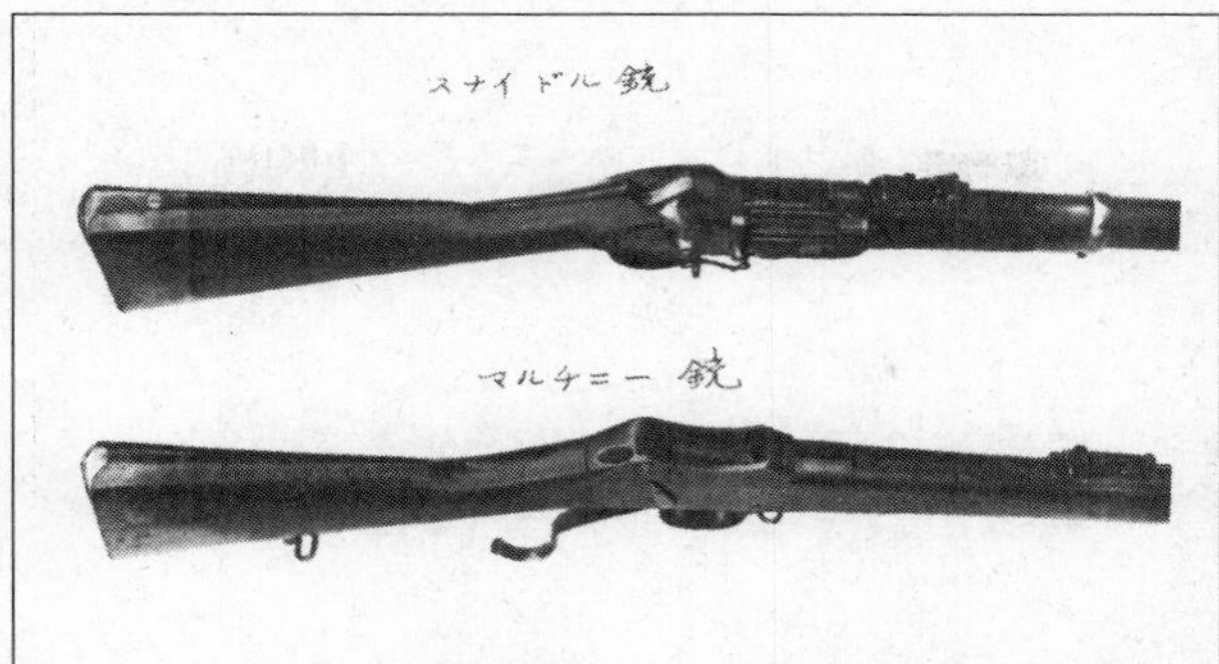

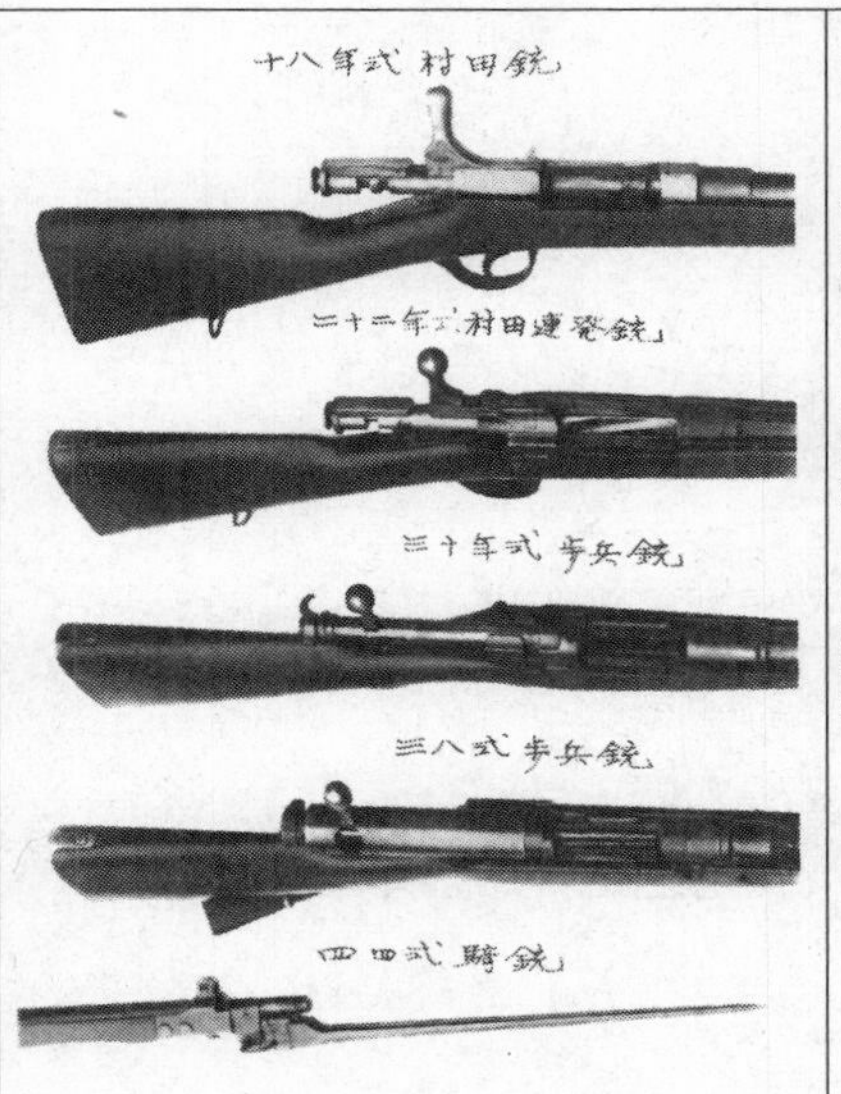

上：スナイドル銃、マルチニー銃
下：十八年式村田銃、二十二年式村田連発銃、三十年式歩兵銃、三八式歩兵銃、四四式騎銃

第三章　幕末から明治の洋銃

天保以来西洋流砲術が発展し、天保十一年（一八四〇）高島秋帆がその採用を建言したが、幕府の要職に賛同は得られなかった。しかし世の趨勢は益々砲術改善を急務とし、ついに水野閣老の英断を得た。

嘉永年代（一八四八～一八五三）に至りようやく世人が西洋流砲術の価値を信用するところとなり、銃砲の製作も面目を改めた。当時兵備充実の厳達があり、文久、慶應の頃（一八六一～一八六八）各種の洋銃が輸入されると諸藩は随意にこれを購入し、かつ兵器製造に努めた。幕末の兵器製造において抜群の成績を挙げたのは佐賀藩、薩摩藩と水戸藩であった。

佐賀藩は安政六年（一八五九）および同七年の二年間に小銃三〇〇挺を新製し、爾後一年に一五〇挺を製造した。はじめは主として和蘭式火縄銃を用い、後にゲベール銃に換え、元治元年（一八六四）銃陣を英式に改めた際に、ゲベール銃を廃してエンフィールド銃を採用した。

天保一四年（一八四三）より慶應元年（一八六五）までに佐賀藩が保有した小銃は左のようであった。

行列用一六挺、御式台二〇挺、諸組渡二五四五挺、長崎深堀備用四〇〇挺、江戸備用一五〇挺、飛雲丸三〇挺、五〇石以下待手明鑓組並貸付一四八一挺、頭手明鑓並徒足軽及右同四二三挺

種子島は薩摩藩の領域であったから、同藩における小銃製造の由来は古い。斉彬が藩主になると種子島より鍛工を招致し、新式製造法により専ら八匁玉ゲベール銃の製造を企図した。安政元年（一八五四）七月長崎に和蘭国使節が来たとき、同国軍艦より雷管銃一挺を入手した。これにより雷管銃を試製し、当時使用していた燧石器を廃止した。斉彬はまた大連銃、五連銃、施条銃、小銃用発条鋼を製出し、反射炉の完備とともに小銃の製造を益々盛大に行い、安政五年（一八五八）には藩用として小銃三〇〇〇挺の製造を命じるに至った。

当時一般の士風は西洋の兵器を卑しみ、藩主の深慮に添わなかったのみならず、安

政年間斉彬の死とともに、新式銃を廃して旧式銃を再使用するまでに逆行したが、文久三年（一八六三）英国艦隊と戦闘を交えるにおよび、初めて彼我兵器の優劣を認知し、一般洋式兵器を賞用するようになった。

長州藩は万延元年（一八六〇）六月江戸より銃工を招致してゲベール銃の製造を開始した。しかしその製造が需要を充たすことはできなかったので、多数を要するものは長崎その他の外国商より購入した。慶應元（一八六五）年四月火縄銃を売却して旋条銃の購入を企て、同年十月さらに旋条銃三〇〇〇挺を購入した。

水戸藩では天保八、九年（一八三七、八）の頃水戸斉昭自ら三眼銃と称する騎銃を製作した。長さ一尺八、九寸の銃身三本からなり、これを回転して発射するものであった。

当時欧米も兵器改善の時代で、輸入された銃器には同じ様式でも新旧の別があり、あるいは廃銃に修理を加えたものがあるなど、千差万別の状態であった。これらの小銃は明治維新後すべて還納され常備隊に使用されたが、どの銃をわが国の制式とするかは決まっていなかった。

明治四年二月御親兵として薩長土三藩より歩兵九大隊を召集した。薩藩より召集した四大隊を一番ないし四番大隊、長州藩の三大隊を五番ないし七番、土佐の二大隊を八番および九番大隊と称した。

同年七月廃藩置県の大令が発せられた。陸軍諸隊は断髪廃刀し、西洋式に武装した将卒をもって編成された。御親兵は四番および七番大隊を廃し七大隊とした。これは各藩従来の兵式を異にし、薩藩は英式に従い、長土の二藩は仏式に従い、歩兵と砲兵は全く分離していた。これより先、明治三年十二月帝国陸軍は専ら仏式に従うよう令達があったが、なお日が浅く御親兵召集の際その兵式が一定しなかったので、ここに至りことごとく仏式に改めたのである。当時は武器も一定せず、薩藩はスナイドル銃、長州藩はシャスポー銃、土佐藩はエンフィールド銃を携帯した。

明治五年三月御親兵を改めて近衛兵と称するに至り、さらに土佐藩の二大隊を合せて一大隊とし、一番ないし六番大隊とした。

庶民が兵器を携帯することを禁じ、旧藩内の兵器を総て収容することが急務となったが、兵器の種類、員数は多大で、その整理処分の実行ははなはだ困難であった。すなわち兵器取締規則を設け還納を励行させたが、諸藩においては未だ猜疑の念が去らず、あるいは暴徒鎮圧用、あるいは地方の共有金を用いて買入れたものは還納の限りではない、などの口実のもとにその還納を怠り、これを隠匿する例が少なくなかった。明治五年九月還納届出数の調査だけでも西洋式小銃の数一八万一〇一二挺に達した。これらの銃器を一時に収容することは容易でなく、暫時県庁監視のもとに預託し、漸次処理したが、窃盗、紛失、密売などの訴えが絶え間なかった。したがって警戒のもとに収容に努め、明治四年から七年の間にほぼその処分を終了した。明治八年武庫司廃庁後も兵器取纏掛を設けて収容の業務を続行し、ようやくこれを完了した。

兵器還納は終了したが未だ常備隊の銃砲は斉一を欠き、その選定が当面の急務となった。武庫司貯蔵の銃砲は数十万に上ったが、様式は各種雑多で優良なものは少なかった。また独仏英米などから新式銃の見本が送られ、わが需要に応えようとしたが、戦後の疲弊からわが国経済の顧慮を要した。

明治五年二月陸軍武庫正正七位湯浅則和は諸県在来の銃砲に対する処分の方針を左のように申出た（武庫正は兵部省所管武庫司の長で権少丞相当の地位、武庫頭と記す資料もある）。

一、短ミニエー銃は鎮台兵などの常備用に分配し、残余の三分の二は東京に輸送し、三分の一は大阪に格納する

二、スナイドル銃は現今海軍に用いているものは東京へ総て輸送する

三、スペンセル銃は長短とも在来のものに余分があるので、残らず東京へ送る
四、ピストール、砲兵銃、騎兵銃はその用に適するものを選び、東京へ送る
五、仏式シャスポー銃、普式ツンナール銃、米式レミントン銃は部内で混同しているので、分別して東京へ送る

その他の諸銃および雑銃はよいものが少なく応用の目途はない。東京、大阪へ輸送するには費用がかかるので、地方鎮台本分営に取りまとめ後日処分する。

以上の意見にもとづき兵器処分の方針を定め、常備隊用小銃の選定について湯浅武庫正はマルティニー銃を指定した。

同年十月陸軍卿はこれに関する調査を傭教師首長仏国参謀中佐マルクリーに依頼し、同中佐は大尉ルボンに命じて武庫司在庫の小銃を調査させ、左の所見を具申した。

「日本政府は各国が用いる小銃の利害を調査せず、みだりにこれを用いることは策を得たものではない。よくその得失を熟慮考究した後、軍用銃の種類を決定しなければならない。左にその法則を建言する。

一、機関不具の銃はすべて廃棄すべし
二、同種少数の小銃または諸種混合の銃は弾薬筒の製作において不便であるから、兵士に付与すべからず

三、同種で員数の多い銃を兵士に付与すべし、一ジビジョン（師団）には同種類の銃を付与すべし、やむを得ざることがあっても一ブリガード（旅団）には必ず同じ種類の銃を揃え、隊中各大隊は不同なる銃を用いるべからず

四、新に操練する兵士には最もよく知られた銃の形状のよい品を授け与えるべし

右の方法に則り選択するときは左記四種の小銃を用いるべし。

一、シャスポー銃　六〇〇〇挺

二、ドレイス銃　一万五〇〇〇挺

三、スナイドル銃　一五〇〇挺

四、エンフィールド銃　一万二〇〇〇挺

シャスポー、ドレイスの二種はその数二ジビジョンに付与するに足る。スナイドルは僅々一五〇〇挺に過ぎずといえども、エンフィールドの銃尾を元込に替えれば堅固な小銃を得ることができ、一挺の修復は三円に過ぎないから三万五〇〇〇円から四万円の経費で事足るであろう。同種新銃を購入するに比べれば頗る簡易にして約八ヵ月ないし一〇ヵ月後にはこれを全軍に支給することができるであろう（中略）欧州各国において小銃製作の利害が決定するまで、右の簡易法をもって国を保護し、費用を省き、右一定の上、同種の銃を用いるべし云々」

当時武庫司に所蔵する小銃の種類は和銃を除き実に三九種以上の範式を有していたが、この中から前に示す四種の小銃を選定したもので、首長の意見にもとづき小銃一定の方針がほぼ決定され、漸次口込銃を元込式に改造して、歩兵隊に配当する策を講じた。

明治七年一月各種兵の携帯銃器を定め、これを令達した。これがわが国兵器の制式を定め、もって軍用銃を採用するはじめとなった。同年十月歩兵携帯銃種の報告から当時各隊の支給銃種を知ることができる。

隊号	現下支給銃種
近衛歩兵第一聯隊	アルビニー銃
同　第二聯隊	スナイドル銃、アルビニー銃
東京鎮台九番大隊	エンフィールド銃
同　第一大隊（熊本出張）	スナイドル銃
東京鎮台第一聯隊第一大隊	スナイドル銃
同　新潟営所	エンフィールド銃
同　宇都宮営所	エンフィールド銃
同　第十三大隊（熊本行）	短スナイドル銃

教導団歩兵第一大隊　　シャスポー銃
仙台鎮台　　エンフィールド銃
同　青森営所　　エンフィールド銃
名古屋鎮台　　エンフィールド銃
同　金沢営所　　エンフィールド銃
大阪鎮台　　エンフィールド銃、ツンナール銃
広島鎮台　　エンフィールド銃
同　高松営所　　エンフィールド銃
熊本鎮台　　エンフィールド銃、スナイドル銃

明治七年九月二十二日海軍省の調査による諸艦船砲銃弾薬数表から各艦船に搭載された小銃数、弾薬数をみる。

龍驤艦（支那、旗艦）　　小銃一四四、拳銃四八、小銃弾薬二万八八〇〇
東艦（横須賀、常備）　　スナイドル七、エンフィールド一、シャープス一一、拳銃二二、小銃弾薬三万二〇〇〇
日進艦（支那、常備）　　スナイドル八五、拳銃四〇、小銃弾薬一万七八〇〇
春日艦（長崎、常備）　　スナイドル七一、エンフィールド二、拳銃一〇、小

銃弾薬一万六二〇〇

雲揚艦（長崎、常備）　スナイドル四四、エンフィールド三、拳銃六、小銃弾薬七〇〇〇

鳳翔艦（品海、常備）　スナイドル四七、六連発拳銃六、小銃弾薬一万

第一丁卯艦（石川島、常備）　スナイドル四〇、六連発拳銃五、小銃弾薬三五〇〇

第二丁卯艦（長崎、常備）　スナイドル三五、エンフィールド二、拳銃六、小銃弾薬八〇〇〇

孟春艦（支那、常備）　スナイドル三八、エンフィールド二、拳銃五、小銃弾薬三五〇〇

千代田形艦（北海道、予備）　スナイドル一二、エンフィールド一三、スペンセル二、小銃弾薬三〇〇〇

北海丸（横須賀、予備）　修復中につき兵器備付なし

筑波艦（横須賀、練習）　スナイドル一五〇、拳銃六〇、小銃弾薬三万二〇〇〇

乾行艦（本省入堀、練習）　小銃四四、拳銃一四

富士山艦（品海、練習）　スナイドル八〇、エンフィールド二

摂津艦（品海、練習）　修復後で未だ兵器備付なし
大坂丸（品海、運送）　スナイドル二二、拳銃五、小銃弾薬四九〇〇
快風丸（兵庫、運送）　小銃一〇
明治八年九月英国よりスナイドル弾製造機械が来着した。この機械を用いて一日約五万発の弾を製造することができた。
明治九年十二月全国の歩・工兵は総て元込銃を支給する見込を定めた。
明治九年十二月における銃砲武庫現在表から小銃兵備の概況をみる。
スナイドル銃（洋製）二万四七〇、アルビニー銃（和製）三二六八、エンフィールド銃（洋製）五万八七三八、スペンセル銃（洋製）一一二二、スタール銃（洋製）一二三八
同各鎮台備付小銃員数
スナイドル銃一万六九七九、エンフィールド銃一万六二七四、スペンセル銃一一八、スタール銃六二九
同近衛備付小銃員数
スナイドル銃三五三一、スペンセル銃四八四
明治十年一月砲兵支廠の火巧（工）所を改修し、スナイドル弾薬製造機械を設置し

ようとした際西南戦争が起り、この弾薬の需要がことに多いので、これを支廠に設け、また本廠に増設した。本廠においては従来の火巧所が狭小なため、小石川練兵場の傍らに仮火巧所を設けて、専らエンフィールド弾薬を製造し、また本廠火巧所においては軍用火箭、支廠においてはツンナール弾薬を製造し、これを戦地に輸送した。

西南戦争は膨大な弾薬を費消した。そのため陸軍における生産動員の主力はその損耗を補充することにおかれ、東京と大阪の両工廠は最大限の生産能力を発揮した。特に小銃弾の補給については、従来の東京本廠火工所の規模では到底間に合わず、あらたに講武所跡など二ヵ所に女工場を設けて製造を開始し、エンフィールド銃実包を日製二〇万発、マンソー銃実包を同五万発にまで達した。

またスナイドル銃実包の大量生産のため、火工所に第一廠より第十三廠にいたる工場を急造し、そのほかにも十数棟を新設して、実包の製作を開始し、日製三〇万発に及んだ。これでも不十分と認め、従来の手工的作業を機械作業に改め、鉛弾鋳型を一〇連とするなど、あらゆる技術的方法を駆使して生産の増大を図った。

大阪の支廠においても弾薬の製造に力を注ぎ、火工所にスナイドル銃弾薬の製造機械を据え付け、その製造を開始した。さらに萩小銃製造所を支廠の所轄とし、アルビニー銃を急造した。

明治十年兵器本廠の臨時兵器弾薬製作員数表にスナイドル実包五〇〇発入弾薬箱三〇〇〇個、ツンナール銃五〇〇発入弾薬箱一〇〇〇個、エンフィールド銃実包五〇〇発入弾薬箱一〇〇〇個、ツンナール銃一〇〇〇発入弾薬箱五〇個がある。

西南戦争の明治十年二月から九月までの八ヵ月間に政府軍が鹵獲した兵器に次の小銃があった。

スナイドル銃一六五、エンフィールド銃三六四九、スタール銃一五、レカルツ銃五、シャスポー銃一六、アルビニー銃八、レミントン銃一、ツンナール銃九、スペンセル銃二六、ゲベール銃一九、和銃一〇三九、その他各種六三五〇、スナイドル実包二万七四三、エンフィールド実包七万八七四七、スタール実包一万二二四〇、シャープ実包三万四〇〇〇。

同期間に政府軍が福岡および長崎軍団砲廠において砲兵本支廠より受領した小銃の数と、そのうち損廃した数は左のとおりであった。カッコ内は損廃数。損廃数が受領数より多いのは各自の携帯兵器を交換したもの。

スナイドル銃八二八七（九一九四）、アルビニー銃三八四五（一七八二）、マルティニー銃二九〇二（六一二）、ツンナール銃三五三三（四八二〇）、短スペンセル銃二〇四（一三五）、スタール銃二七五（四九）、エンフィールド銃二万四四八〇（二二一一）、短レカルッ銃七〇（三）、長スナイドル銃一四三（一四三）、長ツンナール銃三〇〇、長スペンセル銃一〇〇〇（二九〇）、シャープ銃一四二（一一四）。

西南戦争において政府軍が使用した小銃弾薬の受数と消耗数は左のとおり。カッコ内は消耗数。

スナイドル実包三四六三万二八三〇（二五五一万四二三八）、マルティニー実包二二八万五二八（七万七八四三）、ツンナール実包三五三万二五〇（二〇五万四七三二）、スペンセル実包一五六万三三二六（一一万二七八二）、スタール実包五三万七二六四（二〇万四〇四八）、エンフィールド実包一九五三万八五〇（二九四万一七八〇）、シャープ実包一一五万三六八〇（二八万五〇〇）、レカルッ実包六万五〇〇〇。

明治初年以来兵器に関することは専ら武庫司が担当していたが、明治八年二月砲兵方面条例の規定があり、砲兵会議が発足したので、兵器の調査制定に関することは総てこの会議に付し、審査の上議決することとなった。明治十四年七月砲兵会議条例を定め、兵器弾薬および砲兵科に関する事項を審議し、大臣の顧問に応じる府とした。これがすなわち陸軍技術審査部の起こりである。

また砲兵本支廠は明治十二年十月に廃止され、新に砲兵第一方面、第二方面ならびに東京、大阪の両工廠を置いた。小銃、銃包、火薬の三製造所と火工所大砲修理所とは東京砲兵工廠が管轄し、製砲、製弾、製車の三製造所と火工所小銃修理所とは大阪砲兵工廠の管轄となった。

西南戦争平定後より各鎮台とも射的演習が盛んに行われ、明治十二年七月から一年間に空実両包を合せ小銃は七三〇万発以上を消耗した。前年の消耗量は五七四万発であったから、一五六万発の増加となった。東京鎮台歩兵第一聯隊の消耗員数を一例にあげると、スナイドル銃実包が約七万、同空包が約一一万、ツンナール銃実包が約一二万、同空包が約一万、エンフィールド実包が約九万、同空包が約一万であった。

明治十三年度東京砲兵工廠が製作したものにスナイドル銃鉛弾四〇〇万、レカルツ銃弾薬約六万、シャスポー改造銃実包二五〇〇がある。大阪砲兵工廠ではスナイドル銃空包を一五〇万発製作した。

砲兵第一方面明治一四年度兵器弾薬配布員数表による主な小銃、弾薬の支給は次のようであった。

スナイドル銃

近衛七四四、東京鎮台八六九、名古屋鎮台五八七、士官学校・戸山学校・教導団四〇四

アルビニー銃

仙台鎮台三、憲兵隊・電信隊五二五
エンフィールド銃
仙台鎮台一七二
スペンセル銃
近衛九二、東京鎮台四二、仙台鎮台六九、士官学校・戸山学校・教導団四七
スミス・アンド・ウエッソン拳銃
士官学校・戸山学校・教導団五〇、憲兵隊・電信隊三四〇
ツンナール銃
近衛一〇八三、東京鎮台一七八七、士官学校・戸山学校・教導団一六
シャープス騎兵銃
憲兵隊・電信隊三五
マンソー銃
憲兵隊・電信隊三〇〇
村田銃実包
近衛一一〇〇〇、東京鎮台六八〇〇、仙台鎮台一万五〇〇〇、名古屋鎮台一万五〇
〇〇、士官学校・戸山学校・教導団四〇〇〇、憲兵隊・電信隊一五〇〇

スナイドル銃実包
　近衛一万五二六二、東京鎮台一八万一六四六、仙台鎮台六万二四八六
ツンナール銃実包
　近衛一五万二〇一八、東京鎮台八八万七六九二
砲兵第二方面明治十四年度兵器弾薬配布員数表による主な小銃、弾薬の支給は次のようであった。
スナイドル銃
大阪鎮台一〇八六、広島鎮台九五、熊本鎮台二二七
エンフィールド銃
広島鎮台七一
スタール銃
大阪鎮台八三、広島鎮台三六、熊本鎮台三三
長エンフィールド銃
大阪鎮台一〇八
スナイドル銃実包
大阪鎮台三九万七六二七、広島鎮台五万八七、熊本鎮台一〇万五九七五

エンフィールド銃実包
大阪鎮台四八万七三七七、広島鎮台四九万五〇一七、熊本鎮台三五万七三二一
スタール銃実包
大阪鎮台一四二四、広島鎮台二九〇〇

明治十五年近衛・歩兵両聯隊、同工兵中隊ならびに教導団歩兵大隊、同工兵中隊の携帯銃を村田銃に交換した。また各鎮台射的用銃を改造村田銃に交換した。

同年横浜のファーブル・ブラント社よりピーボディ・マルティニー銃および同銃薬筒二〇〇万発を購入した。

小銃製造所は明治十六年七月から十二月の半年間に村田銃およそ七〇〇〇挺を製造し、シャスポー銃二〇〇挺を村田銃に改造した。銃包製造所は村田銃薬莢、弾丸、雷管などを製造した。

砲兵第一方面明治十六年七月から十二月の兵器配布員数表による主な小銃の支給は次のようであった。

村田銃
近衛一五六、士官学校・戸山学校・教導団一三三二、憲兵隊・電信隊五〇
シャスポー改造村田銃

東京鎮台二〇〇、憲兵隊・電信隊一五〇、砲兵第二方面三七〇
スナイドル銃
東京鎮台三九八、名古屋鎮台五七一
アルビニー銃
仙台鎮台一九六
スペンセル銃
近衛五二、東京鎮台七五、仙台鎮台三三、名古屋鎮台九七、士官学校・戸山学校・教導団八

砲兵第二方面明治十六年七月から十二月の兵器配布員数表による主な小銃の支給は次のようであった。

シャスポー改造村田銃
大阪鎮台一三六五
スナイドル銃
大阪鎮台七八九、広島鎮台三九七、熊本鎮台三七四
スタール銃
大阪鎮台四四、広島鎮台六一、熊本鎮台一〇九

短エンフィールド銃

広島鎮台六、熊本鎮台六

同期間に大阪砲兵工廠小銃修理所で修理後、砲兵第一方面へ送った小銃には左のように新旧各種があった。

雷管打スタール銃一六三二、小口径レミントン銃四八、口込レミントン銃二八、形違長ツンナール銃六一四、雷管打長シャープス銃五四七、銅管打長シャープス銃二四、銅管打騎兵シャープス銃一三〇九、長レカルツ銃四四、短レカルツ銃七一五、ギリイン銃一一二、テレー銃五〇、ウィルソン銃四二四、長短スノルト銃三七、騎兵ジョスリン銃五、コットール銃九二、一六連発ヘンリー銃五、長スペンセル銃三一七四、三角剣付長エンフィールド銃二二七、騎兵エンフィールド銃六六八、モントストロン銃一二一、シーヘーライフル銃八八、カラビイル銃六九、カルセルニレー銃一、マイナール銃三、ゲベール銃三六六三、カッピリ銃一、マッテリー銃三〇、ヘーリコムジント銃五、トリフリー銃二二、ソランコット銃七、ジルノール銃三五、ウイットニー銃三五、鋸剣ツンナール銃三八八、カカール銃二〇、雑銃七一

明治十七年一月から十二月の砲兵第一方面における兵器支給は村田銃五一四三挺、

スナイドル銃二万四〇四七挺、村田騎兵銃一四九一挺、スペンセル銃五四五挺、雑銃一五〇六挺であった。砲兵第二方面より第一方面へ送付したものは村田銃二六九挺、雑銃四五〇八挺であった。

東京砲兵工廠小銃製造所は各種の機械も漸く整頓し、その作業は頗る盛大になった。この一年間に村田銃二万五〇〇挺、村田騎兵銃二五〇〇挺余りを製造した。

銃包製造所は村田銃の薬莢、弾丸、雷管、発火金などを製作した。その需要は日を追って増え、薬莢用の黄銅圧延事業は職工が作業に慣熟し、精良な製品を製作できるようになった。職工は年間二九五日就労し、一日の就業時間は一〇時間であった。

火工所は小銃実包、空包の填薬が大いに増加し、米国より買入れたピーボディ・マルティニー銃の薬莢製造機械を村田銃薬莢製造用に改修した。

板橋火薬製造所は本年間火薬を三万二〇〇〇貫目余り、硝石は二万五〇〇〇貫目、木炭は六〇〇〇貫目余り、硫黄は六〇〇〇貫目製造した。

岩鼻火薬製造所が本年間製造した火薬の各種合計は二万六〇〇〇貫目に上った。

明治十八年東京砲兵工廠は村田銃銃剣の重量を軽減するとともに、銃の部分に二、三ヵ所の改良を研究し、ついにその成功をみた。本年度村田銃の製造は二万八七〇〇余挺に及び、その価格も幾許か減少を生じるに至った。

銃包製造所は近来薬莢の廃品が大幅に減少し、本年度は村田銃薬莢四四〇万余発を製造した。

砲兵第一方面は東京鎮台歩、工兵ならびに青森営所函館分屯隊および金沢営所などの歩兵携帯スナイドル銃を村田銃に交換した。なかんずく東京鎮台はスナイドル銃、弾薬とも総て本署に還納し、その他の銃は後備軍用として銃器弾薬ともそのまま営所、分営などに備え付けた。

近衛ならびに東京鎮台歩、工兵携帯の弾薬盒を村田式弾薬盒に交換した。

東京鎮台騎兵ならびに東京憲兵隊携帯のスペンセル銃を村田式騎兵銃と交換した。

米国ニューヨーク府薬筒製造所に製造を依頼したピーボディ・マルティニー銃薬莢雷管付八〇〇万発および村田銃薬莢雷管付八〇〇万発は漸次ファーブル・ブラント社より受領した。

米国製半インチガットリング砲一門弾薬車その他付属品とも、ならびに実包二万発をファーブル・ブラント社に托し、米国より購入した。

明治十六年四月陸軍省調の遊就館列品目録には、次のような軍用銃が記されている。主要なものだけ名称をそのまま列記する。

国産銃ではヤーゲル銃（腔綫七条、雷管式）、エンピール銃（腔綫三条、雷管式）、エンピール銃（腔綫四条、雷管式）。

米国製では長スノルト銃（一八三三年式、後装、燧石式）、短スノルト銃（騎兵用）、長ミニヘール銃（一八六五年式、雷管式）、短ミニヘール銃（一八六五年式、雷管式）、シャープス銃（一八六九年式、雷管式）、前装レミントン銃（一八六三年式、歩兵用）、スペンセル銃（一八六〇年式）、レミントン銃（一八七一年式）、スプリングヒールド銃（一八七三年式、歩兵用）、モントスール銃、パントー銃、パルメル銃（一八六五年式）、グリーン銃（一八六四年式）、カラセール銃（一八六〇年式）、スタール銃（一八五八年式）、メナー銃、シャスポー銃、メリテン銃、コッテール銃、バラート銃、ピーボジー・マルチニー銃。

英国製ではエンピール銃（一八六三年式、歩兵用）、エンピール銃（一八六八年式、下士用）、テレー銃（一八六六年式、歩兵用）、ベンジャミン銃（歩兵用）、ボスベルリース銃（一八六八年式）、コーブラン銃、ヘンリー・ウエストリー・リチャード銃、ウイットル・ウエストリー・リチャード銃（一八六五年式）、ウィルソン銃（一八六七年式）、アルビニー銃（一八七一年式）、ヘンリー・マルチニー銃（一八七一年式）、ヘンリー・コンブレン銃、バートン銃、タッパー銃。

普国製ではドライエス銃（一八四一年式）、ウエルデル銃（一八六九年式）。仏国製ではルホーショウ銃。

スゥエーデン製サウルヘリー銃、前装マンソー銃、マンソー銃。オーストリア製クルンカー銃、ウエルントル騎銃。独国製ローウ銃。スイス製ウェテルリー銃。オランダ製ヤーゲル銃。

これらを形式別に区分すると次のようであった。

前装滑腔式三種、前装施条式一三種、銃身元折式四種、銃身偏出式三種、遊底扛起式二種、遊底偏心式二種、直動鎖門式七種、回転鎖門式一五種、底碪式一五種、弾巣式八種、莨嚢式五種、活罨式一〇種、特殊銃二種、その他。

明治四十三年九月陸軍省は兵器本廠在庫の兵器から遊就館へ参考兵器として備え付けることを決めた。弾丸、信管類は危険のないよう脱薬のうえ、費用は軍事費兵器弾薬費から支弁した。これには陸軍が蒐集した稀少な銃器が多数含まれている。今日では存在したことも忘れられているので、ここに名称を列記する。本稿に既に記載されている銃器名は省略する。表記は多くが原文のままとした。

前装モーリー銃、モーリー銃、マッテウス銃、ステーウェレス銃、キリインライフル銃、キリイン騎兵銃、ホスブレー銃、バール銃、ベンジャミン銃、モントストロング銃、スノルト銃、イリオン銃、フルミルト銃、コットール銃、カカール銃、ハルメル騎兵銃、短ホルラー銃、シャブスハンキン銃、グリーン騎兵銃、六連ベルリン銃、ジョスリン騎兵銃、リーマアジール銃、ガラキール騎兵銃、トリフルット銃、テレー銃、長モストル銃、モストル騎兵銃、ステーフル銃、ボルラン銃、シュルホック連発銃、セントエチエンヌ銃、ハラルト銃、ボーモン銃、ベルレント銃、ウエントル銃、ガッゼルテレー銃、ガッゼル騎銃、カラゲール銃、ラルンドル銃、ウエンドル銃、ウエッテルリン銃、ウエンドル連発銃、ウエタリン銃、グルンガ銃、フリューユルト銃、ブランサイドライフル銃、フウ銃、コンフラン銃、コルト五連発銃、アターム銃、サルベリー銃、メナート騎銃、エバンス銃、ヒエルトン銃、ウインチェスター銃

大正十五年七月陸軍は兵器廠に保管する旧式銃を大々的に調査した。その結果以下に記す諸銃は非軍用銃に区分し、参考品として保存するものを除いて処分することとした。

本表に掲げる小銃は明治二十年以前わが国に相当数存在し、幕府各藩またはわが陸軍において軍用銃として採用したことがあるもので、これ以外にもなお各種の渡来小銃があったが、その員数は概ね僅少で目下国内に現存する疑いはないので、これを省

略した。

一覧表は前装銃と後装銃に区分し、後装銃はその装填の方式により底碪式、莨嚢式、活罨式、回転鎖門式、直動鎖門式、特種後装銃に細分した。

本表は口径の大きいものから逐次小さいものへ配列した。最大照尺射程に数種あるものはその銃が数種あることを示している。項目は銃名、製造国、発明年、本邦渡来年、最大照尺射程の順で記載し、銃名など表記は原資料のままとした。

非軍用銃一覧表

一、前装銃

(一) 滑腔銃

ゲヴール歩兵銃　和蘭　不明　天保三年　照門のみで照尺なし

ゲヴール歩兵銃　本邦　天保年間　―　照門のみで照尺なし

ゲヴール騎銃　本邦　天保年間　―　照門のみで照尺なし

ヤーゲル歩兵銃　和蘭　―　弘化年間　照門のみで照尺なし

(二) 施綫銃

ミニエー歩兵銃　英　一八五一年　文久年間　九〇〇碼

ミニエー歩兵銃　本邦　―　―　七五〇碼

ヤーゲル歩兵銃　和蘭　—　天保年間　照門のみで照尺なし
ヤーゲル騎銃　和蘭　—　天保年間　照門のみで照尺なし
レミントン歩兵銃　米　一八五〇年頃　元治頃　五〇〇碼
エンヒールド歩兵銃　英　一八五三年　慶應年間　一二五〇碼、一一〇〇碼、九〇〇碼
エンヒールド騎銃　英　一八五三年　慶應年間　一〇〇〇碼
エンヒールド騎銃　英　一八五三年　慶應年間　照門のみで照尺なし
エンヒールド砲兵銃　英　一八五三年　慶應年間　—
スプリングヒールド歩兵銃　米　一八五八年　安政頃　九〇〇碼
スプリングヒールド騎銃　米　一八五八年　安政頃　五〇〇碼
フルミルト歩兵銃　墺　一八六〇年頃　幕末　九〇〇歩
ウイドオルト歩兵銃　英　一八六〇年頃　幕末　一一〇〇米、一〇〇〇米
マンソー歩兵銃　瑞西　一八六四年　慶應年間　一〇〇〇米

二、後装銃

(一)　底碪式

シャープス騎銃　米　一八五九年　幕末　八〇〇碼

レミントン歩兵銃　米　一八六八年　明治初年　一五〇〇碼、八〇〇碼
レミントン騎銃　米　一八六八年　明治初年　七〇〇碼、五〇〇碼
スタール騎銃　米　一八五八年　幕末　―
スペンサー連発歩兵銃　米　一八六〇年　慶應年間　九〇〇碼
スペンサー連発騎銃　米　一八六〇年　慶應年間　九〇〇碼
ピーポジー・マルチニー歩兵銃　米　一八六二年　明治一二年　五〇〇碼
ヘンリー・マルチニー歩兵銃　英　一八七四年　明治五年　一二〇〇碼、一〇〇〇碼

(二)　莨嚢式
スナイドル歩兵銃　英　一八六六年　明治元年　一二五〇碼、九〇〇碼
スナイドル騎銃　英　一八六六年　明治元年　一〇〇〇碼、九三〇碼
マッチゥース歩兵銃　英　一八六〇年代　明治元年　一二五〇碼
ショスリン騎銃　米　一八六〇年代　明治元年　五〇〇碼
グリーン騎銃　米　一八六四年　慶應　八〇〇碼

(三)　活罨式
アルビニー歩兵銃　白耳義　一八六七年　明治初年　一二五〇米

アルビニー騎銃　白耳義　一八六七年　明治初年　三〇〇米
ストーム歩兵銃　英　一八六〇年代　幕末　一二五〇碼、一一〇〇碼、一〇〇〇碼
ストーム騎銃　英　一八六〇年代　幕末　五〇〇碼、三〇〇碼
コンプレイン歩兵銃　白耳義　一八六八年　幕末　一二五〇米
ウエンドル歩兵銃　墺　一八六六年　日清戦役戦利品　八〇〇歩
スプリングヒールド歩兵銃　米　一八六〇年代　幕末　一二〇〇碼、九〇〇碼
スプリングヒールド騎銃　米　一八六〇年代　幕末　一二〇〇碼
レカルツ歩兵銃　英　一八六〇年代　元治・慶應の交　一〇〇〇碼、九〇〇碼
レカルツ砲兵銃　英　一八六〇年代　元治・慶應の交　一〇〇〇碼、九〇〇碼、八〇〇碼
レカルツ騎銃　英　一八六〇年代　元治・慶應の交　八〇〇碼
(四)　回転鎖門式
ツンナール歩兵銃　普　一八四一年　明治五年　一二〇〇米、一〇〇〇米
パール歩兵銃　普　一八四一年　明治五年　一〇〇〇米
テレー砲兵銃　英　一八六〇年代　幕末　一二五〇碼、一二〇〇碼、一一〇〇碼
グリーン歩兵銃　英　一八六〇年代　慶應年間　一二五〇碼、一二〇〇碼、一一〇

○碼
グリーン騎銃　英　一八六〇年代　慶應年間　起伏照門があるが分画はない
マンソー歩兵銃　瑞西　―　慶應年間　一八〇〇米、一二〇〇米、一〇〇〇米
十三年式村田歩兵銃　本邦　明治十三年　―　一五〇〇米
十三年式村田騎銃　本邦　明治十三年　―　一三〇〇米
十八年式村田歩兵銃　本邦　明治十八年　―　一五〇〇米
十八年式村田騎銃　本邦　明治十八年　―　一三〇〇米
仏国七十四年式歩兵銃　仏　一八七四年　明治初年購入、日清戦役戦利品　一八〇〇米
仏国六十六年／七十四年式騎銃　仏　一八七四年　明治初年　―
ウインチェスター七十七年式歩兵銃　米　一八七七年　北清事変戦利品　一二〇〇碼
ウインチェスター八十四年式騎銃　米　一八八四年　北清事変戦利品　一二〇〇碼
独国七十一年式歩兵銃　独　一八七一年　日清戦役戦利品　一九〇〇米
独国七十一年式猟兵銃　独　一八七一年　日清戦役戦利品　一六〇〇米
独国七十一年式騎銃　独　一八七一年　日清戦役戦利品　一二〇〇米

独国七十一年／八十四年式歩兵銃　独　一八八四年　北清事変戦利品　一六〇〇米
レミントン連発歩兵銃　米　一八七九年　北清事変戦利品　一三〇〇碼
ウインチェスター八十三年式歩兵銃　米　一八八三年　北清事変戦利品　一二〇〇碼
シャスポー歩兵銃　仏　一八六六年　慶應二年　一二〇〇米
改造村田銃　原銃 仏、改造 本邦　原銃 一八六六年、改造 明治十五年　慶應二年
一五五〇米
露国七十年式騎銃　露　一八七〇年　日露戦争戦利品　一五〇〇歩

(五)　直動鎖門式

ウイルソン歩兵銃　米　一八六〇年代　幕末　一二五〇碼
ウイルソン騎銃　米　一八六〇年代　幕末　―
ステーフル歩兵銃　英　一八六〇年代　幕末　―
ステーフル騎銃　英　一八六〇年代　幕末　―

(六)　特種後装銃

ベンジャミン歩兵銃　米　一八六〇年代　幕末　九〇〇碼
ヘンリー16連発歩兵銃　米　一八六〇年代　幕末　九〇〇碼

ヘンリー13連発歩兵銃　米　一八六〇年　幕末　五〇〇碼
ウインチェスター七十三年式連発歩兵銃　米　一八七三年　北清事変戦利品　九〇〇碼
ウインチェスター七十三年式連発騎銃　米　一八七三年　北清事変戦利品　五〇〇碼
シュリホーフ連発歩兵銃　独　一八八四年　北清事変戦利品　一六〇〇米
ベルリン六連発歩兵銃　仏　――　四〇〇米

以下主要な小銃の採用、購入の経緯、採用後の変遷、戦歴、構造、弾丸などについて記す。

ゲベール銃（Geweer）

歩兵銃インハンテリゲベールおよび騎銃カラベインを総称してゲベール銃と称した。天保三年（一八三二）ないし一一年の間長崎において長崎与力格高島四郎太夫は長崎奉行の認可を得て、和蘭人から数回にわたりゲベール銃五〇挺を購入した。この兵器購入について天保十三年（一八四二）五月幕府は高島を詰問したが、高島の答弁は正当であったため罪は問われなかった。

嘉永六年（一八五三）幕府は和蘭人に命じゲベール銃を輸入した。爾来市井の鍛冶にゲベール銃を製作させたが、安政の初年に至り湯島馬場の大砲製造所において小銃製作を始め、兵備の拡張に努めた。しかしこれだけで全国諸藩の需要に応じることはできず、安政二年（一八五五）各藩において鍛冶に小銃を製作させることを許可した。同三年近江の国御用鍛冶国友に五年間ゲベール銃（員数不明）を製作し、上納することを命じた。

安政六年（一八五九）諸藩に兵器を購入することを許可した。爾来諸藩は長崎または横浜において直接外人よりゲベール銃を購入し、または藩内の鍛冶に命じ模造させたので、文久年代に至りゲベール銃は大いに増加した。

文久三年（一八六三）幕府は文武を奨励し、国防を厳しくさせた。この発令の前後諸藩もまた主要兵器としてゲベール銃を採用した。当時既に新式の小銃もあったが、その良否を比較し研究することは時勢の切迫が許さず、従来の和銃に比べて優れており、かつわが国において製造できることから、自然にゲベール銃を称用するようになった。

元治元年（一八六四）幕府は関口の工場を小銃製造所とし、用達鍛冶をここに集めて監督することにしたので、以後は製作修理をすべて自国で行うようになった。このようにゲベールの購入、製作は各方面において行われたので、口径および形状の一致しないものがある。

天保十三年（一八四二）江川太郎左衛門は燧石の性質を高島と研究し、わが国の産出について調査した。翌十四年発火機の燧石の代りにドンドロ（雷管）を使うことを考え、研究と失敗を重ね嘉永二年（一八四九）に至り火砲にこれを応用したが、未だ小銃には使用できなかった。ところが安政の終りから文久の頃に輸入したゲベール銃は雷管式であったので、爾来これを採用し、燧石式のゲベール銃は雷管式に改造した。外国製のゲベール銃は長いものがあって日本人の体格に適さないので、銃身を銃口部から切り縮めた。また銃鎗（銃剣）は多くこれを廃棄した。これは接戦に際し銃鎗突撃より抜刀して突入する方が有利とする習慣によるもので、刀は未だ武士の精神であった。

文久（一八六一）以降ゲベール銃は他式の諸銃と混用されたが、ミニエー銃が増加するまで主要兵器として称用された。慶應四年（一八六八）二月幕府が直参軍について調査した一端によると、

西丸下第一聯隊の一部　ゲベール　四七四挺（外国製、和製）
第四聯隊の一部　同　五〇挺（和製）
第八聯隊の一部　同　三二四挺（外国製、和製）

これらは予備銃で、ミニエー銃と混用された。当時御鉄砲奉行の伺書に「方今外国人共砲器多分に持渡り、価以前より引下りたればゲベールの破損大なるものは売却し、小なるものは御指図の通り修理し、不足の銃数は新来の銃器を購買し、もって補填するの利ならざるや」とあるように、この頃から漸次ゲベール銃を削減するようになった。諸藩においても多くがゲベール銃を使用し、これを他銃と混用した。

明治二年に至りゲベール銃はすべてミニエー銃に交換され、漸次廃棄された。明治四年ないし六年の間における還納兵器中ゲベール銃は銃数が多大で、その多くは地金として売却された。しかし明治一〇年民間の銃器を収容したとき、ゲベール銃はなお一万挺近くあった。これは暴徒蜂起に備えるため、ことに九州西南地方の諸県において買上もしくは借上をしていたものであった。

ゲベール銃が使用された戦闘は文久三年（一八六三）天忠組の乱、元治元年（一八六四）水戸藩浪士追討の戦い、蛤御門の変、薩長における攘夷戦などで、ゲベール銃は優れた効果を示し、和銃派の頑固説を排除して広く称用されるに至った。

慶應二年（一八六六）長州追討の際には既に各種の新式銃が輸入されていたが、出征軍になおゲベール銃を混用した。経費および弾薬補充の関係上すべてこれを廃止することはできなかったのであろう。爾後口込もしくは元込の施条銃が漸次増加し、戊辰戦争において諸藩の兵の多くはこれを携帯し、ゲベール銃を使用する者は僅少となった。施条銃の出現は実戦の結果からゲベール銃の声価を失墜させたのである。当時銃剣に信用を置かず、皆これを廃し白兵として日本刀を佩用したが、幕府の新編制による部隊は刀を廃し、装剣ゲベール銃を携帯した。しかし戊辰戦争ではなお日本刀が用いられ、銃剣を使ったことはなかった。ゲベール銃は和銃に比べて優秀であったが、鉄部が研磨されていて野外における手入に不便であるのみならず、火門の破損が生じやすく、かつ雷管が飛散し射手または隣兵を傷つけるなどの不利があった。

代表的なゲベール銃である和蘭式（一八三〇／四五年式）について構造の概要をみると、銃身は鍛鉄製で口径一七・五ミリの口込滑腔銃である。腔底は銃尾螺により閉塞し、照星と照門を具え、照尺は持たない。銃口に接して着剣用の駐笥がある。銃尾の右側に火門坐を設け火門を螺定する。銃身は上、中、下帯の三鉸鍊（こうれん）と尾螺子とによって銃床に結合する。鉄製搠杖は前床内に設ける室内に嵌装する。銃身、鉸鍊は全部琢磨し、白く光る。これは当時騎兵の襲撃に対し防戦上有効と認められたことによる。最初に輸入したゲベール銃の発火機は燧石機であった。これは鋼製打坐と撃鉄嘴に付けた燧石との激触によって発火し、火門坐に設ける火蓋(かせん)（火皿）に粉薬を盛り、これに点火する様式である。

ゲベール銃は一六七〇年仏国の軍隊に採用した範式に準じたもので、その後文久年代に至り広く輸入されたものは雷管打の様式となった。すなわち爆煙突（火門）と撃鉄をもって燧石機に代えたもので、一八三〇年ないし一八四五年頃の制式である。

ゲベール銃には長短二種があり、長いものは和蘭式二号歩兵銃で全長一・四九九メートル、重量四・四六九キロ、短いものは遊倅(そつ)銃と称し、全長一・四七二メートル、重量四・四四二キロである。

銃鎗は鋼製で三稜形断面の直身である。筒柄によって銃に装着し、鎗身の全長〇・四〇メートル、重量〇・三二〇キロである。

弾薬の装填には十二段の手動を要する。すなわち先ず火門に雷管を装し、撃鉄を下し、銃を前にし、弾薬筒を取り、その上端を破開し、装薬を銃腔に注入し、剰余分の包紙を破棄し、搠杖を抜出して弾丸を填入する。

騎銃はその銃床が銃身の半長を保護し、上下二帯の尾螺子とにより結合され、搠杖は前床より床尾にわたる室内に嵌入する。全長一・〇八九メートル、重量三・三四五キロ、これを和蘭式番兵騎銃と称した。この銃も銃剣を装着することができるが、わが国で製作したものはこれを省いた。

照準を行うには照星と照門に通じる視線を目標に向け、距離八〇歩（約六〇メートル）までは敵の膝部を照準し、八〇歩以上は胸部、一五〇歩（約一一二メートル）以上は肩部、二〇〇歩（約一五〇メートル）以上は帽部を照準点とする。四〇度の射角をとれば射程一三〇〇歩（約九七五メートル）以上に弾着するが、二五〇歩（約一八七メートル）を超えれば命中精度は悪くなる。試験によれば三〇〇歩（約二二五メートル）の距離において二・五平方メートルの標的に対し〇・三四の命中数を得るに過ぎなかった。

射程は九四〇メートルとされているが、有効射程は五〇〇メートル程度である。

ゲベール銃の弾丸は球形鉛弾で重量二六・三グラム、装薬は小粒尋常火薬八・〇五一グラムとし、強紙（こわがみ）をもってこれを包み紙薬包とする。これを早合（はやご）またはパトロンと称した。

維新前の火薬は総て黒色火薬であった。その配合は種子島時堯が天文十二年（一五四三）にポルトガルの漂流船から鉄砲を得たときに、家臣篠川小四郎をして同船から習得させた火薬の製法によって初めてわが国に伝わったもので、いわゆる「九、二、一、方剤」、すなわち硝石九、木炭二、硫黄一の割合であった。この配合は高島秋帆が蘭書を通じて研究し、天保十二年（一八四一）「砲術真伝書」を著して、世界の火薬情勢、配合、製造、検査、貯蔵、運搬などを発表するまでは、砲術家は一子相伝の秘法としていたものである。秋帆の書によって火薬界に光明が射してきた。

製造は幕末までは総て手作業であったが、慶應三年（一八六七）幕臣沢太郎左衛門がベルギーのウエッテレン火薬製造所に学び、その方式による圧磨式火薬製造機械を購入してきたものが横浜に着き、これによって機械による火薬の製造が始まるはずであった。ところが維新の混乱によって船は沈没し、機械は行方不明になったと伝えられる。

明治六年に板橋に火薬製造所創設が決まり、沢太郎左衛門が建設主任となって明治九年に竣工した設備は、前記の圧磨式のものであった。

火薬製造所ができたのは、秋帆か伊勢津藩および薩摩藩に火薬製造所を建設したのが初めてであるようだ。薩摩藩では滝の神および敷根の二ヵ所に製造所があった。これらの製造所は工場設備も比較的大きく、製品は粉薬もしくは細粒薬であった。その他の諸藩においては砲術家の手によって小規模の製造がおこなわれた。

ミニエー銃（Minié）

安政以来内憂外患が続いたため諸藩は各個に諸銃を購入したので、そのどれが先であったか分明しないが、文久から元治の頃にミニエー銃が導入された。

文久三年（一八六三）三月京極能登守ならびに大井美濃守はミニヘール（ミニエー）筒を角場にて空放したいとの許可を願い出て、神田橋外空地においてこれを許可された。

元治元年（一八六四）九月溝口伊勢守ならびに小栗上野介からミニヘール玉五〇粒製作の伺いが出されたので、同年十一月米国公使から献納されたミニヘール銃の玉製造機を玉薬奉行に調査させた。

慶應元年（一八六五）五月幕府は横浜の和蘭人ハンデルタックよりミニエー銃を購入した。

慶應二年二月軍用銃を施綫銃に改めるためミニエー銃を選定した。この銃はゲベール銃に比べて効力が優れ、構造および使用法は類似しているので、軍制ならびに教育上妥当なものであった。ことに米国製のミニエー銃は形状がよく使いやすかった。慶應四年（明治元年）諸藩の兵隊においてもミニエー銃を携帯した者が多く、実戦の結果益々本銃を称用するに至った。

わが国の軍用銃としてこれを購入したのは慶應元年和蘭人より五〇〇挺（一挺一八ドル）購入したのが始めである。当時薩長においても英人より直接同銃を購入した。なかんずく長州藩は恭順の時期であったので、薩藩の名を借りミニエー銃とゲベール銃を合せて七〇〇〇挺購入した。

ゆえにわが国に渡来した同銃は和蘭製、米国製、英国製などの別がある。しかし慶應二年の後は主として米国製を購入した。明治初年の還納品中に米国製が多いことから推知することができる。

ミニエー銃は一八四六年仏国歩兵大尉ミニエーが考案したもので、当時好評を博した。一八五一年英国砲兵会議は同考案について研究を重ねて制式を定め、これをミニエー銃と称した。また翌年も大試験を行い、審査の結果さらにこれを改正して一八五三年式を定めた。これをエンフィールド銃と称した。わが国では文久、慶應の間に初めて口込施条銃を得たので、爾来この種の銃をすべてミニエー銃と称する傾向があった。すなわち英国エンフィールド社製、または米国レミントン社製のミニエー銃がある。米国製ミニエー銃は長短の二種があり、短ミニエー銃はあるいは二つバンド施条銃と記し、長ミニエー銃は三つバンドミニエー銃と称した。和蘭製は磨ミニエー銃または三つバンドミニエー銃と称した。英国製のものは皆二つバンドの短ミニエー銃であった。

幕府が初めてミニエー銃を採用し、軍隊に交付したのは元治元年であった。慶應元年二月幕府直参携帯銃種および員数の調査によると、ゲベール銃とミニエー銃を混用し、そのうちミニエー銃の員数は左のようであった。

大手演習第一大隊	予備銃	和蘭製磨ミニエー銃	一五七挺
小川町伝習第二大隊	予備銃	白耳義製鳥羽ミニエー銃	一二〇〇挺
御料　第一聯隊	予備銃	白耳義製短ミニエー銃	一四〇〇挺
		鳥羽ミニエー銃	一〇〇挺
西丸下　第一聯隊	予備銃	舶来磨ミニエー銃	二二一挺
第四聯隊	予備銃	和蘭製ミニエー銃	一挺
		英国製鳥羽ミニエー銃	二四挺
第八聯隊	予備銃	舶来鳥羽ミニエー銃	一四〇〇挺
			合計四五〇三挺

右の銃種は隊中の予備と記してあることから、ゲベール銃が廃損するにしたがい、漸次これを補填する目的であったと思われる。ゆえにこの銃数以上に兵卒が携帯したものがあったはずである。すなわちミニエー銃をもって兵備を完成しようとしたことが分る。

文久年来諸藩においてもミニエー銃を購入し、選抜諸隊に交付した。このようにミニエー銃は明治以前既にわが国の軍隊において比較的多数使用された。慶應二年（一八六六）夏長州追討の役では両軍が本銃を使用し、大いにその効果を顕した。戊辰戦争では諸藩が各種の銃を用いたが、ミニエー銃はその主要な位置を占めた。使用が簡単で堅牢、弾薬の補充が簡易であることによる。

明治三年旧幕府の例に準じ、万石につき兵士六〇人の比をもって軍隊を組織すべき発令があったが、その藩兵および県兵に対し、警備用として還納品から多くのミニエー銃を貸与した。

明治四年薩長土肥の藩士を選抜して編成された御親兵が携帯したものは英国製もしくは米国製のミニエー銃で、皆黒く着色し、形状類似のものであった。

明治四年ないし六年の間は兵器還納を励行した兵器の整理時期であったが、五年四月の調査によれば武庫現在のミニエー銃中損廃の銃数一万五三〇七挺を算した。これら不用と認めたものは民間に払い下げた。使用できる銃数も多かったが、制式が一様でないので実際には適さなかった。武庫司は銃器の統一を図り全軍に同一形式のミニエー銃を配当するつもりだった。すなわち本銃の隊渡と予備とを合せ二〇〇万挺を備える方針を取ったが、年毎に新式各種小銃の輸入があり、かつ各国兵備の状況を知るに至り、制式銃としてミニエー銃を採用する不利を認め、爾後エンフィールド銃または元込シャスポー銃、スナイドル銃の類をもって漸次ミニエー銃と交換することになった。

明治六年以降ミニエー銃は当分の間予備銃として貯蔵し、また一部をアルビニー銃に改造することにした。

和蘭製ミニエー銃は銃身が鍛鉄製で形状はゲベール銃に類似する口込施条銃である。口径一六・六ミリ、腔綫四条は方向右転で一メートルに一回転する。腔綫の深さは銃口に向って逓減する。照準具は照星と照尺からなり、照尺は扇転式で照門跌(てつ)の前部に二翼あり、その左翼面に三〇〇歩より九〇〇歩に至る百位の距離分画を刻し、三〇〇歩以下の距離は固定照門による。銃の全長一・四一メートル、重量四・五五四キロ、銃鎗もゲベール銃と同形式だがその刃長は〇・五メートルである。

米国製のものは口径一四・五ミリの口込施条銃で、銃身は鋼製。腔綫は三条でその深さは銃口に向って逓減する。照尺は照門趺上枢軸によって起伏する。五〇〇ヤードでは上端の凹窪により、三〇〇ヤード以下は固定照門により照準する。銃身、鋑錬は皆黒色に着色する。帯鋑は二個または三個のものがある。二つバンド銃の全長一・一九五メートル、重量三・六〇〇キロ、三つバンド銃の全長一・四一〇メートル、重量四・〇七三キロである。

当時の歩兵銃には長短の二種があるが、長い方は概して旧式である。そもそも戦術上歩兵の隊形を四列もしくは三列とし、集合射撃が有効であった時代には後列兵のため長い銃を必要とし、同隊形で騎兵に対する場合においてもそうであった。しかし火兵の改善とともに戦術隊形が変り、使用に不便な長銃を必要としなくなったのである。

ミニエー銃の使用にはゲベール銃と同様に手動十二段を要する。

弾丸は鉛製で蛋形円筒状をなし弾底に円台形の凹部を設け木栓を装する。和蘭製のものは重量三九・二三〇グラム、装薬量五・三〇グラム、これを束合して紙製弾薬筒とし、火門に雷管を装着し、これを打撃して点火する。射程は九〇〇歩以上に達するが、これを超過すれば大いに精度を減じる。八〇〇歩の距離における標的に対する射撃の結果は命中数〇・二七に過ぎないが、これをゲベール銃に比べればはるかに優秀であった。距離三〇〇歩における命中数を比較すると、ゲベール銃の命中数は〇・〇八に対し、ミニエー銃の命中数は〇・四四であった。

米国製の弾薬筒は弾丸の重量三五・〇三グラム、装薬五グラムで、照尺距離分画は五〇〇ヤードだが、射弾は遠くそれ以上に達する。有効射程は六八〇メートルとされている。

エンフィールド銃（Enfield）

英国砲兵会議は一八五三年諸銃について試験を行い、一式を定めてエンフィールド工場においてこれを製作した。この銃を一八五三年式銃またはエンフィールド銃と命名した。

幕府は文久年間すでに本銃を英国から輸入し、はじめはミニエー銃の名称で使用した。エンフィールド銃の名称で初めて輸入したのは慶應末年であった。当時はエンヒール銃、エンピール銃またはエンヒールド銃と呼ばれ、夜比耳銃とも記した。大総督府器械局の日誌によれば慶應四年（一八六八）十月三日「先日御買上相成候短装条銃二〇〇挺元撒兵屋敷より取入候、タス（弾薬盒）二〇〇相渡候」、同五日「当局に有之エンヒール、パトロン一万四〇〇〇発、一〇〇発につき雷管一一四ずつの割合をもって作事の蔵より取入候」とあり、この短装條銃とはエンフィールド銃であることが分かる。

明治元年諸藩兵中にエンフィールド銃を携帯する者が少なくなかったが、各種銃を混用する状態であった。陸軍常備隊が設置され、明治五年に至り各鎮台兵に逐次エンフィールド銃を支給し、旧銃と交換して銃器の斉一を図った。

武庫日誌に明治三年三月「エンヒール銃六〇挺佐賀藩依頼当分拝借御聞届相成候」、同年八月「短エンヒールド銃一四〇挺元田安藩一番中隊へ渡方の旨兵部省にて御達を以て森本権少佐承る」などの記事がある。

その後特に本銃は購入せず、還納品をもって諸隊の需要に応じた。

明治五年十月傭教師による小銃の在庫調査報告によると、エンヒール銃は一万二〇〇〇挺、エンヒール銃をスナイドル銃に改造したもの一五〇〇挺とあるが、ミニエー銃の名称は使われていない。また十一月湯浅武庫正による上申書の一節に「諸鎮台諸藩等にある小銃は漸次に残らず引取可申事、ただし鎮台にある小銃は元込の分は速やかに東京へ引取り、ミニエー銃は先ず十分の一の予備を残し、余は便宜に従い諸処製作所へ取集むべし、然るときは早速アルビニー銃に仕直し、各鎮台に送り、兵卒の携え居るエンヒールと引替え」とある。

明治六年元込銃を採用し、口込銃を廃止するとの詮議があり、スナイドル銃をもってエンフィールド銃に代えることに決し、造兵司においてエンフィールド改造工事を開始した。しかし工場の整備がまだ十分でなく、その進捗は容易ではなかった。

明治七年八月武庫司が調査したエンフィールド銃数は左のようであった。

一、武庫司倉庫課在来貯蓄の分

平剣エンフィールド銃三七六四挺、三角剣エンフィールド銃二三五挺

二、近衛ならびに鎮台営所所有の分

エンフィールド銃三万四五六二挺

明治七年九月山口県萩製造所にエンフィールド銃一万挺以上が貯蓄されていることが分かった。

明治八年四月熊本鎮台より武庫司へ、各隊よりエンフィールド銃四七六二挺が還納された旨報告があった。

以上の銃数を合算すれば五万三〇〇〇挺以上に達し、その大部は慶應以降諸藩において購入したものであった。

明治七年十月調査の諸隊携帯銃種によれば、左のように近衛および東京鎮台の大部

分と大阪、熊本鎮台の一部を除くほかは、まだエンフィールド銃を保有していた。

現下支給銃種　隊号

アルビニー銃　近衛歩兵第一聯隊、同第二聯隊

スナイドル銃　近衛歩兵第二聯隊、東京鎮台第一大隊（熊本出張）、東京鎮台第一聯隊第一大隊、熊本鎮台

短スナイドル銃　東京鎮台第十三大隊（熊本行）

エンフィールド銃　東京鎮台九番大隊、東京鎮台新潟営所、東京鎮台宇都宮営所、仙台鎮台、仙台鎮台青森営所、名古屋鎮台、名古屋鎮台金沢営所、大阪鎮台、広島鎮台、広島鎮台高松営所、熊本鎮台

シャスポー銃　教導団歩兵第一大隊

ツンナール銃　大阪鎮台

明治九年三月村田少佐（経芳）が考案した室内射的銃にエンフィールド銃のよいものだけを選択して八〇〇挺を改造し、従来の爆管消灯演習を廃止した。爆管消灯演習とは灯火を照準し、爆管の爆煙により銃口から噴出される気圧をもって消灯する射的演習法である。

明治十二年後には各隊の予備銃または射的演習用として常にエンフィールド銃を配

当し、スナイドル式およびアルビニー式への改造をまって漸次エンフィールド銃を回収した。その回収が完了したのは明治十五年であった。爾来そのよい物を選び、改造用または不時の予備に充て、不良品は外国に輸出した。

戊辰戦争においては他式銃と混用し、彼我両軍中にエンフィールド銃を使用し、弾薬の装填に便利で堅牢かつ効力があることを認めた。しかし当時は弾薬の調製機関が備えられていなかったため、弾薬が欠乏して退却することが往々であったと従軍者が語っている。上野戦争の彰義隊は全部エンフィールド銃を携えていた。

明治七年台湾の役には第十九大隊および第二十二大隊はエンフィールド銃を携帯した。その銃数は一三〇七挺であった。

明治九年十月長州前原の乱にあたって歩兵第十一聯隊（二大隊）はエンフィールド銃を使用した。その銃数はおよそ二〇〇〇挺であった。この戦役間に破損した銃数は六七八挺で、破損の主な原因は火門の破壊および紛失が多かった。なおこの役に派遣された第八聯隊はスナイドル銃を携えた。

明治十年の西南戦争においてもエンフィールド銃を携えた部隊が多い。なかんずく新撰旅団および別働第三旅団は全部エンフィールド銃を携えた。本役間軍団砲廠部が受け入れた補充エンフィールド銃は二万四四八〇挺で、損廃交換数は二二一一挺、すなわち予備銃の約一割弱であったことは本銃の堅牢さを物語っている。明治十一年兵器本廠兵器弾薬製造員数表によるとエンフィールド銃実包は二二五四万六八〇〇発製造した。同年同廠兵器弾薬配付員数表によるとエンフィールド銃実包は二二九万六五五六発配付した。

エンフィールド銃の銃身は鋼製で口径一四・六六ミリ、口込式で螺状腔綫五條を刻する。銃身はその口部に接して照星および銃剣の駐稜を有し、後部上面に照尺を装する。銃尾の右側に火門坐を設け、これに火門を螺定する。照尺鈑は趺坐上に起伏し、五〇〇ヤードないし一二〇〇ヤードに至る百位分画を有する。五〇〇ヤード以下の照準は趺坐に設ける階段および固定照門による。撃発機は銃床右側の室内に収容する。火門に黄銅製の火門蓋を被せ、平常は火門上に撃鉄が触れるのを防ぐ。銃身は上下二帯と螺子とにより銃床に結合し、搠杖は前床中に嵌装する。銃の全長は一・二五メートル、重量三・八八四キロ。銃身、鉸鍊は搠杖を除き皆着色する。

銃剣はヤタガン形（三角断面直身の銃剣もある）で木柄中に設ける溝と発条によって銃に装着する。鞘は黒色革製で、剣刃の長さは五七七ミリ、重量は七八二グラム。

弾丸はミニエー銃のものに類するが、弾底の凹部に木栓を装入せず、ガスの力によって自然拡張し、腔綫吻合の効果を得られるように設計されている。これをブリチェット弾と称する。重量三三・六グラム、装薬量四・四三〇グラム、これを束合し紙製弾薬筒とする。

一八五四年の試験によれば九〇〇ヤードの距離において一〇・六六パーセントの命中公算を得た。

照尺の分画は一二〇〇ヤードに止まるが、射程は遠くそれ以上に達する。有効射程一一〇〇メートル。

本銃の使用法はミニエー銃と同じである。

スペンセル銃 (Spencer)

慶應四年（一八六八）八月十八日大総督府器械局はスペンセル（スペンサー）元込銃尖弾二棹を伊勢屋佐七へ渡し、征討軍に向け輸送するよう命じた。

同年九月山口長治郎家来岡部彦四郎は上州河内郡陣屋より七連発元込銃二挺を還納した。

同年十月（明治と改元）大河内右京亮は領内下総銚子浦漂着の賊徒所持の諸器械の中に七連発銃九挺を発見し、これを届出た。

これらのことから慶應年間において既にスペンセル銃を使用していたことが分かる。戊辰戦争でスペンセル銃を使用した藩は長州、佐賀、土佐、米沢などである。長州藩の使用部隊長は桂太郎であった。

明治四年二月岡山藩は築地在留スイス・シーベルよりスペンセル銃三九〇挺、同弾薬七万八〇〇〇発を購入した。

明治四年十二月東京鎮台九番大隊よりスペンセル銃三七一挺を返納した。

明治五年三月近衛第一、第二砲隊より、県より持越した短七連発銃一四〇挺を返納するので、引替えてもらいたいとの願い出があった。

同年六月武庫正湯浅則和より騎兵スペンセル銃が一七五挺、長スペンセル銃が七二二挺あるが、そのままでは使用できないものが相当含まれている旨秘史局へ申出た。

これらの銃は皆還納品であった。すなわち維新前後に長州藩が採用したもので、明治四、五年の間に武庫司に収容した。秘史局は明治四年に設けられた陸軍部五局（秘史局、軍務局、砲兵局、築造局、会計局）の一つで、人事・総務的な仕事を担当した。

明治五年十月傭教師首長仏国中佐マルクリーの兵器調査報告中に、在庫兵器中にスペンセル銃が五〇〇〇挺あるが、これは歩兵用に適さない。しかしその銃数および銃の性質上から考えれば、砲工兵科の類に配当すればよい。陸軍卿はその意見を採用し、同銃を修理し整備するよう命じた。ただし長スペンセル銃は予備とし、供給しなかった。スペンセル騎銃のみを採用し、騎兵、砲兵および輜重兵の携帯兵器と定めた。

明治六年スペンセル銃を整備し、逐次指定の部隊に分配した。ただし明治五年以前に海軍兵の携帯用に供するため、多くのスペンセル銃を艦隊に交付したことがある。

明治六年十一月海軍省から短スペンセル銃一五〇挺および同銃弾丸一〇万発の譲渡を求められたが、当時陸軍では砲騎両兵に支給していたので、譲渡はできない旨陸軍卿山縣有朋名で海軍省に通知した。

明治七年の佐賀の乱においてもスペンセル銃を使用した。

明治八年七月近衛騎兵大隊を近衛騎兵第一大隊と改め、携帯銃をスペンセル銃と定めた。

明治十年西南戦争においては騎兵、砲兵、輜重兵にスペンセル銃を携帯させたが、騎兵の戦闘として見るべきものはなく、その効用は不明である。また別働第三旅団（警視隊）が長スペンセル銃を使用したが、戦果は記録されていない。

西南戦争における使用銃砲存廃表（兵器本廠）

名称	総数	損数	残数
長スナイドル銃	一四三	一四三	
スナイドル銃	一万三六五七	九一九四	四四六三
長ツンナール銃	三〇〇		三〇〇
ツンナール銃	八四九八	四八〇二	三六九六
長スペンセル銃	一〇〇〇	二九〇	七一〇
短スペンセル銃	二〇四	一三五	六九
アルビニー銃	六七二二	一七八二	四九四〇
マルティニー銃	三〇〇二	六一二	二三九〇
スタール銃	八二五	四九	七七六
エンフィールド銃	二万八八六	二二一一	一万八六七五
レカルツ銃	一〇五		一〇五
短レカルツ銃	七〇	三	六七
シャープ銃	一四二	一一四	二八
ピストル	五九六	三九〇	二〇六

西南戦争において軍団砲廠の受入補充銃数は短スペンセル銃二〇四挺、長スペンセ

ル銃一〇〇〇挺で、前者の損廃一三五挺、後者の損廃二九〇挺、両者が費消した弾薬数は一一万五一三二発であった。別働第三旅団は弾薬七〇四八発を費消し、旅団中最多であった。

明治十三年に支給されていたスペンセル銃は左のようであった。

一、騎兵隊　スペンセル騎銃
二、近衛、東京、仙台、名古屋鎮台の砲兵および輜重兵隊　スペンセル騎銃
三、大阪、広島、熊本鎮台の砲兵および輜重兵隊　スタール（スター）騎銃

このように騎銃を配当して数年経過したが、明治十五年砲兵隊編成の改正があった際、砲兵の携帯火器廃止論が起り、代用携帯兵器の調査を行った。

明治十五年韓国暴動（壬午事変）の際旅団以上に属する憲兵にスペンセル銃を携帯させ、弾薬は一挺につき三〇〇発支給した。

明治十六年四月参謀本部長代理曾我少将より大山陸軍卿に砲兵隊の小銃携帯廃止の照会があった。

明治十七年七月砲兵隊編成換を期し、砲兵のスペンセルおよびスタール銃を廃し、また馭卒の軍刀を引上げ、ともに砲兵刀に引換えることに決まった。また輜重兵のスタール銃に代えて剰余のスペンセル銃を充てた。スタール銃は不発が非常に多く、か

つ腔綫が摩滅して三〇〇メートル以上はほとんど命中しなかったことによる。

明治十七年十月近衛騎兵大隊のスペンセル銃を廃し、村田騎兵銃を携帯させることになった。

砲兵刀を制定するまで一時スナイドル銃剣を代用し、明治十九年に至りようやく指定の兵器を配当した。輜重兵については村田騎銃と交換する方針であったが、未だ予定の製作が終らず、暫くスペンセル騎銃を携帯した。村田騎銃は明治十六年三〇〇〇挺の製作命令があり、爾来その完成するに従いまず騎兵隊に交付し、輜重兵に全備したのは明治二十一年であった。

スペンセル銃は一八六〇年米国において発明された。慶應の頃わが国が内乱多発のとき購入したもので、それは各方面において行われ、最初の輸入期日は明らかではない。

慶應四年九月総督府御入用の目的で、山口藩若林和泉ならびに佐賀藩河崎平四郎は外国商人より左のように買上げた。

一、スペンセル銃一〇〇挺　付属品共　代洋銀三七八〇ドル　一挺につき三七ドル八〇セント

これは総督府御入用の趣をもって、山口藩若林和泉、金子文輔へ渡す

二、スペンセル銃一五挺 付属品共 代洋銀五六七ドル 一挺につき三七ドル八〇セント

これは佐賀藩河崎平四郎へ渡す

右購買は神奈川県運上所(税関)において行い、大村益次郎より代金のうち五〇〇両を渡し、残金は神奈川県裁判所有合わせ金をもって支払い、現品は奥羽鎮撫府に向け輸送した。この購買は政府において初めて行ったものであるが、スペンセル銃は既に慶應以来明治初年の間に輸入されていたことは頭書のとおりである。

明治七年七月神戸においてスペンセル騎銃をスタール銃とともに大阪武庫主管に購入した。これがスペンセル銃購入の最後となった。爾後在来の同銃を修理し軍隊の需要に応じたが、わが国の工廠においてこれを新調したことはない。歩兵銃(三つバンド銃)を切り縮めて騎銃に改造したことはあった。

明治七年十二月福原実大佐は陸軍卿へ左の上申書を呈出した。

「スペンセル弾薬五〇万発を売却することにしたい。そもそもこの弾薬は砲兵本廠が貯えている三二〇万余のほか、これを欧米に求めても在庫はない。またわが国にはこれを製造する機械はないので、製造することはできない。スペンセル銃およびスター

ル銃は砲、騎、輜重が携えるものであるから、弾薬もまた貯えておかなければならないが、わずか三〇〇万を分割し、五〇万を売却するのは貯蔵が長いからではなく、これを売却してもなお足りる理由があるからである。

この銃はもともと騎銃であり、砲兵が携えるものではなかったが、わが国が貯える銃にはほかによいものがなく、その員数もほぼ砲、騎、輜重に支給できるので、この処置に決まったもので、もし有事に際し多数の交換を要するようになれば、この銃はわが国では生産できないので、弾薬の貯蔵が十分でなければ銃が足りているとはいえない。しかしながら砲、騎、輜重にあっては各地にその拠点があり、仮に戦時に際しても数年を支えることができればよい。かつ当今貯えている物品が年数を経たので、なお数年貯えることができないものはこれを売却するに如くことはないからである」

山口藩金子文輔より奥羽出張の兵隊は少人数につき、スペンセル銃を支給するよう願書が出された。すなわち当時は射撃効力に信頼を置いていたが、明治九年士官学校生徒習志野演習の際、騎銃の弾薬筒に不発が非常に多かったように、砲兵隊においてもこの事実を認め、明治十五年以来度々交換請求をなした。これは弾薬筒の不良と模製の銃があったことによる。

明治十一年兵器本廠兵器弾薬配付員数表によるとスペンセル銃実包は一七万五〇四

四発配付した。

スペンセル銃は銃身が鋼製で口径一二・五ミリ、腔綫六条を有する元込式七連発銃である。薬室内に一個の弾薬筒を装填すれば八連発となる。長短の二種があり、長は歩兵銃、短は騎銃とする。

歩兵銃は全長一・一八七メートル、重量四・六〇〇キロで、銃身は上、中、下の三帯により銃床に結合し、前床と床尾との間に鋼製の尾槽があり、螺子によって堅牢にこの両者を連綴し、銃尾もまたこれに螺定する。遊底は底礎式で尾槽内に納める。その装填臂は床把下に伏接し、弾倉は床尾内に装置する鋼製の弾倉管がある。硬性薬筒七個を床尾端の孔から倉内に填実し、この弾倉管を挿入すると管底に螺線発条があり、順次弾薬筒を室内に装填する。尾槽内に駐填子があり、弾薬筒の乱出を防ぐので連発もしくは単発にすることができる。当初のスペンセル銃にはこの装置はなかった。撃発機は独立して尾槽の右後方銃床内に装置する。照尺は八〇〇ヤードに至る距離分画を有する。銃身、鉸鏈は皆着色する。

単発発射をするには撃鉄を起し、装填臂を圧下し、遊底を開き、弾薬筒を装填し、装填臂を旧位に復し、遊底を閉鎖する。引鉄を圧せば撃鉄嘴は遊底内の撃鑿を打ち、弾薬筒を発火させる。連続発射をするには駐填子を開き、同じ操作を行う。スペンセル歩兵銃は三角断面直身の剣を装着する。

騎銃の構造も同式である。ただし銃身は短く、かつ銃床の前部は銃身の約半分を保護するに過ぎないので、一帯によって両者を結合する。銃の全長九四〇ミリ、重量三・八五〇キロ、照尺分画は九〇〇ヤードだが有効射程は八二〇メートルとされている。騎銃は銃鎗を付けない。

弾丸は蛋形円筒状の鉛弾で長さ四二ミリ、弾底に凹部を設け、外部に二条の円溝を穿つ。重量二五・〇六グラム、装薬量二・八五グラム、薬莢は銅製で辺縁撃発式である。完成弾薬筒の重量は三二・〇六グラム。

砲兵銃

慶應二年（一八六六）幕府は仏国の軍制に倣って歩・騎・砲の三兵編制とするにあたり、砲兵隊の携帯火兵として砲兵銃を携帯させることにした。明治初年になってもその制度を踏襲したが、陸軍常備隊創設の当初は編制がまちまちで、所用火砲の制定が急務となり、補助兵器の砲兵銃を速やかに定める余地がなかったために、スペンセル騎銃あるいはツンナール騎銃を携帯し、またはその兵備を欠くものもあった。

明治四年十二月砲兵局は砲兵銃に代用すべき銃種を下問した。武庫司は英式レカルツ短元込銃紙パトロン雷管打のものは命中がよく、弾薬補充も容易であるから適切と認める旨報告した。

明治六年五月各鎮台歩砲兵携帯銃の調査報告によると砲兵の携帯銃は左のようであった。

東京鎮台第一砲隊　スペンセル銃
同　第三砲隊　ツンナール騎銃
教導団砲兵隊　ツンナール騎銃
大阪鎮台第一砲隊　短レカルツ銃
同　第二砲隊　短レカルツ銃

近衛砲隊は当時小銃を持たなかったが、スペンセル銃交付のため修理中であった。近衛砲隊は西南戦争にスペンセル騎銃を携帯したが、戦地においてスナイドル歩兵銃に換えた。

明治七年後期にスタール銃三七七挺を大倉喜八郎より、同一四四〇挺を粟屋品蔵より買上げた。

爾来砲兵および輜重兵一般にスペンセル銃を支給し、その不足分をスタール銃で補填することになり、明治九年に支給を完了した。

レカルツ銃はリシャール銃またはウェストリー・リチャード銃とも称し、口径一一・五ミリの元込銃で、遊底の様式はアルビニー銃に類し、全長一・〇四メートル、重量三・一一八キロの軽便な短銃である。わが国に輸入されたのは元治から慶應の頃で、慶應二年長州追討の役で長州軍は追討軍から本銃を鹵獲したことがあり、爾来戊辰戦争中長州藩兵はレカルツ銃を多く使用したことから、長州藩萩製造所において多数模造したものと思われる。

西南戦争においても別働第二旅団中にレカルツ銃を使用したが、実用の機会は少なかった。

本銃はその後廃止され、一般の射的用に払い下げた。

スタール銃は米国製単発式の騎銃で、口径一二・五ミリ、全長九六〇ミリ。その外形はスペンセル銃に類するが、紙製弾薬筒雷管打ち式である。またスペンセル弾薬筒と同種のものを用いるものもある。陸軍が購入したのは明治七年であるが、それ以前既に本銃は使用されていた。

明治五年九月諸県還納兵器整理伺書中、売却すべき銃種にスタール銃三三八〇挺が登録されている。砲兵大尉ルボンによる小銃調査報告には、在庫のスタール銃は中等で、廃銃とすべきと記している。その後置賜県（山形県置賜）から同銃三九七挺が還納された。

以上のことから明治の初年諸藩中において本銃を採用したことは明らかで、陸軍は一旦これを排斥したが、明治九年から再び使用するようになった。西南戦争にはスペンセル銃と相半ばしてこれを使用し、熊本鎮台は本銃を遊撃第四大隊に使用させた。ところが本銃には銃剣の装置がなかったために、これに代わる日本刀が請求された。本銃を歩兵隊に交付したのは当を得なかったといえよう。本戦役における消費弾薬数はスペンセル銃とほぼ同じであった。

シャスポー銃（Chasepot）

慶應二年（一八六六）十二月仏帝ナポレオン三世はシャスポー銃二聯隊分を徳川将軍へ贈呈した。これは幕府が陸軍軍制改革のため、仏国より教師を雇聘したことによるものであった。しかし現品到着から日ならずして王政維新の動きが起り、新政府軍が東進する機運が迫ってきたので、幕府は他日の用に供するため、この銃を本所竹蔵（たけぐら）に秘蔵した。しかし新政府軍が東下の際このことを密告する者があり、新政府軍は直ちにこれを没収した。したがってこの銃はまだ幕府の陸軍に配当されていなかった。

徳川幕府陸軍の編制において歩兵一レジメントの人員は左のようであった。

歩兵頭一人、歩兵頭並二人、差図役頭取一二人、差図役一〇人、差図役並一二人、差図役下役一四人、差図役並勤方共四二人、兵賦八四〇人、計九三三人

この差図役下役以下の者が小銃を携帯するとすれば、一聯隊の銃は約一〇〇〇挺を要するので、仏帝から贈呈された銃数は約二〇〇〇挺と推定される。

慶應四年十月大阪へ銃砲弾薬の回送が行われた。これに関する器械局の記事中に、「御竹蔵人フランス元込銃積込み相成候に付、可取調旨（とりしらべるべきむね）御沙汰に付山内勝蔵、松浦次郎左衛門出役（中略）、又城内在来兵器取調の時フランス元込銃七七三挺角櫓に有之和田倉揚場へ送出す」とあり、これらが仏帝から将軍へ贈られたシャスポー銃と考えられる。

明治三年二月船越権大丞よりシャスポー銃の在庫品があるはずだから、その調査をするようにとの命に対し、武庫司は在庫品中にシャスポー銃三〇〇〇挺、弾薬一五〇

〇発ありとの報告を行った。

同年十一月久我少輔より同銃二〇〇〇挺（第一号より二〇〇〇号まで）を大阪兵部省へ回送すべしとの命があり、明治四年六月同銃一〇〇〇挺を教導団へ交付した。これがわが陸軍へシャスポー銃を支給したはじめである。

明治五年十月砲兵大尉ルボンの在庫小銃選定調査報告中に、「シャスポー銃は製造が容易だが開閉に不都合のものがある、仏国製造局で製造されていないものは大いに手を省いた中等物である。その他偽造銃やフランコットと称するシャスポーの偽銃がある」とあり、このことから慶應明治の間銃器の需要が大きいとき、その性質の良否を検査せず、当時好評を博したシャスポーの名を信頼し、みだりにこれを購入したことが分る。しかしよいものだけ六〇〇〇挺を選択し、これを採用すべきとの教師首長の所見であった。

同時に湯浅武庫正は小銃一定の儀につき要旨次のような所見を具申した。「シャスポー銃を実際に用いるのは困難である。貯蔵された弾薬は不良であるので教師に試験をしてもらいたい。日本製の弾薬も一〇発中二、三発は不発になる。（中略）大阪鎮台兵の携帯しているシャスポー銃は至急エンヒールに交換されたい」

明治六年八月曾我兵学頭より、「シャスポー銃は銃筒機関が不良で命中が斉一でないため、実用は難しいと聞いていたが、かねて高知藩より仏国へ注文していたものがこの度武庫司へ収納されたので、試しにこのうち二挺を当舎へ取寄せ、各銃五〇発ずつ試射したところ、マルチニー・ヘンリー銃に比べて命中がよく、この銃種では非常に優れている。銃の員数はおよそ一〇〇〇挺もあるというので、そのまま残らず当舎へ渡していただき、諸隊の銃と交換して演習などで有益に使いたい」との申請があった。

シャスポー銃の採用可否については以上のような経緯があり、ついに詮議の結果本銃を採用し、スナイドル銃数完備に至るまで、代用銃として軍隊に交付することが決まった。明治六年末本銃を回収し、造兵司において不備な部品を補填し、薬室を修正し、翌七年のはじめ三〇〇〇挺を東京鎮台の歩、工兵に交付した。一方スナイドル銃の製作も進んでいたので、同年末からシャスポー銃は教導団、士官学校などの教育部隊に暫時配当されることになった。

明治九年二月砲兵本廠が所蔵する修理手入を要するものだけでも七六四三挺あった。

同年十二月常備隊歩、工兵へ後装銃分配の見込が定まると、教育部隊のシャスポー銃も皆スナイドル銃またはアルビニー銃に交換した。

明治十一年四月砲兵支廠において改造したシャスポー改造銃と、砲兵本廠が改造したシャスポー銃、および村田銃を歩兵大佐長坂照徳、同大尉隠岐重節、同中尉武田省三郎の三名で構成する小銃試験委員において同時に試験を行った。当時シャスポー銃の改造が研究されていたことが分る。

明治十三年四月砲兵局長原田一道より、今般村田銃を軍用銃と決定されたので、在来のシャスポー銃を村田銃に準じ改造されたしとの所見を具申し、それが採用されたので同銃八八六二挺を砲兵本廠に交付し、同廠は五月に至りその改造見本を製作した。

同年七月小銃試験委員は、先に下命された各種改造銃につき、銃種を甲、乙、丙に班別し、改造機関の構造および機能について試験を実施した。その報告によればこの三種中丙銃は最も欠点が多く、甲、乙の二銃もまた欠点があったが前者に優り、相互の間に可否長短はあったが、それぞれよいところがあった。ゆえにこの二者の構造を折衷し、なるべく村田銃と同一の抽底機を応用して改造することを宜しとする。なお弾薬筒の不良のため十分な結果を得られなかった、としている。

同年十月右の意見にもとづき改造銃五挺を陸軍戸山学校へ下付し、試験を行わせた。この試験においては弾薬筒の良否如何を主眼とし、併せて機関の作用を試験した。その結果弾薬筒はなお不備の点があり、かつ銃器の諸元に差異があるので五挺の結果により判決を下し難いところがある。機関は村田式であるから特に評価しない。ゆえに弾薬筒の改善と照尺分画の修正を要するが、これを確定できないのでさらに試験を要する、とした。

明治十四年五月戸山学校が提出した試験報告によれば、ほぼ完全の域に達したが、銃種不斉のため照尺の適否を判定することができず、ゆえにさらに経始が同じシャスポー銃五挺を選定改造し、最後の試験に着手した。

明治十五年漸く右試験を終了し、在庫品中良品を選択し、これを村田式に改造し、改造村田銃と称した。そして従来隊渡の各種射的演習用の小銃を引上げ、これに代えて改造村田銃を支給することになった。この引換は明治十六年四月より着手した。

陸軍ではシャスポー銃を実戦に使用したことはないが、明治十年の西南戦争において薩軍はこれを使用したと推定される。それは第二旅団の鹵獲兵器中にシャスポー銃が発見されたことによる。

シャスポー銃は欧州の実験によれば弾薬筒と緊塞具の関係により遊底が汚れ、その機能を害し、初発に不発を生じやすく、撃針の破損が少なくない弊害があった。これは当時における撃針式の通弊であった。

シャスポー銃はドレイス銃と相拮抗してその名を顕した一利器であった。銃身は鋼製で口径十一ミリ、正回螺状腔綫四条を施す鎖閂式の元込銃である。遊底の円筒は中央に槓桿を有し、これを右方に倒し銃尾を閉鎖する。銃身は上下平帯により銃床に結合し、前床内に鋼製搠杖を装嵌する。照尺は遊標鈑式で後身上面趺坐上に設け、照尺鈑上四〇〇ないし一二〇〇メートルに至る百位分画を刻す。銃の全長一・三〇メートル、重量四キロで銃身、鉸鏈は全部常に琢磨し、白く光る。そのため手入保存に煩わしい嫌いがあるが、構造優美で軽便な小銃である。装填動作は三段で行う。

銃剣はヤタガン形で刃長五七三ミリ、重量六五〇グラム、黄銅製の柄を有し、柄の中に設ける発条と溝とにより銃に装着する。銃剣の鞘はない。

弾丸は鉛製の蛋形円筒実弾で、重量二四グラム、装薬量五・五〇グラム、これを包合して弾薬筒とする。薬莢は厚紙製の筒上に布片を糊着して硬性を与え、その底に爆粉を填実して中心撃発式とし、その全量は三一・五〇グラムである。

初速は四二〇メートルで、弾着距離は照尺最大分画以上に達する。

この弾薬筒の欠点は堅牢でないため破損が多いこと、また薬室内の位置固定を欠き、薬室内に深く滑入するので、ことに第一発目に不発をみることが一〇〇発につき一〇発と多いことにあった。

マンソー銃（Manceaur）

明治四年十一月大山少将はスイスのファーブル・ブラント商会と契約し、マンソー式銃数種の見本を購入した。当時軍用銃制定の必要から、その調査に供するためであった。

明治五年十月軍用銃選定調査のとき傭教師仏国砲兵大尉ルボンの調査報告中に、武庫司貯蔵のマンソー銃は員数数千挺を数えるが、旧銃を直したもので甚だ状態が悪い、廃銃とすべし、とある。

明治六年十月武庫司は銃器調査のためマンソー銃を他の六種の銃とともに第三局（砲兵局）に提出したが、本銃を軍用に選定する議決はされなかった。

明治十年四月大佐原田一道は教導団歩兵科生徒にマンソー銃を支給する儀を伺い出、許可を得た。それまで教導団歩兵科生徒にはスナイドル銃を支給していたが、これは総て返納することになった。

明治十二年五月マンソー銃を近衛歩・工兵演習用として配当した。

以上のことから本銃は予備銃として貯蔵したもので、陸軍の制式銃として採用したものではない。

慶應年間前記三藩がこれを採用し、国内において製作したものには多少の修正を加えた。

明治に至りこれらの諸銃は皆還納され、長く倉庫に保管されていた。選用銃の一つに加えられたこともあったが、結果は不合格となった。

明治十年五月に至り、東京鎮台新募兵教育用として、従来のエンフィールド銃に代えてマンソー銃を交付した。この年突然このような処置をとったのはスナイドル銃およびエンフィールド銃は西南戦争出征部隊の需要に応じるためであった。

明治十二年四月近衛歩・工兵の隊備射的演習用としてエンフィールド銃に代えてマンソー銃一〇四二挺を交付した。

明治十三年十一月近衛都督より要旨左のような申出があった。

「射的演習用マンソー銃の給付を受けたが、この銃は機関が完全でなく、発射に際して薬室の後部から火気が噴出し、火傷を負うことが再三あり、これをおそれるあまり自然に射撃姿勢を乱し、そのために弊害を生じているので、さらに適当な銃器に交換してもらいたい」

この申出に対し短ツンナール銃をもって交換するよう指令があった。

近衛都督の申出は実に当を得たものであった。マンソー銃の様式は改良銃模範の一式として称せられたが、構造上近衛における実験のような弊害があったので、欧州においても実用に適せずとの評決を受けていたのである。

明治十四年二月憲兵設置にあたりその携帯兵器の詮議があった。数種の銃の中からマンソー銃を選定し、これを交付することになった。この当時からマンソー銃は漸次廃銃の部類に算入し、多くは民間に射的銃として売却された。憲兵隊に渡したものは村田騎銃の整備を待って全部交換した。

慶應年間諸藩が最良の小銃を軍用に決定しようとするとき、掛川藩はマンソー銃を選定し、これを軍用銃に採用した。その射撃効力が従来の口込銃に優ることを知ると、小諸藩と小濱藩も同銃を採用した。

慶應三、四年頃掛川藩はファーブル・ブラント社と契約し、マンソー銃を購入した。かつこれを見本とし、藩内においてその製作に着手した。小諸藩はその製銃の結果を聞き、軍用銃に適切なものと議決し、時勢の急に応じ五〇〇挺を製作し、藩士に配当することに努めたが、製作力が計画の遂行に及ばず、結局同銃二五〇挺をファーブル・ブラント社に注文し、ようやく計画の銃数を完備することができた。小濱藩もこの例に倣った。

ファーブル・ブラント社が慶應三年三月に次のような新聞広告を出している。

「私儀此度太田町八丁目百七十五番に転宅仕候私店にて金銀時計螺旋銃短銃並に火薬玉電気箱度量器械楽器商売仕候間御買求の程奉希上候其外種々の武器御注文に候へば本国より取寄差申上可候且亦時計飾玉の直し仕候間御来駕奉願上候　横浜　時計師ファーブル・ブラント」

マンソー銃は戊辰戦争に使用されたが、その効果は不明である。明治四年大山少将が横浜のファーブル・ブラント社に注文した見本銃の種類は二〇種以上あり、そのうちマンソー銃は左の四種であった。

マンソー馬銃　一挺　代価二〇ドル
マンソー馬銃　一挺　代価二五ドル
マンソー小銃　一挺　代価二〇ドル
新式マンソー銃　一挺　代価二三ドル

明治十年四月横浜ファーブル・ブラント社より同社が保有するマンソー銃三三七二挺を代価三万三七二〇ドル（横浜東京間運搬費別途）で買上げた。一挺一〇ドルであった。これが前記教導団に交付されたものであるが、これをもって本銃購入の最後となった。

明治十一年兵器本廠兵器弾薬製造員数表によるとマンソー銃実包は七六三万八七一〇発製造した。

明治十三年三月砲兵第一方面貯蔵の修理すべきものだけでも同銃二五一〇挺が残っていた。本銃は砲兵工廠において新調したことはない。

わが国に輸入したマンソー銃には各種の様式がある。口径は一二ミリおよび一八六四年式は一〇・五ミリである。古いものは紙製弾薬筒と雷管を使用する様式だったが、新式の銃は撃針打となった。最初わが国に称用したものは旧式に属するものであった。マンソー歩兵銃は銃身鋼製の元込銃で、口径一二ミリ、腔綫六条を刻し、遊標照尺を備える。照尺鈑上に一二〇〇メートルに至る距離分画を百位数で示す。上下二帯をもって銃身、銃床を結合し、銃身、鉸鍊は皆着色する。閉鎖機は鎖門式遊底で、円筒の前端に円台形の一室を穿ち、これに同形面を有する遊頭を装置する。発射の際遊頭は室内に圧入し、円筒端面を腔面に圧迫させ、緊塞の用をなす。これがマンソー式緊塞具である。この緊塞具の製作ははなはだ緻密を要し、その適切を欠くときは緊塞の効果を全うすることはできない。

銃の全長一・二四メートル、重量四・三九キロ、銃剣は三角断面の直身、すなわち銃鎗である。

騎銃の構造は歩兵銃と同じだが、全長一・〇二五メートル、重量三・七一キロである。

雷管打の範式は装填に五段を要するが、新式銃の装填、使用法などはシャスポー銃と大差ない。

弾丸は鉛製の蛋形円筒弾で、軟性弾薬筒中心撃発である。シャスポー銃のものに類するが、最初に輸入したものは皆雷管打で紙パトロンを用いた。照尺の距離分画は一二〇〇メートルに止まるが、弾着は遠くそれ以上に及ぶ。普通の距離では命中正確で効力は大きい。

小諸藩に採用した口径一〇・五ミリのマンソー銃は弾丸の長さがほとんど三口径あり、重量は約二七グラムの実弾である。装薬は約四・五一グラム。射撃の効力が善良で弾薬筒の調整が簡易であるため、最初は本銃を称用した。

ツンナール銃（Zündnadel）

明治の初年和歌山藩はプロシアに倣い陸軍の編制を決めた。明治四年五月ツンナール銃の採用を決定し、プロシアのキニフラル商社と本銃七六〇〇挺購入の契約を締結したが、廃藩置県の令により、兵器還納をしなければならない状況に至った。ここにおいて同年十二月、現品の来着を待たず、契約の遂行を政府に移管し、兵器還納をなしたものとすることを和歌山県庁より願い出た。よって兵部省は本銃が軍用に適するか否かを武庫司に下問した。武庫司は調査の結果本銃をマルティニー銃、レミントン銃の二種に比較すれば性能が少し劣るところがあるが、その銃数が七〇〇〇挺と多数であることから、予備銃として保管することが最もよいと所見を具申したので、和歌山藩の願を聞届け、本銃を陸軍が受納することになった。

ツンナール銃はドレイス銃、ドライゼ銃あるいは針銃または火針銃とも称する。

明治五年十月小銃選定調査の際、傭教師首長マルクリーの提出した意見書に、「ドレイス銃一万五〇〇〇挺が武庫司に現在する。これをシャスポー銃の現在数と合わせれば、二個師団に配付するに足る。ドレイス銃は優れた銃で使用しやすく、扱いに慣れた兵なら軍用に適する銃である」とある。また武庫司の所見にツンナール銃の弾薬は和歌山において一ヵ月に一〇万発を製造することができる、とある。これらの調査結果から、本銃は小銃選定の詮議に属する銃種に加えられることになった。

明治六年七月武庫司において調査した本銃の種類には左のものがあった。

長ツンナール銃　三三六九挺
短ツンナール銃　八五七七挺
ツンナール砲兵銃　四九〇挺
ビクセ・ツンナール銃　五九八挺
ビクセ・ツンナール騎銃　七八挺
ツンナール騎銃　一三一挺

合計一万三〇〇〇余挺のツンナール銃は皆実用に適するものであった。

この調査によっても一団隊の兵備に供するに足る銃数があったが、形状が一様でないためか、本銃を常備隊に交付せず、予備銃とすることに決まった。

明治四年五月和歌山藩は山本権大参事の名をもってプロシアのキニフラル商社と契約し、銃砲および軍需品を購入し、手付金六万ドルを前渡しした。この契約品中にツンナール銃七六〇〇挺が含まれていた。

明治五年四月契約品の大部が横浜に来着し、大蔵省はその支払を済ませ、現品を陸軍省に交付し、武庫司は七月二十日これを受領した。その銃数および価格は左のようであった。

一、火針銃　五五〇〇挺　付属品共

この代金七万二三九〇ドル〇八九、一挺につき一三ドル一五五余

二、火針騎銃　二〇〇挺　付属品共

この代金一九六五ドル九六四余、一挺につき九ドル八三

右代金のほか着荷一切の荷造代、口銭、税金などの名目で六万ドルを支払った。契約の銃器は一九箱不足であった。

同年九月の調査によれば、大阪武庫司在来ならびに還納兵器中貯蔵すべきツンナール銃六二八〇挺、同騎銃一三三挺、売却すべきツンナール銃一二挺があった。この還納兵器が和歌山藩の購入したものである。また明治四年五月以前にも本銃が購入されていたことが分る。

ツンナール銃はわが国の軍用銃として製作したことはない。明治九年八月普国式ドレイス改造銃一挺を村田少佐が欧州より持ち帰り、砲兵本廠において試製の許可があったが、村田銃製作上の参考に供したに過ぎなかった。

ツンナール銃は予備銃として長く庫内に蔵置していたが、明治七年九月八四九二挺を大阪鎮台に配当することになった。すなわち第八、第九、第十聯隊の各大隊へ九三八挺ずつ、その合計六五六六挺を隊渡し、五三一挺を予備とし、その他は大阪武庫司に補充用として一九二六挺備え置いた。

明治九年八月新製村田銃試験の際、各国制式六種の銃とともにツンナール銃を比較試験用に供した。

明治十二年九月第三局長代理原田大佐より要旨左の伺があった。

「東京鎮台の射的演習用エンフィールド銃は腔綫の磨滅がはなはだしく射的の役に立たないため、ツンナール銃と交換するよう同台より申出があった。詮議したところ東京鎮台だけでなく、各鎮台の射的演習用エンフィールド銃に良品はなかった。しかしこれらをすべて交換できる銃はなく、幸いツンナール銃に東京鎮台へ充てるだけの員数があり、実包も概算六年分射的に充てられる数があるので、同台に限り銃を交換したい云々」。この交換のため、ツンナール銃二五〇〇挺を砲兵支廠より本廠へ回送した。

明治十三年十一月近衛備付射的用マンソー銃が不適当のため、他銃との交換を申出た。すなわちこれに代えてツンナール銃一五〇〇挺を充てることに決し、これを近衛隊に渡した。爾来在庫品のツンナール銃を修理し、一般射的演習用に支給すべき方針を取った。

明治十四年七月本銃照尺の分画は教育上ヤードに改刻する必要を議決し、砲兵工廠へその改造を命じた。しかしツンナール銃には種類が多いため、照星に高低があって砲兵会議の制式図に準じることができず、ついに照星頂をすべて一六ミリの高さに改定し、分画改刻の基線を定めた。ツンナール銃はその口径が同じではないことと、一八二八年創製以来普国において数度の改正を行ったため、各種の旧式銃が混入していることから、照星の斉一に欠けることは元からあり得ることであった。

同年十月砲兵第一方面における不用銃売却調査表によれば、本銃には左のような種別があった。

一、形違剣なしツンナール銃
二、三角剣付長ツンナール銃
三、三角剣付大口径長ツンナール銃
四、砲兵剣なしツンナール銃（内形違あり）
五、騎兵剣なしツンナール銃
六、工兵剣なしツンナール銃

明治十五年六月以降熊本鎮台その他より射的演習用エンフィールド銃に代え、ツンナール銃の支給を求める伺いがあり、皆認可された。同年九月熊本鎮台の請求に応じ、砲兵工廠へツンナール銃一五四〇挺の照尺分画改刻の指令があった。

このように本銃は最初大阪鎮台の常備用として、次いで他鎮台における射的演習用として、貯蔵されている限り支給した。数年を待たずに村田銃を支給する計画であったから、村田銃に似た範式のツンナール銃を演習用に支給し、後日の村田銃使用の便を図ったものである。

明治十八、九年に至りようやく村田銃が完備し、ツンナール銃は総て回収して多くは外国に売却した。

ツンナール銃の実戦の経歴は、西南戦争において出征軍団中第一、第四旅団、別働第一、第二旅団、熊本鎮台などの一部隊、その他別働第五旅団、鹿児島屯在兵軍団などにツンナール銃を支給した。その一部隊とは狙撃隊、遊撃隊の類で、臨時編成の選抜歩兵隊であった。京都御守衛の任にあたった歩兵第七聯隊へも同銃四九二挺を配当した。これらの銃は明治十一年中に皆還納し、もしくはスナイドル銃と交換した。

西南戦争における本銃使用の状況について、明治十年五月二十八日第四旅団鹿児島守備隊はツンナール銃の不便を感じ、これを参軍に訴え、海軍のスナイドル銃二九〇挺を借受ける許可を得た。

同年六月二十一日別働第三旅団宮ノ城追撃戦の際、中川参謀は新徴募隊を率いる隈元少尉に、「貴隊の戦功は最も著しい。わが司令官は特に針銃を貴隊に与え、もって一層の快戦を見んとす」と諭した。新徴募隊に針銃を与えるのはこれがはじめだった。

同二十八日重富を攻撃するため準備をし、第四旅団遊撃第二、第三大隊携帯のツンナール銃を皆スナイドル銃に交換した。

また和歌山県において臨時召募した第一旅団遊撃歩兵第六大隊も長ツンナール銃八九六挺を携帯した。

これらの実例からみると、ツンナール銃は精良な兵器として選抜兵に配当したが、実際には使用上の弊害が多く、排斥したものであった。欧州の実験をみても本銃は撃針の破折が多く、ガスが漏れて遊底の機能を害し、かつ重量が大きい嫌いがあった。西南戦争間消費した総弾薬数は二〇五万四七三一発、軍団砲廠の受入補充用数三五三三挺で、破損銃数四八二〇挺であった。すなわち他銃に比べてははなはだしく堅牢性に欠けていた。

ツンナール銃は鋼製の元込銃で、遊底は鎖閂式である。口径に大小があることから、数度にわたり改正されたものを混同して輸入したものと思われる。その比較は左のとおり（実測）。

種別	口径（㎜）	腔綫	全長（m）	全量（kg）	制式
ツンナール銃	一二・六〇	六	一・二四八	四・八七〇	

長ツンナール銃　一五・〇〇　四　一・三四〇　五・〇〇〇　一八六二年式
同改正一八七〇年式　一五・四三　四　一・三五〇　五・〇七五　一八七〇年式
ツンナール騎銃　一五・一〇　四　〇・七九〇　二・七四七　一八六二年式

本銃は銃身、鉸錬とも皆暗黒色に着色する。ただし搠杖は着色しない。撃針は弾薬筒内の装薬を貫き、弾覆に付着した爆粉を打撃するため、中径は非常に細く、寸度は長い。このため常に破折しやすい弊害がある。照尺は伸縮式で一二〇〇メートルに至る距離分画を刻す。ただし四〇〇メートルまでは固定照門を用いる。

長ツンナール銃は黄銅製の上、中、下帯により銃身を結合し、短ツンナール銃は上下二個の鋼帯で結合する。

銃剣は三菱形断面の直剣すなわち銃鎗である。刃長〇・五〇メートル、重量三六八グラム、一八七〇年式は重量三九五グラム。騎銃は銃剣なし。

装填は三段の手動にて行う。装填後安全子を閉じれば誤発の恐れはない。

弾丸は鉛製で特殊の形状をなす。頭部および底部を球状とし、曲線で最大中径部に連結する。底部の球形は小さくその最端を平削し、鶏卵の形状をなす。圧搾紙製の弾覆を付け、弾覆の底面中心に爆粉を装置する。弾丸の中径は腔径より小さい。ゆえに弾丸に回転を付与するには弾覆と腔綫の吻合による。

弾丸の重量は口径一五ミリの場合三一グラム、装薬量四・九グラム、これを包合して厚紙製弾薬筒とする。この弾丸の特性はよく空気抗力に勝ち、存速を維持することで、初速二八〇メートルに対し距離三〇〇メートルでは存速二六〇メートル、距離六〇〇メートルでは存速二四一メートルを維持する。しかし六〇〇メートル以上の距離では精度が悪くなる。

一八七〇年式改正銃の弾丸は重量二一グラム、装薬量四・八〇グラム、弾薬筒の全量三〇・七グラム、初速は三五〇メートルである。

スナイドル銃（Snider）

明治三年八月武庫司は伊勢屋勝三よりスナイドル銃パトロンを五〇万発購入し、翌四年四月会計局において購入したスナイドル銃三〇〇挺を受領した。同年八月同銃一〇〇挺を兵学寮へ交付し、その採用調査のため試験に供した。これがわが国におけるスナイドル銃購入の始めである。その一方、明治五年還納兵器調査にあたり東京武庫司在庫の予備銃中八〇〇挺、大阪武庫司在庫ならびに還納品中四三四〇挺のスナイドル銃があったことから、明治初年の頃諸藩中においてスナイドル銃五〇〇〇挺前後を輸入し、既に使用していたことが分る。後に鹿児島兵器製造所が武庫司所管になると、スナイドル銃の修理およびその弾薬筒の調整を命じられたことが、薩摩藩において早くからスナイドル銃を使用していたことを証明している。人吉藩は明治三年十二月築地逗留の商人ハーレンスよりシャープ銃二〇挺を購入、さらに同四年二月にスナイドル銃一五〇挺を購入し、藩邸へ運び入れた。

明治五年名古屋、大阪、上田、鎮西、鎮台などの武庫所蔵のスナイドル銃を総て東京武庫司に蒐集した。その目的は本銃を当時使用していた海軍の需要に応じるためで、陸軍にこれを支給するためではなかった。

明治五年八月湯浅武庫正はマルティニー銃もしくはレミントン銃を制式に定めるよう意見を上申したが、同年十月軍用銃選定の調査があり、その議決により近衛歩兵隊に将校、下士演習用としてスナイドル銃約七〇〇挺を支給し、かつて貸与していたマルティニー銃と交換した。

明治五年十月傭教師首長マルクリーが提出した意見に、選定すべき五種の小銃中現今実用に適するスナイドル銃が一五〇〇挺あり、またエンフィールド銃の良品が一万二〇〇〇挺ある。このエンフィールド銃を改造し、スナイドル式にすれば有用の銃器一万三五〇〇挺を得ることができる。これにより一部団隊の兵備を整えるべし、とある。また武庫正湯浅則和の意見書に、当面スナイドル銃とアルビニー銃を混用したい。ただし大隊毎に同一銃を携帯させる。今マルティニー銃の採用は喜ぶべきことであるが、全軍にこれを供給するとなると武庫の変換は容易ではなく、また製造所新設の費用は莫大で目下の経済はこれに堪え難い。英国の例に倣い新銃制定に至るまでスナイドル銃とアルビニー銃の採用が適当である、としている。

明治六年一月近衛兵伝習用として各大隊へ数十挺ずつスナイドル銃を配当し、五月から全国の歩兵隊に同銃を分配する手順を定めた。すなわち前述の意見を採用し、小銃斉一のためスナイドル銃を仮制式銃に決定し、本銃の調整に全力を注いだ。当時スナイドル銃の在庫はわずかに六三〇〇余挺あるのみで、かつ銃剣の様式がまちまちであったため、改造工事を督励するとともに、外国人より同銃を購入し、その完備を急いだ。

エンフィールド銃の元込式への改造工事は明治五年十一月造兵司において着手した。兵器の修理および調整は従来武庫司の任務であったが、明治六年五月一日兵器製造の事業を造兵司の主管とし、武庫司は単に小修理のみに任じることになった。爾来造兵司においてエンフィールド銃をスナイドル式に改造し、銃器斉一の処置遂行に努めた。

しかし工場の設備は未だ不十分で工事は計画どおり進捗せず、これに加えて明治七年佐賀の乱が起り、台湾出兵があり、明治九年十月萩の乱が起り、まさに西南戦争が起きようとする情勢であった。このような中で不備の工場により計画の兵備を完整することは不可能であったことから、明治七年以来左のように数次にわたりスナイドル銃を購入した。

明治七年六月横浜三十二番より買入松村幸太郎上納の分　スナイドル銃一〇二箱

同年八月横浜八十番商会より買入の分　スナイドル銃二二〇挺

同月先収会社より買入の分　スナイドル銃一五〇〇挺

同年十二月大塚良城より買入の分　スナイドル銃三〇〇挺　価二一〇〇ドル

明治八年一月英人ビットマンより買入の分　新スナイドル銃三四五〇挺　単価九ドル三〇セント

当時受入れたこれらの銃の中には不良損廃のもの、また口径、機関の一様でないものが多々あり、砲兵本廠は銃器選択の伺を何度も出すほど、その改造に苦しんだ。

明治九年十二月後装銃分配見込表によると近衛鎮台などへ配当する需要銃数は七万九八〇二挺で、その不足銃数は三万四八九四挺であった。銃種は近衛および東京、大阪、熊本の三鎮台はスナイドル銃、仙台、名古屋、広島の三鎮台はアルビニー銃をもって代用する計画であった。改造もしくは修理を施しこの銃数を充足するには明治十年五月頃までかかる見込みであったが、明治七年来各所に暴動が起り、また清国と葛藤を生じ、ついに明治十年春に西南戦争が起り、大いに計画に混乱を生じた。明治十一年五月諸隊兵器分配定則表が規定された。スナイドル銃の配当は左のようになった。

一、近衛歩兵一聯隊（二大隊編成）
スナイドル銃　隊渡一五〇五挺、予備一〇〇挺、計一六〇五挺、右常備弾薬　一挺につき三〇〇発

二、近衛工兵一中隊
スナイドル銃　隊渡一八一挺、予備一二挺、計一九三挺、右常備弾薬　一挺につき一〇〇発

三、歩兵一聯隊（三大隊編成）
スナイドル銃　隊渡二一六〇挺、予備一四四挺、計二三〇四挺、右常備弾薬　一挺につき三〇〇発

四、工兵大隊
スナイドル銃　隊渡二九九挺、予備二〇挺、計三一九挺、右常備弾薬　一挺につき一〇〇発

以上戦時増員にあたってはアルビニー銃またはエンフィールド銃を支給することがある。

明治十年一月西南戦争に際し、警視庁においてスナイドル銃二一六〇挺を買入れ、整理のためこれを陸軍省に引渡し、山口、福岡両県へ派遣する巡査に交付した。

同年六月ファーブル・ブラント社にスナイドル銃六〇〇〇挺を代価八万四〇〇〇ドルで注文したが、不合格の品が多く、翌年二月そのうち九八八挺を代価一万三四三九ドル九〇セントで納入した。

同月二十八日横浜九十二番ドイツ・グーチョウ商社のレーフより同銃五〇〇〇挺を代価六万五〇〇〇ドルで買入れた。

明治十一年二月大倉組より同銃二九九九挺を代価三万八九〇ドル五〇セントで買入れた。

明治十一年兵器本廠兵器弾薬製造員数表によるとスナイドル銃実包は八九九万一六〇〇発製造した。

同年同廠兵器弾薬配付員数表によるとスナイドル銃実包は二二九万六五五六発配付した。

明治十二年兵器弾薬製作並買収員数第一表によるとスナイドル実包は一四三万八〇

○発製造した。

明治十四年二月大阪の粟屋品蔵よりスナイドル銃二六九挺を一挺金四円七〇銭にて買上の願い出があった。銃の状態は良好で、かつ廉価であるのでこれを許可した。以上をもってスナイドル銃の購入は終ったが、明治十年の西南戦争では銃器の損廃が著しかったため、その復旧に全力を尽くした。修繕のほか、明治十一年四月に一万挺の改造命令があり、その改造に着手するにあたり工作法を調査したが、スナイドル銃には一〇種以上の改式があり、そのどれを採用するかについて有坂成章らが研究した結果、英国スイブロン改式に準じて改造することになった。

スナイドル銃改造について砲兵会議は明治十一年六月次のように決議した。

スナイドル銃閉鎖機様式の議案

先にエンフィールド銃一万挺をスナイドル銃に改造するよう砲兵本廠に課されたが、スナイドル銃の閉鎖機様式については砲兵本廠の建議するところがあり、まずこれを試験するよう大佐武田成章以下数名に命じ、その試験委員の報告を待って本会議において議定することとした。

決議

スナイドル銃の閉鎖機と唱えるものはこれを細別すればその様式は二〇有余に及ぶ。

各々小利小弊はあるが、概して同じ様式ということができる。しかしその構造は大別して複雑なものと簡易なものの二種がある。その第一類式は銃尾を若干切除して、特に尾筒を作り、螺子をもってこれを銃身に螺接するもので、いわゆるスナイドル銃の本式はこれである。第二類式は銃尾を切除せず、ただ鎖底を容れるべき一部を鑿開するもので、スイブロン改式すなわち今回の試験方式がこれである。両式の利害は次のようである。

第一類式の利

一、枢鉸鉄（すうこうてつ）と尾筒が一体をなす

二、薬室が堅牢である

第一類式の害

一、銃腔心と尾筒心を合一することが難しい

二、工事が煩わしく工程が速やかではない

第二類式の利

一、銃尾と尾筒が一体をなす

二、工事が簡単で工程が速やかである

三、工費が安い

第二類式の害

一、枢鉸跌の銲着を要するので、構造上弱点が生じる

二、薬室がやや薄弱となる

以上の利害はただ尾筒を螺接するか否かの違いであり、この利害を較量すれば第二類式に比べて第一類式を優等とする。しかし第二類式の弊害すなわち枢鉸の銲着および薬室の薄弱は今回の試験によって考えれば全く問題とならず、これに加えて第二類式は従来から間々行われた経跡から論じても特に害があるとはいえない。銲着を注意して行えばこの第二類式の害とするところはなく、その最も利するところすなわち工事の簡便と工費の減省とをもってこれを第一類式の上位とし、この方式を改造の適式と決定する。また撃鉄その他細部も今回の試験に供した閉鎖機をもってことごとく当を得たので、今般砲兵本廠に下命された改造一万挺は今回の試験銃をもって模範とし、詳細な図範を附属して工事を起すべし。これを決議とする。

明治十一年六月八日　於東京陸軍省　砲兵会議副議長陸軍砲兵大佐原田一道、同議員陸軍砲兵大佐大築尚志、陸軍砲兵大佐武田成章、陸軍砲兵少佐間宮信行、陸軍砲兵少佐井上教通、陸軍砲兵少佐永持明徳、陸軍歩兵少佐村田経芳、陸軍会計二等副監督小池正文

スイブロン改式スナイドル銃閉鎖機試験報告
明治十一年六月七日砲兵本廠に会合し、その結構を詳査し、実験に付した。試験項目は次のとおり。

第一、薬室の効力

第二、枢鉸趺の銲着

第三、鎖鍵の吻合

以上三項目は工費を省き、工程を短縮するのに重要であるから論理上においては功績が明らかである。よってさらにこれを実験に付す。その概況は次のとおりである。

第一、装薬板橋製五瓦蘭謨(グラム)五発　弾薬筒の製作および装填法は尋常で実射上異状なし。

第二、装薬同上三発　尋常弾薬筒中ランホル（原文のまま）を断って装填した。実射上薬筒は本形を失わず、ゆえに異状なし。

第三、装薬同上三発　薬筒の被套を去り、帛のみを残して試射したところ、薬筒は全て裂け、多量のガスが機外に放出し、滓渣が機関の表面に及んだ。しかし機関に損傷はなかった。

第四、猟銃火薬四・五瓦蘭謨十発　この弾薬筒は明治十年三月の製造で、装薬は多量ではないがその勢いが非常に強く、実射上しばしば破裂して枢鋑を損し、機具を損傷するなどの患いがあった。ゆえに現今その使用を廃止したところである。今これをこの機関の試験用に供したところ、実射上の景況は前項より甚だしいものがあったが、機関を害することはなかった。

以上四項の実験により、前文三条の試験においても弊害なしとする。

六月七日　陸軍大佐武田成章、陸軍中佐長坂昭徳、陸軍少佐間宮信行、陸軍少佐村田経芳、陸軍大尉浅野頼滝

砲兵会議副議長陸軍大佐原田一道殿

明治十二年四月スナイドル銃一万五〇〇〇挺、十月三万五〇〇〇挺の改造命令が出た。

翌十三年村田銃製作の目途が確立したので、スナイドル銃の改造は一旦中止されたが、諸隊渡の銃器は既に長期間使用され、腔綫の磨滅、生疵の開大などがあり実用に堪えないものが多く、その交換を願い出る者が続出した。しかし未だ村田銃は交換できる状態になかったので、これに応じる処置として明治十三年一月三八〇〇挺、十四

年九月三〇〇〇挺の改造を大阪砲兵工廠へ指令した。これをもって改造命令の終りとなった。

明治十五年各隊よりスナイドル弾薬筒は不良で不発が多く、その交換を申出る者が多かった。調査の結果不良品の多くは山口製および鹿児島製で、明治九年前後に製作したものであった。これらの物は西南戦争にあたり弾薬の不足から、急造もしくは外国の有り合わせ品を購入したため、自然に不良品が混入したものであった。

明治十五年ようやく村田銃の製作が進捗し、先ず試験用としてこれを各隊へ交付した。その常備用兵器交換の第一着手は近衛隊で、明治十五年六月末にこれを完了した。爾来逐次各鎮台のスナイドル銃を交換し、明治十九年五、六月の頃完了した。スナイドル銃は総て収蔵し、予備銃とし、不用品は外国に輸出した。

明治七年二月佐賀の乱が起り、征討総督付東京鎮台の歩兵一中隊へスナイドル銃一七九挺を交付し、大阪鎮台より出張の歩兵二大隊へもスナイドル銃を交付した。

同年四月の台湾出兵にも台湾事務都督部へスナイドル銃二〇〇〇挺を送付した。この戦役間兵器の損傷が多大であったと記録されている。

明治十年西南戦争には各種の小銃を用いたが、その主要兵器となったのはスナイドル銃であった。出征部隊中新撰旅団および別種部隊を除き、各旅団はほとんどスナイドル銃を携えた。戦争間しばしば激戦があり、弾薬の費消が多く、なかんずく田原坂の戦いは特に激烈で、一日平均三二万二一五〇発を費消し、スナイドル銃弾薬の欠乏が迫った。そこで弾薬の製造を督励したが一日半で漸く五万発を製造できるに過ぎず、東京、博多の間に蔵置するものが一三三〇万発あるが、これでも足りなくなるのは明らかで、上海、香港、英国などから購入する策を取らざるを得なくなった。しかし直ちに弾薬の存否は分らなかったので、弾薬節約のためエンフィールド銃をもってこれに代替するとの訓令があったが、熊本城連絡後幸いにして激戦は少なくなり、かつ弾薬補充の途を得て、この訓令を実行しなくても差支えなかった。

この戦争において軍団砲廠の受入補充銃数はスナイドル銃八二八七挺で、損廃銃の交換銃数は九一九四挺であった。交換には一部アルビニー銃を充てた。費消弾薬数は二六一四万五〇三八発であった。

スナイドル銃の損傷は主として火門の破損したもの、またこれによって撃鑿の作用不良、あるいは撃鑿の打滅を生じたもの、遊底の機能を失ったもの、銃剣が脱落したものなどがあった。また使用上の不注意から銃身が割裂したものがあった。激戦の際銃身中に土砂が入ったのを知らず、発射したことによるものが多かった。

明治十年三月村田少佐は戦地に至り、銃器の取扱を目撃し、注意すべき事項として左のように申告した。

一、堡塁あるいは途中において銃器を土豚（藁で土を包んだもの、土嚢）もしくは堤に立掛け、砂土が腔中に入るのを知らないこと

二、途中を往来するに銃器をもって杖となすこと

およそ銃器破裂損傷の原因は砂土の類が銃中あるいは機関に入ったことを顧みずに発射することによって起る。右の諸条はその原因の最もはなはだしいものである。攻撃のときにはその注意ができないこともあるが、塁内守備のときにあってはその注意ができないことはない。この旨各旅団長に諭達ありたし。

西南戦争の当初薩軍は鎮台兵を軽蔑し、徴兵は百姓町人の集合に過ぎず、大刀抜振叫喚の勢いをもって風靡敗滅させることは容易とし、鎮台兵は大いに訓練を積んでいることを知らず、また銃剣に付刃してあるのを知らなかった。射撃および銃剣の効用について俘虜の発言によれば、官兵は狙撃に熟練して銃弾は概ね頭額に当り、巧みに銃剣を使用した。初陣では恐怖心が無きにしもあらざるが、会戦数度の後は敵の抜刀突進は大いに与しやすいことを知り、暴進者を待ち、沈着に狙撃し、銃剣に信を置き、敵を刺殺する方術を自得したのである。実にこの役の実験によって銃剣の信用を得、

廃刀装剣の意思をわが陸軍一般に強固にした。

明治十年十二月三十一日調報告中スナイドル銃の戦後現在数は、実用に適するもののみで左のようであった。

一、近衛備付数一九八三挺、弾薬一六万二〇〇発

二、各鎮台備付数一万七八三一挺、弾薬四三三万三〇〇発

三、武庫現在数一万九六七六挺、弾薬一三九八万八四三発

明治十五年八月朝鮮国逆徒暴動の際、小倉屯在歩兵二中隊が花房公使護衛として出張、十月第十一聯隊第一大隊の半隊が公使館警護のため派遣され、皆スナイドル銃を携帯した。

明治十六年十二月文部卿大木喬任(たかとう)は文部省所轄大阪中学校において歩兵操練を実施するため、実物の銃器などを用いたい。ついては砲兵第二方面が貯蔵するスナイドル銃五〇挺など左のものを、現今不用であるならば譲り受けたいとして、陸軍卿大山巌に照会した。これが学校教練のはじめとなった。

スナイドル銃（込矢共）五〇挺、銃剣五〇振、剣差五〇個、帯革五〇条、負革五〇条、分解具一〇個、弾薬盒五〇個、火門蓋五〇個

文部卿大木喬任は明治十七年にも所轄体操伝習所において教員に歩兵操練科を研究

させるため、スナイドル銃一六挺を貸してもらいたいと陸軍卿西郷従道に頼んでいる。なお続けて東京師範学校用にも交付を依頼したが、難しければゲベール銃でもよいとしている。

明治三十七年五月日清戦争において出征軍が鳳凰城において使用する必要があるため、スナイドル銃五〇〇挺と一挺につき実包五〇〇〇発を安東県碇泊場に輸送した。

スナイドル銃の口径、尺度、銃形の概要はエンフィールド銃と同じである。ただし銃尾の経始を異にし、莨嚢式元込銃である。この式は英国において経済的に銃器改良を行うため一八六四年から研究を重ね、二年の後これを改造銃として制定した。すなわちこの範式によってエンフィールド銃を改造し、これをエンフィールド・スナイドル銃と称した。遊底は撃鑿発条、抽筒子および火門を包有し、撃発機は全く独立し、エンフィールド銃のものと同じである。この範式は口込銃の改造に適するので、諸元も原銃によって異なる。わが国においては口径一四・五ミリのものを選び、これを改造した。

左にスナイドル銃の尺度と英国制定の口径一四・七ミリのものとを比較する。

長銃　短銃　長銃　短銃

口径（㎜）	一四・五	一四・五	一四・七	一四・七
腔綫数	三	三	三	五
銃全長（m）	一・四	一・二五	一・三七五	一・二三二
銃全量（kg）	四・一三五	三・八三五	四・〇四七	三・九七〇
銃剣種別	銃剣	銃剣	銃鎗	銃剣
銃剣刃長（m）		〇・五七五	〇・四四五	〇・五七八
銃剣重量（kg）		〇・七八二	〇・三九三	〇・七九五
年式			一八六六	一八六七

スナイドル銃は装填の動作に四段を要する。すなわち撃鉄を起し、遊底を右に開いて後方に引き、弾薬筒を込め、遊底を左に閉じる。

銃剣は三角断面の直身のもの（銃鎗）、およびヤタガン式刀身のもの（銃剣）がある。わが国では総てヤタガン式刀身に一定した。

弾薬筒は厚紙と銅またはブリキの薄板を重ねた円筒を銅製の底盞（ていさん）に結合し、これに抽筒鈑を付けて製作した薬莢に、弾丸、装薬を包合したものである。薬莢の円筒部はガスによって自由に拡張する。初期の抽筒鈑は銅製だったが、後にこれを錫メッキした鉄板に換えた。弾底の中央に爆管を装し、中心撃発式とする。これをボクセル弾薬筒と称する。英国製の弾丸は薄い真鍮鈑を巻いて円筒を作る。弾丸は鉛製蛋形円筒弾で、底部に円台孔を穿ち、この空虚に粘土の栓を圧入する。円筒部に三条あるいは四条の圏溝を設け、これに蜜蠟を填める。蜜蠟は腔中を払拭する働きをする。英国製の弾丸は弾頭内部に小さな空間がある。この空間は弾丸の重心を適当にし、目標に当たると弾頭を開き、その損害を大きくする働きをする。重量三一・一〇グラム、装薬量四・五四〇グラム、弾薬筒全量四七・二グラム、初速三五九メートル。最大射程は一二〇〇メートルだが、有効射程は一〇〇〇メートルである。

明治二十一年刊行の「兵林提要」によるとスナイドル銃実包の材料、度量および品質は左のとおりである。

薬莢管　厚〇・二五ミリ、径一六ミリ、長五七ミリ、重量四・二五グラム、黄銅・鼠洋紙製

扶莢　内径一五・五、外径一六・〇、長一〇、重量〇・六五、黄銅

莢底　径一六・六、長四・〇〇、重量一・二〇、黄銅

鉄円坐　厚一・二〜一・三、径一八・八〜一九・三、重量二・五〇、鉄

雷管室　径五・六、長九・六、重量〇・八〇、黄銅
弾を抜いた薬莢　長四九、重量一〇・八〇
雷管　内径四・〇、外径四・五、長四、赤銅
雷站　径三・五、長六、重量〇・一三　黄銅
復紙偏輪　内径九・五〇、外径一五・二〇、長八・〇〇、重量〇・八五、鼠
洋紙
塞子　綿
鉛弾　径一四・五、長二六・五、重量三一・〇〇、鉛
装薬　重量五
弾を付けた薬莢　長六二、重量四六・八〇

英式斯乃独児（すないどる）雷銃操法　大坂府兵局　明治元年戊辰冬

装填調練（こめかた）

一、「装填（こめ）」この令で兵士は右足尖（さき）と左足尖とを少し挙げ、両踵で回り、半右向をなし（圏周四分の一）、銃を体の運動とともに移し（右手の拇（おやゆび）を筒の後に繞（めぐ）らしてこれを握る）、右足尖は右に向け、左足尖を前に向け、眼は正面を見る。

二、左足を十インチ左の前に踏出す（即ちこれを四角にすれば前へ六インチ、左へ八インチなり）。体もこれに準じ、足尖は前に向け、これと同時に銃を右脇に横たえ、水平の位置とし、左手で銃の下帯と機版尖（原文のまま）との中央部の銃床を握り、拇は銃床と筒との間に当てて安置し、右手の拇をもって鶏頭（撃鉄）を半ば挙げ、諸指を鐶の凸後に置く。この時左肘を体に着け、銃の支柱となし、右手にて銃把を軽く握り、肘を後に退け、拇は鶏冠上に安置する。

後列は左足を六インチ踏出し、体もこれに準じ、床尾は髖骨（腰骨）上四インチのところにあるべし。

三、右手を雷門（遊底）に掛け、左より右に激反して雷門を開き、その手を銃包袋中に致し、食指と拇とをもって一つの銃包を挟み取る。

雷門を開くには右手の親指を虎耳（遊底把）に掛け、食指は虎鼻（撃鑿頭）に沿え、その他の指は手の内に閉じる。

四、銃包を天庭（遊底室）より筒に挿入し、拇をもってこれを全く筒中に押し填め、諸指をもって雷門を左に押し伏せ、原のように聢と鎖し、爾後右手を銃把に致し、諸指を鐶の凸所に当て拇を銃口に向け、把を軽く握る。

五、「準備」雷心（照準器）を整正し、右手の親指をもって鶏頭を最後まで挙げ、その他の指は鐶の凸所に置き、拇を銃口に向け、眼は正面の鵠上（的の中心）に聢と照準する。

六、「点火」銃を速かに挙げて肩に当て、銃口は右眼をもって照準した鵠上より一、二インチ下に向け、食指を搬軌（引鉄）に輪の如く繞らし、食指の第一節と第二節との間に搬軌を当てて、之を絞めず。

左手にて聢と床尾の中心を肩に押し当て、床踵上と右肩上と平斉にし、左肘を銃の下にして支柱となし、右肘を挙げて右肩と殆ど矩形にし、高上にせず。かつ肩前にて十分床尾の台となる姿勢をなし、右手を軽く把に掛け、拇を銃口に向け、左眼を閉ず。

七、銃口を静かに起し、雷心を見直し、照星を超え鵠上に達し、直線に照準し、これと同時に搬軌を絞めて鶏頭の虎鼻上に落るまでは手、眼あるいは腕を動かさず、かつ眼は厳然正鵠上に注視すべし。

八、銃を右脇に正平に横たえ、もし雷心を起しあれば雷奴（照門坐）を以前のままにて少しも激動することなく、これを伏せ、鶏頭を半ば挙げ、雷門を開き、虎耳と虎鼻とに右手の親指と食指を掛け、雷門を聢と握り、銃包管の莢を脱除するために銃口を激しく起しつつ、腕に任せて一勢に激退し、これと同時に右に強く傾け、管の莢を落し、再び銃を正平の位置に復し、而後右手を銃包袋中に致し、食指と拇をもって一つの銃包を挟む。

九、装填の第四動の如く施行すべし。

明治三十七、八年戦役陸軍省軍務局砲兵科業務詳報によれば、明治三十七年十二月在北京本邦公使館付武官陸軍砲兵大佐青木宣純の要求をいれ、清国へスナイドル銃一万挺および弾薬五〇〇万発を送付し、その使用は青木砲兵大佐に一任した。

後備隊兵站諸部隊および屯田兵隊の銃種交換につき、動員計画上後備隊および兵站諸部隊には村田歩兵銃を、国民軍にはスナイドル銃もしくはピーボディ・マルティニー銃を支給することとなっていたが、日露間の国際関係が切迫してきたので、なるべく威力のある銃種を支給するため海軍所有の村田連発銃が不用になっていると知り、この保管転換を求めた。海軍へは三十年式銃および実包を保管転換した。これにより後備隊および兵站諸部隊へは陸軍所有のものに加え村田連発銃を、国民軍へは村田歩兵銃を支給交換した。また第七師団屯田歩兵大隊および同後備歩兵大隊の携帯兵器は村田歩兵銃だったが、これも村田連発銃を支給交換した。

アルビニー銃（Albini）

アルビニー銃採用の発端は不明であるが、スナイドル銃とほとんど同時期に長州および薩摩藩において使用されたようである。最初は外国から購入したことは疑いないが、萩小銃製造所および鹿児島製造所においても本銃が製造された。

明治五年四月近衛兵の予備銃を調査した一項中に、近衛一、二、三番大隊の予備としてアルビニー銃、隊備四七〇挺、武庫格納一五挺を有すとある。右三個大隊はこの年以前より既にアルビニー銃を携帯していたことが分る。

同年十月湯浅武庫正の所見具申の一節に、多数が貯蔵されているエンフィールド銃をスナイドル式あるいはアルビニー式に改造し、当分の間ツンナール銃と併用することにしたい。アルビニー銃に改造する費用は一挺につきおよそ二円五〇銭、その弾薬は一発四銭で調整できる、とある。また同年十一月における上申中に、アルビニー銃に改造し、東京、大阪、鎮西、東北の各鎮台にその順序により逐次送付し、エンフィールド銃と交換し、全国一種の銃となすべし。今からこの作業に着手すれば来年五月頃までに完了するであろう、しかしスナイドル銃とこれを混用しても差支えない、としている。これはアルビニー銃とスナイドル銃は同一の弾丸を使うことができるからであった。しかし詮議の結果スナイドル銃を仮制式とし、アルビニー銃は予備銃としてスナイドル銃の不足を補う方針となったが、アルビニー銃を各鎮台の射的演習用に支給し、結局両者混用の状態となった。

明治五年三月御親兵を解散し近衛兵が編成された。御親兵の一、二、三番大隊は旧鹿児島藩士をもって組織した。これに代った近衛兵一、二、三番大隊の携帯銃はアルビニー銃であった。

同年十一月武庫司の調査によれば武庫貯蔵のアルビニー銃はわずか十二挺だけで、近衛三個大隊の携帯銃のほかは鹿児島県下に少々あるのみであった。

明治六年一月二十日越中島においてアルビニー銃の試験を行うにあたり、鹿児島製弾薬二〇〇発を舶来品と比較した。

同月二十四日名古屋出張武庫司より東京武庫司へ回送した各種兵器中にアルビニー銃が一八九挺あった。

同年三月武庫正池田貞堅から次の申出があった。

「近衛隊へ渡すアルビニー銃は、渡すほかに予備はなく、鹿児島営所に残置する七二三挺と弾薬六万発余りがあるのみである。これを運搬するには巨額の費用がかかるが、造兵司は既にエンフィールド銃をアルビニー銃に改造する方策も立てているので、出来次第お渡しする云々」

明治六年四月調諸隊携帯銃名員数の報告中アルビニー銃を備える部隊は左のとおりである。

近衛第一大隊　七八九挺　明治六年三月二十三日渡し
近衛第二大隊　八〇〇挺　明治六年三月二十五日渡し
近衛第四大隊　七九三挺　明治六年三月十三日渡し
近衛第三大隊はスナイドル銃

右第一、第二大隊の携帯銃は三角断面の銃鎗を具え、他は皆ヤタガン形の銃剣であった。そのため軍装の斉一を欠き、近衛隊の威儀を損なう嫌いがあったので、全隊一様にヤタガン形の銃剣にするため、五月に至り一時両大隊の銃を引上げ、暫時スナイドル銃をもって代用した。

爾来アルビニー銃の改造に努め、その竣工を待って仙台、名古屋、広島の三鎮台に備え付ける方針であった。

明治七年一月鹿児島営所出火届に「アルビニー銃七二三挺焼失す」とある。

陸軍省においては当初特に本銃を購入したことはない。武庫司の計画にもとづき明治七年三月頃エンフィールド銃をアルビニー銃に改造することに着手した。また同年十二月大塚良城より員数は不明だが初めてアルビニー銃を購入した。明治七年三月以来アルビニー銃の改造は最初萩の沖原製造所において行い、明治九年十一月までに改造六〇〇〇挺、修理一四八〇挺を竣工した。この改造工事中萩製造所は暴徒前原一角の一派に襲撃され、工事を妨害されるとともに、完成品を掠奪された。

また大阪支廠において三五〇〇挺の改造を行った。このほか同月中にアルビニー銃改造一万挺を砲兵本支廠において着手するよう指令があった。この製作については急速を要するとの命令だったが、これは西南地方の情況が切迫していたことによる。明治九年一月十二日アルビニー銃貯蔵の分一四八〇挺を来る十五日までに整備すべしとの指令が砲兵本支廠に下り、また萩製造所改造の分を下関に回送すべしなどの発令があり、同年十一月七日仙台、名古屋、広島鎮台へアルビニー銃を従来の携帯銃に交換支給する件は中止となった。

同月十七日左のように銃器配当の令が出た。

一、アルビニー銃八五〇挺、弾薬一〇万二〇〇〇発　右大阪鎮台歩兵第八聯隊第一大隊へ渡すべし

二、アルビニー銃二〇八挺、弾薬二万二四〇〇発　右同第十聯隊へ渡すべし（スナイドル銃と混用）

三、アルビニー銃弾薬一〇万発　右山口出張兵隊渡（広島鎮台）

右等はすなわち西南地方不穏の影響なりと知るべし

明治九年十二月三十一日武庫に貯蔵するアルビニー銃数は平剣の分が六〇〇〇挺、三角剣の分が一四二三挺であった。当時名古屋、広島鎮台へ支給すべき同銃数ならびに予備銃の不足は合計二万七三三一挺であった。エンフィールド銃を改造し、この不足を補填するには明治十一年までかかる予定だったが、明治十年西南戦争が起り、戦地に至急の需要が夥しくなったため、明治九年十一月指令の三五〇〇挺の改造は半途で中止となった。

明治十年十二月三十一日調報告書によると戦後の現在数は左のようであった。

一、各鎮台備付　アルビニー銃　二六九八挺

二、武庫現在　アルビニー銃　七八一二挺

明治十一年四月仙台鎮台歩兵携帯銃としてアルビニー銃を交付することが決まった。この後本銃はスナイドル銃と交換し、予備銃として収容された。

同年五月アルビニー銃改造予算の伺を大阪支廠より出したが、同銃の改造は取止め、

予算の残金は小銃修理に用いることになった。すなわちアルビニー銃は損廃にしたがいこれを収容し、新に支給はしないことになった。

明治十年の西南戦争において別働第一旅団、第二旅団および熊本鎮台にアルビニー銃を支給し、初めて実戦にこれを使用した。右の旅団中これを使用した歩兵は大阪歩兵第十聯隊、広島歩兵第十一聯隊の一部であった。戦役間における本銃の結果は不詳であるが、スナイドル銃の成果と大差ないものと思われる。本銃の遊底の構造はスナイドル銃に比べて脆弱なところがあるが、開閉の機能を損なうことはスナイドル銃より少なかった。軍団砲廠の受入補充数は総計三八四五挺で、損廃銃数一七八二挺を数えた。

香川県知事から香川県師範学校ほか二校へ体操用として銃器を払い下げるよう申出があったので、陸軍省は明治三十一、三十二年度において東京兵器本廠へ左のように払下許可を令達した。

アルビニー銃六〇挺（三十二年度）　高松尋常中学校へ
レミントン銃（剣無）七〇挺（三十二年度）　丸亀尋常中学校へ
改造村田銃（剣無）五九挺（三十一年度）、村田騎銃二五挺（三十二年度）　香川県師範学校へ

アルビニー銃はベルギー製の小銃でオーストリア一八六七年式改造銃ウェンツル式と同種のものである。わが国の改造銃は後者に類するものが多い。銃の尺度、形状はスナイドル銃と同じである。ただし遊底は活罨式で、底礎は火門、撃針、発条、抽筒子を包有し、銃尾の上端に設ける水平枢軸により結合する。

装填は手動四段を要する、すなわち撃鉄を起し、遊底を前方に開き、弾薬筒を装填し、遊底を閉じる。発射の際撃鉄を落とせばこれに結合する鎖栓底礎の後端に穿つ孔中に入って、遊底の不時飛脱を予防する。

口径一四・五ミリ、腔綫五条、銃全長一・二五メートル、銃重量四・一八〇キロ、銃剣刃長〇・五〇メートル、銃剣重量〇・三八〇キロ。

本銃に用いる弾薬筒はスナイドル銃と同じである。本銃のような活罨式銃を実戦に使用したのは戊辰戦争におけるレカルツ銃の例があった。レカルツ銃は紙製弾薬筒雷管打の様式であったが、アルビニー銃は硬性ボクセル弾薬筒となったので、実戦上大いに状況を異にするところがあった。

マルティニー銃（Martini）

明治四年七月武庫司は英国製ヘンリー・マルティニー銃の名を聞き、これを購入するため見本を探したが、手に入れることはできなかった。そのとき大泉（庄内）藩に本銃があることを知り、同月十三日その借入を同藩に照会したところ、この銃は築地在住スネル所有のもので、一時同藩が借用したが、当時既に返却していた。武庫司は同藩の紹介によって同商よりマルティニー銃を借入れた。

明治五年四月酒田県の願い出によりマルティニー銃五〇〇挺、弾薬二万発をスイス・シーベルトより買上げた。ただし同時に契約した同弾薬八万発は遅れたので、銀二〇〇〇ドル引替で到着次第上納することを約した。これがわが陸軍にマルティニー銃を入手したはじめである。

同年八月三日マルティニー銃の試射を行った。このため造兵司より本銃一挺および舶来弾薬、鹿児島製弾薬各一〇発を武庫司に回送した。同十一日湯浅武庫正は左の所見を具申した。

「わが国で用いる小銃の制式を定めることが今日の急務である。現在各国が定める小銃は数十種あるとしても、選択できるものは二種に過ぎない。それはマルティニー銃とレミントン銃である。この二銃は精巧にして便利、互いに優劣はつけ難い。この両銃の何れを採用すべきかは製作の便と現に貯蔵する銃の多寡により決定すべきである。今造兵司はマルティニー銃を作る機械を充足しているが、レミントン銃を作る機械は一切無い。武庫司はマルティニー銃を五〇〇挺貯えているが、レミントン銃は一挺あるのみである。よってマルティニー銃に御一決のこと当然の理と考える云々」

これに対する指令は左のようであった。

「歩兵用火器は将来マルティニー銃に一定し、漸次造兵司において製作すること。現今のところは平戦両時を論じることなく、ミニエー銃その他二、三の元込銃を用いること」

同年十月仏国砲兵大尉ルボンの調査報告中に、「マルティニー銃は良銃なり、調査中最も宜い。この銃には鶏頭（撃鉄）はない。銃数は五二〇挺在庫する」とある。

右のように銃器一定調査のとき本銃を可とすることは皆が承認したが、結局本銃を制定しなかったのは傭教師首長マルクリーの意見にしたがい、経済的に現下の兵備を速やかに完成し、後日において新銃を制定する方がよいと認めたことによる。このことは当時の状況に適うもので、武庫正も自説を曲げ、本銃の採用を見合せ、後日の希望に託した。

明治五年八月造兵司はマルティニー銃二〇挺をファーブル・ブラント社より購入した。これは同司における製造の参考用であった。すなわちわが国の軍用銃としてこれを製作する方針であった。しかし当時のわが技術の程度および経費の点から考えると、これが遂行できるか疑問があった。十月二十四日湯浅武庫正が再度提出した意見書には、「マルティニー銃を軍用銃と定めることは真に喜ぶべきであるが、武庫の変換は容易でなく、官府においても新に製作場を設け、速やかにその全備を要するときは莫大な入費となり、国力にもかかわることになる。全造兵司においてマルティニー銃を製作すれば数年の間は一挺につき諸入費を合算しおよそ四、五〇円となるであろう。先ず一〇余年の間はスナイドル銃の類を用い、マルティニー銃はその間によく計算して工夫を加え、莫大な入費がかからないようにして製作しなければならない」とある。

明治五年九月近衛局より請求があり、武庫司に保有するマルティニー銃五五〇挺を近衛大隊士官へ支給してもらいたい。その理由は仏国教師から伝習を受ける際各隊の銃器が不揃いで混乱するため、傭教師からの申入れによるものであったが、当時在庫の銃数はこの希望を充たすに足らず、近衛局は請求を改め、一大隊に八三挺ずつ、都合六大隊分四九八挺を受領した。また十一月に至り本銃をスペンセル銃と引替の詮議があったが、武庫司の都合によりスナイドル銃と交換した。爾来本銃は常に倉庫に格納してあった。

明治九年二月米国レミントン製造所よりレミントン銃の売込があり、越中島においてマルティニー銃と比較試験を行った。

明治十年三月海軍省貯蔵の分二五〇〇挺を弾薬一九〇万発とともに陸軍省に譲渡するよう照会し、後日代金をもって償却することで海軍の承諾を得た。同年十二月金七万一二七五円ただし一挺につき金二八円五一銭の割合をもって支払をした。このマルティニー銃は西南戦争の急需に応じるためのものであった。

明治十一年近衛歩・工兵隊へマルティニー銃を配当すべしとの決議があり、その予習用として一八六挺を近衛隊へ渡した。

同年三月また海軍省へ相談し、同銃一〇〇〇挺を譲り受けた。その代価二万六〇〇〇ドル、すなわち一挺につき二六ドルを支払った。以上で海軍省からのマルティニー銃購入は終り、爾後は修理を施して使用したが、これを新調したことはない。

同年十一月マルティニー銃減量弾薬筒の試験を行った。本銃は反撞力が激烈で、新兵教育上大いに弊害を生じたため、薬量を減らしてわが軍用銃の不足分に充てる議があったことによる。

明治十一年兵器本廠兵器弾薬配付員数表によるとマルティニー銃実包は一万八六〇〇発配付した。

明治十二年六月前回の試験の結果、到底戦時にこれを軍用銃に代用することはできないと判定し、今回は銃床中に若干の鉛塊を入れ、銃の全量を増加することにより、反撞力を減殺することになった。しかし希望する結果は得られずに終った。

明治十五年五月近衛歩・工兵隊に村田銃を支給し、マルティニー銃を返納させた。

明治十六年五月海軍卿よりマルティニー銃三五〇〇挺、弾薬一五〇万発を譲り受けたい旨照会があり、陸軍卿はこれを承諾し、同銃三四八七挺、弾薬一四七万発を譲渡することに決した。その数が海軍の請求数に足りないのは陸軍に本銃の見本を残置し、また銃剣のないものが五、六挺あったためである。海軍省の都合により本銃を十一月に引渡し、弾薬は明治十七年度において譲渡した。爾来陸軍の武庫内に保管するマルティニー銃は数百挺に過ぎなかった。最初海軍省から譲り受けたマルティニー銃を再度海軍省へ譲渡したのは、陸軍における試験の結果軍用銃には適さないとの結論に至ったからである。

明治十年西南戦争が起るとマルティニー銃を出征部隊の一部に分配した。第二旅団、別働第一、同第二旅団ならびに別種部隊中に本銃が支給された。同年四月四日海軍省より譲り受け砲兵本廠へ貯蔵した分二五〇〇挺を大阪砲兵支廠へ回送の儀を大佐原田一道より申出たところ、遊撃歩兵二中隊へ支給し、その他は伺のとおりとするよう指令があった。この遊撃隊は東京鎮台歩兵をもって編成したものであった。他のマルティニー銃は大阪より戦地へ輸送した。

七月六日新撰旅団より本銃二五〇挺を団内において編成した狙撃隊一中隊用として下付するよう申出たが許可されなかった。

この戦役間狙撃隊または遊撃隊の名で臨時編成されたものは各鎮台の選抜兵で組織され、これに優等と認められた小銃を配当した。ゆえにこれらの部隊はマルティニー銃またはツンナール銃を携帯した。

六月一日人吉の戦闘中別働第二旅団狙撃隊はマルティニー銃弾薬三〇〇〇発を携えた。

九月十日城山の攻撃中第二旅団はマルティニー銃を携える者五〇二四人で、弾薬は三万発あった。

軍団砲廠の受入補充マルティニー銃数は三九〇二挺で、損廃のため交換したものは六一二挺、その消費弾薬数は七万七八四三発であった。すなわち陸軍貯蔵の全銃数を実戦に供用したもので、損廃銃は約一割五分であった。本銃は元込銃中堅牢なものの一種であったが、その損害は一割五分に達した。ただし他式に比べれば堅牢であることを証している。

一八七四年式ヘンリー・マルティニー銃は英国の制式銃で、底礎式の元込銃である。口径一一・四三ミリ、腔綫七条を刻す。腔綫の形状はヘンリーの考案で、遊底機関はマルティニーの考案による。銃床の木部は前床と床尾に別れ、両者の間に鋼製の尾槽があり、両者を堅固に連結する。銃身と前床は上下二帯で結合し、銃の全長一・二四六メートル、重量三・九七〇キロである。銃身、鋏錬は皆着色する。照尺は遊標式でその尺鈑に五〇〇ないし一二〇〇ヤードに至る百位分画を刻す。四〇〇ヤード以下は固定照門と趺坐の段階の媒介によって照準を定める。有効射程は一〇〇〇メートルである。

遊底機関は全部尾槽内に収容し、外部からはその構造を知ることはできない。単に尾槽の右側面に指針があり、その起伏により機関の発火準備を知ることができるだけである。構造がこのようであるから雨露塵埃に対しよく機関を保護し、機能を害することが少ない。

床把下に槓桿があり、これを前方に押し下げればその一枝は底碪を降下させ、銃尾を開き、かつ飜鈑を起しつつ発火機を準備する。弾薬筒を装填し、槓桿を旧位に復せば銃尾を閉鎖する。すなわち装填に手動三段を要するのみである。本銃の欠点は反撞力が大きいことであった。

銃剣は三稜断面の直身で、刃長〇・五六五メートル、重量四五三グラムである。ヤタガン式銃剣を装するマルティニー銃もある。ヤタガン式銃剣は刃長〇・五二一メートル、重量七九五グラム、剣鞘は黒色の革で作り、研鉄製の鐺（こじり）および鯉口を付ける。

弾丸は鉛に少量（一二分の一）の亜鉛または錫を配合し、蛋形円筒状とした硬鉛弾である。弾底はやや凹状を呈し、かつ底部に接して一条の圏溝を設ける。重量三一・一グラム、装薬量五・五グラム、薬莢は薄葉鉄の円筒に底盞と抽筒鈑を結合し、中心撃発の弾薬筒（ボクセル・ヘンリー式弾薬筒）とする。その全量は四八・三グラムである。初速は四一六メートルで、存速では当時の諸銃中最も優秀であった。スナイドル弾に比べて弾着は精密で、貫通力が大きい。また装填しやすく風力に影響されない。

弾丸は鉛が腔中に粘着しないようにするため紙で巻いてある。小さな羊皮紙を二重に巻くもので、その巻き方は腔中の施条に反対することにより、銃口を出たとき自然に繙開して落ちる。薬莢は火薬が発火すると繙開され、膨張して薬室に充満し、ガスが銃底に向けて逸出するのを防ぎ、弾丸を放出した後薬莢は元の形状に収縮して、排莢されやすくなる。

ここまで列記した諸銃は幕末から村田銃制定に至るまで、日本陸軍において軍用銃として使用した主な銃器である。しかしその他にも各種の銃器が存在する。

明治十年兵器取締規則実行上軍用銃の見解について、「軍用銃とは和銃四匁八分（一八グラム）玉以下ならびに各国猟銃その他室内射撃銃などをいう。軍隊携帯したるものの謂いにあらざるなり」との指令があった。また明治十一年七月内務省より民有銃砲買上の儀を太政官へ建議し、陸軍省はその照会に対し、方今兵制に摘要すべきものと、不適当のものとを分別し、これに回答した。その部類は左のとおりであった。

第一　小銃の部

スナイドル歩兵銃、アルビニー歩兵銃、シャスポー歩兵銃、マルティニー歩兵銃、エンフィールド歩兵銃、スペンセル騎銃、スタール騎銃（ただし金属薬筒の分）

第二　拳銃の部

ロシア式一番形、メリケン式二番形

以上は当時陸軍省において軍用銃と指定したもので、村田銃の制定および二十六年式拳銃の制定に至るまで常に使用された基準である。

レミントン銃（Remington）

レミントン銃がわが国に渡来したのは明治初年の頃であった。

明治四年九月小銃四八種を集め、これを初めて天覧に供したことがある。そのとき武庫司より兵部省へ申進した中に、「西洋古今小銃四三挺および拳銃五挺のうち一〇挺は当武庫司にも一挺しかなく、御覧済の上は御返却相成度云々」とあり、この一〇挺の中に一八六四年メリケン・レミントン銃一挺と記している。

明治五年二月武庫司より諸県在来の大小砲につき、米国レミントン銃、普国ツンナール銃、仏国シャスポー銃の三種は雑銃部内に混合されているので、分別して東京へ送るよう通知した。

このことから当時既に武庫司に一挺を所蔵し、藩においてもこれを購入していたことが分る。

明治五年八月湯浅武庫正は村田歩兵少佐、関砲兵少佐の請求に応じ、レミントン銃二挺を弾薬一発ずつを添えて貸渡した。同月湯浅武庫正の小銃一定の儀に関する意見上申中にレミントン銃はマルティニー銃と甲乙つけ難いが、武庫司にわずか一挺しかなく、ゆえにレミントン銃を斥け、マルティニー銃を選定した」とある。当時既にレミントン銃の優秀さを認めていたことが分る。

明治五年九月大阪鎮台出張武庫司の在来および還納兵器売却伺書中にレミントン銃九九五挺、弾薬一一万一四七〇発があったが、売却を見合わせるよう指令があった。明治五年十月武庫司より鎮西鎮台本営宛に、同台貯蔵の兵器中レミントン銃、スナイドル銃、アルビニー銃、長短スペンセル銃入用につき、東京表へ送るべしとの通牒があった。

同月傭教師首長の小銃試験報告中に、兵隊用として使える小銃六種を示した中に、レミントン銃五挺を試験に供したと記している。この試験にあたった砲兵大尉ルボンの報告中にレミントン銃は良銃である。悪いところは火を噴いて顔を焼く恐れがあることだけである、と記している。

明治六年一月名古屋出張武庫司より本司へ兵器送達の通知書中にレミントン銃一七〇挺とある。陸軍用小銃一定の詮議を行ったときは武庫司には少数のレミントン銃しかなかったが、当時大村藩においてこれを購入し、還納したものである。

明治七年十一月函館出張武庫司の報告中にも弘前在来レミントン銃二二挺、同弾薬青森倉庫貯蔵二八四五発との記事がある。すなわちレミントン銃は地方において購入したものが多く、中央政府においては特に軍用銃として購入していない。

レミントン銃は口径一一ミリ、腔綫六条の元込銃で、銃身下に閉鎖機の枢軸を有する底碪式である。機関は簡単堅牢で、機部は撃鉄と底碪主部をなし、各独立した枢軸で転動する。撃鉄の下部は鞦鈑の用をなし、その下際に発条、槓桿子、引金を接合し、底碪内に撃鑿を納める。撃鉄と底碪との接合面は同曲線をもって経始し、その構造は精巧である。撃鉄を起さなければ底碪を開くことはできず、底碪を閉じなければ撃鉄を下すことはできない。

弾丸の重量四一グラム、装薬五グラム、初速四三〇メートル、機能は確実で操作は安全である。装填に手動四節を要する。

レミントン銃は軍用銃の選に入っていたが、傭教師首長マルクリーはその採用を勧告しなかった。その理由は範式の数が増えると支給が煩雑となり、かつ教育上の不便を来すためであった。

明治十三年二月朝鮮国へ一挺三円六〇銭の代価で四七八挺を売却した。また明治一四年十月不用銃売却のため各種見本銃を香港領事館へ送付した中に、レミントン銃八種があった。明治十八年十二月不用兵器払下員数価格取調の伺にレミントン銃一挺の価格二円五〇銭と記している。

以上のようにレミントン銃は一般の射的銃として用いられたが、これを常備用として軍隊へ支給したことはなく、村田銃完成後に多く売却された。

ピーボディ・マルティニー銃（Peabody）

ピーボディ・マルティニー銃が初めてわが国に輸入されたのは明治十二年であった。この年十一月少佐田嶋應親（まさちか）は同銃二挺を米国人より入手し、陸軍省はこれを試験用として買上げるよう砲兵第一方面本署に指令した。その価格は洋銀五〇ドルであった。本銃は試験のため戸山学校へ貸渡した。

同年末、さらに同銃一二挺をピーボディ・マルティニー製造所に注文し、一挺の代価約一一ドルで購入し、これを試験用に供した。

調査試験の結果本銃は優良であることを認め、さらにこれを購入しようとしたとき、ロシアがトルコ軍から鹵獲したものを廉価でわが国に譲与するとの申入れがあり、これをファーブル・ブラントより買入れた。その銃数は一万挺余りで一挺の価格は一〇ドル余りであった。

これに対しピーボディ・マルティニー製造所は次のように訴えてきた。

「ファーブル・ブラント商会より購入した銃種は露土戦役の鹵獲品ではない。その銃はトルコ政府の注文に応じピーボディ・マルティニー社よりかつてトルコの陸軍へ納めたものの不合格品である。ゆえにトルコ検査官の不合格の刻印があるはずである（月星の刻印、わが国ではトルコ採用の証と誤認した）。したがってその価格も本社が供給のものより廉価であろう。このような不合格品をわが製造所製のものとされては遺憾の至りである。またかつて日本政府に試験銃を提出し、今日の注文に応じることを願っていたが、その意に違えたことは自らあきらめる。しかしこのことは事実である。現に銃器の外見が新しく、戦場に使用した徴はないという」

この苦情により、同銃の購入は一時見合わせとなった。

明治十四年五月本銃弾薬筒製作の指令があり、東京砲兵工廠において研究した結果、弾量三〇・一九グラム、装薬量板橋新二号薬五・七グラムと定めた。

明治十五年八月十三日本銃七〇〇〇挺買入の儀につき、砲兵局長大築尚志より伺があり、「現在のスナイドル銃ならびにアルビニー銃は貯蔵が長くなり、旋条が磨滅しているものが少なくない。村田銃も未だ十分出来ていないので、ピーボディ・マルティニー銃を買入れたい。ついては代価を別途下渡すよう太政官へ上申のこと」とあり、洋銀八万五〇〇ドルを請求した。同月十七日買入れの指令があり、これをもって本銃購入の最後となった。

同年十一月二十七日試験のため本銃三〇挺、弾薬一挺につき一〇〇発ずつを東京鎮台へ支給した。

ピーボディ・マルティニー銃の構造はピーボディ銃をヘンリー・マルティニー式の要領に準じて改修したもので、ヘンリー・マルティニー銃とピーボディ・マルティニー銃は一見して区別することはできない。ピーボディ・マルティニー銃の異なるところは銃の全長が大きく、腔綫の形式がヘンリー式ではないところにある。また遊底の機部に小さな違いがあり、尾槽の形も小さい。したがって重量に差がある。

ピーボディ・マルティニー銃を軍用銃に採用する詮議もあったが、既に村田式の制定があり、かつ異式の銃を混用するのは明治五年以来銃器一定の調査研究の方針に反するものであった。一方同類の小銃は海軍において使用しており、海軍省より陸軍不用のものを譲り受けたいとの希望があったので、同省にこれを譲渡した。陸軍においては一時試験に用いたことがあるが、軍隊に支給したことはない。

屯田歩兵大隊は平時にピーボディ・マルティニー銃八七二挺、実包二六〇〇発を保管し、戦時に実包八万四〇〇〇発余りが支給されることになっていた。屯田騎兵隊は村田騎銃、屯田砲兵隊は小銃の支給はなく、屯田工兵隊はピーボディ・マルティニー銃を二一九挺支給されたが、平時は空包五四〇発のみで実包の支給はなく、戦時に一万発余りが支給されることになっていた。

陸軍戸山学校には村田銃四〇〇挺、村田騎銃四〇挺のほかピーボディ・マルティニー銃四〇挺が保管されていた。ただし実包は村田銃が一九万発以上支給されたが、ピーボディ・マルティニー銃は一〇〇〇発に過ぎなかった。

陸軍省は明治十八年六月「ピーボヂーマルチニー銃取扱法」を刊行した。同書から用語の読み方を幾つか収録する。各部に新しい名称が付けられたものの、その読み方または呼び方には旧来の慣習が残っていたことが分かる。

搠杖（コミヤ）、底碪（ソコウケ）、指鉄（サシガネ）、駐鉤（トメヅメ）、開鎖挺（テコ）、抽筒子（カラヌキ）、駐釘（トメクギ）、塞栓螺子（センネジ）、撃茎（ウチバリ）、逆鉤発条（サカヅメネジ）

第四章　村田銃

明治四十三年刊「帝国陸軍史」

明治十三年、時の歩兵少佐村田経芳の創案にかかる村田歩兵銃、同騎銃の制定あり。これ本邦における銃器独立の基礎たり。これ蓋し当時にありては、欧米各国の軍用銃に優れるも劣ることなきところのものなりき。次いで明治十八年に至り、村田歩兵銃に改正を加え、その威力を増大せり。改正の要点は初速を増加したると、銃剣の長を縮小したるにあり、すなわち初速四六〇・二メートルとなり、着剣せし全長一・七三七メートルに減じ、その結果は全重量において〇・二三九六キロ、すなわち約六四匁の減量となるをもって、各兵の負担量は同量の余力を生じることとなり、この余力は直ちに同一負担量の兵卒にありて、携帯弾丸の数を増すことに帰し、その效偉大なるものあり。

しかるに欧米各国の兵器は、日を追うて科学的に進歩し、小銃もまた決勝時期における急射撃を必要とする戦術上の要求より、競うて小口径連発銃を採用するの趨勢を生じ来れり。元来連発銃の創意は遠く往時にあり、彼の一八六一年ないし六五年（文久元年より慶應元年に至る）の米国南北戦争において、連合軍はウィンチェスター連発銃を用い、その効用世人を促さんとしたれども、当時の連発銃は口径大なりしがゆえに、弾量重くして、多くの弾丸を携行する能わざるをもって、連発の方法は却って弾薬浪費の弊をともなうとの異論盛んにして、各国皆措いて顧みることなかりき。偶々一八六九年（明治三年）スイスが他邦に率先して、ヴエッテルリー連発銃を採用せしも、このときは欧米大国に在りても、皆これを目して新目を衒うものなりとし、一般の風潮を改めるに至らざりしが、一八七七、八年（明治十、十一年）露土戦争の起るに及び、土軍の用いたる米国製ヘンリー・ウィンチェスター連発銃はその威力強盛にして、頗る偉功を逞しくせり。これより列国初めてその利器たるを認め、数年の後には、軍用銃は連発銃に非ざれば用を為さざるが如き有様となれり。但し連発銃の採用とともに同時に起り来る問題は、弾量を減じて携行弾薬の数を増加すること、連発のために硝煙眼を掩うて目標を見る能わざるの弊を除くことの二要件なり。これが為口径を小にして銃器弾丸の重量を減じ、無煙火薬の発明によりて硝煙を除くの考案となり、ここに兵器界の一新を起すに至れり。これ一八八〇年（明治十三年）頃以来の傾向なり。

わが国においても世界の進歩に随伴せんため、各種の研究、苦心を重ねたる上、ついに明治二十二年村田連発歩兵銃、同騎銃を制定し、無煙火薬を用いてこれが効用を増大せり。この二十二年式村田連発銃は、製作に多くの年月を要せしをもって、明治二十七、八年戦役には全隊にこれを配付する能わざりしも、一部にこれを携帯せしめたり。精鋭なるこの連発銃も世界一般の進歩駸々（しんしん）として止まざるをもって、さらに幾多改良の余地を生じ、明治三十年には三十年式歩兵銃、同騎銃を採用するに至れり。

明治十一年七月陸軍大佐武田成章は陸軍卿山縣有朋に次の新銃試験報告を上申した。

少佐村田経芳製作小銃試験報告

一、弾道高低、二、命中精粗、三、点発遅速、四、初速大小、五、反撞強弱、六、弾力緩猛、七、機関繁簡、八、製作工拙

一、弾道高低

弾道試験の方法は数法あるが、仏国カンドシャロン学校の教程に記載された最

も簡易な方法を採用した。それは銃を鉄製の照準架上に載せ、銃口から六〇〇ヤードの距離に標的を置いて、薄い絹布で作った格的をその間一〇〇ヤード毎に一個ずつ置き、一弾道中六ヵ所についてその高低を識別し、各銃六発を試放し、その平均を取り次の成績を得た。

	測高距離	弾道高
第一号銃	三〇〇ヤード	三・九三メートル
	四〇〇	三・五三
第二号銃	三〇〇	三・七〇
	四〇〇	三・三六
第三号銃	三〇〇	三・六八
	四〇〇	三・三二
比較銃	三〇〇	三・七七（ヘンリー・マルティニー銃）
	四〇〇	三・四〇

試験の結果第三号銃を最も優等とし、第二号銃がこれに次ぎ、比較銃はその下にある。

この試験中第一号銃は不発がはなはだ多かったので、以後この銃の試験は中止した。

二、命中精粗

前項のように銃を架上に設置し、射距離を一〇〇ヤードより逐次四〇〇ヤードまで進め、各距離各銃について各々一〇発を方眼的上に試射し、その上下左右の躲避（だひ）（誤差）を平均し、公算躲避表を作る。

	射距離	公算躲避
第二号銃	一〇〇ヤード	上下四・七七四サンチ
		左右五・三二五
第三号銃	一〇〇	上下七・六〇八
		左右二・〇二九
第三号銃	二〇〇	上下一二・五九五
		左右五・〇七二
第三号銃	三〇〇	上下二一・〇三二
		左右六・五〇九
第三号銃	四〇〇	上下二六・〇三四
		左右七・一八五

比較銃　一〇〇　上下五・二四一
　　　　　　　　左右三・五五〇
比較銃　二〇〇　上下一三・〇一二
　　　　　　　　左右五・八〇七
比較銃　三〇〇　上下一四・〇八二
　　　　　　　　左右一〇・九八九
比較銃　四〇〇　上下一五・九一七
　　　　　　　　左右一三・七三六

第二号銃は銃床を損傷したので二〇〇ヤード以上の試験を実施できなかった。第三号銃と比較銃を対照すると二〇〇ヤードを除くほかは比較銃の成績が上回った。

命中試験間第三号銃もまた二〇〇ヤードに至り機関に小損を来した。しかしこれに補修を加えて四〇〇ヤードの試射を全うすることができた。

三、点発遅速

試験の方法は二一弾を連発してその時間を計り、点火の遅速を比較する。第一号銃は前述のように不発が多いため、本試験を実施できなかった。第二号銃は銃床が破損し、第三号銃は機関が毀損したのでいずれも本試験を実施できなかった。

以上の試験は明治十一年四月十八日より戸山学校射的場において始めたが、試験三日を出ないうちに各銃は毀損して用に耐えなくなった。ゆえに試験の目的は既に達したものとみなし、ここに本試験を休止する。

明治十一年六月　陸軍大佐武田成章、陸軍中佐長坂照徳、陸軍少佐間宮信行、陸軍大尉浅野頼滝

陸軍卿山縣有朋殿

明治十三年陸軍省達全書

陸軍歩兵少佐村田経芳発明ノ小銃今般軍用銃ニ相定候條製造方可取計此旨相達候事

但本文小銃ハ村田銃ト可相称候事

明治十三年三月三十日　陸軍卿大山　巌

（村田経芳発明の小銃を軍用銃に制定したので、東京砲兵工廠に製造を命じる。本銃の名称は村田銃とする）

このとき兵器名称に欧米のような年式を採用すべきとする意見もあったが、この意見は容れられなかった。

十月七日　砲兵会議、砲兵第一・第二方面、大阪砲兵工廠　軍用村田銃別紙図面之通相定候此旨相達候事　但照尺目盛ノ儀ハ追テ相達候事

（別紙図面のとおり村田銃を制定したので通知する。ただし照尺の目盛については後日通知する）

明治十四年五月雑誌「偕行」の第一号が発刊された。今日もなお継続して刊行されている「偕行」創刊号の巻頭に村田銃の採用が取上げられている。

明治十三年三月三十日大日本帝国の軍用銃と確定された村田銃は歩兵中佐村田経芳氏の創製するところに係る。その発明の次第をたずねると村田氏は旧鹿児島藩士にして文久三年（一八六三）該藩において小銃様式を発明決定すべき委員を命ぜられ、翌元治元年に至り二種の銃を発明した。時に藩命を受け長崎に至り軍用銃を購求し、ついで戊辰の役に従事し、二年御親兵を命じられ、四年陸軍大尉に、七年同少佐に任じ

られ、また製造に遑なかった。八年一月射的術研究のため欧州へ差遣され、英・仏・独・瑞西などの諸国を経歴した。氏は嘗てより小銃改良の志があった。この際頗るこれに注意し、十一月に帰朝した後、ついに認可を得て二種の小銃および室内銃を試製した。翌九年三月我国戦用銃の様式を確定することを建言し、ついでその委員を命じられた。その着手中また西南ノ役があって参戦し、田原坂の戦を経て熊本に至った。この間絶えず銃製に注意し、四月二十日熊本城外保田窪の戦いにおいて各兵が携帯する小銃の使用および機関の便、不便などを激戦中に目撃し、ついに自らこれを試みるため兵卒とともに戦線に出て、敵前わずか百メートル以内に接近し、銃傷を蒙るに至った。凱旋の後再び製造に従事し、十一年四月に至り三種の銃を試製してこれを提出した。ここにおいて小銃試験委員砲兵大佐武田成章、歩兵中佐長坂昭徳などの諸氏にこれを実試講究された。これを第一回の試験とする。この試験中少しの損所を生じ、村田氏また改製の命を受け、五種の銃を創製し、その十二月に完成した。委員は第二回の試験を行った。この試験においても各種弊害が生じ、機関中一部に損所を生じた。あるいは不発もあり、そのために試験を中止し、その五種の中から比較的優等な者を選び、村田氏に付し更に一層の意匠を加え、これを改造するよう命じられた。よって一種六挺を製造し、翌十二年九月に至り完成した。氏は自らこれを試験すると命中など大いに正確であったので直ちに提出した。委員は第三回の試験を行った。この試験においては各機部および他の各部に些少の欠点はあったが、大体において前回試験に優ることを確認した。しかし時に命中が正しくないことがあるのは前回試験に劣るとの意見もあった。氏は自ら試験場に臨み、これを点検したところ、当初これを製造する時優良な銃床に乏しく、未だ十分乾燥していない木材を用いたことにこの原因があることを発見し、これを委員に告げた。委員はこれを了承し、更に精良な木材でこの種の銃六挺を製造させることを上請した。氏はまた命を受けて良材を選定し、翌十三年二月に至り竣工した。委員はまた第四回の試験を行ったところ、弾道、命中、射撃の速度、浸透力および残滓の多寡など皆精良を極めた。機関の作用については多少の意見があったが、銃の全部が学理に適し、間然する所はなかった。ゆえに僅少の改良を加えれば、この銃をもって我国の戦用銃となすべきことを委員らは確認して上申した。氏は直ぐに少しの改良を加えたのでその三月の将官会議においてこれを軍用銃となし、村田銃と称すべきことを決定し、上記のとおり達せられた。現今東京砲兵工廠において製造するところの者すなわちこれなり。

東京砲兵工廠

軍用村田銃（紀元二千五百四十年式）
銃剣を着けない銃の重量　四・一二六キロ
銃剣を着けた銃の重量　四・八六八キロ
銃剣を着けない銃の長さ　一・二八七メートル
銃剣を着けた銃の長さ　一・八四七メートル
銃身旋条の長さは六九口径すなわち七五九ミリ
腔線間の凸部を測った腔径　一一ミリ
腔線底を測った腔径　一一・三五ミリ
腔線　数五、深さ〇・二ミリ、幅四・八ミリ、方向右より左、斜度三度五一分、
纏尺五〇六ミリ
最大照尺度　一七〇〇ヤード
薬筒重量　四三・三グラム
弾丸の重量　二六グラム
火薬の重量　五・三グラム
薬筒の重量　一二グラム
弾薬筒の長さ　七七・五ミリ

弾丸の速力　四三六メートル（銃口より二五メートル）

明治十三年村田銃制定の際これに御紋章鐫刻（せんこく）の議があり、ことに小銃は各人携帯のものであるから、兵器尊重心を涵養することが最も必要と認められ、実行された。爾後制定の各式小銃にも前例にもとづき鐫刻された。

そもそも兵器に刻された御紋章の由来は、廃藩置県にともない明治五年各藩は兵器を政府に還納したが、これらの兵器にはそれぞれ幕府および三百諸侯の家紋もしくは徽章などを打刻してあったため、政府は所有権が国家に移り、陛下の兵器となったことを明らかにするため、主要兵器の銃砲に御紋章（単弁）を打刻し、これを軍隊に支給した。

明治十五年三月二十二日「軍用村田銃分解及装填法」

一、銃身

銃身は精煉した鋳鋼で造り、全長にわたり円形で薬室部のみに一角を与え、これに底筒を螺着する。銃身の全長は八二〇・五ミリで、その腔径一一ミリとする。この銃には五条の腔綫を施す。その腔綫は深さ〇・一二五ミリ、幅四・八ミリで、銃腔の軸に対して右より左に三度五一分傾斜する。その纏尺（てんしゃく）は腔径の四六倍すなわち五〇六ミリとする。銃身内の腔綫を施した部分の長さは腔径の六九倍すなわち七五九ミリである。薬室の径は一四・一ミリで、その長さは六一ミリ、その形状はほとんど円錐形をなし、弾丸の入る部分の径を一二・二ミリとする。薬室部の外径は二七ミリで、銃口の外径は一八ミリである。銃身には照尺および照星を設ける。

照尺は銃身に二個の螺子で付着するもので、後方に蝶番（ちょうつがい）があり、前方に倒伏することができる。照尺には三〇〇ヤードより六〇〇ヤードまでの四階段を設け、表尺には左右同高の度線を彫刻する。この度線は七〇〇ヤードに始まり、一六〇〇ヤードに終る。表尺頂の照門は一七〇〇ヤードとする。照門は総て半円形をなす。二〇〇ヤードの照門から銃身軸までの間隔は二〇・四五ミリである。

照星趺坐は銃身上銃口から三五ミリのところに銲着するもので、これに照星を挿着する。照星は三角形をなし、照星より照尺の第一照門すなわち二〇〇ヤードの照門に至る間隔は五五一・二ミリである。照星頂より銃身軸までの間隔は一四・三ミリとする。

二、底筒

底筒は鋳鋼で造り、銃身に螺着し、遊底を入れる室とする。その上部を槓桿を入れる幅に穿開し、右方に槓桿を倒臥するだけの方窓を穿ち、左側には幅一ミリの溝を設け、これを抽筒子の室とする。上部穿開の部をわずかに削り取った部分があり、これを駐底路とする。また下部後方にやや方形の趾刀があり、銃の反撞を支駐する用をなす。底筒には逆鉤発条および範軌を螺着する。逆鉤発条は鋼鉄で造り前端を螺子で底筒に固着し、後端に長方形の突起部逆鉤がある。底筒の内部に入り撃鉄がこの部に鉤する。

三、遊底

遊底は鋳鋼で造り、槓桿、円筒、撃鉄、撃鑿、撃鑿発条、抽筒子の六部からなる。

槓桿は円筒と一体とし、遊底を開閉するとともに発条を内蔵する。槓桿の中央に角孔を鑽開して撃鑿発条室とし、頭部の螺子で撃鑿発条の脱出を防止する。槓桿を倒伏するとき槓桿脚は方窓内に入り、射撃の際反撞を受ける主なところとなる。

円筒は槓桿と一体で底筒室内に入り、前端は薬筒に接し、後端は撃鉄に接する。その中央には撃鑿室孔を鑽開し、前方を小孔として撃鑿尖を収容する。円筒の前方槓桿脚の右側に小孔を穿って撃鑿尖室に連絡し、射撃の際雷管が破裂して内部に侵入したガスを脱出させる。

撃鉄は円筒と同種の鋳鋼で造り、撃鑿とともに室中を滑走する。撃鉄の下方に二階段を設け、第一を安全の階段とし、第二を撃発の階段とする。

撃鑿は鋼鉄で造り、撃鉄を貫き円筒に入り、撃鉄とともに進退する。針尾は撃鉄の後端に密接し、発射の際薬筒が破裂して火薬ガスが後方に漏出するのを防ぎ、針幹を大小の二径として撃発の際雷管が破裂して撃鑿室にガスが侵入するのを防止する。

撃鑿発条は精煉した鋳鋼で造り、槓桿の角孔内にあって長枝は撃鑿の角孔に入り、短枝は撃鑿幹の面に接し、槓桿の起伏によって伸縮し、逆鉤に掛かって発火させる。三・七六キロの重量を受けて五分の二八までの圧縮を極度とする。これを超過すると発条を砕折するものがある。

抽筒子は鋼鉄で造り、底筒の左側にあって前端は銃身の開穿部に入り、薬筒を抽出する。

四、銃床

銃床は銃器の各部を連綴する用具で、胡桃材で造り、前床、床把、床尾の三部からなる。

前床には床頭冠室、前後帯鐶室および銃身室、搠杖溝、底筒室があり、底筒室の右方は槓桿を倒伏するためわずかに削除する。

床把には坐鉄室および駐螺孔がある。

床尾には室および駐螺孔、床尾鈑室および駐螺孔を設ける。銃床の傾度は二一度である。

五、鉸錬

搠杖は鋼鉄で造り、頭部を軟鉄にする。射撃の間に搠杖が脱出するのを防ぐため、搠杖の一端に螺子を設け、搠杖溝底の駐坐に螺定する。また洗浄具を螺着し、腔中拭掃の用に供する。搠杖頭に弾丸の尖頭に等しい窪形を設けているのは、不発の弾薬筒を抽筒子で出せないときに搠杖で衝き出す際に、弾丸の形状を損なうことがないようにするためである。また一つの長方形の孔を設けているのは、洗浄具を用いずに銃腔を清拭するとき、この孔に布片を付着するためである。

床頭冠は軟鉄で造り、前床頭に螺着し、前端の物に触れて毀損するのを防ぐ。

前帯および後帯はともに軟鉄で造り、銃身を銃床に保定する。この両帯の一部を截断し、螺子を設けて緩緊を自由にしている。前帯の右方に銃剣を装着するための駐梁を設け、帯の中央に駐釘があるのは銃剣を装着するため堅固にしたものである。

後帯には前鐶を付ける。この鐶は軟鉄で造る。

坐鉄は軟鉄で造り、床把の後方にあって銃床を堅固にするとともに、鬼墻を付着する坐とする。

鬼墻は坐鉄と同種の鉄で造り、形状はやや半円で前端は鉤状をなし、坐鉄の小角孔に鉤し、後端は坐鉄に螺着して範軌を覆い、不慮の発射を防ぐ。

後鐶は軟鉄で造り、二個の螺子で床尾に螺定する。

床尾鈑は軟鉄で造り、二個の螺子で床尾に螺定し、銃を直立したとき床尾の破損を防ぐ。

六、銃剣

銃剣は精煉した鋼鉄で造り、長さ五七五ミリで鞘には駐剣溝および駐筍発条を付け、銃口に装着する。

七、弾薬筒

弾薬筒は黄銅で造り、形状は円錐形で弾丸が入る部分を縮小し、筒底には爆発管を装着する。装薬の量は弾丸の五分の一、すなわち五・三グラムとする。弾丸の量は二六グラムで、その形状は頭が楕円形、弾体は円筒形である。弾薬筒の全量は四三・九グラムとする。

八、銃の説明および試験の成績

この銃は三節にて装填する。

第一節　槓桿を起し遊底を開く。この運動において前発の空薬筒を脱出する。

第二節　弾薬筒を装入する。

第三節　遊底を閉じる。

銃に銃剣を装着したときその長さは一・八五メートルで、装着しないときは一・二九メートルである。銃剣を装着したときの重量は四・九七九キロで、装着しないときは四・二三六キロである。

初速は一秒間に四三六メートルである。

各距離における弾道の最高度は左のとおり。

二〇〇メートルにおいて〇・〇五メートル、三〇〇メートルにおいて〇・七五メートル

四〇〇メートルにおいて一メートル、五〇〇メートルにおいて二・六七メートル

六〇〇メートルにおいて四・〇八メートル、七〇〇メートルにおいて五・九二

メートル
八〇〇メートルにおいて八・三〇メートル、九〇〇メートルにおいて一一・二六メートル
一〇〇〇メートルにおいて一四・七九メートル
各距離における射角は左のとおり。
二〇〇メートルにおいて〇度一八分、三〇〇メートルにおいて〇度三一分
四〇〇メートルにおいて〇度四二分、五〇〇メートルにおいて〇度五八分
六〇〇メートルにおいて一度一三分、七〇〇メートルにおいて一度二八分
八〇〇メートルにおいて一度五〇分、九〇〇メートルにおいて二度一一分
一〇〇〇メートルにおいて二度三一分
各距離における落角は左のとおり。
二〇〇メートルにおいて〇度三〇分、三〇〇メートルにおいて〇度四九分
四〇〇メートルにおいて一度七分、五〇〇メートルにおいて一度三〇分
六〇〇メートルにおいて一度五三分、七〇〇メートルにおいて二度二四分
八〇〇メートルにおいて二度三八分、九〇〇メートルにおいて三度七分
一〇〇〇メートルにおいて三度四七分

九、村田銃の拭浄法

銃身および諸器具ともに鋼鉄および軟鉄をもって製作されているので、拭浄を怠ると容易に錆を生じ、一度錆を生じるとその面が酸化して回復不可能となる。なかんずく銃腔部に至っては最も注意しなければならない。

およそ新製銃にあっては何銃を問わず発射の際腔部に鉛が固着することが多く、命中不正を生じる。ゆえに五、六発毎に拭浄を要する。

発射の際に拭浄するには先ず遊底を開き、漏斗を薬室内に入れ、銃口を下に向け、銃身が完全に冷めるまで水をそそぎ、その後洗矢で数回拭う。このとき水が遊底部に入らないよう注意すること。このようにしてもなお鉛が固着しているときは、除滓器で拭い、僅少の鉛であっても細かく除却すること。

発射後四、五日間は火薬の気を帯びるので錆を生じやすい。ゆえに毎日清拭すること。

「村田銃取扱法」明治十五年十一月三十一日　陸軍省

全二六葉五二ページの和装小冊子で、冒頭から銃の分解及び結合四葉、銃の保存三葉、銃の検査一葉と続き、残る四四ページは銃の使用法、といっても銃の構造・機能

・射撃に関する記述はなく、いわゆる執銃教練の説明がなされている。村田銃取扱法とは村田銃の固有する性能を完全永遠に保有させるよう取扱うことを意味する、とある。銃の構造図などは収載されていない。

弾丸装填の仕方について次のように解説している。

兵卒肩銃あるいは立銃にあるとき、教官左の令を下す。

(号令) 四段込方(こめかた)ー込めー銃(つつ)

(第一動) 右手で銃を挙げ、左手で照尺の下部を握り、手と肘とを水平になし、直ちに右手をもって銃把を握り、左踵にて半右向をし、同時に右足を後方へ三〇サンチ、右方へ二五サンチ踏み開いて足先を少し内方へ向ける。

(第二動) 両手で銃を倒し、左手の親指を銃床に添えて伸ばし、その他の指を銃床の縁よりわずかに出し、銃身に触れることをなく、銃床尾を右の前腕の下にし、銃把を体に付け、右乳からおよそ一〇サンチ下げ、銃口を肩の高さに等しくする。

(第三動) 右手で槓桿を握り、爪を上にする。

(号令) 開(あ)けー薬室(しっ)

(第一動) 槓桿を右より左に全部起す。

（第二動）銃を右に傾けつつ槓桿を後方に引く。
（第三動）銃を旧位に復すと同時に右手を弾薬盒に入れ、弾薬筒の薬部をつまむ。
（号令）弾薬筒ー薬室
（第一動）弾丸を前にし、親指で弾薬筒を薬室に送入する。
（第二動）右手で槓桿を握り、爪を体の方に向ける。
（号令）つめ、薬室
（第一動）遊底を前方に押し、槓桿を活発に右方に倒す。
（第二動）右手で銃把を握り、食指を用心金に添えて伸ばす。

明治十五年十一月騎兵・輜重兵用小銃の様式新定

わが国歩兵銃の様式は村田銃に決定したので、騎兵・輜重兵用の小銃もこれにもとづき調査することになった。しかし歩兵と騎兵はその性質を異にし、したがって戦術上も差異がある。ゆえにその尺度を短縮するのみならず一、二の部分に改正を加えなければその適用は難しい。よって試みに一、二の小銃を試作し、馬上の使用、携帯の便否および的中の精粗などを試験し、速力、弾道など数回の試験を重ね、ついに良結果を得るに至った。そもそもこの様式は騎兵・輜重兵兼用を旨として試作したが、元来各兵の性質・作用の異なる輜重兵の便を図れば騎兵に適せず、騎兵に利あれば輜重兵に便ならず、一挙両全することはできなかった。そこで専ら騎兵を対象として試作し、これを騎兵銃と定め、輜重兵にもこれを応用することにした。ここにおいて試作銃ならびに試験報告および製造書を併せて会議に付し、明治十五年十一月二十九日これを騎兵銃と定め、輜重兵にも応用することを議決した。

内務省警保局が大正十五年十月に出した旧式軍用銃の取扱に関する通牒では、本銃を十三年式村田騎銃と分類している。本銃は十三年式村田銃の騎兵用であることから、十三年式村田騎銃としたのであろうが、上述のように本銃は村田歩兵銃と同時に制定されたものではない。また本銃を十六年式村田騎兵銃とする記事を見たことがあるが、公文書上ではその事実はなく、教範など一般文書上にもそのように記載されたものはない。ただし十八年式村田歩兵銃の騎兵用を十八年式村田騎銃と記した史料がある。

明治二十九年十月「軍隊教練」

一、村田歩兵銃の初速は銃口前二五メートルにおいて平均四二五メートル、最大射距離は概ね三〇〇〇メートルで、その射角はおよそ三〇度である。

四〇〇メートル以下の距離における弾丸の侵徹力は、尋常の積土で〇・八七ないし一メートル、砂は三〇ないし三六サンチ、松の乾燥していないものは二〇ないし三七サンチ、密接した古畳は一五ないし一八枚、ゆえに歩兵銃の弾丸を完全に防遏（ぼうあつ）するには積土では一メートル、砂あるいは松材を用いるときは四〇サンチの厚さを要する。

二、銃を照準するには射距離に適当する照尺度をとり、銃を左右に傾けることなく、照準線を正しく照準点に誘導する。銃を左右に傾けると弾着は銃が傾いた方向に偏避し、射距離を減縮する。

照門より照星を現出させる度は平星を原則とする。平星とは照星頂を照門の中央に置き、その両線と水平に現出することをいう。

三、照尺の第一照門は二〇〇メートル、その他二個の階段は三〇〇および四〇〇メートルの射距離に適当し、これより上の照尺は表尺に標刻した数字の射距離に適当する。中間距離における照尺を選ぶには、照準点を命中すべき点の下方に選定するため、その直上距離の照尺度を取ることを規則とする。ただし三〇〇メートル以内における高い目標（膝姿以上）に対してはすべて第一階段を用いるのを有利とする。

照尺を装するには右手の拇指と食指とをもって遊標をつまみ、表尺を少し起しつつこれを動かし、射距離に応じる階段上に置き、あるいは先ず遊標の上縁を表尺の度線またはその中間の標点に接し、その後表尺を起立する。
四、射撃は間断なく演習しなければこれに熟練し、あるいは熟練を維持することはできない。しかし実包射撃は弾数に限りがあるので、その不足を狭窄射撃で補う。狭窄弾は毎年新兵に八〇発、古兵に六〇発を支給する。
五、射撃演習には教練射撃、戦闘射撃、試験射撃の三種がある。射撃演習のため毎年給与する弾薬は士官下士一二〇発、兵卒一二五発、空包は士官以下五〇発とする。

教練射撃の目的は新兵に爆音および反動に慣れさせ、かつ銃の性質を知らしめ、古兵には銃の偏癖を認識して射撃を修正することを知得させることにある。

戦闘射撃は一地の攻撃、防守の両戦を擬するもので、独立戦闘射撃と部隊戦闘射撃がある。独立戦闘射撃における効力の限界は、二〇〇メートル以内は総ての目標、三〇〇メートル以内は孤立立姿および二人併列膝姿兵、四五〇メートル以内は立姿群および孤立騎兵とする。

試験射撃の目標は銃の弾道性能を実際に証明し、銃の用法を了解させることにある。着剣射撃の偏癖、夜間射撃を含む。

六、十八年式村田銃の分解順序

（一）銃口栓、（二）銃剣、（三）負革

（四）搠杖

銃を立てて脱する。搠杖が固着して旋脱し難いときは、その頭部孔内に転螺器の一端を入れ、回転してこれを脱出する。

（五）遊底の駐栓

銃を平面上に置き、銃身を右方に向け、転螺器でこれを旋脱する。

（六）遊底

銃を平面上に置き、銃身を上方にし、右手で槓桿を起し、少し後方に引き、左手で引金を圧し、右手で遊底の後部を握り、その拇指を抽筒子に添え、後方に引いてこれを脱する。

（七）用心金および銃尾の両駐螺

銃を平面上に置き、左手で用心金を保持し、銃尾前駐螺子とともに脱し、後に駐螺子を旋脱する。

（八）上帯

銃を立て、銃身を前方に向け、駐栓を抜き、螺子を緩め、上帯を脱する。

（九）下帯

銃を立て、銃身を前方に向け、螺糸を緩め、下帯を脱する。

（一〇）銃身

銃把を左の腋下に挟み、銃身を下方に向け、左手で照尺の下部を支え、右手で坐鉄の前部を叩きこれを脱する。

明治二十一年十一月「兵林提要」

一、十三年式村田銃銃身の腔心点と照尺枢軸心との距離は一七・一九ミリで、その位置の銃身外径は二三・九八二ミリ、また照尺前部の銃身外径は二二・八九ミリである。

二、十八年式村田銃銃身の腔心点と照尺枢軸心との距離は一六・九七ミリで、その位置の銃身外径は二三・〇八ミリ、また照尺前部の銃身外径は二一・六六ミリである。

三、村田騎兵銃銃身の腔心点と照尺枢軸心との距離は一七・二五ミリで、その位置の銃身外径は二五・二八ミリ、また照尺前部の銃身外径は二三・六四ミリである。

四、十三年式および十八年式村田銃の滑鈑、尺鈑脚部、尺頭表面の準溝は深さ一・

七ミリで、幅三・四ミリ、また尺鈑上端の準溝は深さ〇・九ミリで幅一・八ミリである。

五、村田騎兵銃の滑鈑、尺鈑脚部（三〇〇メートルの位置）の準溝は深さ二・五ミリで、幅五・〇ミリ、また尺鈑上端および尺鈑脚部（二〇〇メートルの位置）の準溝は深さ二・〇ミリで幅三・〇ミリである。

六、照尺の尺度

	十三年式村田銃	十八年式村田銃	村田騎兵銃
射距離二〇〇メートル	一〇・六四ミリ	一〇・八五ミリ	七・一一ミリ
四〇〇	一四・八二	一五・六九	一一・一八
六〇〇	一七・一九	一七・五五	一八・九八
八〇〇	二五・二四	二五・七九	二七・八三
一〇〇〇	三四・八六	三五・六八	三七・四八
一二〇〇	四六・二六	四七・四四	四七・二三
一五〇〇	七〇・五〇	六九・五〇	六九・五〇

七、村田銃実包度量

村田銃鉛弾　口部径一〇・八〇ミリ、底部径一一・〇〇ミリ、全長三〇・五ミリ、

騎兵銃鉛弾　蛋形部長一二・四ミリ、重量二七グラム、品質 錫四・鉛一〇〇
口部径一〇・八〇ミリ、底部径一〇・九五ミリ、全長二八・四ミリ、
蛋形部長一二・四ミリ、重量二五グラム、品質 錫五・鉛一〇〇
薬莢　前身　口部径一一・九〇ミリ、弧接部径一二・一〇ミリ、長一五・六ミリ
後身　弧接部径一三・五五ミリ、底部径一四・一〇ミリ、長三一・四ミリ
底部　起縁部径一六・六〇ミリ、底部径一一・八〇ミリ、起縁部厚一・五
ミリ、底部厚一・三ミリ
雷管室　径六・四〇ミリ、長三・〇ミリ
重量　銃包製造所製一三・一六グラム、火工場製九・六グラム
品質　黄銅（亜鉛三〇・銅七〇）
蠟塞　径一一・二〇ミリ、長三・五ミリ、重量〇・二八グラム、品質 蜜蠟
紙塞　径一一・二〇ミリ、厚〇・三ミリ、重量〇・〇八グラム、品質 堅硬なもの
雷站　径五・七〇ミリ、長一・九ミリ、重量〇・一三グラム、品質 黄銅
雷管　内径五・七七ミリ、外径六・五〇ミリ、長二・七五ミリ、重量〇・二二グラム、品質 黄銅

帯紙　高さ二八・五〇ミリ、幅八八・〇〇ミリ、厚〇・〇五ミリ、重量〇・〇八グラム、品質 光沢があり粘強なもの

装薬　重量五・三グラム

各項目の数値は最大値を示す。公差は鉛弾〇・一ミリ、その他各部は〇・二ミリを許す。

明治十五年十二月十六日陸軍歩兵中佐村田経芳に対する勲位進級ならびに賞与の議案が賞勲局より上程された。

陸軍歩兵中佐正六位勲四等村田経芳勲位進級議案

右は陸軍勲章従軍記章条例第九条第二項に的当するので、陸軍卿の申牒により勲等を進め、賜金を与える

勲三等旭日中綬章

賜金千五百円

陸軍省申牒

陸軍歩兵中佐正六位勲四等村田経芳は積年刻苦勉励軍用銃の様式を熱心に研究し、数回の試験を経てついにその結果を得、一種精良の小銃を発明した。この銃は全てが

学理に適し間然するところがないので過般軍用銃に採用し、村田銃と呼称することが決まり、既に現在歩兵隊へは夫々支給したが、その効験は著しく、かつ外国人等もこれを賞賛している。これに加えてその事業はただその銃の便益だけでなく、他人に大いに勉強心を振起させ、将来の工業勧奨の道を開発し、実にその功績は少なくないので、大いに一般に美名を賞せられるに至った。よって今般相当の賞与が至当と考え取調べたところ、陸軍勲章従軍記章条例第九条第二項に該当するので、勲三等に進め、金千五百円を下賜するよう、ここに履歴書を添えて申請する。

同年十二月二十七日村田経芳へ次の達しがあった。

積年小銃改良に刻苦し、ついに精工を究め軍用銃となすに至る。その功績は少なくないので勲等を進め、金千五百円を下賜する。

明治二十一年九月に定められた「村田銃保存法」は戸山学校教官の今村為邦が編纂したもので、主に十八年式村田銃の取扱と構造について記載し、初めて洋式の小型本になった。ただしまだ図解はない。

村田銃保存法から十三年式村田銃と十八年式村田銃の主な外見上の相違点を摘記する。

一、十八年式は銃身前端左方に小駐梁がある。十三年式にはこの設備はない。小駐梁は銃剣を装着するときその動揺を防ぐためのもの。

二、十八年式は銃床に尾筒を固着する二個の結合螺子のため銃尾に二孔を設ける。十三年式は尾筒下部の突出部およびその前方に結合螺子の二孔を設ける。

三、十八年式の尾筒は銃尾が下方に彎曲しているが、十三年式は銃尾が短く下部に突出している。

四、十八年式は尾筒の前方にガスを脱漏する輪窪部があり、その後方に逆鉤発条駐螺子の一孔を設ける。十三年式はガスを脱漏する輪窪部の中に結合螺子の一孔がある。

五、十八年式は遊底を尾筒から脱出するときは遊底駐銓を脱する。十三年式は遊底駐坐駐螺子を脱し、駐坐を取る。

六、十八年式は槓桿を左方に旋回すれば遊底は抵抗なく遊底駐螺子の上部まで退却する。十三年式は遊底駐坐の支部まで退却する。

七、十八年式は銃把上方の銃尾室に駐螺子の二孔を設ける。十三年式は坐鉄室の中に尾筒後駐螺子の一孔がある。

八、十八年式は用心金およびその坐を一個の駐螺子で止めているが、十三年式は駐螺子二個で止めている。

九、十八年式の銃剣は鍔を固着するため二個の小孔を有するが、十三年式は真鍮鉚で鉚着している。

十八年式村田銃制定に関する公文書は確認できないが、村田銃は寸法、重量が日本人に適さないものがあったため、村田大佐はその改良方法を考案して大山元帥に具申し、元帥は直ちにこれを容れて、その改良を命じた。村田銃の機関部および実包を改正し、ことに銃剣に大きな改良を加え、着剣重量を約一割軽減した。十八年式村田銃の制定に合せて従来の村田銃を十三年式と呼ぶことになったが、その経緯が分る公文書も確認できない。ただその後の陸軍の史料には十八年式とともに十三年式の名称が公式に使われている。実際には両者とも村田銃または村田歩兵銃あるいは村田単発銃と呼ばれた。二十二年式村田連発銃も単に村田連発銃と呼ばれていた。

「村田銃薬莢取扱方」刊年不明

一、村田銃薬莢は実包空包とも六回ずつこれを填替えて使用する。

二、現役兵はその隊において填替え、予備役および後備兵復習用は武庫においてこれを填替える。

三、現役兵射的用実包は毎年その六分の五を填替材料で支給し、空包は予備役ならびに後備兵復習用とも初年にこれを渡し、五年間は填替材料のみを支給する。

四、各隊は演習の終りにおいて必ず薬莢を洗浄し、これを乾かしておくこと。

五、各隊において演習後各兵卒より空管を領収するにあたり、前支給数より不足を生じるときは必ずこれを自償させること。

六、武庫および各隊武器掛などその受渡を担任する者は薬莢出納簿を作り、常にその個数をもって記載すること。

七、大演習および号発用など臨時使用のものは一回、その他は既に六回の使用を終えたものは各官衙より直ちに砲兵方面に照会し、これを還納すること。ただし弾薬空箱および束帯も同時にこれを納付すること。

八、校団生徒用も前条に準じるが、その填替は砲兵工廠において施行するので、空管の個数を取調べ年度末に砲兵方面に還納すること。

「火工教程」刊年不明

村田銃の弾薬製造

薬莢は黄銅板で作る。黄銅板は銅六〇ないし七〇、亜鉛四〇ないし三〇よりなる軟質の黄銅で、その成分に銀、錫、鉛などを含有しても極少量であれば問題ないが、鉄分は決して含有してはいけない。

鉛弾は鉛一〇〇分と錫一分の合金で、その性質は非常に軟弱で、爪で傷がつき、紙でこすれば痕が残るものを良とする。

「板橋製造所小銃火薬製造法」刊年不明

一、配合

硝石　七五キロ

硫黄　一〇キロ

木炭　一五キロ（木種水楊（かわやなぎ）、炭化度摂氏二八〇～三〇〇度、炭化時間七時間、得量平均一〇〇分の三三）

二、圧磨混和

装量　二五キロ

一分時圧輪回転速度　六

注水量　一〇〇分の一四～一〇〇分の八、季候の乾湿によって変換、石質湿潤の状況に注目しその水量を定める。
混和全時間　四分一〇秒
三、水搾
薬餅容量　三～六キロ
水分　一〇分の四
層数　二五
気圧一サンチ平方　一〇〇
搾上放置時間　三〇分
搾上の薬餅一層厚　七～一二ミリ
四、造粒
篩眼円孔　〇・六～一・四ミリ
粒数　一グラム二〇〇〇±三〇〇
五、光沢
第一次　装量　一五〇キロ
一分時回転速度　二〇～三〇
付光全時間　一～二時間

第二次　装量　三〇〇キロ
一分時回転速度　一四～一五
付光全時間　一〇～一四時間

六、乾燥
室内温度摂氏三三～五〇度
時間　第一次一〇時間、第二次一〇～一二時間
乾燥時間は気候の寒暖および火薬乾湿の度、粒形の大小により伸縮し、あるいは室内温度を昇降することがある。また天気快晴微風の節は大気乾燥法を行う。第一次乾燥は第一光沢付光の後に行い、第二次乾燥は第二光沢付光の後に行う。
全乾薬が含有する水分は一〇〇〇分の五以下とする。

七、混同　一四四桶

八、比重　仮重〇・八五〇、真重一・七二〇
真重は十六年製造の第六試製薬火薬試験の結果を示す。十八年製造の火薬真重は一・六九〇より一・七〇〇の間にある。

火薬の配合法は各国大同小異だが若干の差がある。それぞれの国が独自に研究して配合率を編み出した。プロシアでは硝石七四、木炭一六、硫黄一〇、フランスでは硝

石七五、木炭一二・五、硫黄一二・五であった。

「村田式歩兵銃検査法」刊年不明

銃身の外部は染烘した暗黒色が剥脱し、あるいは打傷擦損がないか、錆または侵蝕した部分がないか、銃唇を打傷して弾丸を傷つけるおそれがないか、小駐梁を損傷して剣の着脱を妨げていないか、ガス漏孔は清潔かを視るべし。分解した場合には逆鉤発条室は清潔か、銃床に接着した部分に損傷がないかを視るべし。

尾筒はよく整着しているか、方窓の内外に摩擦傷痕および打傷がないか、銃尾の両駐螺は正しく締結しているか、螺頭を毀損していないかを視るべし。以下略。

明治十六年一月二十三日の東京日日新聞に次の記事がある。

性能は世界一だが、製造が追いつかず

わが軍用村田銃の、鋭利と軽便の二長を兼ね備えたるは、本誌にもしばしば記載せしが、このほど陸軍にて、欧米各国の軍用銃数種と、村田銃との試撃をなされしにて、いよいよ世界第一との名を博したりとか。この試撃の法というは、弾道へ薄き木綿の幕を幾張りともなく走らかし、丸（たま）の抜けたる痕を何寸何分と算（はか）る方にて、たとえば第一の幕の丸痕より、第二の幕の丸痕の五分下り、また第三の幕にては七分下るというごとき測り方にて、その銃の山の度(のり)を算し、甲乙の判を付けるなりとぞ。しかるに各国の軍用銃は、この度の差多きも有り少なきも有れども、到底わが村田銃の直進の力鋭きに敵するものは一個もなく、狙撃をはじめ隊兵の使用するにも、この銃を措いて他に優れたるものを見ずと、人々も讃称せられたりとなん。

一八八三年（明治十六）プロシア陸軍少将ベルムトは、ベルリンにおいて日本政府よりプロシア陸軍卿に贈られた村田銃を、歩兵学校監督兼スパンダウ射的学校長陸軍少将フォン・サニチーに付与し、精密に試験するよう依頼した。ただしこの村田銃は陸軍大佐村田が発条を改修したものであった。射的学校は同年十月下旬フォン・サニチー少将臨場のもと、この銃を詳細に試験した。その判定は左のようであった。

一、銃の製作は非常に精密で、所用の材料は良好である。

二、螺線発条に換えて緊圧発条を用いたのは顕著な改良と認める。

三、口径を小さくしたのは有利である。

四、数次の試射により、その総体は優偉であると判定する。

結論として、村田銃ははなはだよく軍用に適するものである、と同年十一月十五日付ベルムトより来信があった旨、在独ベルリン大山中将より山縣参謀本部長に書簡があった。

明治十六年三月陸軍省は村田銃製造器械の購入と工場増築の費用増額を要求した。新銃ならびに弾薬製造費は去る十一年度から予算年額一八万八三〇〇円が付き、以降一五ヵ年間にわたって継続支給されることになった。先年より村田銃製造に着手しているが、器械が不十分であるため現今までに製造したものはわずかに一万余挺に過ぎない。ようやくこの程一日二四、五挺ずつ竣工するようになったが、最早これ以上竣工数の増加は困難である。この水準で考えれば全数一〇万挺が竣工する日も自然に遷延し、そのうち現今支給の小銃交換の期限にも遅れることから、一層速成の方策を立てないと非常準備用にも差響き、不都合が少なくない。ついては在来の製造器械を合せて一日新銃八〇挺を製造できるよう、器械を増加いたしたく、特別の御詮議をもって器械製造買上ならびに工場建足しのため、金八万九〇三九円を東京砲兵工廠興業費として支給してもらいたい。

これに対して大蔵省は新銃製造速成を要するのはやむを得ない要費と考え、大蔵卿副申においても異議なしとして、同年三月十二日会計検査院へ移牒した。

同年五月十七日陸軍省より東京砲兵工廠へ次のように示達された。

村田銃製造器械買上ならびに工場建足しのため、興業費として金八万九〇三九円を支給するので、東京砲兵工廠小銃製造所建設費の中に科目を設け、小科目以下は従前の科目に倣い決算すること。

同年十一月一日陸軍省より、村田銃製造所および器械買上の儀は本年三月十五年度興業費として金八万九〇三九円が支給され、事業に着手したところ、年度中に予定したように竣工に至らず、その残額金七万七二五二円余を一旦国へ還納するので、さらに十六年度興業費として支給されたいとの申出があった。これに対し同年十二月七日本件は余儀ない次第であるから、残金は十六年度へ繰越すことが特別に許可され、会計検査院および大蔵省へ移牒された。

明治十七年度陸軍省決算報告書によると、東京砲兵工廠村田銃製造所建設に要した費用は村田銃製造器械購買費が一万二五一九円余、建築費三四八円余、合計一万二八六七円余であった。なお前期決算額は村田銃製造器械購買費が四万三七八二円余、同器械据付費が二〇〇五円余、雑具購買費二九四三円余、建築費三四一二円余、合計五万二一四四円余であった。

村田は明治六年兵学寮付となり本格的に小銃の研究に着手したが、ある日西郷隆盛から呼ばれ小銃の開発を激励された。西郷は征韓論に破れ鹿児島に引き揚げたが、村田は熟慮の末止まり、西郷従道の知己を得たのであった。さらに大山巌の後ろ盾もあり、完成した村田銃には自信があったようだ。

明治十八年三月歩兵大佐村田経芳は仏国猟歩兵第二大隊における村田銃試験報告に対し次のように回答した。この試験報告には村田銃に否定的な見解が多く、村田は逐一これに反論している。その中には村田の広い識見も窺えるが、容易に他者の意見に肯じない村田の頑固な性格も感じられる。

仏・村田銃に銃剣を付けたときは一八七四年式銃より二〇〇グラム重い。ゆえに村田銃に銃剣を付けたときは中等身長の射手には少し重い。

村田・村田銃を製造する初めは軽い銃剣を使ったが、これは採用にならなかったので、現在の重い銃剣を使用することに決定した。

銃剣の装着法はドイツ、イギリスの軍用銃に類した方式で、フランスの装着法より堅固である。フランスの軍銃は銃身のみで銃剣を支えているので、銃身に狂いを生じる害がある。

銃床はグラー銃に比べれば肉部がやや薄いが、各国軍用銃に比べれば薄くはない。床尾頚が細いというが各国銃は皆そうなっている。フランス銃だけがオランダの旧式ミニエー銃のようである。

弾丸はグラー銃よりやや重いので反撞を少し感じるが、その原因は銃剣を脱すればグラー銃より軽いからである。

日本軍銃とグラー銃の命中比較試験はわが国においても既に行った。グラー銃は一発毎に洗浄するときはよいが、連射するときははなはだ不同を生じ、二〇〇メートルにおいて一〇発放射するとついに一〇発目の弾は二メートル方形の標的に命中しなかった。射距離を遠隔するにしたがってその害は益々はなはだしく、各国軍銃に比べれば命中が最も劣るゆえに、射的銃の性質より見るとき欠くところはないが、軍用銃の性質から論じるときは欠くところがある。

また日本軍銃はヤードをもって照尺を示しているので、二〇〇メートルの距離を射撃するときはその差は少ないが、四〇〇メートルの距離ではその差はやや大きくなるので、四〇〇メートルの射撃において弾着が低くなるのはもって知るべしである。

仏：薬包を抽出し難いために速度が劣る。

村田：薬包を抽出し難いことは薬筒の出来による場合もあるが、持ち慣れた銃とまだ持ち慣れていない銃とをもって験速射的を行うときは、必ず持ち慣れた銃の方が速い。わが国において現に限秒射的を行うときは少なくとも一四発を下らず、多いときは二〇発余を発射する。これを見るときはグラー銃で熟練兵の一四発射撃は不十分である。

仏：日本村田銃は一八七四年式銃に等しい軍用銃で、その機具などはフランス銃すなわち一八七四年式より錯雑であるため、分解はフランス銃より難しく時間がかかる。その工作はフランス銃のように精密ではなく、急速射的の速度はフランス銃より劣るが、四〇〇メートルまでにおける験正射的においてはフランス銃に勝る。

村田：日本軍銃はグラー銃より錯雑云々とあるが、その機関の数は同数で、帯鐶が螺締であるところが異なるのみである。しかしグラー銃には帯鐶を止めるのに発条を使っているので、分解の際木槌を使わなければならない。このため銃床を傷つけ、また分解は容易ではない。

仏：村田銃の製造は軍用銃の性質を欠き、射的銃の目的に偏している。たとえば照準溝が小さいのは咄嗟の間に照準することが難しく、尖鋭な照星は欠損しやすい。

村田：照星は破損のとき容易に修理できるよう横から挟み入れて、ハンダ付けしたもので、ドイツ、ロシア、フランスの軍用銃は皆このような照星であるが、グラー銃は照星頭の幅は〇・八ミリで、村田銃は一・〇ミリの弧形をなし尖鋭ではない。照準溝が小さいので照準が難しいとあるが、グラー銃は照門が大き過ぎかえって急速の照準に遅れるおそれがある。

仏：村田銃は木栓を多く使っている。木栓はこれを解脱し、これを嵌入する度数が多いとその螺子部を消損し、ついに螺線具が用をなさなくなる。そのために欧州の自今軍用銃は木栓を減らし、軍用銃の保持に注意している。

村田：木栓多しとあるが木栓は一ヵ所も使っていない。帯鐶の締螺をいっているようだが、締螺にしたのは分解に便利で銃身および銃床を傷めるおそれをなくすためである。グラー銃の帯鐶は締螺ではないので、帯鐶を脱するには木槌を使用し、銃の分解が困難であるのみならず、銃身および銃床を傷つけ、また床木が湿度による変化を受けることがはなはだしい。解脱の度数が多いときはその螺状を消損し、ついに螺線が用をなさなくなる、とあるがグラー銃の円筒駐は短い螺止である。帯鐶を脱して銃身を脱するのはしばしば行うことではない。円筒の解脱は射的その他演習の後、手入などには必ず解脱するのではなはだその回数は多いものである。そのときは螺状の消損が最も顕著であろう。これをもって解脱の度数が多い云々の論ははなはだ理解し難い論である。また欧州自今軍用銃は木栓を減じたとあるが、イギリス軍用銃は日本軍用銃と同じく螺締帯鐶である。

仏：照尺の貼着方が欧州に用いる軍用銃（たとえばグラー銃）と相反する。六〇〇ヤード以上の照尺を用いるときはその照尺を立て、またこれを前方に倒さなければ、その照尺の示指を決めることができない。これを反対の方向に嵌着すれば数字を読むのに便利となり、咄嗟の際大いに利するところがある。

村田：日本軍銃は英米の軍銃と等しく、照尺を立てるときはかえってその数字を読みにくい前方に倒したままで、示指を決めた後に立てるのを最も便利とするところである。グラー銃はこれに反し後方に倒しているものを一度前方に倒し、初めて示指を決めた後に倒さざるを得ないのではなはだ不便である。これをその反する方向に嵌着すればというのは全くグラー銃と日本軍銃とを見違えた論である。

仏：製造上から見れば銃剣が重いことは銃の重量を増し、銃床の握り部が小さ過ぎるのは兵が薬室部を開く際に手掌を負傷するおそれがある。欧州各国では徒歩兵の負担物量を減じ、軽捷な兵とする方向にある。無用の重量は努めてこれを軽減することを要する。

村田：銃剣の重さについては至極至当である。初めに製造した銃剣は最も軽便であったが、当時採用にならず、当今の重い銃剣を製作することになった。銃床の握部云々は握りが太い方が最も堅固であるが、当今の握りでも日本人には太すぎるほどで、細いものを好む者が多い。日本人とフランス人では身幹も異なるので、あまり太すぎるときは射的などの使用にかえって不便となる。

仏：金具の製造が均一でないものがある。試験の際村田銃の金具とフランス・グラー銃とを比較するとその精粗は大いに違いがあった。また村田銃二挺の金具を取り、これを比較すると著しい差があるものがあった。これは監工の検査が精密に行われていないか、または準規が精密でないことによると思われる。これは製造上において最も注意すべきことである。

村田：この論至極尤もである。創業未だ日が浅いためにフランスのような年来製造に従事する者よりこれを見るときはそうであろう。村田銃二挺の金具を取り比較した結果著しい差があったのは、先年フランスへ送った銃と今回送った銃を比較したものであろう。使用する器具その他に年を重ねるにしたがって改良を加えているので、あるいは差異を生じることもある。工業の発達にともない些少の差もなくなるであろう。フランスのように銃器の製作に年を重ねても先年中のグラー銃と当今のグラー銃とは大いに差を見る。

仏：弾薬筒の製造においても頗る差異がある。仏国軍用弾薬を添えるのでよく研究されたい。

村田：フランスより陸軍省へ送った薬筒により数十発の試験射撃を行ったところ、ことごとく雷管の縁からガスを漏らし、撃鑿孔より円筒の内へガスを吹込み、撃鑿の運動に妨害を来すのみならず、銃の手入にも困難である。アメリカ、ドイツの薬筒よりはるかに劣る。フランスより見本として送ってきた薬筒は硫酸で洗拭しているので見分はよいが、別段見本とするほどのところはない。地金の質は幾分か優るところがあるようだが、雷管を二重にするのは繁雑で効果はなく、かえってガスを吹き漏らし、日本薬筒よりはるかに劣る。見本とすべきものはアメリカ、ドイツなどの薬筒である。

明治十九年一月二十三日内閣総理大臣伯爵伊藤博文は陸軍大臣伯爵大山巌に左の書簡を送った。

陸軍軍用新式銃ならびに弾薬製造費として明治十一年以降一五ヵ年間毎年金一八万八三〇〇円を別途交付すべきところ、漸次器械場の整頓にしたがい事業が進捗したため、製造費の繰上げ交付の要求があったので、製造費金一三三万七二九八円五九銭三厘を一時日本銀行より大蔵省へ借入し、陸軍省へ交付することとし、以後交付すべき年額金をもって年々日本銀行へ戻し入れることにする。ただし借入金利子は陸軍省経費内より支払うこと、かつ利子歩合ならびに借入時期などは大蔵大臣と協議すること。
明治十九年五月内閣の決議を経て大蔵大臣と陸軍大臣との間に左の約定を締結した。
第一条　陸軍大臣は陸軍軍用新式銃ならびに弾薬製造費の明治十八年度分として金一三三万円を、十九年度分として金七八万円を十九年度中において三回ないし五回に分割し、また二十年度分として金二二万七二九八円五九銭三厘を二十年度中において三、四回に分割して、当該金使用の時期一ヵ月以前に、その交付請求書を大蔵大臣に送付すること。
第二条　大蔵大臣は前条請求の金額を一時日本銀行より借入れ、陸軍省へ繰替貸としてこれを交付すること。
第三条　日本銀行より借入した金はその日より償還の前日まで一ヵ年五歩五厘の割合に当る利子を要するので、陸軍省はこの歩合相当の金額を毎年九月、三月の両度に大蔵省へ納付すること。大蔵省はこれを日本銀行へ払渡すものとする。ただし利子歩合はいかなることがあってもこれを増加することはない。

第四条　陸軍省は第二条繰替借の還納として明治十九年度より二十四年度まで年々金一九万一〇四二円六五銭六厘ずつ、二十五年度において金一九万一〇四二円六五銭七厘を、毎年度五月、八月、十一月、二月の四期に分けて大蔵省に納付すること、大蔵省はこれを日本銀行に払渡すものとする。

第五条　第三条利子相当の金額および第四条還納金は総て陸軍省経費予算額内をもってこれを支弁すること。

明治十九年度東京砲兵工廠兵器弾薬製作員数表によると、村田銃二万七八六一、村田銃実包（方面在庫薬填）八四七万二五〇〇、村田騎兵銃一二三、村田銃木製洗矢六万、村田銃実包用鉛弾一〇〇万、同雷管一〇〇万、村田騎兵銃鉛弾二〇万、村田銃空包五九四万四六〇〇、村田銃実包用発火金一〇〇万、村田銃替発条四〇〇、村田銃弾薬盒二万二〇〇、村田銃用槓桿締革二四〇〇、村田銃撃茎発条二二、村田銃転螺器一万二〇〇、村田銃剣差一七、村田銃剣鞘二九五〇、村田銃負革一万、その他を製作している。なお大阪砲兵工廠でも村田銃弾薬盒一万五六六〇、その他の用具を製作している。

明治二十年一月村田銃照尺のヤードをメートルに改正するとともに、撃鉄の仕様を一部改正することとし、東京鎮台支給の分から順次東京砲兵工廠で改修した。

明治二十年二月村田式騎兵銃照尺のヤードをメートルに改正することとし、士官学校、戸山学校渡し分を東京砲兵工廠で改修した。

東京砲兵工廠では村田銃の大量生産を実施してはいたが、その銃身は国産ではなく、鍛錬済の棒鋼を輸入して、これに穿孔作業をするだけのものであった。技術的に至難な製鋼事業は、早くから兵器材料の自給主義をとった海軍造兵廠を除けば、明治二十二年頃までどの工廠でも本格的に着手していなかった。このように村田銃の製造は兵器生産の最終工程である金属加工または機械工作の面にのみ技術的独立を果したものに過ぎず、真の意味で兵器生産の独立ではなかった。

村田銃材料の品質

名称	（材料）製品の摘要
銃身	銃身（鋳鋼）、研磨して暗色に染烘する
	駐梁・照星趺坐（瑞典鉄）、研磨して暗色に染烘する

照尺　照星（五号鋼）、研磨して暗色に染烘する
照尺趺坐（ベスメール鋼）、研磨して暗色に染烘する
同発条（発条用鋼）、健淬して研磨する
表尺・遊標・表尺頭（五号鋼）、研磨して暗色に染烘する
駐釘（鋼線）

機関　尾筒（銃尾用一等ヒュートシー鋳鋼）、健淬して研磨する
遊底（銃尾用瑞典線）、健淬して研磨する
遊底駐栓（鉄線）
遊底坐（瑞典鉄）、炭素焼をなす
十三年式遊底（五号鋼）、研磨する
撃茎（二号鋼）、研磨する
撃茎発条（発条用鋼）、健淬して研磨する
撃鉄（五号鋼）、健淬して研磨する
撃鉄駐栓（鉄線）
抽筒子（二号鋼）、健淬して研磨する
逆鉤発条（発条用鋼）、健淬して研磨する

駐脾（瑞典鉄）、研磨する
引金（五号鋼）、健淬して研磨する
同駐釘（鋼線）
用心金（瑞典鉄）、研磨して黒色に染烘する
用心金坐鉄（瑞典鉄）、研磨して黒色に染烘する

鉸鍊

床鈑（瑞典鉄）、炭素焼をなす
床冠・上帯（瑞典鉄）、研磨して暗色に染烘する
下帯、同駐栓（鉄線）、炭素焼をなす
𨱑環（瑞典鉄）、研磨して暗色に染烘する
同駐栓（鉄線）、研磨して暗色に染烘する
十三年式下帯（鉄線）
床尾𨱑環・下帯𨱑環（瑞典鉄）、炭素焼をなす
搠杖頭（五号鋼）、研磨する
杖茎（鋳鋼）、研磨する
杖茎駐鉄（瑞典鉄）

銃床

銃床（胡桃材）、塗油する

螺子　照尺頭駐螺子（鋼線）、研磨して暗色に染烘する
照尺趺坐駐螺子（鋼線）、研磨して橙黄色に染烘する
遊底駐栓・同坐木螺子・十三年式遊底駐坐駐螺子・撃茎発条駐螺子・銃尾前駐螺子・同後駐螺子・逆鉤発条駐螺子・用心金坐鉄駐螺子・床尾鈑駐螺子・上帯駐栓・床尾黐環駐螺子（瑞典鉄）、炭素焼をなす
逆鉤駐螺子（鋼線）、研磨して橙黄色に染烘する
床冠駐螺子・上帯駐螺子・下帯駐螺子（鉄線）、炭素焼をなす

附属具　負革（牛皮）、茶褐色
銃口栓（黄銅）、研磨する
転螺器（五号鋼）、刃先を健淬し、他は暗色に染烘する
洗矢・禿（黄銅）、研磨する
木製洗矢（幹は樫材で、頭部に黄銅線で豚毛を付ける）

銃剣　身（銃剣用鋼）、健淬して研磨する
鍔・柄頭・柄頭駐螺子・柄頭牝螺子（瑞典鉄）、研磨する
全駐栓・柄頭駐栓（瑞典鉄）
圧子（五号鋼）、健淬して研磨する

扁平発条（発条用鋼）、健淬して研磨する
鯉口・弾鎖子切羽（鉄板）、研磨する
弾鎖子（鋼鈑）
弾鎖子発条駐栓・鯉口および鐺駐栓（鉄線）
鈕・鐺・鐺底鉄（瑞典鉄）、研磨する
剣鞘（牛皮）、黒色に染着する
剣柄木（胡桃材）、塗油する

村田銃が実戦に使用されたのは日清戦争（明治二十七八年戦役）が最初で、十三年式および十八年式村田銃が用いられた。清国軍の小銃はレミントン銃であったが、上海小銃製作所の工作技術が拙劣で、重量が重く粗雑なもので、銃器の優劣は明らかであった。わが軍も後備兵は村田銃の不足からスナイドル銃を支給された。

第五章　村田連発銃

明治二十年十一月東京砲兵工廠は陸軍歩兵大佐村田経芳の考案になる小口径連発銃を小銃製造所において試作した。翌二十一年五月その修正銃ならびに図書が村田大佐から差出された。

明治二十一年一月十四日陸軍省は小口径連発銃制式審査委員を次のように任命した。

小口径連発銃制式審査委員長　黒田久孝（東京砲兵工廠提理・参謀本部陸軍部第三局長・砲兵会議議員・臨時砲台建築部事務官・陸軍砲兵大佐）

小口径連発銃制式審査委員　太田徳三郎（砲兵会議模範掛陸軍砲兵少佐）

今村為邦（戸山学校教官陸軍歩兵少佐）

椙（すぎ）原透（戸山学校教官歩兵大尉）
天野冨太郎（参謀本部陸軍部第一局課員・陸軍大学校教官・陸軍砲兵大尉）

明治二十二年四月東京砲兵工廠提理黒田久孝は村田歩兵大佐他二名の欧米派遣を陸軍大臣に上申した。その目的は、近時欧米各国の軍用銃は弾道の低伸と射程の遠大を企図するため、専ら小口径連発銃の制式を採用するに至った。わが国においても両三年前より小口径連発銃の研究を怠らず、ついに今回村田連発銃が制定採用された。爾来製造の令達もあり、製造に従事しつつあるが、村田連発銃の制式は軍用村田銃と比べれば数層の精密を要するのは勿論、間々製作に困難な部分があり、意外に工金を費やし、したがって銃器の製造費を高貴ならしめるのみならず、姑息の製造法により不良の銃器を製出するおそれがあり、頗る苦慮している。ついては銃器製作の方法あるいは職工使役の程度、器械工具の使用法など欧米各国の製造所について実地研究習学することにより、良器を低廉に製作する鴻益を収めることを確信する。よって村田歩兵大佐以下二名を小銃製造法取調のため欧米各国へ差遣いたしたい。

東京砲兵工廠付　陸軍歩兵大佐村田経芳（ツネフサ）
陸軍砲兵監護（准士官）山崎與

陸軍六等技手渡邊栄英

筆者注：この史料では村田の名前の読み方をツネフサとしている。村田経芳の名前の読み方はどの資料でもツネヨシとなっているが、この史料は村田が所属する組織の公文書で、旅券申請に関連するものであるから、間違いはないはずである。確かに芳はフサとも読む。あるいは出生届上の読み方はツネフサだったが、日常的にはツネヨシで通したのかもしれない。「議会制度七十年史」（昭和三十五年衆議院・参議院編集）にもツネヨシとルビが振ってある。

議会制度七十年史は村田を左のように紹介している。

村田経芳　男爵、従二位、勲一等、貴族院議員

天保九年（一八三八）六月生、本籍鹿児島県、明治四年陸軍大尉となり、のち同少将に昇進、この間東京鎮台出仕、戸山学校教官、砲兵会議議員、砲兵工廠御用掛、銃工所専務などのほか、シャスポー銃改造につき造兵司御用、小銃試験委員、村田銃保存法審査委員など歴任、同二十三年予備役に編入、また第四回内国勧業博覧会審査官となる。同八年射的学研究のためプロシア、フランス両国へ、同二十二年欧米諸国へ出張、実用的刀剣村田刀の発明でも知られる。大正十年二月九日死去。

明治二十二年において東京砲兵工廠は予定の村田銃製造を終り、連発銃の製造を始めようとしていた。これに要する製造器械の修正、新調などの準備工事が多く、順次これを整頓して十月中に至り工事は著しく繁忙を来し、既に一〇〇〇余挺を製造した。その薬莢の製造においては徒に多数製作に拘らず、専ら工作の精巧を図った。村田連発銃に供する火薬の圧力に対抗するためにはまだ多くの研究をする必要があった。同年中に製造した村田連発銃は一〇三九挺、村田銃は一六九八挺、連発騎兵銃一挺、短村田銃七五五挺、村田式猟銃五一〇挺であった。

明治二十二年十二月奈良県知事子爵税所（さいしょ）篤より「第壱号短村田銃」を射的研究用として払下の願いがあったので、陸軍大臣伯爵大山巌は東京砲兵工廠に対し同銃九挺を奈良県警部長田中貴道に払下げるよう命じた。

奈良県から「第壱号短村田銃」という名称を使って指定しているが、この銃は村田騎兵銃であろうか。

この頃から各自治体より村田銃の払下要求が連発された。用途は主に射的練習用であったが、有名な新兵器村田銃で早く調練をしたいという願望から出たものであろう。

明治二十四年十二月十一日騎兵監佐野延勝は監軍（検閲、軍令事項の執行を担う）子爵三好重臣に対し「現今の騎兵銃を連発銃に改める意見」を上申した。その内容は左のようであった。

「方今の戦術では騎兵も銃を携えて戦う必要がある場合が少なくない。わが国のように蔭蔽、断絶、起伏の多い地形でしばしば独立勤務する騎兵にあってはことにそうである。そもそも騎兵の火戦（主に徒歩戦）は概して長時間の戦闘をすべきものではなく、堅固な陣地に拠り遠距離より迅速激烈な射撃を行い、もって敵を不意に撃破することにある。ゆえに射程が長く瞬時に多くの弾丸を発射でき、かつ携帯に最も便利な手銃を携えなければならない。

しかし現今の騎兵銃はこれらの性能を欠くところが多い。その一、二を挙げれば射程はわずかに一二〇〇メートルに過ぎず、歩兵銃に遠く及ばない。また瞬時にできるだけ多くの弾数を連射しようとしても単発銃であるから不可能である。さらに銃長は騎兵銃としては長過ぎる感がある。馬上は勿論徒歩においても操作に不便なことは実験から明らかである。これに加えてその負革は銃床下に付いているので、馬上で銃を背負ったときは兵卒の背上において動揺がはなはだしく、そのために兵卒を傷つけ、徒に疲労させる。

ゆえに当監においては長くこれに注意してきたが、今日新騎銃を案出した。この銃は村田連発歩兵銃を基礎として製作したので、仮に村田連発騎銃と称する。この騎銃が現在の騎銃より優れた二、三の点を挙げると、

一、村田連発騎銃は村田連発歩兵銃と同じ口径とし、同一の弾丸を用いる利がある。

二、初速（銃口前二五メートル）は五五〇メートルで弾道は低伸し、射距離は連発歩兵銃に及ばないが大差はない。

三、平均躱避は二〇〇メートルにおいて上下五センチ、左右四センチであるから、命中も精良である。

四、現今騎兵銃の全長は一・一七五メートルで、村田連発騎銃は〇・九二〇メートルである。二五・五センチ短いので取扱上大いに便利となる。

五、現今騎兵銃の全量は三・五六三キロで、村田連発騎銃の全量は三・二三三キロであるから、〇・三三キロの差がある。

六、現今騎兵銃の負革は銃床下にあるので、これを負うとき背上の動揺を免れないが、村田連発騎銃はこれを改めて銃側に付けたので、これを負うときよく背中に密接して動揺を軽減する利がある。

七、村田連発騎銃は七連発で、これに弾丸を填実するのも極めて容易であるから、

瞬時に多くの弾丸を連射できるのみならず、単発銃としても使用できる利がある。以上の理由により村田連発騎銃は現今の騎兵銃より数等優れている。しかし弾道の高度、最大射距離などにおいては未だ精確な試験を行っていないので、当局者において十分な試験を施行し、従来の騎兵銃に換えてこの村田連発騎銃を採用することを希望する。

この上申に対し明治二十五年一月二十日陸軍大臣子爵高島鞆之助は砲兵会議に審査を命じた。

本件に関し軍務局砲兵課が下した結論は、連発騎銃は既に実用を経て、さらに三十年式騎銃の制定となったので、最早本件は審査覆申する必要なし。右理由により砲兵会議より本書を返戻するので、このまま結了相成度というものであった。その時期は不明だが、五年以上経過しているようだ。

騎兵監が提案した連発騎銃の形式は、図面が残っていないので確認できない。

兵器弾薬表（明治二十七年五月陸軍省）に見る村田銃支給定数

一、砲兵方面本署　第一方面　村田歩兵銃六〇〇〇、村田騎銃二五〇、第二方面

村田歩兵銃五〇〇〇、村田騎銃二〇〇

二、憲兵隊　村田騎銃　東京二二〇、宮城一一〇、愛知一三八、大阪一九三、広島一一〇、熊本一一〇

三、歩兵聯隊　近衛　村田歩兵銃二八七八、村田騎銃六、師団　村田歩兵銃五九九一、村田騎銃九

四、騎兵大隊　近衛　村田騎銃四八九、師団　村田騎銃四二〇

五、野戦砲兵聯隊　近衛　村田騎銃八、師団　村田騎銃一二

六、工兵大隊　近衛　村田歩兵銃五四六、村田騎銃四二、師団　村田歩兵銃八五六、村田騎銃三〇

七、輜重兵大隊　近衛　村田騎銃二五五、師団　村田騎銃三〇三

八、要塞砲兵聯隊及対馬警備隊　要塞砲兵聯隊　村田歩兵銃一一三一、対馬警備隊　村田歩兵銃一二一一

九、沖縄分遣隊　村田歩兵銃一一三

一〇、屯田歩兵大隊　村田騎銃九、ピーボディ・マルティニー銃九三二

一一、屯田騎兵隊　村田騎銃二一八

一二、士官学校　村田歩兵銃五八〇、村田騎銃三六

一三、砲工学校　村田歩兵銃一、村田騎銃一、村田連発銃一

一四、幼年学校　村田歩兵銃三三二
一五、戸山学校　村田歩兵銃四〇〇、村田騎銃四〇、ピーボディ・マルティニー銃四〇
一六、乗馬学校　村田騎銃一〇
一七、要塞砲兵幹部練習所　村田歩兵銃一〇三
一八、教導団　村田歩兵銃九六五、村田騎銃二四五
一九、砲兵工科学舎　村田歩兵銃四四

諸兵携帯兵器弾薬表（明治二十七年五月陸軍省）に見る小銃支給定数
一、村田歩兵銃一、弾薬七〇　歩兵（屯田歩兵を除く）、要塞砲兵、警備隊歩兵、同砲兵軍曹、兵卒
　村田歩兵銃一、弾薬三〇　工兵（屯田工兵を除く）、軍曹、兵卒
二、スナイドル銃一、弾薬七〇　師団後備隊歩兵軍曹、兵卒
　スナイドル銃一、弾薬三〇　師団後備隊工兵軍曹、兵卒
三、ピーボディ・マルティニー銃一、弾薬七〇　屯田歩兵軍曹、兵卒
　ピーボディ・マルティニー銃一、弾薬三〇　屯田工兵軍曹、兵卒

四、村田騎銃一、弾薬三〇　騎兵兵卒（喇叭手を除く）、屯田騎兵兵卒（喇叭手を除く）

村田騎銃一、弾薬一五　輜重兵兵卒（喇叭手を除く）

五、スペンセル銃一、弾薬三〇　師団後備隊騎兵兵卒（喇叭手を除く）

スペンセル銃一、弾薬一五　師団後備隊輜重兵兵卒（喇叭手を除く）

戊辰戦争の鳥羽伏見の戦から官軍が歌って勇気を鼓舞した「宮さん宮さん」はトコトンヤレナ節ともいい、わが国最初の軍歌である。替え歌が多いことでも知られているが、その一つに「村田銃」がある。その歌詞はこうである。明治の歌謡曲第一号は村田銃だったのである。

みなさんみなさん　お前の肩に　担(かつ)いでいるのは　なんじゃいな　トコトンヤレトンヤレナ
あれは帝国新調(ていこくしんちょう)　世界無双(せかいむそう)の村田銃を　知らないか　トコトンヤレトンヤレナ

「村田連発銃使用法」刊年不明

一、執銃教練

立銃　搠杖室蓋の損傷を避けるため立銃に移る終末挙動は特に静徐なるを要す。

着剣　着剣の際には銃を体の中央前に持ち銃身を右にする。銃剣は円柱（銃口に平行して上帯のところにあり）に嵌む。

装填　単発射撃における装填は村田歩兵単発銃に異なるところはないが、遊底を開くにあたり銃を右方に傾けることなく、遊底が駐止するまでやや強くこれを引くべし。ただし搬筒匙（はんとうし）軸の転把は単発の位置（銃身と垂直）にあることを要する。また弾薬は急射撃にあっては右前弾薬盒より、その他にあっては左前弾薬盒より取り、背後の弾薬盒にあるものは補充用とすべし。

弾薬抽出　弾薬の抽出は村田歩兵単発銃と同じだが、遊底を開く度を制限し、蹶子（弾薬を蹶出するもの）の作用を抑止すべし。

弾薬装填　弾薬は諸種の姿勢において装填することができる。

兵卒立銃にあるときは左の号令を下す。「弾倉込め方（かた）　銃（つつ）」

歩兵操典に示すように銃を構え、右手の親指と食指をもって搬筒匙軸転把をつまみ、親指を上にし、右ひじは軽く体に接する。

転把を後方に回して連発の位置（銃身と平行）にする。

右手で槓桿を握り、爪を上にし、右ひじは軽く体に接する。

眼を遊底に注ぎ、槓桿を左方に回し、遊頭の頭端をほとんど尾筒方窓の後端と並ぶ位置まで後に引く。

右手を左前弾薬盒に入れ弾薬をつまむ。

弾丸を前にして弾倉に入れ、親指でこれを押し、薬筒の起縁を遏筒子に支駐させる。

再び右手を弾薬盒に入れ、弾薬をつまみ、逐次八発を装填する。弾倉装填後直ちに連発射撃を行うときは、八発装填した後、さらに一発を搬筒匙上に置き、1発を薬室に入れ、遊底を鎖し、搬筒匙軸は連発の位置のままとする。

右手で槓桿を握り爪を内側にする。

遊底を押し、槓桿を確かに右方に倒し、頭を正面にする。

右手の親指と食指をもって搬筒匙軸転把をつまみ、親指を上にする。

転把を下方に回して単発の位置にする。

右手で銃把を握り、撃鉄を下す。

正面に向き、立銃の姿勢をとる。

射撃　単発射撃は村田歩兵単発銃と異なるところなし。ただし膝射の際銃剣を握らない。

連発射撃は単発急射撃より最も急速な射撃を行うときに用いる。この場合要すれば連発一斉射撃を行うことができる。

連発射撃の号令は歩兵操典（急射撃および一斉射撃の号令）によるが、号令に先だち要すれば告諭（弾倉開け）により弾倉を開かせる。

いずれの場合にあっても連発射撃を行うには単発射撃におけるように発射した後銃を構え、遊底を開き、やや強く後に引き、薬莢を放出し、直ちに遊底を鎖して射撃し（一斉射撃では号令にしたがい）、このように弾倉の弾薬が尽きるまで連続する。ただし時間が許せばさらに弾倉を充実しておく。

二、分解結合、三、保存

略

明治二十九年二月「村田連発銃保存法」

村田連発銃は前床弾倉の鎖門式で、これを大別すれば銃身、銃尾機関、連発機、銃床、鉸鍊、銃剣の六部からなる。

銃身は健淬（やきいれ）した鎔鋼製で暗色に染烘し、全長〇・七五〇四メートル、口径八ミリ、腔綫は四条で深さ〇・三ミリ、幅三・八八ミリ、纏度〇・二三五メートルの右転綫とする。銃腔中施綫部の長さは〇・六七二メートルである。

薬室は長さ七三・二五ミリで五個の円台形をなし、その前端の径八ミリ、後端の径一二・五二ミリとする。薬室の最大外径は三一・五ミリであるがその両側は平削して二八・五ミリとする。また銃口の外径は一五ミリとする。

銃身の後端には螺子を施し尾筒を螺定する。この螺子はその一部を斜断し、抽筒子の爪を収める。銃身の外部には照尺および照星を備える。

照尺は遊標式で、その趺坐は銃身肉を穿鑿してこれを成形し、階梯は燕尾形の脚を銃身軸の方向に挿入し、照尺発条の螺子をもってこれを固定する。

階梯は四〇〇ないし六〇〇メートルの距離に応じ、第一照準線は三〇〇メートルである。表尺の度線は七〇〇ないし一九〇〇メートルに応じ、頂上の照門は二〇〇〇メートルとする。遊標には二個の照門があり、表尺の起臥両場合に適応する。また発条を具え、表尺の準溝に入りその一端を圧しなければ位置を変えることはできない。この照門は〇・六ミリ右方に偏することにより構造的偏癖を修正する。

照星趺坐は銃身肉を凹起してこれを設け、燕尾溝を穿ち照星を挿入する。照星頂は三角形の頂角を平削したもので、頂点より銃身軸まで二一・五ミリである。

連発機は弾倉、搬筒匙、遏筒子の三部よりなり、尾筒の下面に装置する。その室の前方は弾倉管の一端を入れ、下面は開放している。搬筒匙室の前後に二個の螺子孔があり、用心金および遏筒坐鈑の螺定に供する。また搬筒匙軸の孔および同発条の室を設ける。

遊底は鎔鋼製で遊頭、円筒、撃鉄、撃茎、撃茎発条、撃茎発条駐胛（ちゅうこう）、円筒駐胛の七部からなる。弾倉は前床中に硬性黄銅鈑製の一菅を貫き、その一端は尾筒に設けるその室に入り、他端は上帯をもってその位置を固定する。弾倉に発条があり、弾薬の送出に供する。

搬筒匙の用は弾倉より出る弾薬を受け、これを薬室に向けることにある。

遏筒子は槓桿と発条からなり、遏筒坐鈑により接合される。発条の小端は爪形をして槓桿と一体をなし、弾倉口にあって薬莢の底輪に抗し、その迸出（ほうしゅつ）を駐止する。

銃床は胡桃樹で製作し、その前床には弾倉管を保容し、かつ銃身の下面半部を入れるが、照尺部より後方はその縁をおよそ八ミリ高くし、かつ左手の指頭を入れるため縦溝を穿ち、なお縦横細線を刻んで保持しやすくする。

銃剣は長さ二八センチの短剣で、刃を下方に向け鍔の角を弾倉底なる上帯の円筒部に嵌め、柄の燕尾溝と上帯の同形駐梁によって、銃身の下面に固定する。

連発射撃では弾倉に弾薬八発を充填し、搬筒匙上に一発、薬室に一発を装填する。その第一弾薬を発射したものと仮定すると、遊底を開いてこれを引くときは抽筒子および蹶子の作用によって薬莢は放出され、搬筒匙は遊頭の一部にその踵を圧せられて扛起する。そのときその上にある第二弾薬は尖頭を薬室に向わせ、底輪の一部は尾筒内に凸起し、第三弾薬は遏筒子の爪を外れて搬筒匙嘴に支駐する。

遊底を閉鎖すると第二弾薬は薬室内に送入され、抽筒子の爪はその底輪に鉤する。同時に搬筒匙はその駐鈑の一部を円筒に圧せられて降下する。ゆえに第三弾薬はその上に乗り、第四弾薬は遏筒子に支えられる。ここにおいて射撃の準備が整い、引金を圧すれば撃発し、諸機関は最初の位置に復す。

単発射撃では連発機の運動を停止するため、搬筒匙軸の転把を下方に旋回し搬筒匙を扛起させる。このとき匙駐鈑は降下して搬筒匙の運動を支駐し、また遊底を開閉しても連発機に関係することがないので、この作用は単発銃と同じとなる。

銃の全長　銃剣を除き一・二一〇四メートル、銃剣を加え一・四七七メートル

銃の重量　銃剣を除き　弾倉空虚四・〇〇〇キロ、弾倉填実四・二四〇キロ

銃剣を着け　弾倉空虚四・二五〇キロ、弾倉填実四・四九〇キロ

村田連発銃の弾薬は実包、空包、擬製実包の三種がある。実包は薬莢、雷管、装薬、紙塞および弾丸よりなる。薬莢は黄銅を数回錬搾してこれを製作する。その全長は五二・五ミリで、酸化を防ぐため内部を塗漆する。その形状は円筒部および円台部よりなり、前身を弾丸室といい、後身を装薬室という。これを曲線部により連続する。底に抽筒子を鉤するための起縁がある。また雷管室に雷管を装着する。底の中央には小突起部を設けて雷管の発火を確実にする。

雷管は内外二重とし、また外管の中心には孔を穿ち、弾倉内激動のために不時の発火を予防する。

弾丸は純銅の被套内に鉛一〇〇分、安質毎尼（アンチモニー）三分よりなる硬性鉛を圧入したもので、中径八・一五ミリ、長さ三一ミリ、重量一五・五五グラムとする。

装薬は無煙火薬二・三グラムあるいは二・四グラムを装填する。装薬と弾丸の間には一葉の紙塞を入れる。実包の全量は三〇・四ないし三一・二グラムとする。

実包は一五発ずつ除蓋布および弾支布を具えた紙函に入れ、三〇〇発を一括りとし、一二〇〇発を一箱とする。この一箱の重量は大約四五キロである。

空包の薬莢、雷管および紙塞は実包と同じで、擬製弾丸は薄板および被紙（茶色洋

紙）を二巻きして糊着し、外部にウエルニーを塗抹したものである。装薬の量は一・五ないし一・三グラムとする。空包の全量は大約一四・六六グラムとする。擬製実包は薬莢および鍍金製の擬製弾丸よりなる。この薬莢の多くは実用に供し難い廃品を用いる。薬莢には火薬と雷管は装填せず、雷汞を持たない管を嵌装するものとする。

明治二十九年三月陸軍砲兵工科学舎は「村田連発銃製式図」を刊行した。陸軍砲兵工科学舎は陸軍兵器学校の前身。製式図は制式図の旧称で明治二十年代まで用いられた。

明治四十五年一月陸軍技術審査部は不用兵器を兵器本廠へ交付した。不用兵器とは審査試験のため下付された兵器や技術審査部において試験後不用になった兵器で、これらを兵器本廠へ移管し、参考兵器として保存する。そのリストから主なものを抽出すると、

海軍銃　剣共　一挺　三十六年一月審査命令　三十五年式

三十年式歩兵銃　三挺　三十年十二月試験用

同　剣九共　一〇挺　三十二年十月試験用
同　剣共　二挺　三十四年十一月陸軍省より送付
同　一挺　三十五年九月試験用
同　剣共　二挺　三十六年七月陸軍省より送付
同（甲）　剣共　二挺　三十年一月試製
同（乙）　剣共　二挺　同
同（丙）　剣共　一挺　同
同　剣八共　一〇挺　三十八年十一月下付
三十年式騎銃　五挺　三十二年二月試験用
同　一挺　三十五年九月試験用
同　一〇挺　三十八年十二月下付
同　一一挺　三十九年九月下付
同（甲）　二挺　三十年一月試製
同（乙）　二挺　同
同（丙）　一挺　同
三八式歩兵銃　三挺　四十年四月下付

同　一四挺　四十年五月試験用
三八式騎銃　一挺　三十九年八月下付
同　五挺　四十年二月下付
同　二挺　四十年四月下付
十三年式村田銃　剣共　二挺
マウゼル連発銃　剣共　二挺
レクザー機関銃　五挺　三十九年三月審査命令

このような兵器とともに以下の各種試製村田連発銃が列記されている。同銃試製経過の一端を窺うことができる。

村田連発銃（一号）剣共　一挺　三十四年四月試験用
同（二号）剣共　一挺　同
同（七・二ミリ）剣共　一挺　試製
同（八ミリ・甲）剣共　一挺　試製
同（八ミリ・乙）剣共　一挺　試製
同（甲）剣共　一挺　試製
同（乙）剣共　一挺　試製

同（一号甲）剣共　一挺　試製
同（一号乙）剣共　一挺　試製
同（二号乙）剣共　一挺　試製
同（三号乙）剣共　一挺　試製
同（四号甲）一挺　試製
同（四号乙）一挺　試製
同（五号）一挺　試製
同（六号甲）一挺　試製
同（六号乙）一挺　試製
その他村田連発銃　剣一〇共　一五挺　試製

第六章　海軍の小銃

明治七年六月武庫司は海兵射的用としてミニエー銃の採用を研究したが、当時スナイドル銃弾薬は貯蓄が多く費用もかからないので、従前のとおりスナイドル銃を使用することになり、海軍省より水兵本部へ通達した。

明治九年九月東海鎮守府司令長官海軍少将伊東祐麿より海軍大輔川村純義に対し、海軍で使用する小銃について確定すべきとの上申があった。従来海軍艦船において使用する小銃にはスナイドル銃とヘンリー・マルティニー銃の二種があり、兵器局で調べたところスナイドル銃は一〇七七挺、同弾薬は二四一万発以上の在庫があったことから、同年十月海軍大輔は海軍使用の小銃は当分スナイドル銃とすることを東海鎮守府司令長官、軍務局長、兵学校長、兵器局副長へ通達した。これにより従来清輝艦に渡していたヘンリー・マルティニー銃はスナイドル銃に引き換えた。

ところが西南事件によりスナイドル銃および弾薬を諸庁へ譲与または艦船各所へ支給し、多数を消耗したが凱旋帰港後破損している小銃が多く、修理交換ができない状況であった。よって明治十年十月貯蔵のあるヘンリー・マルティニー銃を海軍所用銃とし、諸艦帰港後スナイドル銃からヘンリー・マルティニー銃に交換した。新募水兵演習用のみスナイドル銃を使用した。

明治十九年連発銃採用に関し海軍技術会議に調査委員を置き、各国の連発銃を蒐集し、目黒火薬製造所または総州印旛郡下志津陸軍射的場において、両三年にわたり諸種の試験を施行した。その銃種は左のようであった。

米国製コルト銃一八八三年式、レミントン銃一八七九年式、米国製ハーフン銃一八八三年式、スペンセル銃一八六五年式、仏国製クレバチック銃一八七八年式、独国製ゲブル・モーザー銃、独国製ヤルマン銃、独国製イバンス銃、瑞典製ルバン銃の九種。

この間同委員池端大尉考案の小銃、同委員肥後二等師（海軍技術官、判任官）考案の小銃なども提出されたが、ついに明治二十四年陸軍銃すなわち村田連発銃を採用することが決まった。

この後三十年式歩兵銃に改良を加えた三十五年式海軍銃を採用した。

海軍に村田連発銃採用の経緯

明治二十四年五月十六日海軍は村田連発銃の採用を決定した。その経緯は左のようであった。

海軍において連発銃を採用するため委員を設けられたのは明治十九年であったが、爾来委員は再三再四試験を行い、一種の連発銃を試製した。しかしその間無煙火薬の発明などがあり、再び池端大尉考案の改正銃、肥後大技師（大尉格、奏任官）考案の改正銃などを試作し、いずれも精良であった。

一方陸軍においても連発銃選定の試験を行い、既に村田連発銃の採用に決まって現在製造中であり、必要数の製造が終れば引換に着手するとのことである。この村田式の銃とわが委員が試作した銃、および池端、肥後の両改正銃を精密に比較し、その優劣を論じるときは互いに少しばかりの甲乙はあるが、大体において利害に大差はないと認める。既に陸軍において一定の連発銃を採用することが決まった以上は、小さい利害に拘泥して海軍に異種の銃を採用するのは国家の体面上からみて穏当ではない。また将来両軍の便利を欠くことは言うに及ばない。そもそも海軍の小銃は兵装中の一部分であり、その目的は陸軍におけるように重大ではない。ゆえに小利害を捨て、陸軍銃と同式の銃種を採用することにしたい。

以上の主意により陸軍省軍務局に製造などについて内議に及んだところ、同省においては現に製造に着手しており、日々製出される銃があるが、大約一〇万挺が蓄積されるのを待って、一時に諸隊の銃を交換する見込であるので、直ちに海軍省の小銃製造の依頼には応じられないが、陸軍において軍隊に支給する時期に至れば、同時に支給してもらいたい。その時期はおよそ明治二十七、八年の頃であろうとの回答があった。

これにより海軍における小銃支給の都合は前項の時期まで従前貯蔵のヘンリー・マルティニー銃（馬銃または馬珍銃と称した）では不足するので、陸軍省貯蔵のピーボディー・マルティニー銃二〇〇〇挺ほどを譲り受け（無償）、その薬室を鑽拡すればヘンリー・マルティニー銃の弾薬包を使用することができるので、両三年間の支給小銃には差支えなしと考えられる。

また海軍において最も至急を要する小銃口径ガットリング砲は村田連発銃採用決定の上に、一、二の見本銃身をもって海外に注文するよう取計い、あえて一般小銃支給の時期を待たず、落成次第装備する見込である。

村田連発銃採用決定に至るまでには小銃調査委員海軍大尉池端清から明確な反対意

見が上申され、海軍技術会議もその意見に同調していた。以下に比較試験の過程を略記するが、どの試験においても村田連発銃が優れているという結果には至っていない。

明治二十二年四月海軍技術会議は「調査委員計画連発小銃」を試作し、同月十七日目黒火薬製造所において初速試験を行った。また六月二十日越中島射的場において速度命中試験を行い、下総九十九里海岸において遠距離試験を行った。

明治二十二年十一月三十日海軍技術会議より海軍大臣西郷従道に具申した村田連発銃精査報告によると左のように委員計画連発小銃と村田連発銃の比較試験を行っている。

一、初速試験
　村田連発銃五発平均五八七・八メートル、委員計画連発銃一〇発平均六〇六・六メートル

二、一〇〇メートルにおける終速力試験
　村田連発銃七発平均五二八・七メートル、委員計画連発銃五発平均五四〇・〇メートル

三、六〇〇メートル木板的洞透力試験

村田連発銃一〇発平均二一・九五センチ、委員計画連発銃一〇発平均二五・三二センチ

四、六ミリクルップ製鋼板洞透力試験

村田連発銃五発のうち三発不貫（射距離一三九メートル）、委員計画連発銃全五発貫通

五、連発銃効力比較

銃性能　村田連発銃を一〇〇として、委員計画連発銃一〇一・八

弾薬重量　村田連発銃二九・四〇八グラム、委員計画連発銃三二グラム

命中界　村田連発銃六六・九メートル、委員計画連発銃七三・四メートル

命中圏半径　村田連発銃四五センチ、委員計画連発銃四三センチ

木板洞透力　村田連発銃二一・九五センチ、委員計画連発銃二五・三二センチ

銃重量　村田連発銃四・四〇五キロ（弾薬八個共）、委員計画連発銃四・五五七キロ（弾薬五個共）

改正連発銃試験報告

一、新たに試作された池端連発銃と肥後連発銃および従前の委員計画連発銃の計五

挺につき明治二十三年十月目黒製薬工場において初速試験、弾道試験、侵徹試験、速度試験、命中速度試験、命中比較試験を実施した。

委員計画銃　長さ一・二九三メートル、重量四・三九キロ、弾量一五・〇グラム、火薬量黒色火薬五・三グラム

池端連発銃

甲　長さ一・二一三メートル、重量三・九七キロ、弾量一五・五グラム、火薬量無煙火薬二・二グラム、黒色火薬四・八グラム

丙　長さ一・二一三メートル、重量三・九五キロ、弾量一五・五グラム、火薬量無煙火薬二・二グラム、黒色火薬四・八グラム

肥後連発銃

甲　長さ一・二二六メートル、重量四・二九キロ、弾量一五・五グラム、火薬量無煙火薬二・二グラム、黒色火薬四・八グラム

丙　長さ一・二三六メートル、重量四・三九キロ、弾量一五・五グラム、火薬量無煙火薬二・二グラム、黒色火薬四・八グラム

二、明治二十三年十月二十五、二十六日同所で鋼板（厚さ六ミリ）侵徹力試験を実施した。

無煙火薬　池端連発銃丙　一二八メートルにおいて五発のうち一発貫通
　　　　　肥後連発銃甲　一三九メートルにおいて五発のうち二発貫通
　　　　　肥後連発銃丙　一三八メートルにおいて五発のうち四発貫通
黒色火薬　池端連発銃乙　一三七メートルにおいて五発のうち三発貫通
　　　　　池端連発銃丙　一四〇メートルにおいて三発のうち一発貫通
　　　　　肥後連発銃甲　一四一メートルにおいて五発のうち四発貫通
　　　　　肥後連発銃丙　一四三メートルにおいて五発のうち二発貫通

三、同年十月三十日同所で松板侵徹力試験を実施した（距離六〇〇メートル）。
無煙火薬　池端連発銃丙　一〇発平均三〇六・七ミリ
　　　　　肥後連発銃甲　一〇発平均三二二・五ミリ
黒色火薬　池端連発銃丙　一〇発平均三〇六・〇ミリ
　　　　　肥後連発銃甲　一〇発平均二九八・五ミリ

四、明治二十三年十一月神奈川県下高座郡鵠沼村において七種の連発銃につき比較初速試験を実施した。
村田連発銃八二号五五五・一メートル、一九八八号五七九・〇メートル、二四二六号五九一・二メートル

池端連発銃甲五六一・六メートル、丙五七〇・四メートル
肥後連発銃甲五七九・四メートル、丙五七九・三メートル

明治二十三年十二月海軍技術会議議長相浦紀道（あいのうらのりみち）（海軍中将）に対し海軍大尉池端清が上申した「連発銃御選定方法に付意見」

海軍所用連発銃の選定については明治十九年三月連発銃七種が下付され、適否意見を申出る旨旧兵器会議に命じられ、その後海軍技術会議に臨時小銃調査委員を設け、この事業に従事してきた。既に兵器会議において近来各国の新式銃を蒐集調査の末、明治二十年六月委員計画の連発銃を試作し、また近日には無煙火薬併用式改良銃の試験も終了した。今後はこれまでの試作銃のうちいずれかを採用すべき時機と信じる。

さて軍用銃を定めるには各国の実例を推測しても容易に軽挙すべきでないことは勿論で、わが海軍もこれまで慎重に研究を進めてきたが、なお十分な選定方法をもって詮議されることを望む。しかしながら伝聞するところによればこれまでの試験成績をもって甲乙を選定するのは困難の由、よって小官はここに卑見を開陳する必要を感じた。

これまで試験したところの委員計画銃をはじめ無煙火薬併用式改良連発銃において

も、わずかに一、二挺の製造で試験を行ったもので、この成績をその銃の実績とみることはできない。その製造の精粗により大きな差異を表すものがあるからである。いかなる製造者であっても多数の銃を細部まで違えず同一の成績に製造することは到底望むことはできない。もし数千の銃を製造した末その結果が不良に帰したときは如何ともしがたい。ゆえにあらかじめ軍用銃に充てるものを選び、先ず二、三〇挺を製作すれば、その製造の精粗が自ずからその内に混合し、種々の成績を表すのは必然である。そのときこの実験から表れた成績を平均し、その銃の実績とすればおおよそ適当な成績を得ることができる。これをもって確然と軍用銃の適否を決定すべきである。

米国においては軍用銃を選定するにあたって数百種の銃を試験し、この成績によってレミントン銃、スプリングフィールド銃、シャープ銃およびウードボルトン銃の四種を選択し、レミントン銃を各隊に二〇ないし九〇挺分配し、その数が合計一五〇〇挺、スプリングフィールド銃も同様に各隊に分配し、その数合計一八二八挺、シャープ銃とウードボルトン銃も同様で各銃合計一〇三九挺、その総数実に五〇〇〇挺以上を分配し、実地の試験を経てその報告を収集し、再び詮議のうえついにスプリングフィールド銃の成績が優秀であることを認め、この銃を採用することを決定した。独国においてはモーザー銃（金属薬莢を用いるもので、一八八四年に連発銃に改造したもの）が発明されたので、直ちにこれを採用し、数百万挺を製造し、各軍団に配付したが、薬莢破裂、雷管不発など種々の不具合があり、ついに軍用銃に採用することはできないとの結論に達した。これによって委員を設けて百方その原因を探求したところ、幸いにして銃には問題なかったが、薬莢製造器に不完全な部分を発見した。薬莢製造器は英米などに製造を依頼したものは不完全で、墺国に製造を依頼したものは完全であったという。これによって貯蔵した数億個の薬莢は廃物となり、その損失は数千万マルクに至った。これは独国において改正銃の試験が不十分であったことに原因し、この大損失を出したということができる。よってわが海軍においても米国のように丁重かつ慎密な方略により、これまでの新式銃の内から選定する場合は先ず数十挺を試験し、精細な調査を十分行った上で、完全な軍用銃を裁定していただきたい。

そもそも小銃は海上陸上の区別なく、兵員が最も護身の用具となすものであるから、十分信用が与えられることが必要である。小銃の良否は兵員の勇怯を支配するといっても過言ではなく、他の各国に比べてその優等を信じれば兵の士気は数倍する。よって目下選定中の小銃は重大な関係を有するので、前掲の主意をしかるべく採択されるよう、意見を申し上げる。

明治二十四年一月十五日改正連発銃調査委員会決議

改正連発銃調査委員会議長相浦少将、委員長伊地知大佐、委員原田大技監他七名

一、試験委員の報告によれば池端改正連発銃は弾薬室が計画のものより少し広過ぎたために初速を減じ、また弾丸の破壊を来すことがあった。

決議　本案は弾薬室が少し広過ぎたこと、また弾丸の破壊を来すなどすべて試験委員の報告を適当なるものと決す。

二、海軍軍用銃に適当なるや否

決議　本案は第一項において意匠者の計画と差異あるものと認定したので、本項は不適当と決す。

本案第一項の決議により二項以下審議の必要なく、よって該委員会は取止め終結された。ただし第二項は決議の必要はないが、委員長の見込をもって決議を経たものなり。かつまた肥後銃の調査も前項決議により比較の必要はないので中止する。

明治二十四年二月海軍技術会議議長相浦紀道が海軍大臣子爵樺山資紀（すけのり）に提出した「池端・肥後両改正銃試験成績報告上呈ならびに試験銃御再製相成度（あいなりたく）上申」

池端考案改正連発銃五〇挺および肥後考案改正連発銃五〇挺、ただし試験用として御製造相成度

池端考案改正連発銃と肥後考案改正連発銃のより詳細な試験を行うため、各五〇挺ずつ製造することを海軍技術会議が上申したが、本案は必要ないとして却下された。海軍技術会議議長相浦中将は村田連発銃よりも池端考案改正連発銃を推していた。

明治二十四年五月二十六日海軍は陸軍に対し、ピーボディー・マルティニー銃二〇〇〇挺の譲与および村田式連発銃二〇〇〇挺および弾薬包一二〇万個の製作を依頼した。

同年十二月陸軍は海軍用として村田連発銃五〇〇挺を本年度内に製造するよう東京砲兵工廠へ令達し、代価は東京砲兵工廠より海軍省へ請求することとした。

明治二十六年二月八日海軍大尉伊地知季珍（すえたか）は龍驤艦長海軍大佐日高壮之丞に「村田連発銃採用の義に付き意見上申」を提出し、この意見書は海軍大臣まで上げられた。その内容は左のとおりである。

兵器の良否は戦闘力に関係することは勿論、海戦においてはことに大きい。この度村田連発銃をわが海軍に採用することが決定されたと聞く。しかし村田連発銃は装填

が不便で、弾薬筒の危険界が広いなど、不利な点が多い。これに反し池端清海軍大尉考案、技術会議委員考案、肥後大技士考案の各連発銃はともに技術会議審議録によれば前者のような不利はなく、試験においても好結果を挙げ、大いに望みがあるものと信じる。調査試験も既に中止されたようだが、急いで採択することなく、なお詳細な試験を実施してその結果最も優等なものを採用していただきたい。ここに池端大尉考案連発銃について得失を列記し、意見を上申する。

一、村田連発銃は急放火のとき、一回装填した弾丸が尽きると再度の装填に多くの時間を要し、したがって発射の機会を失するのみならず、弾薬筒を装填するため時間を要するので、発射を継続するときその効力は単発銃と変わらず、連発銃の目的がどこにあるのか。そもそも海軍において連発銃を採用する要点は、交戦時に彼我互いに接近し、強盛な火力をもって射線内の敵の動作を防止し、かつ水雷を防御することにある。この場合においては数十発を連続せざるを得ないが、村田連発銃は最も必要な場合には既に八発の連発を終り、その効力は単発銃と同じになっている。ゆえにこの連発銃は有事にあたり、軍艦に非常な危険に遭遇させる杞憂がないとはいえない。これに反し池端海軍大尉考案の連発銃は、装填が容易なので急放火のとき大速度で多数の弾丸を発射できるのみならず、弾薬蔵は一弾を装填するのも五弾を装填するのもその労、その費消時間は同一の利がある。

二、村田連発銃は弾薬筒の危険界が広いが、池端海軍大尉考案の連発銃はこれに反して危険界が極めて狭小で安全の利がある。

三、村田連発銃は急放火のとき、銃手が装填した弾丸が尽きたことを知らず空撃ちをする憂いがある。池端海軍大尉考案の連発銃は装填した弾丸が尽きたか否かを銃手が知ることができる利がある。

四、村田連発銃は送弾発条が破損するおそれがあるが、池端海軍大尉考案の連発銃はそのおそれがない利がある。

五、村田連発銃は弾薬筒が銃身の下部にあるので発射毎に重心点の位置が変わる。池端海軍大尉考案の連発銃は弾薬蔵が銃の重心点にあるので、発射毎に重心点の位置を変えることはない。

六、村田連発銃は分解が困難なので短時間で機関部の手入をすることは困難だが、池端海軍大尉考案の連発銃は機関部が堅牢で分解は容易である。ゆえに機関部の手入は短時間で完了できる利がある。

七、村田連発銃に使用する弾丸は極めてわずかでも長過ぎると装填できないおそれがある。池端海軍大尉考案の連発銃は弾丸の長短があっても装填に全く不都合はない利がある。

八、村田連発銃は急放火を行うとき銃身が非常に熱くなり、ついに熱が弾薬筒に及ぶため銃手に困難を来す憂いがある。池端海軍大尉考案の連発銃はその憂いがない利がある。

九、村田連発銃は搠杖の備えがない不便があるが、池端海軍大尉考案の連発銃はこれを備える利がある。

一〇、村田連発銃は銃の重量が重いが、池端海軍大尉考案の連発銃は重量が軽い利がある。

一一、村田連発銃の機関部を分解するには回螺器を要するが、池端海軍大尉考案の連発銃はこれを要しない利がある。

海軍が村田連発銃採用にあたり自ら実施した試験報告書によると、弾道性とともに弾薬の装填から連続射撃に至る所要時間について各種の状況を設定し慎重に確認している。その成績は左のようであった。

新制小口径連発銃を軍用銃に採定し村田連発銃と称す。この銃は陸軍歩兵大佐村田経芳の意匠に係る。明治二十一年に至り該連発銃審査委員を設け、その審査に付し、既に三次の試験を経た。その際漸次修正を加え、ついに審査を結了した。その成績の大要を左に叙す。

一、銃の構造

村田連発銃は歩兵用にして口径八ミリ、弾倉は前床中に設け、単発あるいは連発射ともに随意なり。全量およそ四・一七〇キロ、長さ一・二二〇メートルとする。弾倉は弾薬筒八個を受容する。初速六一〇メートルを有し、無煙火薬二・二グラムの装薬で一五・五五グラムの蛋形長弾を放射する。全部を分けて銃身、閉鎖機、連発機、銃床、鉸鍊および銃剣の六部とする。

（一）銃身

鋼鉄で製作し、腔綫部の長さ六七二ミリ、腔綫の数四条、左より右に転回し纏度は二三五ミリ、これを口径に比べれば約二九口径半である。腔綫の形状は等斉正回螺状をなし、綫底と同中心を持つ。弾室は円台形をなし、腔綫部に連接する。薬室はやや円台形で曲線傾斜面をもって弾室に接続する。薬室後端の中径は一二・二五ミリである。

銃身の外径は円台形をなし、上部に階梯趺坐があり、遊標表尺を備える。前端に照星および駐梁があり、自然照準線の長さは五七〇ミリで、同照準線は三〇〇メートルに相当し、最大表尺を二〇〇〇メートルと定める。

（二）閉鎖機

閉鎖機は開廩式で円筒および遊頭よりなり、蹶子および抽筒子を備える。円筒の内部は軸心に準じ、円筒孔を穿開し、撃発機の室とする。撃発機の主部は撃茎および撃茎発条である。遊頭は円筒の前端に位置し、遊頭の前端はさかずき状をなし弾薬筒の底を受ける。この諸具は皆鋼で製作する。

（三）連発機

機の主部は弾倉、弾倉発条、搬筒匙および遏筒子とする。

弾倉は前床内銃身室の下方に穿った円筒孔である。孔内に鋼管を挿入し、鋼管内に弾倉発条を収容する。発条は鋼製蛇線で弾薬筒を前方より後方に向けて推逐する。

搬筒匙は搬筒匙軸の周囲に旋転し起伏動をなす。その軸臂が銃身軸に垂直の位置にあるときは単発射の位置とし、水平の位置にあるときは連発射の位置である。

遏筒子は遏筒発条とともに遏筒坐鈑の軸耳に定着し旋動する。

（四）鉸錬

上帯、下帯、用心金、床鈑などで、銃器各部を結合し木部を保護する。鋼あるいは鉄で製作する。

（五）銃床
胡桃樹をもって製作し、前床は銃身室および弾倉孔を具え、銃把の前方に尾筒、搬筒匙室を容れる大室を穿開する。

（六）銃剣
身、鞘および柄の三部からなる。身は鋼で製作し長さ二八センチ、その一端に刃を付け、両側に血溝を彫る。鞘も鋼製で、柄の構造はほぼ村田銃のものに等しい。

二、弾薬筒ならびに無煙火薬
弾薬筒は薬莢、弾丸、装薬の三部よりなる。弾丸は銅被硬性鉛弾、装薬は無煙火薬で、全長、重量は左のとおり。

	全長	重量
薬莢	五二・五〇ミリ	一一・〇三グラム
弾丸	三〇ミリ	一五・五五グラム
装薬		二・二〇グラム
弾薬筒	七五・〇五四ミリ	二九・四〇八グラム

（一）無煙火薬

小口径連発銃は戦術上利益があるとする説が近世の世論となったが、尋常火薬を用いればその効用を十分発揮することはできず、無煙火薬を用いれば急射を行っても放煙のため射撃を妨げる憂いなく、弾道は低伸し、火器の威力は往時に倍する。無煙火薬を企図するのはこのためである。

砲兵会議において今なお該火薬の研究中であるが、既に村田連発銃に採用する成績に至ったことは偶然ではない。

村田連発銃の真初速は六一〇メートルを得たが、本銃の第三次審査にあたり、当時研究中の一種の無煙火薬を用い、その速率を験定したもので、同火薬の研究は漸次進捗し、本銃制式審査結了の後において、製造模範の目的で製造した無煙火薬を用いれば真初速六二五メートルないし六二六メートルを得ることができる。

（二）弾道上の効力

プレジェー験速儀を用い銃口前二五メートルの速率を験定した。すなわち銃五挺を備え、各銃五発を放射し、毎回の速率におけるその平均速率の総平均数は左のとおりである。

平均速率　五九三・七メートル

審査中に得た弾道の成績は左のとおり。

射距離(m)	弾道最高度(m)	落角	存速(m)	経過時間(秒)
三〇〇	〇・四二	〇度二四分	四六九	〇・五四
五〇〇	一・六七	〇度五六分	三八八	一・〇一
六〇〇	二・七六	三度三六分	三五二	一・二八
一〇〇〇	一一・〇〇	三度〇七分	二四九	二・六八
一五〇〇	三五・三二	六度五九分	一八三	五・〇二
二〇〇〇	八六・〇四	一三度二〇分	一五〇	八・〇六

この審査に係る無煙火薬弾道の最高度は距離五〇〇メートルで一・六七メートル、六〇〇メートルで二・七六メートルであるから、敵の脚部を照準するとき五〇〇メートルは歩兵の危険界となり、六〇〇メートルは騎兵の危険界となる。

命中の精粗は試験の結果につき垂直、水平公算躲避の算法における成績は左のとおり。

射距離(m)	三〇〇	五〇〇	一〇〇〇	一五〇〇	二〇〇〇
公算躲避水平(cm)	一〇・八	一八・二	三九・五	七四・二	一三七・〇
垂直(cm)	一二・〇	二一・九	五七・二	一一八・〇	二六五・五

生松木材ならびに堆土に対する侵徹量は左のとおり。

射距離(m)	五〇	一〇〇	二〇〇	三〇〇
堆土侵徹量(m)	一・四〇	一・二五	一・一八	一・二二
生松木材侵徹量(m)	〇・一三一	〇・一四四	〇・一八八	〇・二七七

第一次および第二次試験における最大射距離は左のとおり。

	第一次	第二次
所用表尺	三四九・九㎜	三四九・九㎜
相当角度	二九度四七分	三〇度
発射弾数	一〇発	一〇発
検出した弾着点	八	三
平均射距離	三二二二・五m	三一一八・七m
装薬種類	尋常圧搾火薬	無煙火薬

射撃の速度について、弾薬筒一〇個を机上に併置し八個を弾倉に装填し、一個を搬筒匙上に、一個を薬室に填実した時間、立姿をもって照準し連発射撃した時間および照準せず銃を肩に接着して連発射撃した時間は次のとおり。

装填時間　　照準した連発射撃　照準しない連発射撃
一一・五秒　二三・八秒　一三・九秒
薬盒中の弾薬筒を取り弾倉、搬筒匙上および薬室に装填する時間、膝姿をもって照準し、連続発射した時間は次のとおり。
発射弾数　装填時間　　照準した連発時間
一〇　　一四・七五秒　二六・五秒
八個の弾薬筒を装填しておき、他の弾薬筒は薬盒中に収め、連発射撃より単発射撃に移り、一分間急射撃を連続したとき発射した弾数は次のとおり。
発射弾数　二六個
弾薬八個を弾倉に装填しておき、最初薬盒中より取って一二発の単発射撃を行い、連発に移り八発、合計二〇発の急射撃を行うのに要した時間は次のとおり。
所要時間　四八・三秒

板橋製造所小銃火薬製造法

一、配合
硝石　七五キロ

硫黄　一〇キロ
木炭　一五キロ（木種水楊（かわやなぎ）、炭化度摂氏二八〇〜三〇〇度、炭化時間七時間、
　得量平均一〇〇分の三三）

二、圧磨混和
装量　二五キロ
一分時圧輪回転速度　六
注水量　一〇〇分の一四〜一〇〇分の八、季候の乾湿によって変換、石質湿潤の状況に注目しその水量を定める。
混和全時間　四分一〇秒

三、水搾
薬餅容量　三〜六キロ
水分　一〇〇分の四
層数　二五
気圧一センチ平方　一〇〇
搾上放置時間　三〇分
搾上の薬餅一層厚　七〜一二ミリ

四、造粒
篩眼円孔　〇・六～一・四ミリ
粒数　一グラム二〇〇〇±三〇〇
五、光沢
第一次　装量　一五〇キロ
一分時回転速度　二〇～三〇
付光全時間　一～二時間
第二次　装量　三〇〇キロ
一分時回転速度　一四～一五
付光全時間　一〇～一四時間
六、乾燥
室内温度摂氏三三～五〇度
時間　第一次一〇時間、第二次一〇～一二時間
乾燥時間は気候の寒暖および火薬乾湿の度、粒形の大小により伸縮し、あるいは室内温度を昇降することがある。また天気快晴微風の節は大気乾燥法を行う。
第一次乾燥は第一光沢付光の後に行い、第二次乾燥は第二光沢付光の後に行う。

全乾薬が含有する水分は一〇〇〇分の五以下とする。

七、混同　一四四桶

八、比重　仮重〇・八五〇、真重一・七二〇

真重は一六年製造の第六試製薬火薬試験の結果を示す。一八年製造の火薬真重は一・六九〇より一・七〇〇の間にある。

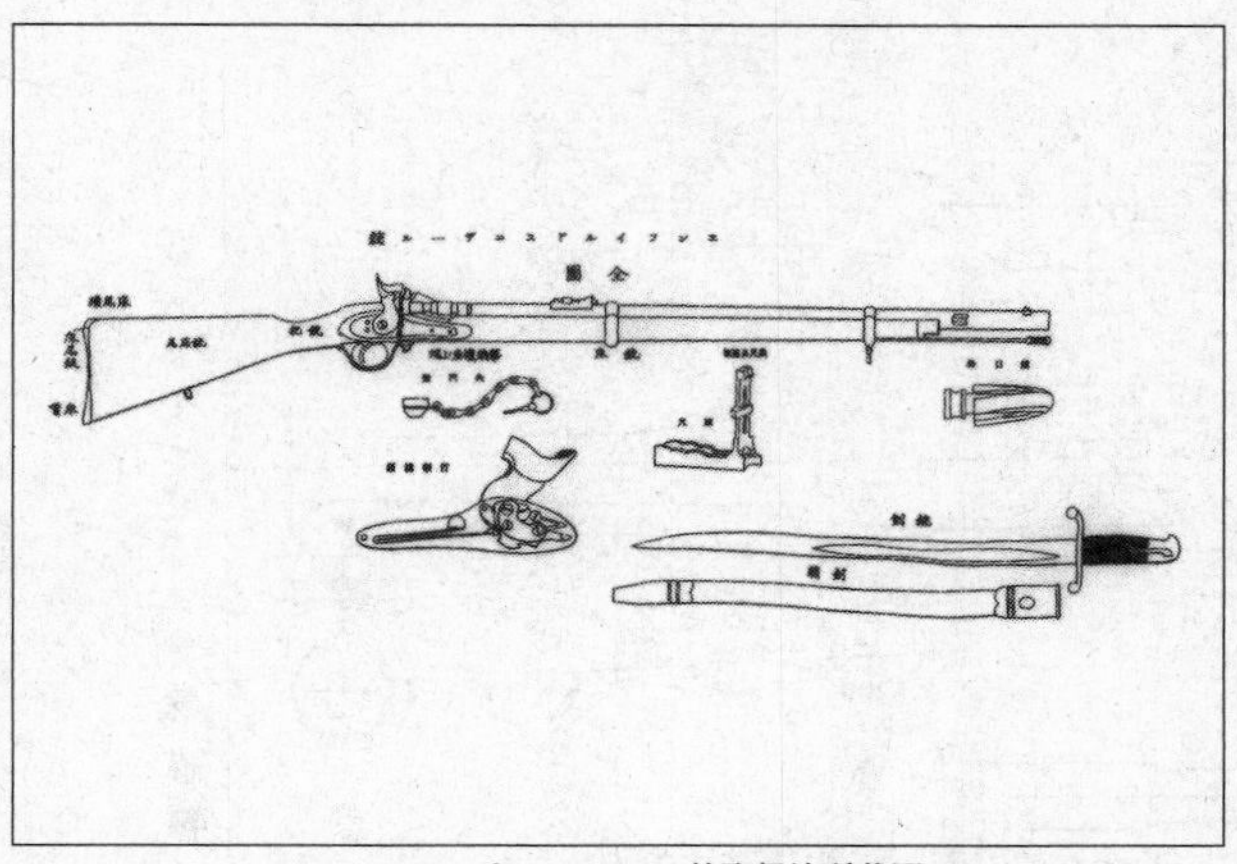

エンフィルドスニデール銃取扱法所載図

ピーボデーマルチニー銃機関之圖

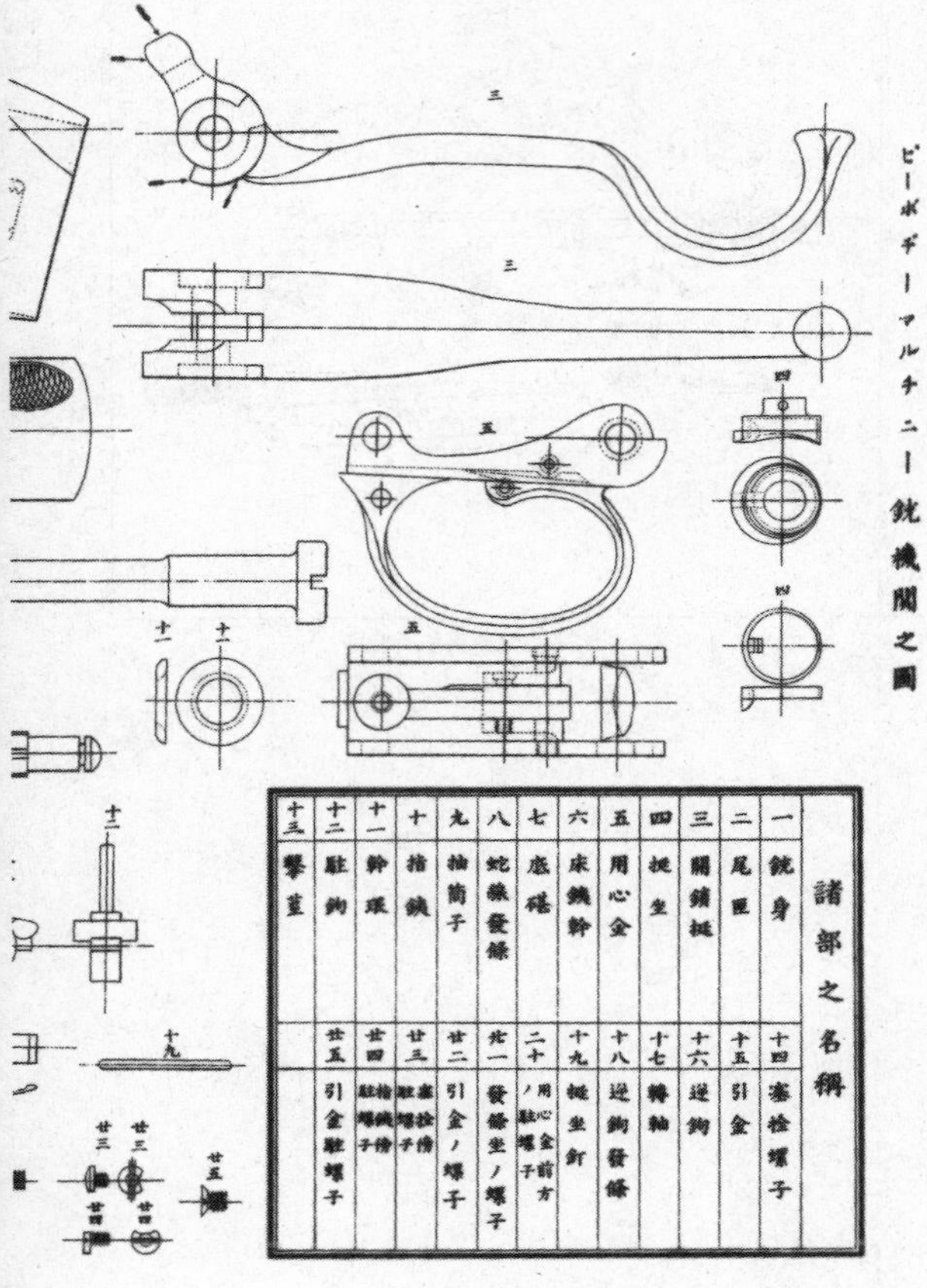

諸部之名稱

一	銃身
二	尾匣
三	開鎖梃
四	梃坐
五	用心金
六	床鐵幹
七	底礎
八	蛇鐵發條
九	抽筒子
十	搭鐵
十一	幹環
十二	駐鉤
十三	撃莖
十四	塞栓螺子
十五	引金
十六	逆鉤
十七	轉軸
十八	逆鉤發條
十九	梃坐釘
二十	用心金前方ノ駐螺子
廿一	發條坐ノ螺子
廿二	引金ノ螺子
廿三	塞栓傍駐螺子
廿四	搭鐵傍駐螺子
廿五	引金駐螺子

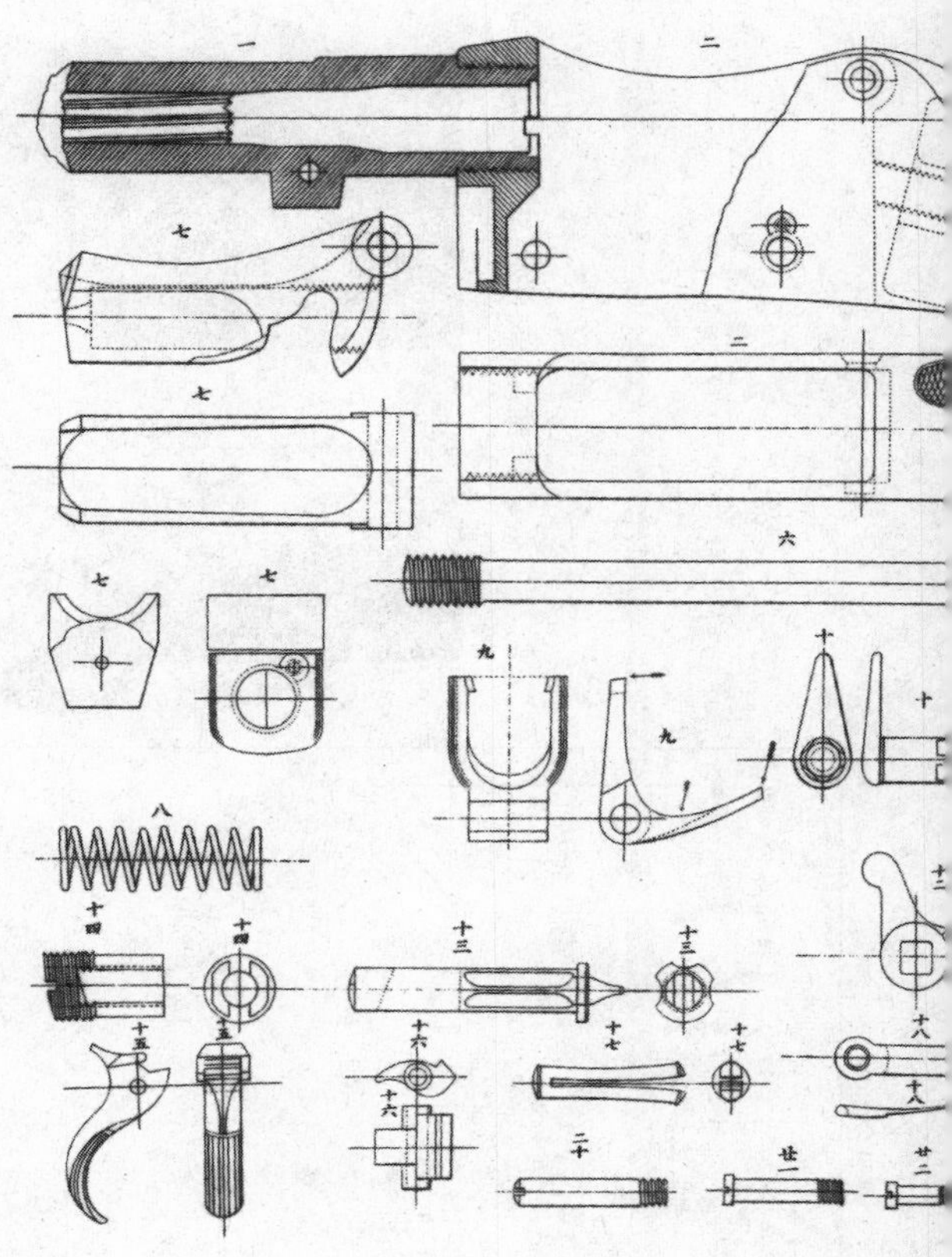

ピーポヂー・マルチニー銃取扱法所載図

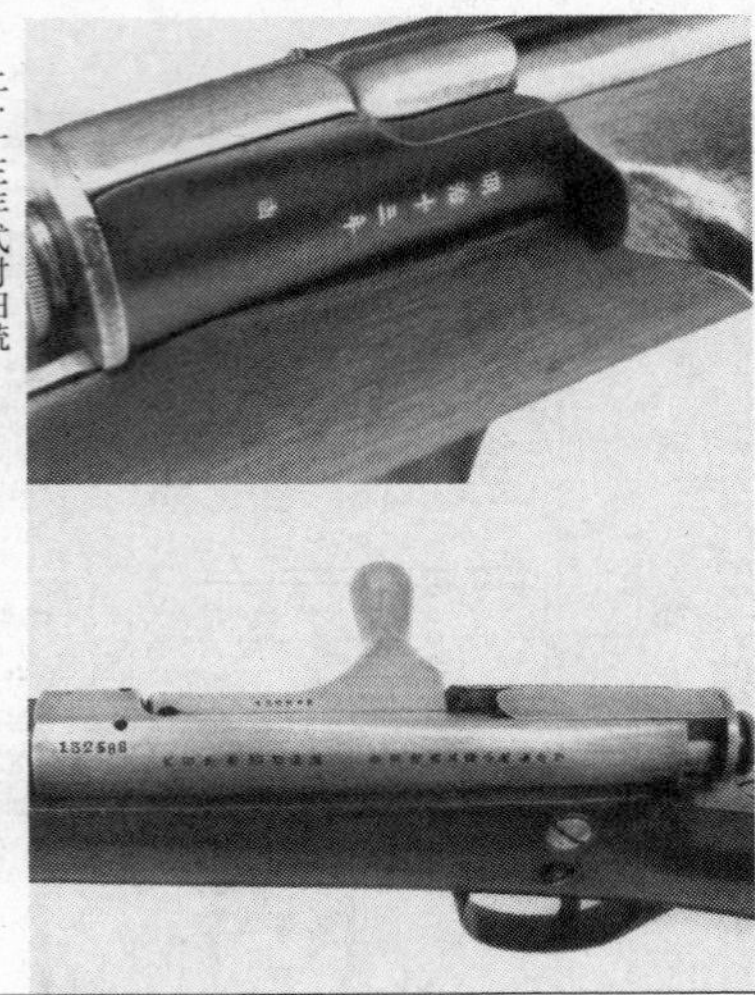

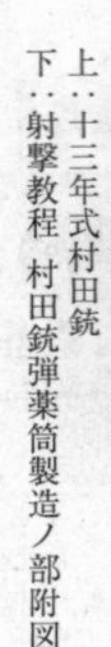

上：十三年式村田銃
下：射撃教程 村田銃弾薬筒製造ノ部附図

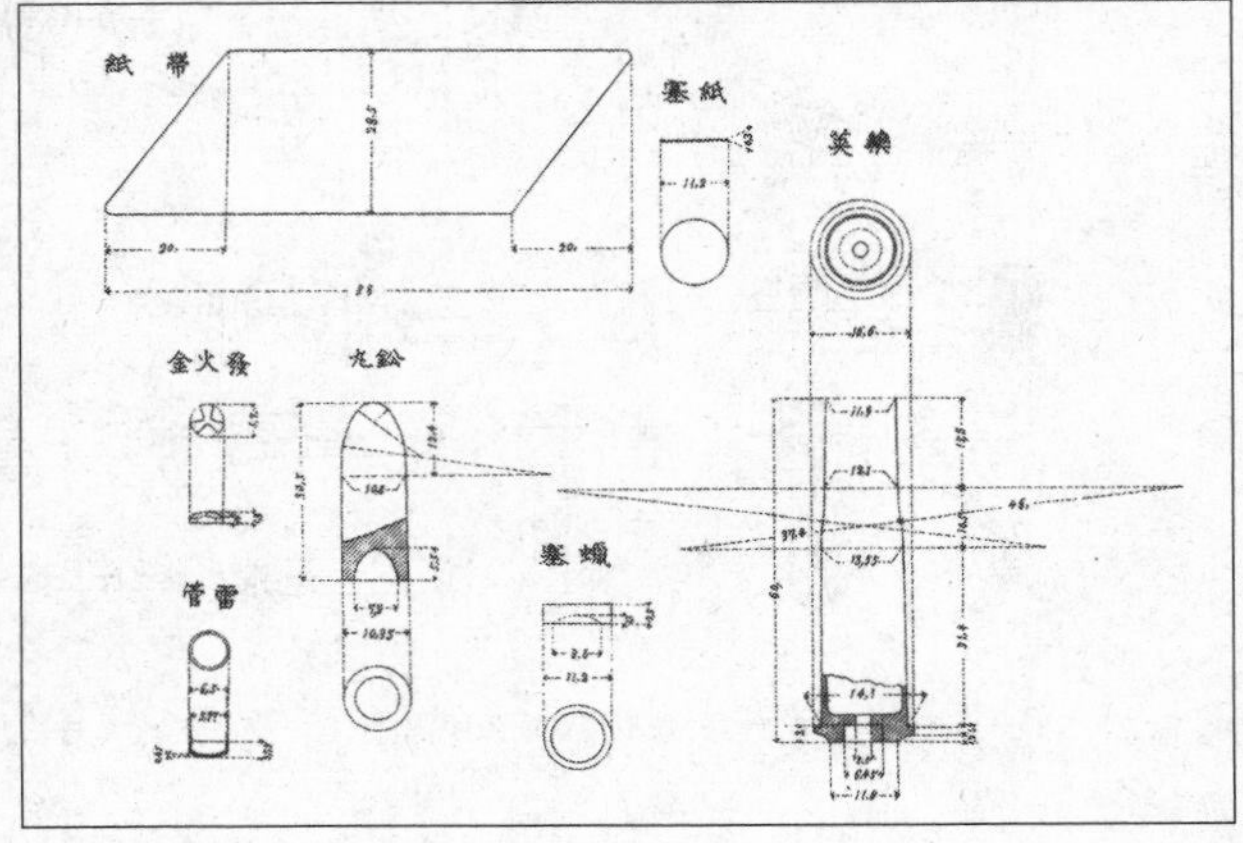

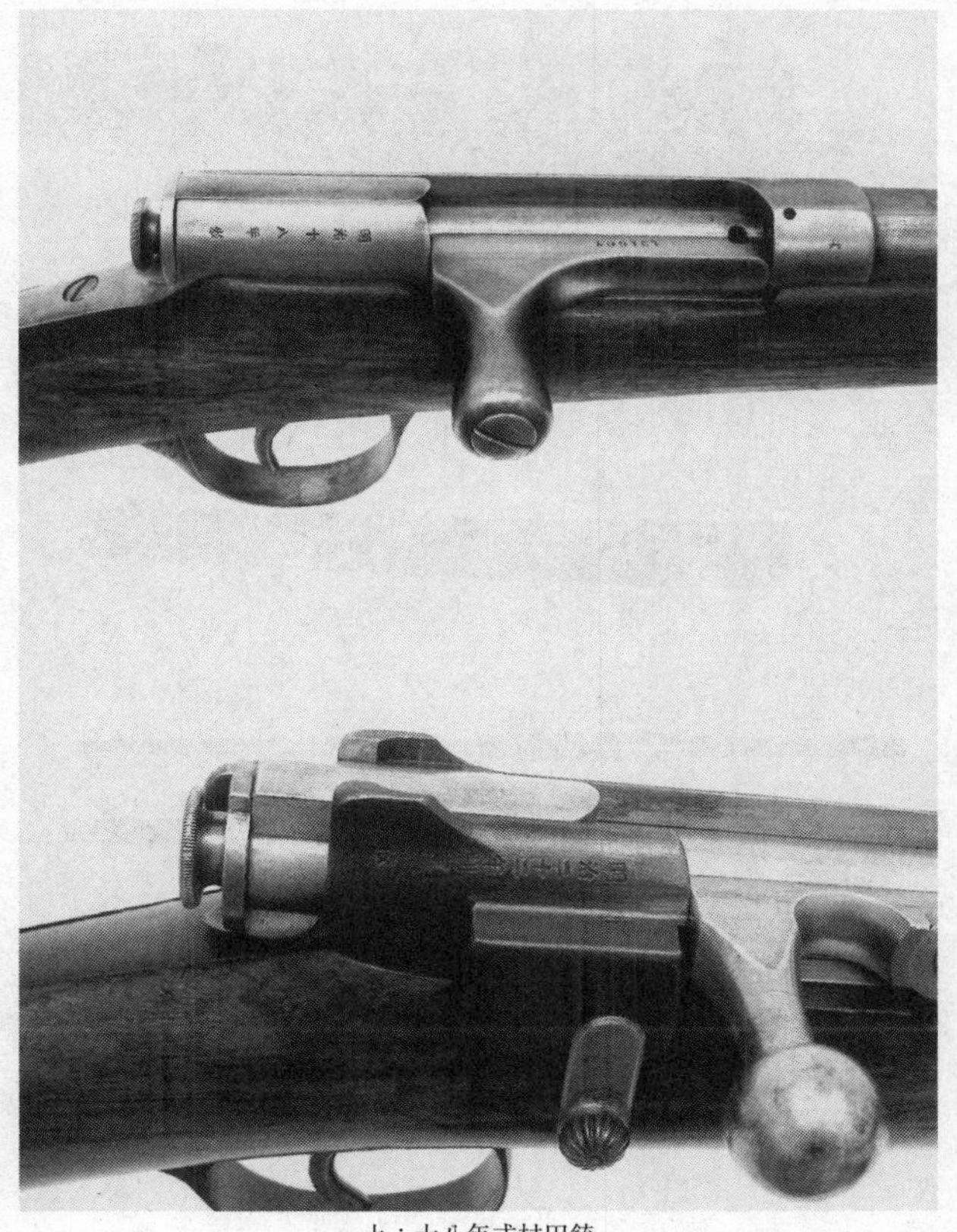

上：十八年式村田銃
下：村田連発銃

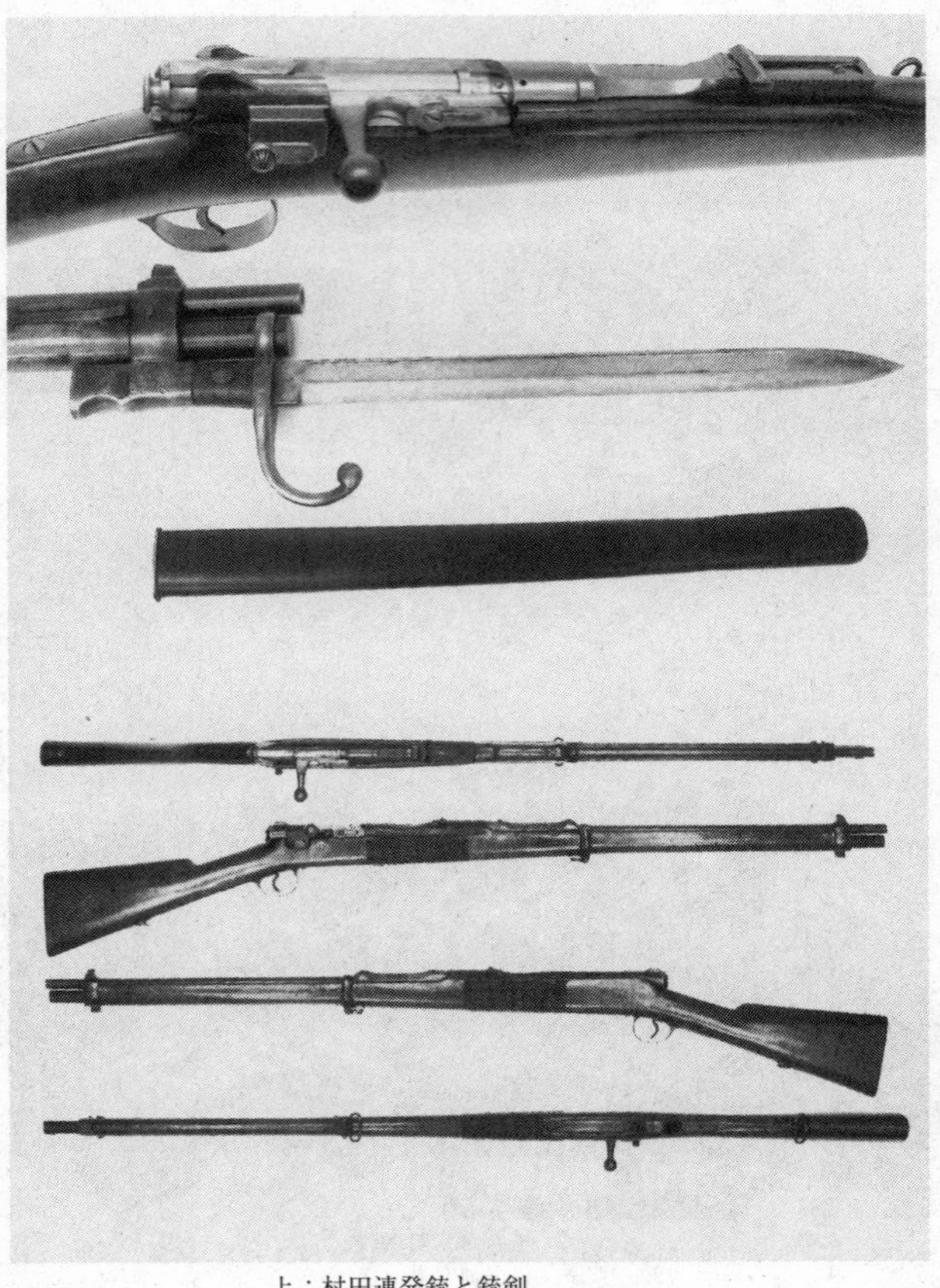

上：村田連発銃と銃剣
下：村田連発銃 上面、側面、下面

村田連発銃 上面、側面、下面

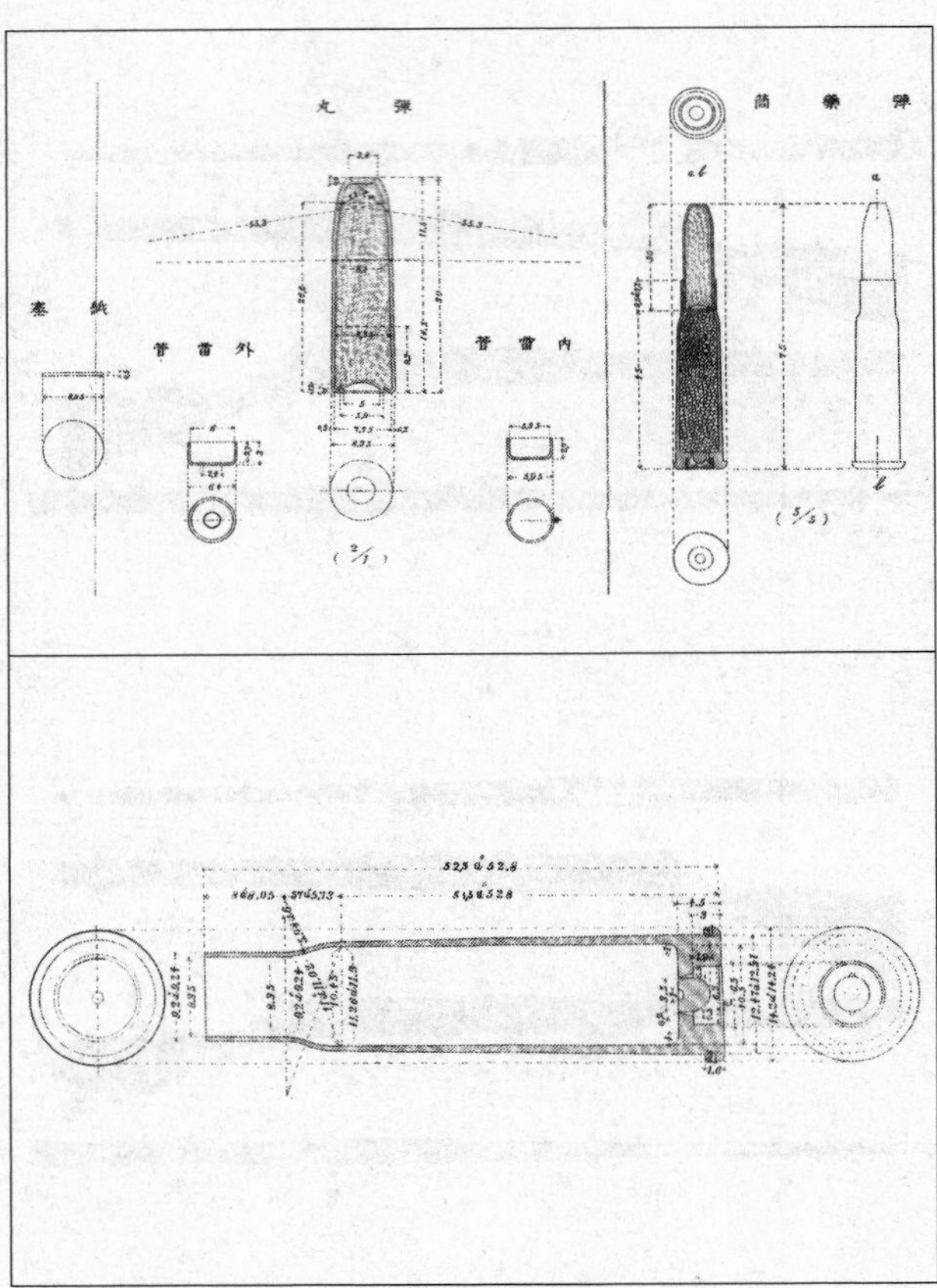

上：村田連発銃弾薬筒
下：村田連発銃薬莢

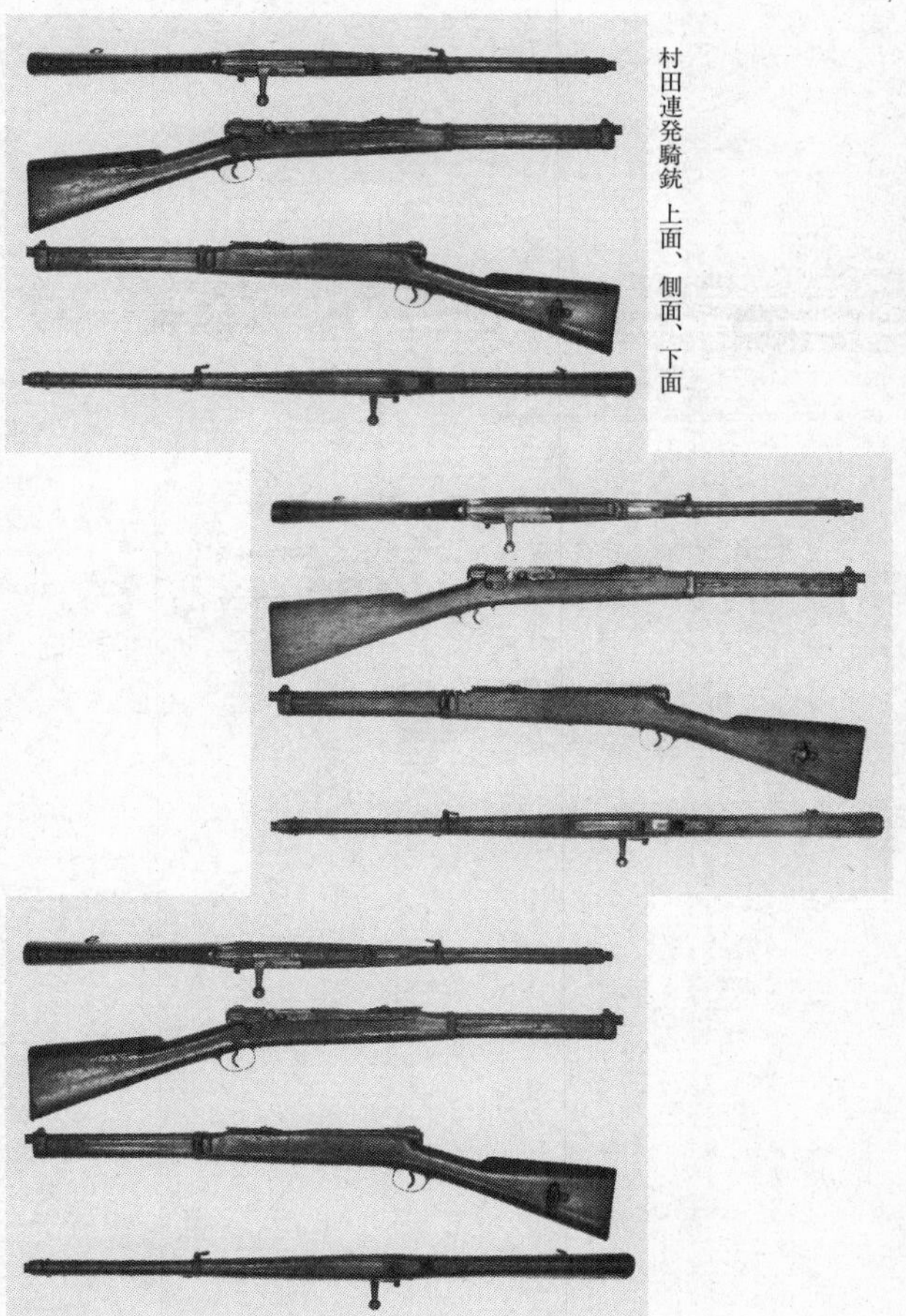

村田連発騎銃 上面、側面、下面

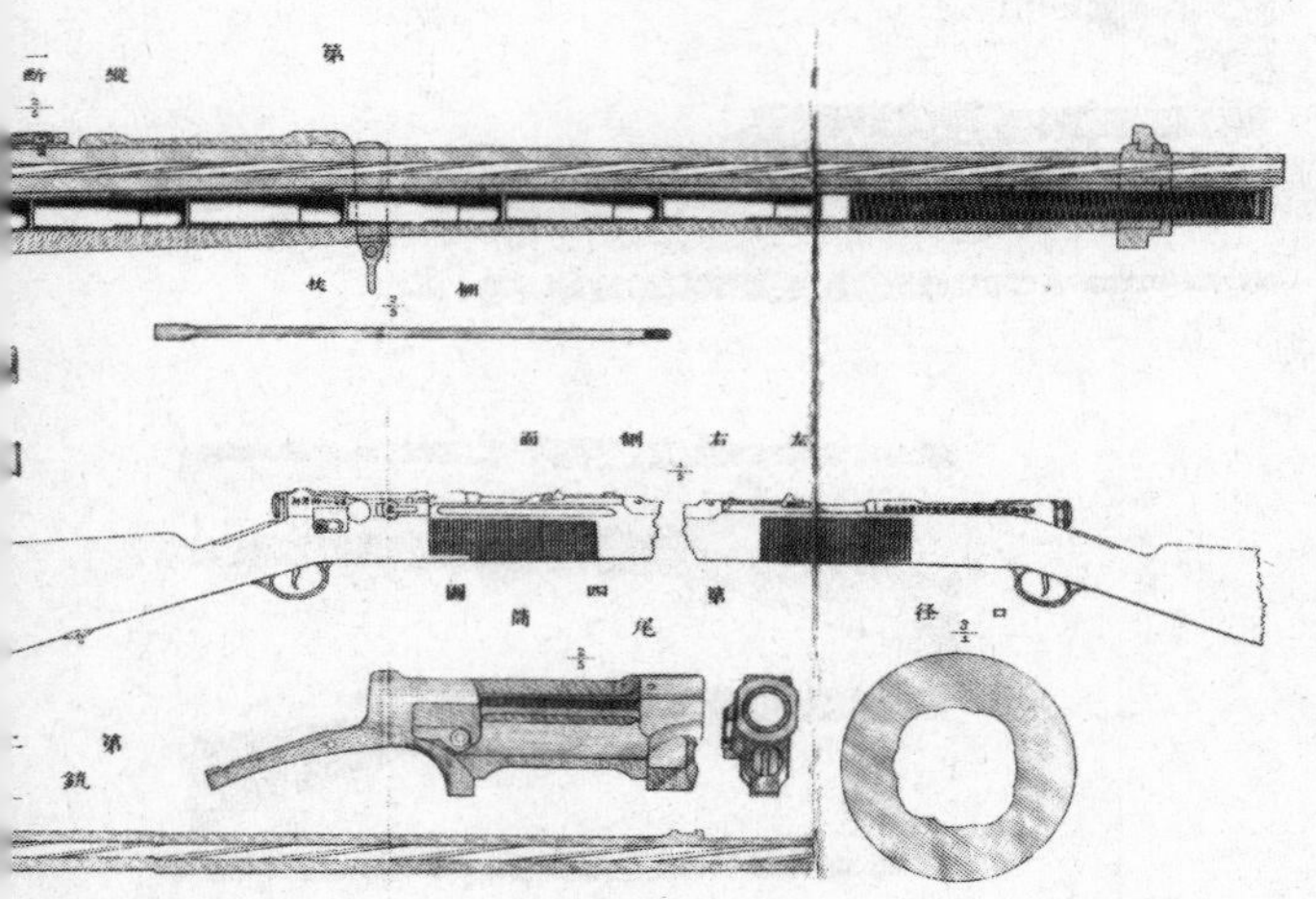

搠杖
左右側面
第四圖
尾筒
口径

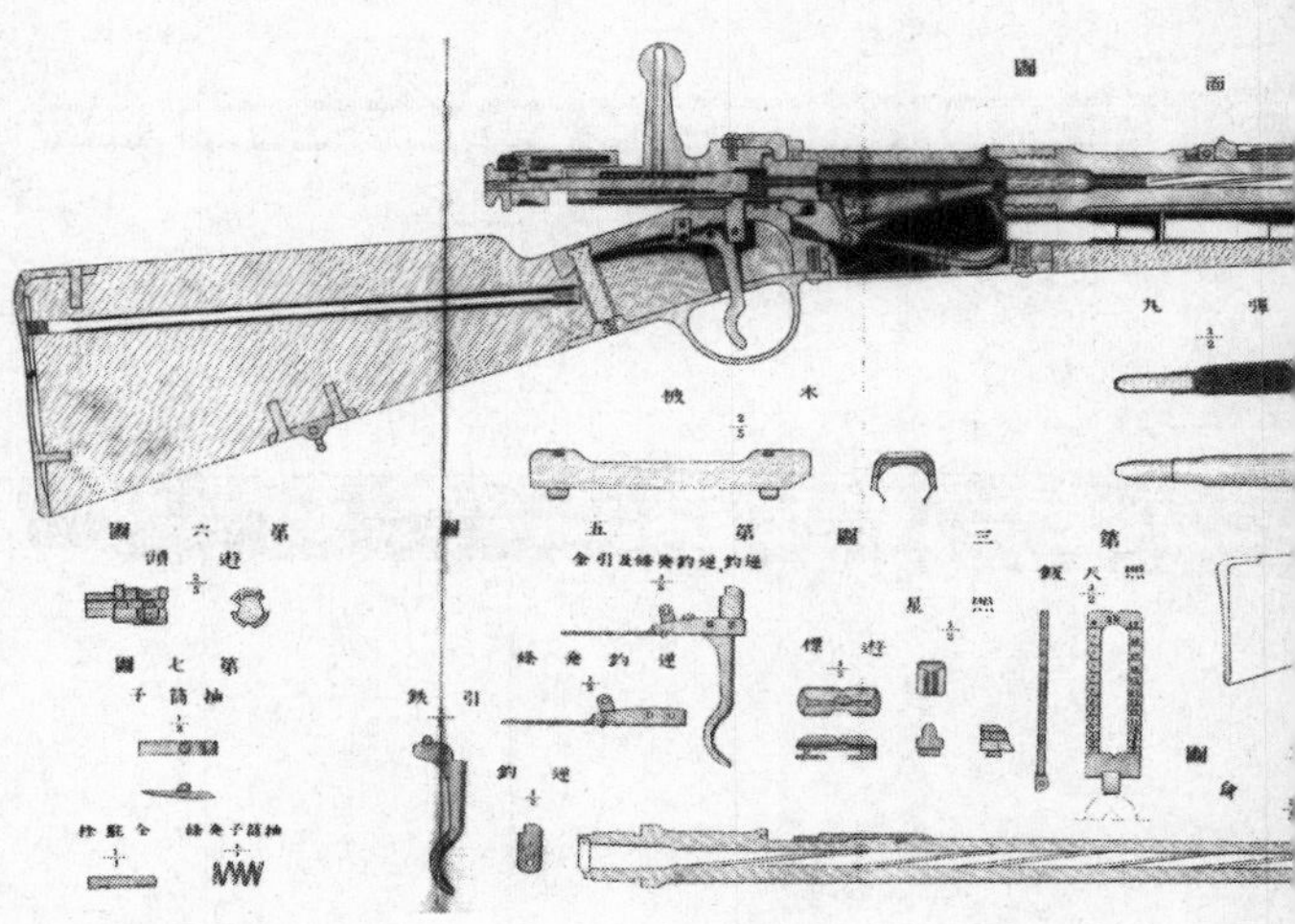

村田連発銃 製式図1

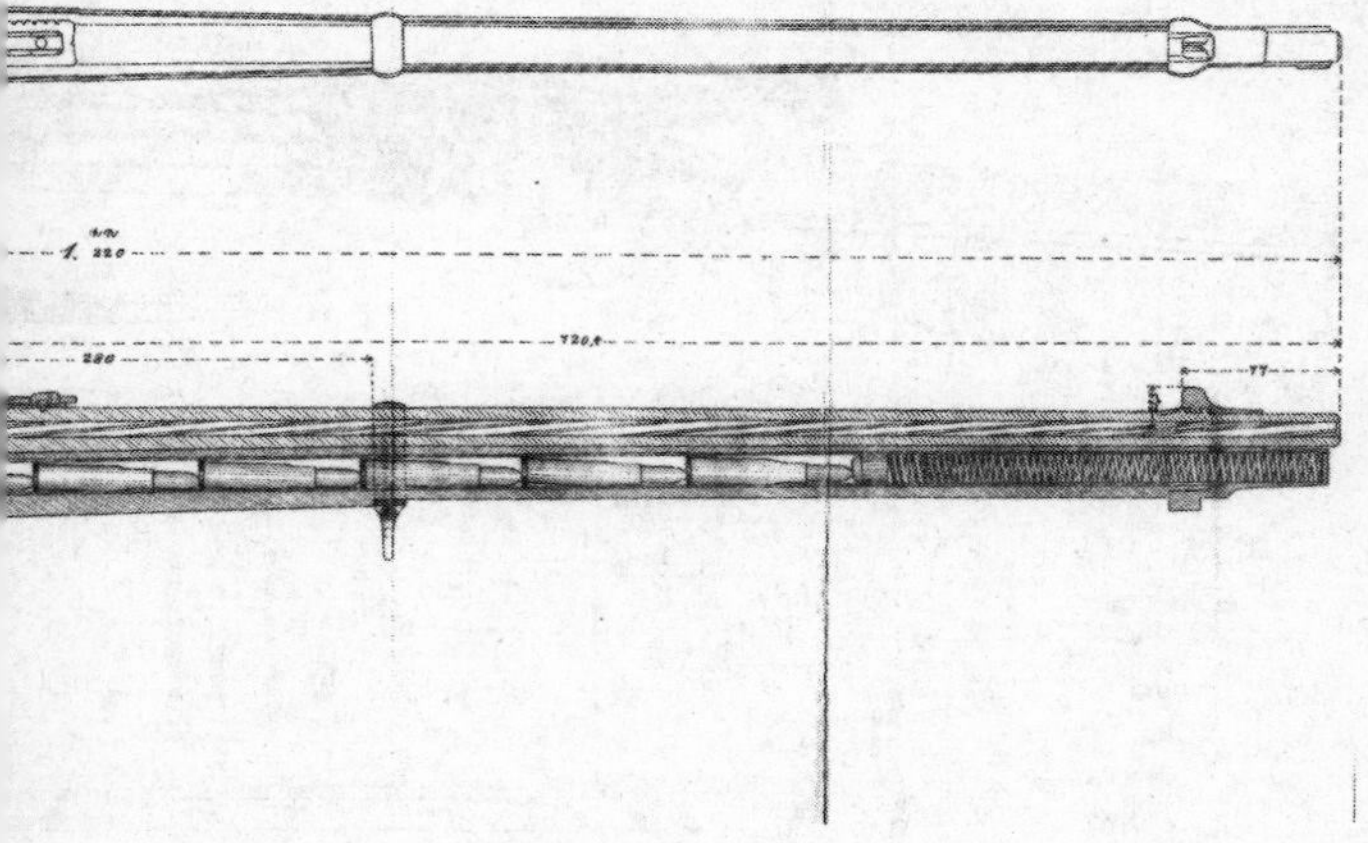

1. 220
720,1
280
77

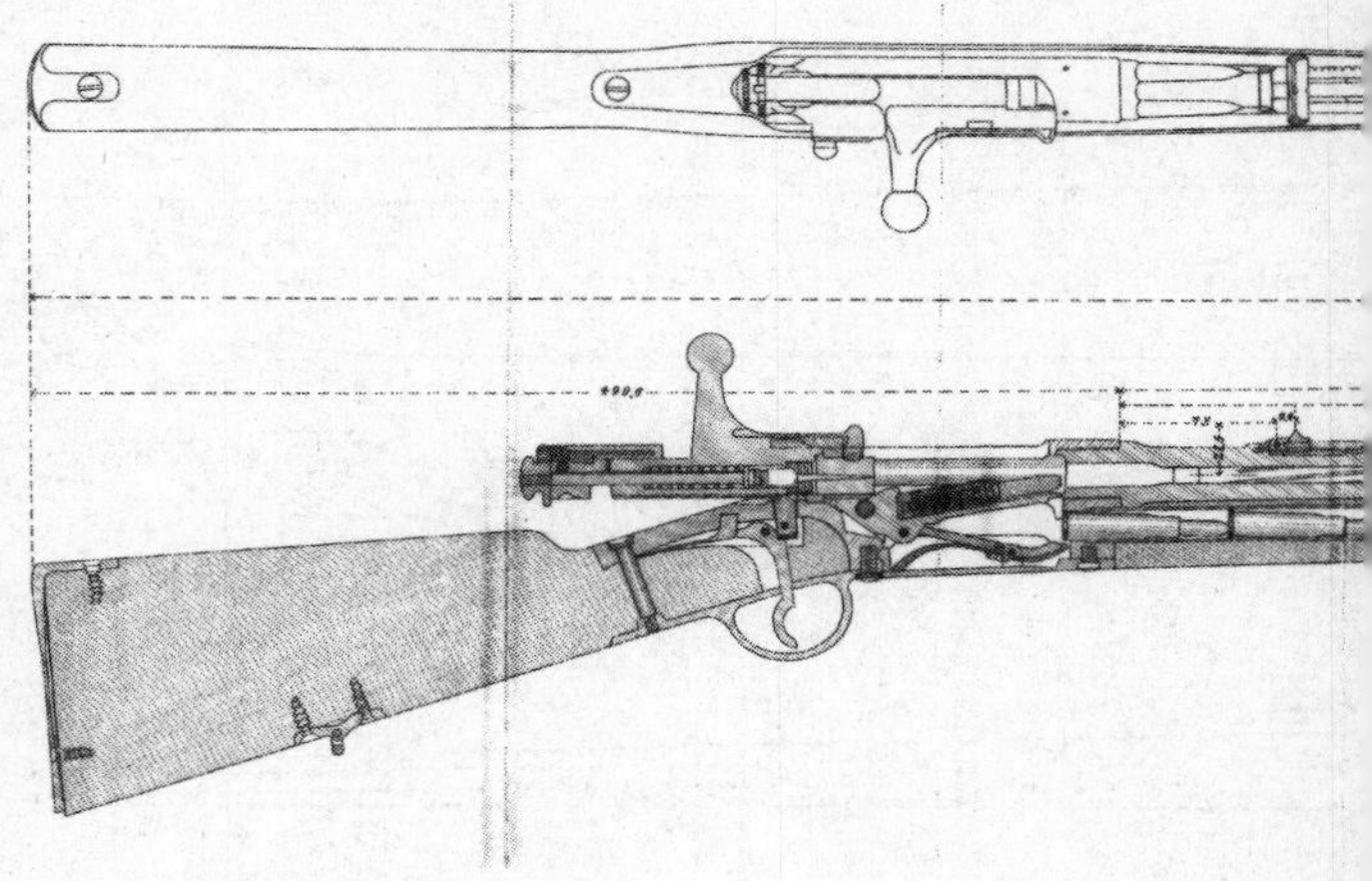

村田連発銃 製式図２

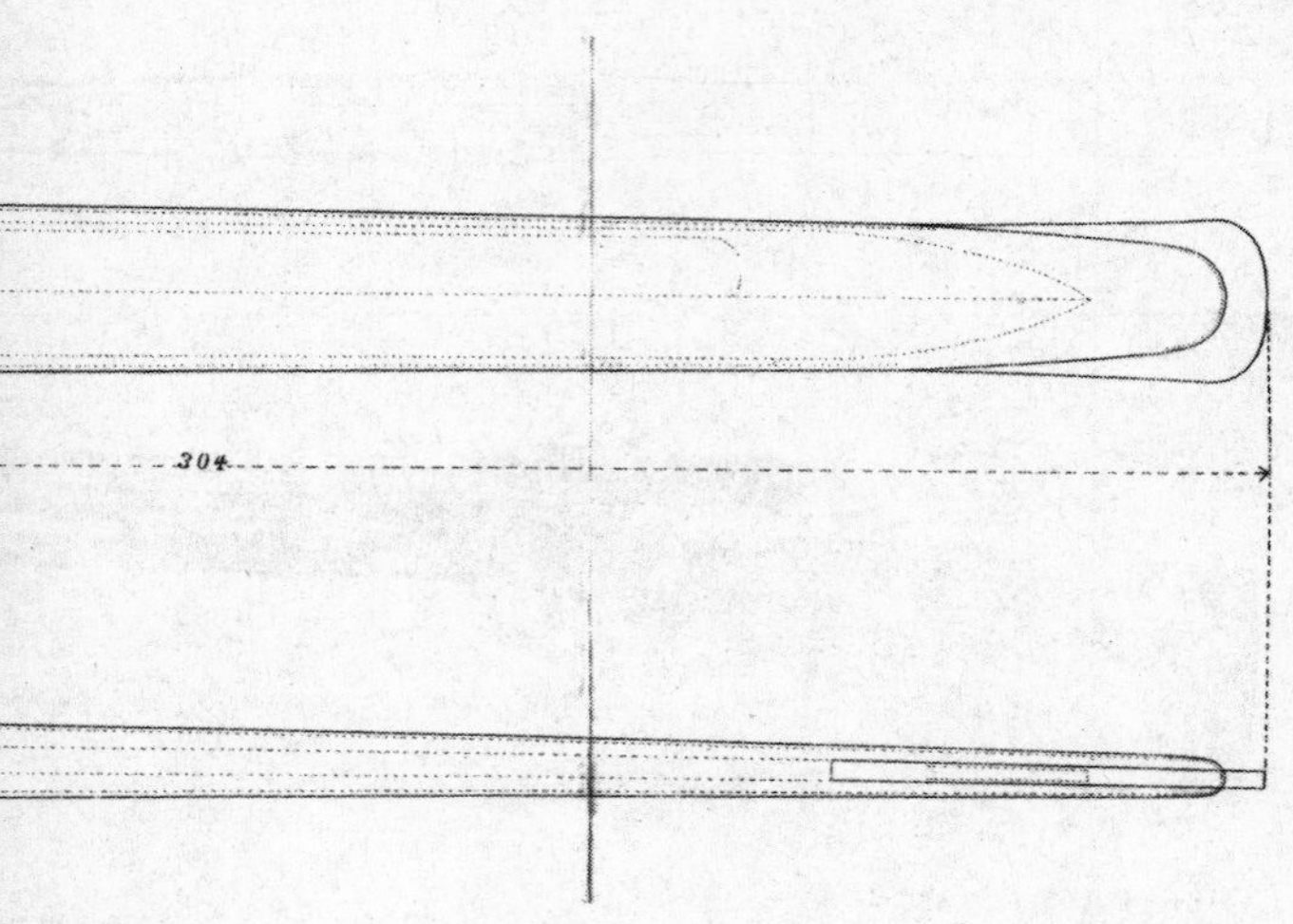
304

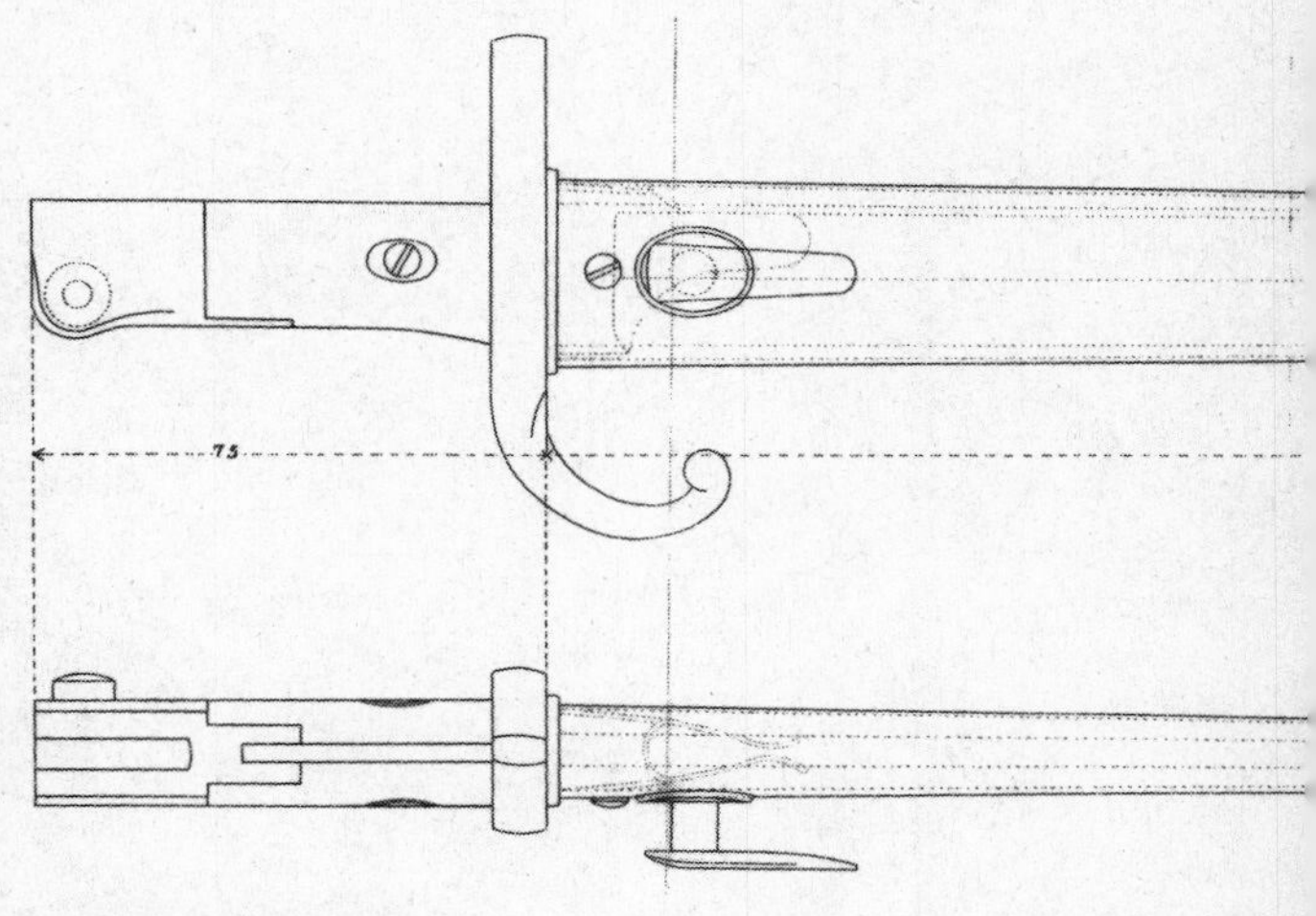

村田連発銃銃剣 製式図

銃器の発達 図集

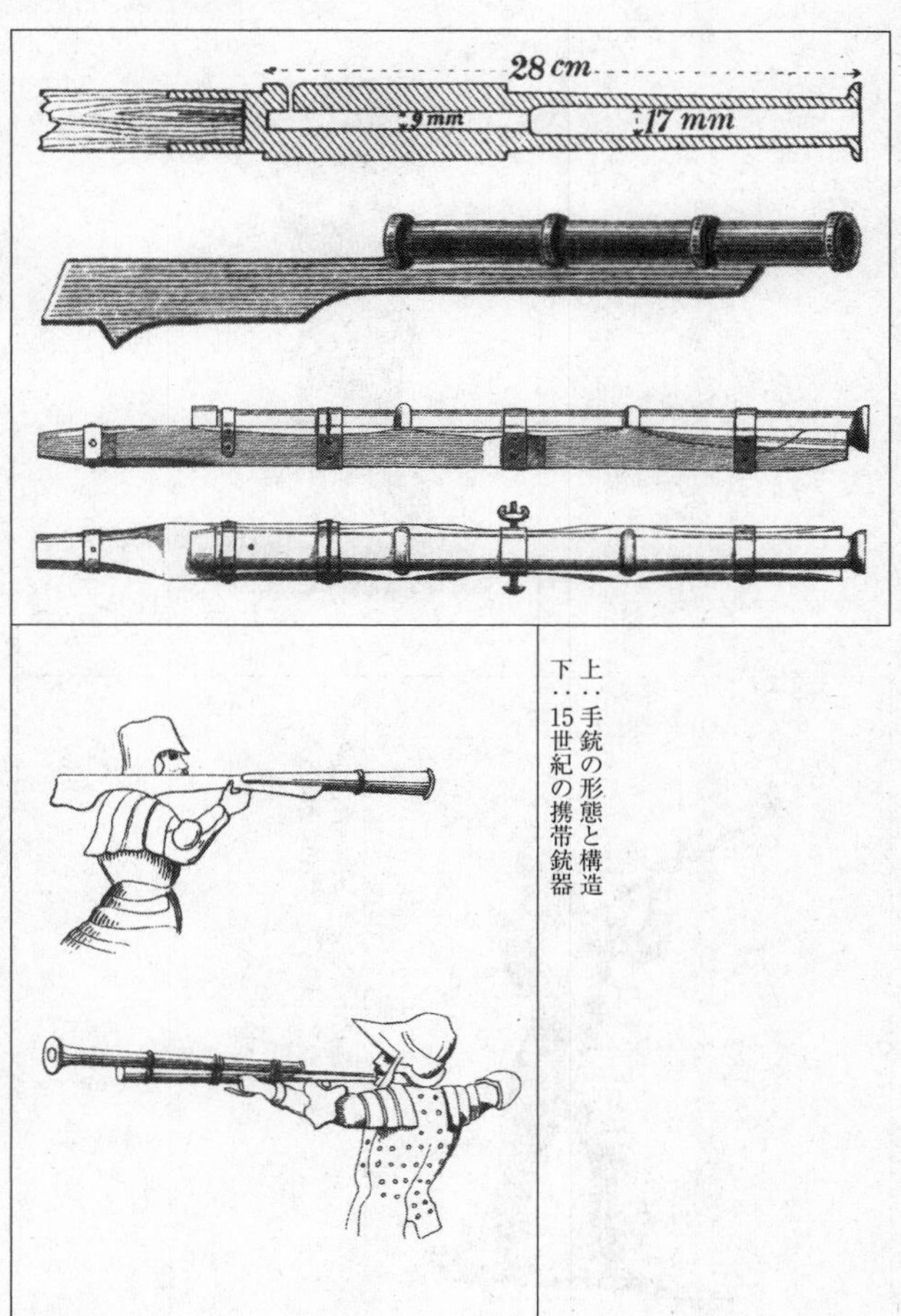

上：手銃の形態と構造
下：15世紀の携帯銃器

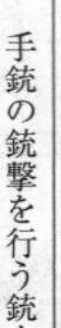
手銃の銃撃を行う銃士

手砲に着火し発射した後は、左腰に下げる斧を砲口に差込み、長斧として使う

上：手砲を発射する騎兵
下：手銃 1500／10年、火縄銃 1420／50年、火縄銃 1420／50年

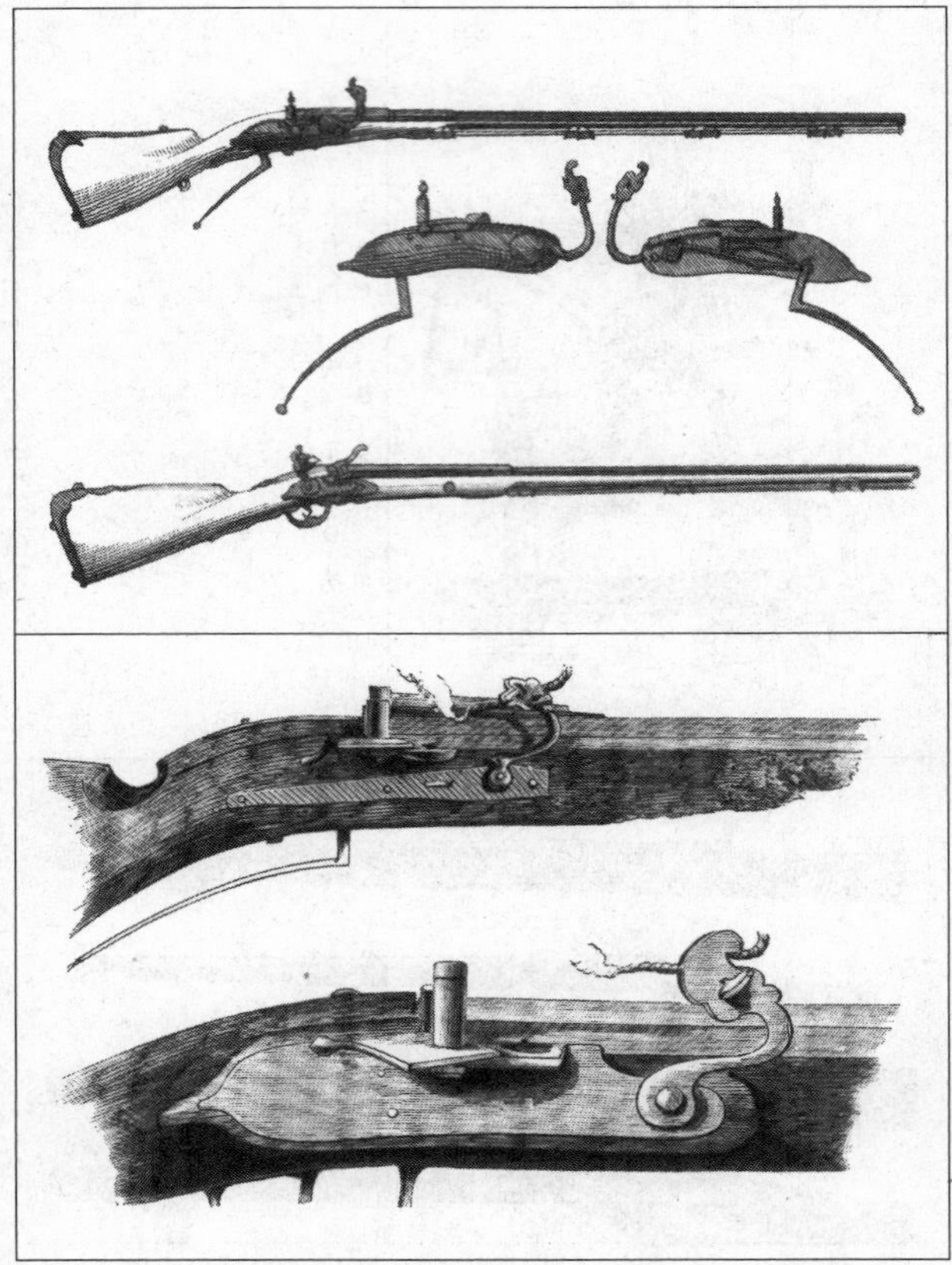

上：フランスの火縄銃と燧石式銃
下：火縄銃 1590年、ウイリアム3世時代の火縄銃 17世紀末

火縄銃の操作1　銃口から火薬を入れる

火縄銃の操作2
鶏頭に火縄を挟み、火皿を抑えて、
火縄の火を吹く、火縄は両端に着火しておく

火縄銃の操作3
火蓋を切り、目標を見て射撃の姿勢をとる

火縄銃の操作4　発射

上：火縄銃を右肩に担ぎ、左手で支床を持つ、右肩から弾薬帯を掛ける
下：17世紀後半の銃士

上：火縄式マスケット銃を支床に載せた発射姿勢、左肩から弾薬帯 1615年
下：フランス ルイ 14 世の親衛銃士隊

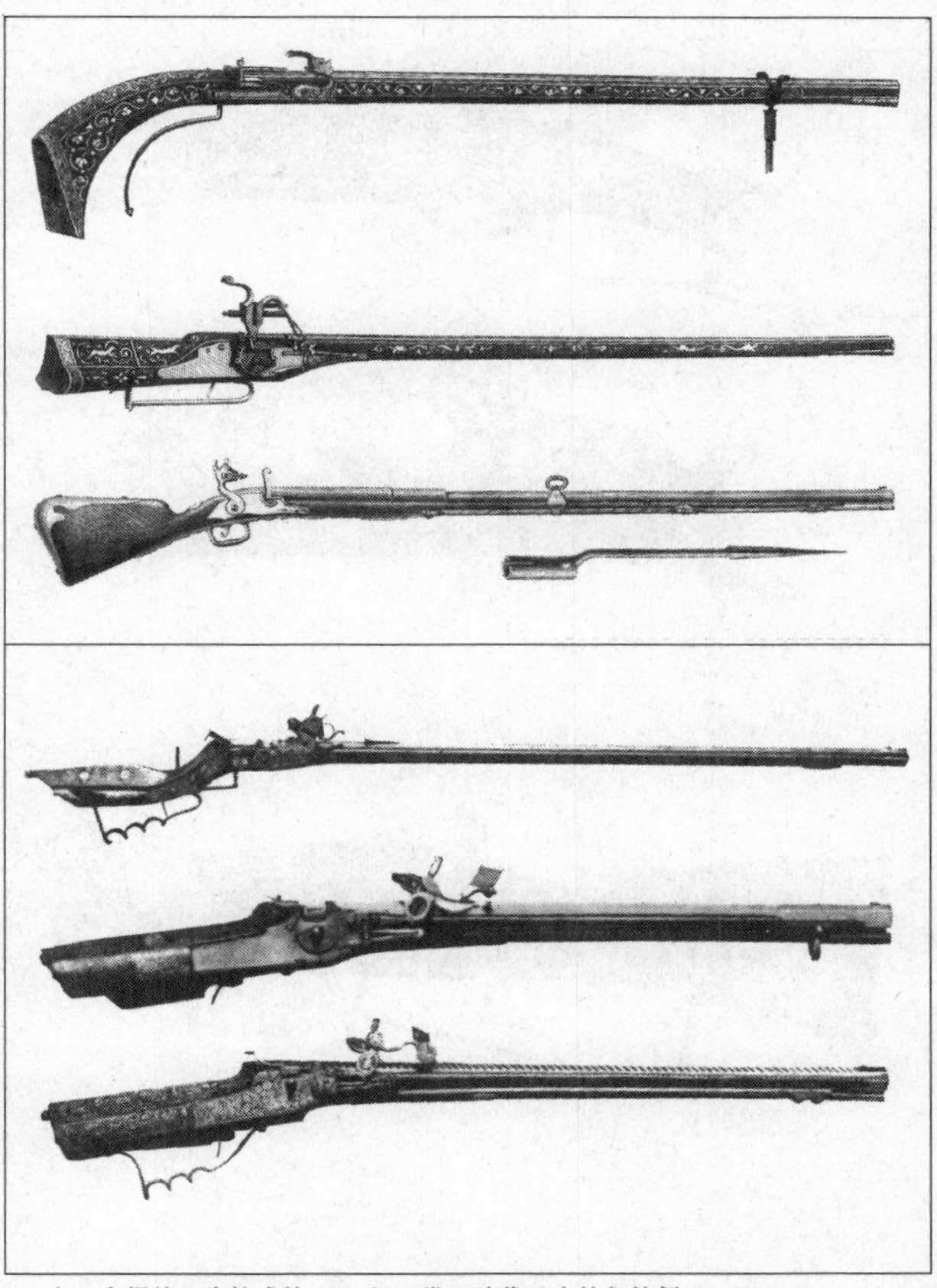

上：火縄銃、歯輪式銃、ルイ 14 世の時代の小銃と銃剣
下：TRICKER−LOCK 銃 14 世紀、歯輪式銃 1669 年、歯輪式銃 1675 年

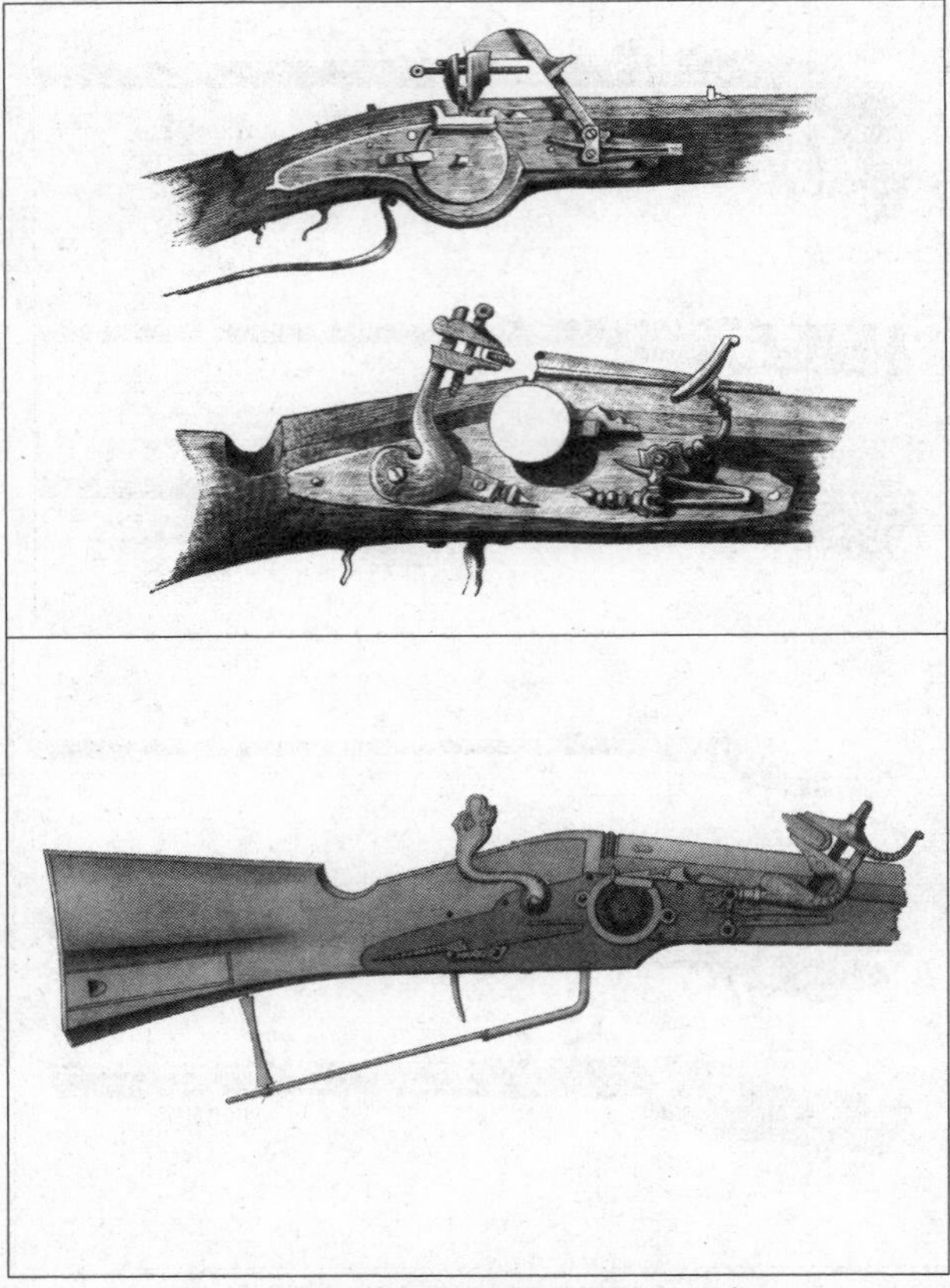

上：歯輪式銃機関部、燧石式銃機関部 1620年
下：歯輪式銃 1550／1600年

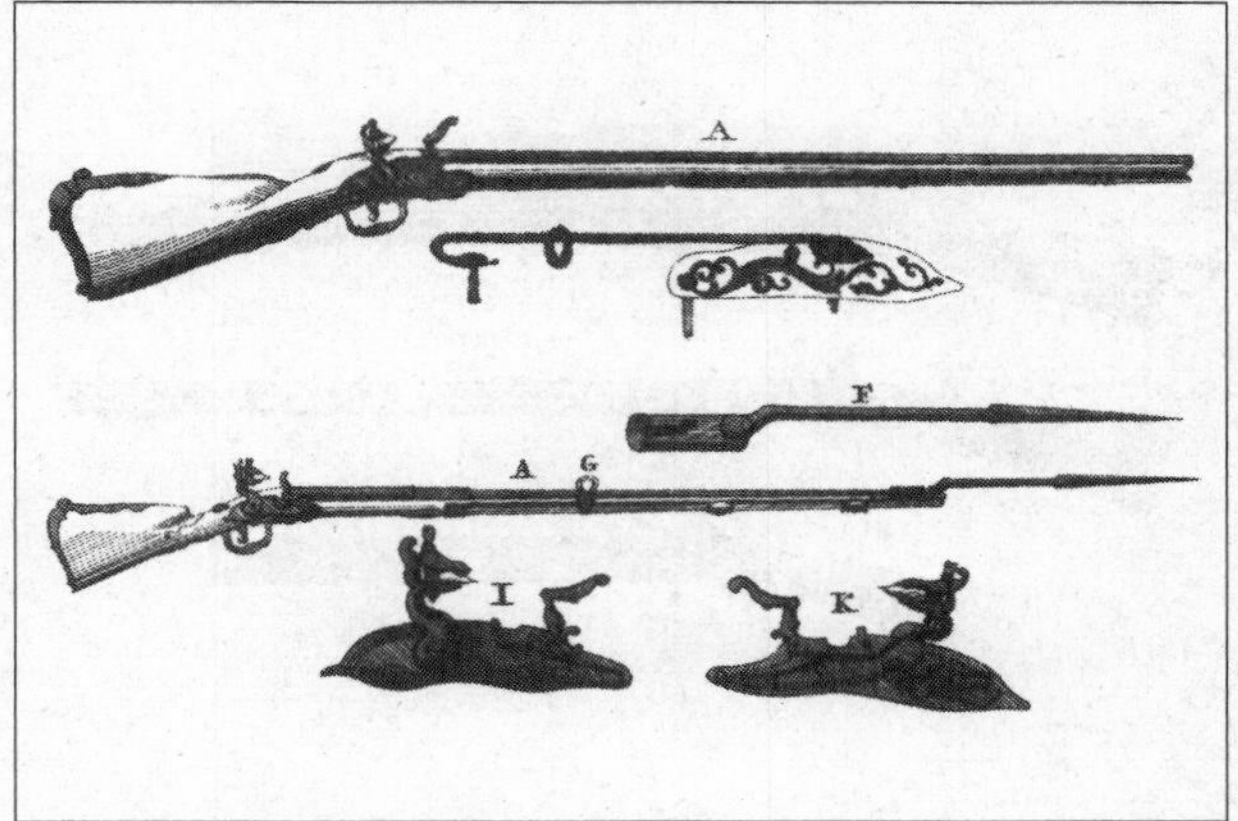

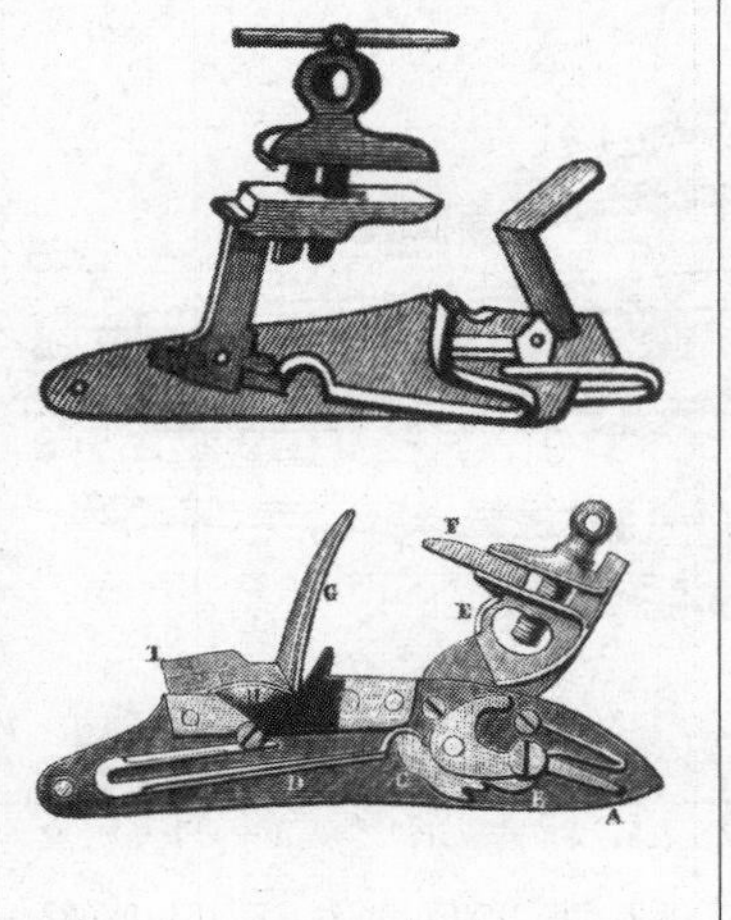

上：フランスの燧石式銃と銃剣
下：フリントロック（燧石）式発火装置

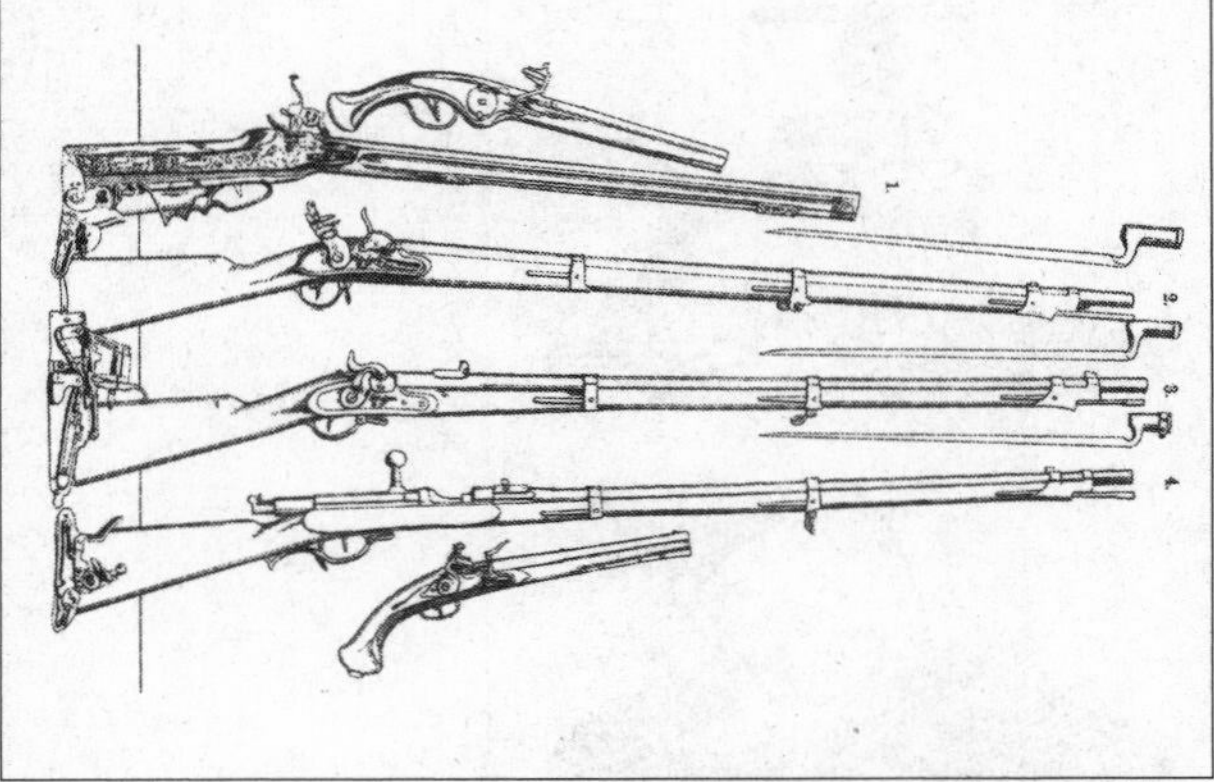

上：フランス 燧石式銃 1777年、同 雷管式銃 1822年、オーストリア 燧石式2連銃 1787年
下：14ミリ燧石式銃 1600年、燧石式銃 1809年、雷管式銃 1839年、撃針式銃 1862年

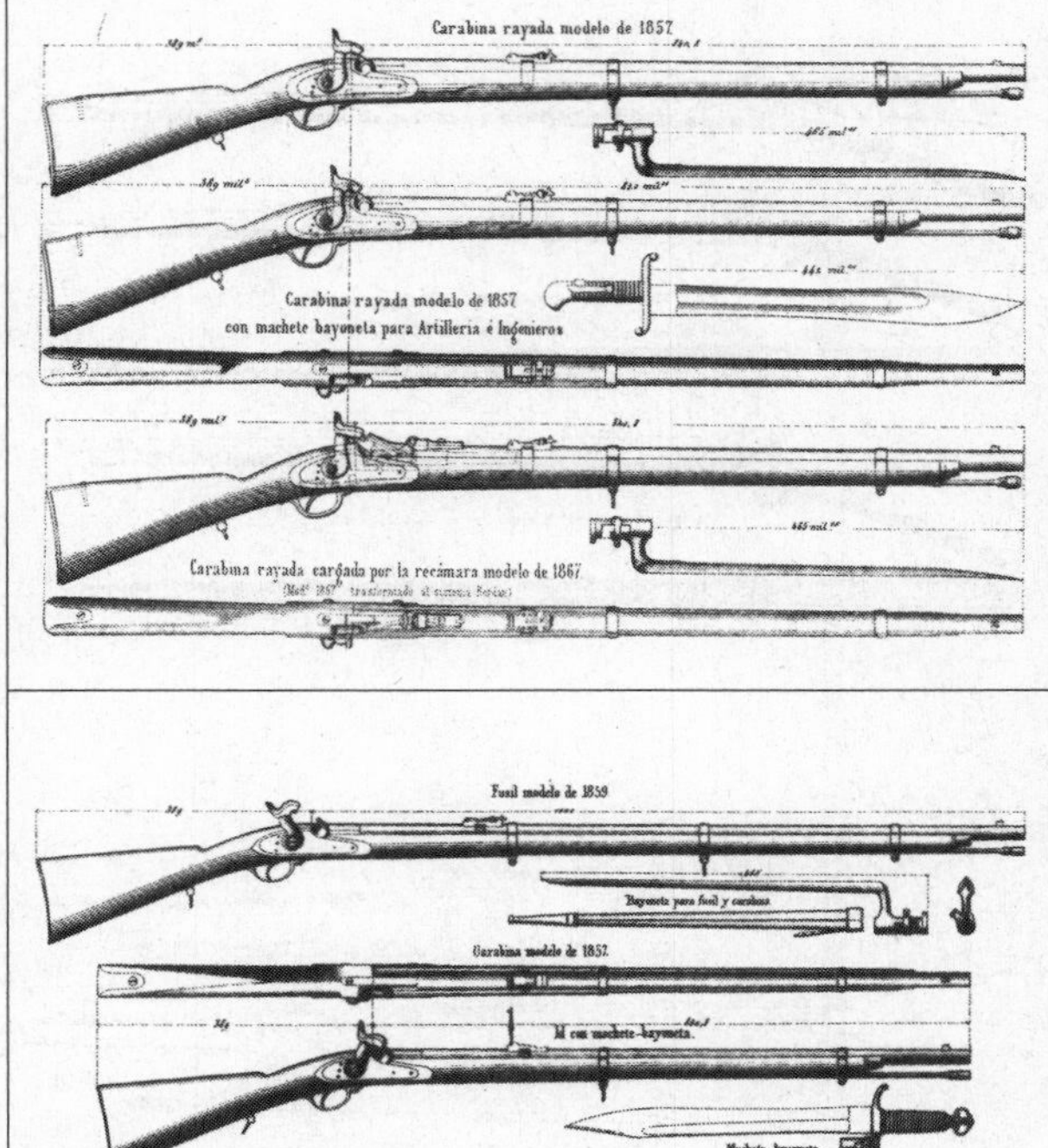

上：スペイン 1857年式RAYADA騎兵銃、1867年式騎兵銃
下：スペイン 1859年式歩兵銃、1857年式騎兵銃、1857年式短小銃

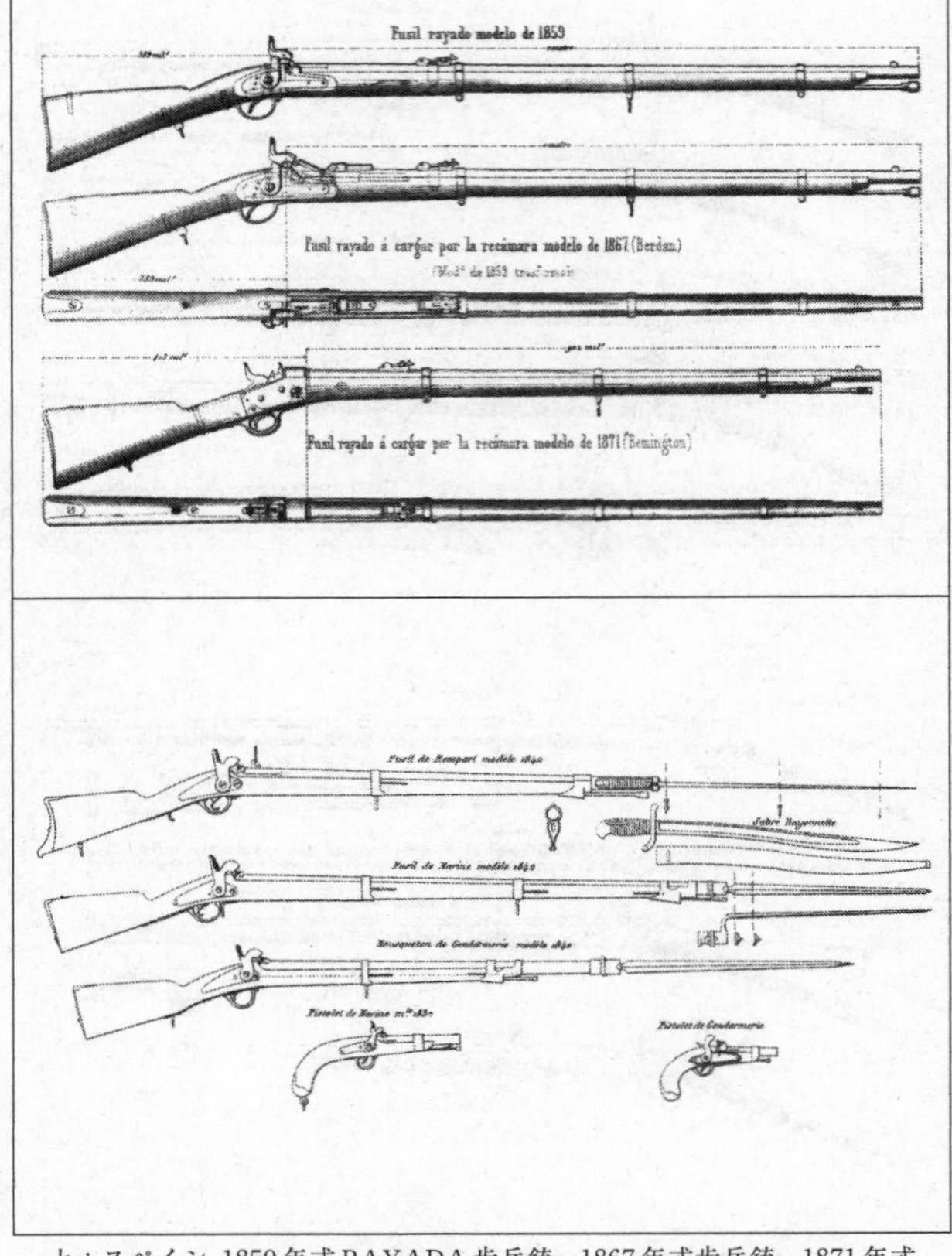

上：スペイン 1859年式RAYADA歩兵銃、1867年式歩兵銃、1871年式レミントン歩兵銃
下：フランス 1842年式守城銃、1842年式海軍銃、1842年式憲兵銃と各銃剣

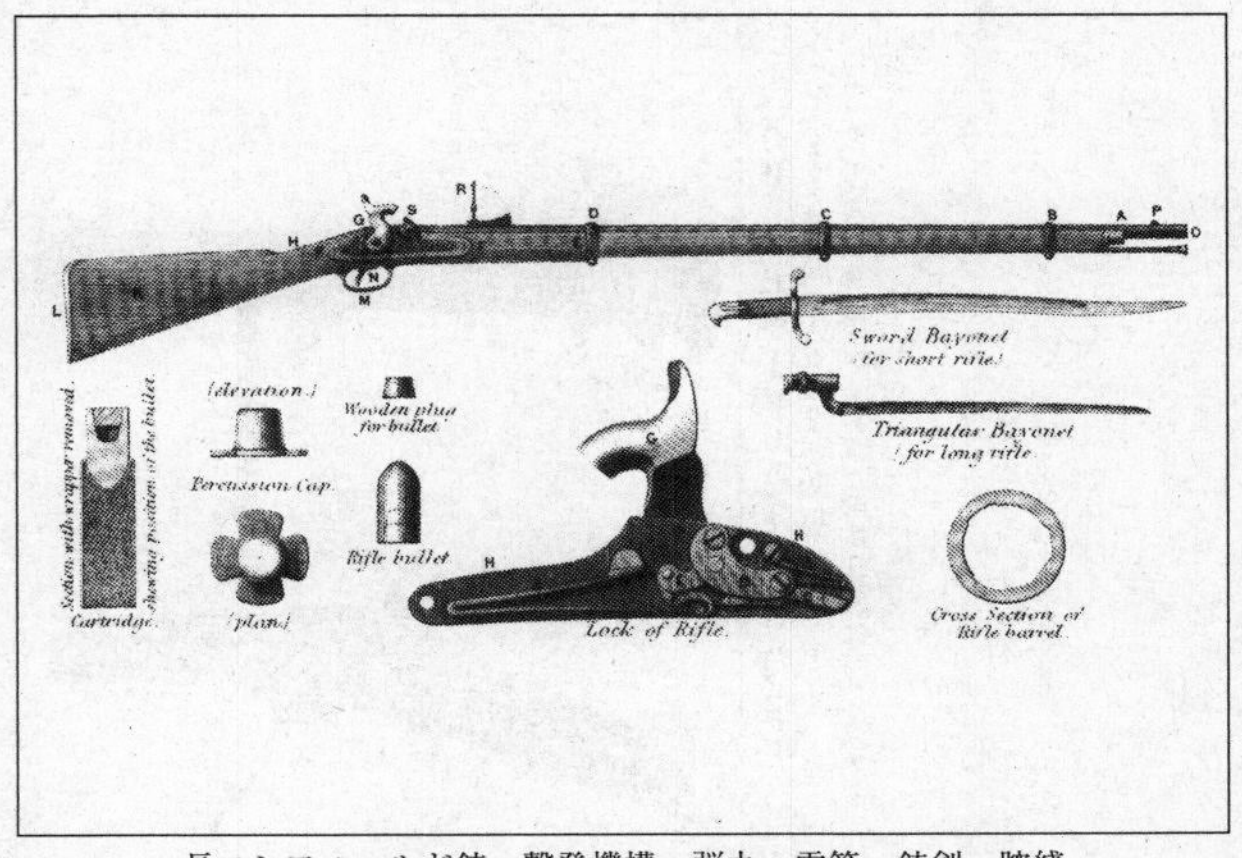

長エンフィールド銃、撃発機構、弾丸、雷管、銃剣、腔綫

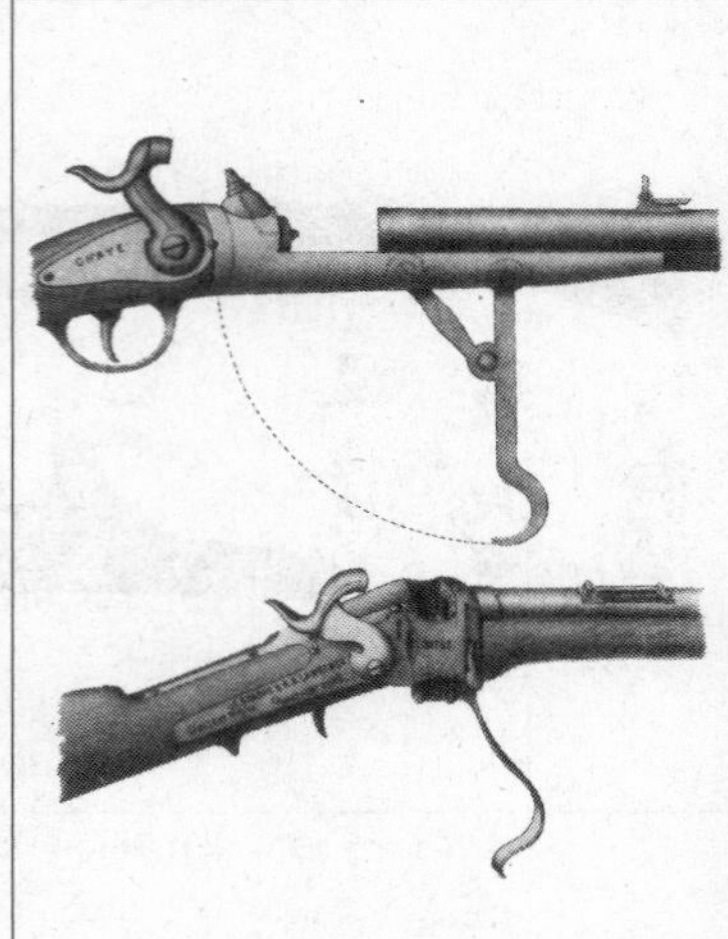

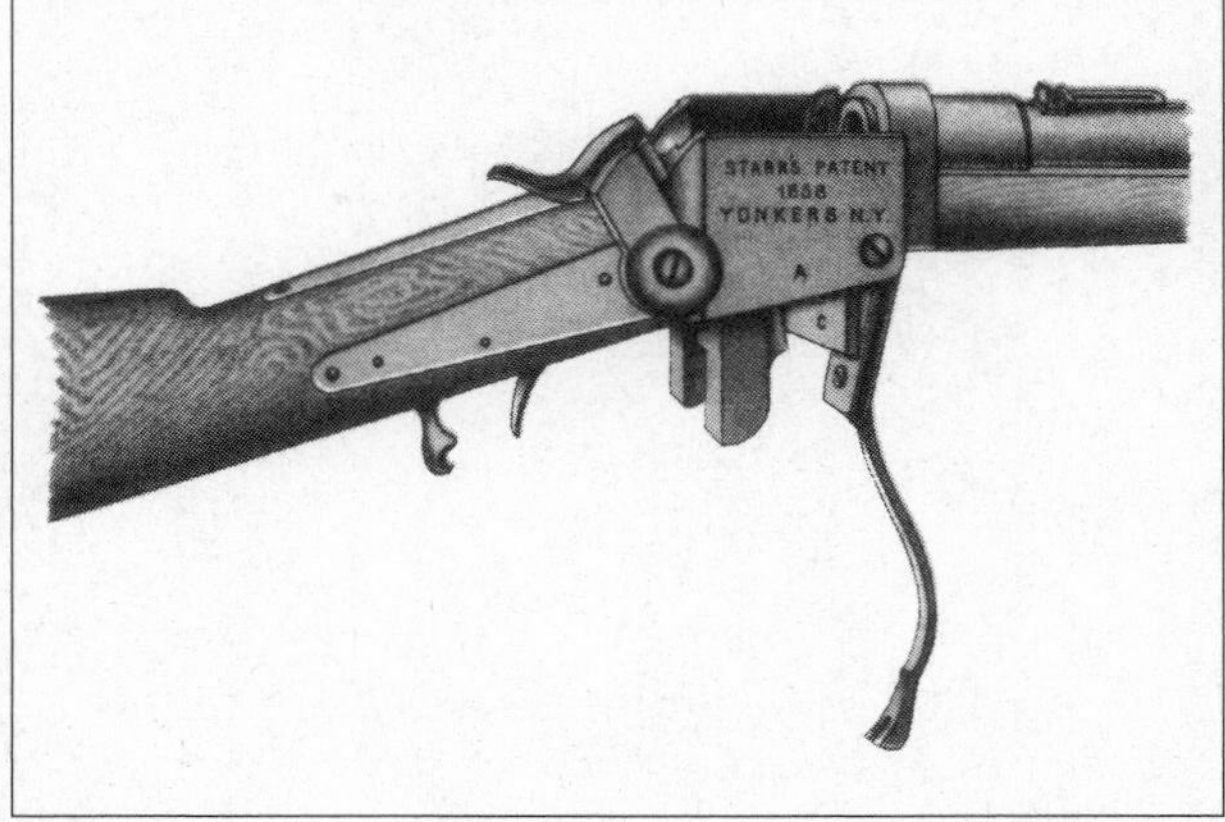

上：ＧＨＡＹＥ銃　１８６５年、ＳＨＡＲＰＳ（シャープス）銃　１８５２／59年
下：ＳＴＡＲＲ（スター）銃　１８５８年　アメリカ

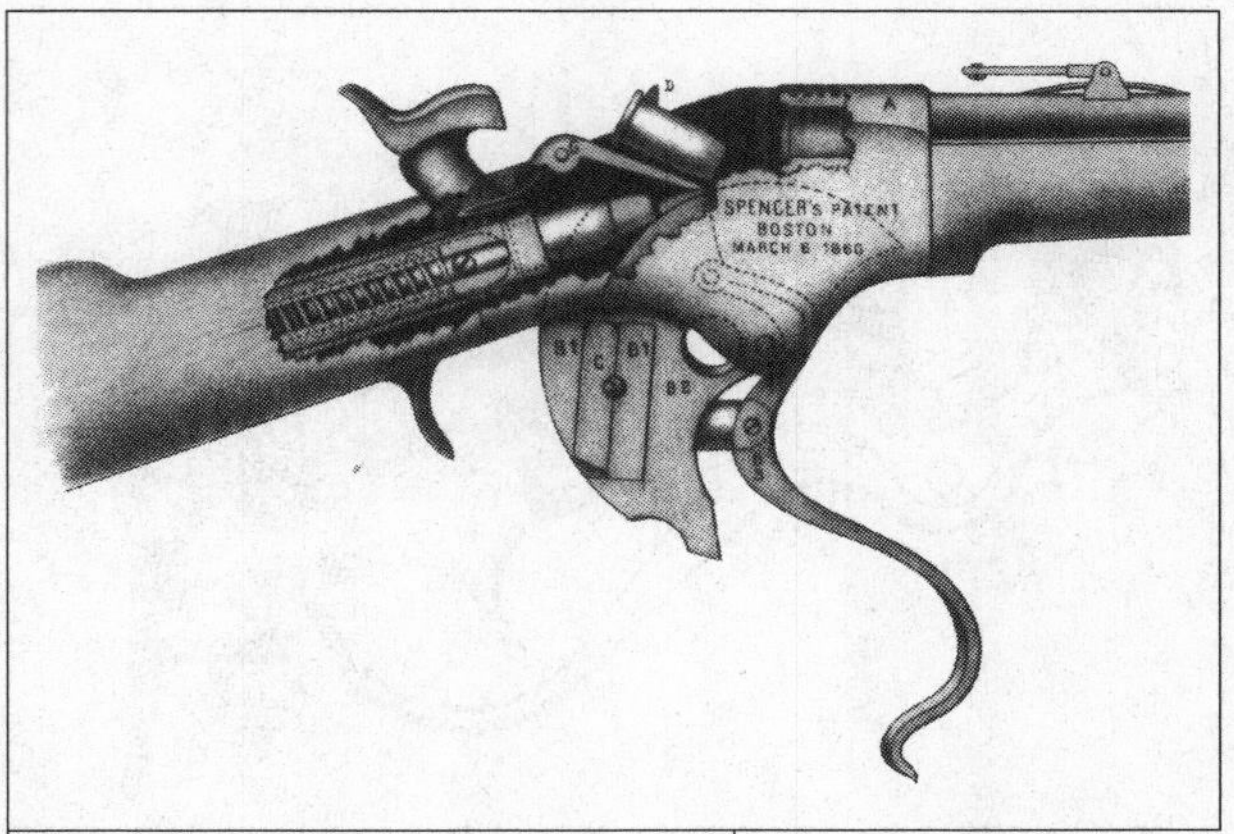

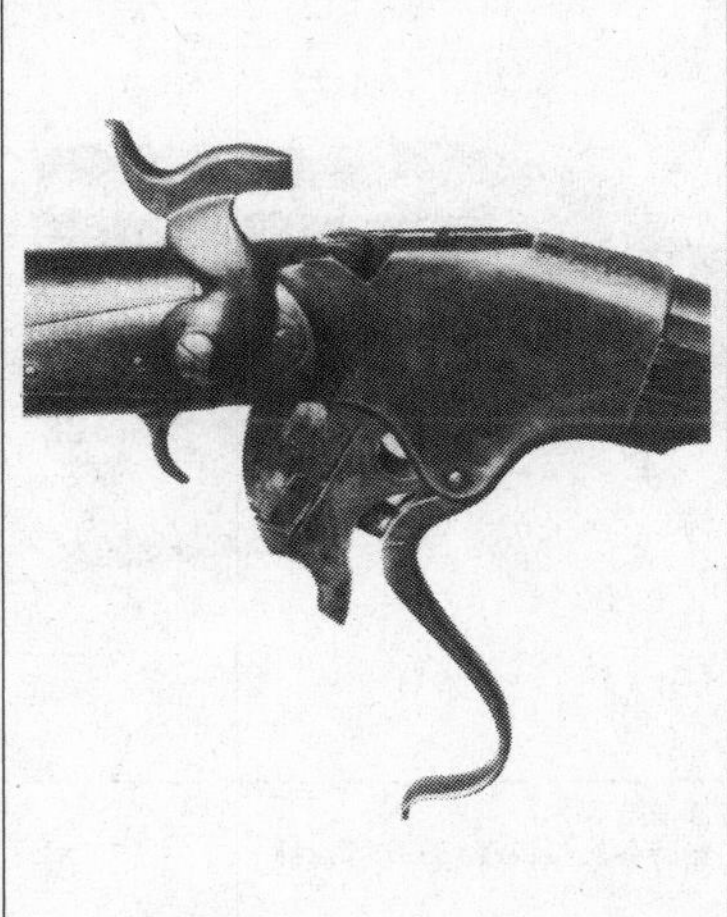

SPENCER（スペンサー）銃　1860年　アメリカ

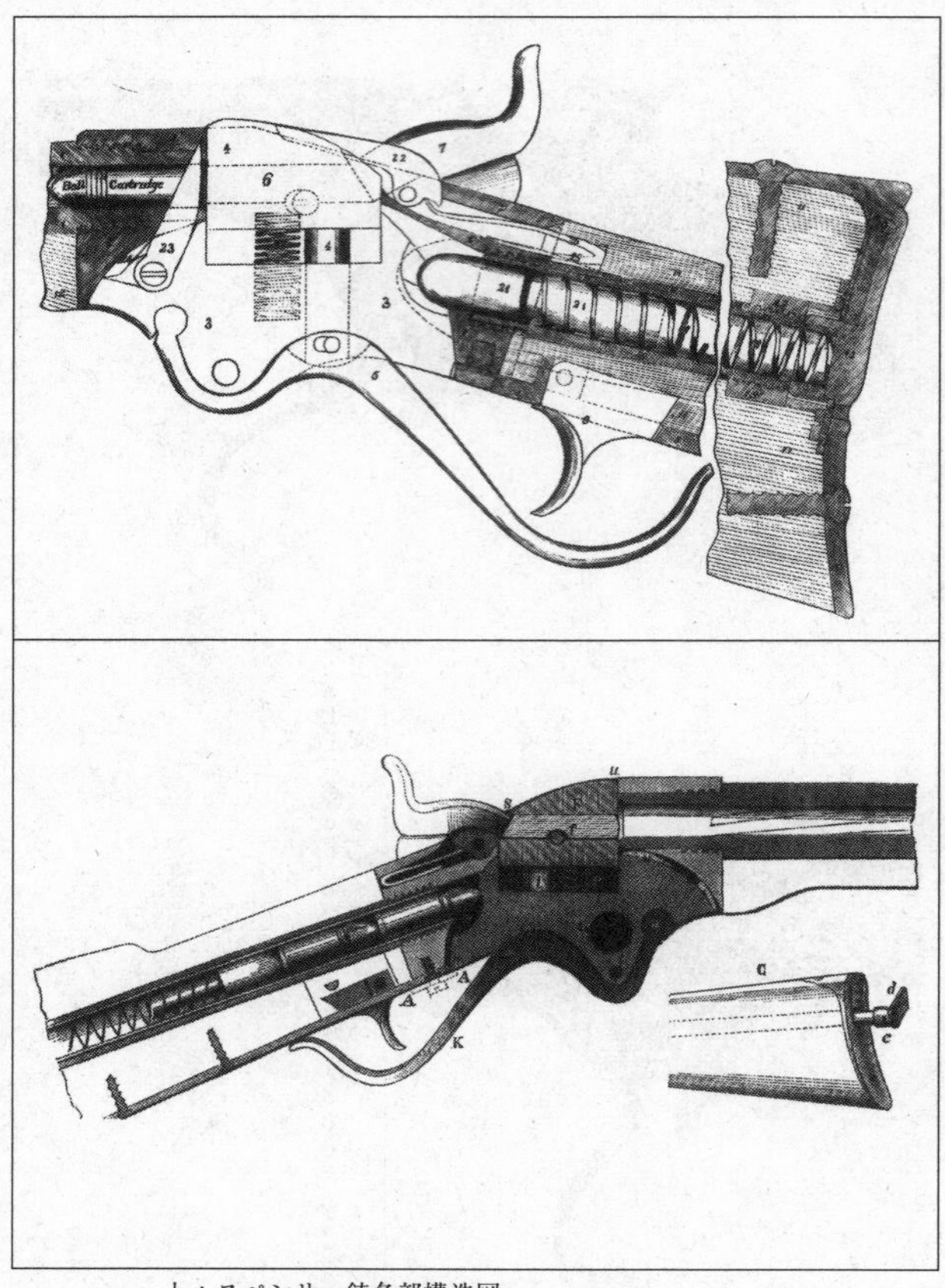

上：スペンサー銃各部構造図
下：スペンサー銃閉鎖時各部の状態、床尾弾倉挿入口

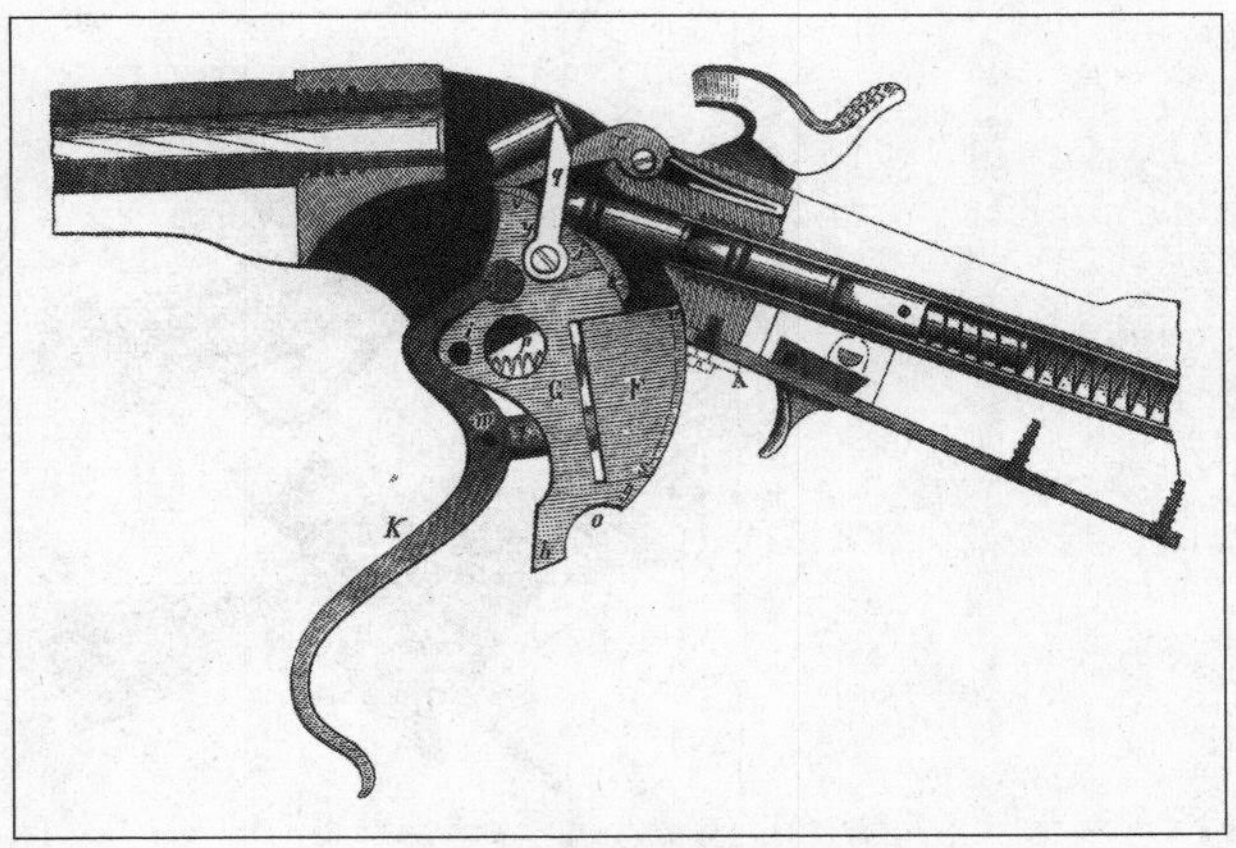

スペンサー銃排莢時各部の状態

スペンサー銃装弾状態、発射時

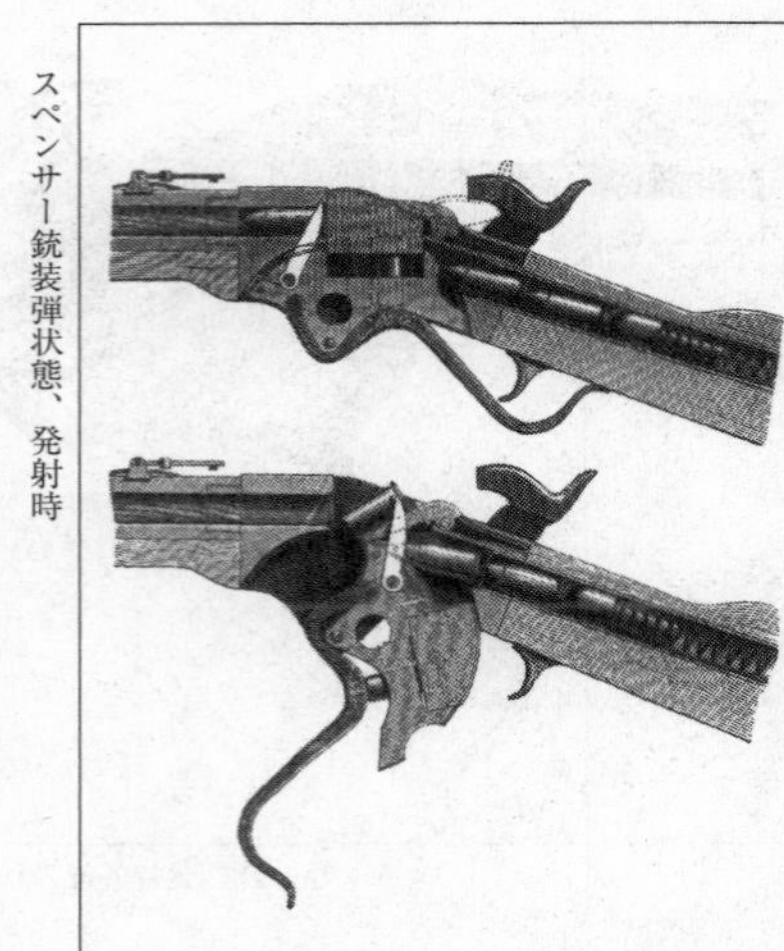

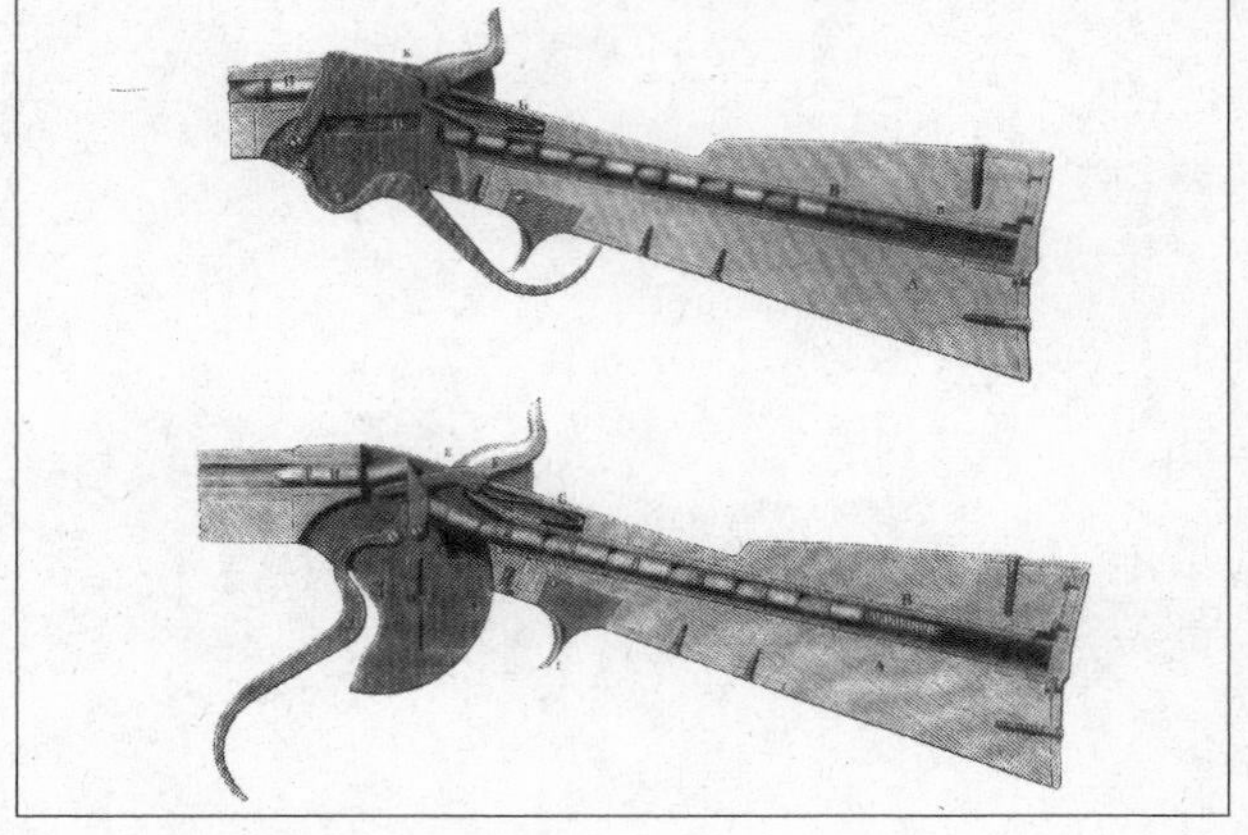

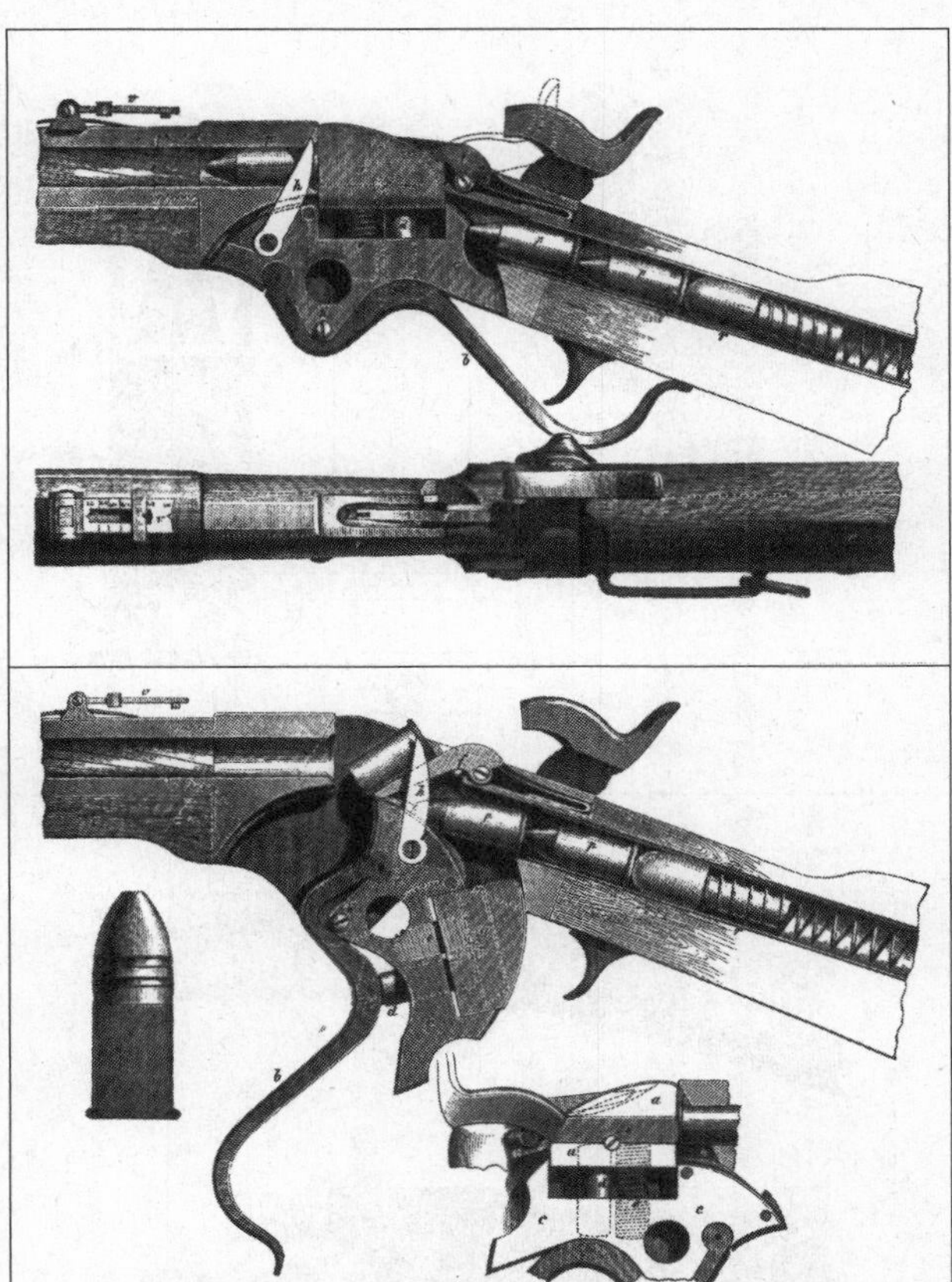

上：スペンサー銃５発目の発射準備完了
下：スペンサー銃薬莢排出、弾薬筒、閉鎖状態(右側から)

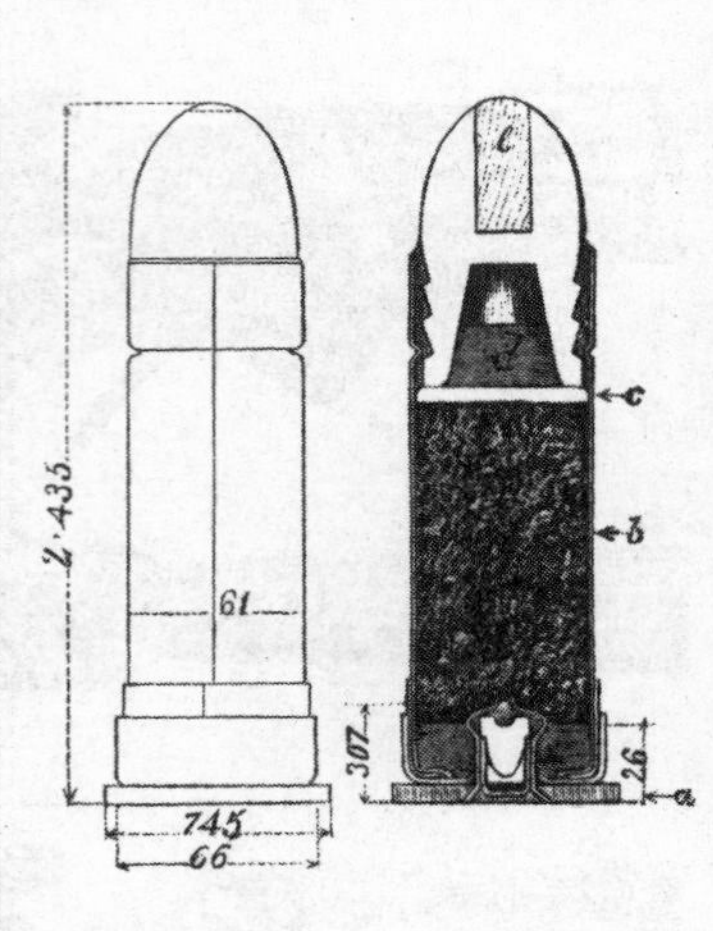

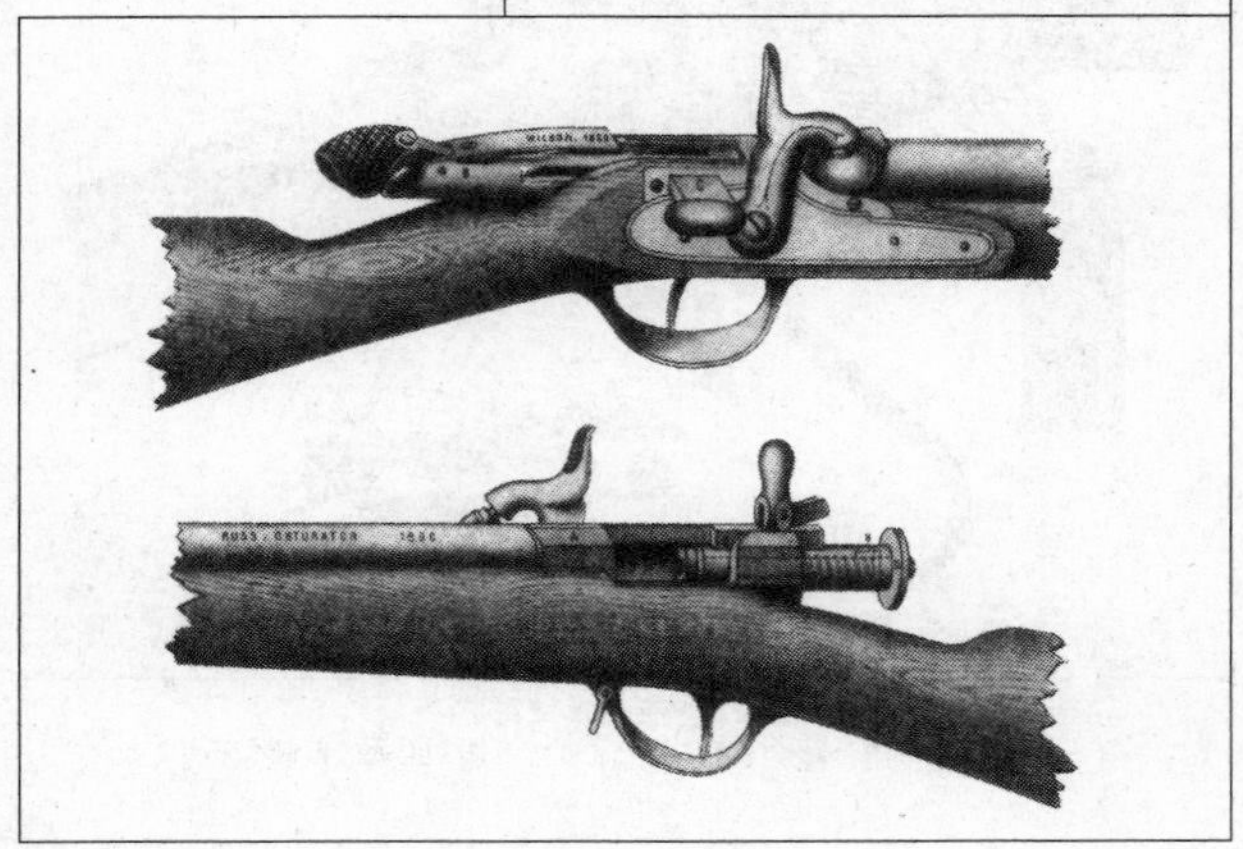

上：スペンサー銃BOXER（ボクサー）弾薬筒
下：WILSON後装雷管銃 1860年、ロシア OBTURATOR後装雷管銃 1860年

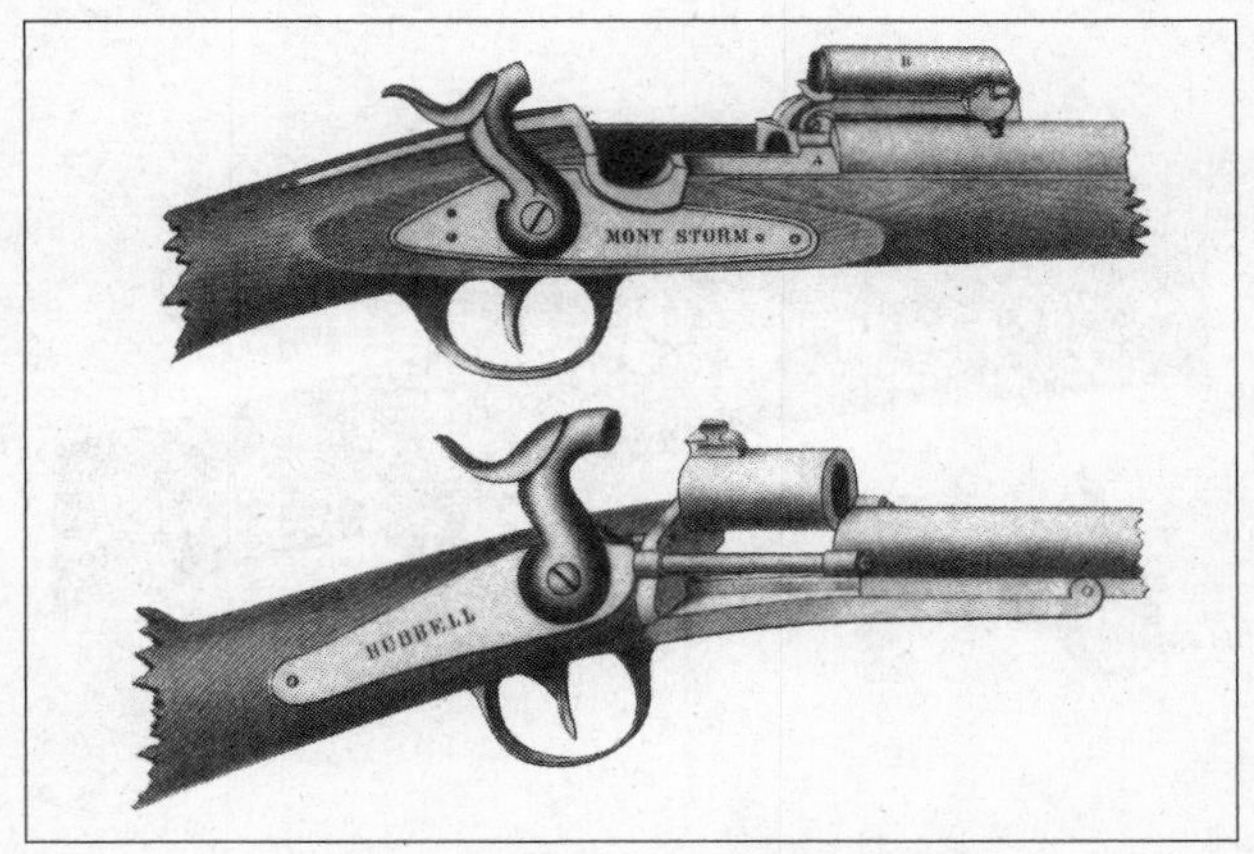

MONT STORM銃 1860年、HUBBELL銃 1860年

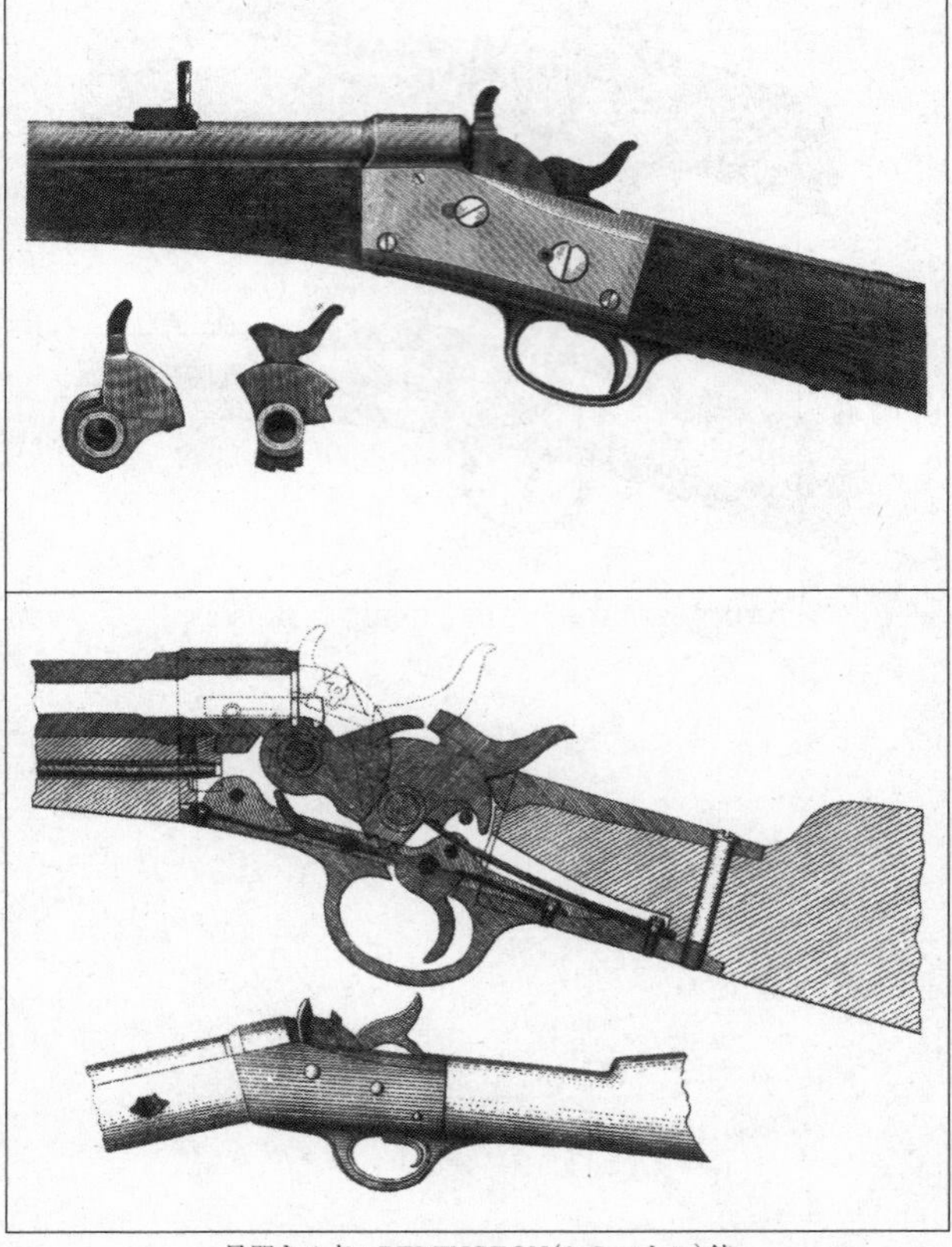

見開き４点：REMINGTON（レミントン）銃

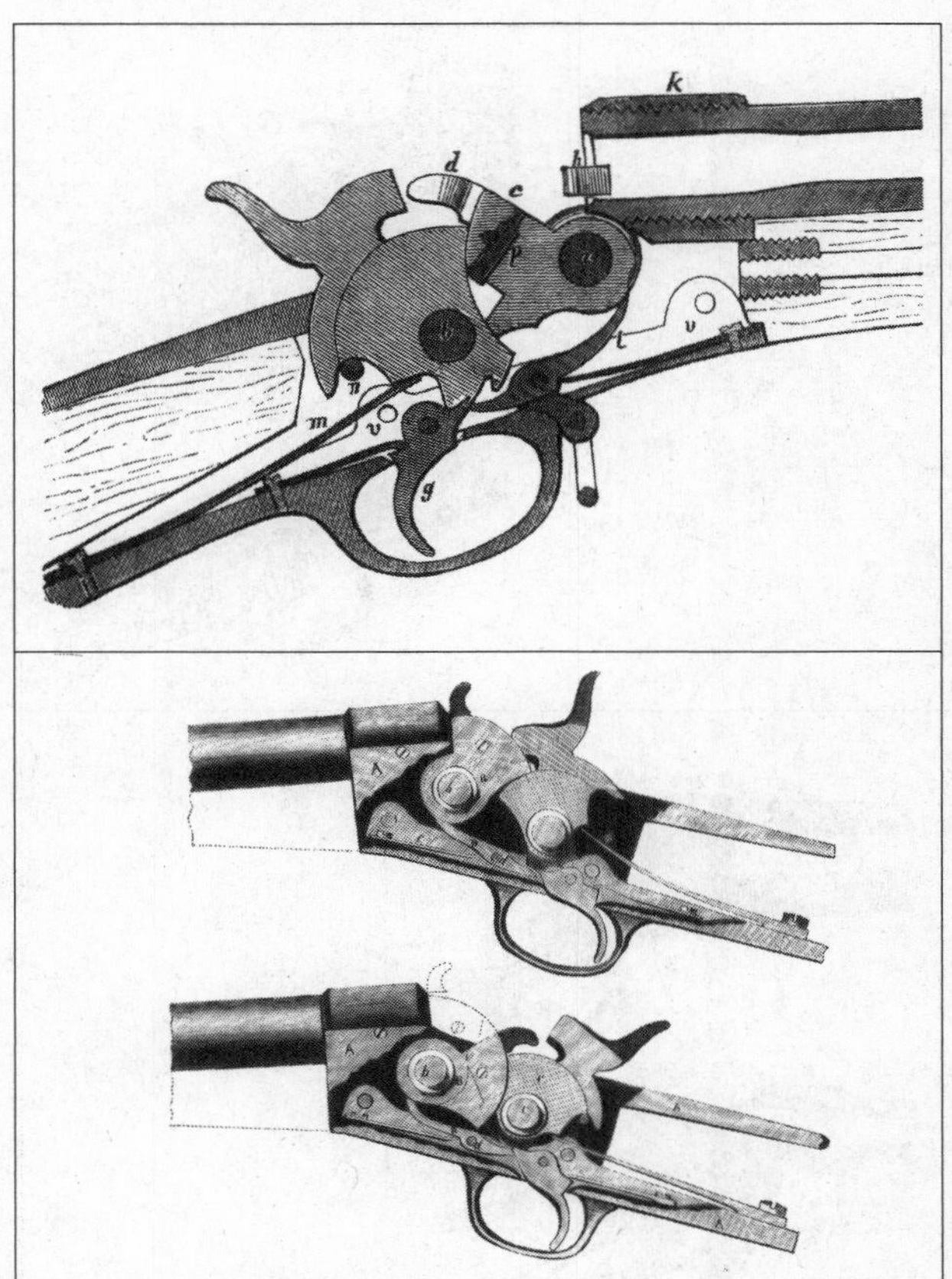
k
h
d
e
p
n
m
v
g
l
v

上下：REMINGTON（レミントン）銃

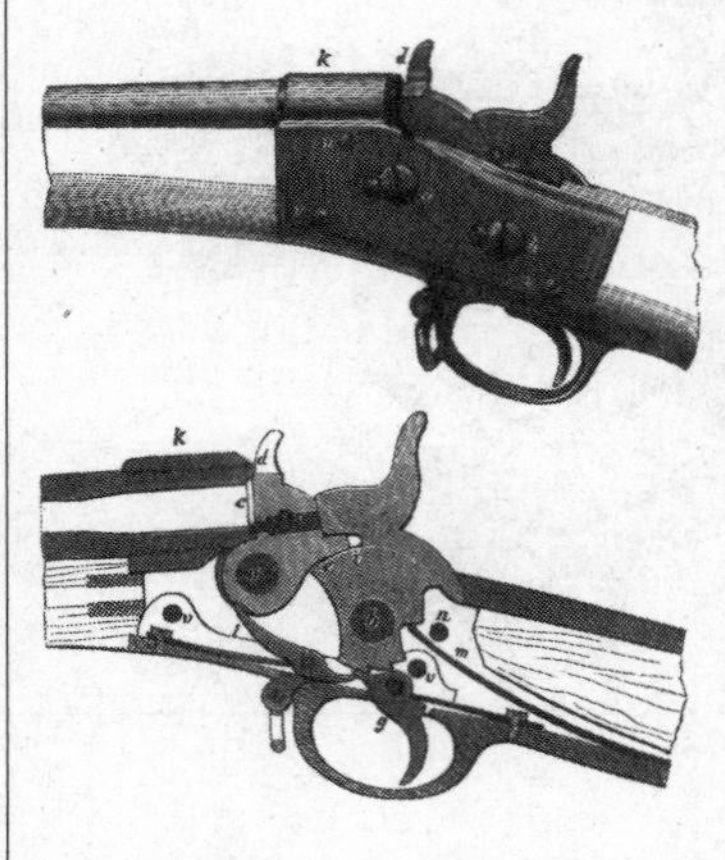

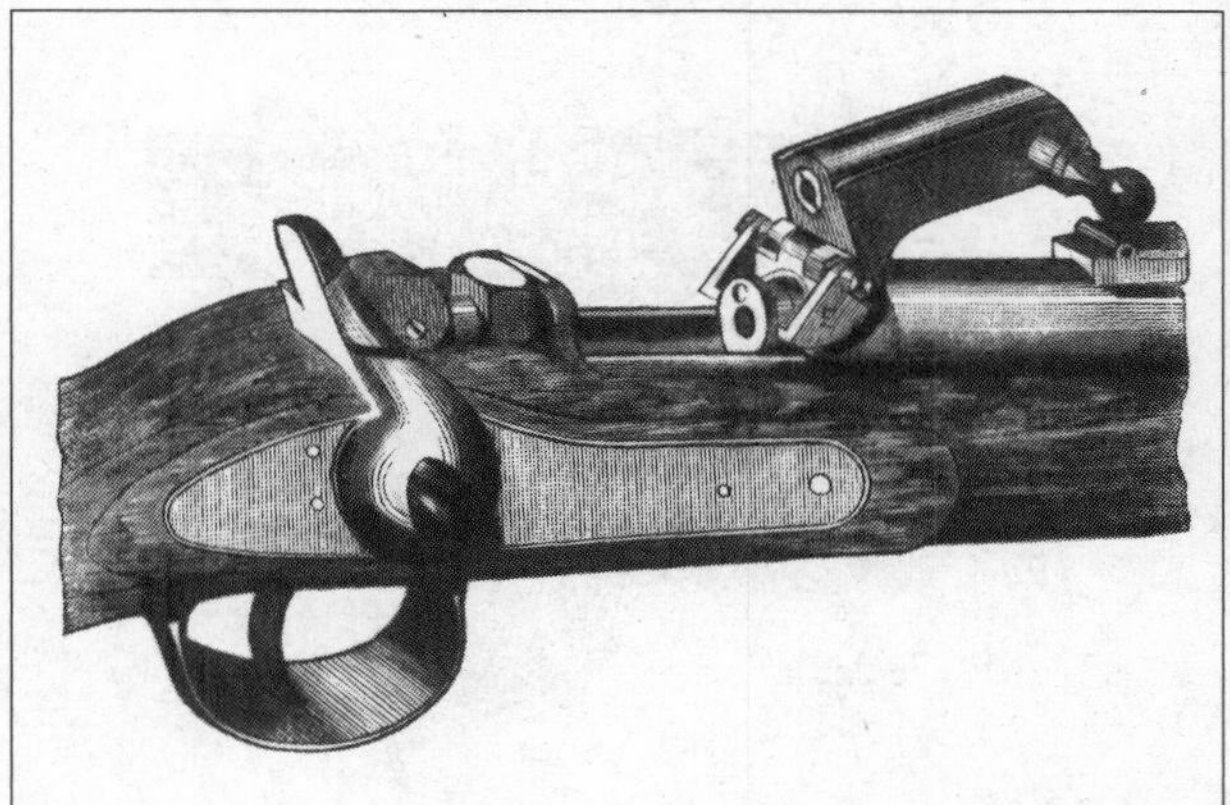

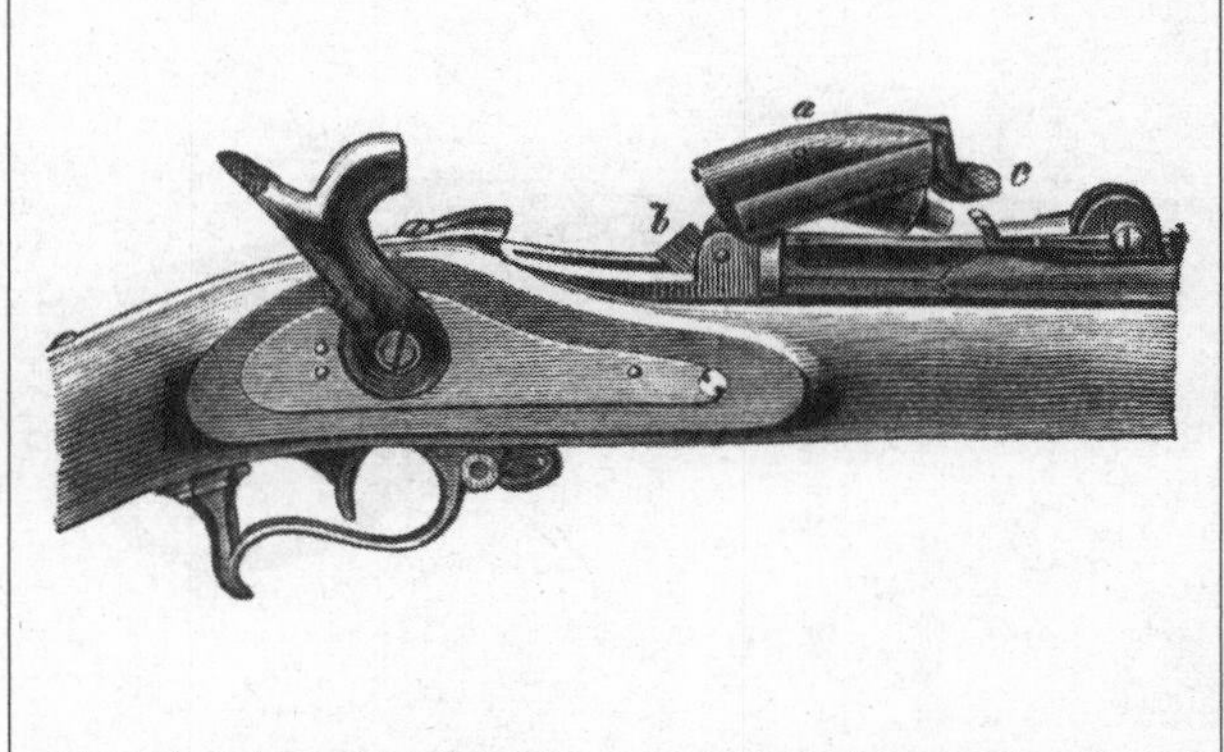

上：ALBINI・BRAEDLIN(アルビニー・ブレドリン)銃
下：MILBANK・AMSLER(アムスラー)銃改修形 スイス

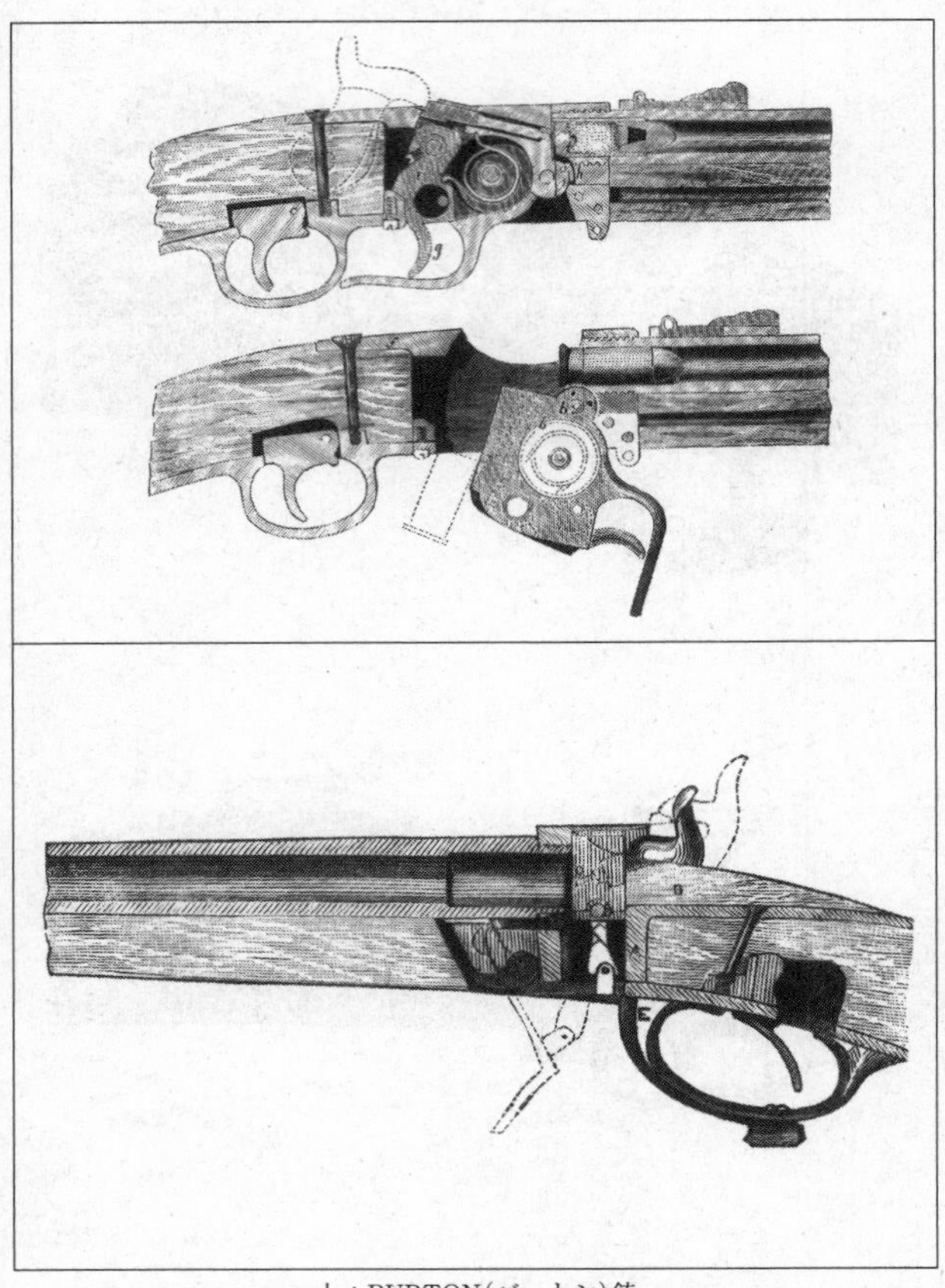

上：BURTON(バートン)銃
下：HENRY(ヘンリー)銃

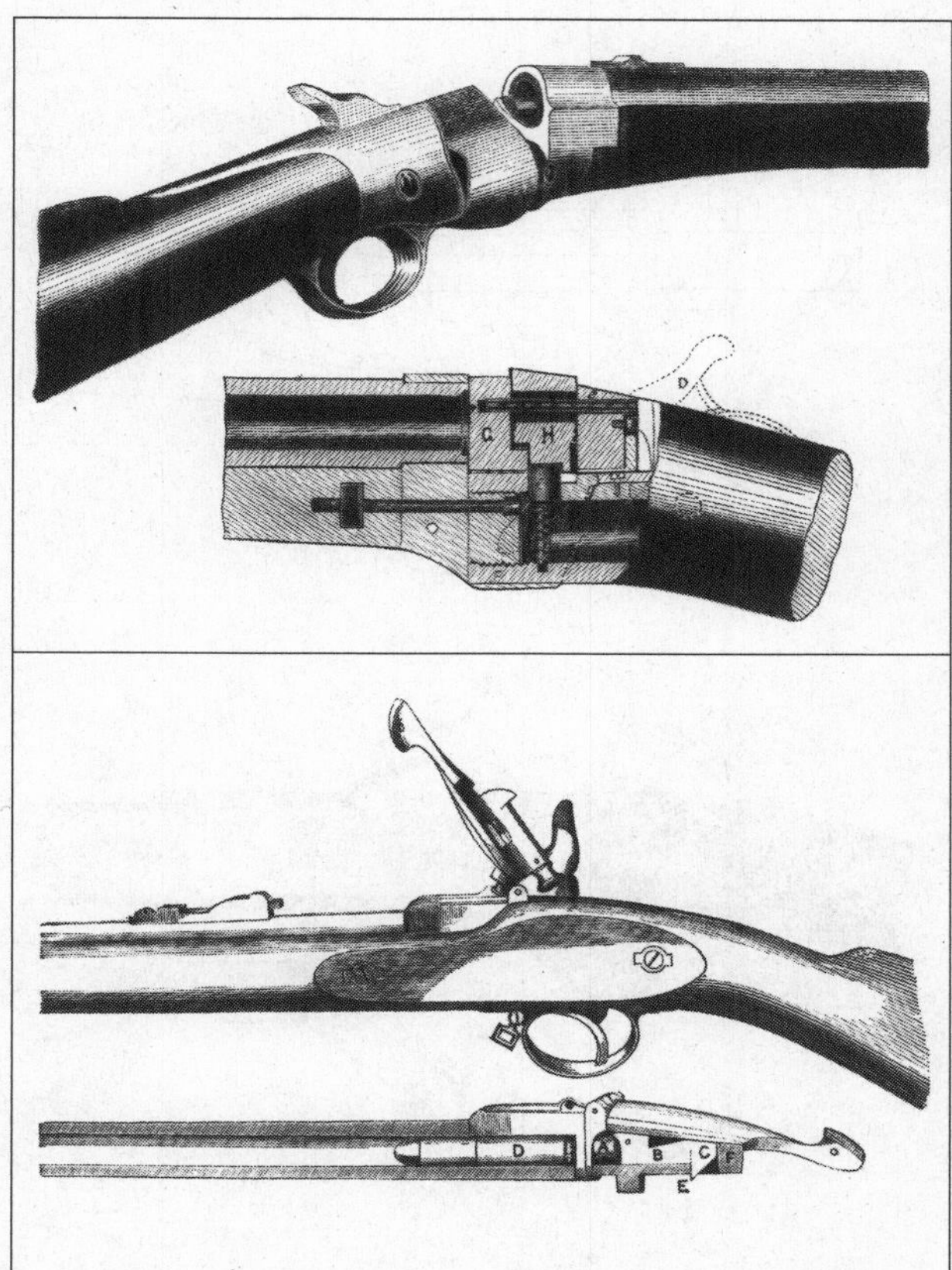

上：HAMMOND(ハモンド)銃
下：WESTLY・RICHARDS(ウエストリー・リチャード)銃、レカルツ銃ともいう

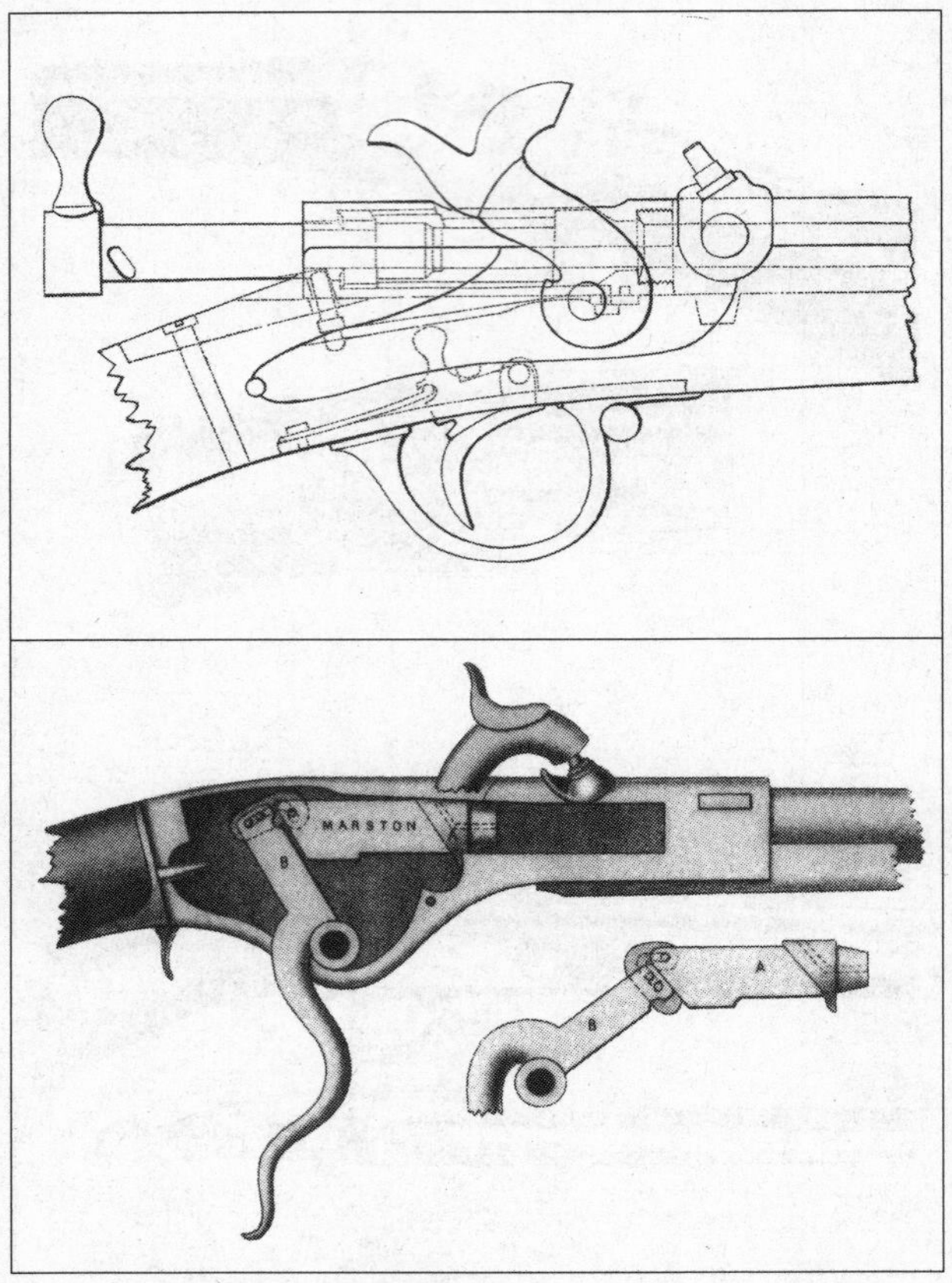

上：バーデン銃 1863年
下：MARSTON(マーストン)銃 1860／65年

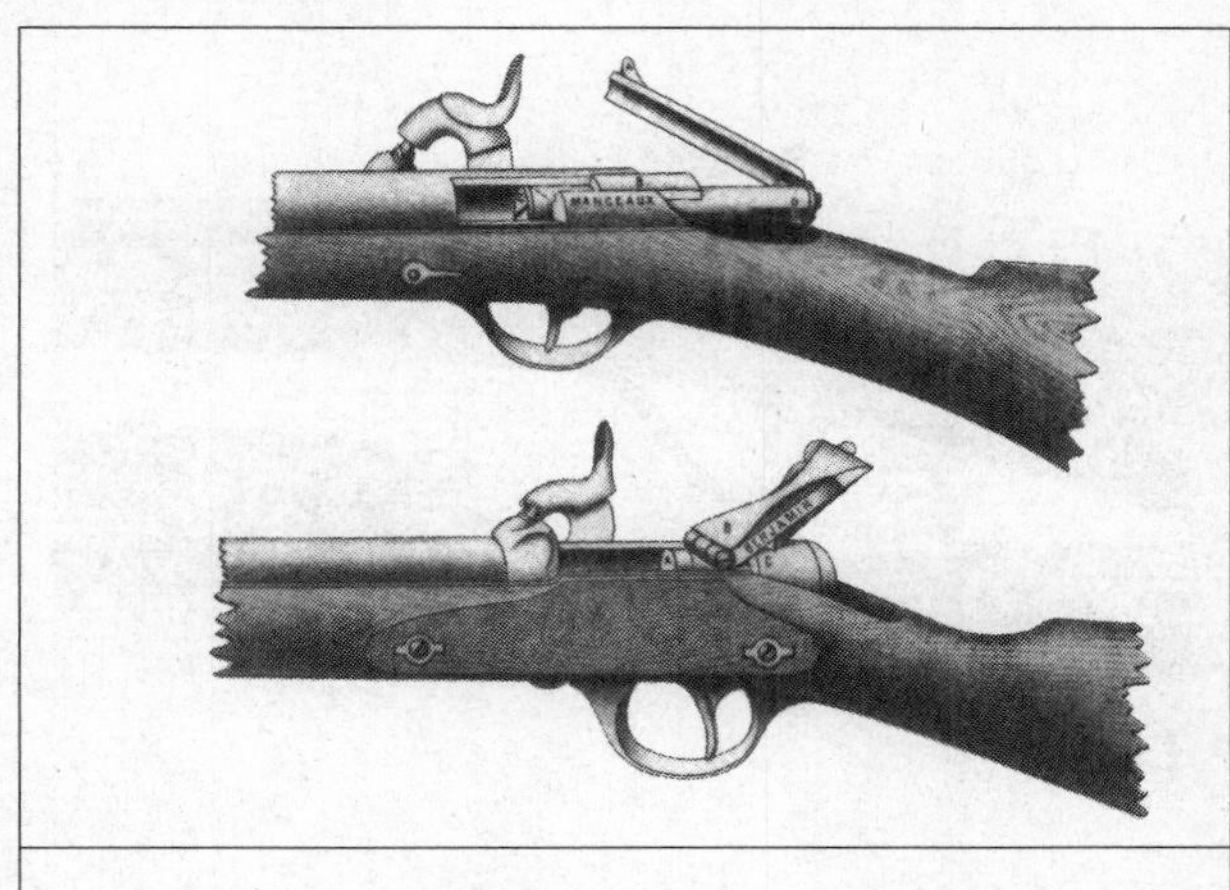

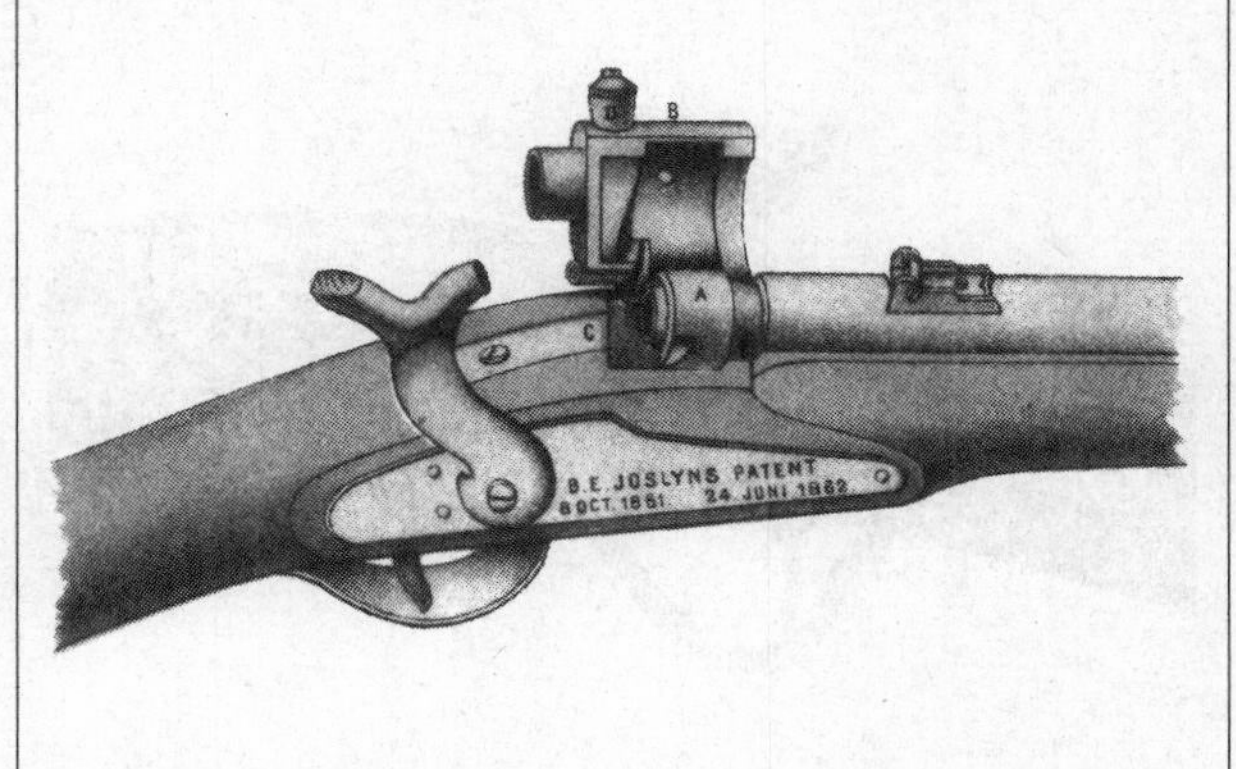

上：MANCEAU(マンソー)銃 1860／65年、BENJAMIN(ベンジャミン)銃 1860／65年
下：JOSLYN(ジョスリン)銃 1861／62年

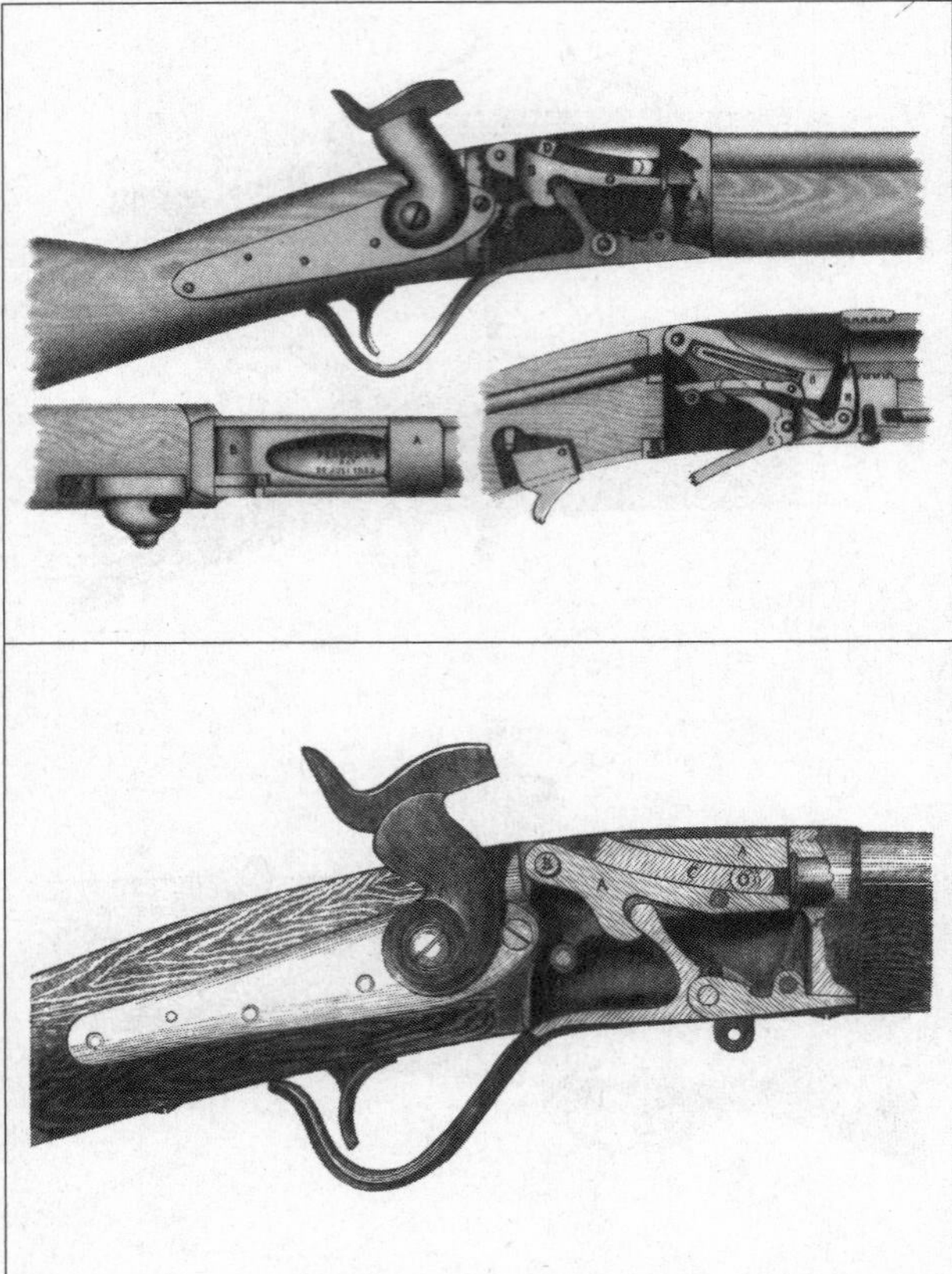

PEABODY(ピーボディー)銃 1862年

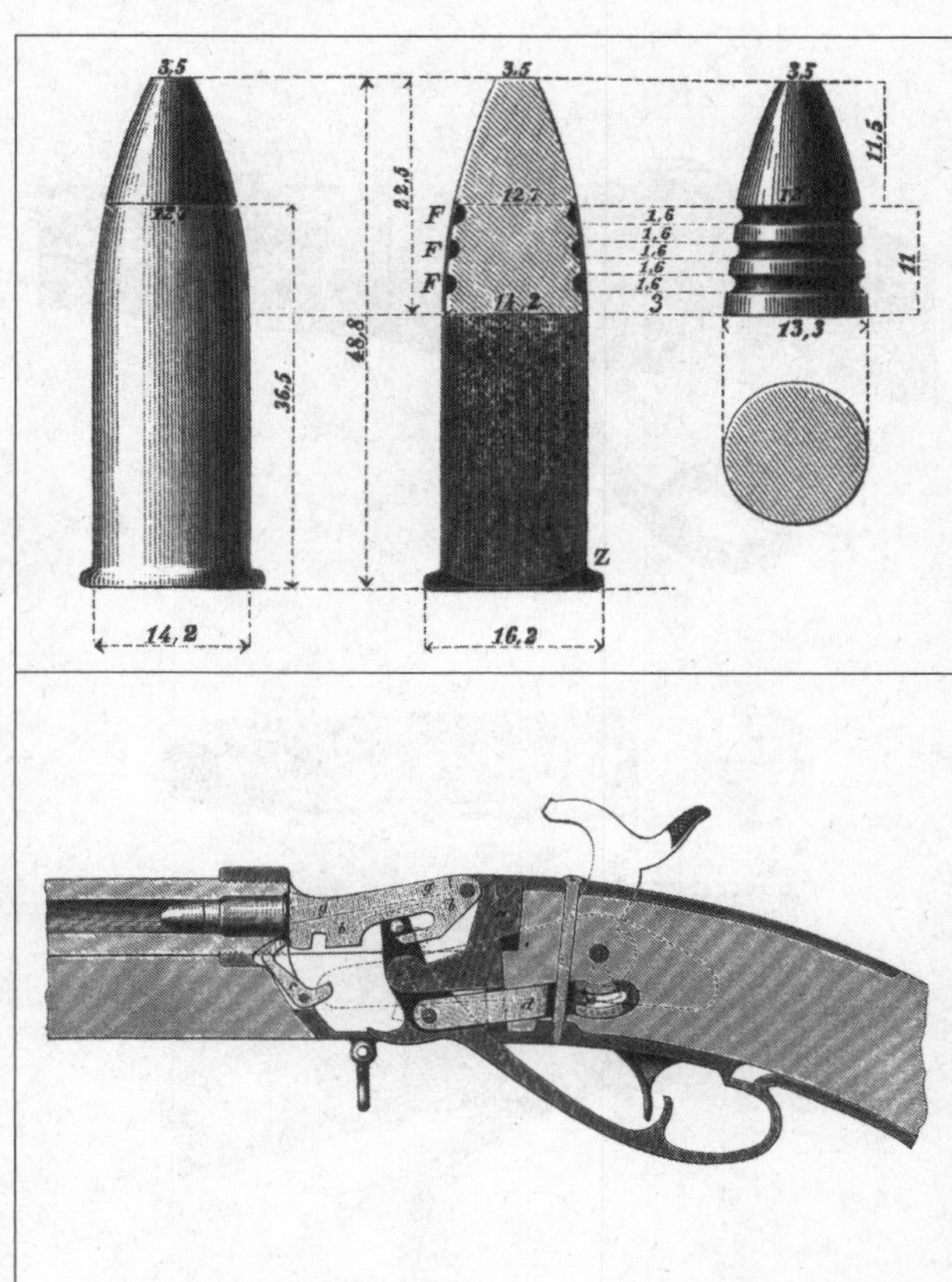

上：ピーボディー銃弾薬筒
下：PEABODY・MARTIN Ⅰ(ピーボディー・マルティニー)銃

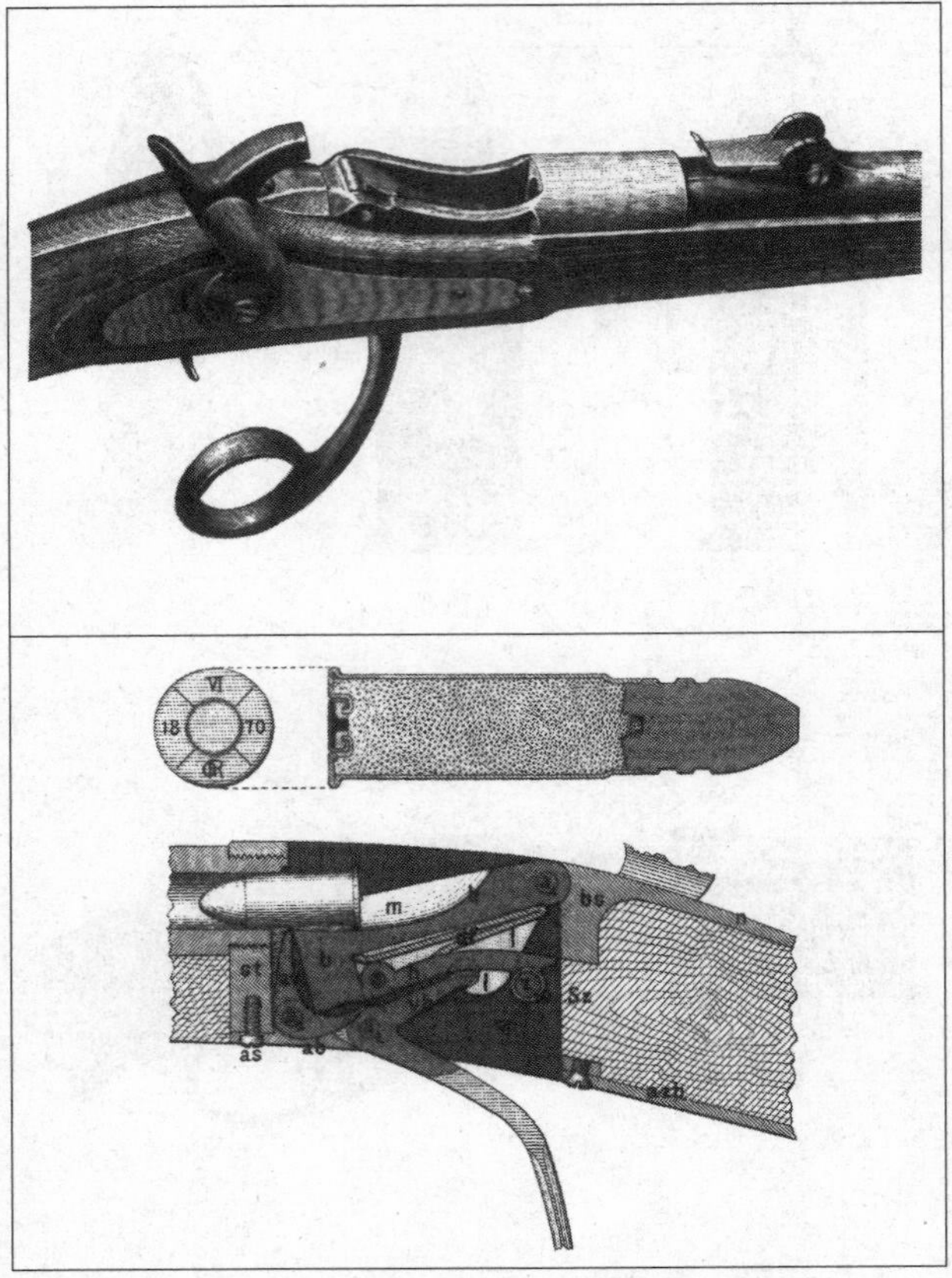

上：ピーボディー・マルティニー銃薬室解放時 スイス
下：ピーボディー・マルティニー銃装填時、弾薬筒

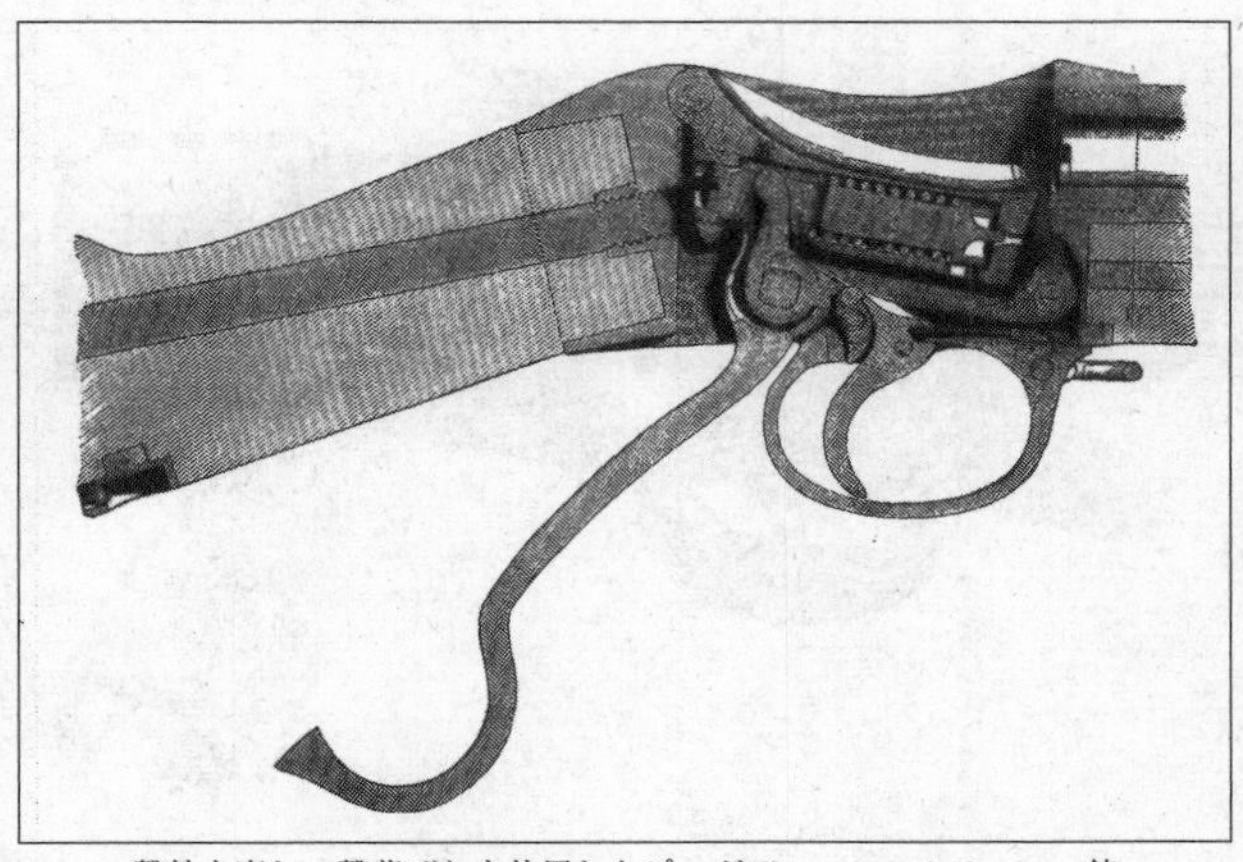

撃鉄を廃し、撃茎ばねを使用したピーボディー・マルティニー銃

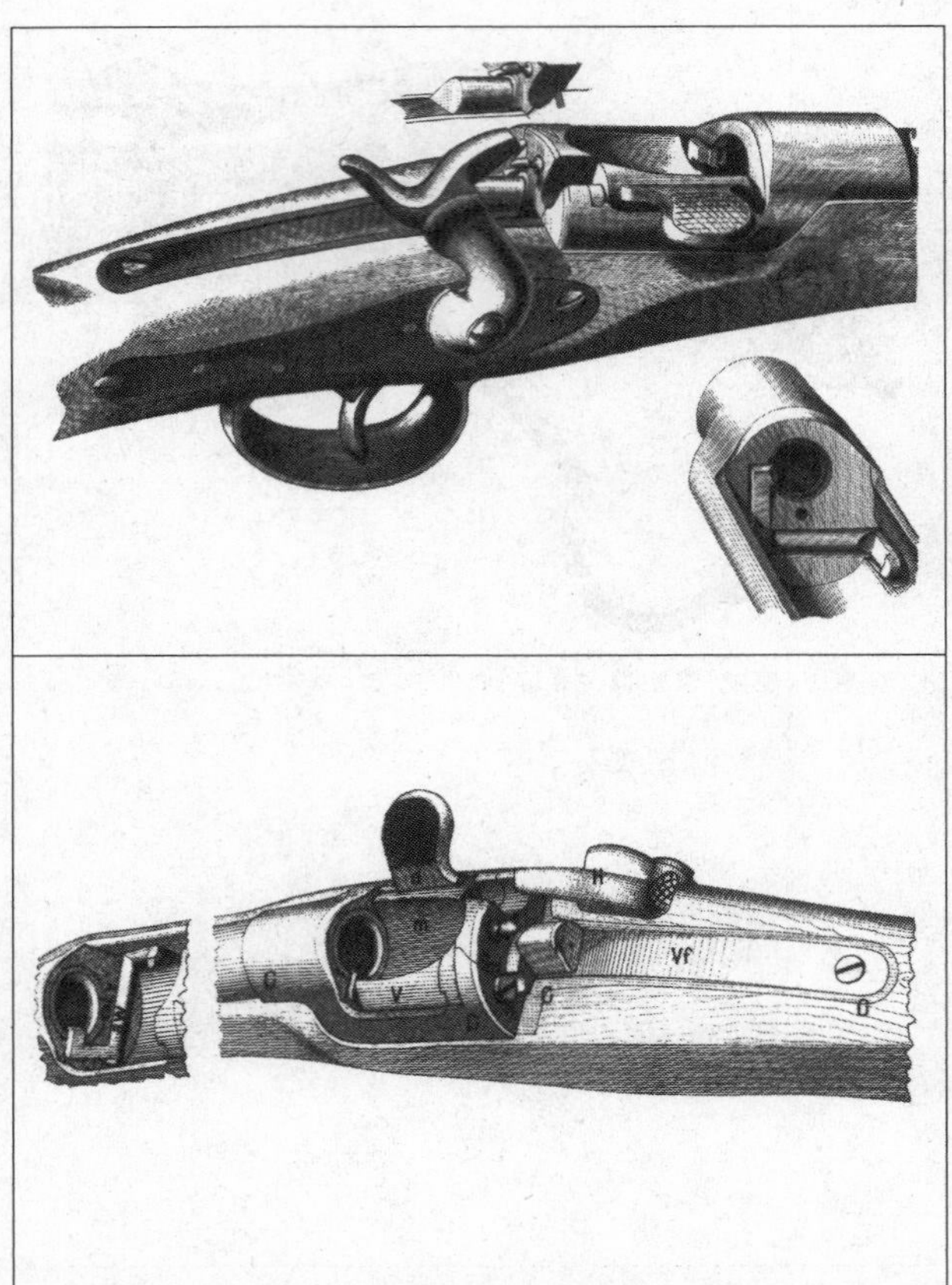

WERNDL(ヴェルンドル)I型銃薬室解放時 オーストリア 1867年

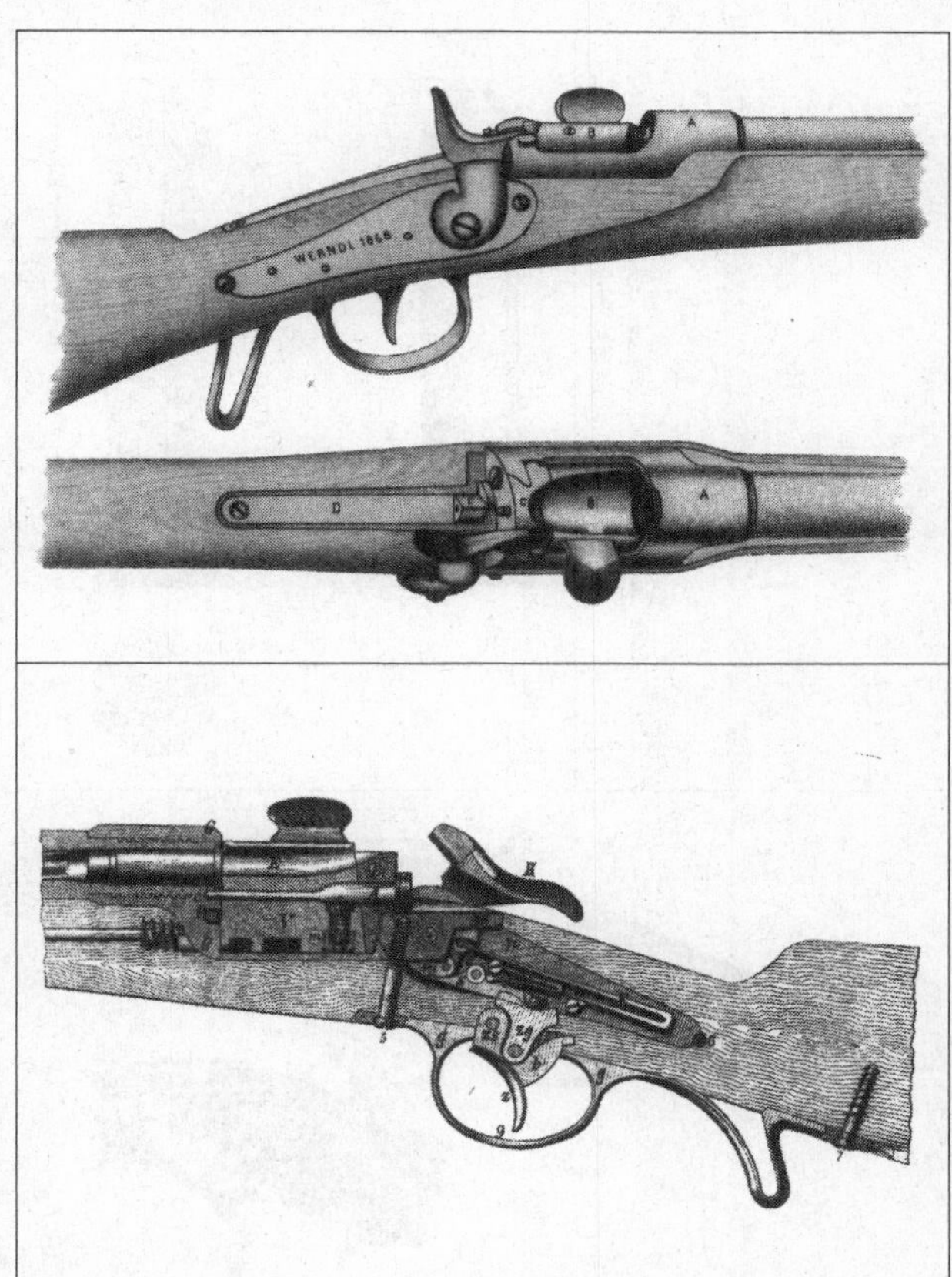

上：ヴェルンドルⅠ型銃薬室解放・閉鎖時
下：ヴェルンドルⅠ型銃構造図

上：ヴェルンドルⅠ型銃弾薬筒
下：BALL（ボール）銃 アメリカ 1863年

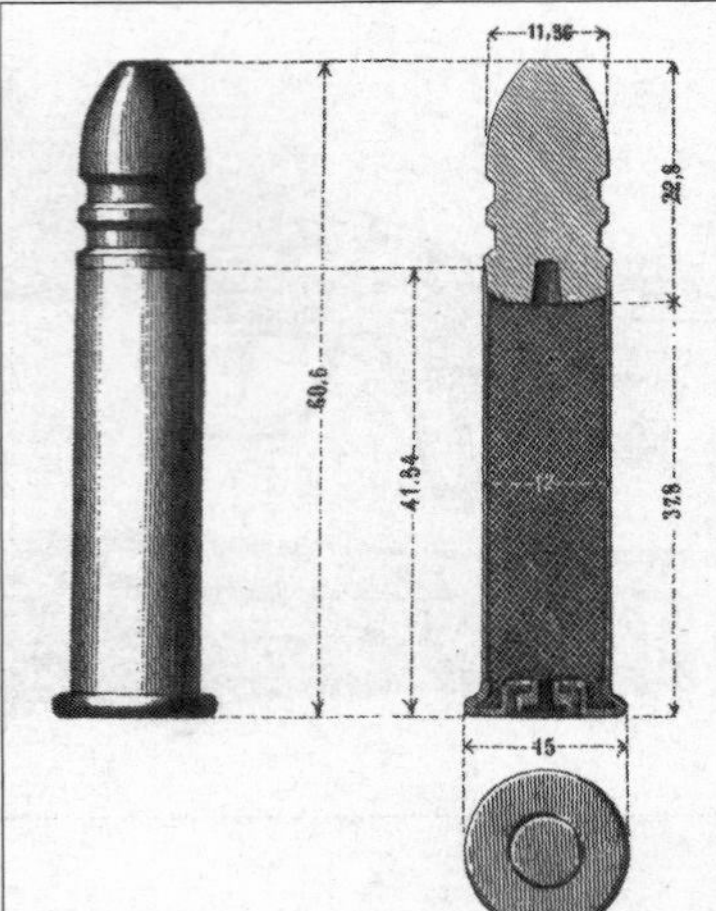

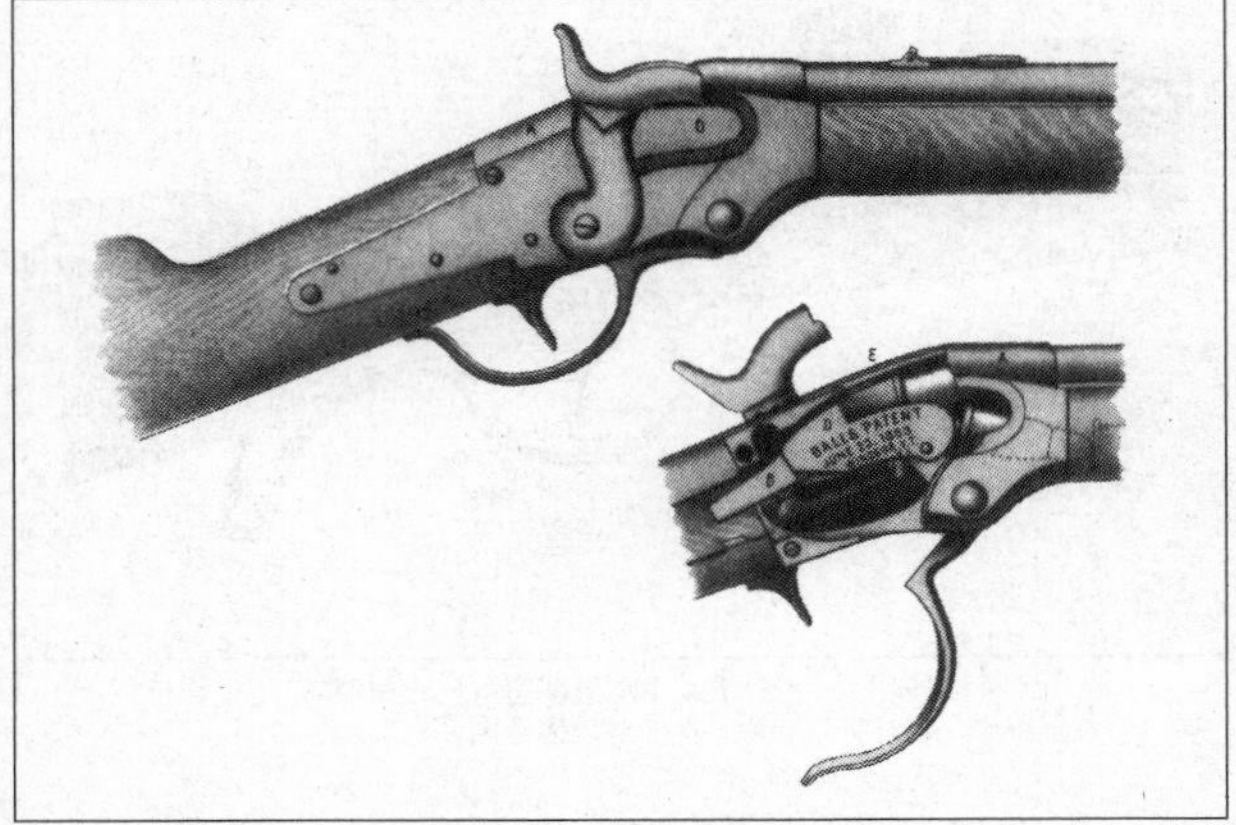

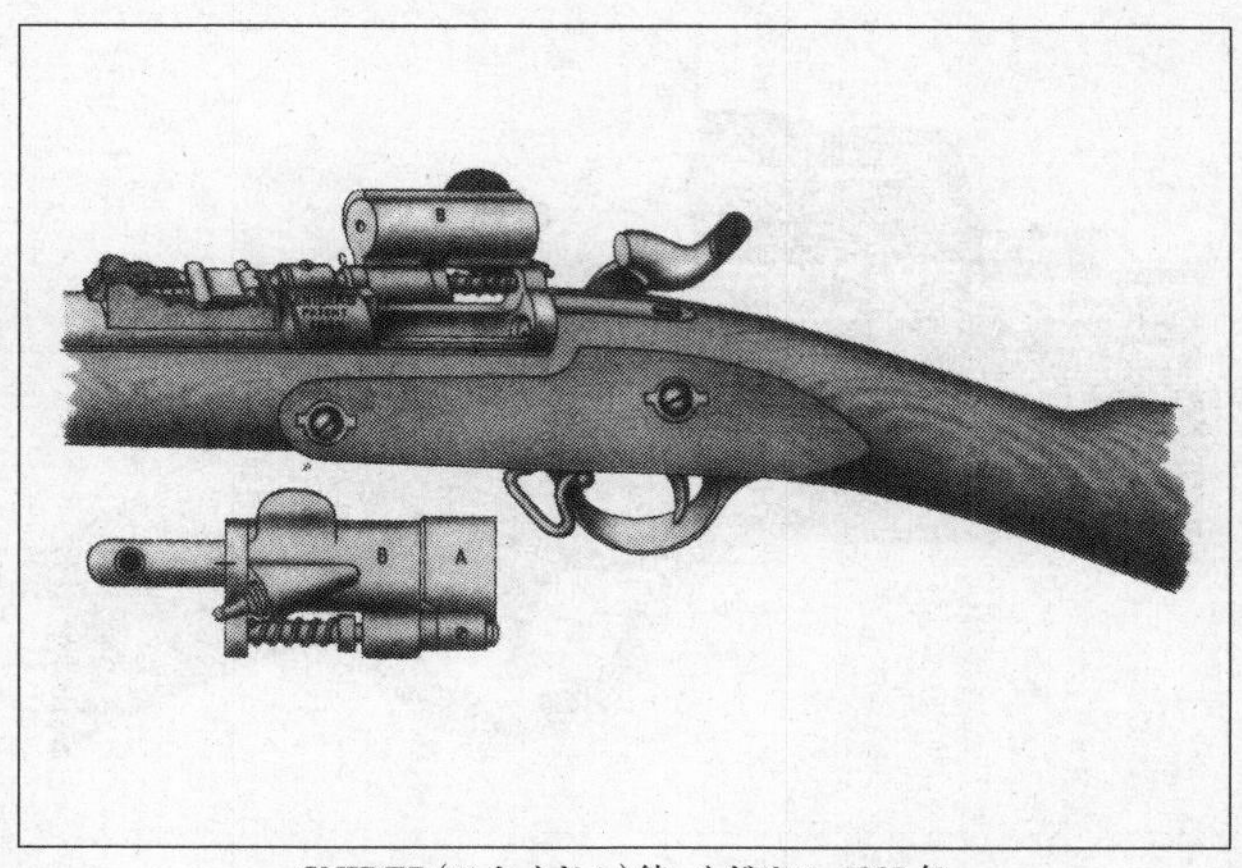

SNIDER(スナイドル)銃 イギリス 1865年

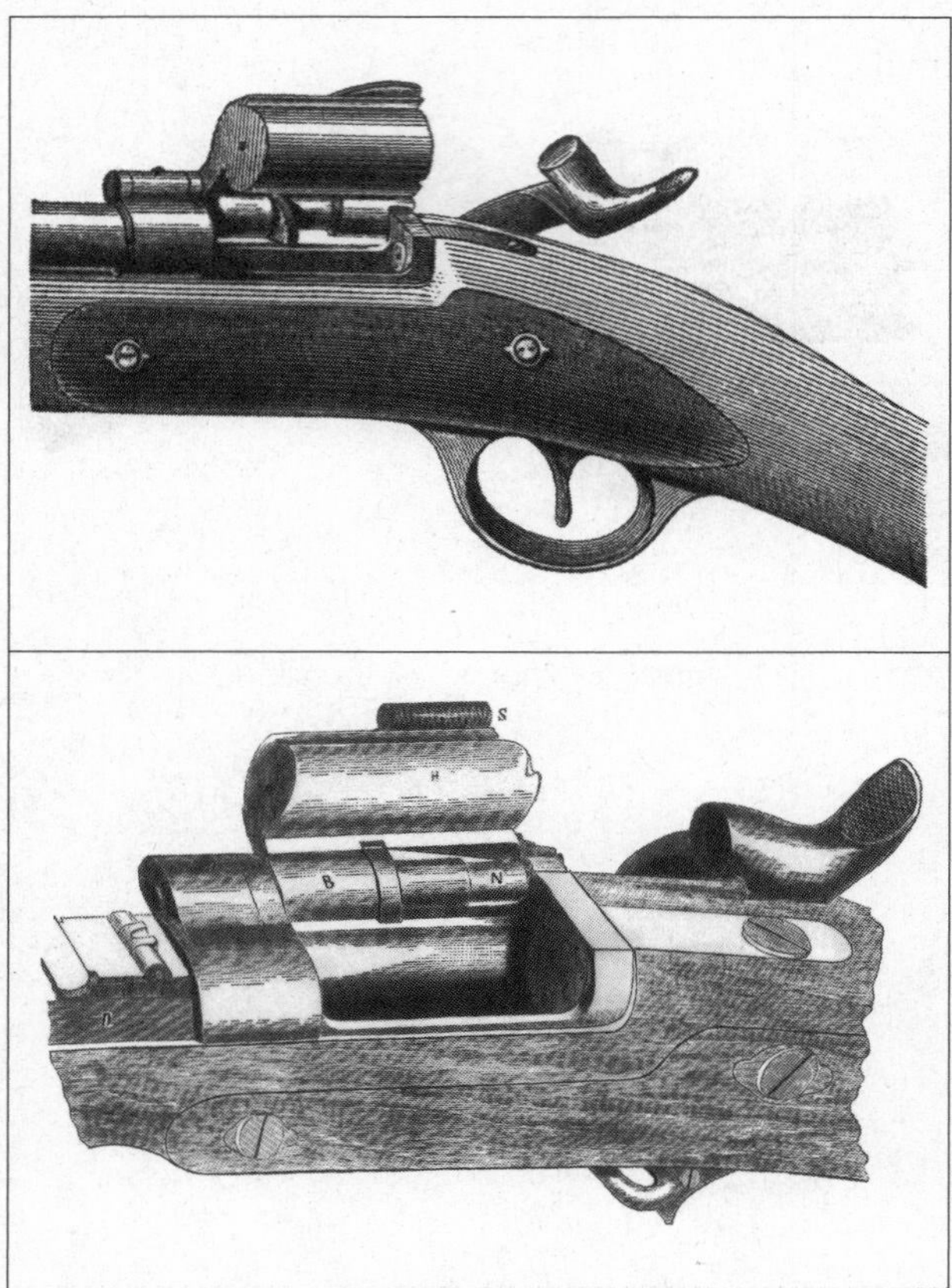

スナイドル銃遊底解放時

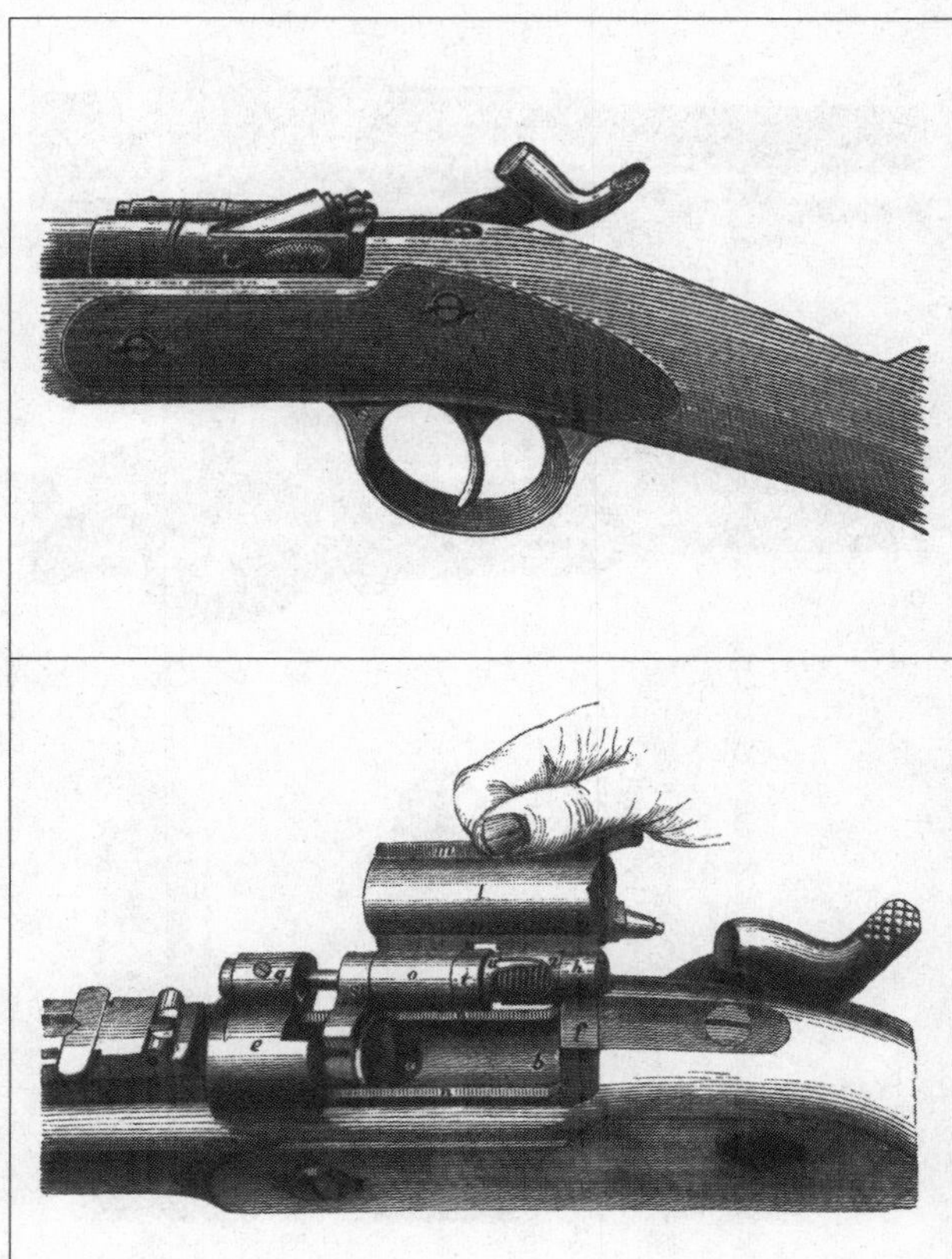

上：スナイドル銃遊底閉鎖、発射時
下：スナイドル銃薬莢抽出機構

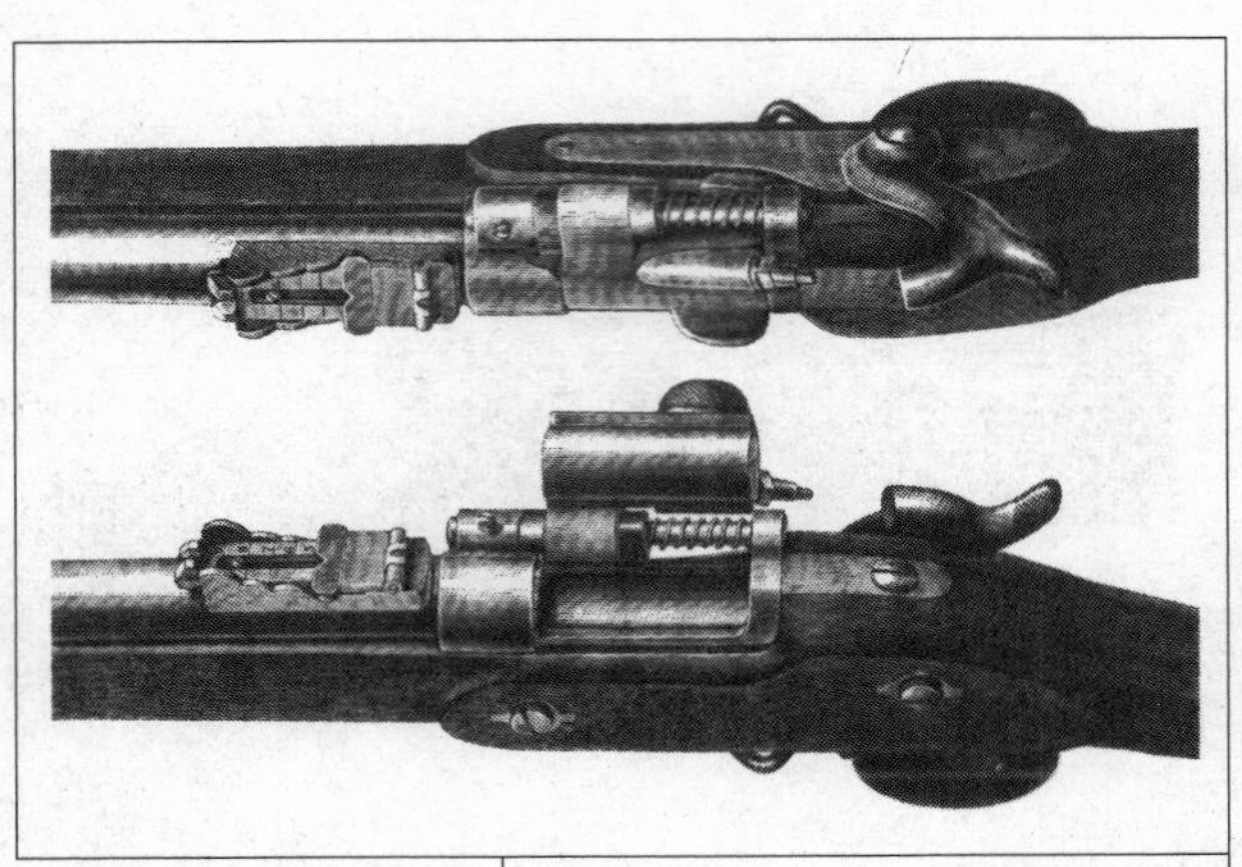

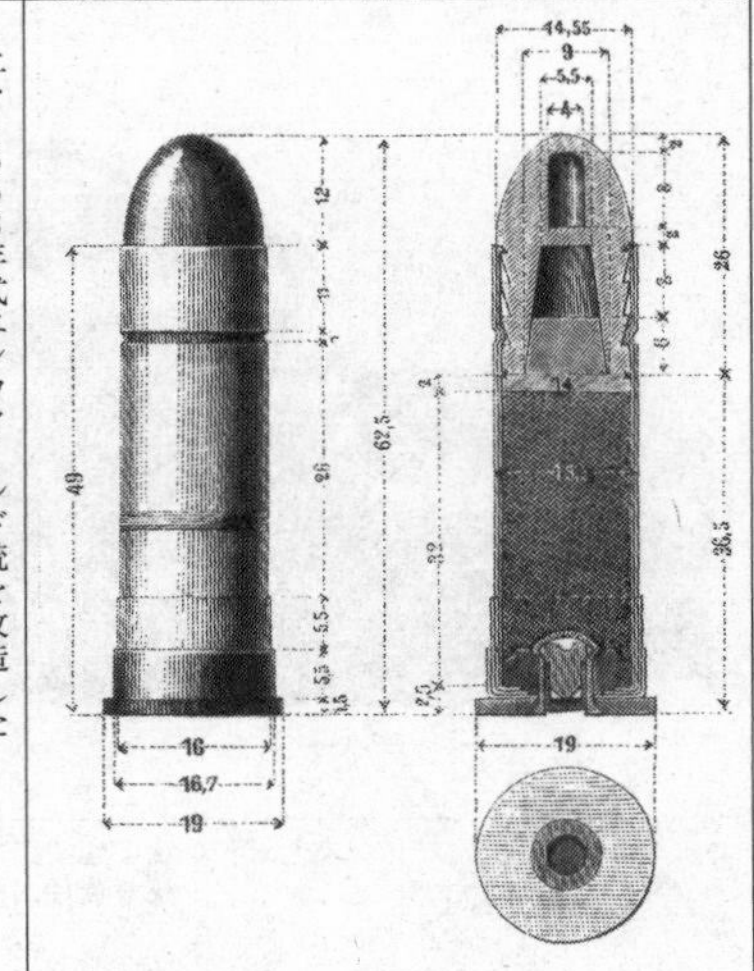

上：１８５３年式エンフィールド銃を改造した
１８６６年式スナイドル銃
下：スナイドル銃ＢＯＸＥＲ（ボクサー）弾薬筒
７型

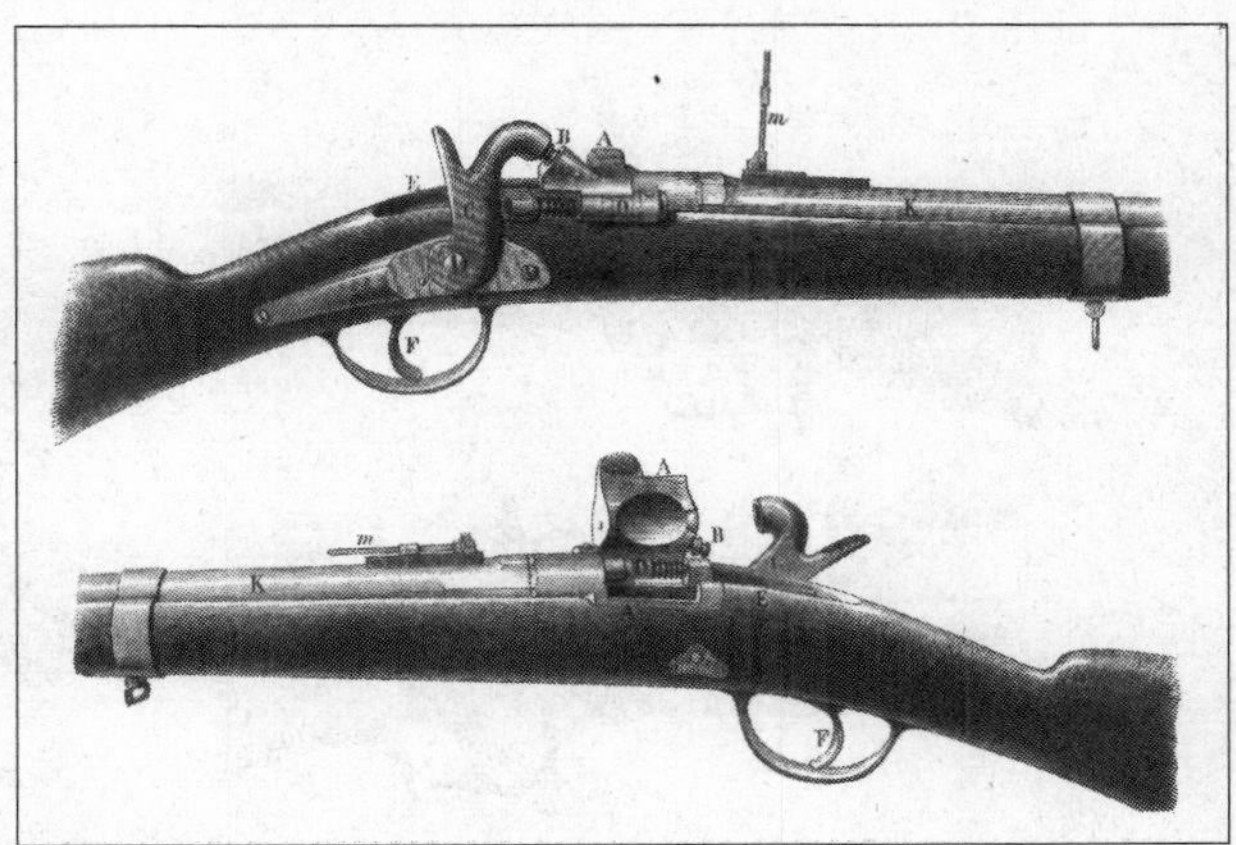

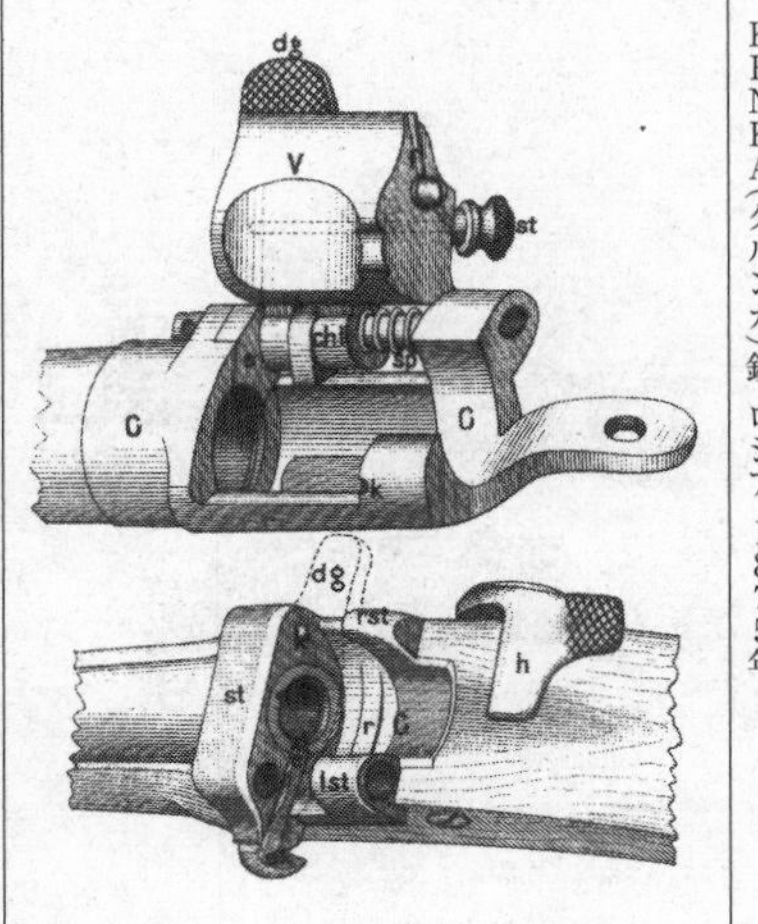

上：スナイドル銃 フランス スナップボックス
銃と呼ばれた
下：薬室を開いたスナップボックス銃、
KRNKA（クルンカ）銃 ロシア 1875年

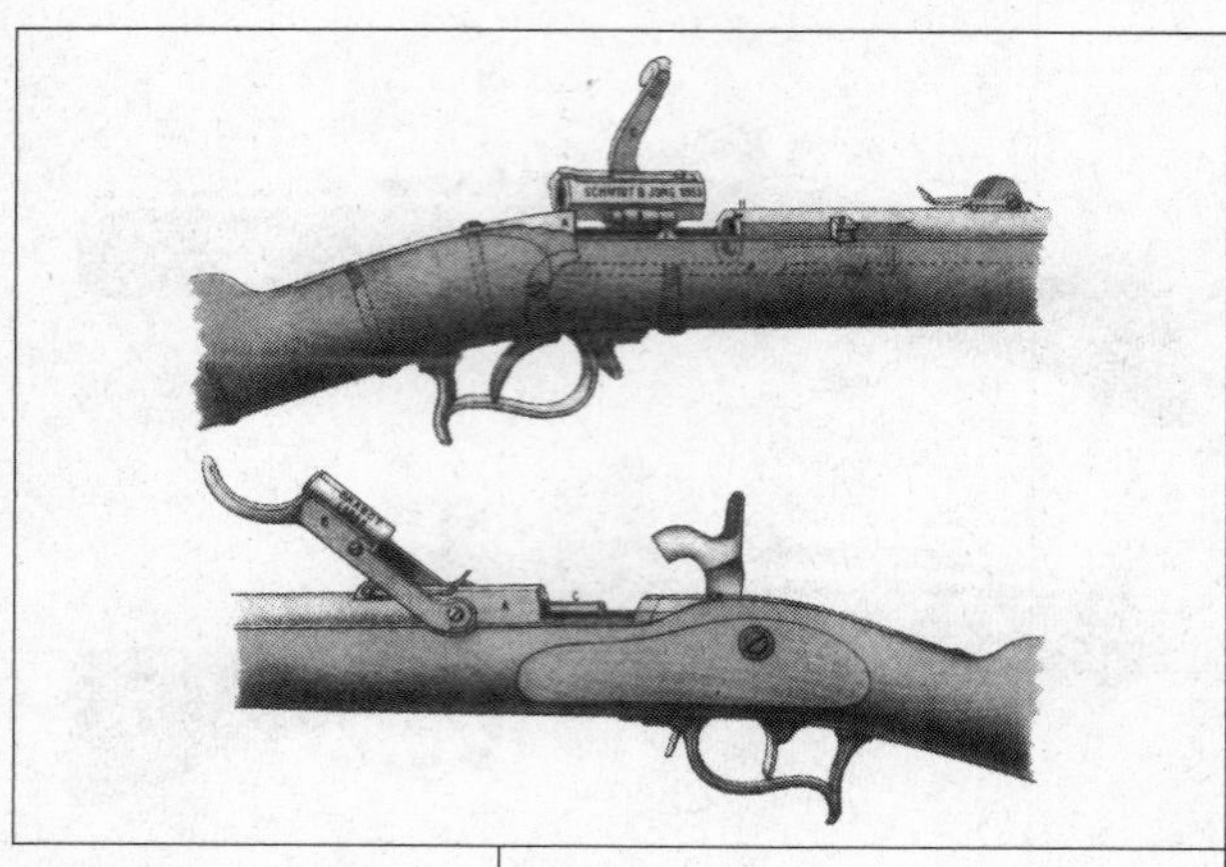

上：SCHMIDT（シュミット）銃　1865年、
CHABOT（シャボー）銃　1865年
下：REILLY・COMBLAIN（ライリー・コンブレイン）銃　1868年、
CHARRIN（チャーリン）銃　1865年

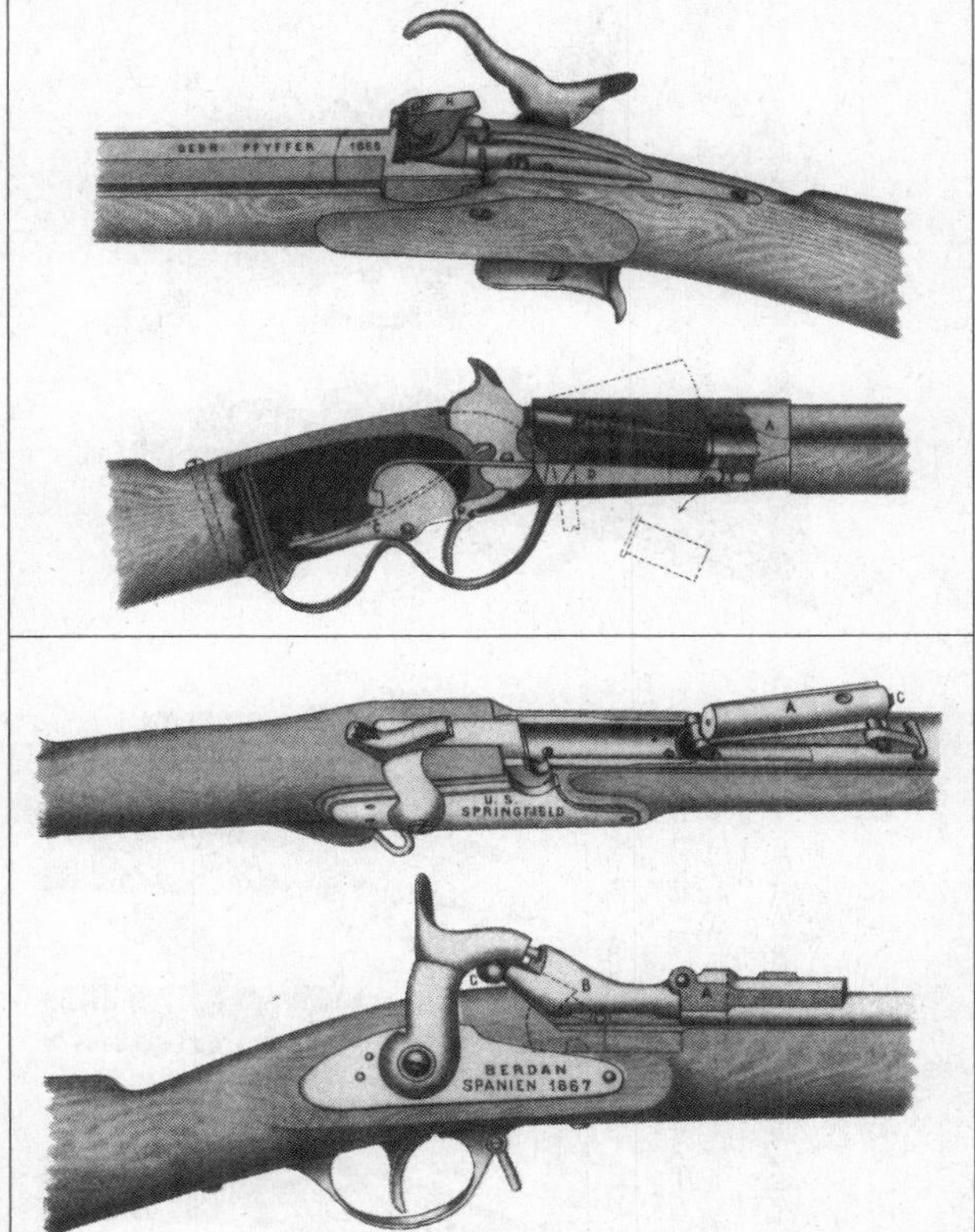

上：PFYFFER（ファイファー）銃 1866年、COCHRANS（コクラン）銃 1866年
下：SPRINGFIELD（スプリングフィールド）銃 アメリカ 1866年、BERDAN（ベルダン）銃 スペイン 1867年

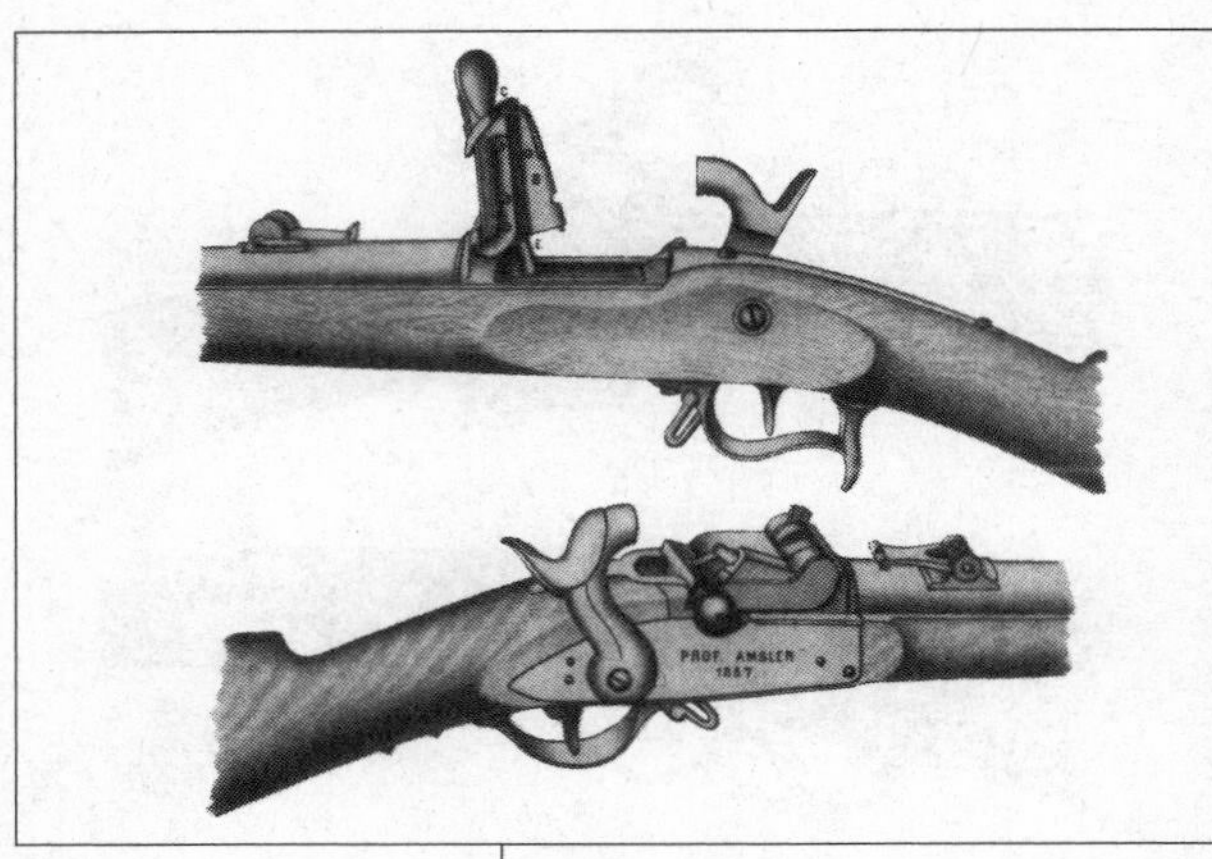

上：AMSLER銃　1866／67年、
BURNAND銃　1859年
下：BERDAN銃I型 ロシア　1867年、
WÄNZEL（またはWÄNZL ヴェンツル）銃
オーストリア　1867年、
ALBINI・BRAENDLIN（アルビニ・
ブレンドリン）銃　ベルギー　1867年

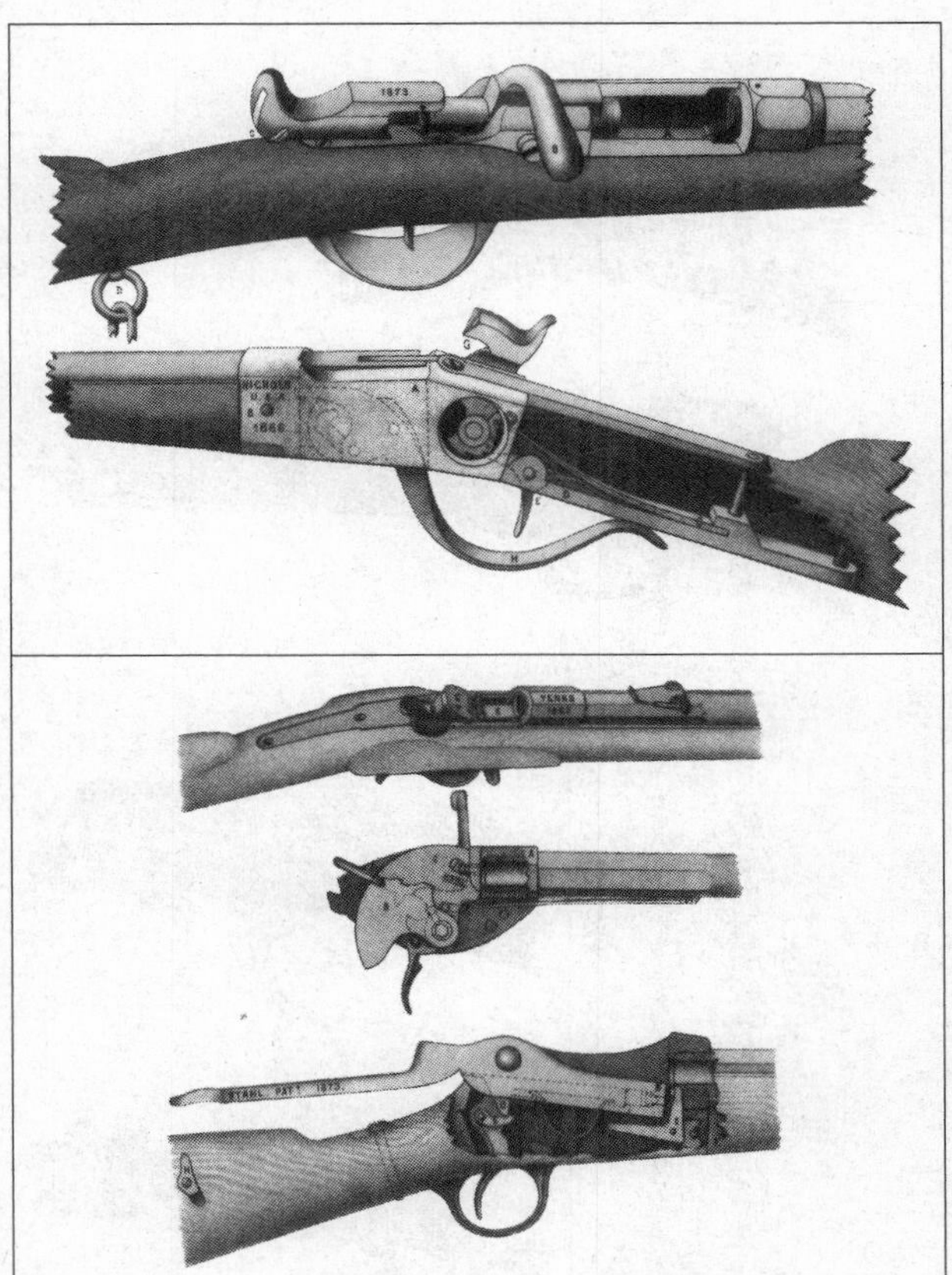

上：CHASSEPOT(シャスポー)銃 フランス 1873年、NICHOLS(ニコルズ)銃 アメリカ 1866年
下：JENKS(ジェンクス)銃 アメリカ 1867年、STAHL(スタール)銃 アメリカ 1873年

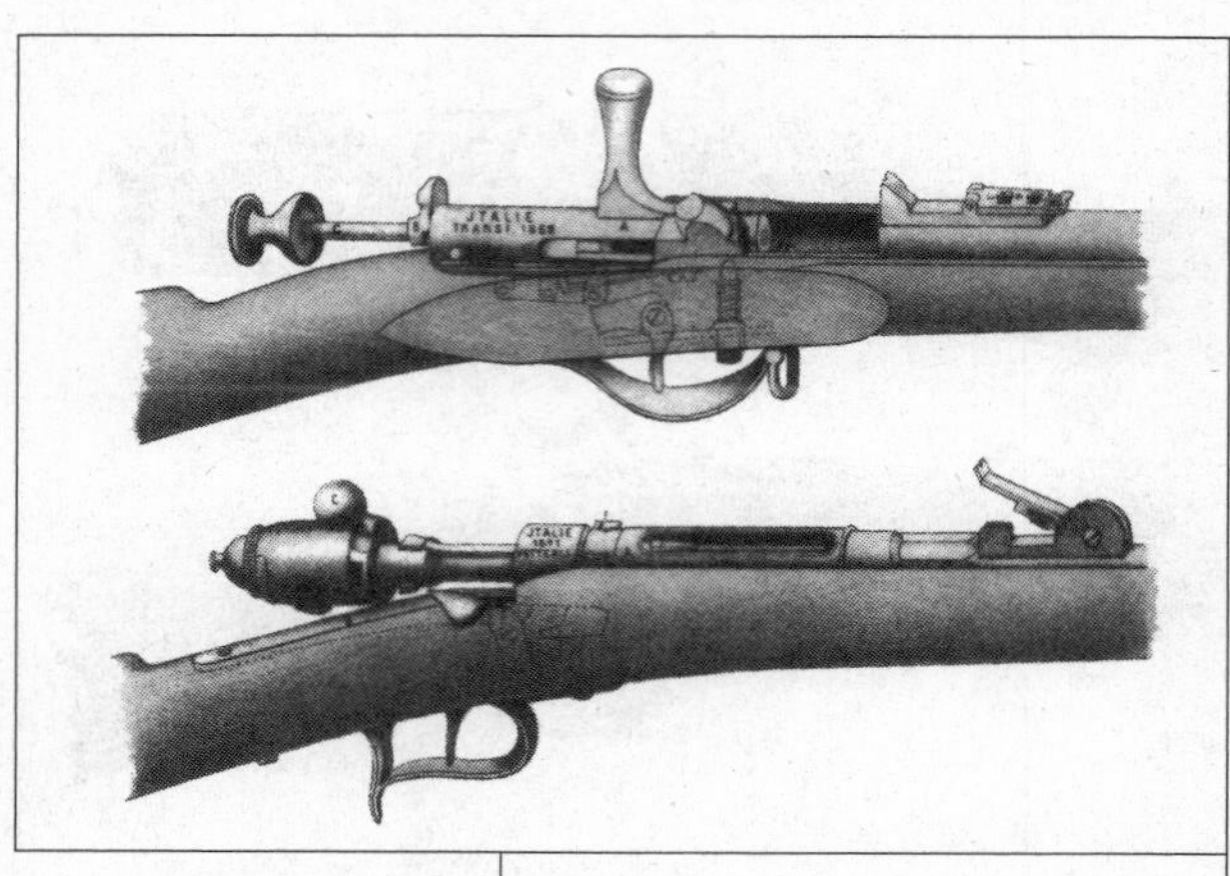

上：CARCANO（カルカノ）銃 イタリア 1868年、VETTERLI（ベッテルリ）銃 イタリア 1871年
下：GAMMA（ガンマ）銃 1868年、THURY銃 ベッテルリ銃改良型 1874年

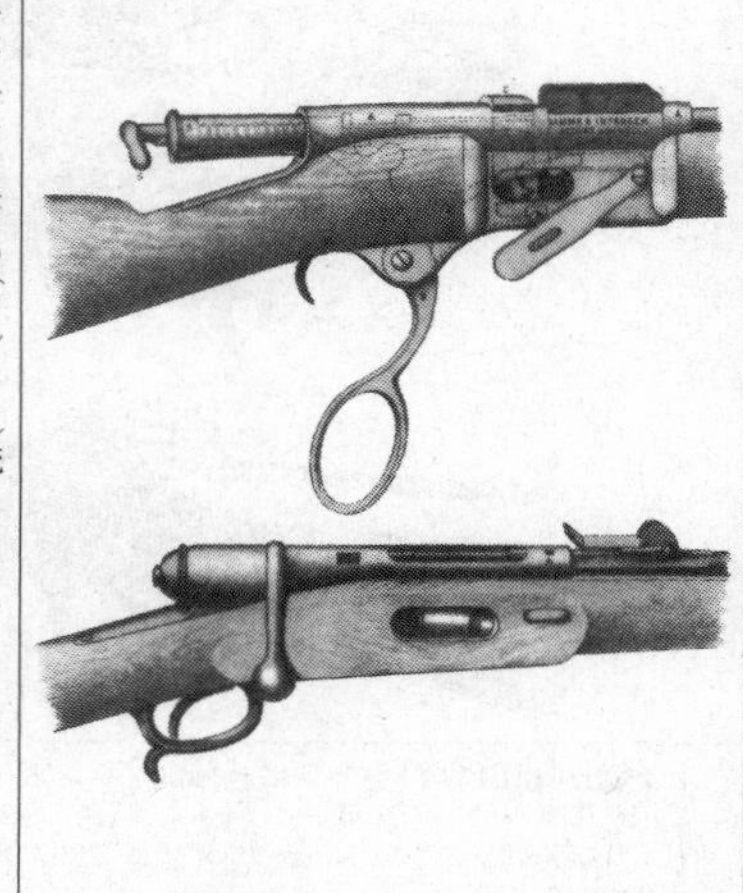

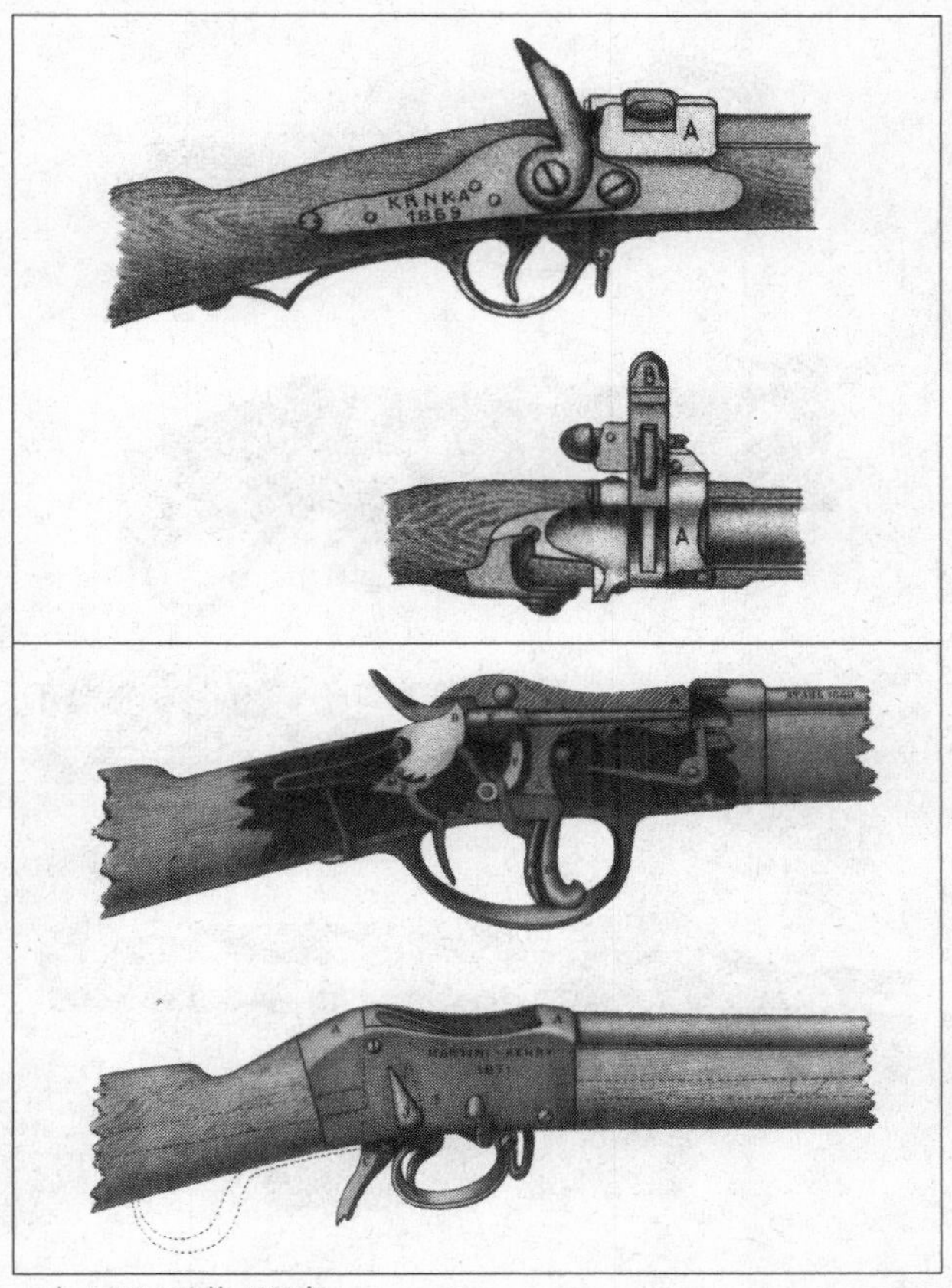

上：クルンカ銃 1869年
下：スタール銃 1869年、MARTINI・HENRY(マルティニー・ヘンリー)銃 イギリス 1871年

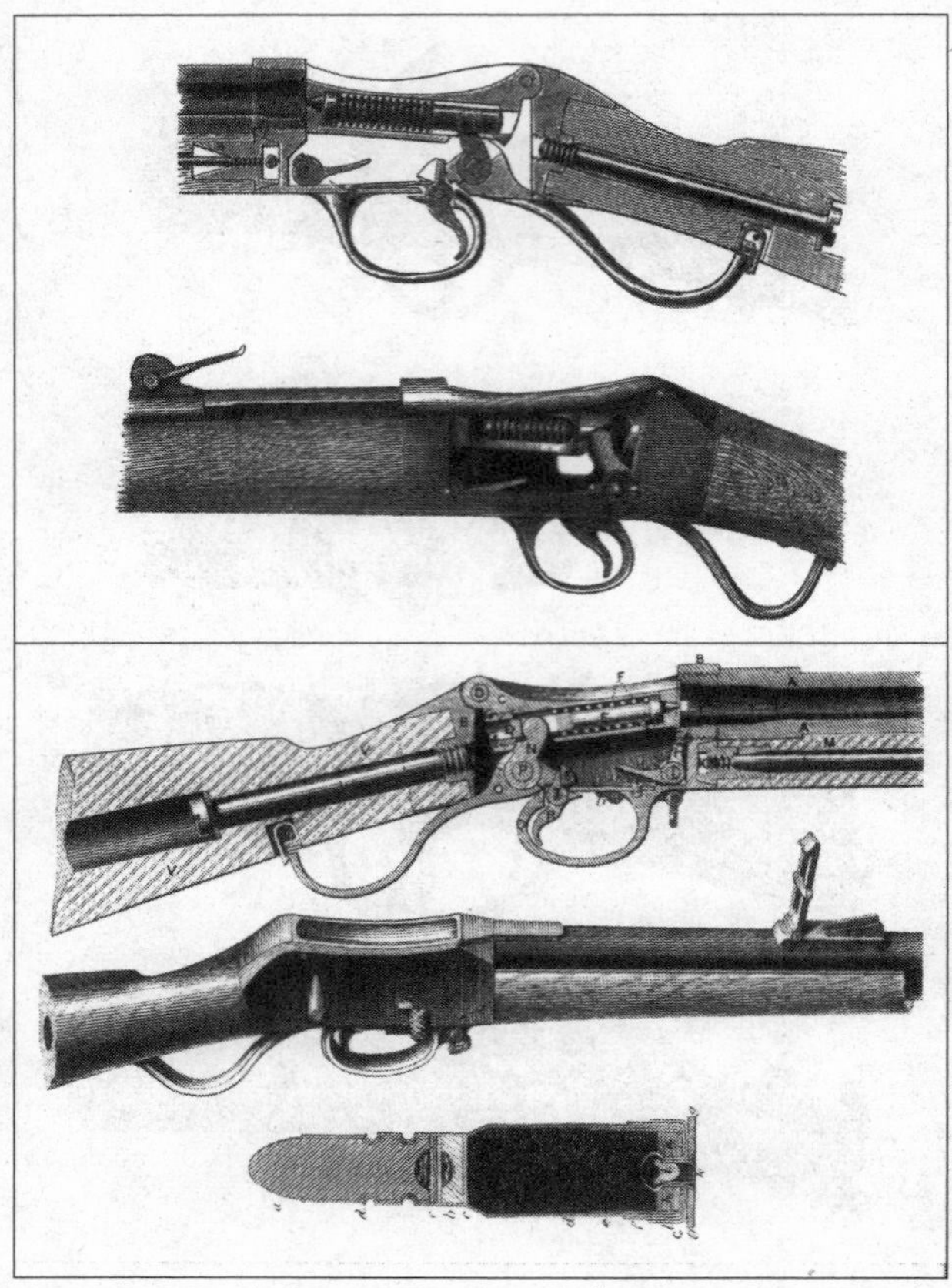

上：マルティニー・ヘンリー銃
下：マルティニー・ヘンリー銃、弾薬筒

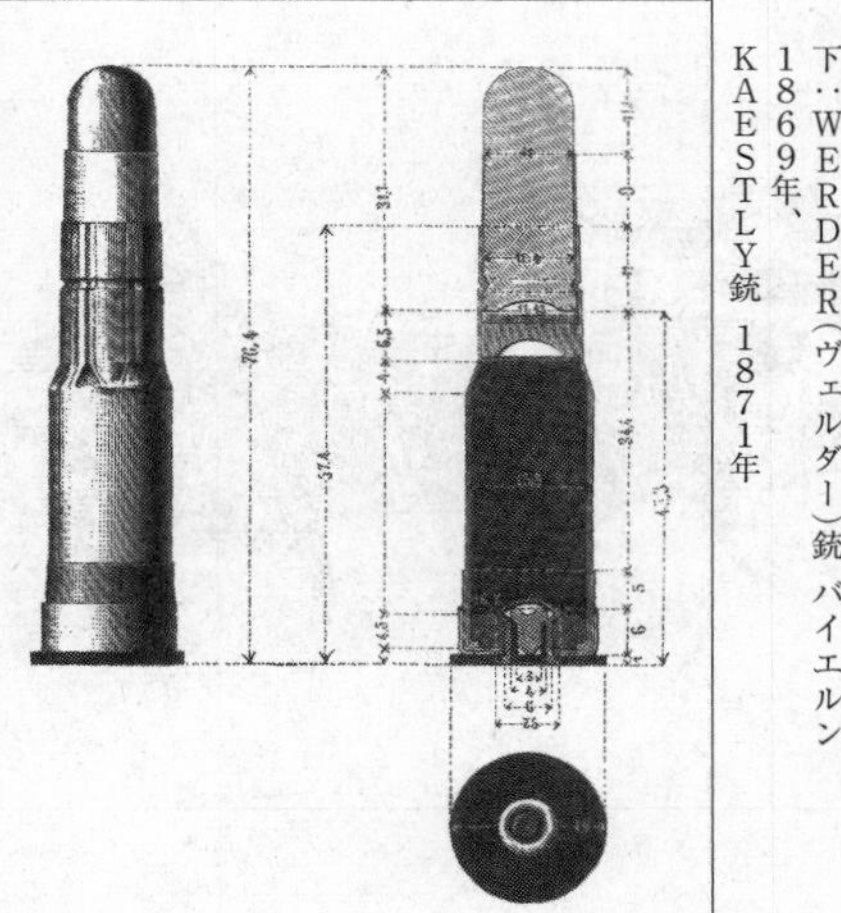

上：マルティニー・ヘンリー銃弾薬筒
下：WERDER（ヴェルダー）銃 バイエルン 1869年、KAESTLY銃 1871年

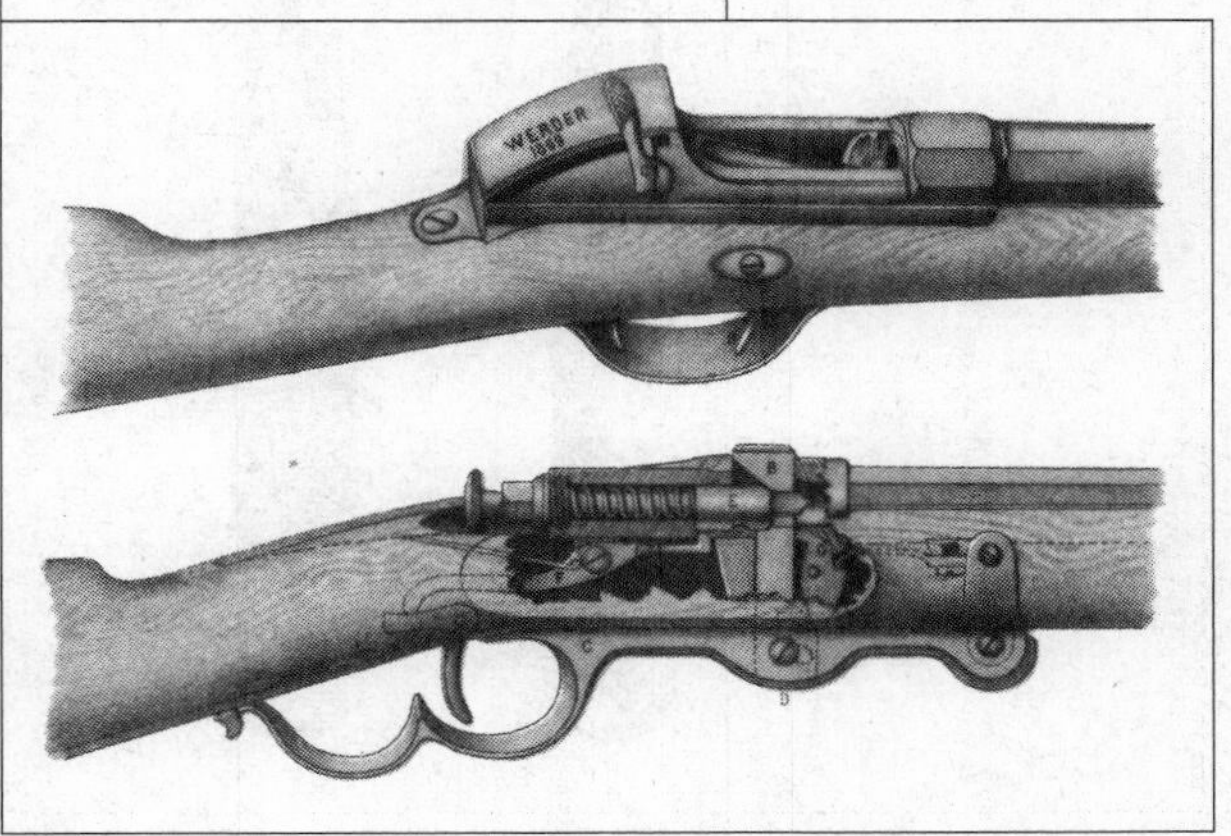

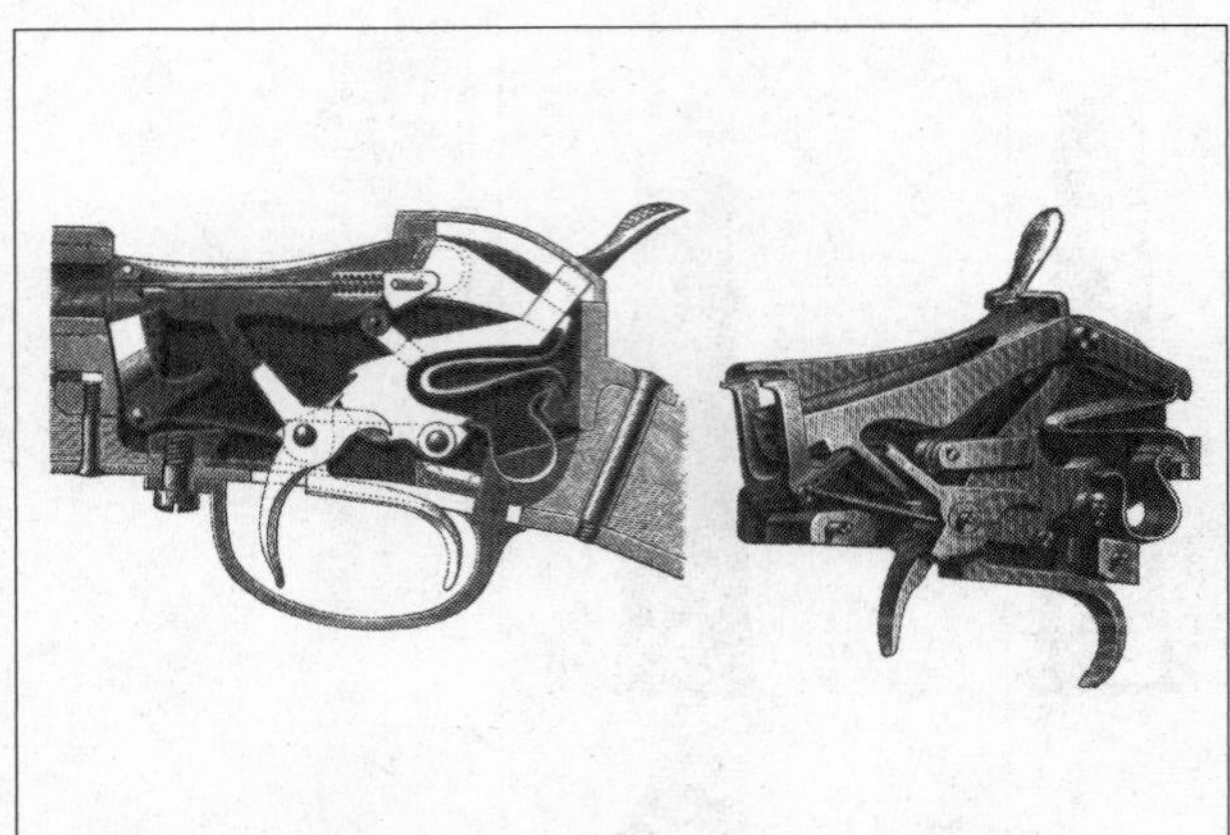

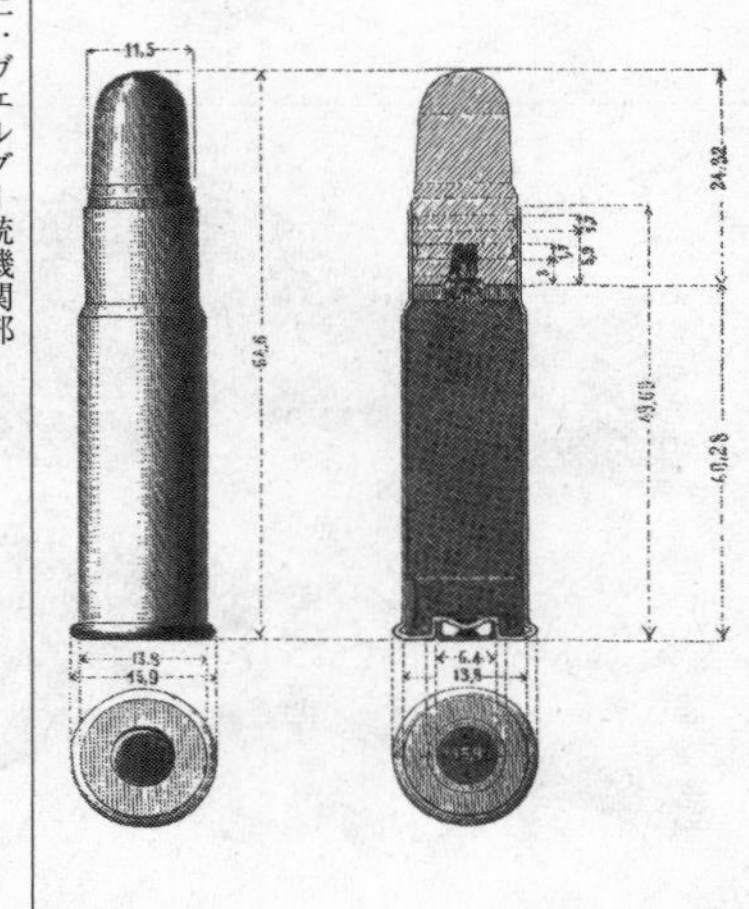

上：ヴェルダー銃機関部
下：ヴェルダー銃弾薬筒

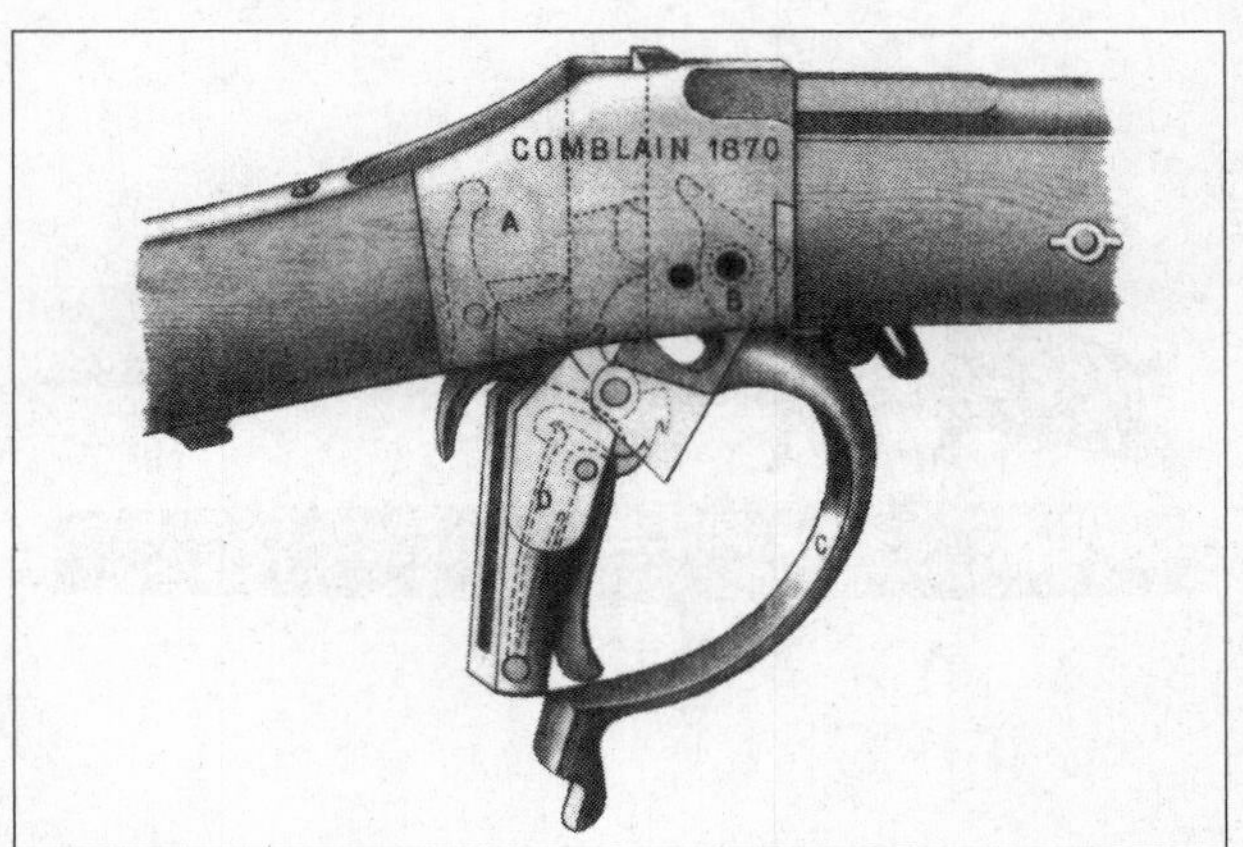

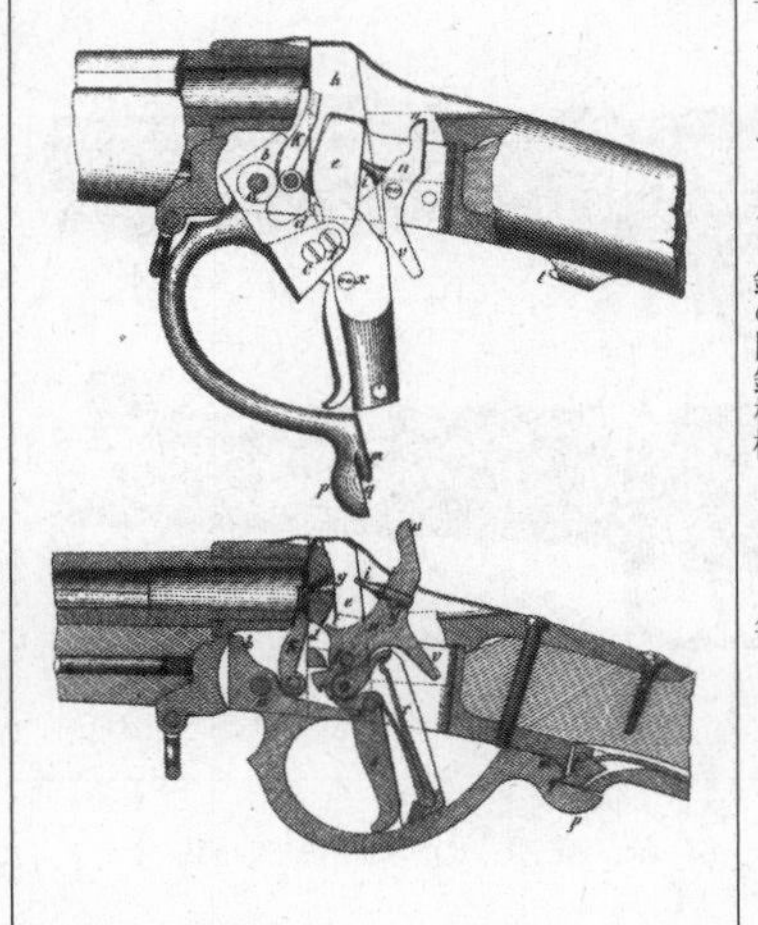

上：コンブレイン銃　1870年
下：コンブレイン銃の閉鎖機構　1872年

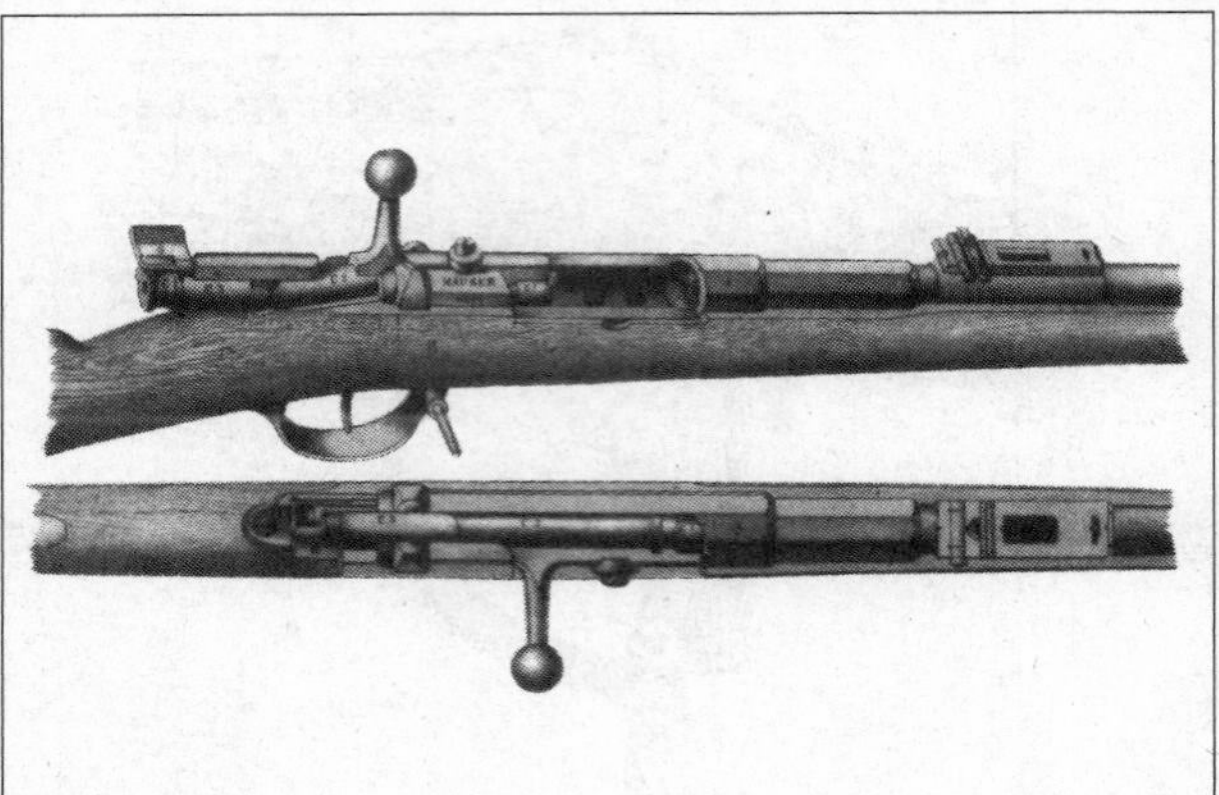

上：MAUSER（モーゼル）銃 ドイツ 1871年
下：ベルダン銃Ⅱ型 ロシア 1871年、BEAUMONT（ボーモン）銃 オランダ 1871年

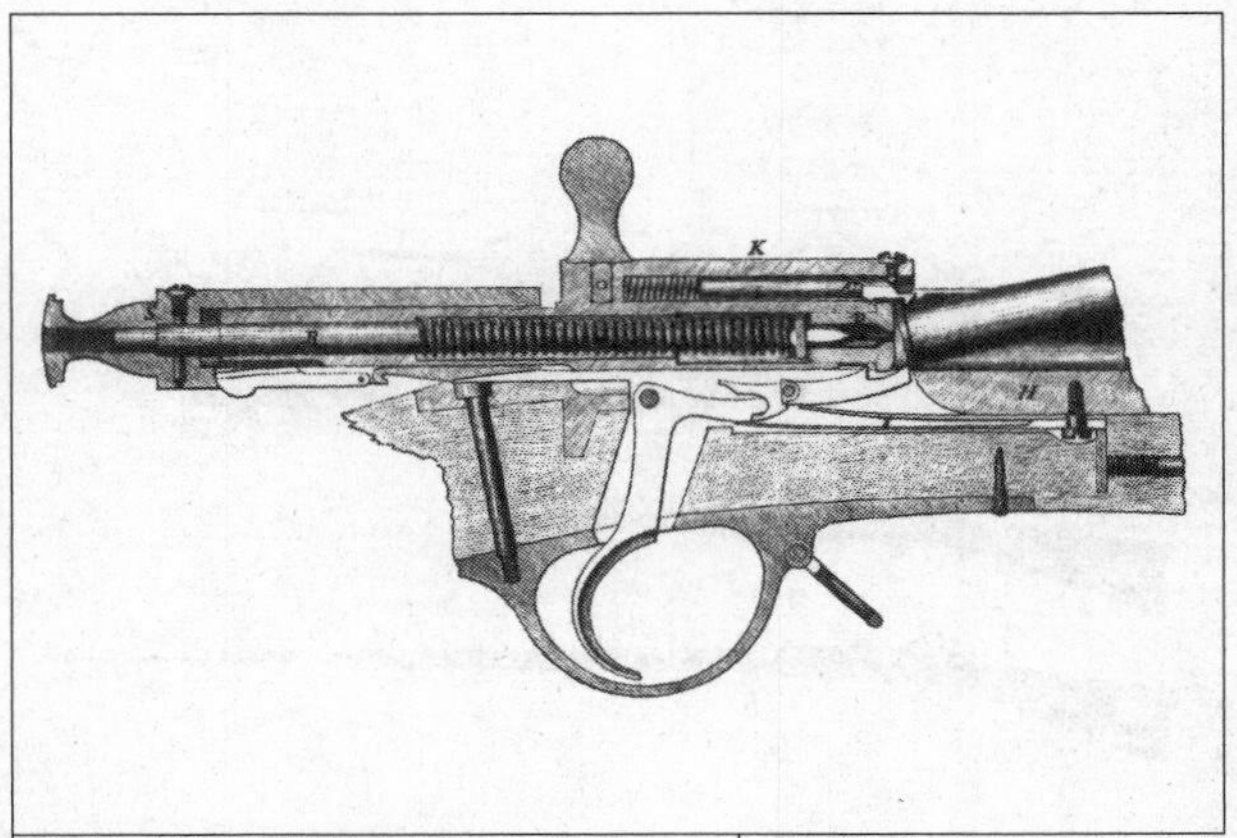

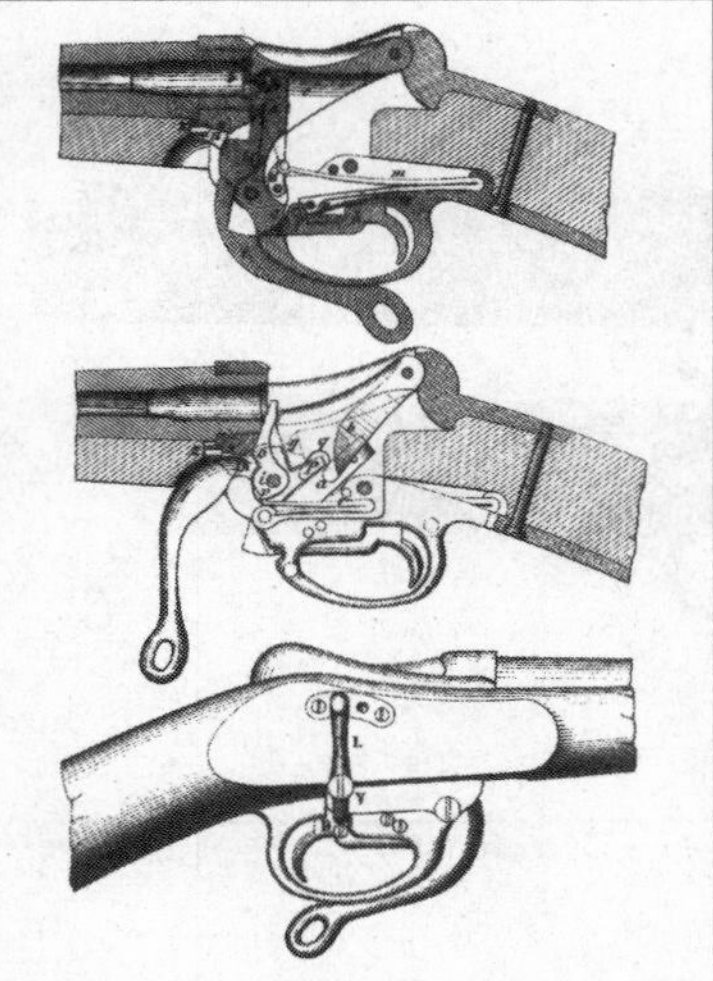

上：ベルダン銃 槓桿を引き排莢する状態
下：ウエストリー・リチャード銃装填閉鎖機構
1872年

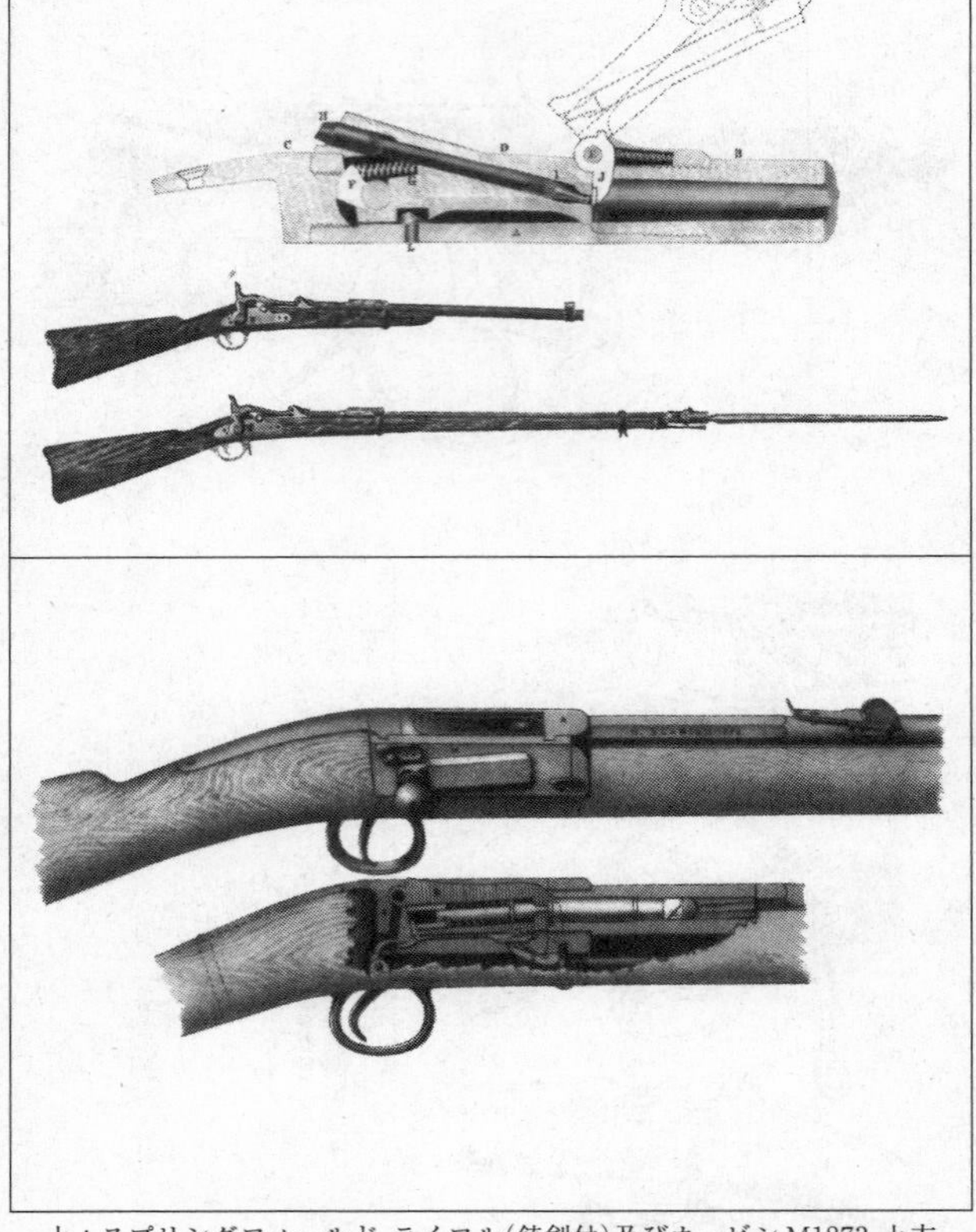

上：スプリングフィールド ライフル（銃剣付）及びカービン M1873 上方開閉式ブリーチブロック
下：シュミット銃 1873年

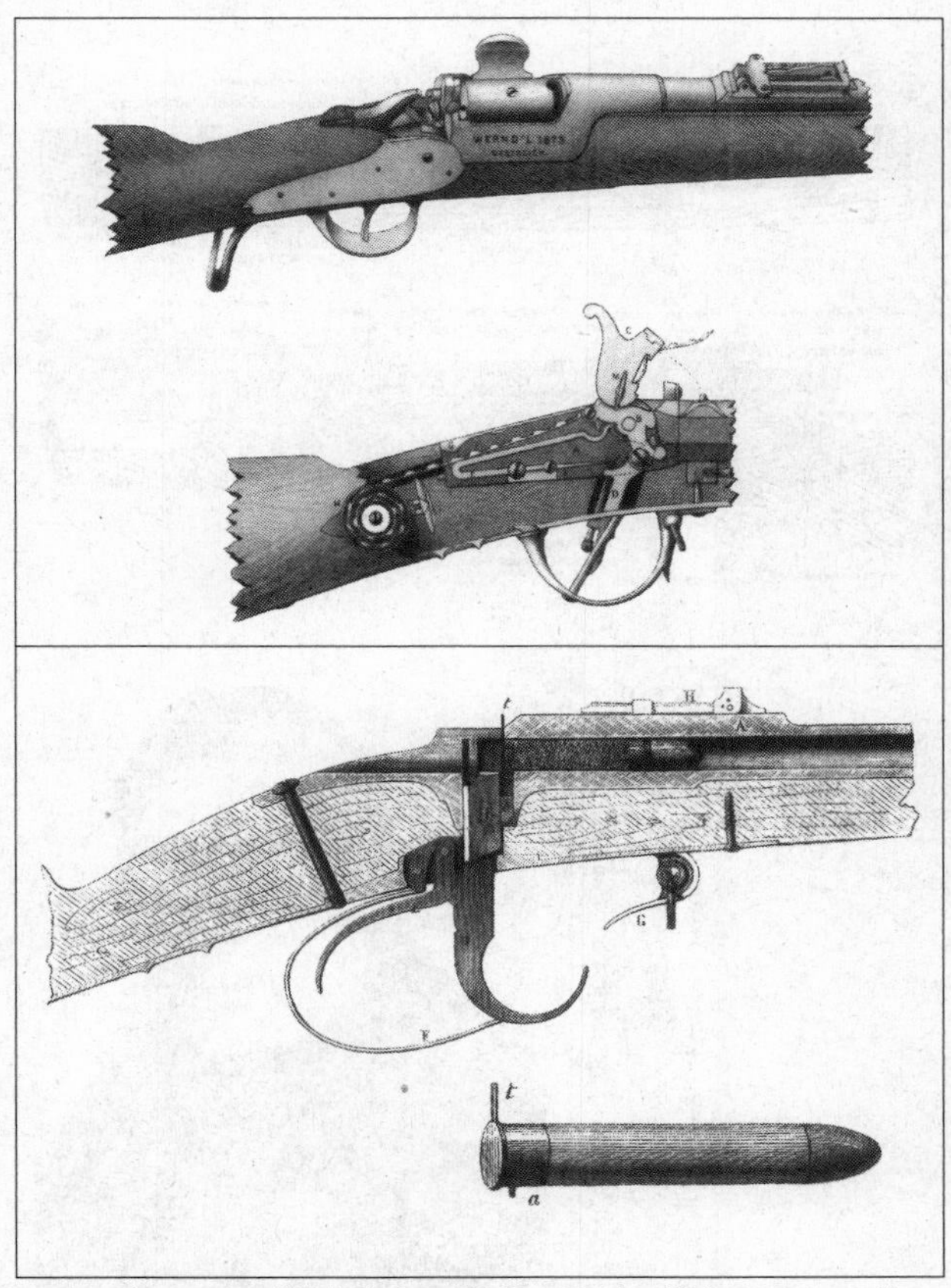

上：ヴェルンドル銃改修型 オーストリア 1873年、帯式ベルサリエル銃
下：近衛胸甲騎兵隊のピン打式小銃

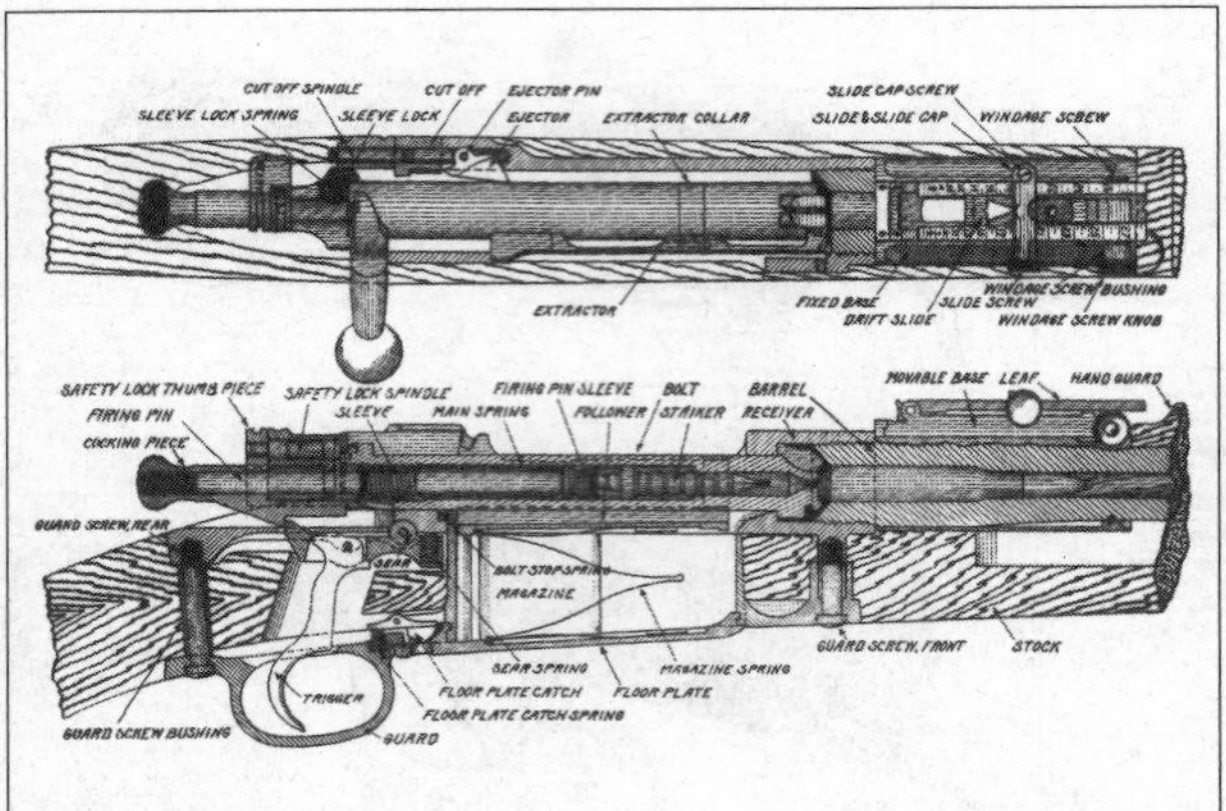

上：US Magazine Rifle Caliber 30　アメリカ　1903年
下：ニードル銃（針銃）の発明者
Giovanni Nicolò Dreyse（ドライゼ、ドレイス）の肖像画

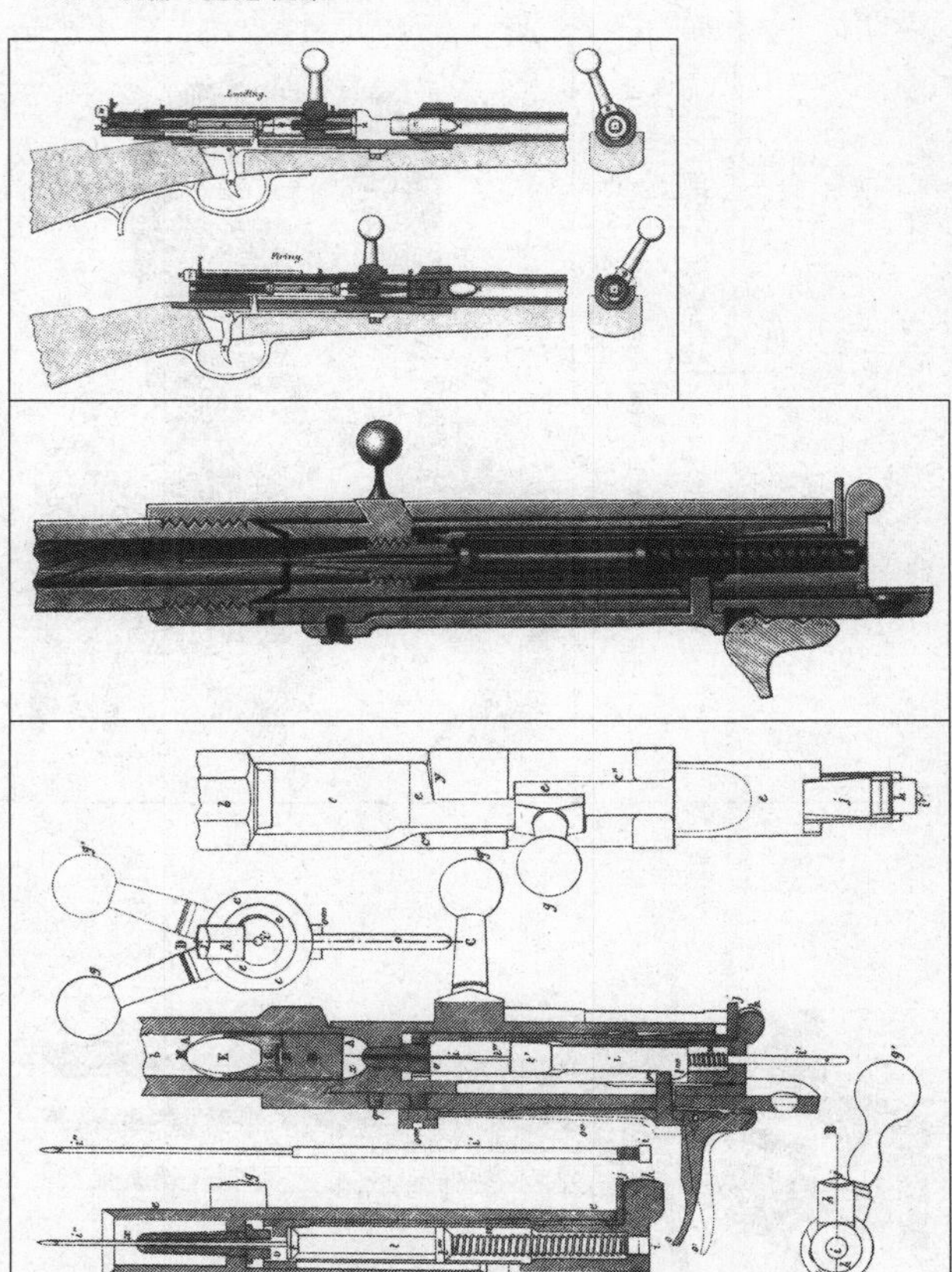

上：プロシアのニードル銃 1848 年
中下：ニードル銃機構図

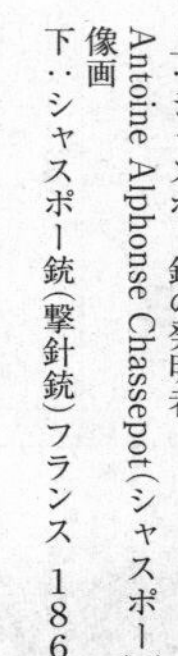

上：シャスポー銃の発明者
Antoine Alphonse Chassepot（シャスポー）の肖像画
下：シャスポー銃（撃針銃）フランス　１８６６年

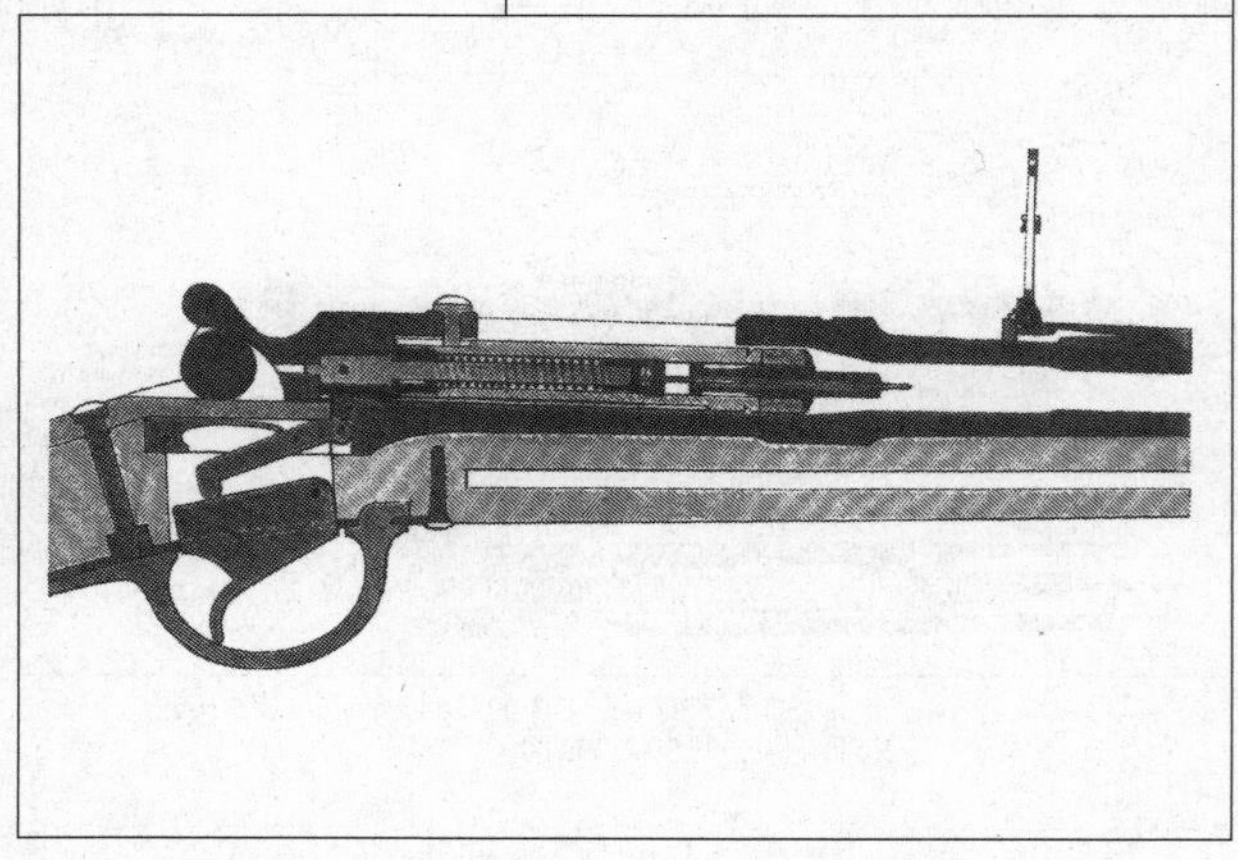

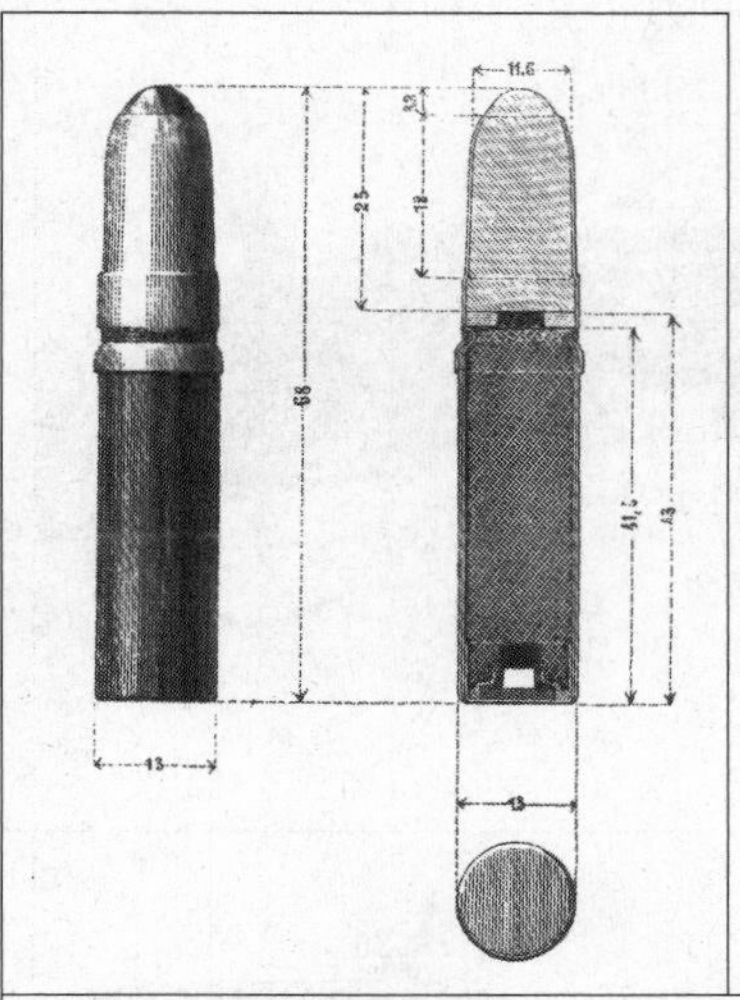

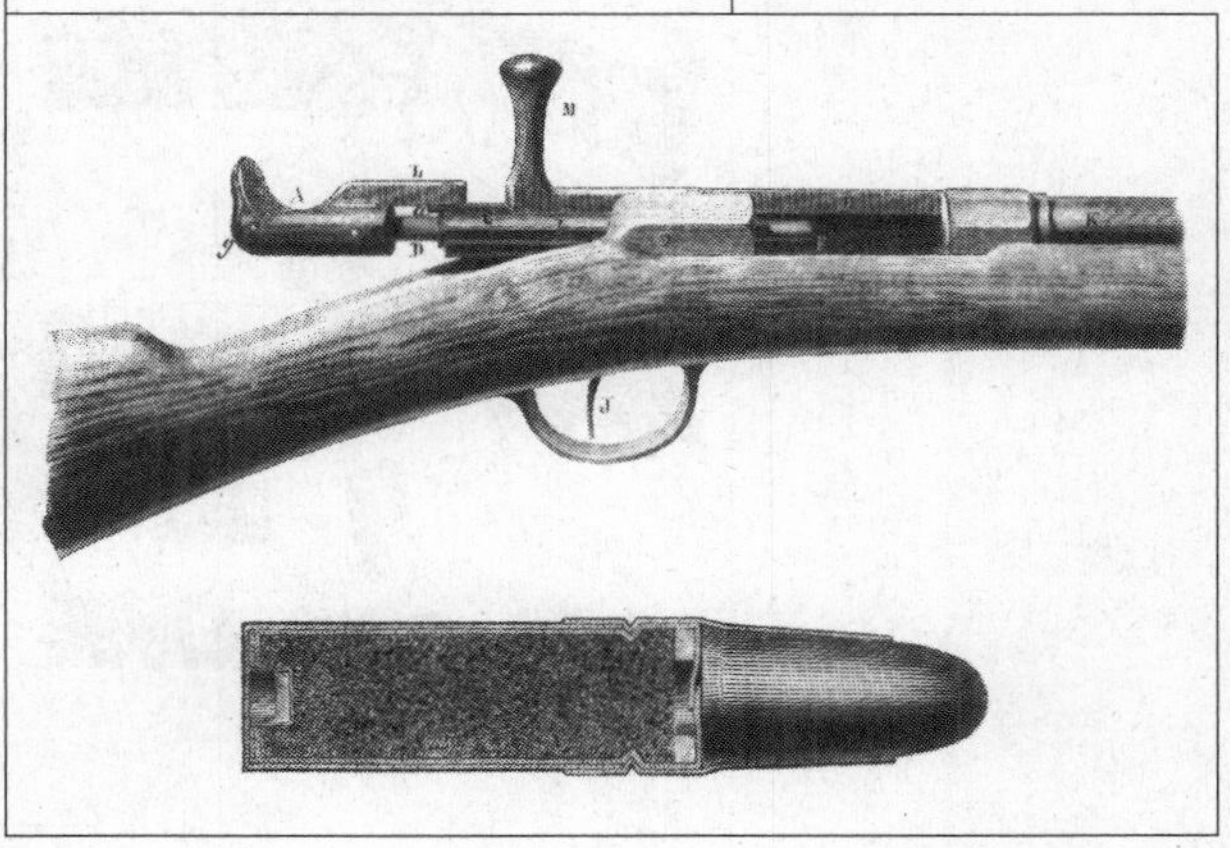

上：シャスポー銃弾薬筒
下：シャスポー銃装弾姿勢 弾薬筒

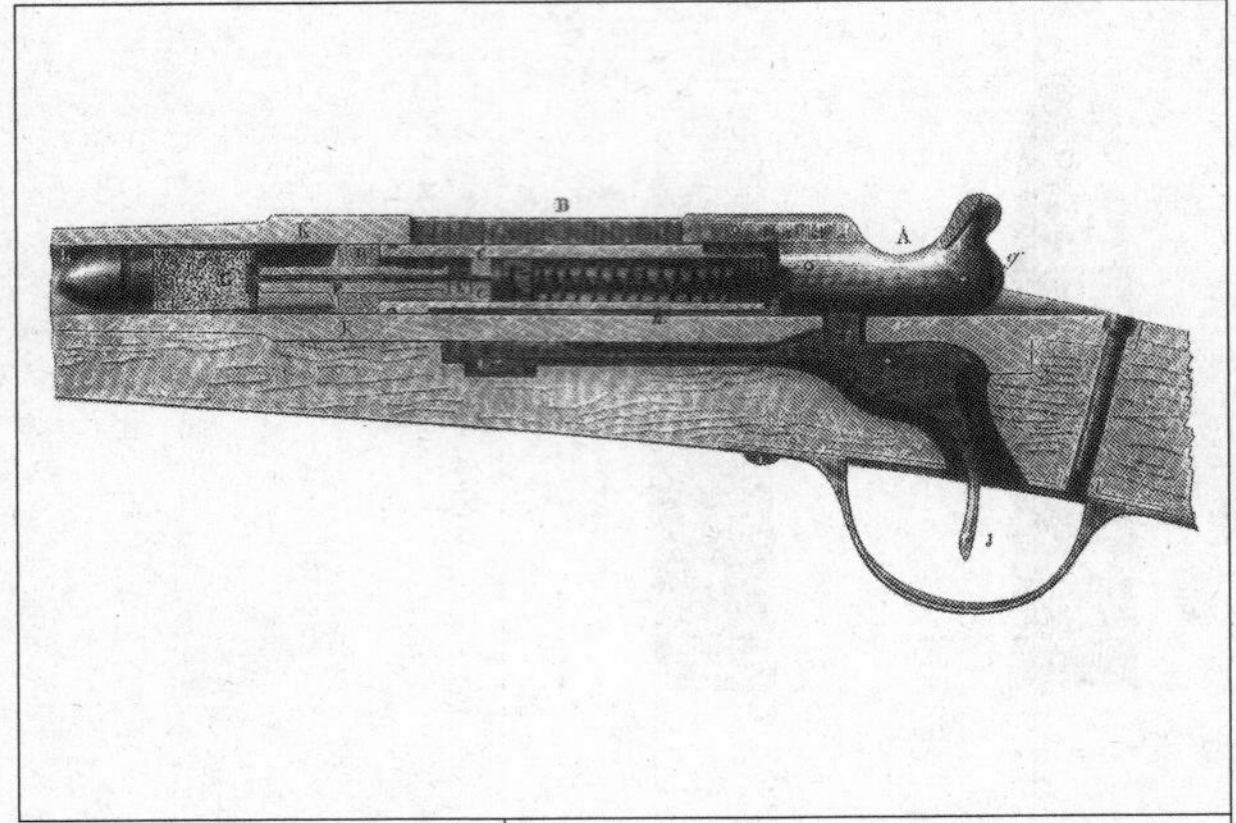

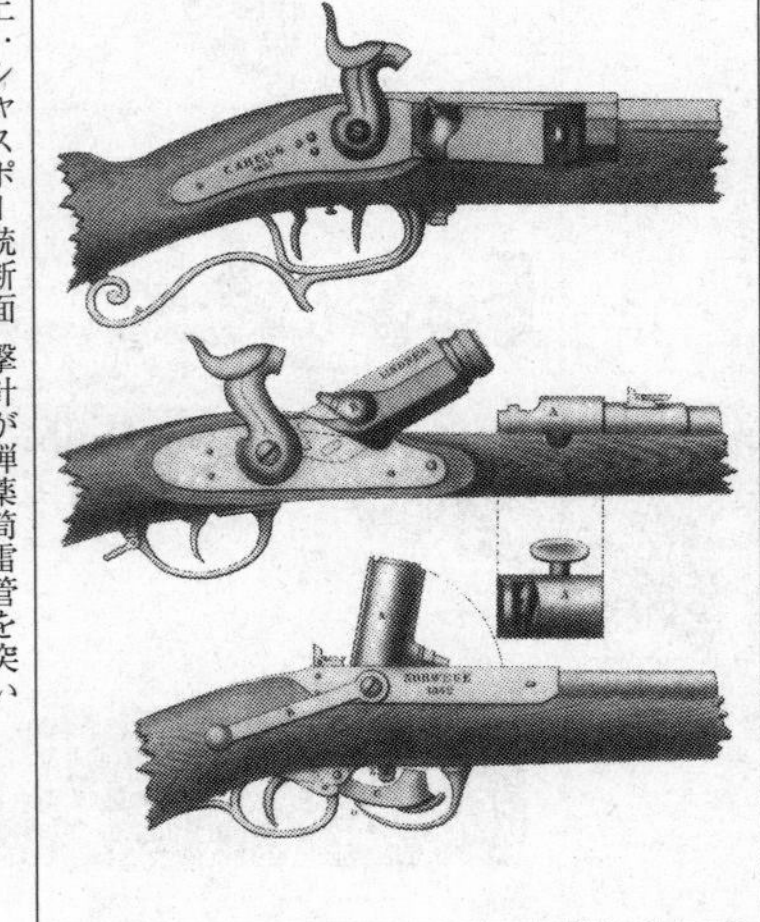

上：シャスポー銃断面 撃針が弾薬筒雷管を突いた状態
下：ABEGG（アベッグ）銃 1851年、LINDNER（リンドナー）銃 1860年、ノルウエー製 1842年

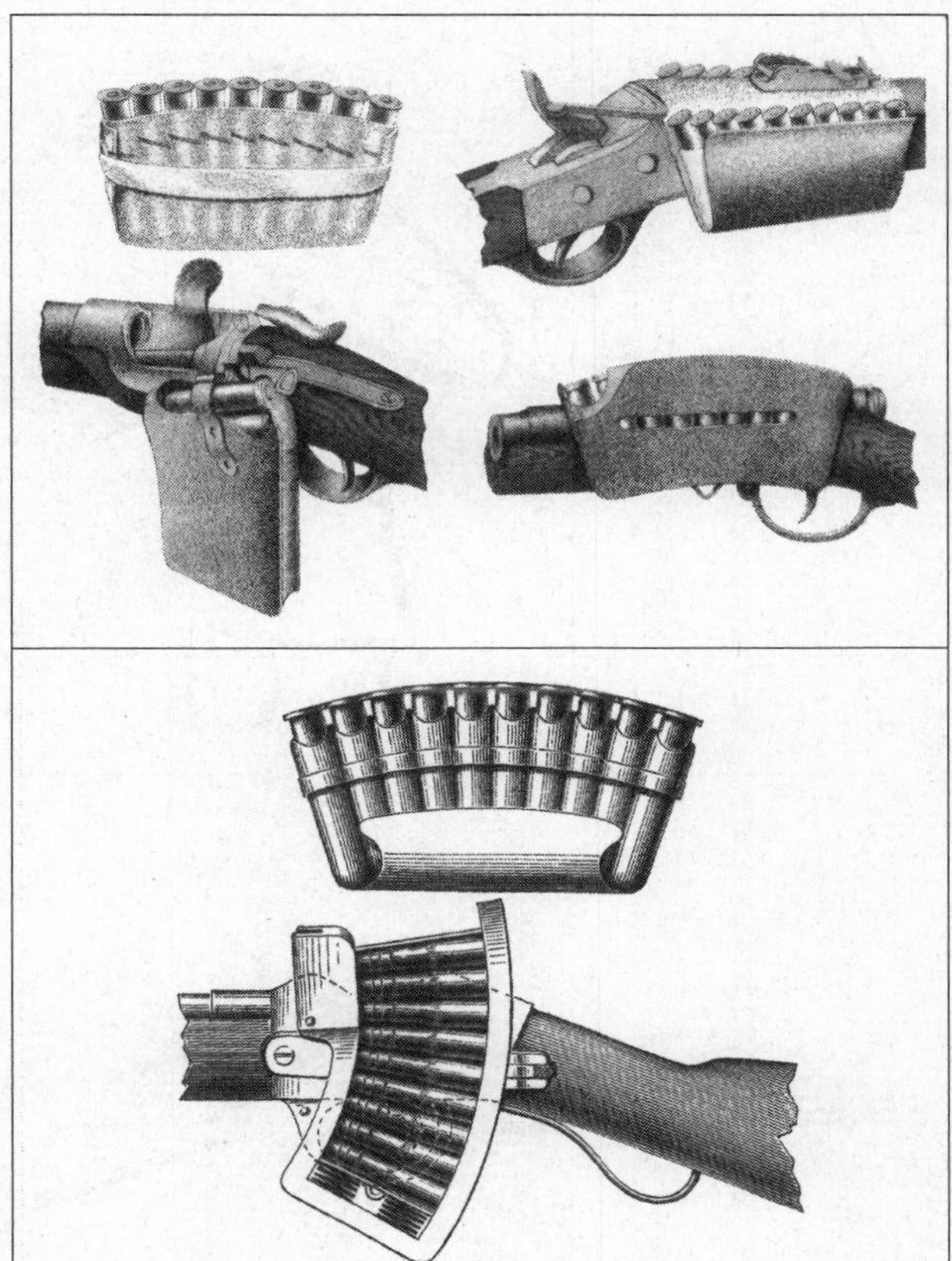

上：装脱弾倉各種 ROGOFZEF ロシア、GÉNOVA スペイン、クランカ オーストリア、SCHMARDA オーストリア
下：クランカ装脱弾倉、FORSBERY 装脱弾倉

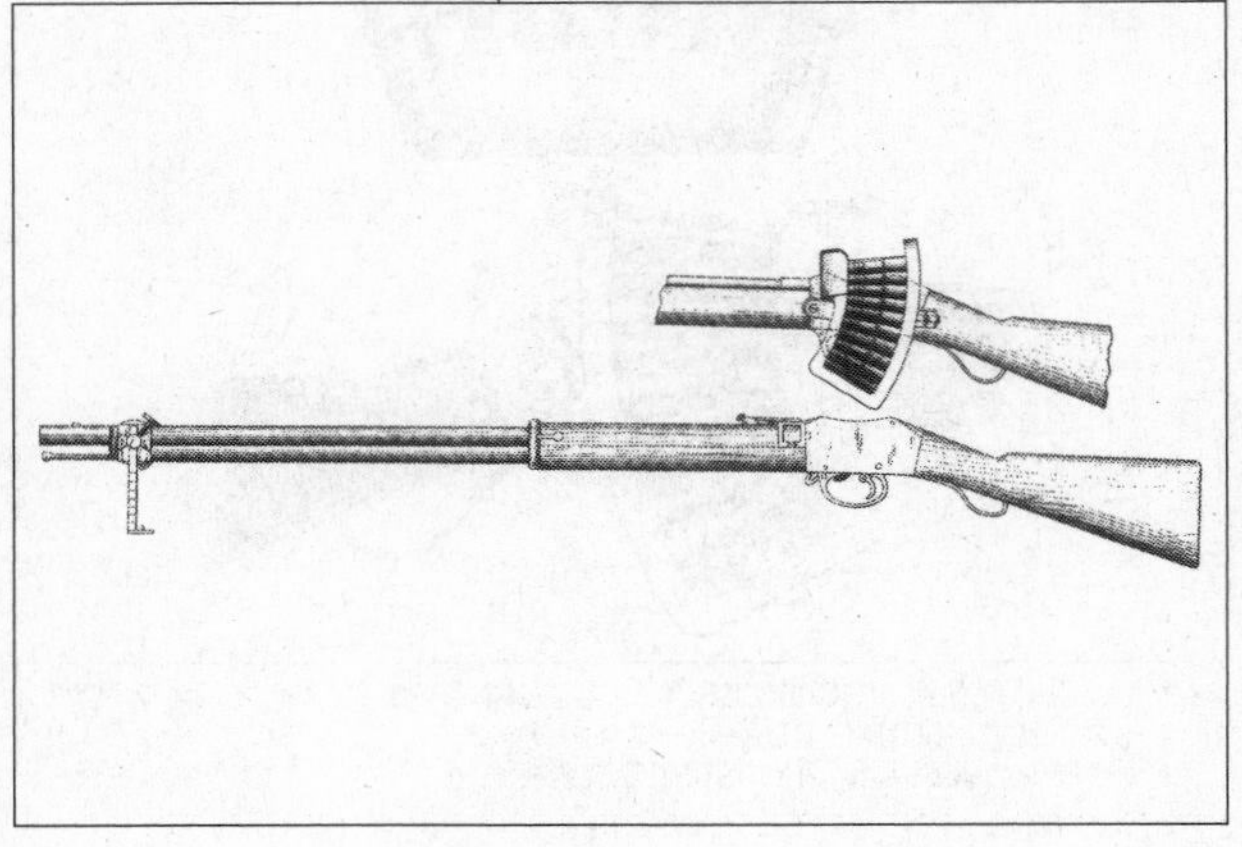

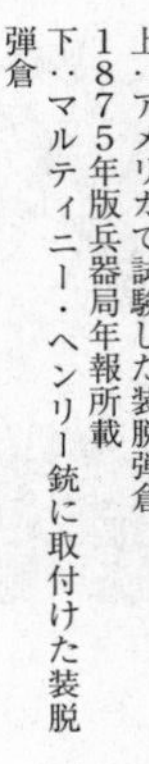

上：アメリカで試験した装脱弾倉
１８７５年版兵器局年報所載
下：マルティニー・ヘンリー銃に取付けた装脱弾倉

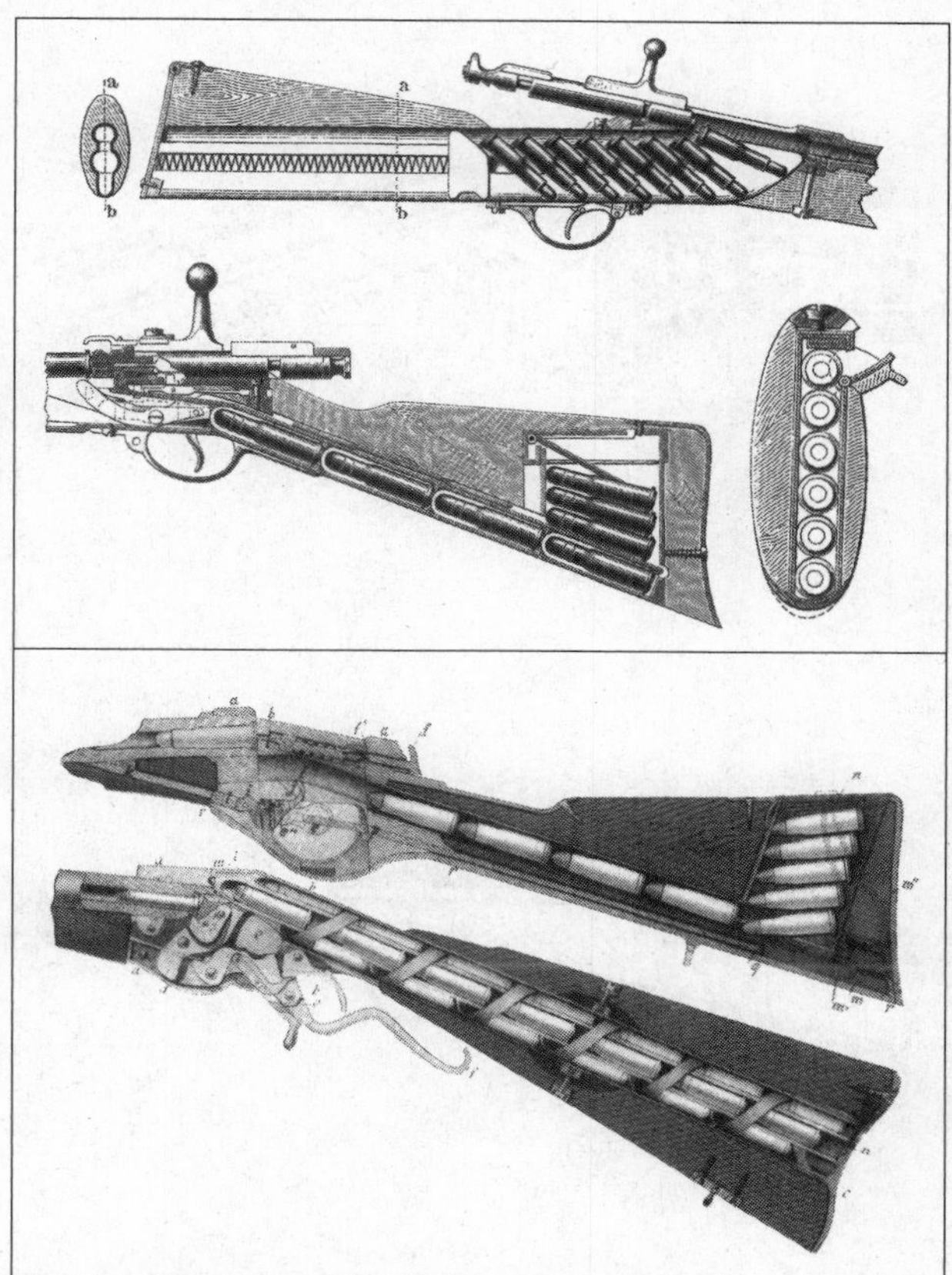

上：床尾弾倉連発銃 MANNLICHER(マンリッヘル)銃、SIMSON・LUCK銃 1882年
下：MATA銃 スペイン、EVANS銃 アメリカ

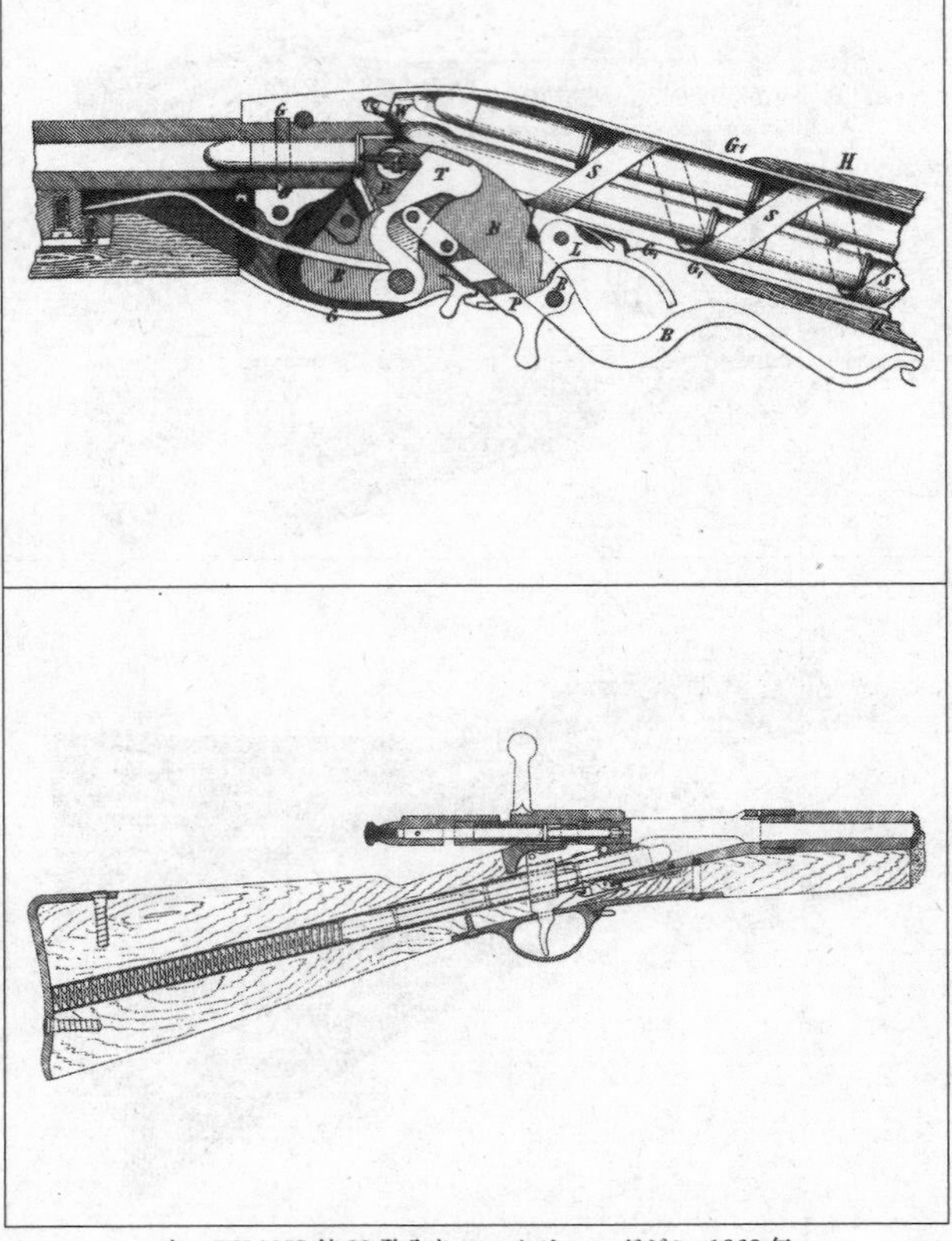

上：EVANS銃28発入りロータリーマガジン 1868年
下：HOTCHKISS(ホッチキス)床尾弾倉銃

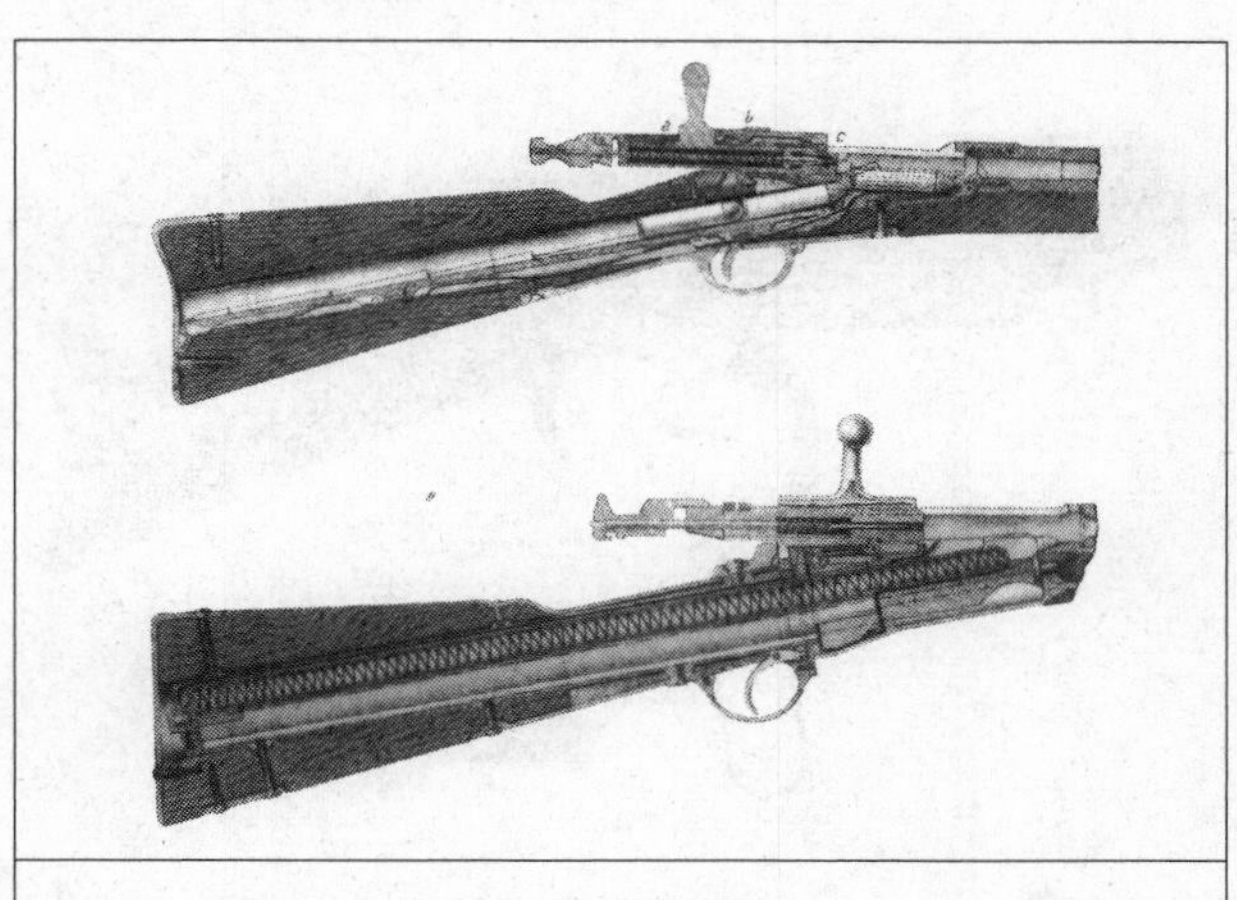

上：CHAFFÉE・REECE(チャフィー・リース)銃 アメリカ 1879年、マンリッヘル銃 オーストリア 1880／81年
下：連発銃 ヘンリー銃 アメリカ 1861年

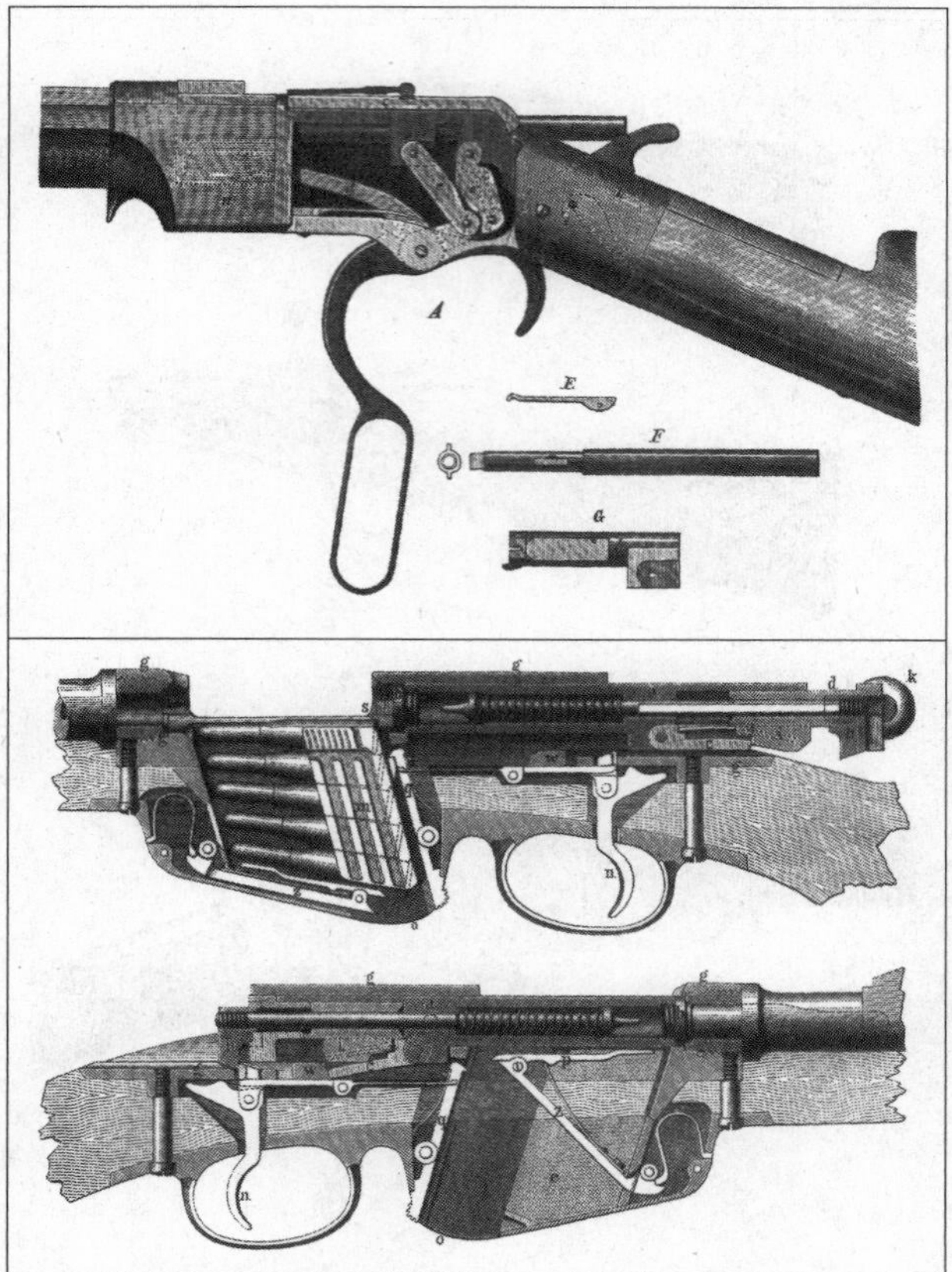

上：ヘンリー銃機関部
下：オーストリア マンリッヘル銃 1888 年

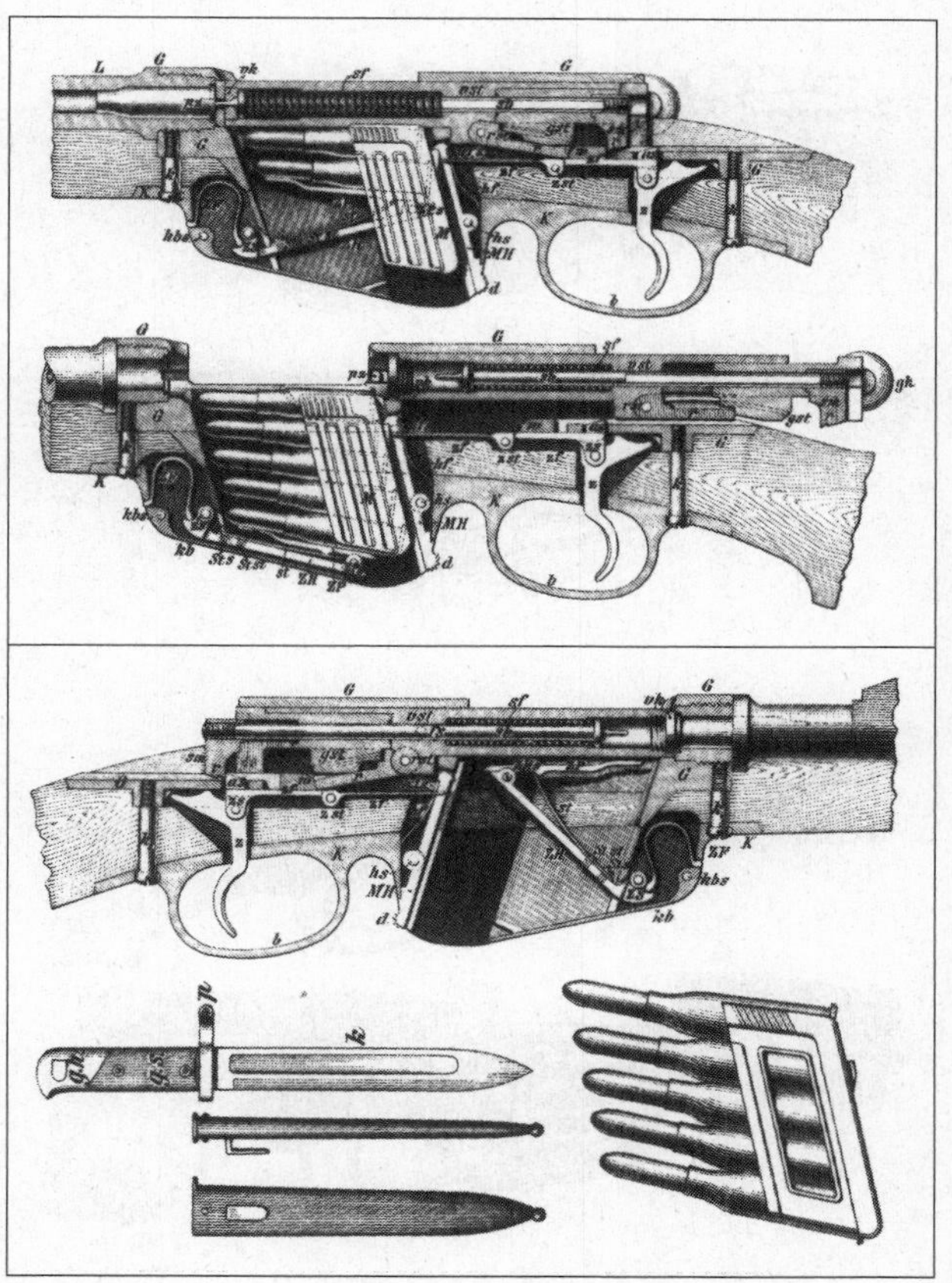

オーストリア マンリッヘル銃 1890年

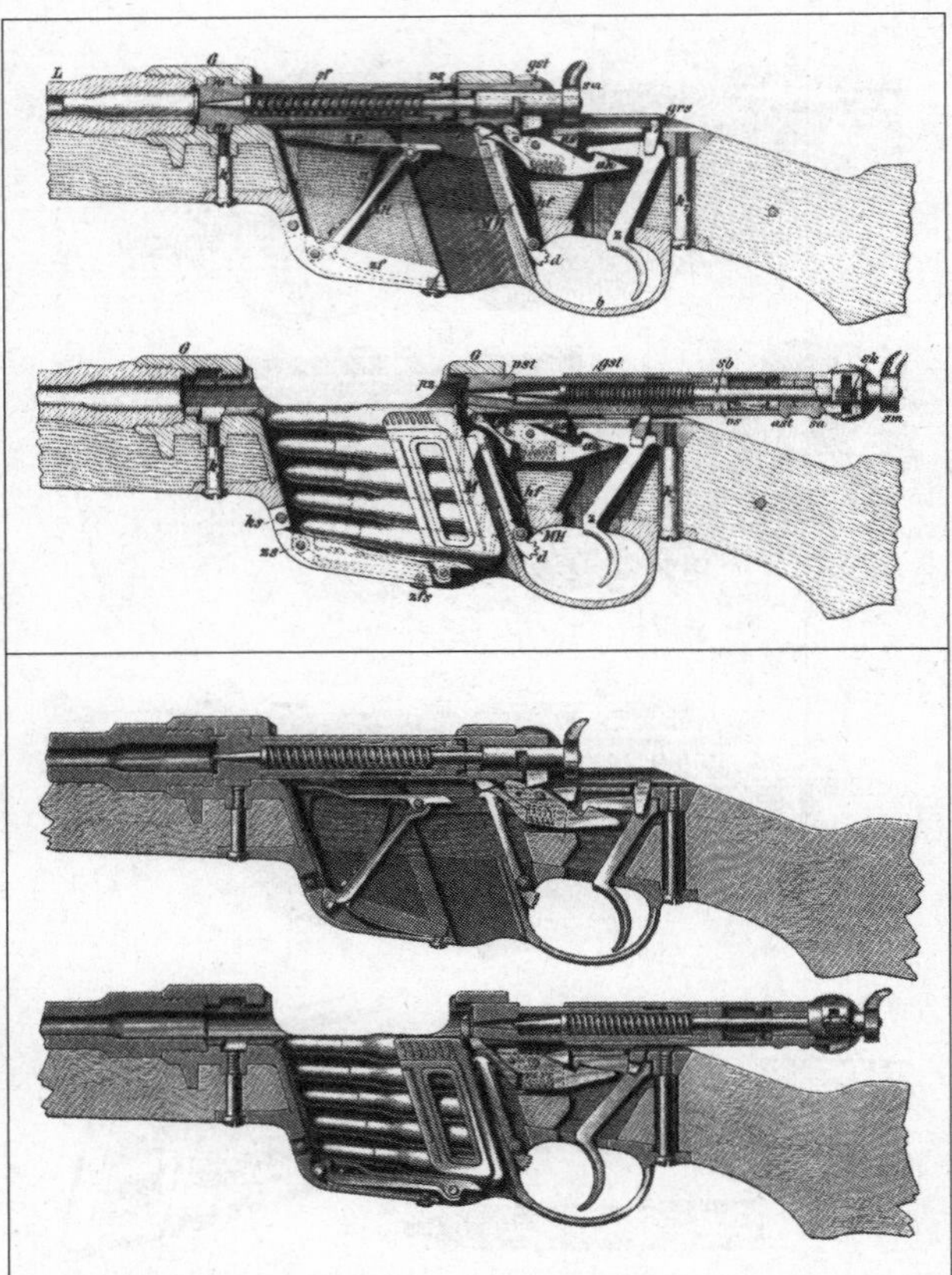

オーストリア マンリッヘル銃 1895年

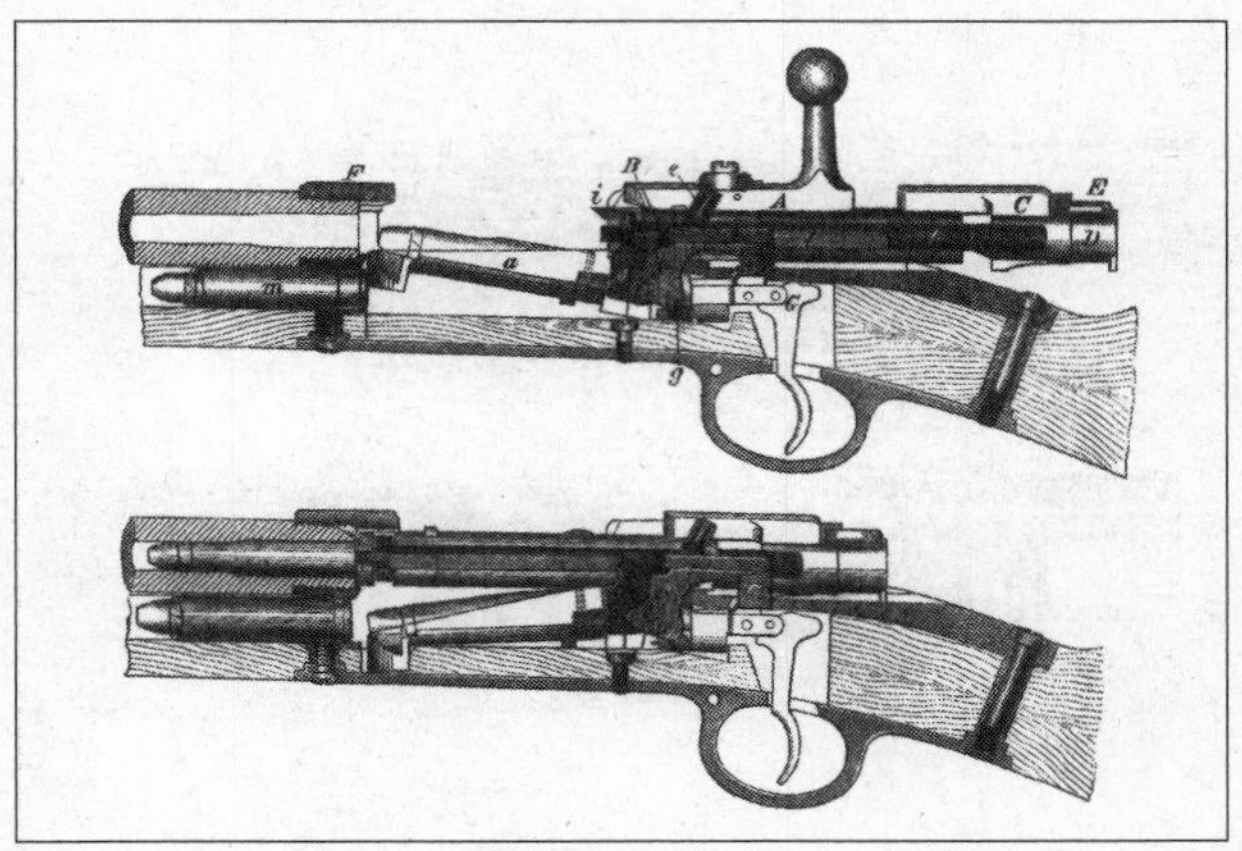

ドイツ 1871／84年

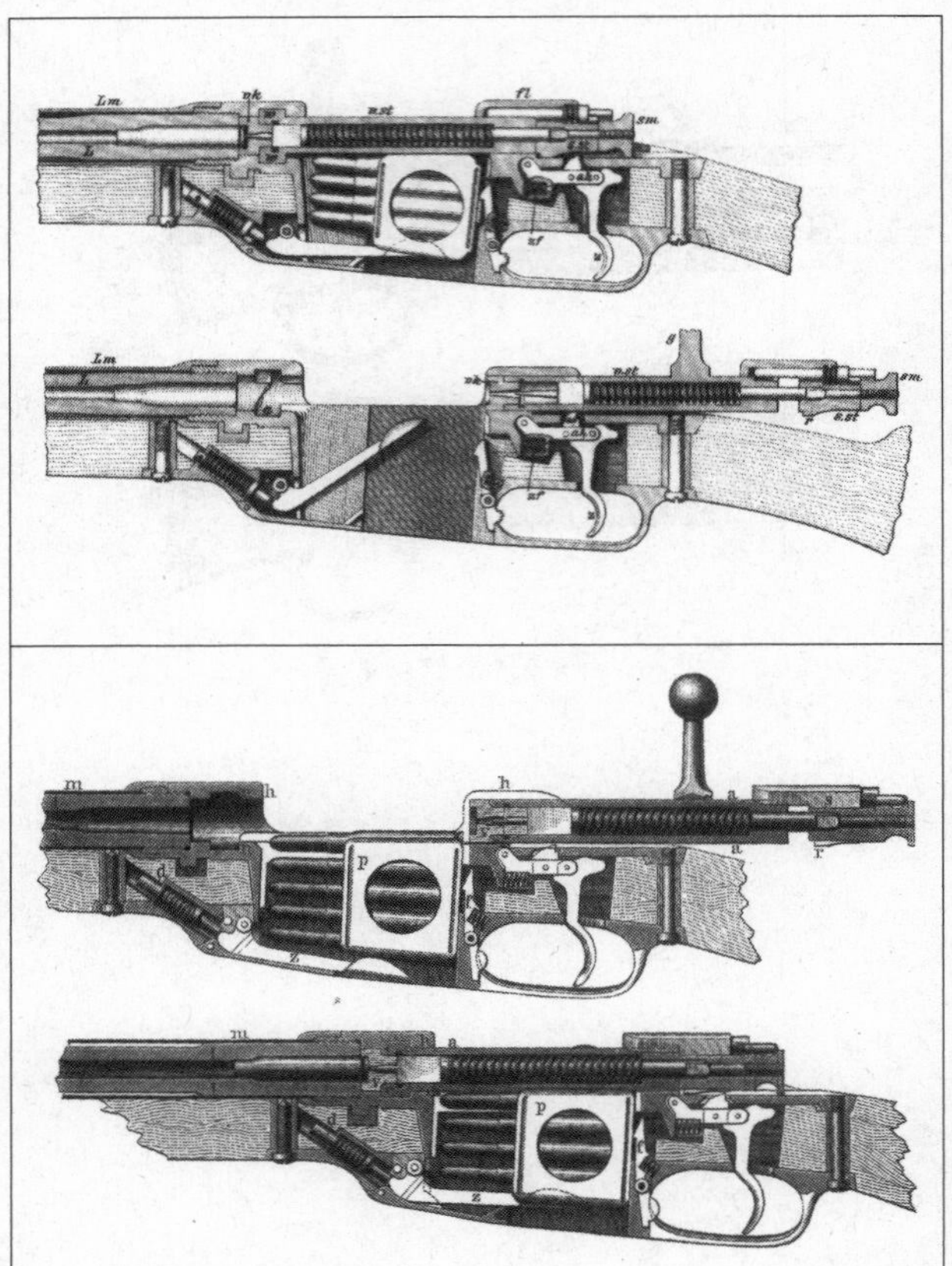

ドイツ 1888年

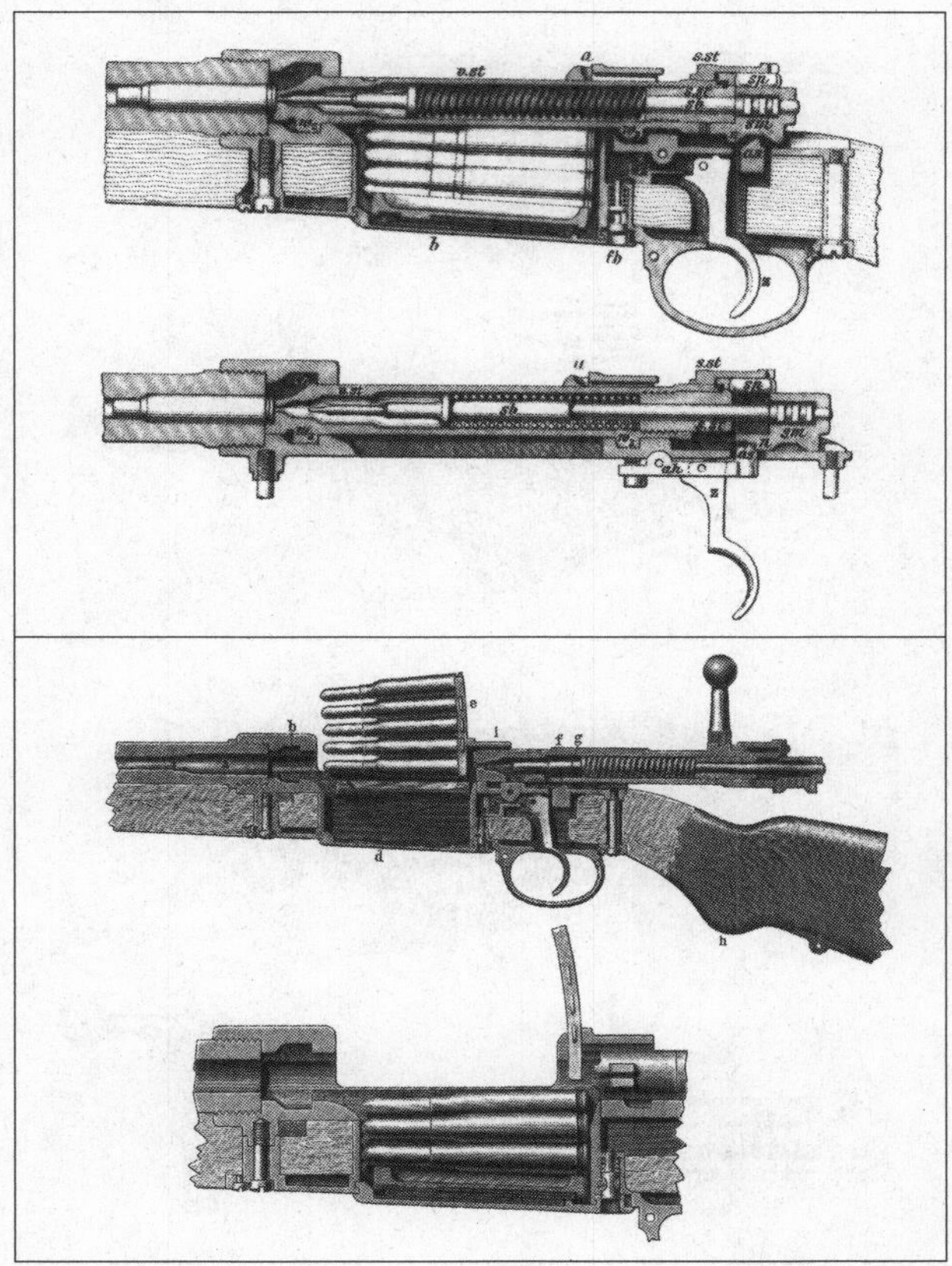

ドイツ 1898年

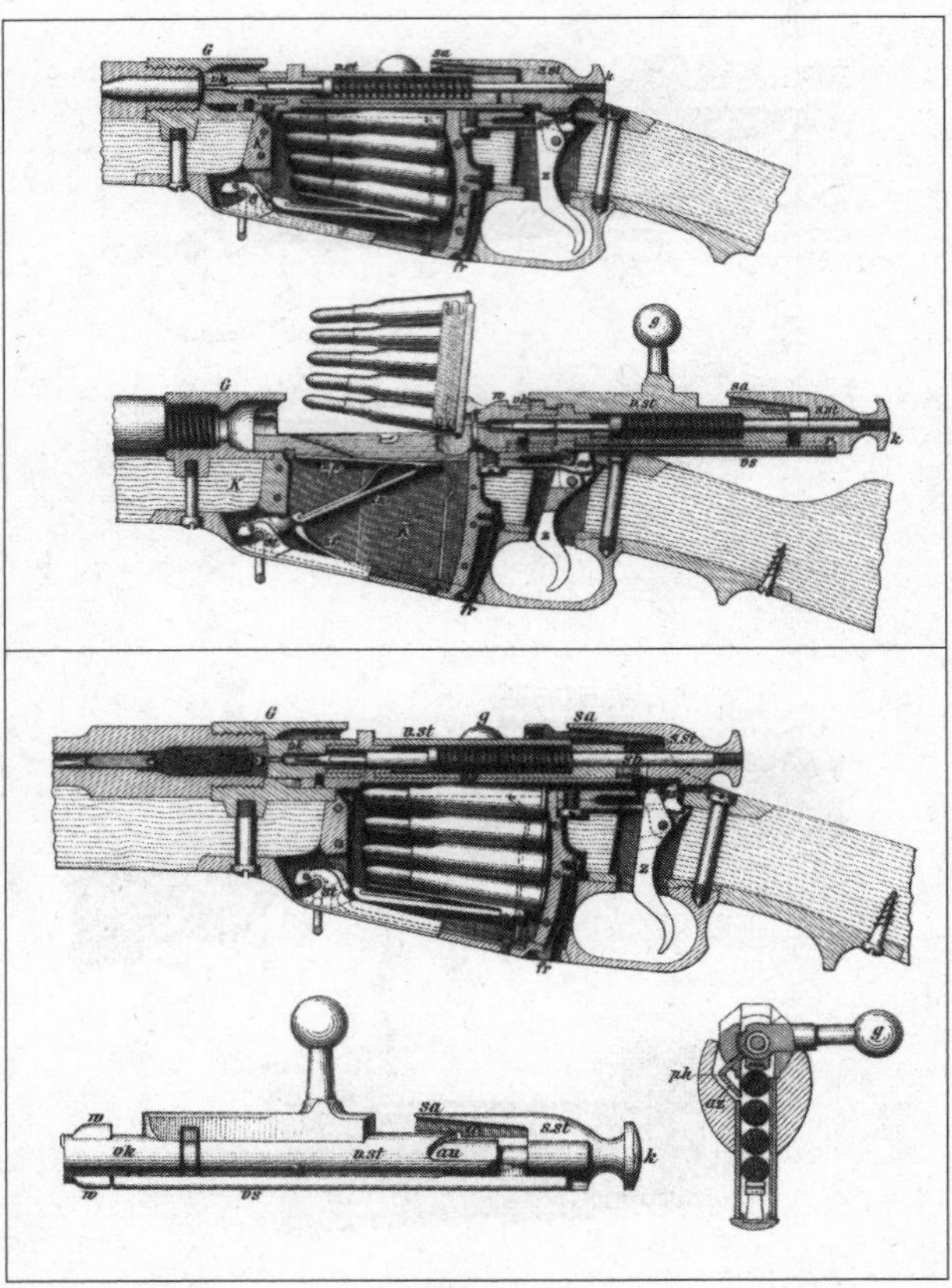

ロシア 1891年

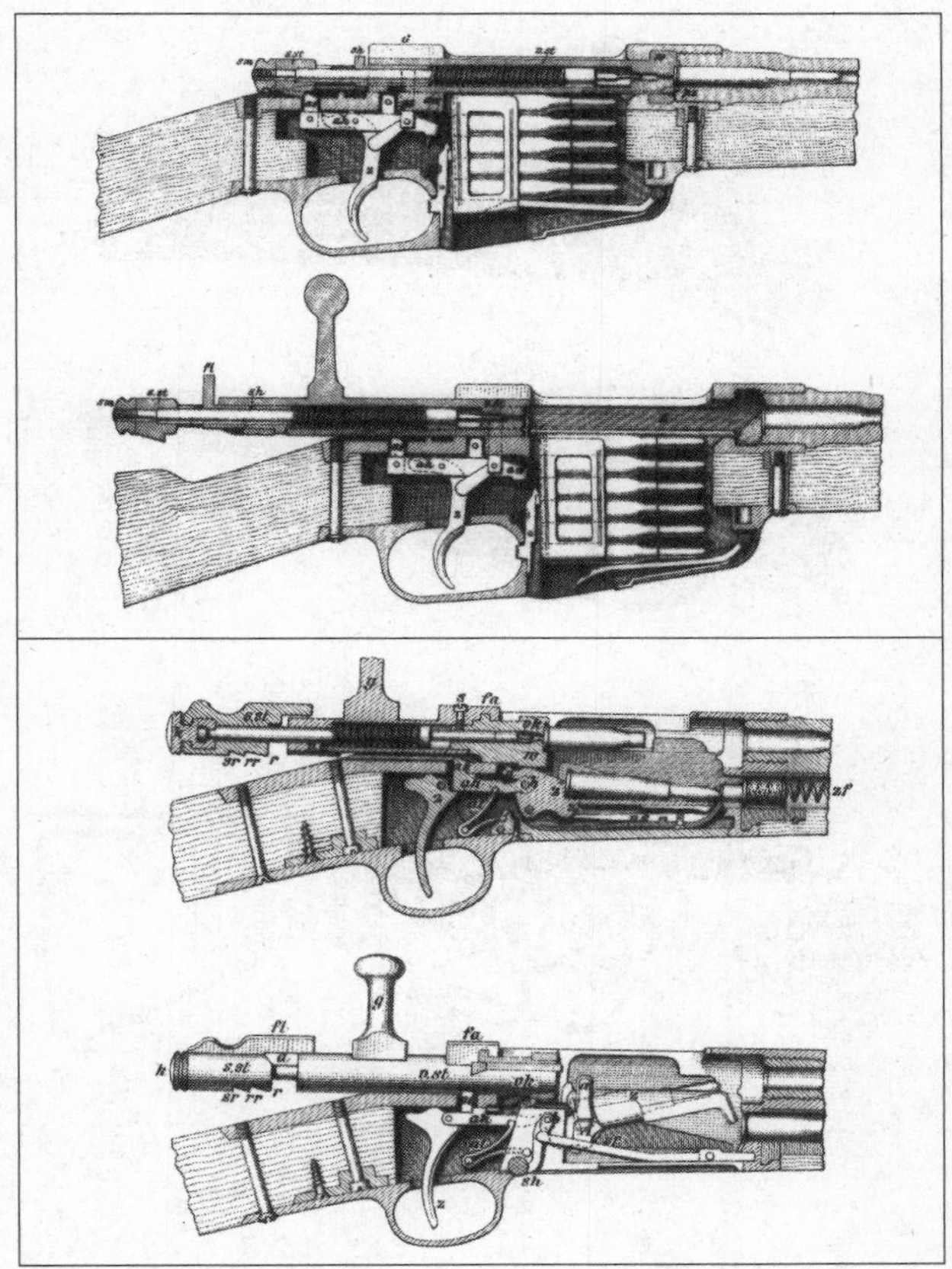

上：イタリア マンリッヘル銃 1891年
下：フランス 1886／93年

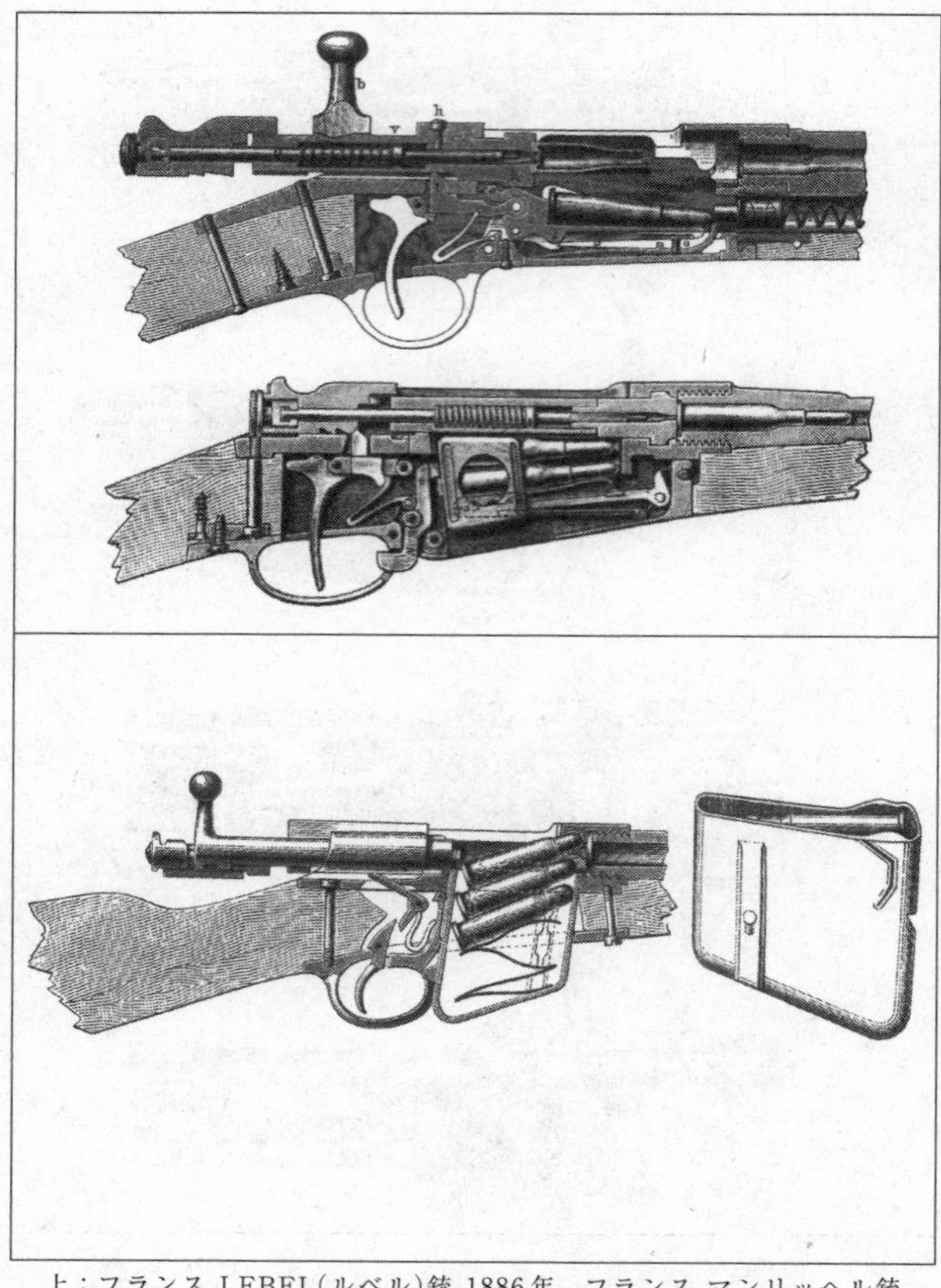

上：フランス LEBEL(ルベル)銃 1886年、フランス マンリッヘル銃 1892年
下：イギリス Magazine System LEE

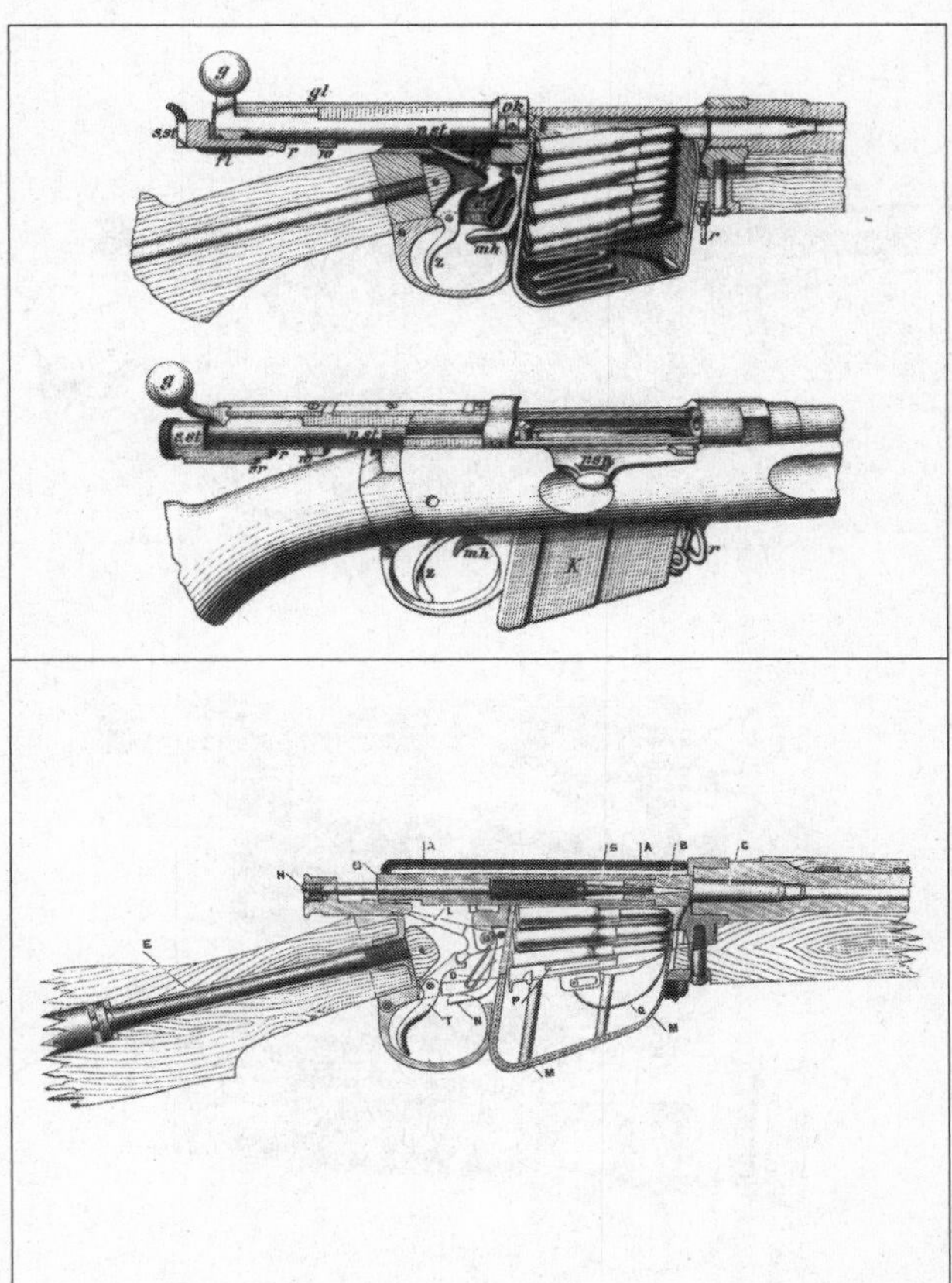

上：イギリス 1889年
下：イギリス LEE Speed Magazine Rifle Mark Ⅱ

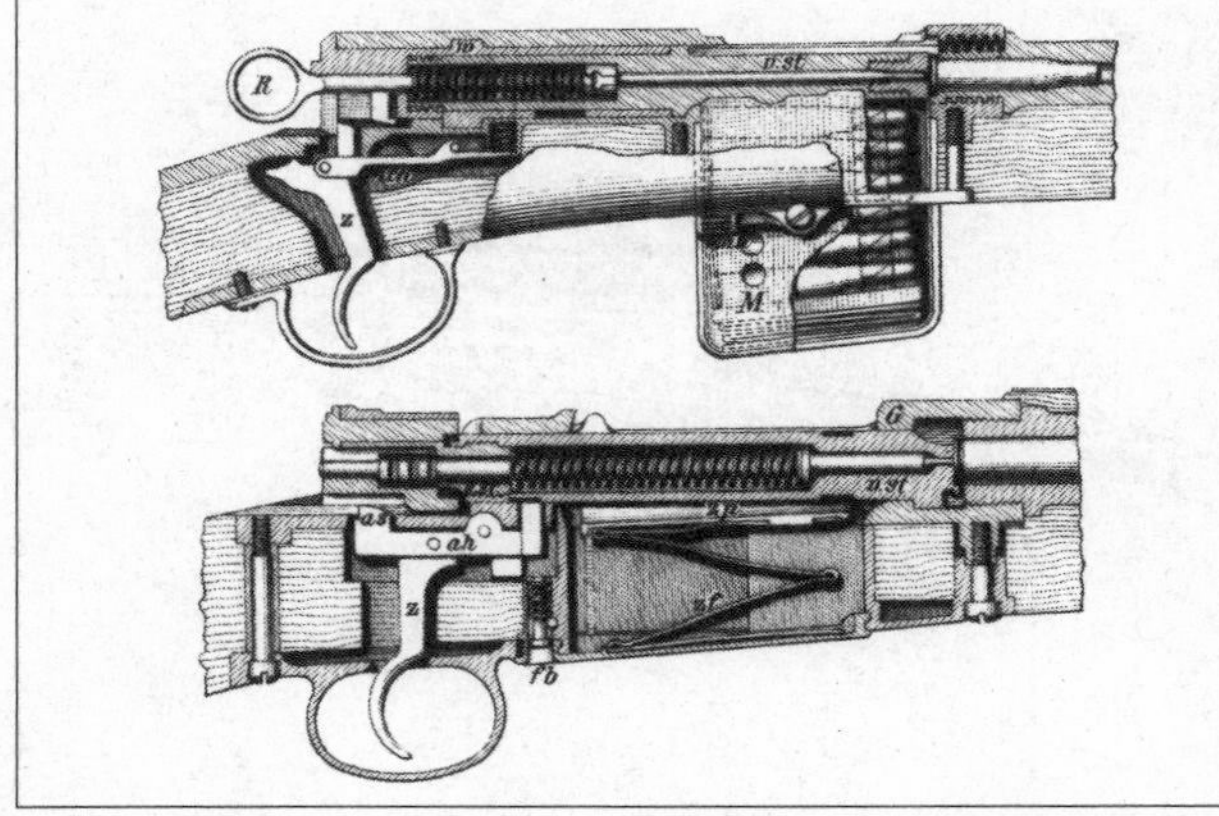

上：イギリス LEE・ENFIELD(リー・エンフィールド)銃
下：スイス 1889／96年、スペイン 1893年

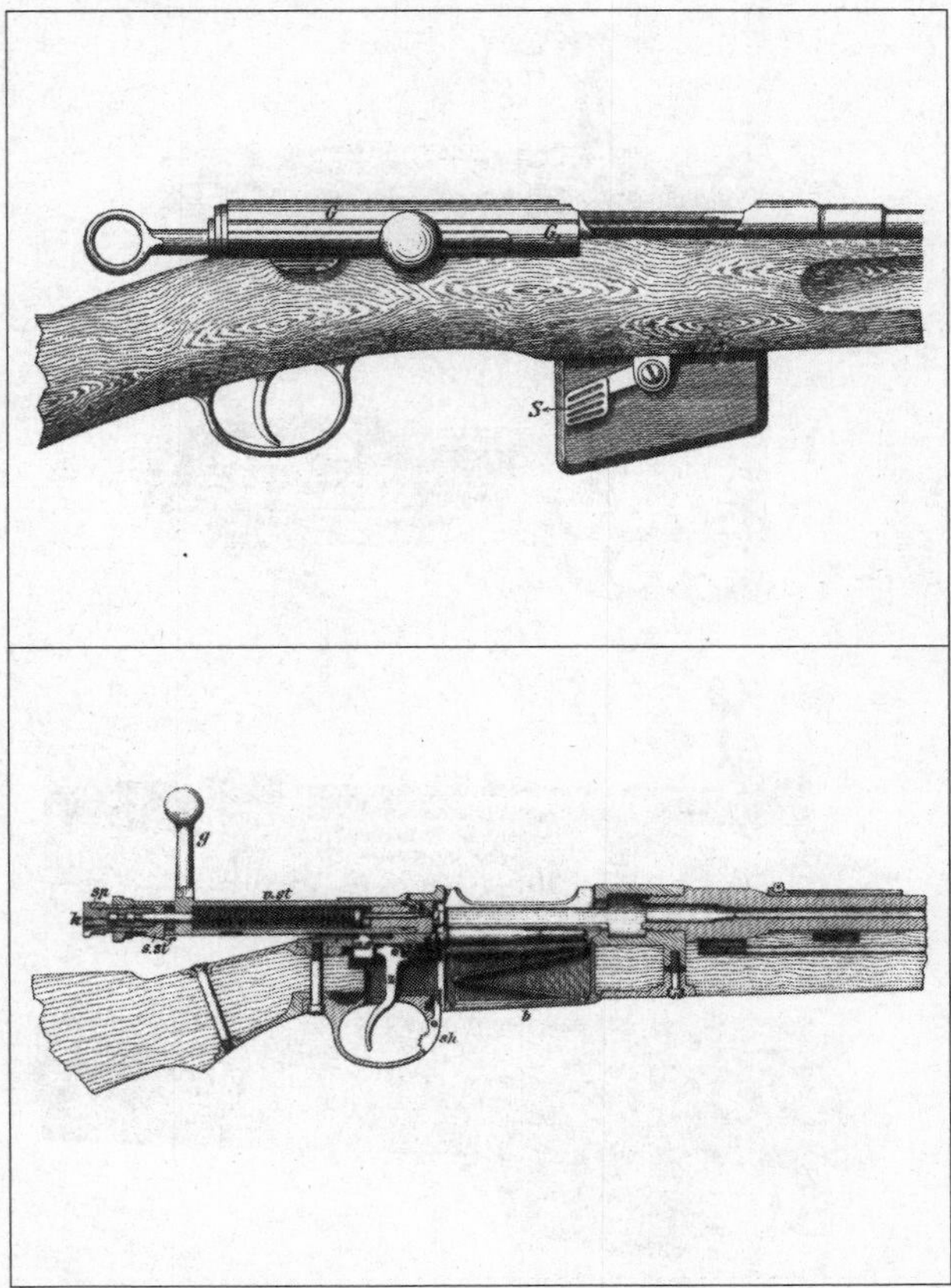

上：スイス 1889年 遊底解放
下：日本 1897年(三十年式)

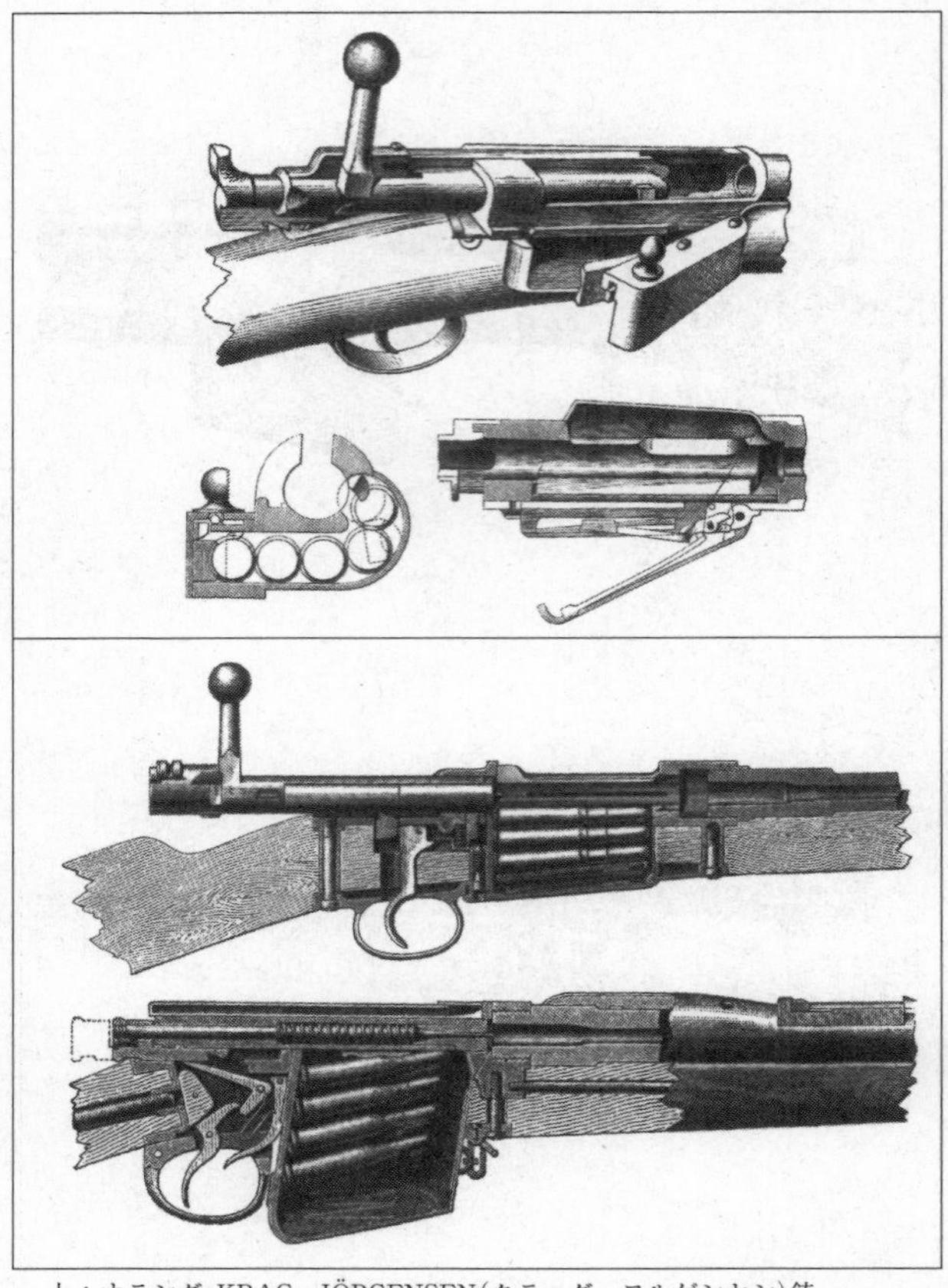

上：オランダ KRAG・JÖRGENSEN(クラッグ・ヨルゲンセン)銃
下：スペイン モーゼル 1893年、イギリス リー・メトフォード 1889／91年

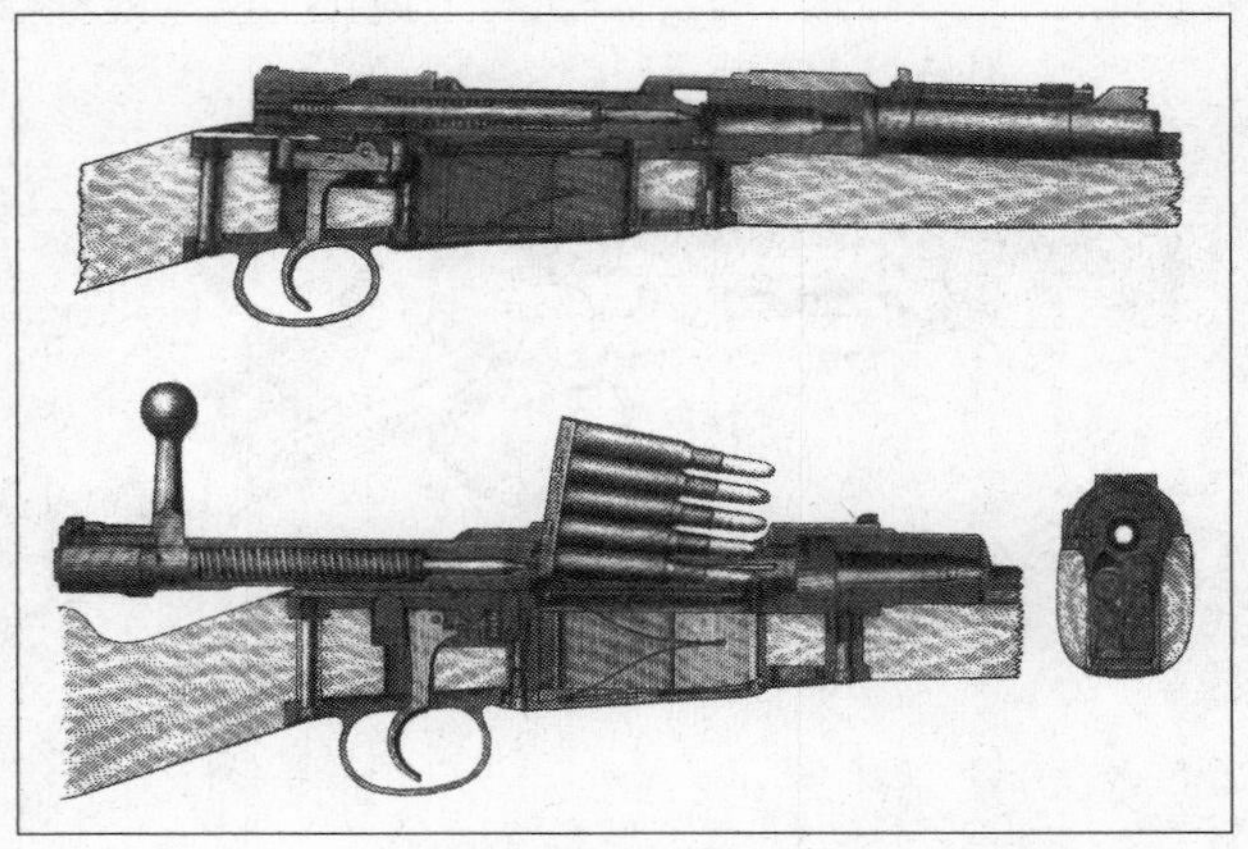

スペイン モーゼル 1893年

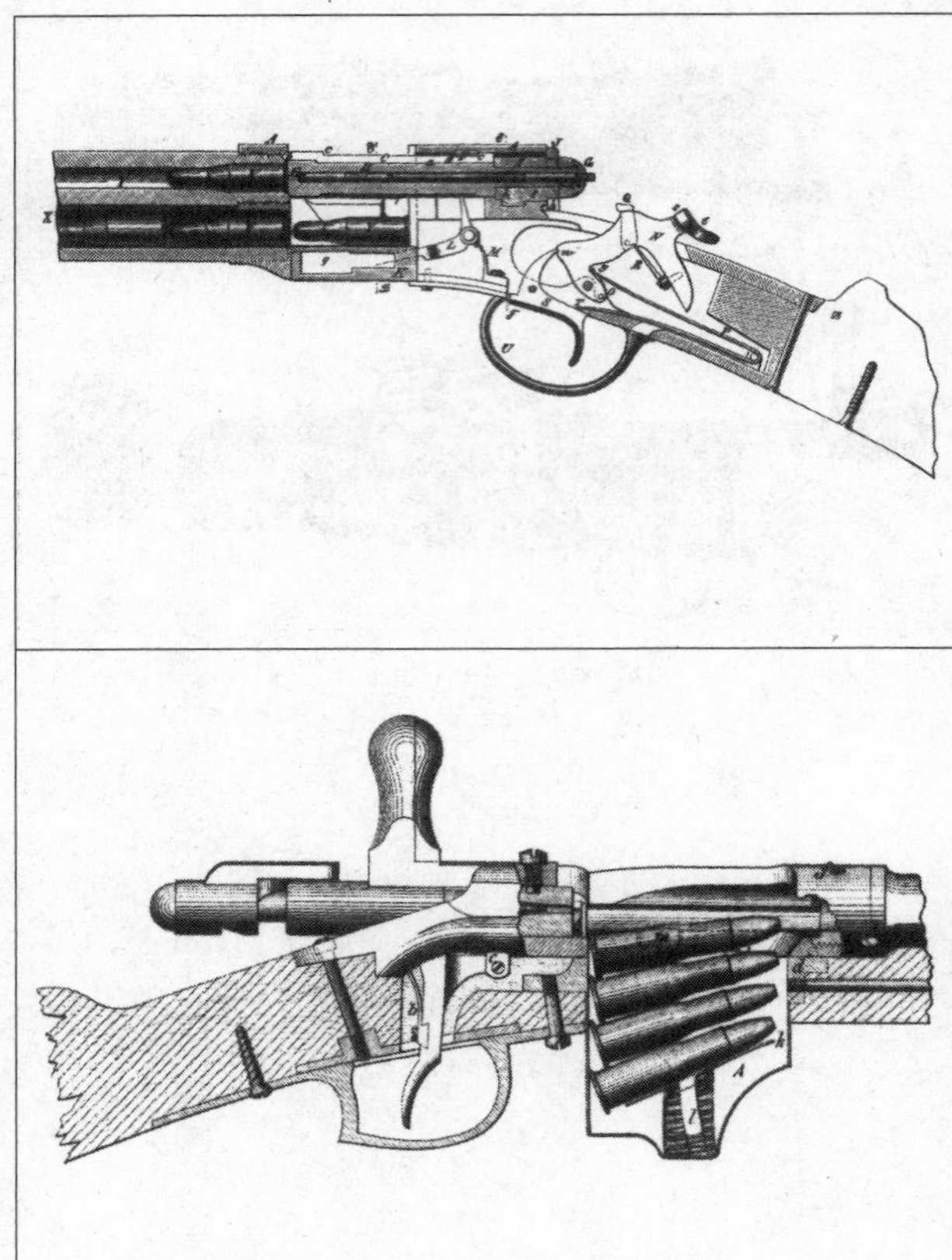

上：ベッテルリ(VITALIともいう)銃原形 発射姿勢
下：ベッテルリ銃 1870年

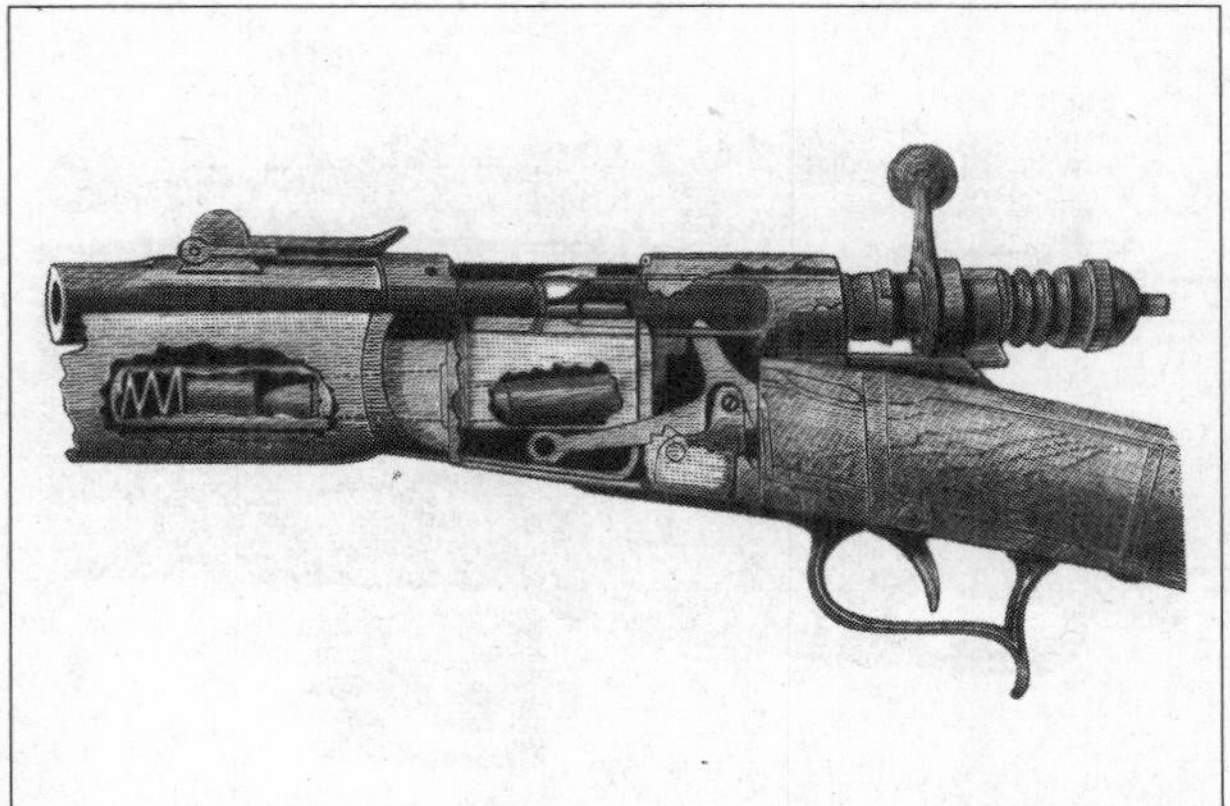

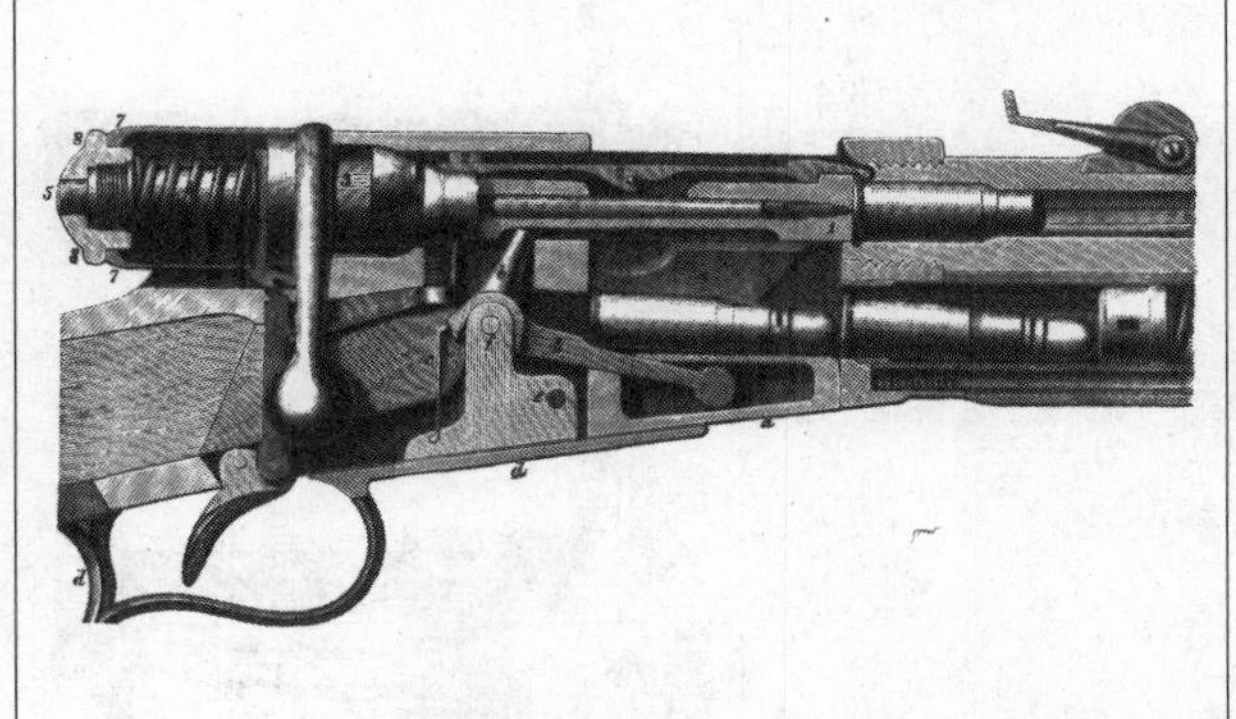

上：ベッテルリ銃
下：ベッテルリ銃 スイス 発射状態

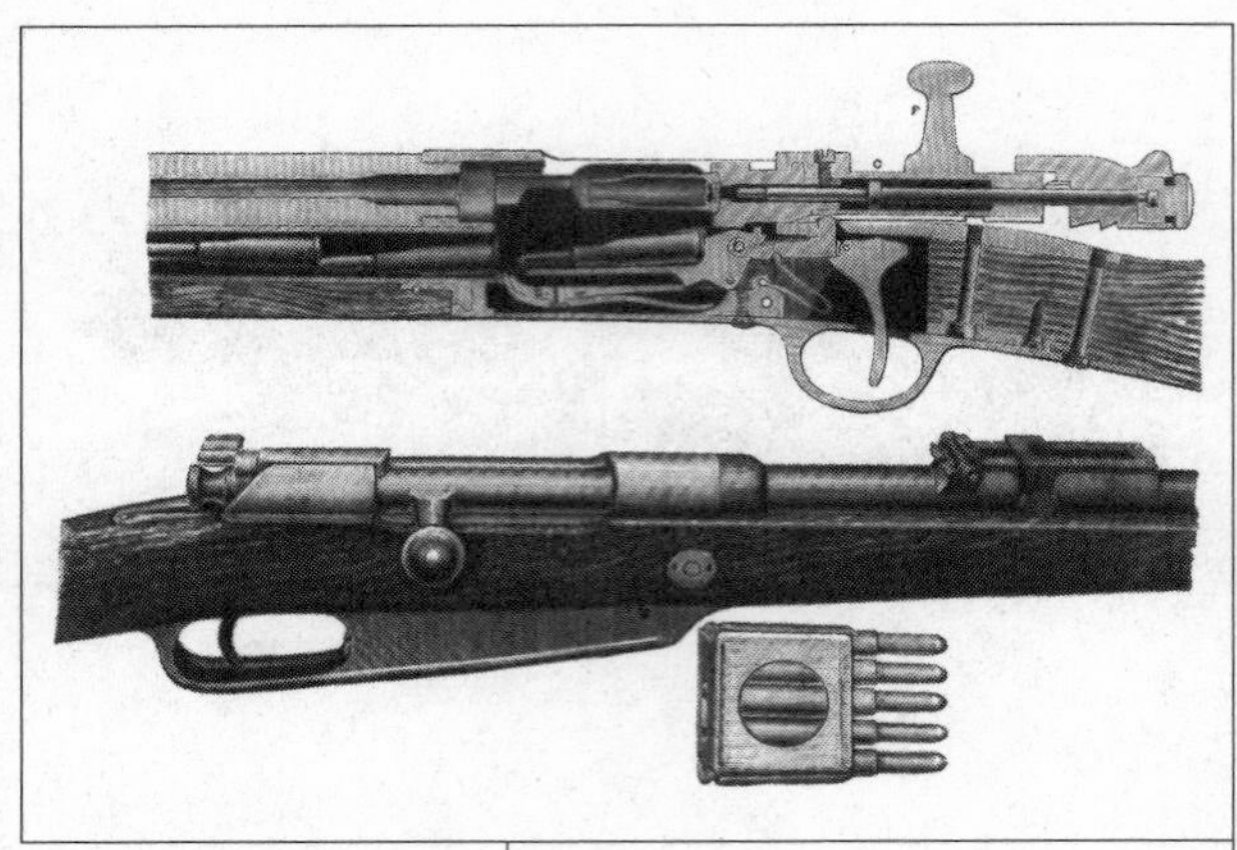

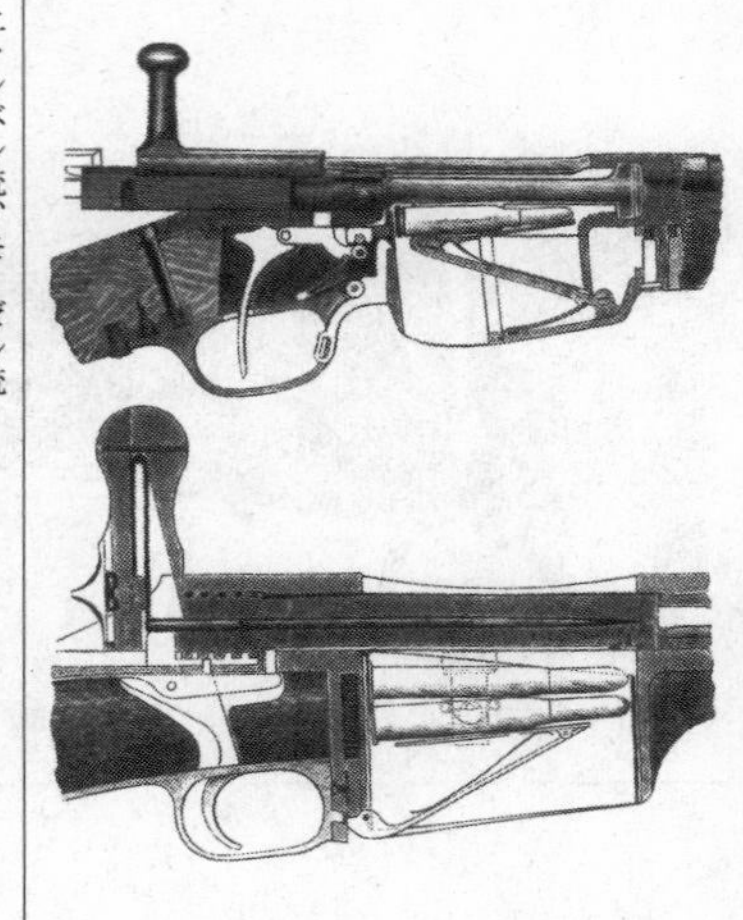

上：ルベル銃、モーゼル銃
下：BERTHIER(ベルティエ)銃、MARGA(マルガ)銃 ベルギー

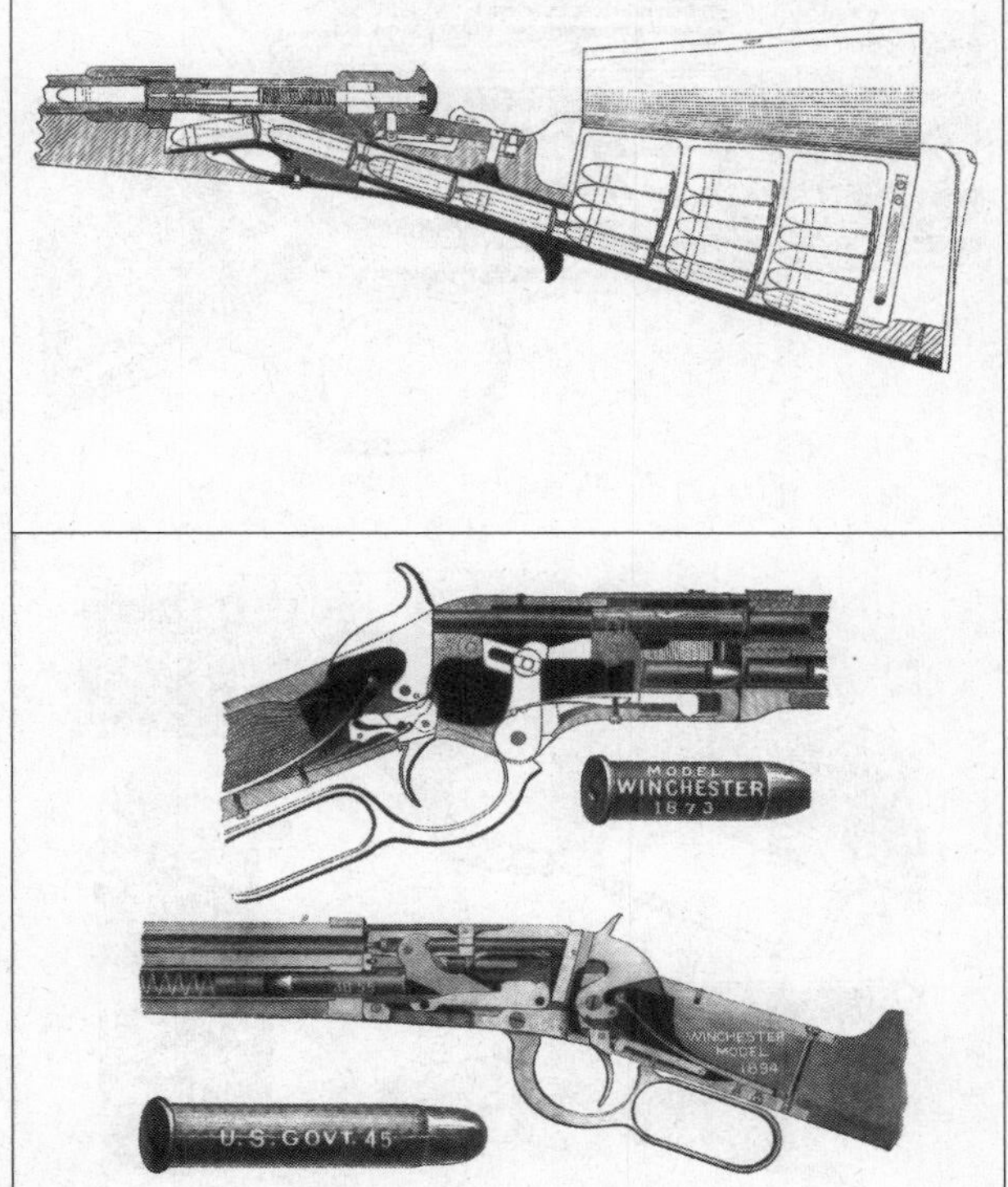

上：SCHULHOF(シュルホフ)銃 オーストリア
下：WINCHESTER(ウインチェスター)銃 弾薬筒 アメリカ 1873年、1894年

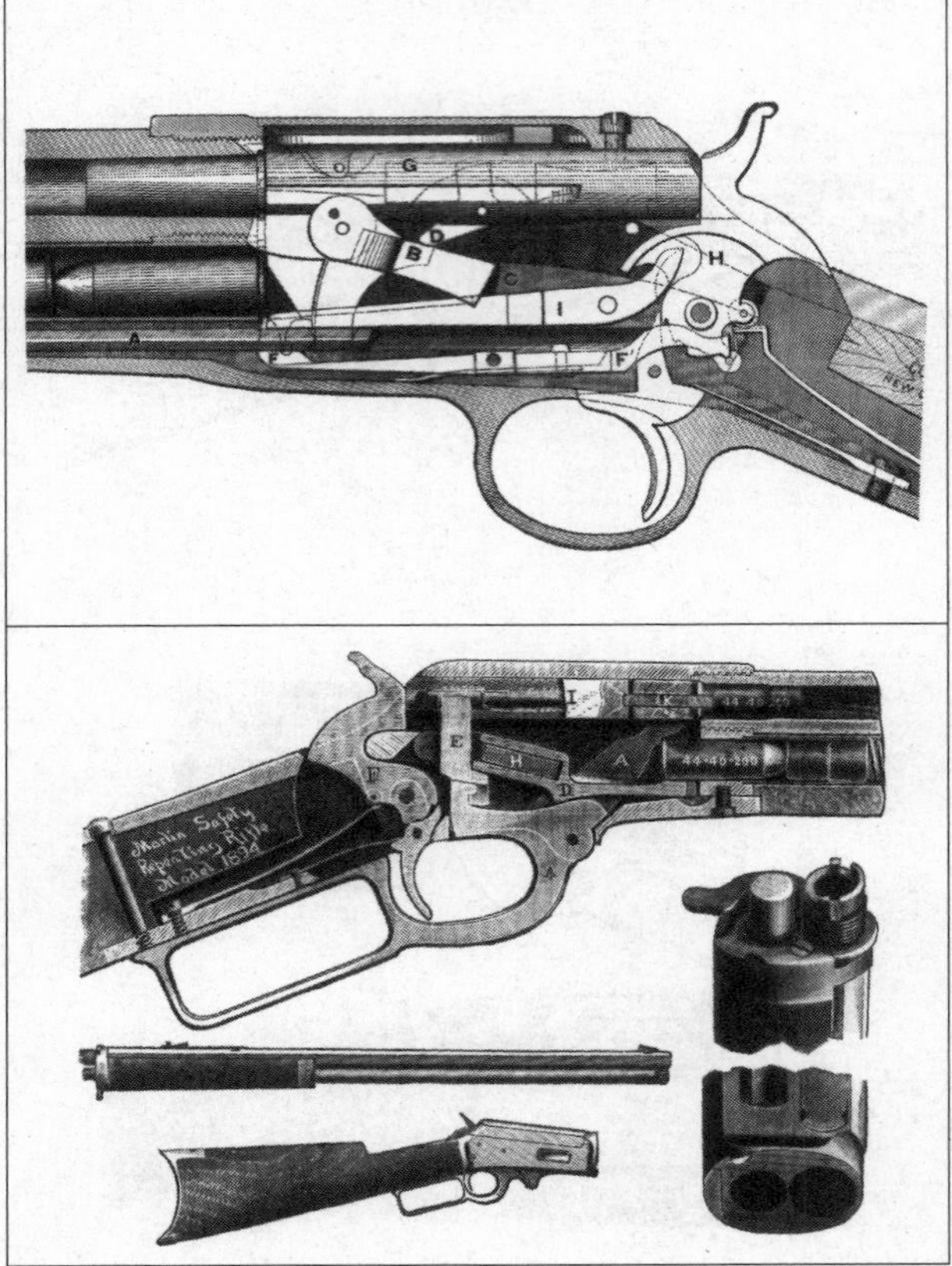

上：COLT・LIGHTNING(コルト・ライトニング)銃 1884年
下：MARLIN(マーリン)銃 アメリカ 1894年 Take Down Model

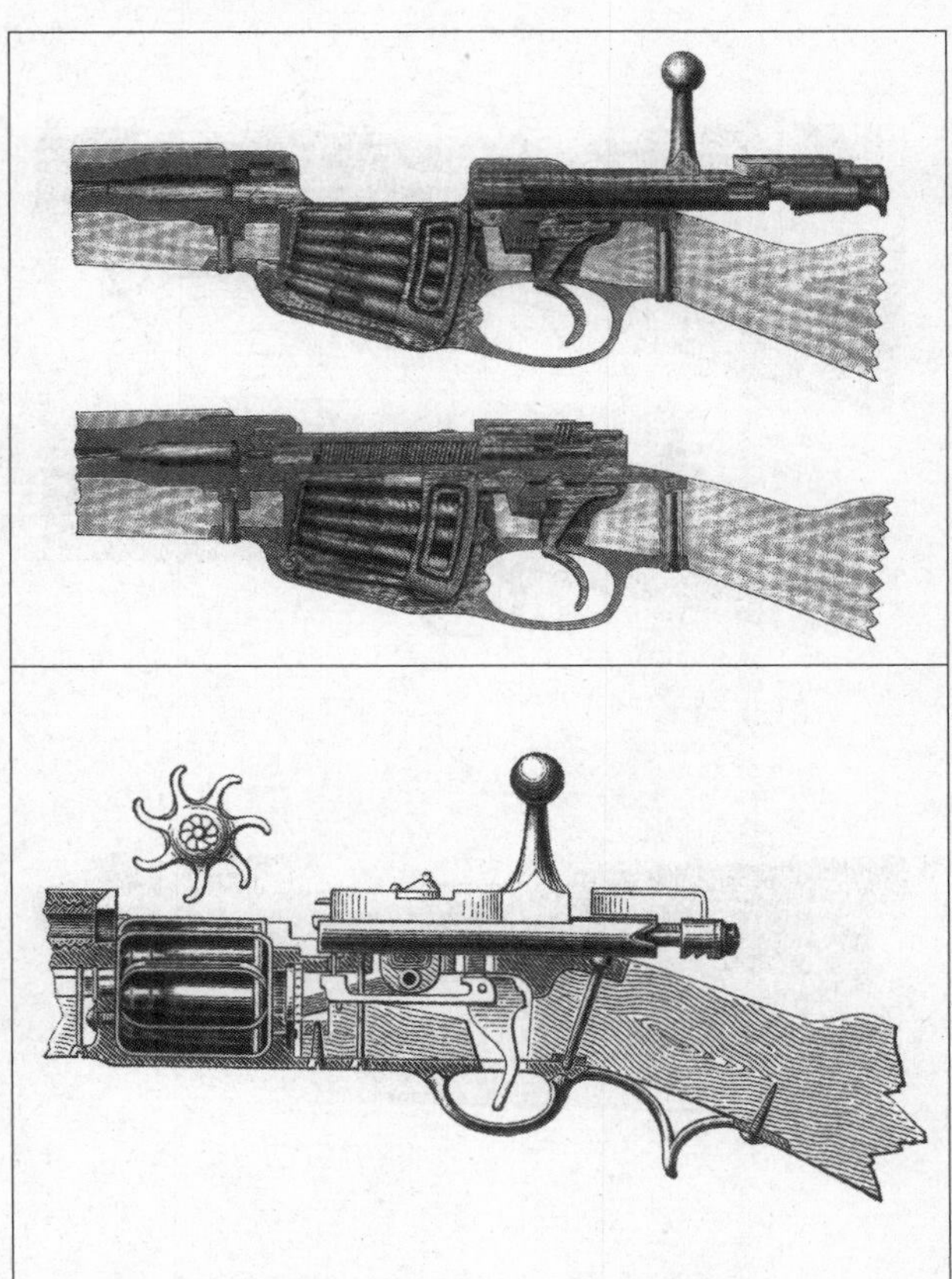

上：ルーマニア マンリッヘル銃 1893年
下：SPITALSKI ボルトアクション銃 ドラムマガジン

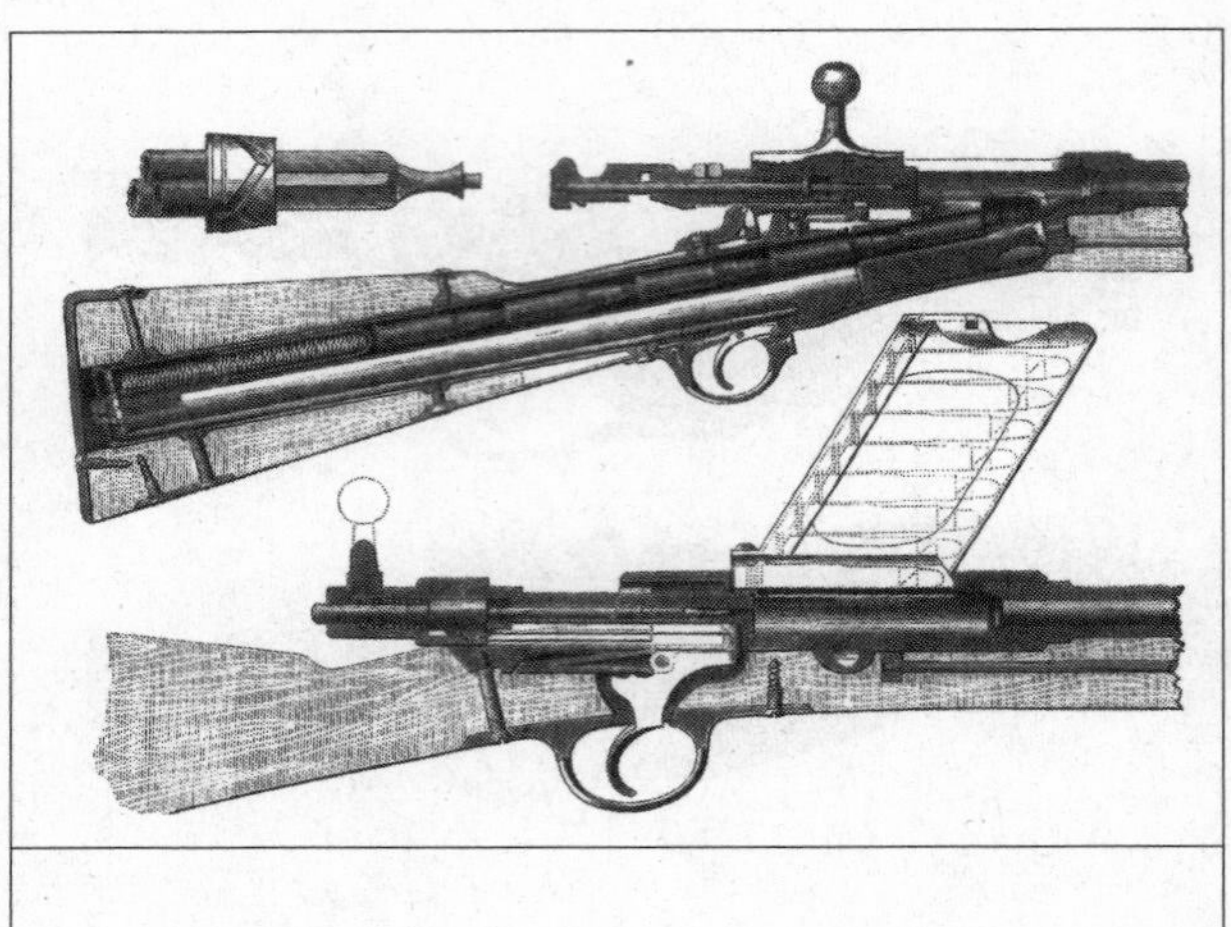

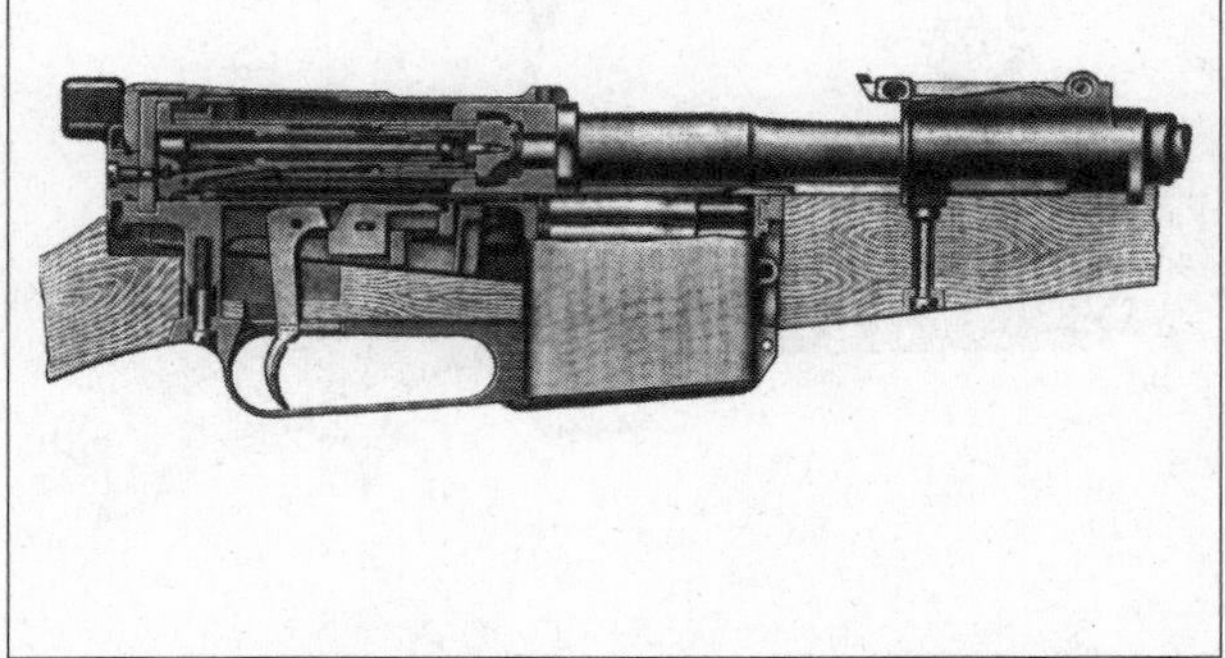

上：マンリッヘル銃 床尾弾倉式、マンリッヘル銃 着脱式弾倉
下：モーゼル SELFSTLADEGEWEHR(セルフローディングライフル)

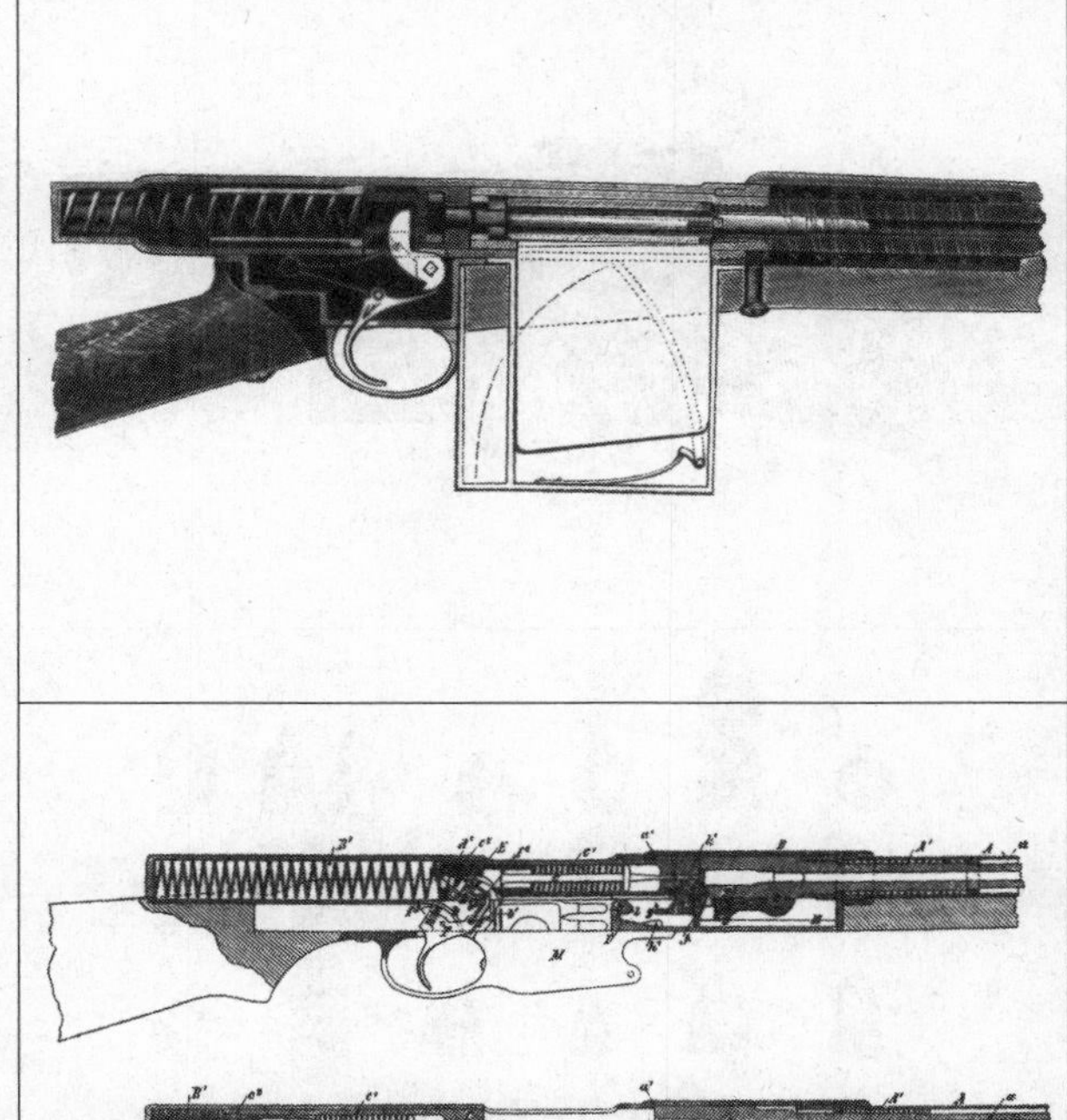

上：GRIFFITHS・WOODGATE(グリフィス・ウッドゲート)
AUTOMATIC RIFLE(自動銃)
下：マンリッヘル AUTOMATIC RIFLE

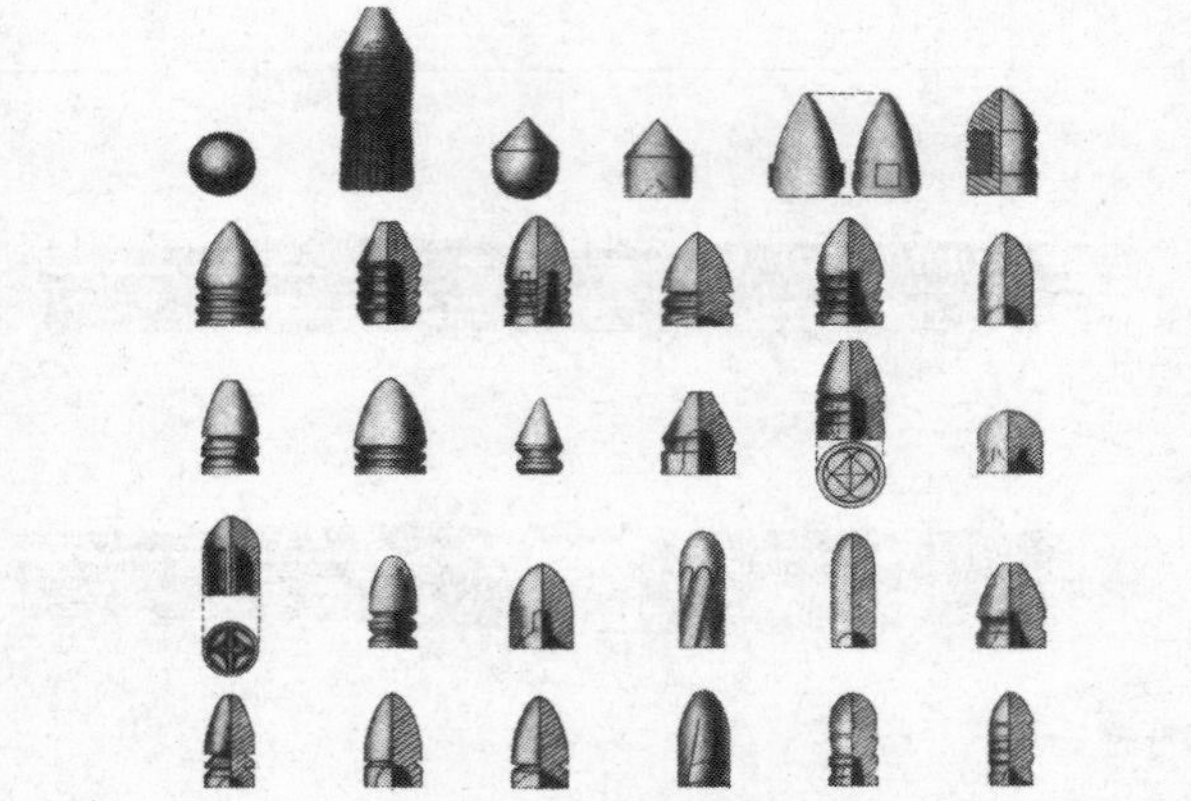

上：マンリッヘル SELBSTLADEKARABINER（セルフローディングカービン）1901年
下：各種前装銃弾丸 上段 球形弾から1845年まで、2段目 1853年まで、3段目 1857年まで、4段目 1859年まで、下段 1871年まで

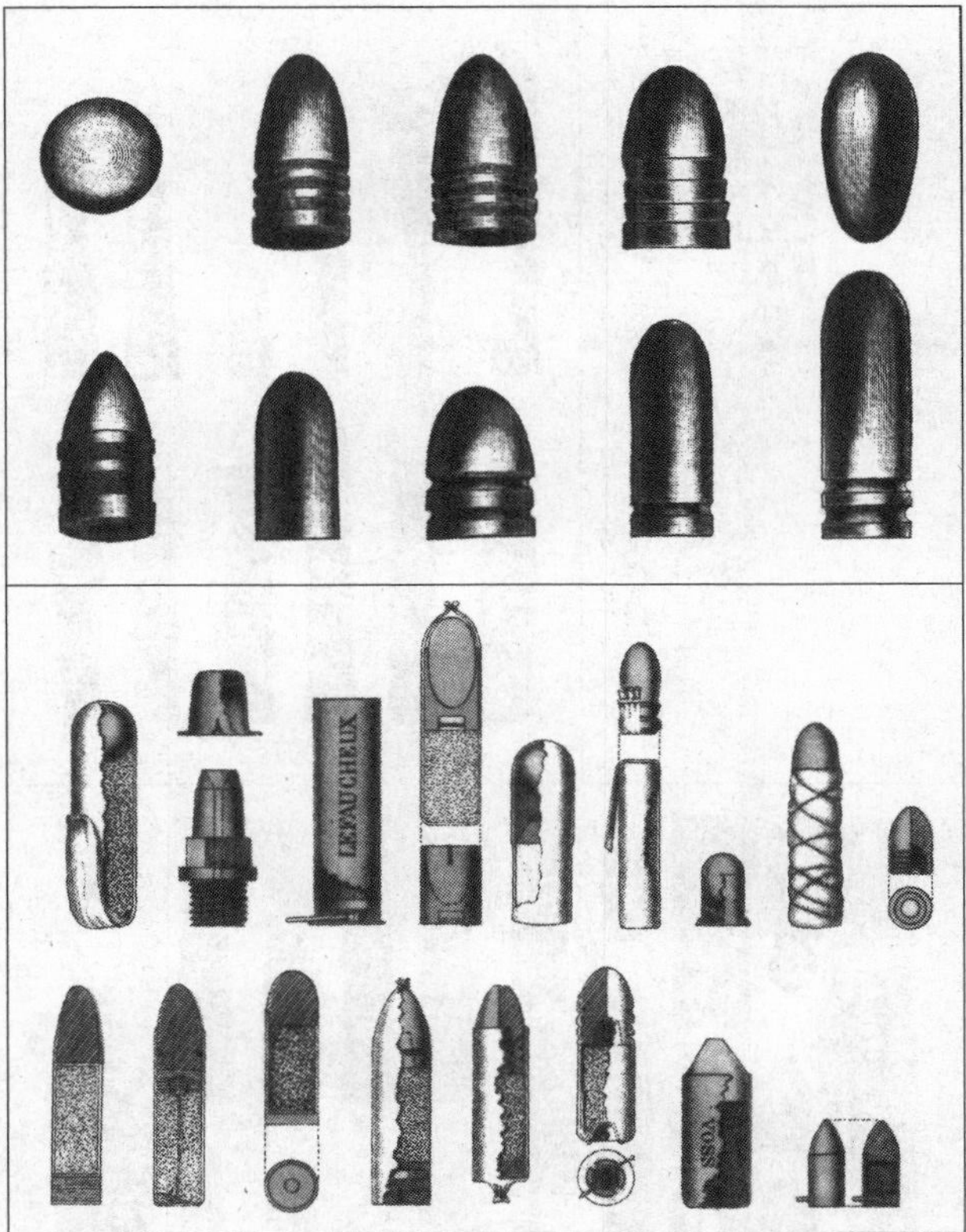

上：球形弾、スプリングフィールド銃弾、エンフィールド銃弾、スナイドル銃弾、ドライゼ銃弾、オーストリア銃弾、シャスポー銃弾、バイエルン銃弾、マルティニー・ヘンリー銃弾、フランス機関銃弾
下：紙薬包から各種後装銃弾薬筒 1597年、1818年、1832年、1841年、1846年、1851年、1845年、1860年、1854年、1860年、1860／65年、1860／65年、1860／65年、1863年、1867年、1852年、1853年

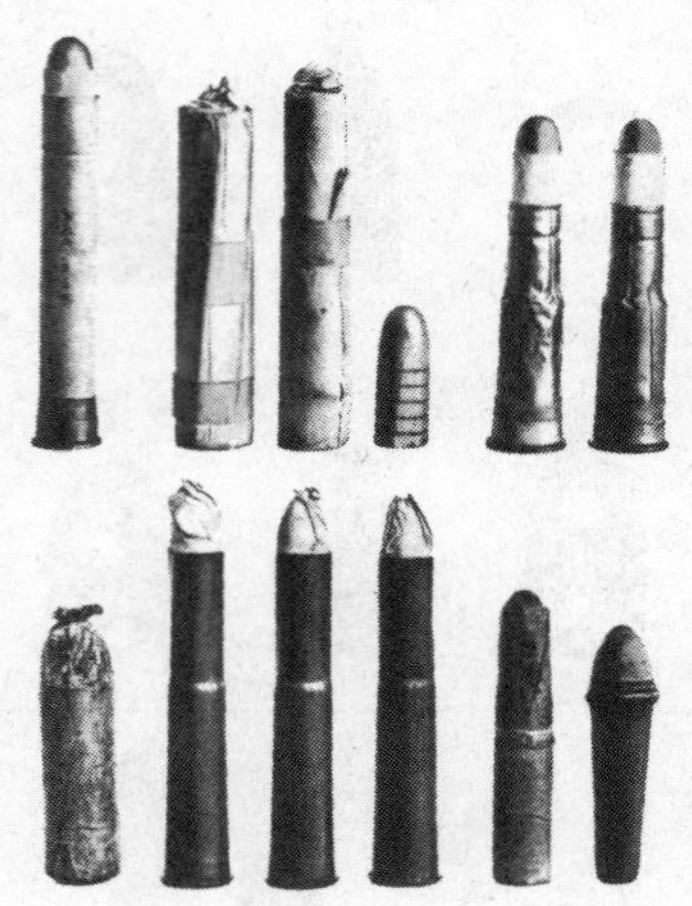

上：ヘンリー・カートリッジ、ＷＨＩＴＷＯＲＴＨ(ウイットウォース)カートリッジと弾丸、マルティニー・ヘンリー真鍮製カートリッジ、ニードル銃カートリッジ、初期のＭＥＴＦＯＲＤ一体成型カートリッジ、シャスポー・カートリッジ、シャープス・真鍮カートリッジ
下：各種弾薬断面図

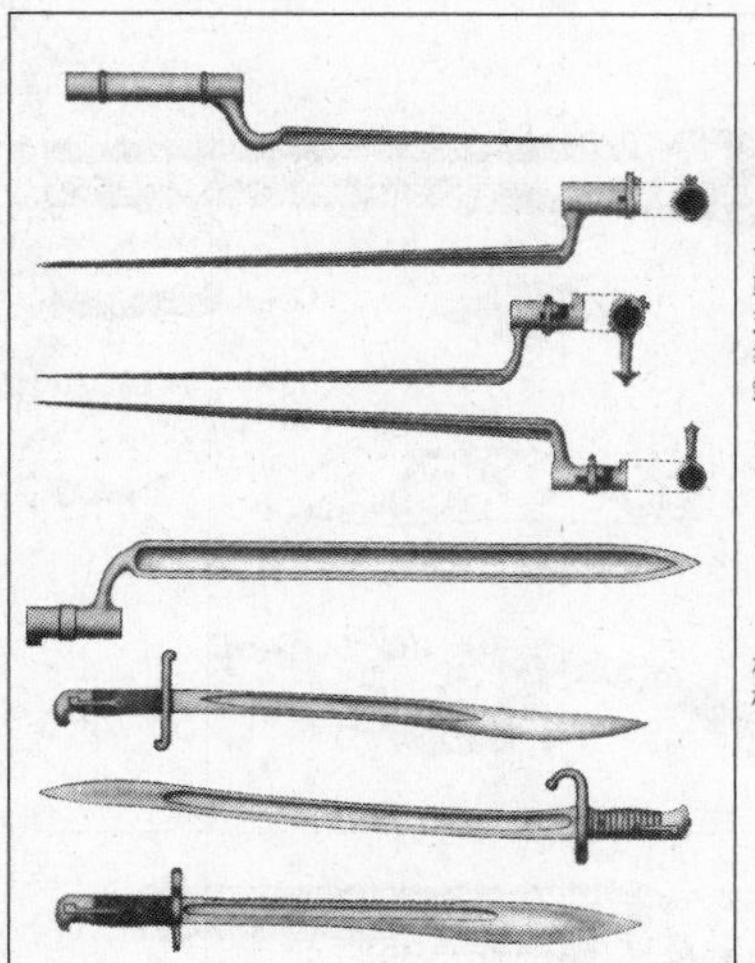

上：各種銃剣 フランス1717年、フランス1768年、フランス1800年、スイス1863年、オーストリア1830／50年、スイス ヤタガン式1864年、シャスポー1866年、マルティニー・ヘンリー1871年
下：ドイツ 歯輪式拳銃 ホイールロック機構

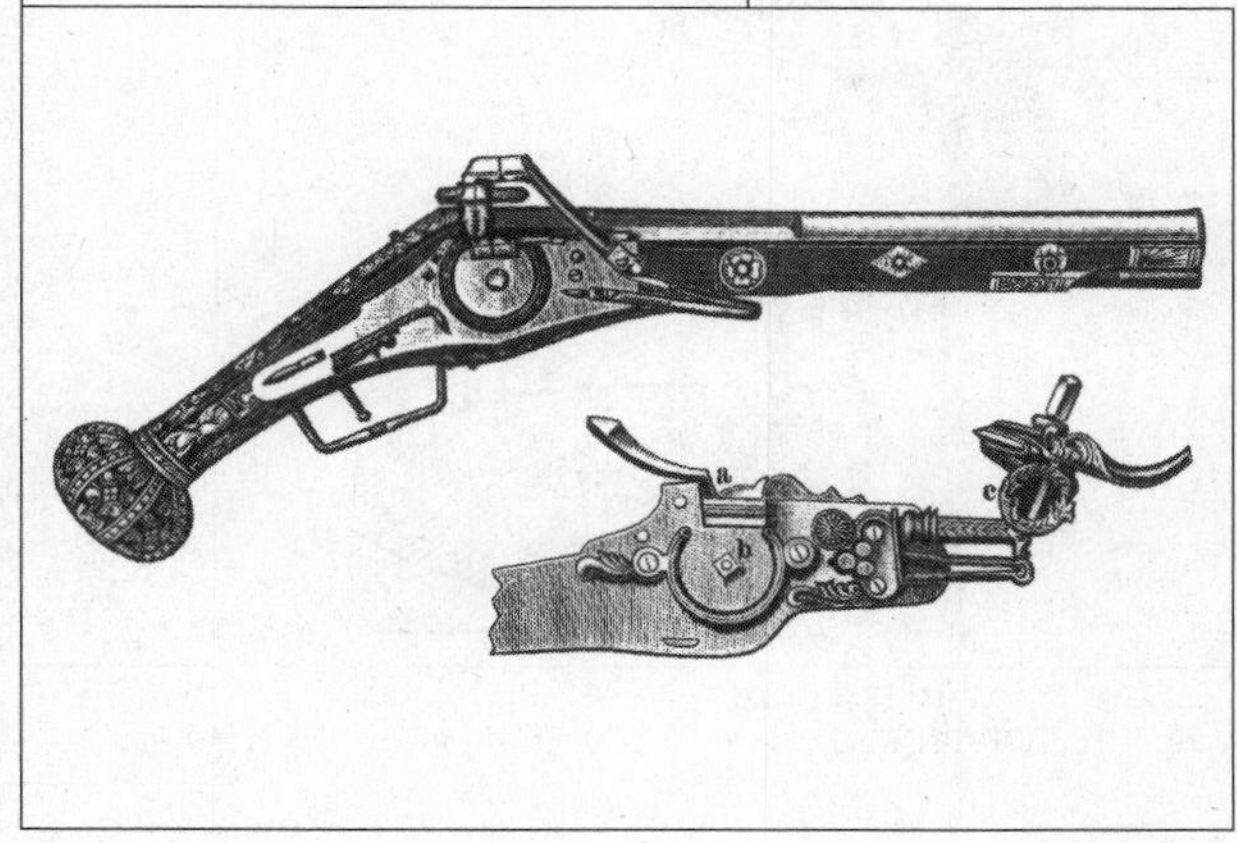

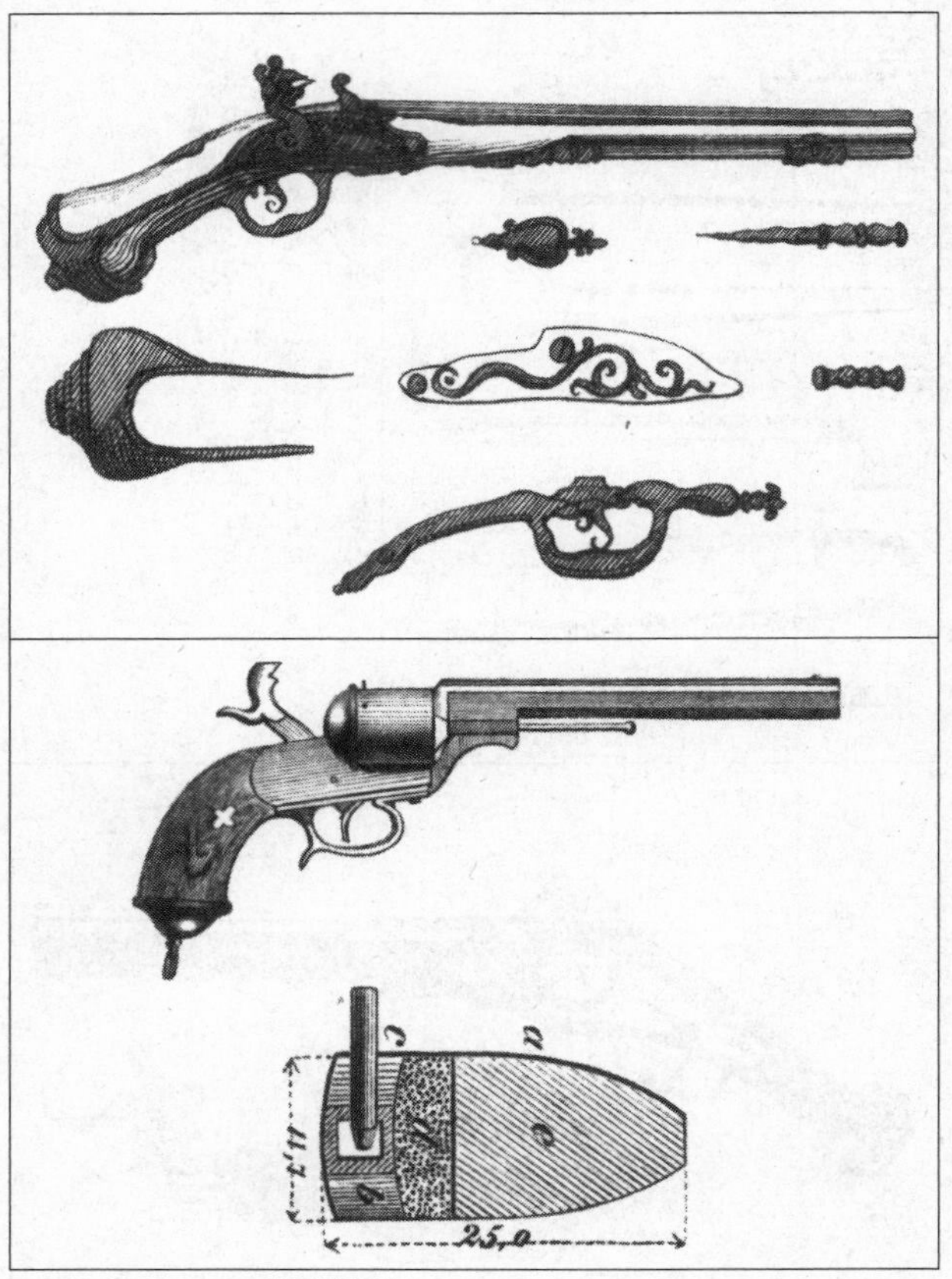

上：フランス 燧石式拳銃
下：LEFAUCHEUX（レファーチャー）レボルバー ピン打弾薬筒

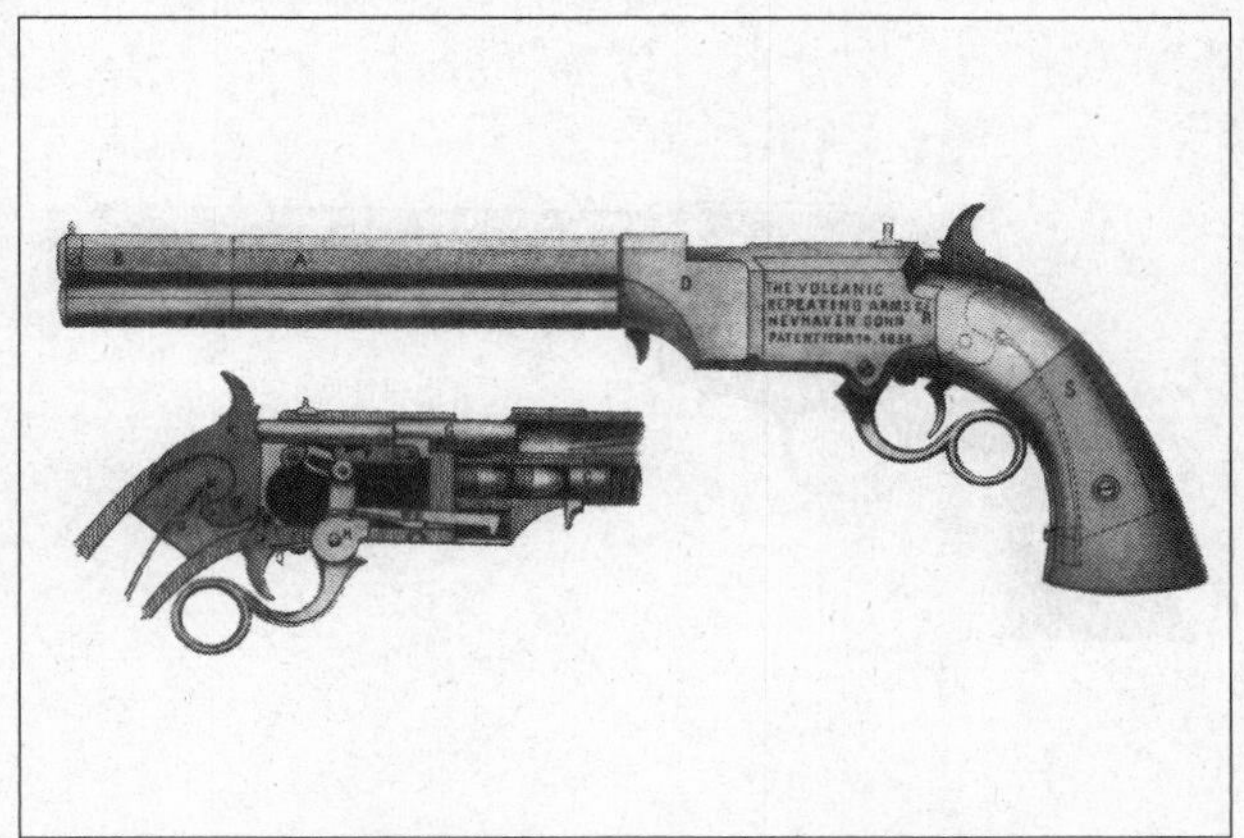

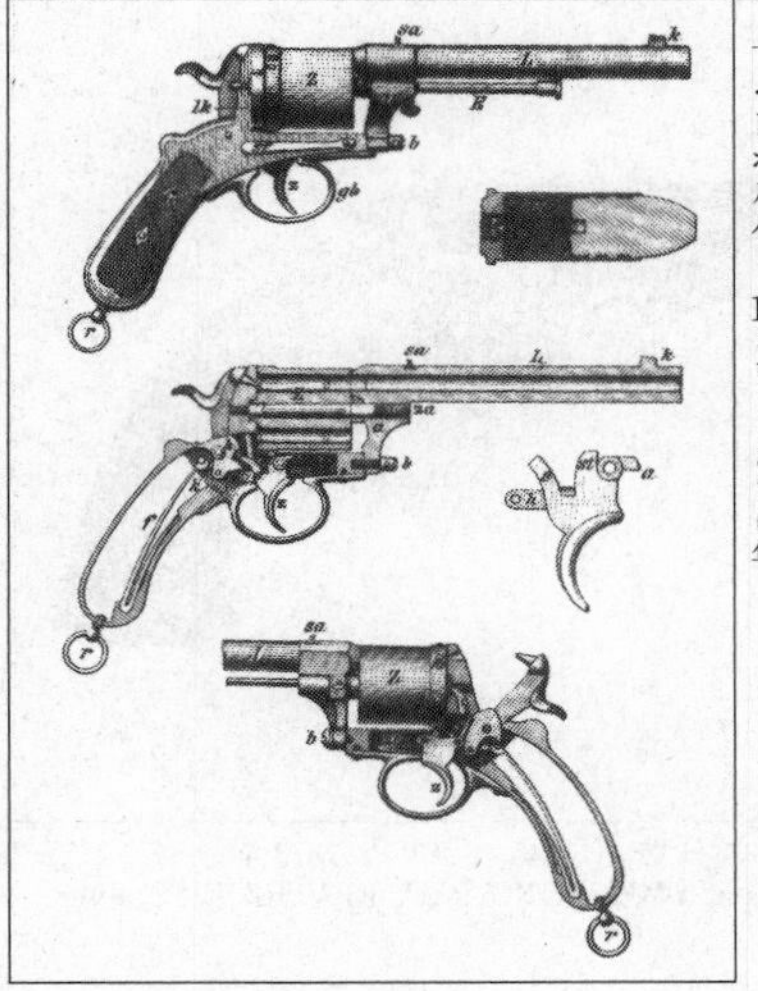

上：ボルカニック拳銃 アメリカ 1854年
下：レボルバー 11ミリ 1870年

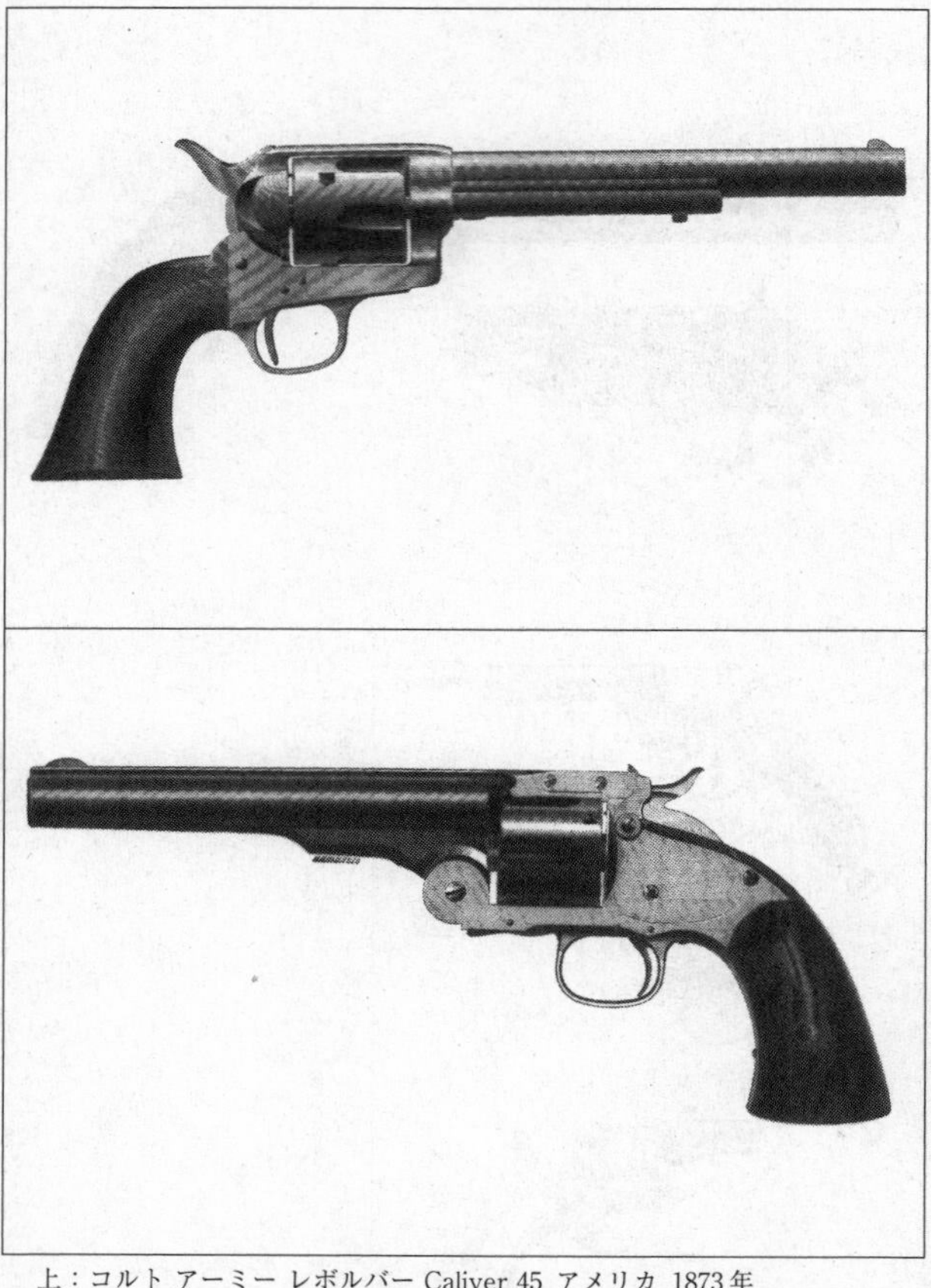

上：コルト アーミー レボルバー Caliver 45 アメリカ 1873年
下：SCHOFIELD・SMITH and WESSON ARMY REVOLVER Caliver 45 アメリカ

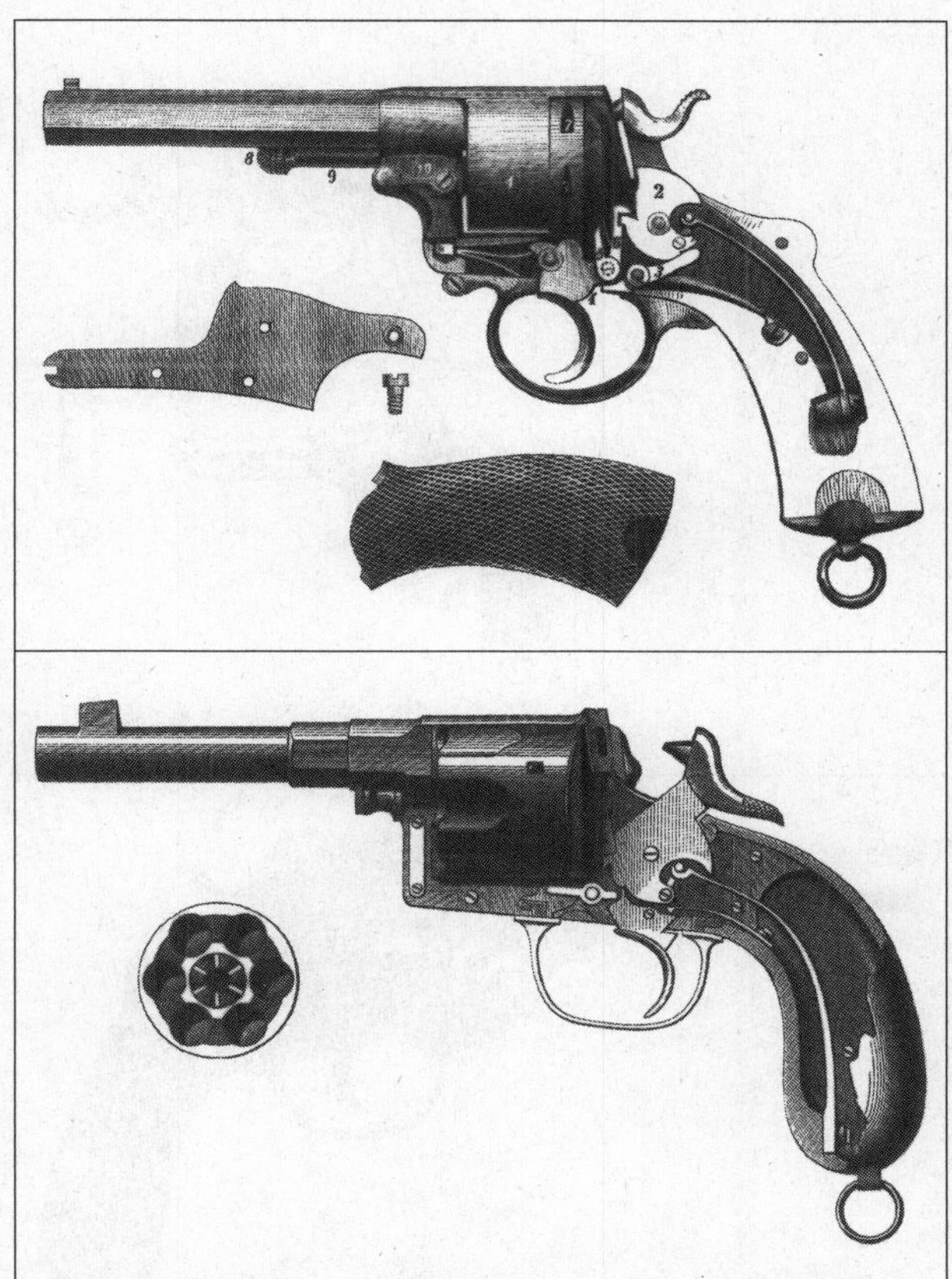

上：CHAMLOT・DELVIGNE（デルビン）レボルバー 1874年
下：ドイツ レボルバー 1883年

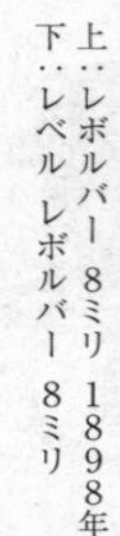

上：レボルバー　8ミリ　1898年
下：レベル　レボルバー　8ミリ

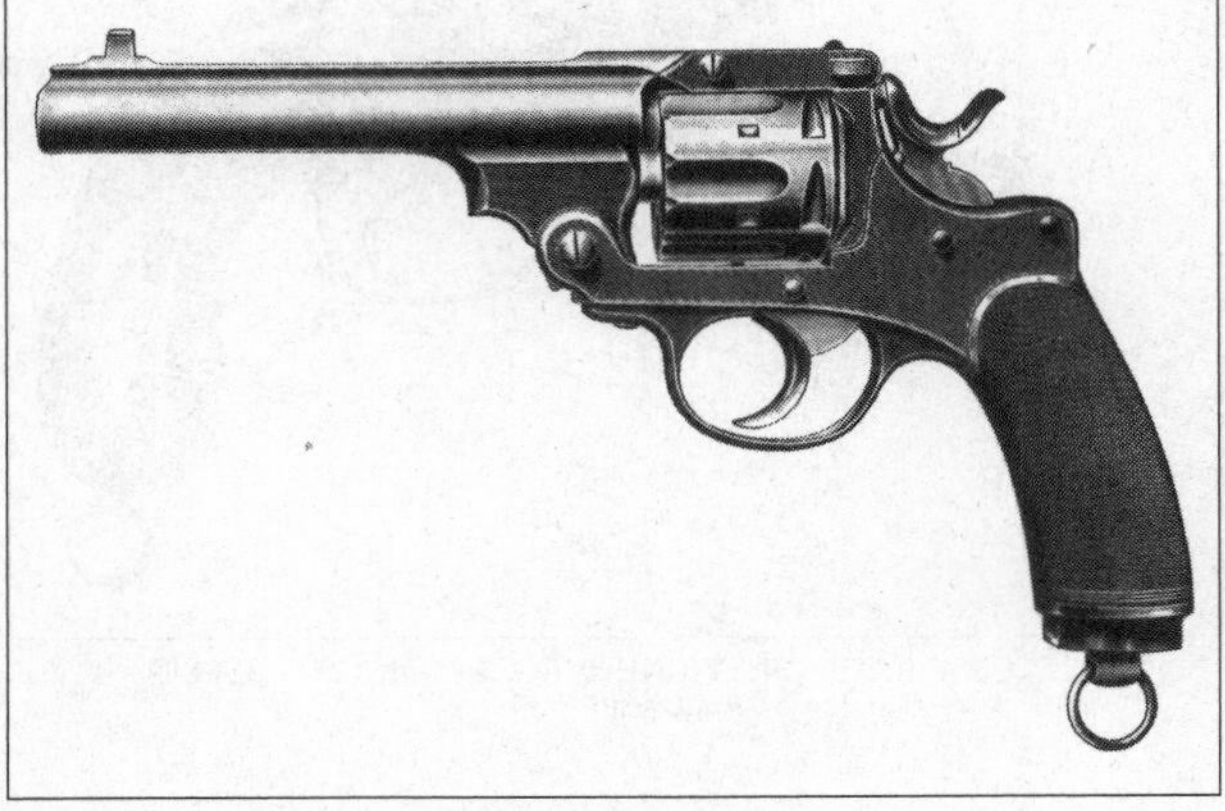

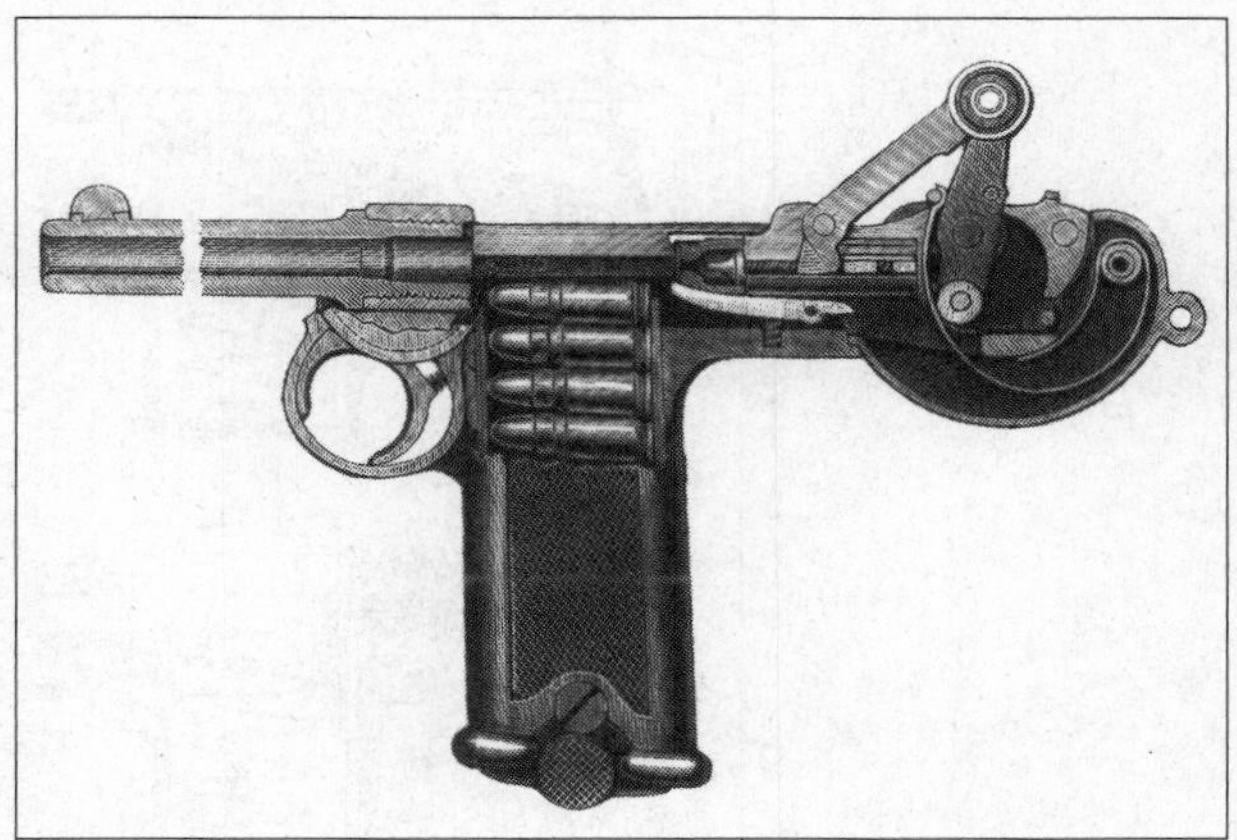

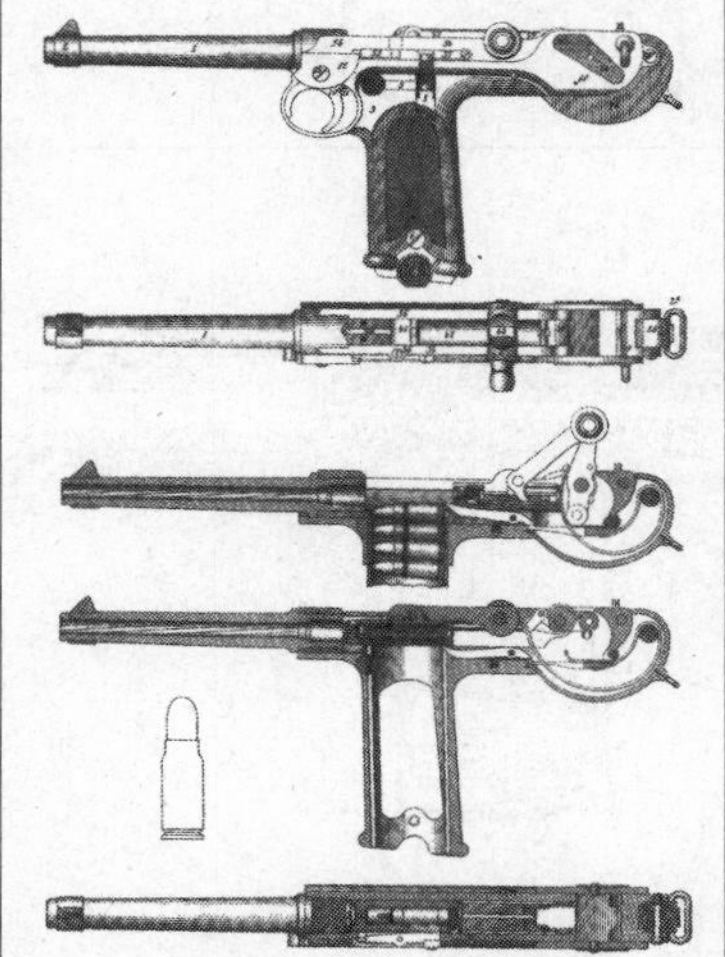

BORCHADT（ボルシャルト）自動拳銃 1893年

上：マンリッヘル自動拳銃　1896年
下：BERGMANN（ベルグマン）自動拳銃　1897年

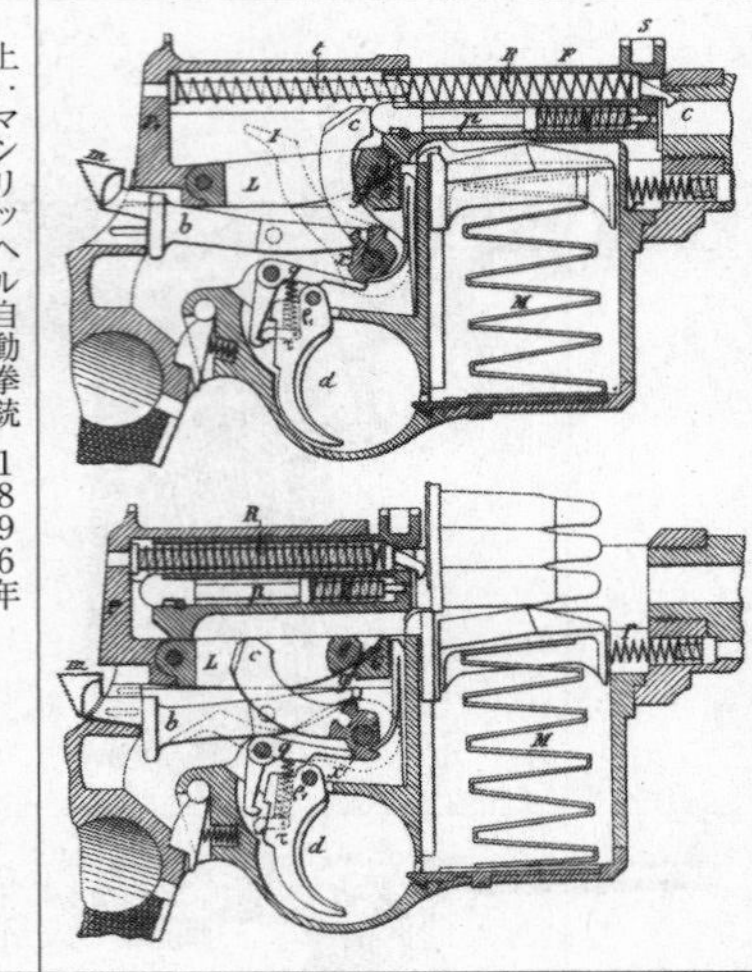

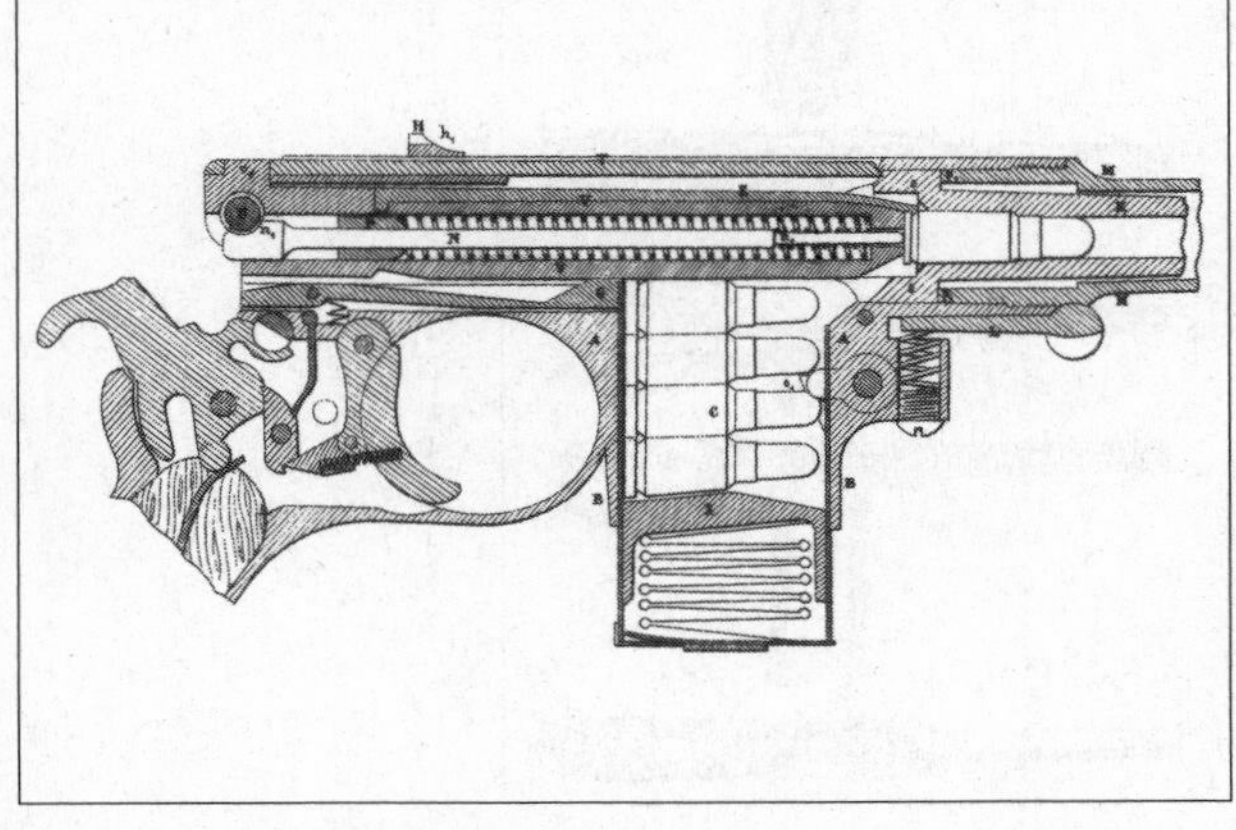

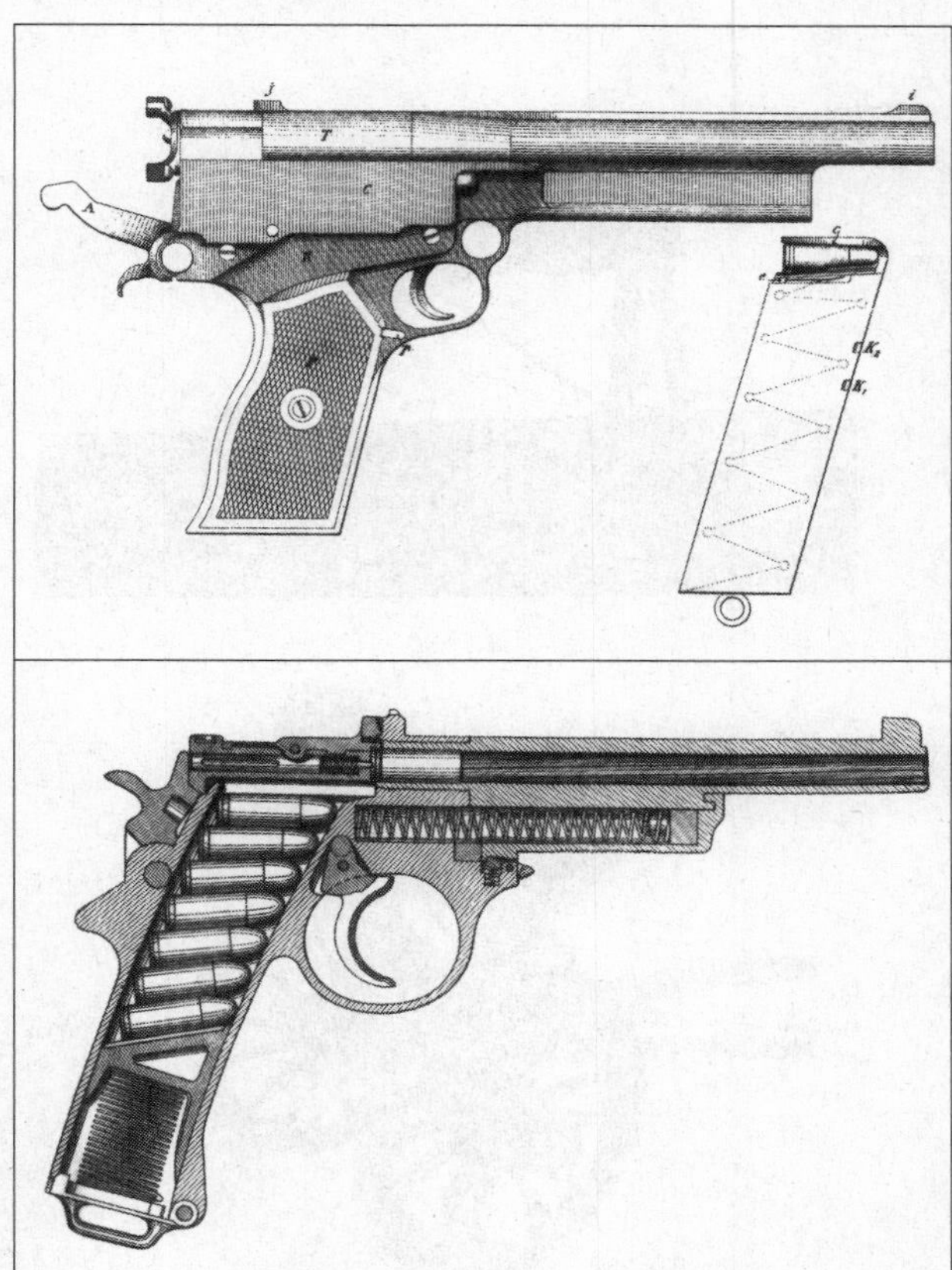

上：GABBETT（ギャベット）自動拳銃 1898年
下：マンリッヘル自動拳銃 1901年

上：ÓRGANO（オルガン銃）4銃身斉発銃 スペイン 14世紀
下：サキソニアの56銃身霰発銃 1614年

9銃身霰発銃　フランス　1741年刊砲術書に掲載

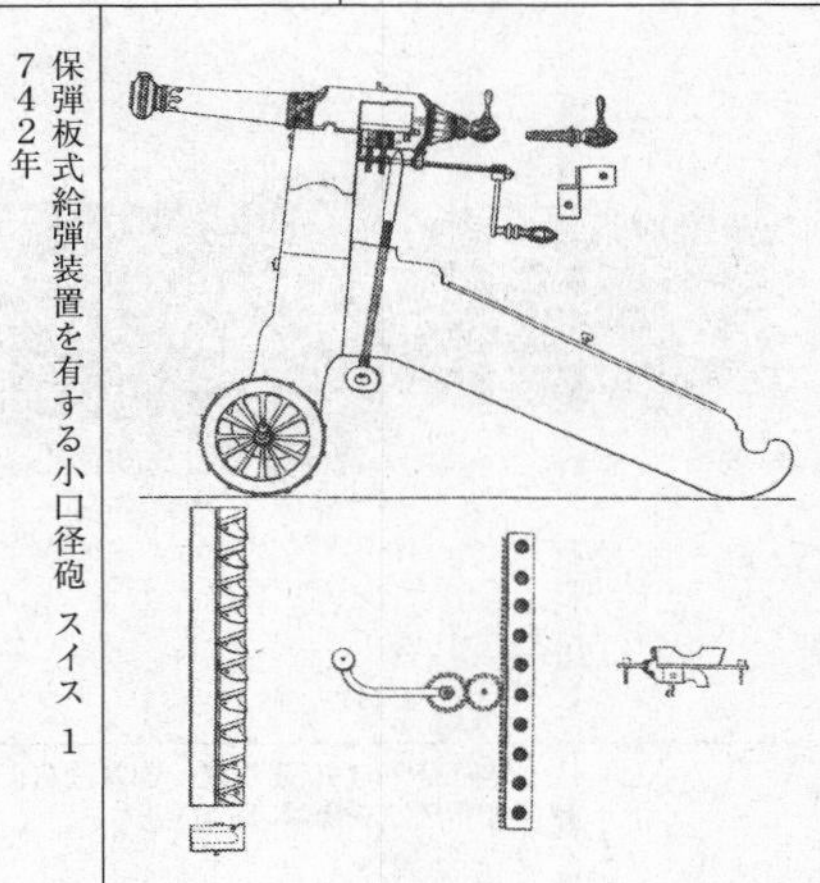

保弾板式給弾装置を有する小口径砲　スイス　1742年

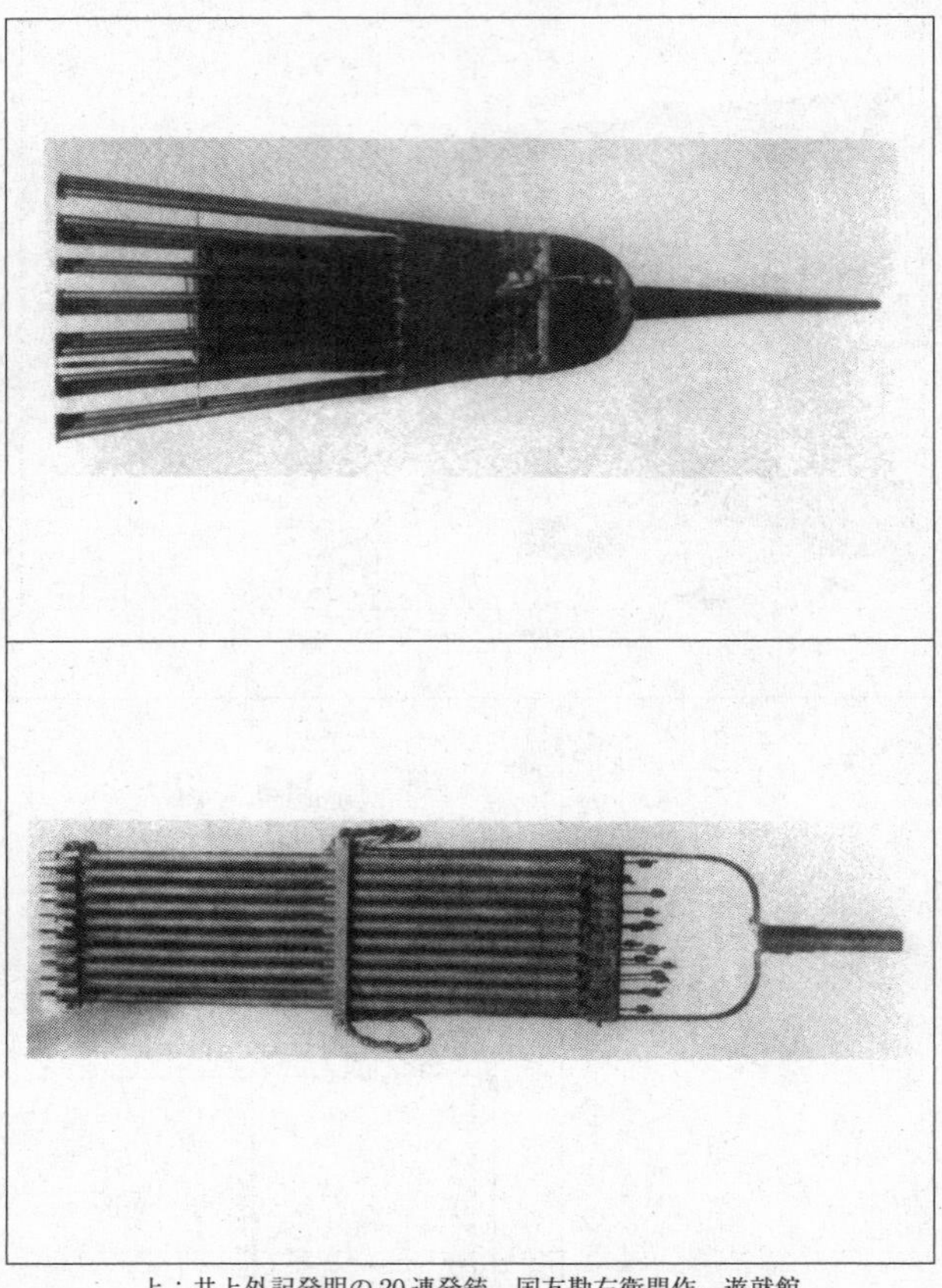

上：井上外記発明の20連発銃、国友勘右衛門作、遊就館
下：デンマークの霰発銃 1820年

REPETIRORGELGESCHIIB（オルガン銃）43銃身
ゾロターン社兵器庫に収蔵

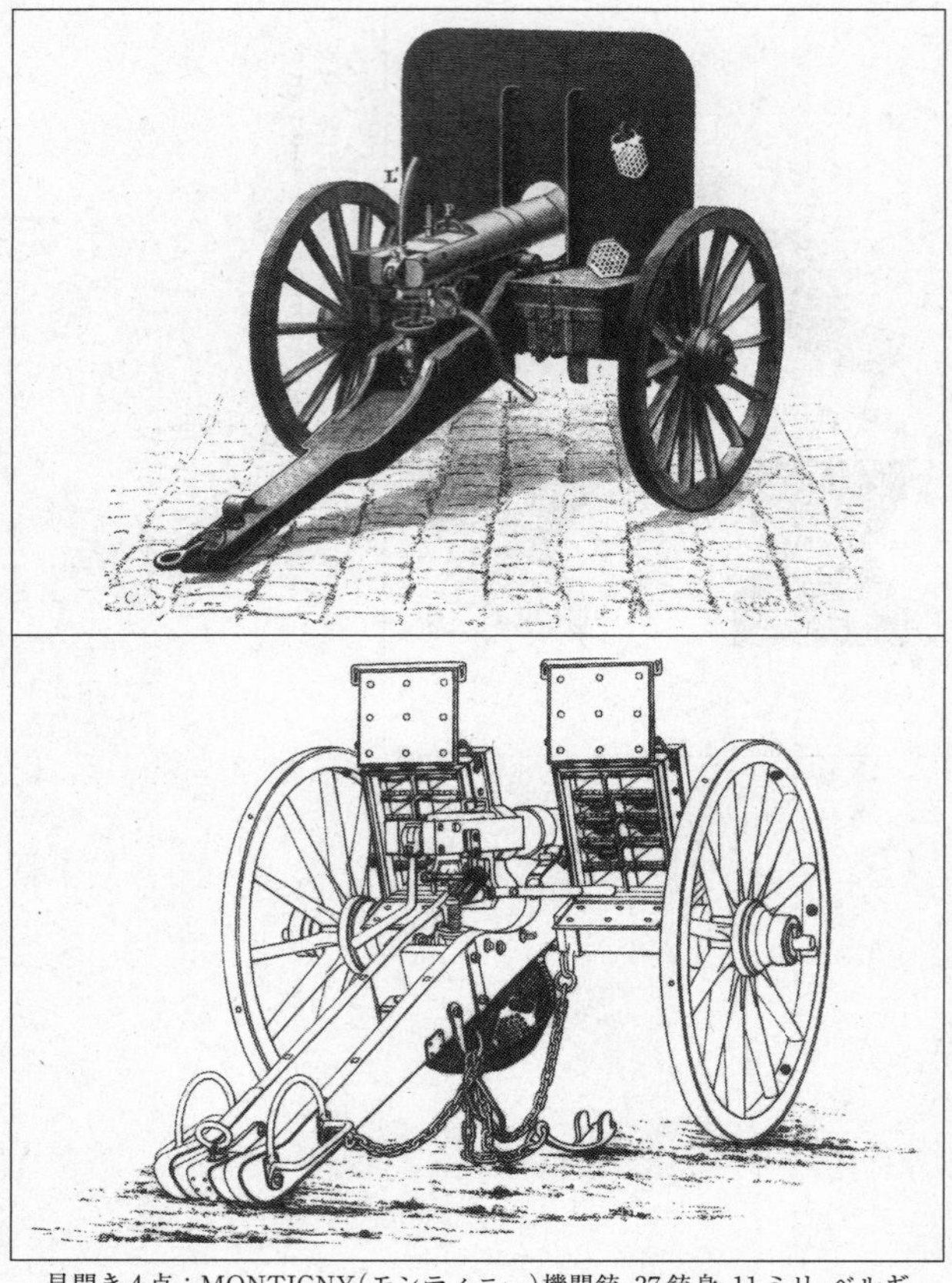

見開き4点：MONTIGNY（モンティニー）機関銃 37銃身 11ミリ ベルギー 1863年

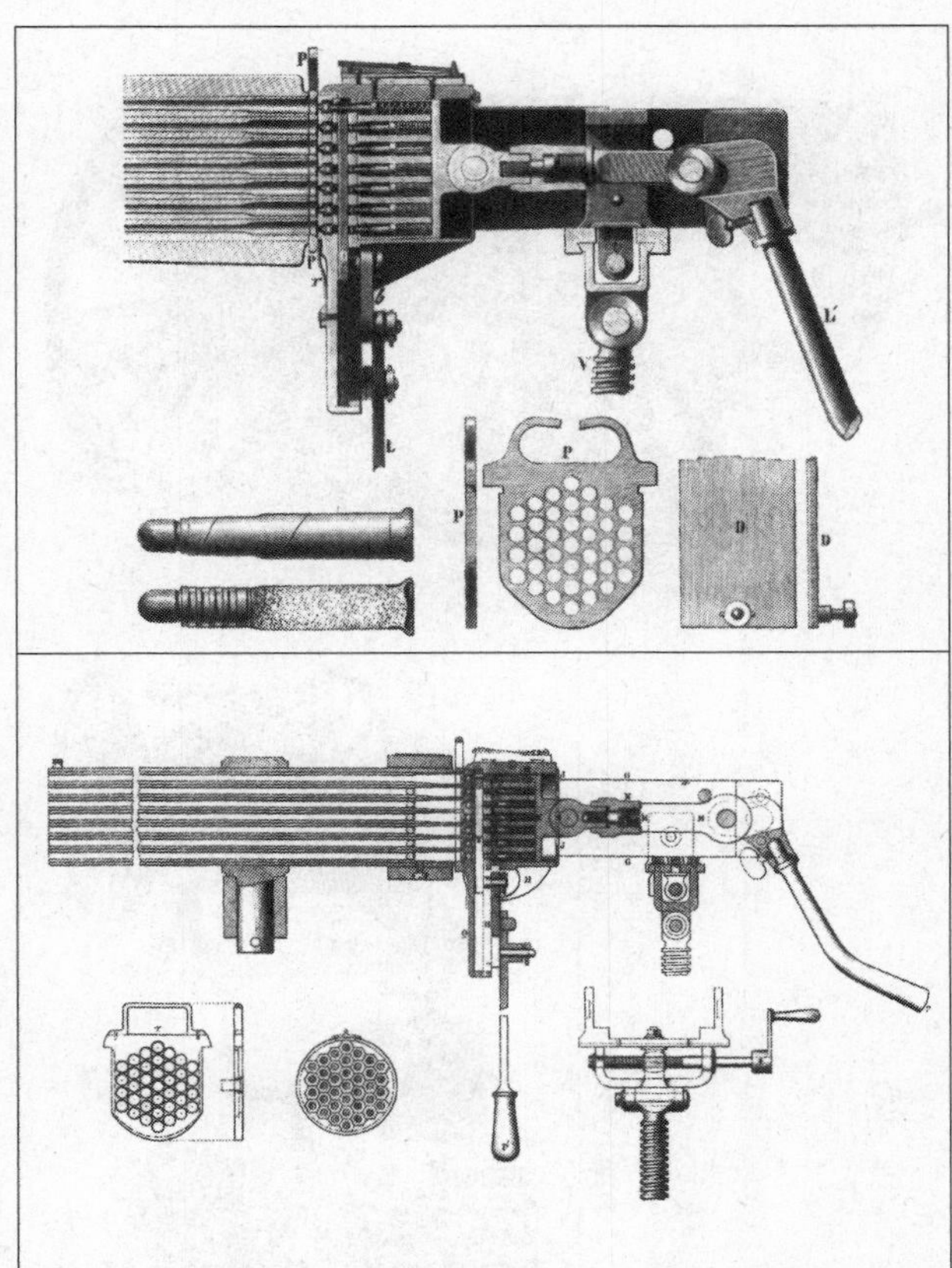
P
L′
V
l
P
P
D
D

見開き4点：REFFYE（レフフィー）機関銃
25銃身 13ミリ フランス 1866年

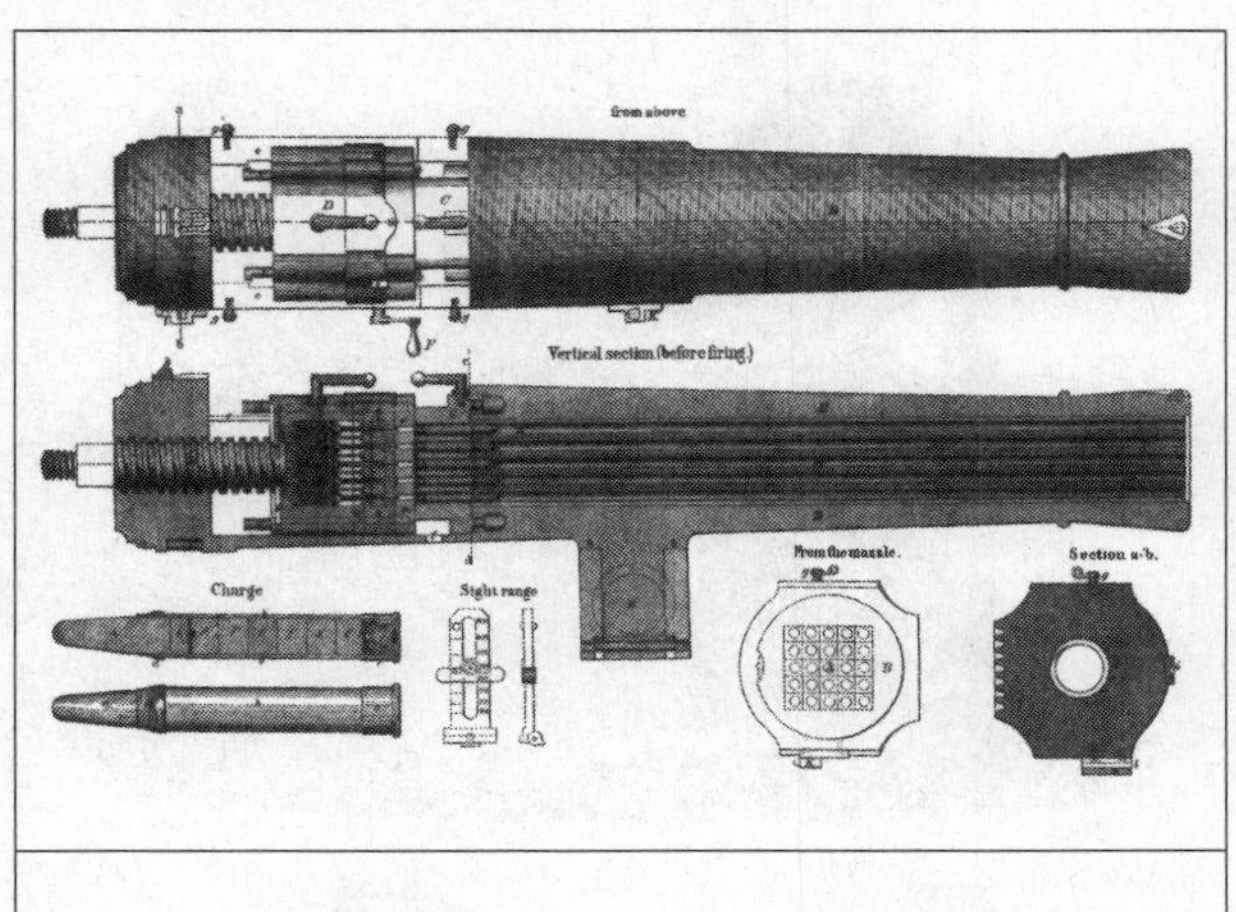
from above
Vertical section (before firing)
From the muzzle.
Section a-b.
Charge
Sight range

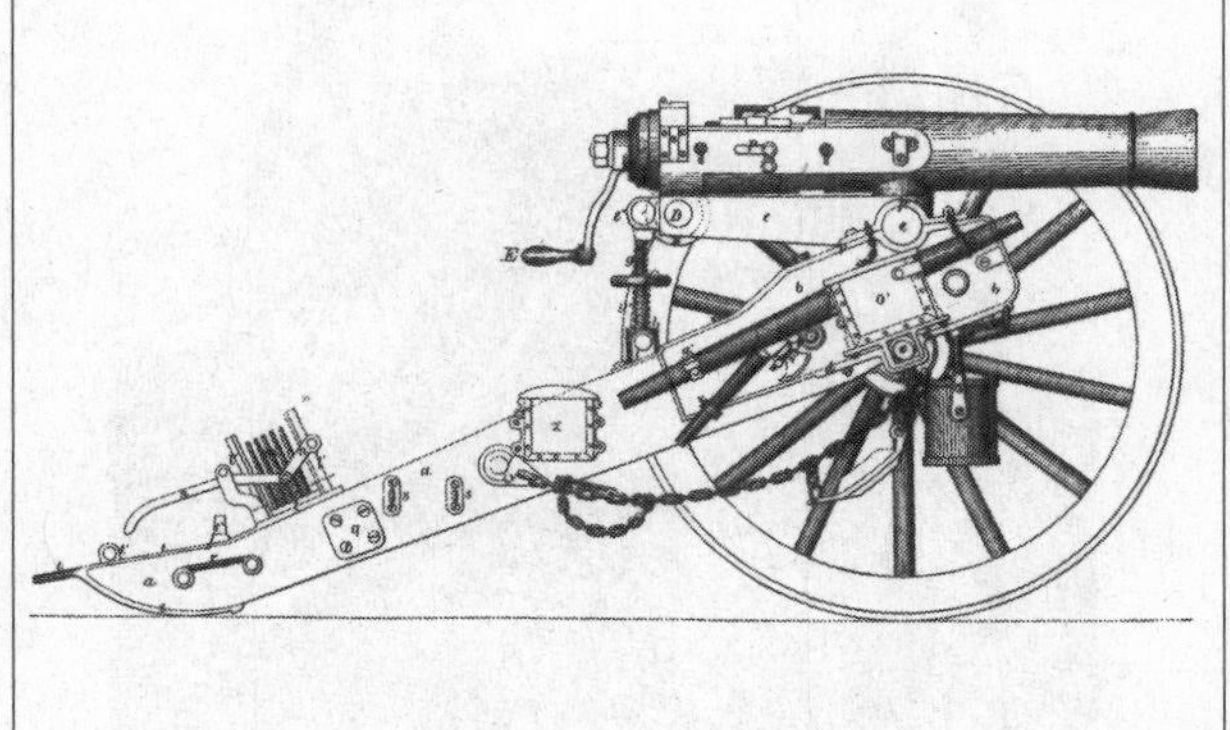

モンティニー機関銃改修型 1868 年

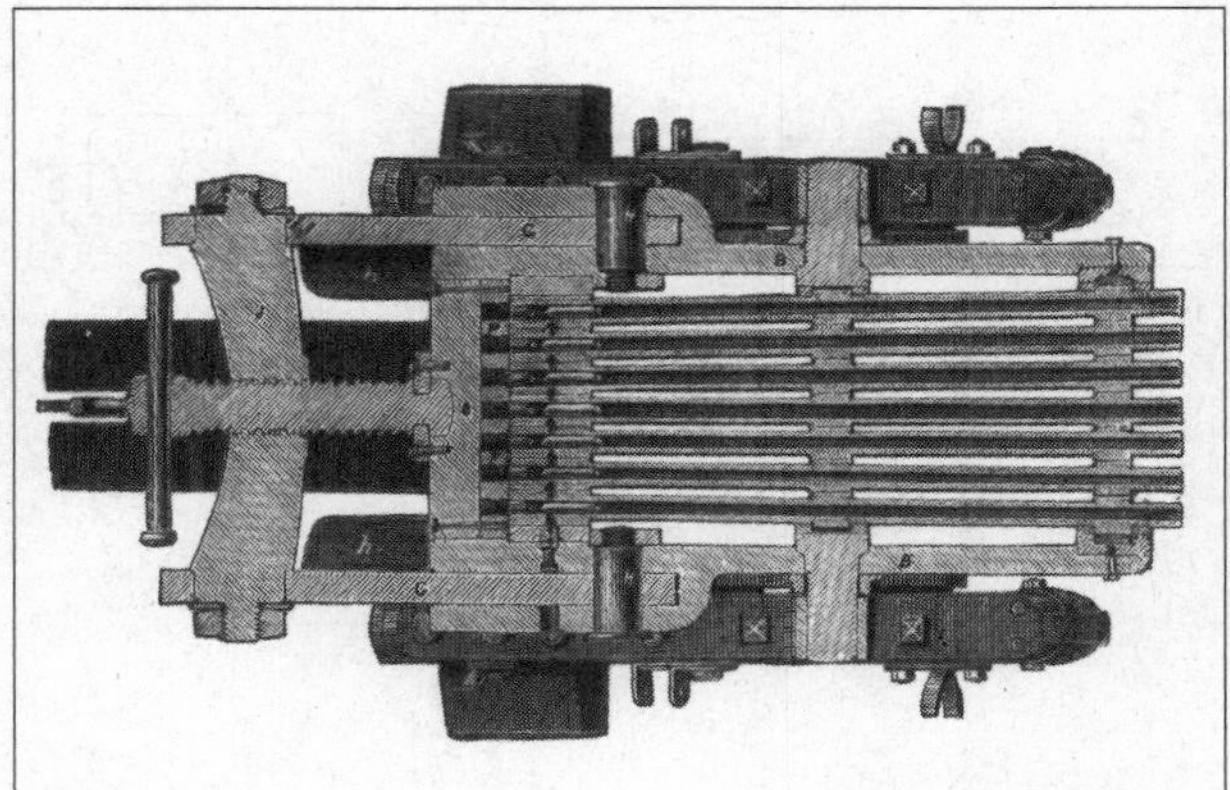

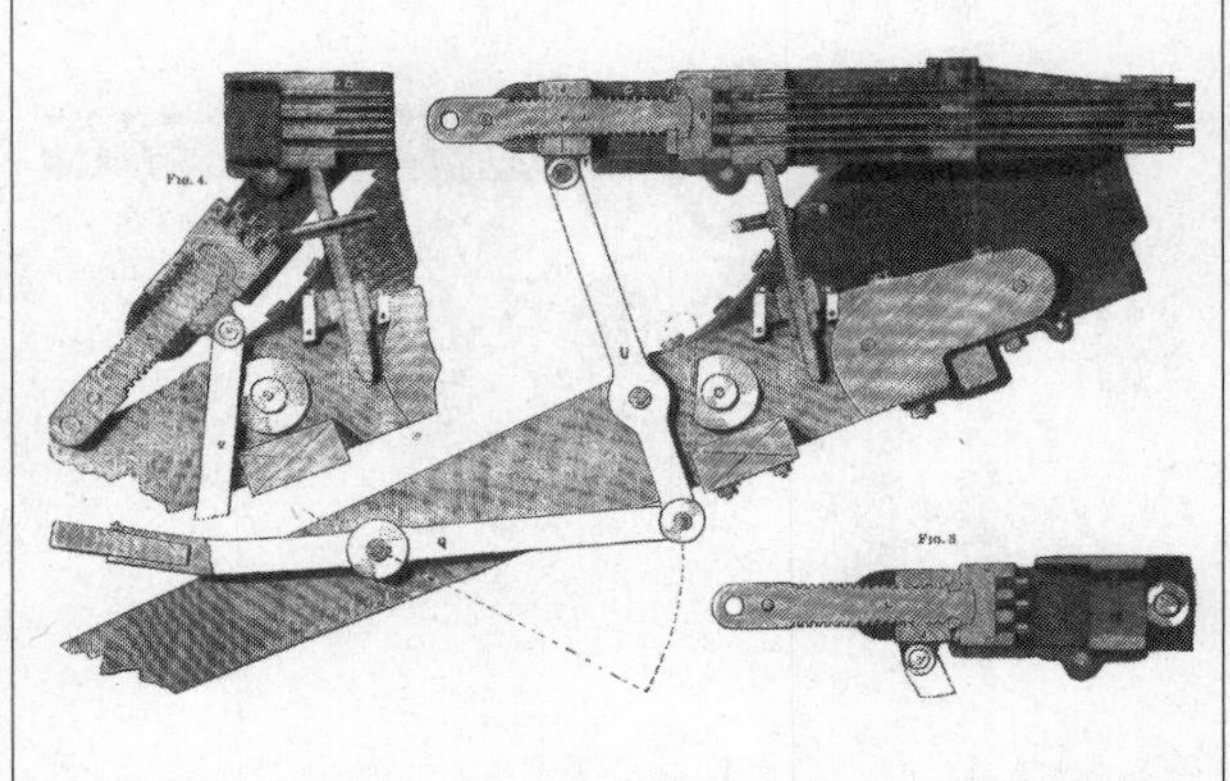

フランス 機関銃 21本の銃身は方向角をわずかにひろげ銃弾を拡散する構造

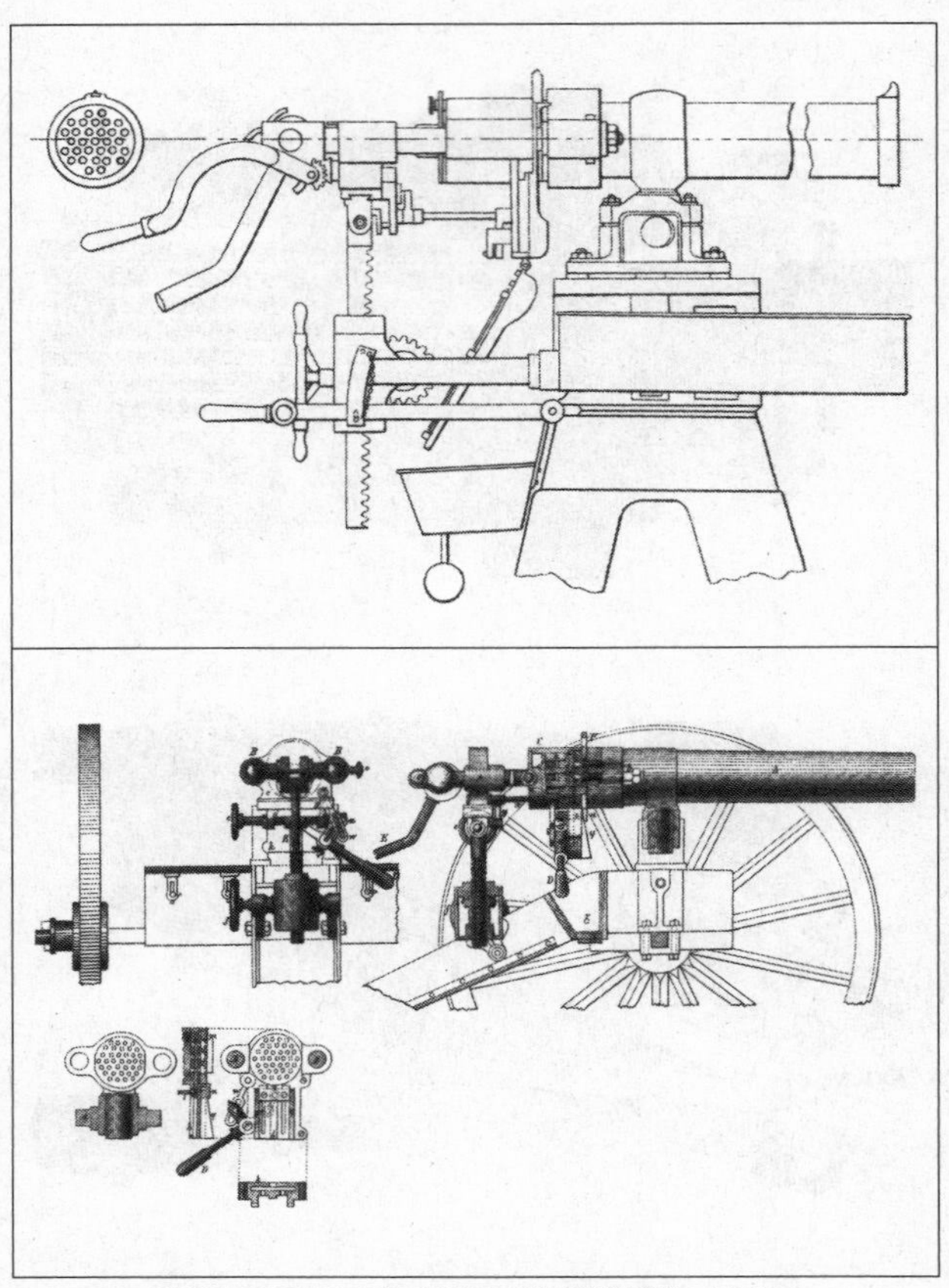

MITRAGLIERA CARABINA C.（C型機関銃）イタリア

上：ロシアのリボルバー砲と回転砲
下：普仏戦争でプロイセンが使用した10銃身銃

AMETRALLADORA L.CHRISTOPHE クリストフ式機関銃 スペイン

GARDNER（ガードナー）2銃身機関銃 固定式

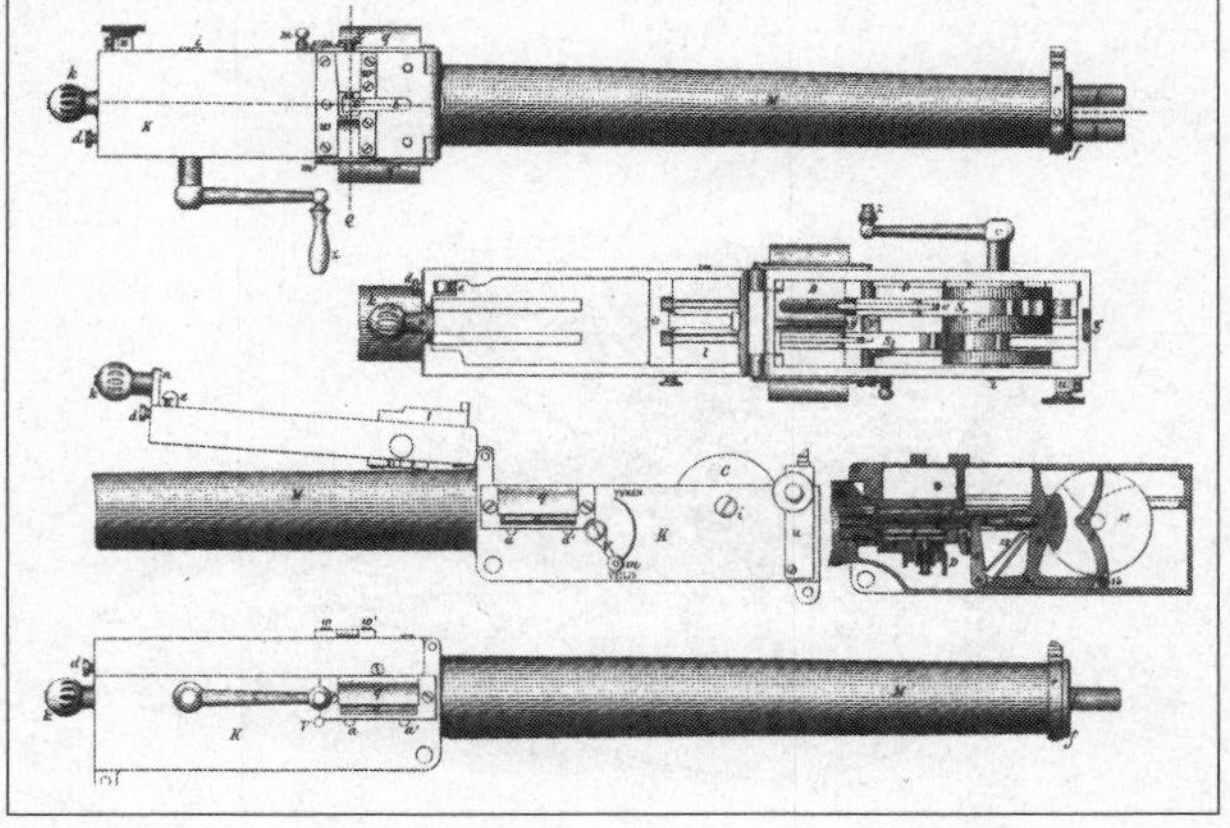

上：ガードナー5銃身機関銃　三脚架
下：同5銃身機関銃　野戦砲架

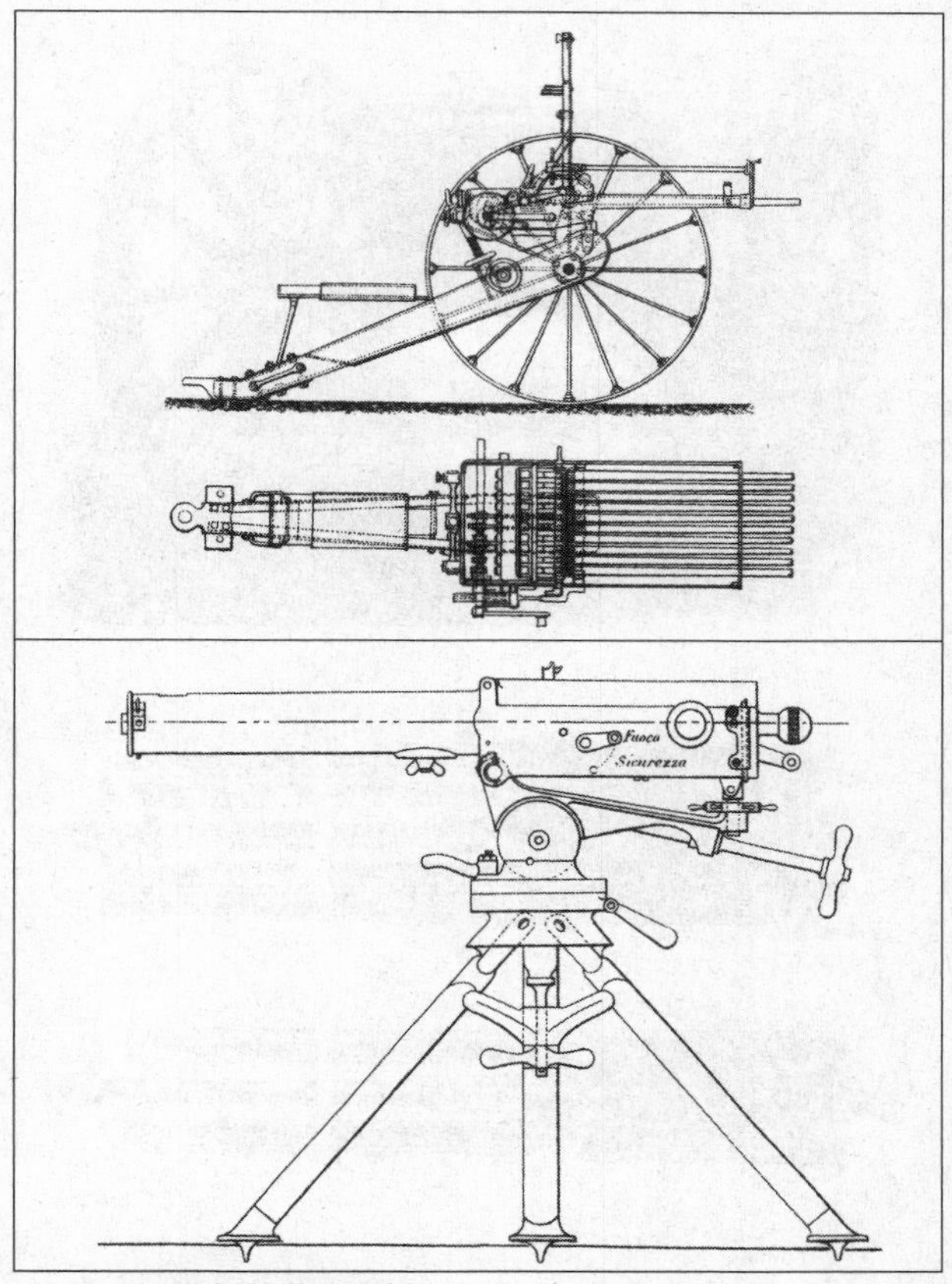

上：同 10 銃身機関銃 野戦砲架
下：MITRAGLIERA CARABINA G(G 型機関銃 ガードナー)イタリア

上：ガットリング機関砲 1865 年
下：同 断面図 平面・側面

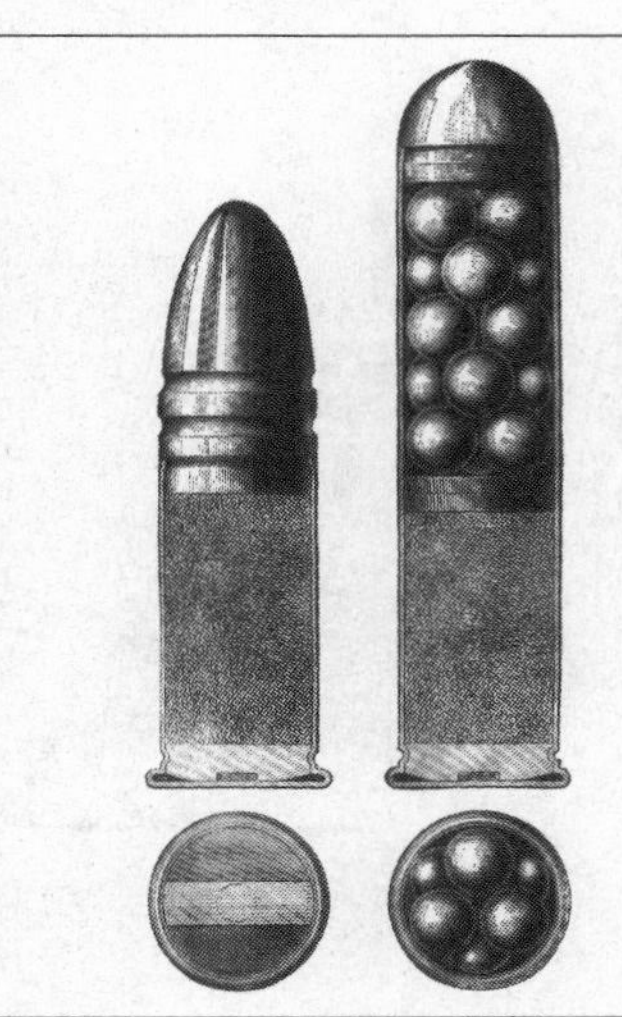

上：同　1インチ機関砲弾

下：同　1871年 全金属製砲架　銃弾

上：ガットリング機関砲　1872年　ドラム弾倉
下：同　1874年　野戦砲架

上：同 1877年 10銃身 三脚架
下：同 1883年 6銃身 金属製三脚架

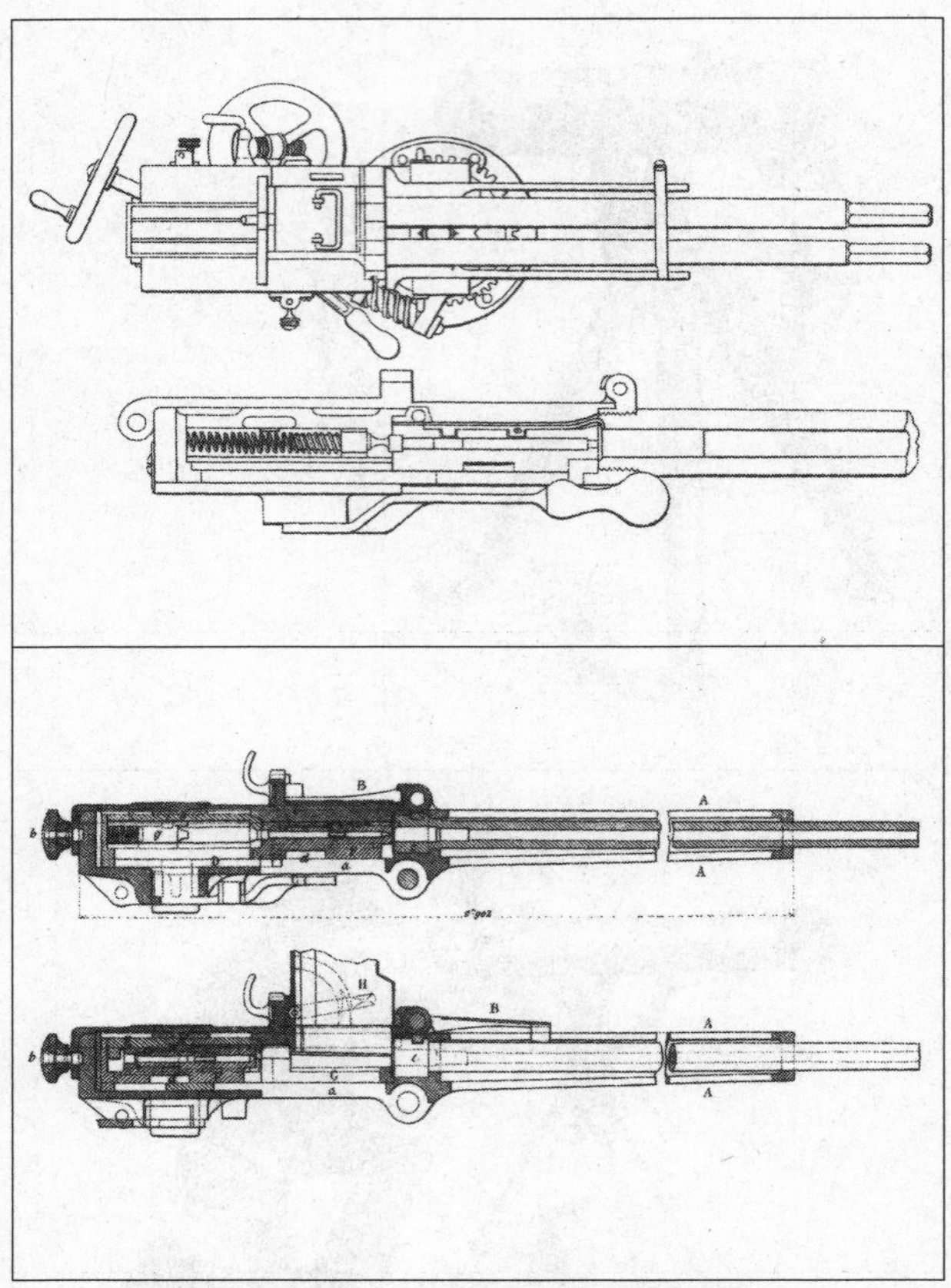

上：ITRAGLIERA da 25 B(ノルデンフェルト機関銃)2銃身 イタリア
下：マキシム・ノルデンフェルト3銃身機関銃 側面構造図

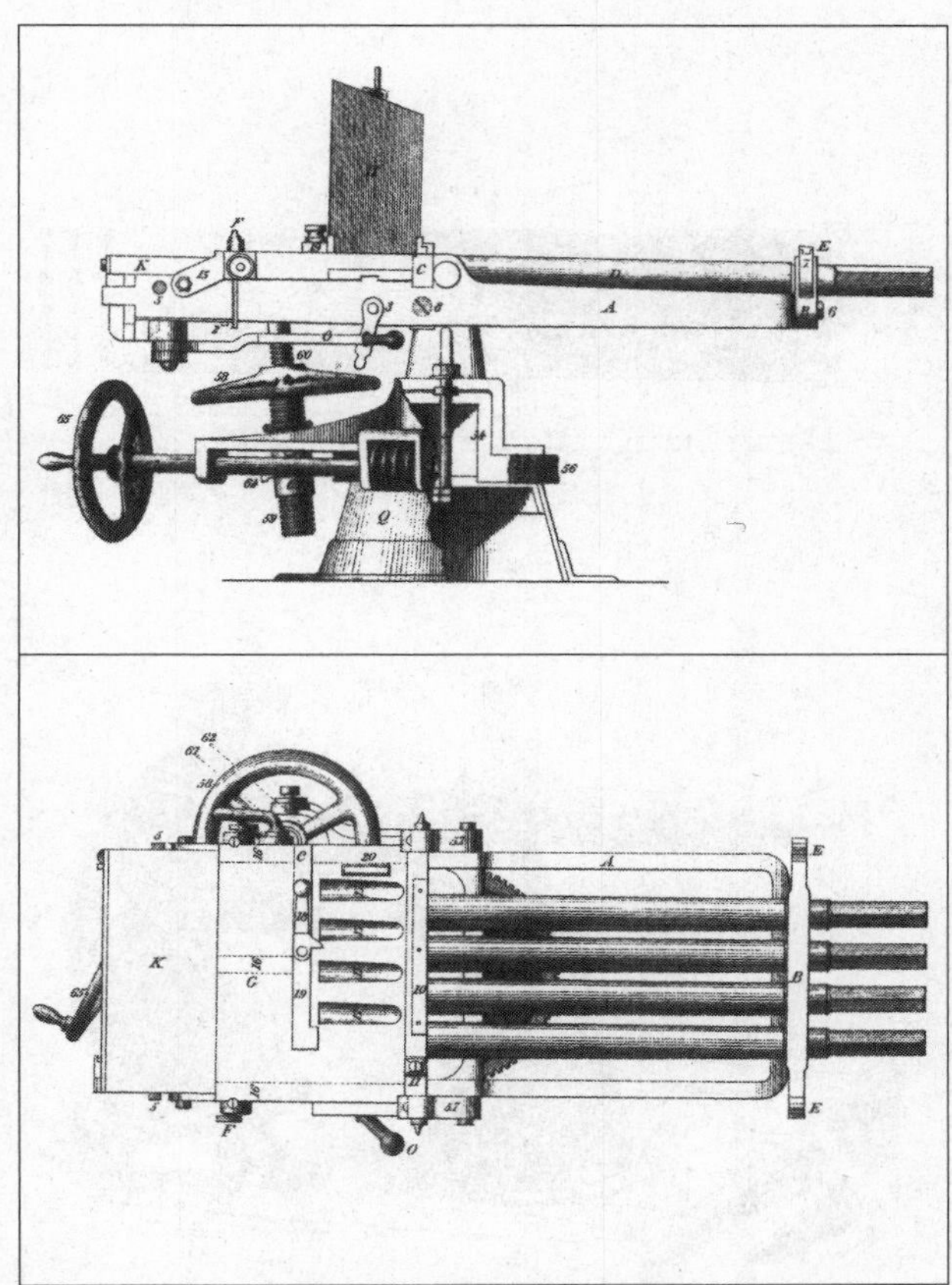

上：ノルデンフェルト4銃身機関銃 固定式 側面図
下：同 平面図

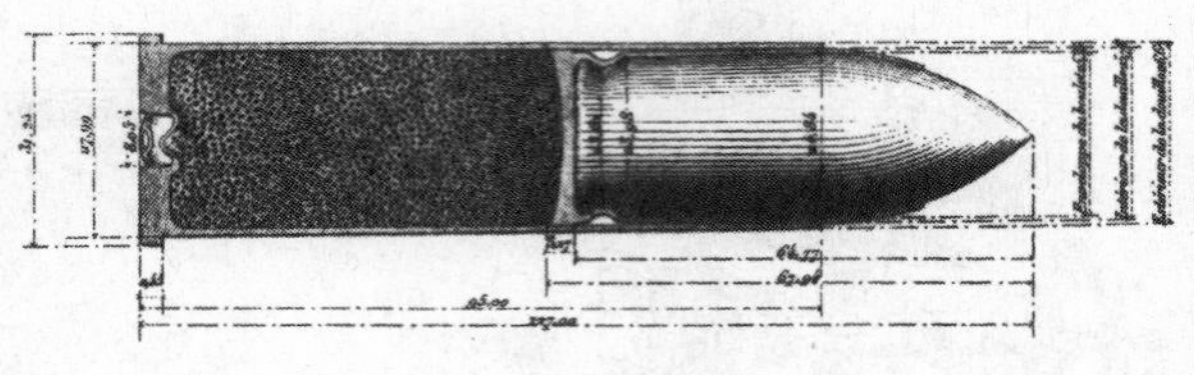

上：ノルデンフェルト４銃身機関銃 弾薬筒
下：同 ５銃身 固定式 海軍用

上：同 高所に取り付けた海軍用

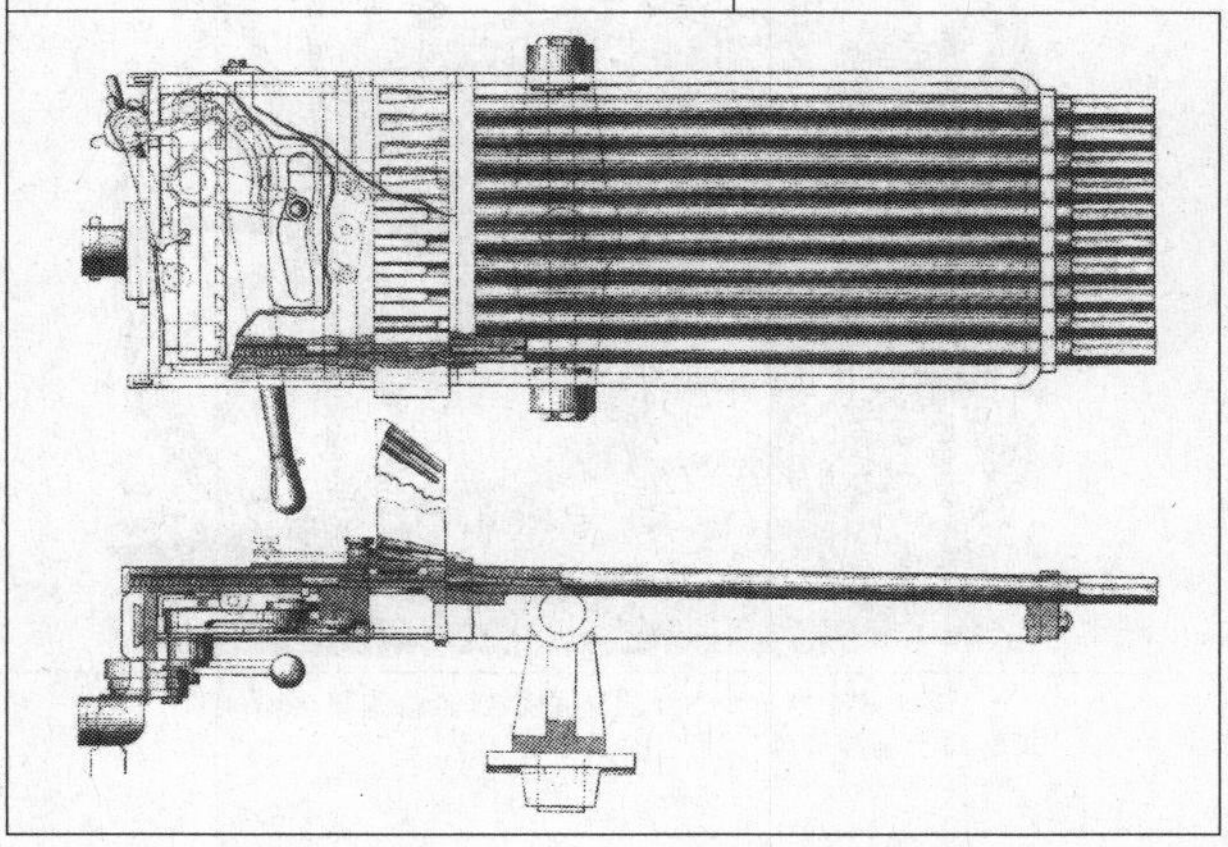

下：同 10銃身 平面・側面構造図

上：ノルデンフェルト4銃身機関銃 野戦砲架 照準具
下：同 射撃姿勢

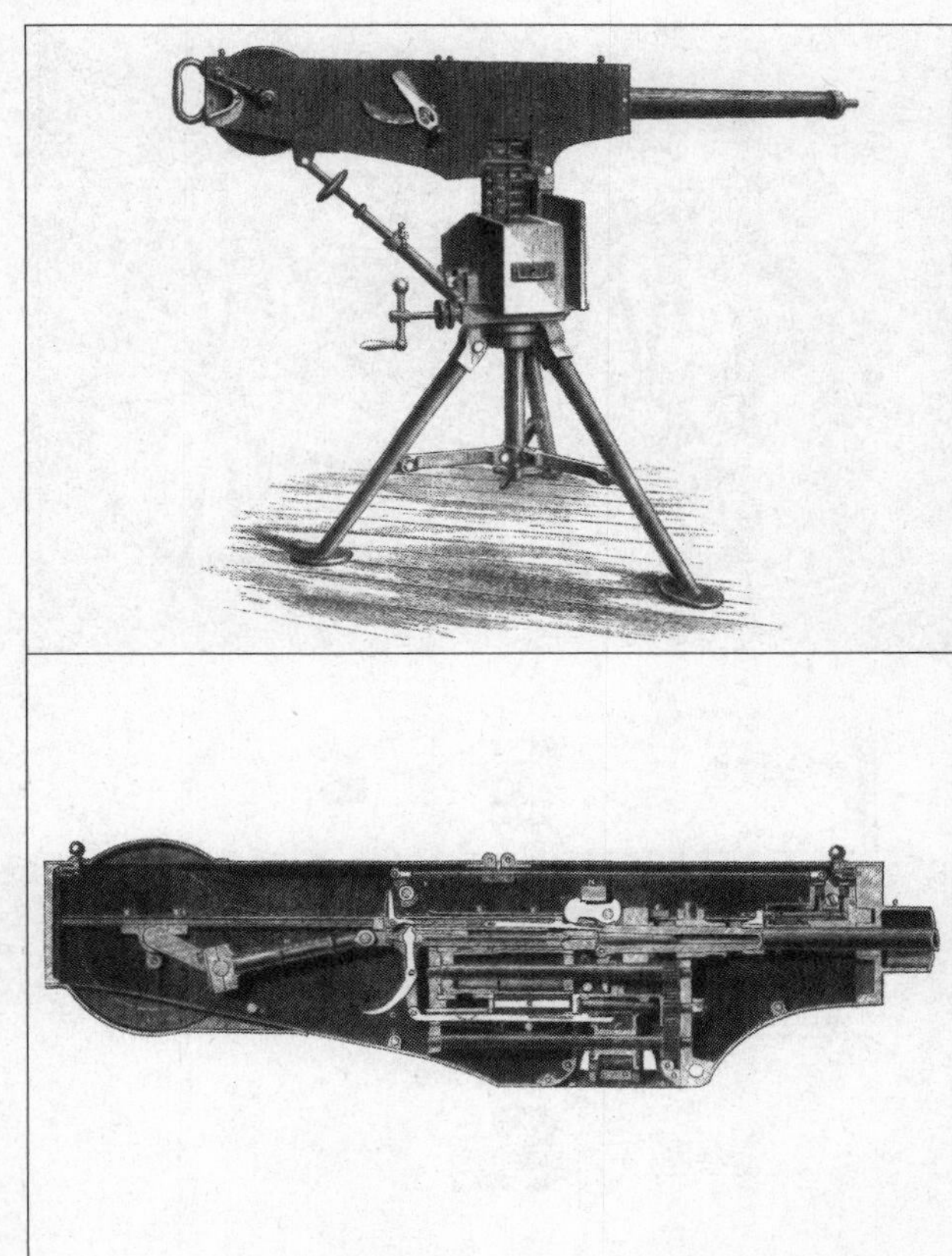

上：最初のマキシム機関銃 三脚架 側面
下：同 機関部構造図

上：軽量マキシム機関銃 移動式
下：同 構造図

上：移動式マキシム機関銃 空薬莢は前方に排出
下：空弾帯は左方に排出

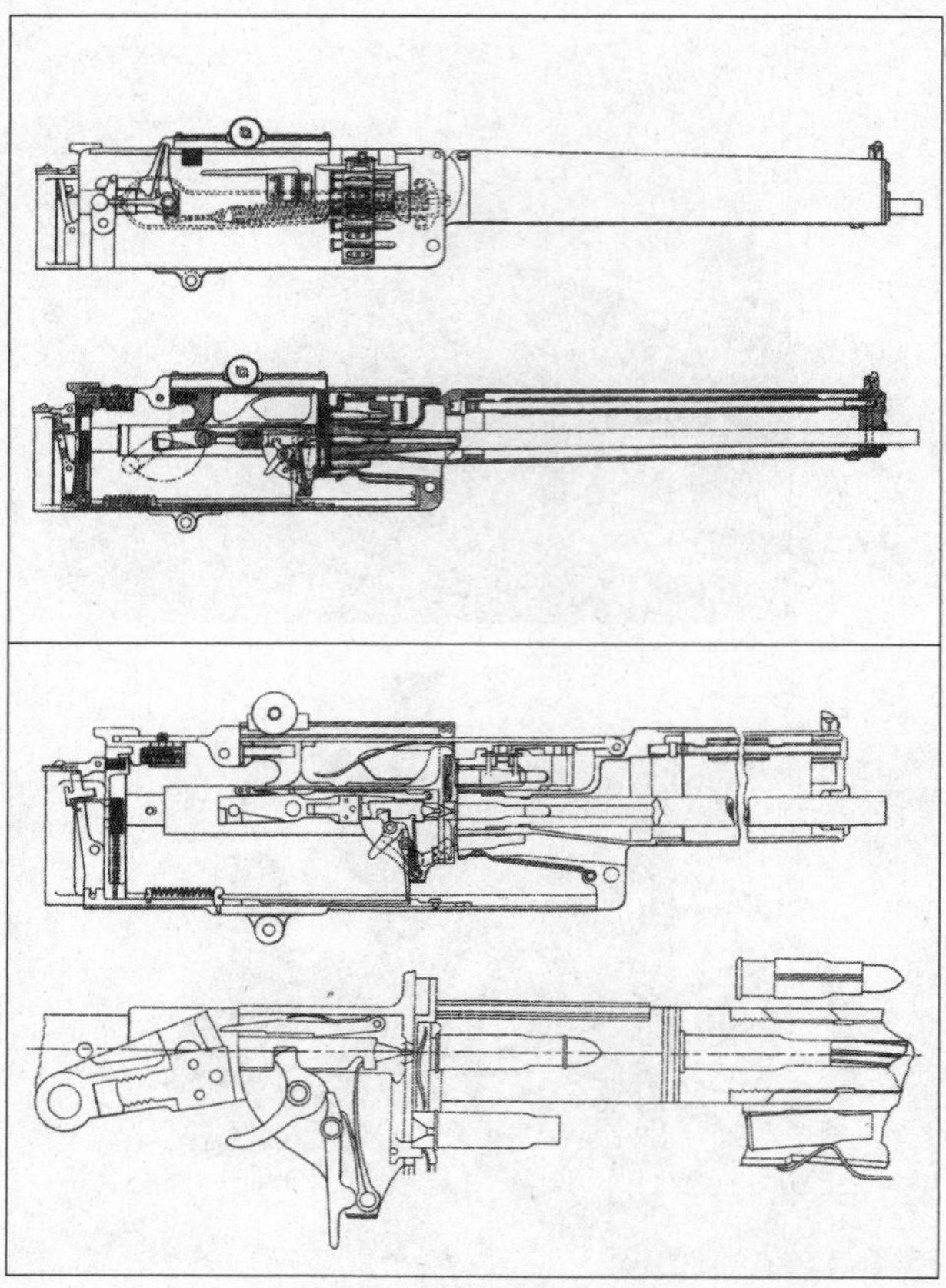

上：マキシム機関銃 1893 年 側面図
下：同 機関構造図

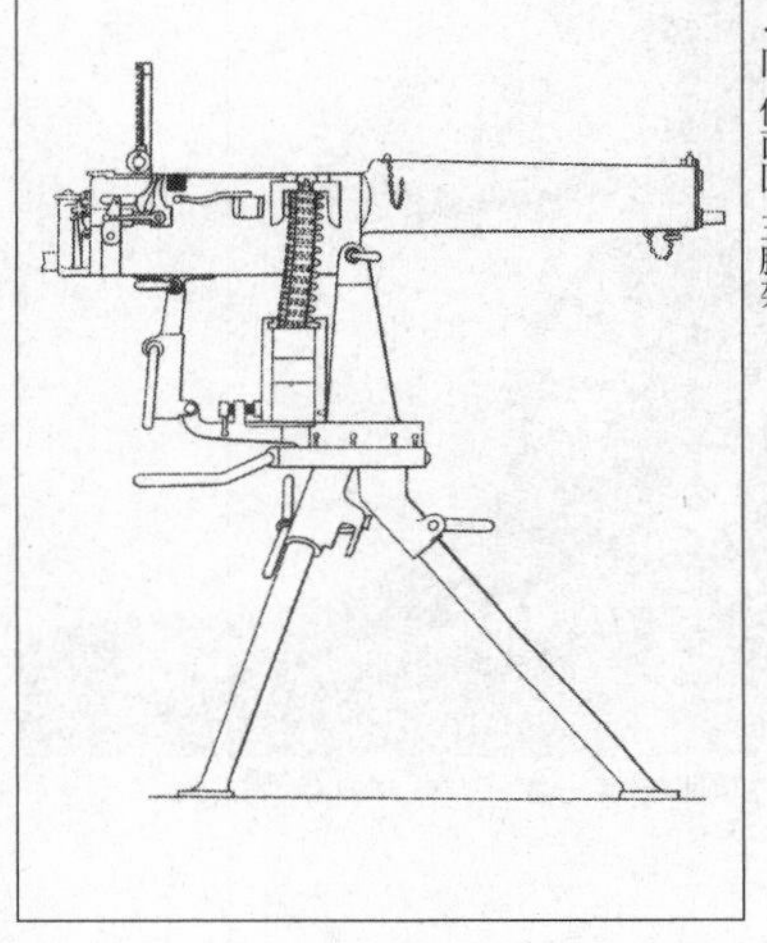

上：同 1895年 座付三脚架
下：同 側面図 三脚架

上：SKODA（スコダ）機関銃 オーストリア 1893年 固定式
下：同 移動式

上：同 海軍用 8ミリ
下：同 機関部構造図

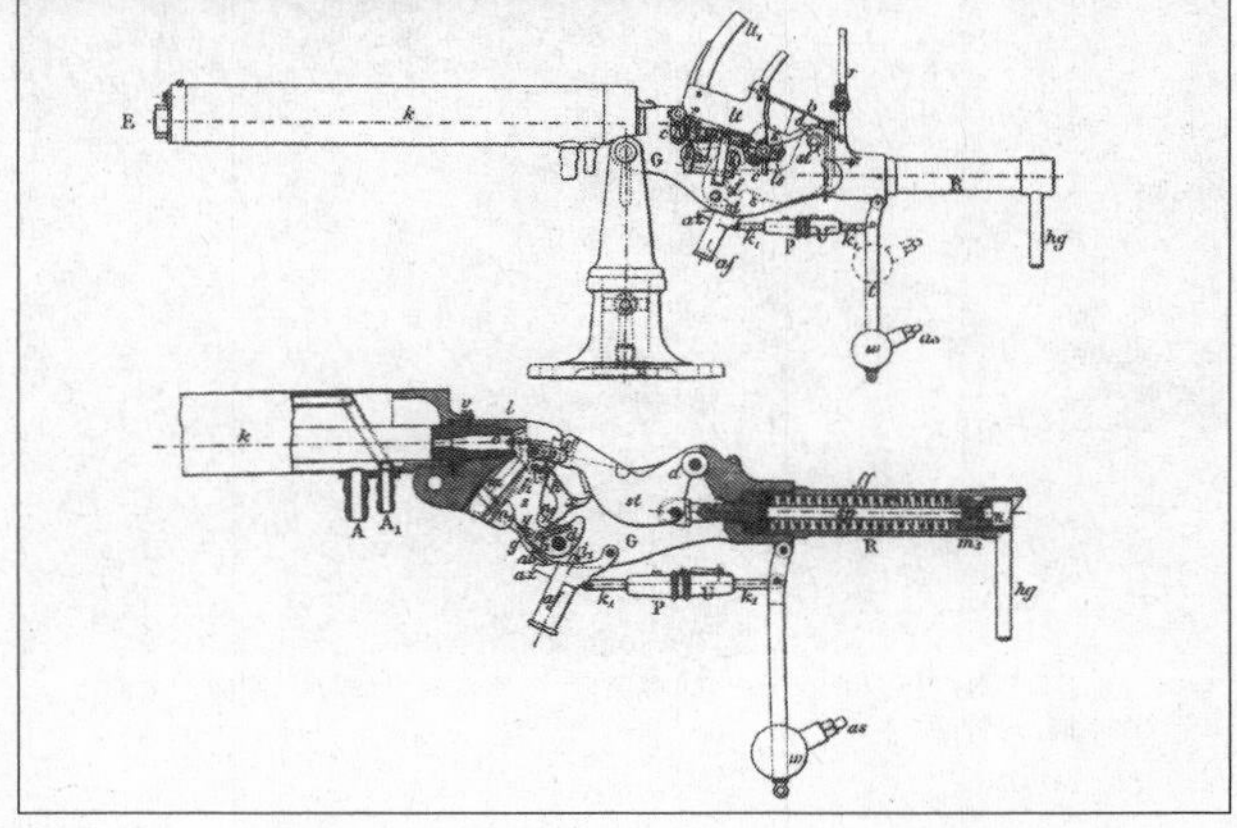

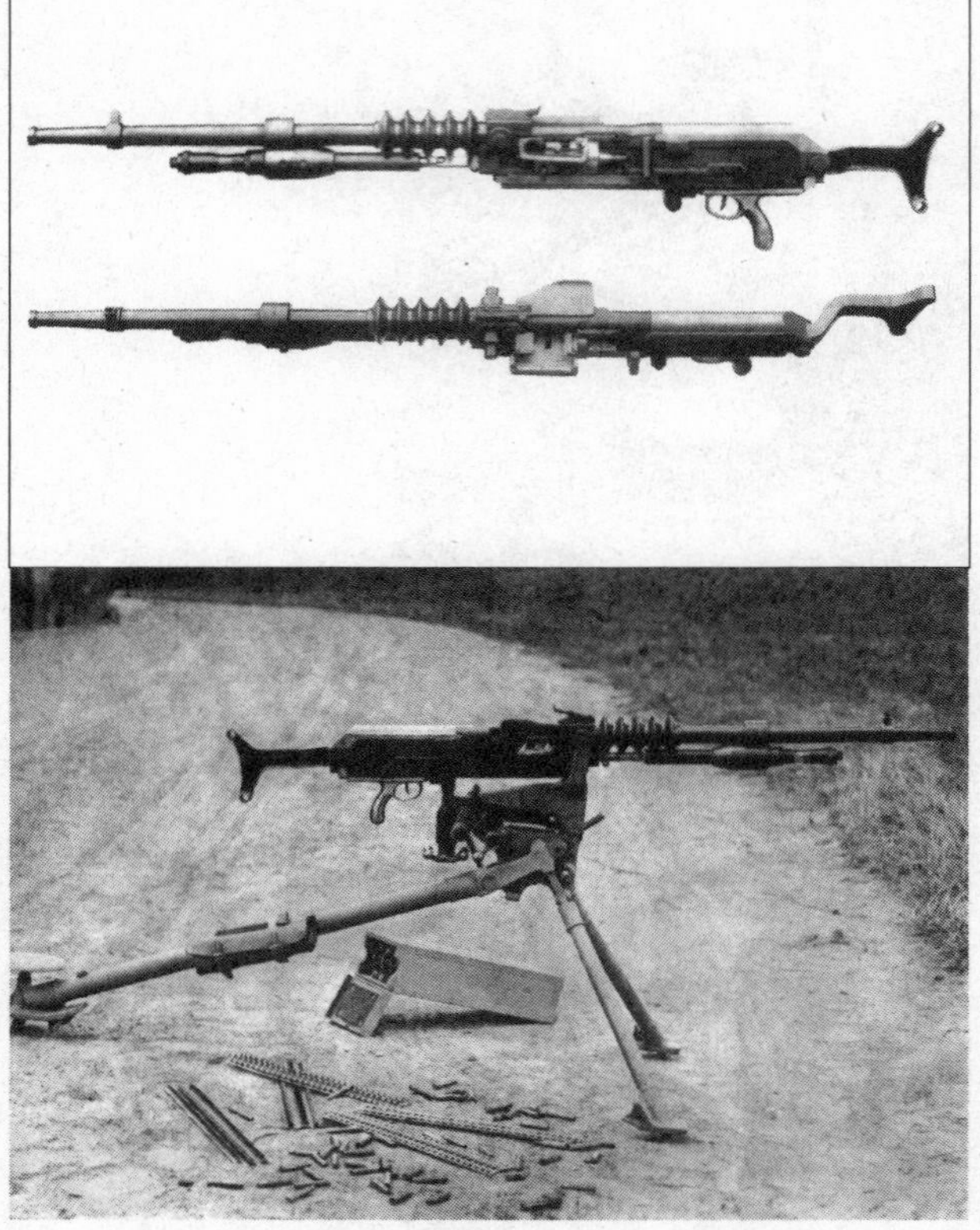

上：HOTCHKISS(ホッチキス)機関銃 フランス 1897年 側面・上面
下：同 三脚架

上：同 野戦座付砲架および弾薬車
下：同 装甲自動車搭載

上：HOTCHKISS REVOLVING CANNON（ホッチキス回転機関砲）37ミリ　フランス　1871年　野戦砲架
下：同　固定砲架

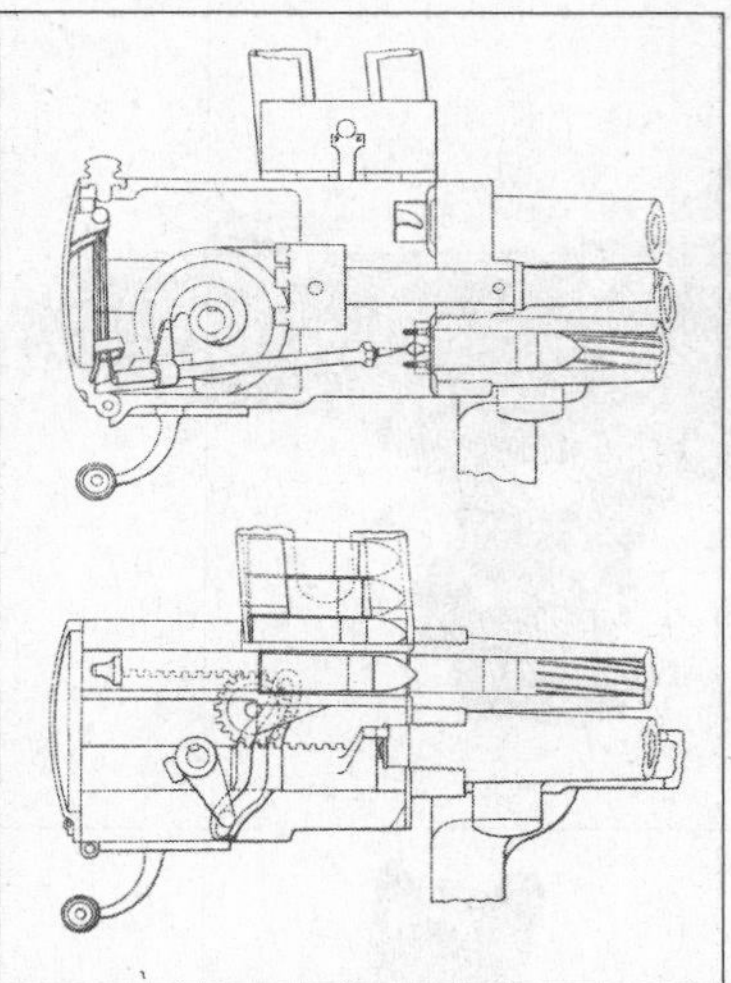

上：同　側面　機関部構造図
下：同　海軍用舷側取付式の射撃姿勢

上：同　海軍用舷側取付式
下：同　海軍用固定式

上：同 要塞用移動式 側面防御用、霰弾
下：同 要塞用軌条移動式

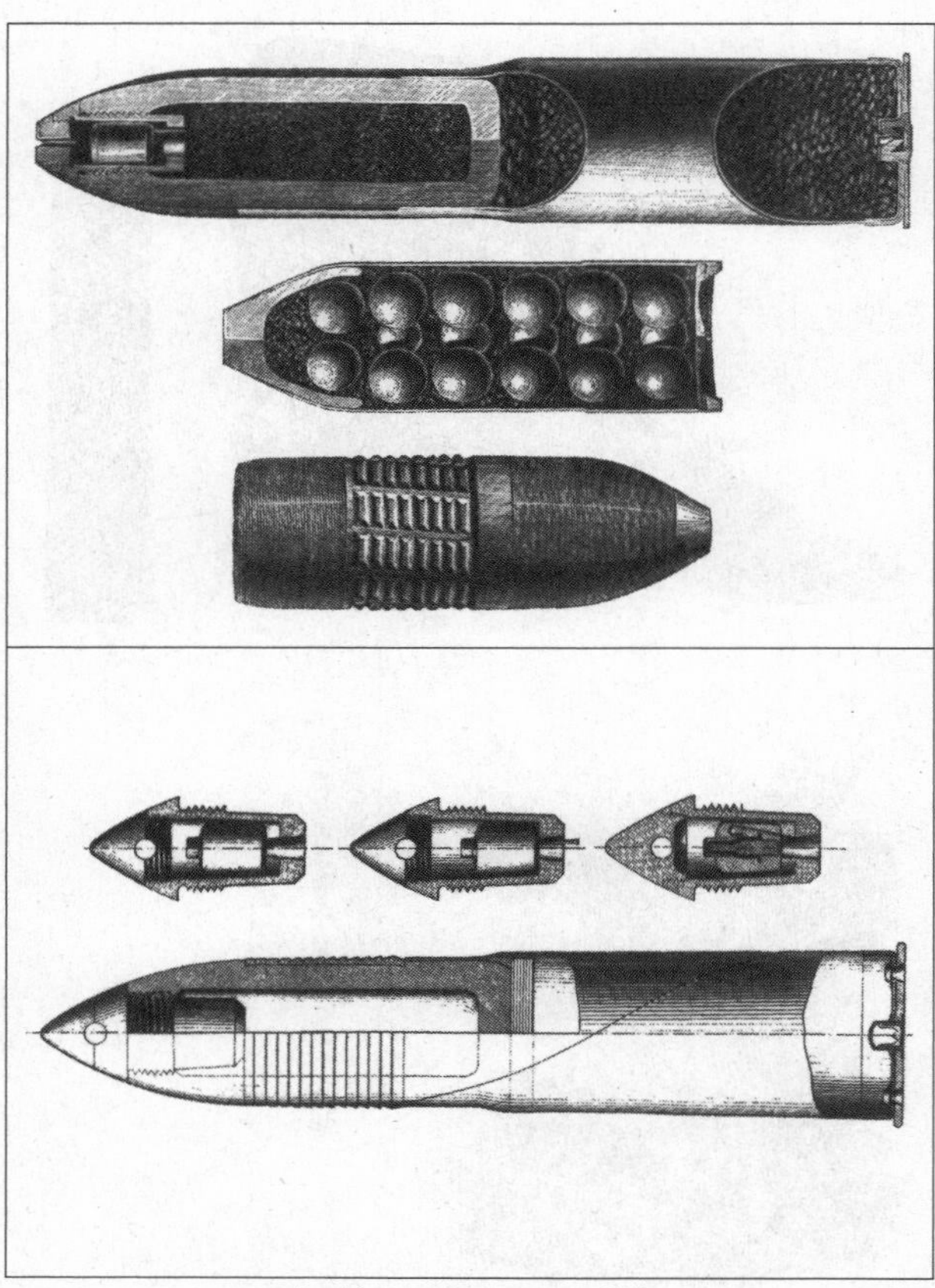

上：同 ホッチキス37ミリ弾種
下：同 通常弾および信管

上：レクザー軽機関銃(マドセン)デンマーク 1902年
下：同 弾倉装填 射撃姿勢

参考文献＊MEMOIRES D'ARTILLERIE 1741 ＊COURS ELEMENTAIRE D'ARTILLERIE 1833 ＊AIDE-MEMOIRE D'ARTILLERIE NAVALE 1850 ＊COURS ELEMENTAIRE SUR LES ARMES PORTATIVES 1856 ＊WEAPONS OF WAR 1858
ETUDES SUR L'ARTILLERIE TOME TROISIEME 1862 ＊ARCHIBUGIO AD AGO DEI PRUSSIANI 1866 ＊Manufacture Lirgeoise d'Armes a Few 1866 ＊PARIS UNIVERSAL EXPOSITION 1867 ＊Kriegsfeuerwaffen II 1868 ＊DOCUMENTI INEDITI PER LA STORIA ARMI DA FUOCO ITALIANE 1869 ＊REPORTS OF THE UNITED STATES COMMISSIONERS 1869 ＊Infanterie-Prazisionswaffen 1872 ＊LA POLVERE DA CANNONE LE ARTIGLIERIE E LE ARMI DA FUOCO 1873 ＊Hotchkiss Revolving Cannon 1874 ＊ANNUAL REPORT OF THE CHIEF OF ORDNANCE 1875 ＊Grundriss der Waffenlehre 1876 ＊ALBUM DE LAS ARMAS BLANCAS、DE FUEGO PORTATILES、Y ARTILLERIA DE CAMPANA QUE ACUALMENTE USA EL EJERCITO ESPANOL 1876 ＊Die Handfeuerwaffen 1878
MEMORIAL DE L'ARTILLERIE DE LA MARINE 1879 ＊ORDNANCE INSTRUCTIONS FOR THE UNITED STATES NAVY 1880 ＊MITTEILUNGEN UBER GEGENSTANDE DES ARTILLERIE UND GENIEWESENS 1881 ＊MITTEILUNGEN UBER GEGENSTANDE DES ARTILLERIE UND GENIEWESENS 1882 ＊NOCOES GERAES DE ARTE MILITAR armamento 1882 ＊LE FUSIL ET SES PERFECTIONNEMENTS 1884 ＊THE NAVAL ANNUAL 1886 ＊TRAITE D'ARTILLERIE 1886 ＊Handbuch der Handfeuerwaffen 1888 ＊TREATISE ON SMALL ARMS AND AMMUNITION 1888 ＊ARMES A FEU PORTATIVES 1889 ＊CURSO ELEMENTAL ARMAS PORTATILES DE FUEGO 1889 ＊L'ARTILLERIE A L'EXPOSITION DE 1889 ＊NAVAL MOBILIZATION AND IMPROVEMENT IN MATERIEL JUNE 1889 ＊LES NOUVELLES ARMES A FEU PORTATIVES 1889 ＊HANDBOOK FOR THE 0・45inch GARDNER GUN (5BARRELS) 1895 ＊KENNIS DER ARTILLERIE 1897 ＊MEMORIAL DE ARTILLERIA OCTUBRE 1897 ＊DESCRIPTION AND RULES FOR THE MANAGEMENT OF THE SPRINGFIELD RIFLE、CARBINE、AND ARMY REVOLVERS CALIBER45 1898 ＊Portugal Artiheria ＊L'ARTILLERIE A L'EXPOSITION 1900 ＊

RACCOLTA DI DATI SULLE ARTIGLIERIE DELLA R.MARINA 1901 ＊ Leitfaden für den Unterricht in der Waffenlehre 1903 ＊ Das Maxim-Maschinengewehr und seine Verwendung 1905 ＊ WAFFENLEHRE HEFT Ⅶ HANDFEUERWAFFEN 1905 ＊ THE GUN AND ITS DEVELOPMENT eighth edition 1907 ＊ CATALOGO GENERAL DEL MUSEO DE ARTILLERIA 1908 ＊ ARMI PORTATILI ED ARTIGLIERIE 1912 ＊ Die handfeuerwaffen 1912 ＊ Maschinegewehre ihre Technik und Taktik 1914 ＊ NAVAL ORDNANCE 1915 ＊ RIFLES AND AMMUNITION 1915 ＊ THE BOOK OF THE MACHINE GUN 1917 ＊ L'ARTIGLIERIA E LE SUE MERAVIGLIE 1919 ＊ KENNIS DER ARTILLERIE handvuurwapenen en mitrailleurs 1927 ＊ Das Maschinegewehr Gerat MG08 1934 ＊ NAVAL ORDNANCE 1939 ＊ REKRYTINSTRUCTION FUR KUSTARTILLERIET 1943 ＊ DESCRIPTION DE LA Mitrailleuse Automatique HOTCHKISS ＊ GIORNALE D'ARTIGLIERIA ＊ HANDBOOK OF THE ·303 Inch VICKERS-BERTHIER MACHINE GUN Mark I ＊ MEMORIAL DE L'ARTILLERIE DE LA MARINE tome II ＊ NOCIONES DE ARTILLERIA atlas ＊ Skodawerke, Pilsen kriegstechnische Abtheiling

あとがき

本書は日本と外国の銃器の発達について図版を重点として編纂した。対象期間は十九世紀末頃までとし、二十世紀についてはほとんど触れていない。二十世紀は現代につながり、現用兵器は本書の対象ではない。

二十世紀の日本の銃器の発達については旧著『小銃 拳銃 機関銃入門』にも書いてあるが、日本に入ってこなかった外国の銃器については全く触れなかった。その後もこの分野の情報量が少ないことが気になっていた。

英国で一九〇五年に刊行されたPATENTS FOR INVENTIONSの小火器篇一八五五／一八六六年版には夥しい数の特許が登録されている。各国の発明家が競って新しい銃器を試作していたことが分かる。拳銃が多いが小銃も様々な閉鎖方式が考案されている。中には珍妙なものもあるが、多くは経験を積む中からアイデアが生み出されたもので、そのときは最新式と誇ったであろう。

わが国はそのような情勢を知る由もなく、ゲベール銃の時代が長く続き、後装銃の導入は遅れた。ミニエー銃が入ってから村田銃支給までは主として還納品の外国製中古銃器を使用するしかなかったのである。本書はこの間の外国銃器の発達について図示することを目的の一つとした。

巻頭に掲げた「銃器史論集」は主に陸海軍の兵器開発担当者が執筆した文章をまとめた。先達が職務がら内外の文献を参照し、著したものであるから信頼できる。一部は一般向けの図書として出版されたが、記述に偽りや妥協はなく、執筆年次は古いがこれ以上の参考文献はない。内容が多少重複するところはあるが、敢えて削除はしていないので、通読することにより理解が深まるであろう。一部の文脈を加筆修正した。「幕末から明治の洋銃」は山縣保二郎が著した「兵器沿革史」を基軸とし、関連する史実を書き加えた。この分野は「小銃拳銃機関銃入門」では軽く触れただけなので、アジア歴史資料センターであらためて研究し直し、手持ち資料を再確認した。村田連発銃の製式図があったことも思い出したので、収載することができた。

幕末もののテレビドラマには必ず洋式銃が登場する。ゲベール銃やミニエー銃が定

2500. Snell, W., [*Spencer, C. M.*]. Oct. 20.

Breech actions, hinged breech-block.—The hinged breech-piece B, Fig. 2, is provided with a sliding piece C for forcing the cartridges into the chamber, for locking the breech, and for effecting obturation. On opening the breech, the piece C is first lowered, and the whole is then swung open

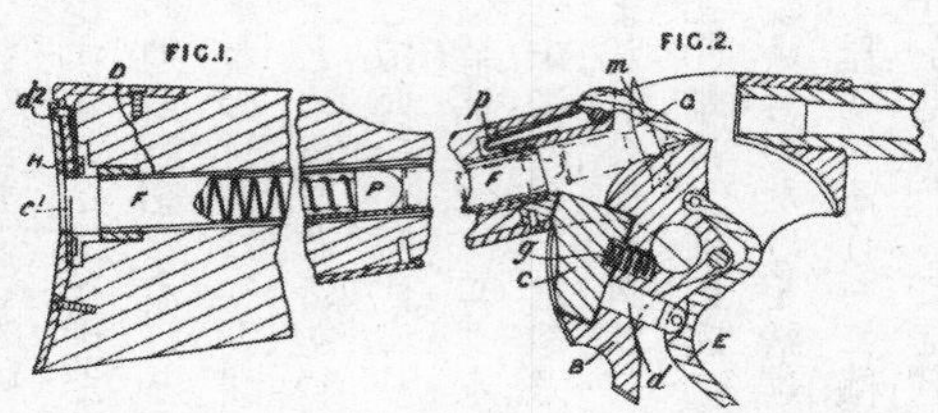

by a trigger-guard lever E connected by a rod *d* to the piece C, the spent cartridge being extracted by a lever G pivoted within the breech-piece B. On closing the breech, a cartridge from the magazine F, or one inserted by hand, is forced into the chamber by the piece C, which is raised by a spring *g* to lock the breech when in the closed position. A hinged plate *m*, forced downwards by a spring *p*, guides the extracted cartridge out of the breech, and prevents the loaded cartridges from escaping from the magazine.

Magazines; stocks.—The stock is strengthened and secured to the fixed breech by the outer tube D, Fig. 1, of the magazine. The cartridges are charged into the outer tube D, and an inner detachable tube F, having a front internally-bevelled edge, is inserted over them. The tube F is provided with a spring piston P, and is locked in position, on partially rotating it, by a pin or catch engaging in a recess c^1, and by a spring pin d^2 engaging in a recess in an arm H on its rear end.

スペンサー銃のパテント図（部分）

番だが、その他にも多くの種類があったことが知られている。筆者は古銃愛好家ではなく、実際に火縄銃を撃ったこともない。中学生の頃から銃が好きで資料を集めていた。いまではどんな銃であっても執銃訓練から射撃動作までできる。そして手許には十九世紀の兵器に関する多くの原書が残った。わが国では和銃に関する本は既に立派なものがあるが、十九世紀の世界の銃器に関する資料は少ない。手許の資料を生かして参考書を作れないか、と思ったことが本書編纂の動機である。

外国の古い兵器書を見ていると精緻なリトグラフに眼を奪われる。特にドイツやフランスの十九世紀末頃までの古書には仕上げのよいリトグラフが多い。イタリア、スペイン、ポルトガル、オランダにもよいものがある。イギリスにもあるがなぜか印刷がずれたものが多く、いつも興ざめさせられる。ロシアは紙質が悪すぎて期待できない。リトグラフの作家は依頼された素材をなんでもこなさなければならない。しかし描くものをすべて理解しているわけではないだろうから、写真や図面のような役割を期待することは無理だが、自由な角度から特徴を捉えた描き方ができるので、写真以上の迫力を感じることもある。

本書の目的はリトグラフの技法で描かれた兵器図のうち、十九世紀までの銃器関係をまとめることにあった。銃器のきれいな写真はいくらでもあるが、写真が十分に発達していない時代にリトグラフが担った役割は大きかったと思う。銃器の取扱説明書や銃砲店のカタログなどもリトグラフで図解したものが多い。

巻末に列記した参考資料はまさにリトグラフ全盛時代に著されたもので、この中にさまざまなリトグラフが収載されている。仕上がりは紙質や印刷にも左右されるので、一二〇年以上前の印刷物では再製が難しいものが多いが、「銃器の発達図集」には特によいものだけを厳選して収載した。筆者は銃の構造図を読み解く十分な知識がないが、見ているうちに機関の作用が分かってくる。理解できない複雑怪奇な構造図も、何度か見るうちに見慣れてはくる。この図集は人によって見方が違い、感想も異なるであろう。使い方もいろいろあってよい。
本書もまた潮書房光人新社の小野塚氏に編集をお任せした。コロナで時短営業する中で図版の量が多く苦労されたことであろう。いつもながら迅速かつ丁寧な仕事に厚く感謝する。

佐山二郎

二〇二三年　春

ＮＦ文庫書き下ろし作品

NF文庫

小銃 拳銃 機関銃入門 幕末・明治・大正篇

二〇二三年六月二十四日 第一刷発行

著 者 佐山二郎

発行者 皆川豪志

発行所 株式会社 潮書房光人新社

〒100-8077 東京都千代田区大手町一-七-二

電話/〇三-六二八一-九八九一(代)

印刷・製本 中央精版印刷株式会社

定価はカバーに表示してあります

乱丁・落丁のものはお取りかえ致します。本文は中性紙を使用

ISBN978-4-7698-3314-7 C0195

http://www.kojinsha.co.jp

NF文庫

刊行のことば

第二次世界大戦の戦火が熄んで五〇年——その間、小社は夥しい数の戦争の記録を渉猟し、発掘し、常に公正なる立場を貫いて書誌とし、大方の絶讃を博して今日に及ぶが、その源は、散華された世代への熱き思い入れであり、同時に、その記録を誌して平和の礎とし、後世に伝えんとするにある。

小社の出版物は、戦記、伝記、文学、エッセイ、写真集、その他、すでに一、〇〇〇点を越え、加えて戦後五〇年になんなんとするを契機として、「光人社NF（ノンフィクション）文庫」を創刊して、読者諸賢の熱烈要望におこたえする次第である。人生のバイブルとして、心弱きときの活性の糧として、散華の世代からの感動の肉声に、あなたもぜひ、耳を傾けて下さい。